河南省南水北调

年鉴2021

《河南省南水北调年鉴》编纂委员会 编著

黄河水利出版社

图书在版编目（CIP）数据

河南省南水北调年鉴. 2021 / 《河南省南水北调年鉴》编纂委员会编著. —郑州：黄河水利出版社，2021. 12
ISBN 978 - 7 - 5509 - 3214 -2

Ⅰ.①河… Ⅱ.①河… Ⅲ.①南水北调-水利工程-河南-2021-年鉴 Ⅳ.①TV68-54

中国版本图书馆 CIP 数据核字（2021）第 275988 号

出 版 社:黄河水利出版社
　　　　　　地址:河南省郑州市顺河路黄委会综合楼14层　邮政编码:450003
发行单位:黄河水利出版社
　　　　　　发行部电话:0371-66026940、66020550、66028024、66022620(传真)
　　　　　　E-mail:hhslcbs@126.com
承印单位:河南瑞之光印刷股份有限公司
开本:787 mm × 1092 mm　1/16
印张:26.5　　　　　　　　插页:10
字数:692千字
版次:2021年12月第1版　　印次:2021年12月第1次印刷

定价:180.00元

《河南省南水北调年鉴2021》
编纂委员会

主 任 委 员：王国栋

副主任委员：雷淮平

委　　　员：余　洋　　秦鸿飞　　胡国领　　邹根中　　徐庆河

　　　　　　赵　南　　王志文　　尹延飞　　王兴华　　彭清旺

　　　　　　雷卫华　　何东华　　张建民　　李　峰　　刘少民

　　　　　　马雨生　　孙传勇　　韩秀成　　杜长明　　马荣洲

　　　　　　陈志超　　张　鹏　　李青波　　马晓辉

《河南省南水北调年鉴2021》
编纂委员会办公室

主　　任：余　洋

副主任：樊桦楠

《河南省南水北调年鉴2021》
编 辑 部

2020年12月，中国南水北调集团公司董事长蒋旭光调研干渠辉县管理处韭山段

（朱昊哲 摄）

2020年5月，水利部南水北调工程管理司司长李鹏程在南水北调中线辉县段峪河退水闸检查大流量输水及生态补水工作

（和凯 摄）

2020年7月，水利部南水北调工程管理司副司长袁其田到沁河倒虹吸检查防汛工作

（李海龙　摄）

2020年8月，水利厅党组书记刘正才调研省南水北调建管局工作

（余培松　摄）

2020年9月，水利厅副厅长（正厅级）王国栋飞检郑州市配套工程管理

（余培松　摄）

2020年9月，生态环境厅厅长王仲田到沙河渡槽调研

（赵京摄）

2020年6月，河南省新郑市委书记马志峰一行到南水北调双洎河渡槽调研指导防汛工作

（张海中　摄）

2020年5月，中线建管局局长于合群一行检查干渠叶县管理处大流量输水情况

（张茜茜　摄）

2020年8月，水利厅南水北调工程管理处处长雷淮平检查干渠防汛工作　　（蔡舒平　摄）

2020年4月，省南水北调建管局郑州建管处处长、党支部书记余洋主持召开党建暨党风廉政建设工作会并讲党课　　　　　　　　　　　　　　　　　（余培松　摄）

2020年6月，省南水北调建管局南阳建管处处长、党支部书记秦鸿飞以十九大精神为主题讲党课 　　　　　　　　　　　　　　　　　　　　　　　　　　　　　（王庆庆　摄）

　　2020年4月，省南水北调建管局安阳建管处处长、党支部书记胡国领到周口市南水北调办组织召开配套工程运行管理费内部审计工作进点会 　　　　　　　　（朱子奇　摄）

2020年4月，省南水北调建管局新乡建管处处长、党支部书记邹根中带队到定点扶贫村肖庄调研防疫情况并召开村两委座谈会　　　　　　　　　　（高　亮　摄）

2020年10月，省南水北调建管局平顶山建管处处长、党支部书记徐庆河主持南水北调中线一期工程干渠河南境内电源接引工程和沿渠35 kV输电线路工程合同验收　　　（高　翔　摄）

2020年5月26日，河南省2020年南水北调工作会议在郑州召开　　　　　（蔡舒平　摄）

2020年6月，安阳市南水北调工程防汛工作会召开　　　　　　　（罗　超摄）

2020年12月，濮阳市水利局组织南水北调配套工程建设档案专项验收　　（王道明　摄）

2020年10月12日，安阳市南水北调工程运行保障中心揭牌仪式　　（罗　超摄）

2020年10月15日，河南省南水北调配套工程黄河北维护中心、鹤壁市南水北调配套工程管理处及市区管理所合建办公楼落成暨乔迁仪式
（姚林海 摄）

2020年5月，渠首分局值守人员现场巡查
（李 丹 摄）

2020年12月，河南省滑县南水北调配套工程巡线员顶风冒雪巡线　　　　（刘俊玲　摄）

2020年12月，郑济高铁穿越滑县南水北调管道施工　　　　（庞宗杰　摄）

2020年6月，中线建管局在长江流域南阳市举办白河倒虹吸工程防汛应急演练

（王朝朋 摄）

2020年6月，北京市扶贫和支援合作办调研"栾川印象"旗舰店 （范毅君 摄）

2020年1月21日，渠首分局举办2020年迎春联欢会 　　　　　　　　　　　　　　　（王朝朋　摄）

2020年5月，渠首分局庆祝南水北调中线工程入渠流量达到420m³/s 　　　　　　（王朝朋　摄）

2020年10月，渠首分局举办年度南水北调中线工程开放日活动 　　　　（李强胜　摄）

2020年3月，南水北调中线陶岔渠首枢纽工程 　　　　（许凯炳　摄）

2020年5月，南水北调中线肖楼分水口 　　　　　　　　　　　　　　　（许凯炳　摄）

2020年5月，漯河市南水北调配套工程10号输水线生态补水后的沙河 　　　　（董志刚　摄）

2020年12月，焦作市南水北调生态补水后的大沙河 （彭　潜　摄）

2020年12月，焦作市中国方志馆南水北调分馆收藏的南水北调中线穿黄工程施工盾构机 （孟宪梅　摄）

编 辑 说 明

一、《河南省南水北调年鉴2021》记载河南南水北调2020年工作信息，既是面向社会公开出版发行的连续性工具书，也是展示河南南水北调工作的窗口；河南省南水北调中线工程建设管理局主办、年鉴编纂委员会承办、河南南水北调有关单位供稿。

二、年鉴内容的选择以南水北调供水、运行管理、生态带建设、配套工程建设和组织机构建设的信息以及社会关注事项为基本原则，以现实意义和存史价值为基本标准。

三、年鉴供稿单位设2021卷组稿负责人和撰稿联系人，负责本单位年鉴供稿工作。年鉴内容全部经供稿单位审核。

四、年鉴2021卷力求全面、客观、翔实反映2020年工作。记述政务和业务工作重要事项、重要节点和成效；记述党务工作重要信息；描述年度工作特点和特色。

五、年鉴设置篇目、栏目、类目、条目，根据每一卷内容的主题和信息量划分。

六、年鉴规范遵循国家出版有关规定和约定俗成。

七、年鉴从2007卷编辑出版，2016卷开始公开出版发行。

《河南省南水北调年鉴2021》
供稿单位名单

　　省水利厅南水北调工程管理处、移民安置处，省南水北调建管局综合处、投资计划处、经济与财务处、环境与移民处、建设管理处、监督处、审计监察室、机关党委、质量监督站、南阳建管处、平顶山建管处、郑州建管处、新乡建管处、安阳建管处，省文物局南水北调办，中线建管局河南分局、渠首分局，南阳运行中心，平顶山运行中心，漯河维护中心，周口市南水北调办，许昌运行中心，郑州运行中心，焦作运行中心、焦作市南水北调城区办，新乡运行中心，濮阳市南水北调办，鹤壁市南水北调办，安阳运行中心，邓州服务中心，滑县南水北调办，栾川县南水北调办，卢氏县南水北调办。

目　录

壹　要事纪实

贰 规 章 制 度·重 要 文 件

叁 干线工程（上篇）

肆 干线工程（下篇）

伍 配套工程（上篇）

陆 配套工程（下篇）

柒 水源区保护

捌　组　织　机　构

玖 统 计 资 料

拾　传　媒　信　息

传媒信息选录

拾壹 大 事 记

壹 要事纪实

重 要 讲 话

水利厅党组书记刘正才 在2020年全省水利工作会议上的 讲话（摘要）

（2020年1月18日）

一、肯定成绩，坚定信心，切实增强做好新时代水利工作的使命感

2019年，在省委、省政府的坚强领导下，全省水利系统深入贯彻落实习近平总书记"节水优先、空间均衡、系统治理、两手发力"治水新思路，站位全局，把握大势，全面实施"四水同治"战略，统筹做好水利改革发展各项工作，全省全口径水利投资规模达403亿元，一大批重量级项目渐次落地，一大批民生工程发挥效益，一大批治水兴水改革举措引领发展，为全省经济社会发展提供了有力的水利支撑和保障。

（一）以"四水同治"为载体，工程建设势头强劲。"四水同治"成效凸显。以"四水同治"擘画河南现代水利宏伟蓝图，统筹水资源、水生态、水环境、水灾害系统治理，"四水同治"战略实施开局良好，初战告捷。全省谋划四水同治项目682个，概算总投资2535.8亿元，开工建设649个，完建项目299个，完成投资671.4亿元，创历史新高。十大水利工程顺利推进。宿鸭湖水库清淤扩容、卫河共产主义渠治理、小浪底南岸灌区、引江济淮工程（河南段）、小浪底北岸灌区、大别山革命老区引淮供水灌溉、赵口引黄灌区二期等7项工程相继开工，完成投资37.75亿元，占年度计划的137%。西霞院水利枢纽输水及灌区工程、洪汝河治理、黄河下游贯孟堤扩建工程前期工作加快推进。在建重点水利工程稳步实施。出山店水库工程建成并发挥效益，累计完成投资97.56亿元。前坪水库工程基本建成并通过水利部蓄水验收，拟于今年3月底下闸蓄水发挥效益。淮干一般堤防加固全部完成。病险水库和水闸除险加固、重要支流和中小河流治理等132个项目全面展开，12处大型灌区、27处重点中型灌区续建配套和节水改造稳步实施。

（二）以全面小康为目标，民生水利扎实推进。水利脱贫攻坚战踏疾步稳。聚焦"两不愁三保障"，全速推进农村饮水安全巩固提升工程，完成投资17.61亿元，解决了2443个村434.3万人安全饮水问题，超额完成年度任务。全省集中供水率达到93%，农村自来水普及率达到91%，贫困人口饮水安全全部达标。统筹推进水利行业扶贫，向贫困地区倾斜安排项目资金42.63亿元，贫困地区水利基础设施条件显著改善。扎实开展对口扶贫和驻村帮扶，贫困群众脱贫进程进一步加快。南水北调工程效益显著提升。合理扩大南水北调供水范围，努力向乡镇延伸、向农村覆盖，供水目标涵盖11个省辖市市区、40个县（市、区）、64个乡镇，清丰、南乐基本实现南水北调城乡供水一体化。工程运行管理不断加强，巡查监督体系不断完善，实现了安全平稳高效运行，累计向北方供水251.08亿立方米、其中向我省供水91.94亿立方米，受益人口突破2300万人。引黄供水实现新突破。全年引黄供水达46.3亿立方米，创历史记录。征地移民工作和谐高效。完成征地3193公顷，搬迁安置群众1.65万人，为重点水利工程建设提供有力保障。丹江口库区移民安置顺利通过蓄水阶段国家终验。移民后期扶持力度加大，全省166.39万移民纳入国家扶持，全年下达移民后期扶持资金23.38亿元，启动53个"美好移民村"示范村建设，移民全面小康步伐加快。

（三）以生态文明为方向，管水治水有力有序。河湖监管取得重大突破。推动河（湖）

长制从"有名"向"有实"转变，19名省级河长率先垂范，5.2万河（湖）长履职尽责，省市县乡四级河长累计巡河24.8万次，实现党政领导治河责任全覆盖。实行问题、任务、责任"三个清单"管理，夯实河长管河治河责任。开展河（湖）长制水体延伸覆盖行动，小微水体全部纳入河（湖）长监管范围。深入开展河湖"清四乱"专项行动，上报水利部的1980个问题基本整改到位。创新实践"河长+检察长"依法治河新模式，开展"携手清四乱、保护母亲河"专项行动，向检察机关移交问题线索266个，已基本整改销号，河湖环境明显改善。扛稳抓牢管砂责任，坚持疏堵结合，规范合法采砂，遏制非法采砂，积极推广机制砂，水利厅牵头、省直8个厅局联合出台指导意见，促进机制砂产业发展。水生态环境实现明显好转。深入实施国家节水行动，联合省发改委印发《河南省节水行动实施方案》，全年节约控制指标37.42亿立方米，用水效率达到0.616，县域节水型社会建设累计有71个通过省级验收。农业节水大力推进，井灌区计量模式改革取得进展，农业水价综合改革步伐加快，节水护水新风尚正在形成。水资源管理持续加强，启动12条主要河流水量分配工作，协调推进水资源税改革试点，新增取用水许可单位1.39万个，收缴水资源税31.8亿元。南水北调受水区地下水压采超额完成任务。生态流量调度和水土保持持续推进，为贾鲁河等16条河流生态补水9.8亿立方米，实施水土流失动态监测，完成水土流失治理319.4平方千米。防汛抗旱夺取全面胜利。认真做好防汛抗旱工作，积极应对各类风险隐患，汛期我省没有出现大的汛情，江河湖库运行平稳。根据旱情发展，及时启动抗旱Ⅳ级应急响应，分别向商丘、鄢陵应急调水550万立方米和3000万立方米，解决24.7万人的临时饮水困难，抗旱灌溉432万公顷次。山洪灾害防御扎实有效，卢氏县南部山区、济源九里沟山体滑坡应对科学，实现了"一个确保、三个不发生"的目标。

（四）以强化监管为抓手，治理体系不断完善。监管队伍强起来。省水利厅专门成立监督处，充实监管力量，健全组织机构，地方各级水利部门加强组织领导，配齐配强监管队伍，形成职责明确、专人专责、监管有力、运转高效的组织体系。监管机制建起来。用机制强化监督约束，增强治水成效，研究建立河湖岸线保护与利用、小型水库运行管理、水污染防治、地下水超采综合治理、水土保持区域评估等30多项重要工作机制。监管行动实起来。加强工程质量监管，采取"四不两直"方式，明察暗访重点工作，巡检水利工程项目31个，发现问题123个，已全面整改到位。加强工程运行监管，流域面积1000平方千米以上的61条河流、水面面积1平方千米以上的6个湖泊，管理范围划定任务圆满完成；水利部督导的小型水库运行管理问题整改率达92%以上，居全国前列。加强水利监督稽察，水利部暗访稽察的1550个问题、我省稽察的137个问题，基本整改到位。监管手腕硬起来。组织开展全省汛前河湖安全执法检查活动，依法查处河湖案件245起。就工程建设和运行管理中的突出问题，对有关市县水行政主管部门和水库管理单位开展5个批次的集中约谈，通报批评两个水管单位。对河湖管理保护不力、履职不到位的相关人员，通过通报、诫勉谈话、党纪政纪处分等形式，追责问责148人次。

（五）以机构改革为契机，行政效能明显提升。机构改革走在前列。按照省委"三定"方案和有关部署，按时完成机构撤并转和人员转隶，原南水北调办并入水利厅机关。厅党组坚持正确的用人导向，坚持公平公正公开，平稳有序做好人事安排，促进水利厅、原南水北调办干部、业务充分融合，让每个干部都得到妥善安排，每个干部都有合适岗位，确保思想不乱、工作不断、队伍不散、干劲不减。省水利厅在省直单位中率先完成机构改革任务。依法行政得到加强。《河南省〈大中型水利水电工程建设征地补偿和移民安置条例》实施办法》以省政府令颁布，移民工作法制化和规范化管理走在全国前列。出台河道砂石价值认定和河道非法采砂认定办法等规范性文件，清理11部涉水规章、9个规范性文件，水利工作法治化水平进一步提高。放管服改革取得成效。全面梳理行政服务事项，厘清省级法定权限、程序和责任单位，公开权责清单，37项国家级监管事项清单、33项省级监管事项目录清单、155项省级监管事项实施清单全部认领上网，实现"一网能办""一网通办"。

（六）以党建工作为统领，队伍建设富有成效。思想政治教育入脑入心。围绕习近平新时代中国特色社会主义思想和党的十九大、十九届二中、三中、四中全会精神，以及《关于加强党的政治建设的意见》等党内法规条例，加强干部职工理论学习和教育培训，"四个意识""四个自信""两个维护"已经成为广大党员干部的政治自觉、思想自觉和行动自觉。"不忘初心、牢记使命"主题教育扎实开展，坚持学习教育贯穿始终、调查研究贯穿始终、检视问题贯穿始终、整改落实贯穿始终，主题教育成效不断转化为党员干部增强党性、提升能力、改进作风、推动工作的现实生产力。管党治党主体责任落实到位。制定厅党组工作规则、议事决策规则，全厅各级党组织认真落实全面从严治党"两个责任"清单，严格执行"三会一课"等党内组织生活制度，全面从严治党取得新成效。坚持党管意识形态不动摇，加强阵地管理，强化舆论引导，水利系统意识形态领域形势整体稳定。基层党组织规范化建设迈出关键步伐。出台加强基层党组织规范化建设、加强和规范基层党务公开等制度，严格落实党建述职评议制度，开展机关党建"灯下黑"和基层党组织软弱涣散专项整治，基层党建工作开创新局面。党风廉政建设持续深入。深入开展中央八项规定及实施细则精神落实情况专项检查、漠视侵害群众利益问题专项整治，开展"作风建设年"活动，坚持"以案促改"，强化监督执纪问责，不敢腐的震慑已经形成，不能腐的"笼子"逐步扎牢,不想腐的自觉不断增强。

水利科技、水利职业教育、内部审计、平安建设、综合治理、机关保障、老干部服务以及工青妇、学会、协会等团体的工作都取得了可喜成绩。

2019年，全省水利系统正确把握机遇，积极应对各类挑战，坚持"水利工程补短板、水利行业强监管"，河南水利工作成效明显、喜事不断，广受赞誉、可圈可点。这一年，我们围绕"四水同治"战略部署，排兵布阵重大项目，统筹推进水利工程建设，中原大地水利建设热潮涌动、如火如荼，一年内重大水利工程开工数量创近几十年之最，形成了规模扩张、速度加快、质量提升、安全可控的良好局面，引江济淮工程河南段开工、出山店水库下闸蓄水被水利部评为"2019有影响力十大水利工程"，河南水利务实奋进、成绩斐然。这一年，我省水利工程建设质量被国家评定为A等，连续5年在全国领先，河口村水库工程荣获国家建筑质量最高奖"鲁班奖"，成为水利工程高质量建设的典范。这一年，水利发展资金、中央水库移民扶持基金绩效评价分别连续两年被财政部、水利部评为优秀等次，前坪水库科技攻关项目荣获中国水力发电科学技术奖一等奖。这一年，我们牢牢秉持"节水优先"理念，高标准推进国家节水行动，惜水、节水、爱水、护水理念已渗透到社会方方面面，节水成效位居全国前列，省水利厅节水型机关建设顺利通过水利部验收，为节水型社会建设树立了标杆。这一年，我们立足水生态环境保护，以刮骨疗毒的决心和壮士断腕的勇气，两手发力治理河道采砂，依法依规清理河湖"四乱"，努力保持山清水秀、河清湖晏。河南水利工作得到水利部充分肯定，在2020年全国水利工作会议上作典型发言。这一年，我们以高质量党建统揽全局，正风肃纪抓班子带队伍，建章立制促规范定规矩，全省水利系统风清气正、活力彰显!

二、分析形势,明确方向,加快推进我省水利现代化建设

（一）准确把握当前水利工作的形势和机遇

第一,黄河流域生态保护和高质量发展成为国家重大战略,河南水利面临千载难逢的战略机遇。抢抓战略机遇,我们必须在深入学习习近平总书记"9·18"重要讲话中积极布局、谋划发展,在坚决贯彻"9·18"重要讲话中奋勇争先、彰显作为。习近平总书记在去年9月18日黄河流域生态保护和高质量发展座谈会上,发出了"让黄河成为造福人民的幸福河"的伟大号召。在今年1月3日召开的中央财经委六次会议上,又对黄河流域生态保护和高质量发展进行强调,提出了"四个坚持"的原则。黄河流经9省区,黄河流域生态保护和高质量发展座谈会在郑州召开,凸显了河南在黄河流域中区位特殊、地位重要。我省黄河流域及受水区涉及14市、总面积10.23万平方千米,占全省总面积的62%,黄河对河南发展意义重大、至关重要。我们要找准定位,抢抓机遇,发挥优势,把总书记重要指示变成实际行动,围绕实施国家重大战略,科学制定规划,开展大保护、大治理,着力打造沿黄水生态保护示范区、高质量发展先导区。要统筹做好黄河水资源开发利用这篇大文章,在保护治理的基础上,积极开发利用黄河水资源,以调蓄工程、引黄灌区建设和生态保护为重点,打造供水保障体系,实现"让黄河成为造福人民的幸福河"的目标。

第二,"水利工程补短板、水利行业强监管"成为新时代水利改革发展总基调,治水工作面临转型升级的历史机遇。抢抓历史机遇,我们必须在理解总基调中革新思想、转变观念,在贯彻总基调中结合实际、务求实效。水利部准确把握治水主要矛盾、水利改革发展形势和任务变化,着眼于调整人的行为、纠正人的错误行为,确定了"水利工程补短板、水利行业强监管"的新时代水利改革发展总基调。在今年全国水利工作会上进一步阐述了坚持这一总基调的重要性、必要性、可行性。补短板、强监管,是解决新老水问题的"两大抓手",相互联系,相互支撑,相互补充。没有必要的工程措施和有效的科技手段,监管就强不起来;没有强有力的监管,补短板的任务也不可能完成。做好新时代水利工作,必须加快转变治水思路和方式,将注意力、兴奋点聚焦到补短板、强监管上来,坚定不移践行总基调,驰而不息推进总基调。

第三,我国经济由高速增长阶段转向高质量发展阶段成为新时代经济发展的基本特征,水利建设面临长期向好的政策机遇。抢抓政策机遇,我们必须在落实高质量发展要求上加快补齐基础设施短板,在实现高质量发展目标中提供坚实水利支撑。去年9月18日总书记在我省考察时强调,要加强重大基础设施建设,加快构建兴利除害的现代水网体系。国家有关部门正在加快编制相关规划,谋划实施一大批包括水利工程在内的重大项目。今年,国家积极的财政政策将大力提质增效,扩大有效投资,增加地方政府专项债券规模,允许更多符合条件的重大项目将专项债券作为资本金,赋予省级政府更大的用地自主权。这些重大政策,将有利于我们进一步扩大水利建设规模。我们要强化政治意识、机遇意识和担当意识,紧紧抓住难得的政策机遇,坚持谋在长远和干在当下有机统一,以历史视野、全局眼光谋划一批重大工程、重大项目,积极对接,争取列入国家规划。对看得准、谋得实、基础好的项目,要积极推进、加快实施、大干快上,着力补好水利基础设施短板。

（二）切实明确下步水利工作的方向和重点

实施"四水同治"战略,是省委、省政府着眼于贯彻落实习近平总书记"3·14"重要讲话精神,做出的重大决策部署,也是破解我省新老水问题的根本举措。去年10月15日,王国生书记调研引江济淮工程建设，强调要高标准实施十大水利工程，加快实施四水同治。省委、省政府主要领导同时参加四水同治动员大会、同时调研重大水利工程建设，这在我省治水史上绝无仅有，就是在全国也极为少见，充分体现了省委、省政府对水利工作的高度重视。"四水同治"战略实施一年来，各项工作稳步推进，治水兴水成效初显。做好新时代水利工作，必须坚决贯彻省委、省政府决策部署，坚定"四水同治"前进方向，进一步明确"四水同治"重点，真正把"四水同治"这篇出彩文章书写好。

第一，坚持开源与节流并重，加快弥补水资源短缺。要统筹生活、生产、生态用水需求，兼顾上下游、左右岸、干支流，通过强化节水、严格管控、优化配置、科学调度，为经济社会高质量发展提供优质水资源。一要配好水资源。建设一批重点水源工程，增强水资源调蓄能力。实施一批水系连通工程，实现四大流域水系连通，增强跨流域、跨区域水资源调配能力。积极推进农村供水工程规模化建设和升级改造，实现规模化、市场化、水源地表化、城乡一体化的目标，不断夯实农村供水保障基础。二要管好水资源。把水资源作为最大的刚性约束，以水定城、以水定地、以水定人、以水定产，建立水资源监控体系和水资源承载能力监测预警机制，严格取水许可和用水计划管理，逐步实现合理分水、管住用水。三要用好水资源。坚持节水优先，强化节水指标考核，用好节水评价政策，实施节水行动，大力推进节水制度、政策、技术、机制创新，加快推进用水方式转变。抓好洪水、雨水、中水的资源化，实现水资源利用配置最优化。

第二，坚持保护与修复协同，着力减轻水生态损害。坚持保护优先、自然恢复为主，全面推进水生态环境保护和修复，打造水清岸绿、河畅湖美的美丽家园。一要保流量。科学确定重要河湖生态流量水量，完善生态水量监测预警机制，优化水资源配置和水工程调度，

严控水资源开发强度，保障河湖基本生态水量，维护河湖健康生命。二要重治理。健全水生态保护修复制度，推进生态河湖建设，开展10条典型河流生态治理试点，实施地下水超采区综合治理，加强重要生态保护区、水源涵养区、江河源头区生态保护。三要抓建设。结合"百城提质"，推进水生态文明建设，引导城乡发展方式、经济结构、产业布局与水承载能力相适应，打造水系完整、水流通畅、水质良好的现代水生态格局。

第三，坚持防范与治理统筹，坚决遏止水环境污染。加强河湖监管、水污染治理，进一步改善水环境。一要清乱。强化水域、岸线空间管控与保护，规范采砂等涉水活动。健全监管体系，加强监督执法，持续开展河湖"清四乱"行动。二要净水。加强入河排污口整治，落实入河污染物减排限排措施，从严控制排污总量和强度，推动城市黑臭水体整治和农村水环境治理，打好污染防治攻坚战。三要护源。统筹做好水源涵养、水土保持、受损河流湖泊治理修复等工作，促进河流生态系统健康。

第四，坚持硬件与软件结合，科学防御水灾害威胁。深入贯彻"两个坚持、三个转变"，全面提升水旱灾害防治能力。一要补齐防洪短板。加快重要支流和中小河流治理、病险水库和水闸除险加固，实施重点平原洼地治理、蓄滞洪区建设等工程，完善城市防洪排涝基础设施。二要强化抗旱弱项。着力完善重点区域和干旱高发区抗旱基础设施，加快建设应急水源，提升补水、调水、引水能力。三要提升应急能力。严格落实防汛抗旱责任制，强化洪水监测预报和科学调控，完善防汛抗旱指挥系统和山洪灾害监测预警体系，加强物资储备和抢险队伍建设，积极防御水旱灾害。

三、抢抓机遇，守正创新，全面开创我省水利改革发展新局面

2020年是全面建成小康社会和"十三五"规划收官之年，是脱贫攻坚决战决胜之年，必须深刻认识做好全年水利工作的特殊重要性。

今年工作的总体要求是：以习近平新时代中国特色社会主义思想为指导，深入贯彻习近平总书记视察河南重要讲话精神，认真落实党的十九大、十九届二中、三中、四中全会、省委十届十次全会、省委经济工作会议和全国水利工作会议精神，坚持"水利工程补短板、水利行业强监管"总基调，深入推进"四水同治"，努力在黄河流域生态保护和高质量发展上有新作为，在推进河南水治理体系和治理能力现代化上有新成效，在高质量党建引领河南水利高质量发展上有新气象，奋力谱写新时代中原更加出彩的水利篇章。

（一）对标对表中央决策部署，着力抢抓国家重大战略实施的重要机遇

紧紧抓住黄河流域生态保护和高质量发展、"四水同治"、河（湖）长制、脱贫攻坚等重大国家战略实施的历史性机遇，结合省情水情，找准结合点，找到突破口，切实让国家重大战略、重要决策在我省落地落实。

第一，推动我省黄河流域治理从"单一"到"系统"转变。不断丰富黄河治理的对策和措施，推动源头治理、系统治理、综合治理，实现流域生态环境好、发展质量高。一要坚定"创造经验、示范引领"这一决心。要先人一步，力争主动，在我省黄河流域生态保护和高质量发展水利专题调研基础上，协调经济发展、河流开发与生态保护，抓紧编制我省黄河流域生态保护和高质量发展专项规划、"十四五"水安全保护规划和大运河河道水系治理规划，谋划一批重大节水护水调水工程。要强化项目争取，积极与国家、省有关部门对接沟通，争取更多重大水利项目纳入国家盘子，在新时代黄河大合唱中争做"领唱"。二要坚持"重在保护、要在治理"这一根本。要立足共同抓好大保护、协同推进大治理，推进沿黄生态廊道、湿地公园群建设，系统修复水生态，全面加强我省黄河流域生态保护。要持续开展"携手清四乱、保护母亲河"行动，铁腕治理水环境，落实最大刚性约束，倒逼沿黄地区产业结构调整和发展布局优化，在高水平保护中促进高质量发展。三要坚守"黄河安澜、群众安全"这一底线。加快推进我省黄河流域河道整治和堤防建设，统筹治水治沙治滩，统筹防洪抗旱减淤，谋划建设桃花峪水库等工程，实施滩区综合提升治理，构建我省黄河流域防洪减灾应急预警体系，全力守住水旱灾害防御底线，确保黄河安澜、群众安全。

第二，推动"四水同治"从"治标"到"治本"转变。"四水同治"，内容是"四水"、关键是"同治"。"四水"要统筹兼顾、不可偏废，"同治"要系统推进、全面发力。要摒弃管水治水中头疼医头、脚疼医脚的短视行为，坚持工程措施和非工程措施相结合，既补短板，更谋发展，全面系统治理"四水"。一是水资源利用要更高效。持续强化水资源"三条红线"刚性约束，坚决抑制不合理用水需求，推动用水方式由粗放向节约集约转变。要推进淮河等16条跨区域江河生态流量、控制断面和水量分配指标的细化落实，研究建立全省河湖调度长效机制，探索开展水量流量调度。推进农业水价综合改革，进一步完善大中型灌区骨干工程和供水计量设施。大力推进节水型社会建设，各级水利部门要争创节水型机关。二是水生态修复要更系统。持续推进地下水超采区综合治理试点，实施兰考、滑县等7个县的试点项目，努力实现"地上水盆"互联互通、地下水量采补均衡。三是水环境治理要更精准。坚持山水林田湖草综合治理、系统治理、源头治理，实施水土流失综合防治，完成治理面积437平方千米。加强水土流失预防监督，不断提升水土保持治理水平。以县区为单元统筹实施水系连通和农村水系综合整治，恢复河湖基本功能，修复河道空间形态，改善河湖水环境，建设一批河畅、水清、岸绿、景美、人和的示范河湖。继续推进流域面积1000平方千米以下河流管理范围划定，夯实河湖管理保护基础。四是水灾害防治要更科学。加快袁湾水库和新增加的2725千米中小河流重要河段

治理等工程前期工作，争取项目尽快开工建设。推进农村基层防汛预报和群策群防体系建设，建立"天-空-地"一体水旱灾害监测体系。

第三，推动河（湖）长制从"有实"到"有为"转变。目前，我省河（湖）长制已基本实现从"有名"到"有实"转变，但从成效看，还有提升空间，需要继续发力，努力实现从"有实"到"有为"转变。一是进一步完善责任体系。健全完善河（湖）长巡河（湖）、清单式管理、网格化监管责任体系，压实各级河（湖）长治河（湖）责任、水利部门监管责任。健全完善考核评价、激励奖惩和责任追究制度，进一步传导压力，推动落实。二是进一步完善创新体系。创新完善"河（湖）长+"模式，总结推广地方党委政府主导，水利部门牵头，公安、检察、生态环境、自然资源、农业农村等相关部门参与配合的河湖综合治理协作联动机制，依法治理河湖"四乱"。巩固河湖"清四乱"成果，推动河湖面貌和河湖环境得到根本改善。三是进一步完善河砂治理体系。一方面，要持续保持打击非法采砂高压态势，强化"人防+技防"监管措施，坚持露头就打，发现一起、查处一起，让非法采砂行为没有市场，坐享暴利者无利可图，坚决防止非法采砂反弹。另一方面，要切实规范合法采砂，加快河砂规划编制、采砂许可进度，大力推广机制砂。通过"两条腿"走路，努力形成"打防并举、疏堵结合、标本兼治"的河道采砂管理格局。

第四，推动脱贫攻坚从"决战"到"决胜"转变。一是脱贫攻坚务求完胜。要坚持把农村饮水安全脱贫攻坚作为水利工作头等大事，紧盯35.3万贫困人口和52个贫困村饮水安全保障，实现贫困人口饮水安全全覆盖。落实支持深度贫困地区脱贫攻坚实施意见，水利扶贫资金进一步向深度贫困县、贫困村倾斜，着力解决贫困地区水利基础设施薄弱问题。巩固提升"一县三村"扶贫成果，落实贫困村脱贫

后第一书记帮扶任务清单，坚决打赢联县驻村对口扶贫攻坚战。二是问题整改务求彻底。扎实开展脱贫攻坚"回头看"，逐户排查农村饮水安全是否达标，逐工程排查运行管理维修是否落实，逐县排查部门监管是否到位，上半年各类问题要全部整改，今年要实现贫困人口饮水安全百分之百达标、农村饮水工程从"源头到龙头"百分之百全过程管理的硬性指标。三是监管机制务求长效。采取硬措施推动农村饮水安全管理"三个责任""三项制度"落实。紧抓农村供水工程水费收缴工作"牛鼻子"，使群众喝"放心水"、交"明白费"。采取"四不两直"方式，开展高频次暗访"靶向"核查，确保农村饮水安全脱贫攻坚质量经得起检验。

（二）对标对表兴利除害目标，着力加快水治理体系和治理能力现代化建设

第一，聚焦强基固本抓基础，切实加快重点工程建设。一要加速推进十大水利工程。要坚持一手抓项目前期质量深度，一手抓在建工程质量进度，已经开工的引江济淮工程（河南段）等7大工程，要在保证质量和安全的前提下，倒排工期，加快进度，争取早日建成。西霞院水利枢纽输水及灌区工程、洪汝河治理，要加强协调，加大力度，争取3月份开工。黄河下游贯孟堤扩建工程，要加快前期工作，争取可研报告早日批复。要扎实做好征迁安置工作，保障工程建设顺利进行。二要重点实施灾害防治工程。加快前坪水库、淮河流域滞洪区、山洪灾害防治等工程建设，实施板桥、丁店、虎山等3座大中型水库、45座小型水库和大陈、河坞等2座大中型病险水闸除险加固，推进伊洛河、唐白河、史灌河、贾鲁河等4条重要支流重点河段和潢河、安阳河等45个中小河流治理。做好丹江口水库、小浪底水库库周地质灾害监测预警、应急处置和项目争取，保障库周群众生命财产安全。三要切实抓好灌区续建配套与节水改造。继续实施三义寨、陆浑等15处大型灌区，以及23个重点中型灌区

续建配套与节水改造项目，新增改善灌溉面积7.67万公顷。四要全面做好南水北调工作。推进干线郑州1段、宝郏段和潮河段等设计单元工程验收，加快配套工程专项验收、全面开展政府验收，确保完成验收任务。进一步规范南水北调工程运行管理，加大水费征收力度。加快南水北调供水"城乡一体化"，开工建设新郑观音寺调蓄工程，加速推进鹤壁鱼泉等调蓄工程前期工作，力争建成舞钢市、原阳县、平原新区、驻马店4县等一批新增配套供水工程，增加年供水能力9000万立方米，进一步提高南水北调综合效益。

第二，聚焦提质增效抓监管，推动实现治水方式转变。一是突出监管重点。要突出水资源、河湖、水土保持、水旱灾害防御、小型工程运行、南水北调工程等6个重点领域，实施常态监管，以重点领域监管成效带动行业全面强监管。要紧盯农村饮水和水利扶贫、工程质量和资金、河湖管理、水利工程安全运行、水污染防治、大气污染防治等6个风险高发领域，统筹资源、重拳出击，开展专项督查行动，及时发现整改问题。二是完善监管机制。围绕强监管工作重点，制定河南省水利工程运行管理、小型水库安全运行、水利建设质量与安全生产、水利工程合同、水利资金、水资源管理等6项监督检查办法，进一步完善强监管的机制。加快实施"互联网+监管"系统建设，有条件的地方要建设水利监管综合信息平台，配齐现代化监管装备，保证监管经费，为强监管提供可靠保障。三是加大监管力度。要树立打持久战的思想，坚持势头不减、力度不弱、手段不软，始终保持强监管的高压态势，确保行业强监管常态长效。既要"枪口对外"，加强社会管理，把水利系统该管的水资源、河湖、水利工程等管住管好。也要"刀刃向内"，加强行业指导监督，促进各级水利部门履行管理责任。更要让制度"长牙带电"，强化行政执法和问责追责，加大违法行为查处力度，维护良好的水事秩序。

第三，聚焦守正创新抓提升，持续增强行业治理能力。一要健全水治理体系。紧紧围绕涉水制度不够用、不适用、不实用、不管用等问题，推进水利制度建设。要根据机构改革职责调整情况，严格执行部门权责清单，做好涉水规范性文件"改、废"工作，完成《河南省节水条例》《地下水管理办法》等政府规章条例的清理与修订。要聚焦水旱灾害防御、水资源管理、河湖管理保护、水生态水环境、水利工程建设和运行管理等方面，及时修改完善相关制度，加快补齐重点领域制度空白，构建系统完备、务实高效的规章制度体系。二要深化水治理改革。深化"放管服"改革，做好行政许可事项的调整、优化和下放工作，进一步优化流程、简化环节，提高审批效率和群众便利度。推进水利投融资和建设体制改革，支持鼓励和引导社会资本，通过PPP、参股控股、特许经营、股权债权融资等方式参与水利建设运营。深化水利工程管理体制改革，督促落实工程管护主体、人员和经费，建立健全管理体制和良性运行机制，扶持培育国家小型水库管理体制改革示范县。三要加快智慧水利建设。利用互联网、云计算、大数据等先进技术，建设高速、泛在的水利信息网络，构建水文水资源、水工程、水生态、水环境、水管理等全方位、全要素动态感知的监测监控体系。下决心对过去各自为政的信息平台统一整合，坚决消除信息孤岛。四要强化水文化建设。要大力弘扬黄河文化，加强水文化研究、交流、传播，繁荣和发展水利文学艺术。要深入搜集整理河南水文化所蕴含的时代价值，启动编纂《河南河湖大典》等水文化建设工程，讲好河南水利故事，坚定行业文化自信。

第四，聚焦乡村振兴抓保障，不断释放利民惠民红利。一是围绕增收致富，切实加快移民发展步伐。围绕"搬得出、稳得住、能发展、快致富"，深入实施"乡村振兴"战略，持续推进"美好移民村"建设，在去年示范村建设基础上，再启动100个示范村建设，切实建设一批农业强、农村美、农民富的美好移民村。加快培育移民主导产业，按照"一村一品"发展路径，加大产业项目资金投入力度，推进移民产业高质量发展、移民收入可持续增长。二是围绕扶危济困，积极争取国家项目支持。要积极争取南水北调中线防洪影响后续工程进入国家"十四五"规划、丹江口库区移民后续帮扶获得国家支持，落实国家移民避险解困政策，完成第五批避险解困试点任务。三是围绕和谐稳定，认真做好水利信访工作。要解难题，认真处理信访群众反映的问题，解决好群众的合理诉求；要抓源头，及时做好矛盾排查化解，把矛盾问题解决在基层一线、化解在萌芽状态；要盯关键，做好重要节点、重点人群、关键领域的信访稳定工作；要建机制，建立健全信访稳定长效机制，规范信访秩序，保持大局稳定。

（三）对标对表政治能力提升，着力以高质量党建促进河南水利事业高质量发展

坚持党要管党、全面从严治党，树立高标准，提出严要求，推动全省水利系统党的建设严起来、实起来、强起来，切实以党的建设高质量推动水利发展高质量。

第一，持续加强思想政治建设，防止出现"政治意识淡化"问题。切实把政治建设放在党的建设的统领地位，以先进理论武装头脑，保证水利事业行稳致远。一要始终保持政治头脑清醒坚定。始终把党的政治建设摆在首位，把政治标准和政治要求贯穿党的各项建设，加强政治学习，提高政治站位，锤炼党性意识，严守政治纪律、政治规矩，认真贯彻中央、省委重大决策部署，切实树牢"四个意识"，始终坚定"四个自信"，坚决做到"两个维护"，任何时候、任何情况下都要同中央保持高度一致，决不在政治方向上摇摆不定、走偏走邪，决不在政策落实上搞选择、做变通、掺水分，确保中央和省委政令畅通、令行禁止。二要始终保持主题教育常抓常新。要把推进"不忘初心、牢记使命"主题教育常态化制度化，作为

永恒课题和终生课题，持续营造学的氛围、严的氛围、干的氛围，坚持把学和做结合起来、把查和改贯通起来，真正把应学的理论学到位，把要改的问题改到位，把能补的短板补到位，把该做的工作做到位，以主题教育新成效推动各项工作新发展。三要始终保持监督执纪从严从实。要把"严"的主基调长期坚持下去，不断巩固巡视问题整改成果，对已经整改的问题，经常性做好"回头看"，避免问题反弹；有序开展厅党组巡察工作，加强对厅属单位党组织及班子成员的监督；对问题易发多发区，持续推进大排查，做到举一反三，严防水利行业"灯下黑"。深化中央和省委"8+1"专项整治，切实纠正"四风"，转变作风。用好监督执纪"四种形态"，坚持抓小、抓早、抓细、抓实，维护水利系统良好政治生态。

第二，持续加强基层党的建设，防止出现"党的领导弱化"问题。树牢大抓基层的鲜明导向，建好党的基层组织体系这座大厦，夯实基层党建工作，推进全面从严治党向基层延伸。一要加强党支部标准化规范化建设。深入实施党支部建设提升工程，严格落实党支部工作条例和新修订的机关基层组织工作条例，持续开展"逐支部观摩、逐单位提升"活动，推动后进赶先进、中间争先进、先进更前进，让每名党员都成为一面鲜红的旗帜，每个支部都成为党旗高高飘扬的战斗堡垒。二要提高党内政治生活质量。严格执行"三会一课"、组织生活会、领导干部双重组织生活、民主评议党员、主题党日等制度，进一步丰富内容、创新方式，不断增强基层党支部的活力。三要从严做好党员教育管理监督工作。要把纪律和规矩挺在前面，从细处着手、从小事抓起，加强纪律教育、政德教育、家风教育，强化廉政文化建设，引导基层党员干部正确处理自律与他律、信任与监督的关系，要习惯在监督下工作。

第三，持续加强党建业务融合，防止出现"党建工作虚化"问题。充分把握党的建设为

党的中心工作服务的要求，把推动工作作为检验党建高质量的重要标尺，围绕中心，服务大局，把党建工作和业务工作有机融合起来。要深刻认识到，没有脱离政治的业务，也没有离开业务的政治，避免一手硬一手软、"两张皮"、形式主义问题。要把党建工作嵌入中心工作之中，做到中心工作部署到哪里，党建工作就统领到哪里，党支部战斗堡垒和党员先锋模范作用就发挥到哪里，不断增强围绕中心的深度、建好队伍的温度、推动业务的力度。要充分发挥党建工作教育引导、组织动员作用，围绕黄河流域生态保护和高质量发展、全面建成小康社会、"四水同治"、重大水利工程建设、河（湖）长制等国家和我省重大战略、重要决策、重点工作，开展创先争优活动，激励广大党员干部充分发挥先锋模范作用。

第四，持续加强干部队伍建设，防止出现"责任落实软化"问题。大力弘扬"忠诚、干净、担当，科学、求实、创新"的新时代水利精神，不断强化担当精神，优化工作作风，为切实做好水利工作夯实基础、提供保障。一要填补作风建设洼地。目前全省水利系统干部作风整体是好的，是过硬的，但在一些地方、个别领域，还存在庸官、懒官、太平官，还存在不作为、乱作为、慢作为问题。要持续发扬务实重干的作风，鼓足干劲，干字当头，通过苦干实干加巧干，创造无愧于时代、无愧于人民、无愧于历史的更大业绩。要持续发扬攻坚克难的作风，发扬水利人不怕吃苦、连续作战的优良传统，敢于直面矛盾问题，千方百计破解水利难题。要持续发扬团结协作的作风，以功成不必在我的精神境界、功成必定有我的历史担当，精诚团结，并肩作战，久久为功。二要守好意识形态阵地。要全面落实意识形态工作责任制，着力构建党组织统一领导、党政齐抓共管、部门分工负责、党员干部积极参与的意识形态组织领导格局，牢牢掌握意识形态工作的领导权；要不断强化各级责任，科学研判潜在风险，牢固树立斗争意识，牢牢掌握意识

形态工作的管理权；要坚持正面宣传舆论引导，弘扬主旋律，凝聚正能量，巩固扩大主流思想舆论的影响力、主导力，牢牢掌握意识形态工作的话语权。三要打造廉洁从政高地。未来几年，是水利领域大建设、高投资时期，也是廉政风险易发期。各级党组织要认真执行党风廉政建设责任制，落实两个责任，加强廉政建设，深化警示教育，严肃监督执纪。广大党员干部要严格执行中央八项规定及实施细则精神，警钟长鸣，防微杜渐，做到不越边界、不触红线。四要筑牢人才培育基地。要坚持正确选人用人导向，突出政治标准，注重培养选拔信念坚、政治强、本领高、作风硬的好干部，决不让投机者钻营，决不让老实人吃亏。加强水利干部培训，不断提高干部队伍政治修养、业务素质、能力水平。要建立科学有效的激励约束机制，完善纠错容错机制，进一步激发广大干部职工干事创业的热情，为河南水利事业健康发展提供强有力的人才支撑。

水利厅党组书记刘正才在2020年全省水利党风廉政建设工作会议上的讲话（摘录）

（2020年3月5日）

2019年，省水利厅党组深入学习贯彻习近平新时代中国特色社会主义思想，以党的政治建设为统领，认真履行管党治党主体责任，持之以恒纠治"四风"，强化监督执纪问责，深化水利廉政风险防控，着力营造风清气正的政治生态，党风廉政建设和反腐败工作取得明显成效。一是扎实推进党的政治建设，组织开展习近平总书记关于治水工作重要论述专题学习研讨，抓好省委巡视反馈意见整改落实，"两个维护"的政治自觉更加坚定；二是深入开展"不忘初心、牢记使命"主题教育，深化理论学习，深入调查研究，深刻检视问题，抓好整

改落实特别是深入开展8个方面的专项整治，预期目标基本实现；三是坚决整治形式主义官僚主义，通过开展作风建设年活动，全面认领查找问题，切实抓好整改落实，政风行风持续向好；四是严格落实中央八项规定及实施细则精神，开展违反中央八项规定精神突出问题专项整治，通报违规典型案例，严肃查处违规违纪问题，严的氛围更加浓厚；五是持续深化水利廉政风险防控，强化风险意识，全面深入查找廉政风险点，切实加强对权力运行的监督制约，不敢腐、不能腐、不想腐的机制更加完善。

虽然我们在党风廉政建设工作上取得了一定的成绩，但我们也要清醒地认识到，水利系统的党风廉政建设仍然面临很大的风险和挑战，也存在一些问题。比如，有的单位领导履行全面从严治党的主体责任还不够有力，存在宽松软的现象；一些党员干部对严格执行党风廉政建设规定还不够到位，缺乏"底线"意识；有的单位制度建设滞后，对依法行政、规范工作流程等还不够完善，失职渎职防控机制还不够健全，违反"八项规定"精神的人和事时有发生等等。出现这些问题的原因是多方面的，这也充分说明了当前全省水利系统党风廉政建设和反腐败工作的严峻性、长期性、艰巨性，克服官僚主义、转变水利行风的任务依然很重，需要我们锲而不舍、持之以恒，不断把党风廉政建设和反腐败斗争引向深入。

2020年是全面建成小康社会、实现第一个百年奋斗目标的收官之年。全省水利系统各级党组织要坚持以习近平新时代中国特色社会主义思想为指导，增强"四个意识"，坚定"四个自信"，坚决做到"两个维护"，抓紧抓实管党治党主体责任，持之以恒正风肃纪，强化对权力运行的制约和监督，坚定不移把水利系统全面从严治党引向深入，着力推动新时代水利党风廉政建设和反腐败工作高质量发展，为确保"十三五"水利工作圆满收官、决胜全面建成小康社会、决战脱贫攻坚提供坚强保证。

一、以政治建设为统领，坚决做到"两个维护"

习近平总书记多次强调，要强化政治监督，保障制度执行。十九届中央纪委四次全会公报明确提出，新时代强化政治监督的根本任务就是"两个维护"。各级党组织要坚持以初心使命作为政治本色和前进动力，不断增强"两个维护"的自觉性坚定性。

一要强化理论武装。持之以恒学懂弄通做实习近平新时代中国特色社会主义思想。把学习好贯彻好落实好习近平总书记关于水利工作的重要论述和批示精神，作为水利系统最重要、最关键、最核心的政治任务，着力构建"不忘初心、牢记使命"长效机制，确保党员干部始终在政治立场、政治方向、政治原则、政治道路上同以习近平同志为核心的党中央保持高度一致。引领广大党员干部切实把思想和行动统一到中央和省委的决策部署上来，真正做到在思想上深刻认同、在政治上坚决维护、在行动上精准对标。

二要严肃党内政治生活。严明政治纪律和政治规矩。坚决杜绝对党不忠诚不老实、阳奉阴违的"两面人""两面派"，坚决同危害党中央权威和集中统一领导的行为作斗争，坚决反对个人主义、自由主义、本位主义。各级党组织要认真贯彻落实新形势下党内政治生活的若干准则，把定期研究本单位党风廉政建设作为常态化的工作，坚持民主集中制，严格执行民主决策、集体领导、请示报告等制度机制，认真落实"三会一课"、谈心谈话等制度，坚持党员领导干部双重组织生活制度，用好批评与自我批评的武器，切实提高党内政治生活的政治性、原则性、战斗性。

三要强化贯彻落实。在年初的全省水利工作会上，各项水利任务已经明确。全厅各级党组织和广大党员干部要深入贯彻落实习近平总书记"节水优先、空间均衡、系统治理、两手发力"的治水思路，坚持"水利工程补短板、水利行业强监管"总基调，全面推进"四水同治"，努力在黄河流域生态保护和高质量发展上有新作为，在推进河南水治理体系和治理能力现代化上有新成效，在高质量党建引领河南水利高质量发展上有新气象。在推进工作的过程中，要加强对党中央重大决策部署的监督，使党中央重大决策部署在水利系统落实见效。要加强对习近平总书记"9·18"重要讲话精神贯彻落实情况的监督，保障习近平总书记重要指示批示精神得到不折不扣的贯彻落实。要加强对水利脱贫攻坚的监督，切实把讲政治的要求落实到水利脱贫攻坚的各项工作中。

二、持续深化作风建设，牢记初心使命

习近平总书记在十九届中央纪委四次全会上强调，要坚持以人民为中心的工作导向，以优良作风决胜全面建成小康社会、决战脱贫攻坚。全省水利系统各级党组织要不断巩固拓展作风建设成果，不松劲、不停步，一刻不停歇地推动作风建设向纵深发展。

一要持续整治形式主义官僚主义。2019年，通过开展"作风建设年"活动，全省水利系统的政风行风得到进一步转变，但作风建设永不止步。各级党组织要继续紧盯，持续发力，严厉查处对中央和省委、省政府重大决策部署不敬畏、不在乎、喊口号、装样子的错误行为，坚决纠正表态多调门高、行动少落实差、重"痕迹"轻实绩，遇事推诿扯皮、不作为乱作为，以及"面子工程"等问题。要精准施治脱贫攻坚中的形式主义官僚主义问题，集中解决好贫困地区群众反映强烈、损害群众利益的突出问题。各地市水利部门也要抓好本地区、本单位集中整治形式主义官僚主义工作，把干部干事创业的手脚从形式主义官僚主义的桎梏、"套路"中解脱出来，形成求真务实、清正廉洁的新风正气。

二要严格执行中央八项规定及其实施细则精神。在去年的省委巡视、专项检查、审计中发现，厅属极少数单位仍然存在着一些苗头性问题，厅党组也按照有关规定对一些干部进行了处理，教训深刻、令人痛惜。全厅各级党组织要引起高度重视，严格落实中央八项规定及实施细则精神，持之以恒纠"四风"，对"四风"隐形变异新动向要时刻防范，防止老问题复燃、新问题萌发、小问题坐大。各级领导干部要发挥"头雁"作用，带头转变作风，带头真督实抓，加大正风肃纪力度，通过明查暗访、监督检查等方式，严肃查处违纪违规行为，推动中央八项规定精神落实落细、成风化俗。

三要大力弘扬优良作风。巩固深化"不忘初心、牢记使命"主题教育成果。牢记为民服务的宗旨，大力弘扬密切联系群众的作风，积极践行新时代水利精神。各级党组织要高度重视联系服务群众工作，健全完善领导干部调查研究、信访接待、联系点以及机关干部下基层锻炼、结对帮扶等制度，下大力气解决群众关心关切的民生问题，努力提高服务群众的工作本领。要大力弘扬艰苦奋斗的作风，将"十六字"治水思路落实到具体行动上，从我做起，从水行政主管部门做起，建设节水型机关和节约型单位。要大力弘扬批评和自我批评的作风，严格落实民主生活会、组织生活会等制度，敢于直面问题、动真碰硬、揭短亮丑，真正把严的意识立起来，把严的规矩建起来，把严的作风树起来。

三、健全完善防控体系，强化源头防控治理

习近平总书记在十九届中央纪委四次全会上强调，要清醒认识反腐败斗争的长期性、艰巨性，切实增强防范风险意识，提高治理腐败效能。当前，水利工程投资大、项目多，一些重点领域和关键环节廉政风险突出。鄂竟平部长在2020年水利党风廉政会上举例指出，"2019年前11个月，全国纪检监察机关共处置涉及水利的问题线索1.7万件，立案5100多件，党纪政务处分4400多人。从媒体曝光的水利系统违纪违法案例情况看，2019年违反中央八项规定精神、贪污腐败、履职不力等问题依然多发频发，呈增长趋势"。

我们要清醒地认识到，当前水利系统反腐败斗争形势依然严峻复杂，要按照水利行业强监管的思路要求，加强对基层水利单位党风廉政建设的指导和监管，加强水利行业行风建设，注重从源头上预防和治理腐败问题。

一要进一步加强廉政教育。利用通报典型案例、观看廉政教育影片、集体研讨、实地教学等形式，深入开展警示教育，拓展延伸活动平台，不断扩大活动影响力和辐射面。要将党规党纪作为各级党组织理论学习和党员干部教育培训的必修课，进一步增强党员干部的纪律、规矩意识。要深入推进以案促改常态化制度化，用身边事来教育身边人，督促党员干部知敬畏、存戒惧、守底线。要加强家风家教，管好身边人，树立良好家风。要不断加强廉政文化建设，积极引导广大党员干部自觉把个人价值追求融入河南水利事业的伟大实践，努力构建风清气正、崇廉尚实、干事创业、遵纪守法的良好生态。

二要进一步规范权力运行。要持续深化"放管服"改革，加强行风建设和行业监管，严格落实水行政审批服务指南、工作细则等制度，健全完善在线政务服务平台建设，加强资金监管、质量监控，优化工作流程，加大行政许可项目实施情况的全覆盖监管力度，让水行政审批更加规范高效；要进一步推进政务公开、党务公开、事务公开，不断拓展公开渠道，扩大公开内容，创新公开形式，完善公开制度，强化公开监督，让权力在阳光下运行；要进一步加强对厅属事业单位管理，规范公务用车、业务接待、差旅费管理等行为，健全完善物资采购、招投标、资金管理等有关规定，扎紧织密制度的笼子。

三要进一步强化风险防控。要结合水利改革发展新形势新要求、厅内机构改革和职能调整情况以及省委巡视、内部审计、调查研究发现的问题，适时启动全厅新一轮廉政风险点核查排查工作，区分业务风险与廉政风险，修订完善廉政风险防控手册，研究制定务实管用的

廉政防控措施，风险点和防控措施要以一定形式在一定范围公开，自觉接受干部职工群众的监督。要扎实开展廉政风险防控教育，组织广大干部职工认真学习廉政风险防控措施、工作要求和基本知识，不断增强廉政风险防控意识。

四、强化监督执纪问责，营造良好政治生态

习近平总书记在十九届中央纪委四次全会上强调，要继续坚持"老虎""苍蝇"一起打，重点查处不收敛不收手的违纪违法问题，一体推进不敢腐、不能腐、不想腐。加强纪律建设是全面从严治党的治本之策。各级党组织要把纪律建设摆在突出位置，持之以恒正风肃纪，使党的纪律真正成为带电的"高压线"。

一要以"零容忍"的态度，加强纪律审查。习近平总书记多次强调，坚持以零容忍态度惩治腐败，这表明了党中央惩治腐败的坚强决心和鲜明态度。任何人都不要对违纪违法抱有侥幸心理，都不要低估我们党反对腐败的坚强决心，千万不要去踩党纪国法的"红线"。厅党组对腐败现象决不容忍，全力支持驻厅纪检监察组依纪依法查办案件。全厅各级党组织也要坚持无禁区、全覆盖、零容忍，建立健全信访举报协作和问题线索管理机制，紧盯群众反映的突出问题，加大督查督办力度，把全面从严治党覆盖到"最后一公里"。

二要运用"四种形态"，注重抓早抓小。认真贯彻《中国共产党问责条例》《中国共产党党内监督条例》和《中国共产党纪律处分条例》等党内法规。按照监督执纪"四种形态"要求，抓好约谈提醒及谈话函询工作，严格规范约谈提醒的程序和标准。对苗头性问题提醒在前，对倾向性问题防范在前，对普遍性问题约束在前，形成领导提示、干部承诺、共同倡廉的良性互动，防止党员干部"破纪"，阻断"破纪"滑向"破法"。

三要加强日常监督与防范。建立健全廉政档案制度，强化对廉政档案的管理与应用，在

干部任用、评先评优等工作中强化结果运用。要进一步完善党风廉政建设报告制度，各级党组织要定期向厅党组报告党风廉政建设落实情况，厅党组依据报告进行抽查检查。切实把制度转化为党员领导干部和广大干部职工的行为准则，增强制度的约束力和纪律的震慑力。

四要规范开展巡察工作。按照省委要求，省直单位也应对厅属单位开展巡察工作。厅党组已经成立了巡察工作领导小组，出台了巡察工作办法。今年上半年就要启动对厅属单位党组织的第一轮巡察工作。要把巡察与整治形式主义、官僚主义问题相结合，与解决日常检查、审计发现的突出问题相结合，有效发挥巡察利剑作用，在全厅构建上下联动的巡察监督体系。

五、压实主体责任，确保工作落到实处

习近平总书记强调，要督促落实全面从严治党责任，切实解决基层党组织主体责任虚化、弱化问题，把负责、守责、尽责体现在每个党组织、每个岗位上。全面从严管党治党是各级党组织的职责所在、使命所系，加强和改进党的建设，必须牵住责任制这个"牛鼻子"。全厅各级党组织要充分认识肩负的职责和使命，把党风廉政建设工作各项任务落到实处。

一要加强组织领导。各级党组织要切实担负起党风廉政建设主体责任，继续深化清单管理，坚持把党风廉政建设与业务工作同研究、同部署、同检查、同落实，做到相互融合、相互促进；党组织主要负责同志要认真履行第一责任人责任，充分发挥好牵头抓总、统筹协调、组织推动、监督检查和示范带动作用；领导班子成员要自觉履行"一岗双责"，根据工作分工，抓好分管范围内的党风廉政建设工作，加强对分管单位领导干部的教育、管理和监督，把责任制落实到业务工作全过程；各级纪检监察部门要切实履行监督责任，加强对责任制落实情况的监督，强化执纪问责。

二要加强考核问责。近年来，厅党组统筹开展党建述职评议考核、党风廉政建设责任制考核与年度考核工作，把党建考核成绩作为确定干部年度考核结果的重要依据。要进一步提升考评实效，坚持基层导向、问题导向、效果导向，坚持常态化了解与年底考核相结合、定量考核与定性评价相结合，处理好绩效考核、党建考核、党风廉政建设考核的关系，构建更加科学的考核评价机制，进一步发挥好指挥棒作用。要加大问责力度。既要坚持三个区分开来，建立健全容错纠错机制，激励全厅广大干部职工新时代新担当新作为，也要保持高压态势，对各级党组织存在的落实全面从严治党责任不实抓、不真抓、不严抓等问题要坚决实施问责，以常态化问责唤醒责任意识和担当行动。

三要加强队伍建设。各级党组织要积极支持纪检监察工作，加强纪检监察机构建设，配齐配强纪检干部，加大纪检干部与业务干部交流力度，把纪检监察岗位作为培养使用交流干部的重要平台。通过组织培训、以案代训、交流任职等多种形式锻炼队伍。各级纪检监察干部要以更高的标准、铁的纪律要求自己，增强政治定力，提升业务本领，严格遵守纪律，正确履行职责，做新时代干事创业、担当作为的纪检干部。

重　要　事　件

水利厅召开2020年党的建设工作会议

2020年1月13日，水利厅召开2020年党的建设工作会议。学习贯彻党的十九大、十九届四中全会精神和习近平总书记视察河南重要讲话精神，贯彻落实中央和国家机关党的建设工作会议精神，落实省委十届十次全会和全省机关党的建设工作会议决策部署，总结交流党建工作经验，安排重点任务。厅党组书记刘正才出席会议并讲话。

厅党组副书记、副厅长（正厅级）王国栋主持会议，厅党组成员、副厅长、机关党委书记武建新作工作报告。会议传达全省机关党的建设工作会议精神，水保处、水电中心、南水北调郑州建管处、陆浑水库、出山店水库等五家单位的负责同志作交流发言。

厅党组书记刘正才讲话，从五个方面对2020年党建工作提出要求。一要提升政治站位，认清使命任务。要深刻认识到，确保水利改革发展的正确方向、破解水利改革发展的难题、凝聚推进水利高质量发展的强大合力，都需要全面提高党建质量。二要坚持问题导向，补齐短板弱项。推进省委巡视反馈问题的持续整改，巩固深化"不忘初心、牢记使命"主题教育成果，落实年度述职评议反馈问题的整改。三要加强基层基础，推动党建高质量。要加强分类指导，推进基层党组织规范化建设，打造过硬党务干部队伍。四要强化正风肃纪，狠抓作风建设。强化党规党纪教育。驰而不息纠治"四风"，坚决破除形式主义官僚主义。抓好监督执纪，切实把全面从严治党的压力传递到每个支部，传递到每名党员。五要扛稳主体责任，助力水利出彩。层层压实责任，注重改革创新，助力水利高质量发展。

武建新从坚持以政治建设为统领、加强理论武装建设、扎实开展"不忘初心、牢记使命"主题教育、确保巡视整改见底见效、夯实基层基础、持之以恒正风肃纪、精神文明创建和群团工作、服务水利改革发展大局等八个方面回顾总结2019年机关党的建设工作。从坚持党的政治建设统领全局；坚持思想理论武装持续发力；坚持推进基层基础全面过硬；坚持正风肃纪驰而不息；坚持体制机制不断完善；坚持围绕中心服务大局等六个方面对2020年机关党的建设工作作具体安排。

在郑党员厅级干部，驻厅纪检监察组、厅机关各处室负责人，厅属各单位党政负责人、党办主任参加会议。

（水利厅机关党委）

水利厅组织召开《河南河湖大典》编纂工作动员培训会

2020年1月15日，《河南河湖大典》编纂动员培训会与试写稿审稿会在郑州召开，副巡视员郭伟代表水利厅和编纂委员会出席会议并讲话。

郭伟指出，编纂《河南河湖大典》有助于贯彻新时代治水方针，有助于提升河湖管理水平，有助于弘扬水文化、传承水文明。要把《河南河湖大典》编成一本以河南的河湖为载体，记录河南水利、地理、社会、文化、经济等跨自然和社会学科综合知识的著作，要编成一本工具书、科普书、文化书、经典书。郭伟强调，各单位要加强组织领导，组织撰稿专班；要严把撰稿质量，经得起检验，称得上精品；要保证进度，各主要撰稿单位每月要向编纂办报送稿件，各市县要按照对应的主要撰稿单位要求每月报送稿件纪实部分的内容，确保按照时间节点完成撰稿任务；要加强协调，主要撰稿单位和对应的市县要主动联系紧密协作形成合力,按照分工任务进行资料收集整理、撰稿、改稿和统稿。

编纂办讲解撰稿要点,安排交流讨论,解答参会代表提出的问题。各省辖市、济源示范区、省直管县市水利(水务)局,厅机关相关处室、省南水北调建管局等单位的分管领导、联络员和主要撰稿人参加会议。会后,编纂办与豫北局、豫东局、省陆浑水库管理局、省沙颍河口局、南阳水文局、信阳水文局、驻马店水文局等单位召开试写稿审稿会,就试写稿中的问题进行分析讲解。

(水利厅《河南河湖大典》编纂办公室)

全省水利工作会议在郑州召开

2020年1月18日全省水利工作会议在郑州召开。厅党组书记刘正才、厅长孙运锋出席会议并讲话,厅党组副书记、副厅长(正厅级)王国栋主持。

刘正才指出,2019年全面实施"四水同治"战略,全省全口径水利投资规模达403亿元,一大批重量级项目渐次落地,一大批民生工程发挥效益,一大批治水兴水改革举措引领发展。全省谋划四水同治项目682个,概算总投资2535.8亿元,开工建设649个,完建项目299个,完成投资671.4亿元,创历史新高。十大水利工程顺利推进,宿鸭湖水库清淤扩容、卫河共产主义渠治理、小浪底南岸灌区、引江济淮工程(河南段)、小浪底北岸灌区、大别山革命老区引淮供水灌溉、赵口引黄灌区二期等7项工程相继开工,完成投资37.75亿元,占年度计划的137%。南水北调工程效益显著提升,受益人口突破2300万人。河湖监管取得重大突破,19名省级河长率先垂范,5.2万河(湖)长履职尽责,省市县乡四级河长累计巡河24.8万次,实现党政领导治河责任全覆盖。生态流量调度和水土保持治理持续推进,为贾

鲁河等16条河流生态补水9.8亿m³,实施水土流失动态监测,完成水土流失治理319.4km²。及时启动抗旱Ⅳ级应急响应,分别向商丘、鄢陵应急调水550万m³和3000万m³,解决24.7万人的临时饮水困难,抗旱灌溉432万ha(次),实现"一个确保、三个不发生"的目标。《河南省〈大中型水利水电工程建设征地补偿和移民安置条例〉实施办法》以省政府令颁布,移民工作法制化和规范化管理走在全国前列。

刘正才指出,2020年要在深入学习习近平总书记"9·18"重要讲话中积极布局、谋划发展,在坚决贯彻"9·18"重要讲话中奋勇争先、彰显作为,在贯彻"水利工程补短板、水利行业强监管"总基调中结合实际、务求实效,在实现高质量发展目标中提供坚实水利支撑。要坚决贯彻省委、省政府决策部署,坚定不移"四水同治"前进方向,坚持开源与节流并重,加快弥补水资源短缺;坚持保护与修复协同,着力减轻水生态损害;坚持防范与治理统筹,坚决遏止水环境污染;坚持硬件与软件结合,科学防御水灾害威胁。

刘正才强调,要对标对表中央决策部署,推动河南省黄河流域治理从单一目标到多目标转变,推动"四水同治"从"治标"到"治本"转变,推动河(湖)长制从"有实"到"有为"转变,推动脱贫攻坚从"决战"到"决胜"转变。加快水治理体系和治理能力现代化建设,加快重点工程建设,推动实现治水方式转变,持续增强行业治理能力不断释放利民惠民红利。要对标对表政治能力提升,以高质量党建促进河南水利事业高质量发展。

孙运锋在总结讲话中指出,要提升政治站位高点,抢抓黄河流域生态保护和高质量发展的国家战略机遇,增强"四水同治"亮点,聚焦脱贫攻坚考点,突破水利监管难点。谋划工作要体现政治化,编制规划要体现科学化,管水治水要体现制度化,落实导向要体现鲜明化。

在郑厅领导，各省辖市、济源示范区、直管县（市）水利局、南水北调保障中心（办）主要负责人及办公室主任，厅机关处级干部、厅属单位主要负责人参加会议。大会进行分组讨论，郑州市水利局等7家单位作交流发言。

（水利厅办公室）

穿黄隧洞（A洞）精准检查维护

2020年3月13日穿黄隧洞（A洞）检查维护完成。穿黄隧洞（A洞）在冬季冰期小流量时段开展精准检查维护工作，项目组克服技术复杂、工期紧迫、疫情防控困难，进行前期准备、精研方案、精细管理、科研支撑、精准维护。穿黄隧洞（A洞）维护项目完成，比原计划提前8天恢复过流供水。运行后渗漏量为0.35L/s，远小于90L/s控制指标，维护效果良好，达到预期效果。

（张茜茜）

黄河委新闻宣传出版中心主任张松调研南水北调中线穿黄工程

2020年4月16日，黄河水利委员会新闻宣传出版中心主任张松一行调研南水北调中线穿黄工程，查看穿黄工程进口、设备展示区、南岸竖井滨河区域及科技教育试验项目现场。

张松认为南水北调中线科技教育试验项目未来可期，这些项目所代表的南水北调文化可作为新时代水文化重要篇章融入国家水情基地建设，将新时代的南水北调文化与悠远辉煌的黄河文化结合，共同推进新时代的中国水文化建设。这些项目对贯彻落实习近平总书记在黄河流域生态保护和高质量发展座谈会上的重要讲话精神具有积极的推动作用。

南水北调工程向河南省累计供水100亿m³

2020年5月4日11时，全省累计38个口门及23个退水闸开闸分水，向南阳引丹灌区、82座水厂供水，向6座水库充库，向沿线地区生态补水，累计用水100亿m³，占中线工程供水总量的36.4%，受益人口2300万，农业有效灌溉面积8万ha。

南水北调工程通水以来水质一直优于或保持在Ⅱ类标准。置换超采的地下水和被挤占的农业、生态用水。漯河、周口、许昌、鹤壁、濮阳等市主城区居民用水全部置换为南水北调供水；濮阳市清丰、南乐两县实现城乡供水一体化；安阳市内黄县改变长期饮用高氟水、苦咸水的状况。2014年以来，通过澎河分水口门和澎河、沙河退水闸累计向白龟山水库补水6.3亿m³，有效缓解平顶山市2014年遭遇的建市63年来最严重旱灾。

2017年以来4次在丹江口水库高水位运行期进行生态补水，累计18.5亿m³。补水区域地下水位明显回升，许昌市城区浅层地下水回升3.1m，新乡市香泉河区域地下水埋深从补水前的27.7m提升到20.4m，峪河、黄水河区域地下水埋深平均回升3m；邓州市湍河、新乡市香泉河、安阳市安阳河、汤河等河流季节性缺水、断流得到缓解；南阳市白河、清河、平顶山市沙河、许昌市颍河、郑州市贾鲁河、十八里河、双洎河、沂水河、索河、焦作市闫河、新乡市峪河、黄水河、鹤壁市淇河等河流水质明显改善。

水利部南水北调司司长李鹏程督导南水北调工程河南段加大流量输水工作

2020年5月8~9日，水利部南水北调司司长李鹏程一行督导南水北调中线工程河南段加大流量输水工作。河南省水利厅党组副书记、副厅长（正厅级）王国栋，水利厅南水北调处，新乡、南阳市政府及水利局、南水北调运行中心等负责人一同督导。

李鹏程一行查看峪河退水闸、严陵河退水闸和陶岔渠首工程现场，肯定河南省为南水北调中线工程加大流量输水开展的各项工作，要求工程沿线地方政府和水利部门落实主体责任，做实做细各项工作，为完成加大流量输水任务提供应急保障。

王国栋强调，工程沿线各省辖市政府及水利部门要进一步提高认识，建立健全联络协调机制，配合开展干渠运行调度工作；加强安全宣传和退水通道排查，强化值班值守，妥善处理生态补水和防汛的关系，落实退水通道应急保障措施，确保退水闸在应急情况下可随时退水。

（水利厅南水北调处）

河南省南水北调工作会议在郑州召开

2020年5月26日，河南省2020年南水北调工作会议在郑州召开，水利厅党组副书记、副厅长（正厅级）王国栋出席会议并讲话。王国栋指出，在省委省政府的正确领导下，机构改革、职能、人员调整有序推进。工程验收进度加快，工程运行安全平稳，供水范围逐步扩大、供水量逐年增加，工程的社会、经济、生态效益显著。全年供水24.23亿 m^3，受益人口2300万。

王国栋强调，2020年全省南水北调工作重点是"加强运行管理，持续提升效益，加快工程验收，推进后续项目建设"。要强化运行管理，定制度、保安全、增效益；加大监管力度，推进配套工程运行管理规范化、标准化；加强工程设施保护，出台《配套工程运行维修养护定额》、划定工程保护范围；严

格计划管理，加大生态补水量，确保完成年度27.04亿 m^3 用水计划。要进一步提高思想认识，加强督导，落实配套工程政府验收计划；加强协作和配合，按期完成干线跨渠桥梁和设计单元完工验收任务；加强工程完工财务决算工作，及时解决遗留问题，完善支付手续，加快资金兑付进度；进一步加大水费征缴力度，按时足额缴纳水费；加强水费使用的监督管理，提高资金的效益；核算评估南水北调水量供需情况，开展水权交易，进一步优化配置南水北调水。要加快南水北调后续工程的规划建设。有关省辖市要尽快完成南水北调水资源综合利用专项规划，争取列入"十四五"规划；推动郑汴一体化等新增供水工程建设；加快新郑观音寺等调蓄工程前期工作，尽快开工。要加强宣传工作，大力弘扬新时代水利行业精神和南水北调精神，助推南水北调事业高质量发展。要加强党的建设和作风建设，深入学习贯彻习近平新时代中国特色社会主义思想，履行一岗双责，克服形式主义和官僚主义。

中线建管局河南分局、渠首分局，有关省辖市、直管县（市）水利局、南水北调部门，省南水北调建管局各项目建管处等单位负责人参加会议。

（水利厅南水北调处）

南水北调工程累计向漯河市供水超3亿 m^3

截至2020年6月2日零点，南水北调中线工程累计向漯河市供水超3亿 m^3，自2015年2月3日漯河市南水北调工程正式通水以来，供水范围已覆盖临颍县、舞阳县、源汇区、召陵区、郾城区及经济技术开发区，日供水量25万 m^3，受益人口超过97万人，南水北调水成为主水源，发挥显著的社会效益、经济效益和生态效益。漯河市有4座南水北调退水

闸，分4条生态补水线路向沙河、澧河、颍河及城市水系实施生态补水，累计生态补水4920万 m^3。

截至2020年11月，年供水量达到0.91亿 m^3，创6年之最，为全市经济社会发展和民生改善提供强有力的水资源保障。南水北调供水水质始终保持在Ⅱ类或优于Ⅱ类，其中Ⅰ类水质比例达到80%。水质改善助推漯河市食品工业发展。近年来一些食品名企纷纷落户漯河市。截至2020年，双汇万中禽业、卫龙食品、太古可口可乐、统一食品等企业都用上稳定达标的南水北调水源，不仅降低生产成本，也提升产品的口感和质量，进一步增强市场竞争力。

南水北调中线建管局在白河倒虹吸开展防汛应急演练

2020年6月23日，南水北调中线建管局在白河倒虹吸开展防汛应急演练，渠首分局、南阳市水利局、南阳市应急管理局联合承办。河南省水利厅厅长孙运锋观摩指导。演练模拟白河倒虹吸主河槽边坡被洪水冲刷破坏，通过边坡抢护、紧急调用南阳市防汛物资、应急加固南水北调中线35kV供电线路河道内塔基、通信中断情况下启用应急通讯、解救河道内受困群众5个科目。演练投入应急抢险人员310人，展示应急抢险指挥车、水质监测车、移动电源车、移动泵站、移动餐车、应急通讯车、应急抢险车、水下机器人等多种防汛应急特种设备。河南省水利厅、河南省应急管理厅、南阳市政府、中线建管局稽察大队、河南分局、渠首分局各现地管理处、南水北调中线工程河南省沿线防汛管理相关部门人员观摩演练。演练首次采用全过程云直播形式进行网络播放，受众约70万人次。

（王朝朋）

河南省委书记王国生调研焦作市南水北调绿化带建设

2020年7月1日，河南省委书记王国生到焦作调研产业发展、生态城市建设工作时，对南水北调绿化带建设工作进行调研。王国生现场查看绿化带项目建设情况，与在小游园休憩的市民群众亲切交流，听取对改善城市生态环境的意见建议。他指出，良好生态就是城市竞争力，要抓住黄河流域生态保护和高质量发展战略机遇，坚持以绿护水、以水乐民，统筹生产、生活、生态三大布局，打造渠、湖、山、林有机融合的城市生态体系，推进水资源集约节约利用，全面提升群众获得感、幸福感。他强调，要始终扛牢南水北调护水保水政治责任，加强水质保护，强化水源调度，确保一渠清水永续北送。

许昌运行中心随同参加河南新闻广播《对话民生》直播节目

2020年7月28日，许昌南水北调中心主任张建民随同水利厅厅长孙运锋，水利厅副书记、副厅长王国栋（正厅级）作为访谈嘉宾共同做客河南新闻广播《对话民生》栏目，就《渠通南北　水润万家》话题，谈南水北调工程通水五年对全省经济、社会、生态产生的显著效益。许昌市作为全省南水北调干渠涉及的8个省辖市、配套工程涉及的11个省辖市中唯一代表，参加《对话民生》直播节目。就南水作为许昌主要水源以来对水系水质、生态环境带来的巨大提升，以及市民生活品质提高的美好体验、营商环境的明显改善回应节目组的提问和听众的关切。

南水北调成为许昌市主要水源后，水环境水生态各类指标有明显改善，地下水漏斗区逐渐恢复，浅层地下水回升3.1m。河道生态功能逐步修复，河湖水系水体水质从原来的劣Ⅴ类提高到Ⅳ类和Ⅲ类，出境断面水质达标率百分百。依托南水北调许昌构建"五湖四海畔三川、两环一水润莲城"的特色水系，成为名副其实的"北方水城"；大水系改善空气湿度和空气质量，市民生活品质、获得感和幸福感得到大幅提升，许昌成为宜居之城。按照"以水定城、以水定地、以水定人、以水定产"的发展理念，先后建成5个城市湖泊、4片大型滨水林海、110km环城水道、220ha城市中央公园，130万株苗木的干渠沿线水质保护生态带。先后被评为国家水生态文明城市、国家园林城市和全国文明城市。

南水北调推动许昌经济快速发展，很多产业依水而建、因水而兴，许昌经济总量多年来稳居全省第一方阵。2020年上半年，虽然受到疫情影响，但许昌市经济总量增速达到全省第二位。参加访谈节目期间，张建民向孙运锋、王国栋汇报下一步工作安排，就许昌市沙陀湖调蓄工程推进情况专题汇报。

全省农村供水规模化市场化水源地表化城乡一体化建设现场会在濮阳市召开

2020年8月13日，全省农村供水"规模化、市场化、水源地表化、城乡一体化"现场会在濮阳市召开，对统筹推进全省农村供水"四化"工作进行动员部署，并启动饮用水水源地表化试点工作。省政府副秘书长陈治胜出席会议并讲话，省水利厅厅长孙运锋主持会议，市长杨青玖出席会议并致辞。省水利厅副厅长吕国范，省水投集团党委书记、董事长王森，副市长张连才出席会议。

探索建立"集中供水、产权明晰、合理定价、市场运作、政府补贴"农村饮水安全工程长效机制，实现城乡供水同水源、同规划、同水质、同服务。濮阳加快推进南水北调进农村

工程，确保2021年底实现南水北调供水市域全覆盖。陈治胜指出，濮阳市农村供水"四化"工作坚持政府主导、市场运作、城乡统筹、产权明晰、建管一体，在全省起到很好的示范引领作用，值得全面总结推广。会议宣读全省开展饮用水水源地表化试点工作的通知，确定濮阳市、平顶山市为市级试点，新郑市、杞县等21个县市为县级试点。14日，全省饮用水水源地表化试点市县培训会在濮阳迎宾馆召开。

李斌成一行参观"5G在水利行业的支撑应用"展览

2020年9月9日，水利厅总工程师李斌成、二级巡视员梁再培带队到省南水北调建管局参观"5G在水利行业的支撑应用"主题科普展。科普展由水利厅主办、中国联通河南分公司和省南水北调建管局联合承办，展现5G技术深度融合水利业务的场景。5G技术基于智慧水利大脑，整合5G、MEC、云计算、大数据等多种技术，建设智慧水利业务中台和数据中台，实现水环境质量总体改善、水资源利用总量有效管控、水灾害风险有效管控目标。

新乡市召开"四县一区"南水北调配套工程南线项目建设推进会

2020年9月24日，新乡市政府组织召开新乡市"四县一区"南水北调配套工程南线项目建设推进会，副市长武胜军出席并讲话，市政府办公室四级调研员曹东风主持。市南水北调运行中心主任孙传勇，市直有关单位分管领导，新乡县政府、原阳县政府、平原示范区管委会分管领导及各参建单位负责人参加会议。新乡县、原阳县政府和平原示范区管委会汇报

南线项目征迁工作进展情况和下一步工作计划，市交通运输局、市公路事业发展中心汇报穿越省道、国道手续办理进展情况，新乡中州水务有限公司汇报工程建设进展情况。市南水北调运行中心主任孙传勇对南线项目建设进行安排部署。

武胜军强调，南线项目建成后，将彻底改变原阳县和平原示范区以往的供水结构，带来巨大的社会、经济和生态效益。各单位要尽快开展施工前的各项准备。新乡县、原阳县政府和平原示范区管委会要尽快完成建设用地资金兑付及用地移交手续，确保10月1日前完成；新乡中州水务有限公司要协调各施工单位进行施工前期准备，保证10月1日进场开展施工作业。市交通运输局、市公路事业发展中心要沟通协调省交通运输厅，帮助新乡中州水务有限公司尽快完成南线项目穿越道路手续办理；新乡中州水务有限公司要严格按照市林业局工作程序，尽快完成林地可研报告批复。根据PPP合同约定，原阳县政府和平原示范区管委会要制定还款计划，将可行性缺口补助费列入年度财政预算，纳入中长期财政规划，9月底前完成；原阳县、平原示范区9月底前与新乡中州水务有限公司签订可行性缺口补助合同，并安排受水单位与新乡中州水务有限公司签订付费协议。

王国栋暗访省南水北调配套工程运行管理情况

2020年9月30日，河南省水利厅党组副书记、副厅长（正厅级）王国栋暗访南水北调配套工程运行管理情况，水利厅南水北调工程管理处和省南水北调建管局平顶山建管处负责人一同暗访检查。

王国栋到小河刘泵站、港区管理所、李垌泵站和新郑管理所检查泵站厂房、备用发电机房、阀井、物资仓库、自动化调度室、办公用房、职工食堂等工程与管理设施，查阅泵站值班日志、运行日志、交接班记录、运行调度记录、水泵机组运行值班记录，询问节假日安排、泵站运管及受水水厂等有关情况，肯定现地管理单位的工作，逐一指出现场运管和工程设施等方面存在的问题，提出持续改进的指导性意见。

王国栋强调，要加强值班值守，落实关键岗位24小时值班值守和领导干部带班制度，保持通信畅通和应急准备。要立即整改存在问题，分类列出清单，分析研判，提出系统治理措施，加快落实解决，消除安全隐患。要强化运行监管，依据合同提出考核办法，全面加强对泵站代运管单位和维修养护单位的监管，并进一步规范泵站和办公场区管理，提升管理水平，打造"花园式"管理单位。

（水利厅南水北调处）

焦作市国家方志馆南水北调分馆正式获批

2020年10月9日，焦作市国家方志馆南水北调分馆正式获批。为赓续南水北调文化，焦作市调整和提升前期设计的南水北调纪念馆，申报和筹建国家方志馆南水北调分馆，全力打造资料最全、归属感最强、引爆城市旅游的南水北调精神新地标。截至2020年底，项目主体和外装工程基本完工；南水北调史料、实物征集工作全面启动；馆外展陈的穿黄工程盾构机组装完毕；1亿元专项债申报成功。

省南水北调建管局召开节水机关建设行动倡议大会

2020年10月20日，省南水北调建管局举行以"倡导节水新风尚"为主题的节水机关建设行动倡议大会。会上介绍近期省南水北调建管局节水机关建设进展情况，宣读节水机关建设倡议书，对机关全体干部职工增强节水意识、提高节水技能，营造机关节水良好氛围等提出要求。省南水北调建管局年初开展节水机关建设。安装节水器具，建设雨水收集利用系统及污水处理回用系统，处理后的非常规水用于冲厕、绿化灌溉、道路洒扫、洗车等。构建灌溉网络，设置小型气象站、土壤墒情仪、电磁控制器等设备，实现院区智能绿化浇灌。建立用水规章制度，开发智慧节水信息管理平台，开展节水宣传教育，建设"节水意识强、节水制度完备、节水器具普及、节水标准先进、监控管理严格"的节水标杆单位。

渠首分局举办"智慧中线安全调水"工程开放日活动

2020 年 10 月 20 日，在南水北调中线工程通水六周年之际，按照中线建管局统一部署，渠首分局举办"智慧中线 安全调水"主题开放日活动，邀请政府机关、工程建设者代表、劳动模范代表、高校师生代表、媒体记者等社会各界人士 50 余人在陶岔渠首实地观摩中线工程的信息化运行管理成果，探究中线工程作为大国重器背后，如何运用科技手段保障一渠清水持续安全北送。中线工程开放日活动已经连续举办三年，为社会公众提供一个近距离了解中线工程运行管理的途径，社会公众代表现场了解工程运行管理自动化调度、办公信息化水平技术保障手段。光明日报、中国经济网、中国财经报、北京日报、河南电视台、南阳广播电台等媒体记者参加现场报道。

（王朝朋）

中国南水北调集团有限公司成立大会在京举行

2020 年 10 月 23 日，中国南水北调集团有限公司正式揭牌，国有独资，注册资本 1500 亿元。2022 年以前由水利部代表国务院管理，2022 年以后转归国务院国资委管理。

国务院总理李克强对中国南水北调集团有限公司成立作出重要批示

强调着力提升管理运营水平科学扎实有序推进南水北调后续工程建设

2020 年 10 月 23 日，中国南水北调集团有限公司成立大会在京举行。中共中央政治局常委、国务院总理李克强作重要批示。批示指出，组建中国南水北调集团有限公司，是加强南水北调工程运行管理、完善工程体系、优化水资源配置格局的重大举措。对集团公司成立表示祝贺！要坚持以习近平新时代中国特色社会主义思想为指导，认真贯彻党中央、国务院决策部署，加大改革创新力度，科学扎实有序推进南水北调后续工程建设，着力提升管理运营水平，为保障国家水安全和保护生态、服务经济建设和人民生活改善、促进高质量发展作出新贡献！

中共中央政治局委员、国务院副总理胡春华出席成立大会并讲话，国务委员王勇出席。

（央视网）

河南省南水北调配套工程2019–2020 年度水量调度计划完成

截至 2020 年 11 月 1 日 8 时，河南省南水北调配套工程2019~2020年度实际供水23.97亿m³，为年度水量调度计划23.86亿m³的100.5%，完成水利部下达的年度水量调度计划。3月18日~6月25日，干渠24个退水闸和1号肖楼口门向沿线河湖生态补水5.99亿m³。

河南省连续4年在丹江口水库高水位运行期向工程沿线河湖生态补水，2020年是补水最多的年度。通过生态补水，河湖水质明显改善。许昌市河湖水系水质由原来的劣Ⅴ类提高到Ⅳ类和Ⅲ类，出境断面水质达标率100%，安阳市安阳河、汤河部分河段水质由劣Ⅴ类、Ⅳ类提升为Ⅳ类、Ⅲ类；补水区域地下水位明显回升，许昌市城区浅层地下水回升3.1m，新乡市香泉河、峪河、黄水河区域地下水平均回升3m，安阳市城区地下水位每年以近1m的速度回升；南阳市白河、漯河市沙澧河公园、平顶山市白龟湖湿地公园、许昌市"五湖四海畔三川、两环一水润莲城"水系、郑州市贾鲁河、西流湖公园、焦作市龙源湖、鹤壁淇河水清、岸绿、景美，为人们提供"用水、近水、亲水、乐水"的休闲娱乐去处。

河南省南水北调配套工程安全平稳运行2148天，累计供水116.18亿m³，惠及工程沿线11个省辖市市区及40个县（市），受益人口2300万，农业有效灌溉面积8万ha，取得显著的经济效益、社会效益和生态效益。

南水北调宣传通联业务第九期培训班举办

2020年11月3~4日，南水北调宣传通联业务第九期培训班在江苏省宿迁市举办。水利部南水北调司副司长袁其田出席开班仪式并讲话，江苏水源公司党委书记、董事长荣迎春致辞并宣读2019年度宣传工作先进单位和个人表彰决定，南水北调中线建管局党组副书记刘杰出席会议并讲话。

袁其田在开班仪式上指出，南水北调工程通水运行近6年来，在保障国家水安全和保护生态、服务经济建设和人民生活改善、促进高质量发展发挥了重要作用。宣传工作不断创新形式，丰富载体，开展立体式、多层次、全方位宣传，加强面向公众的社会宣传，取得较好的社会效果。他指出开展新形势下宣传工作要抢抓重要节点，提前谋划布局。南水北调工程通水6周年在即，各项目法人要统筹谋划，重点宣传。2021年是中国共产党建党一百年，宣传工作要从南水北调宏伟蓝图、系统工程、显著效益、重大意义、后续发展五个方面提前策划，向国际国内群众讲好南水北调故事。创新工作方式把握舆论导向。中国南水北调集团公司成立，南水北调宣传工作要围绕工程发挥的综合效益开展宣传工作。提高政治站位肩负历史担当。将南水北调宣传与贯彻落实党的十九届五中全会精神结合，宣传南水北调在发挥工程基础性功能、加快形成国家骨干水网、优化水资源配置中起到的作用。

现场表彰

刘杰指出要贯彻落实"水利工程补短板、水利行业强监管"总基调，从中央媒体、系统平台、地方媒体、国际传播四个渠道发力，发挥新媒体作用，按照"有吸引力、有信服力、有正能量"的要求创作高质量新媒体产品。

培训班邀请专家讲授新媒体创意制作、新闻摄影技巧、新闻写作知识和技巧等课程。表彰2019年度南水北调好新闻和年度标兵通联站、优秀通联站、标兵通讯员和优秀通讯员。表彰范围首次扩展至报纸类、新媒体类、网络类。来自南水北调各单位通讯员

50余人参加培训。

作者：闫智凯 杨媛/文 闫智凯/图

编辑：张小俊

南水北调中线工程超额完成年度调水计划

截至2020年11月1日，南水北调中线工程超额完成水利部下达的2019-2020供水年度水量调度计划，向工程沿线河南、河北、北京、天津四省市供水86.22亿m³，是年度水量调度计划的117%。南水北调中线工程自2014年12月12日正式通水以来，安全平稳运行2151天，累计输水340.53亿m³，惠及沿线24个大中城市及130多个县，直接受益人口超过6700万人，经济、生态、社会等综合效益发挥显著，极大地缓解了北方水资源短缺状况。水利部下达2020-2021年度水量调度计划65.79亿m³，时间为2020年11月1日~2021年10月31日。

全国方志馆建设研讨会暨全国方志馆业务培训班在焦作举行

2020年11月24日，为期4天的全国方志馆建设研讨会暨全国方志馆业务培训班在焦作市举行。中国地方志指导小组办公室党组书记、方志出版社社长高京斋，中指办纪检组长、副主任叶聪岚，省政府副秘书长赵学东，省史志办党组书记、主任管仁富出席开幕式。市委书记王小平致辞并作交流发言，市长徐衣显，市领导牛炎平、薛志杰出席。

高京斋强调要围绕国家战略发展大局，进一步明确社会主义文化强国建设方向，进一步明确方志馆对于提高国家文化软实力的重要价值，进一步明确方志馆应有的责任、担当，围绕存史、资政、育人三大功能定位，树立信心，创新思路，挖掘潜力，塑造出新时代方

志馆建设的新形象、新风采。管仁富介绍河南省各级史志部门稳步推进方志馆建设，加强馆藏资源体系和信息平台建设，探索让地方志"立起来、活起来、热起来、强起来"的做法。

王小平对全国方志馆建设研讨会暨全国方志馆业务培训班在焦作市举行表示祝贺，并作题为《大力弘扬"南水北调焦作精神"，高标一流建设国家方志馆南水北调分馆》的交流发言，介绍南水北调分馆从提出设想、申请批复到统筹推进的历程。开幕式后，与会嘉宾进行经验交流，到国家方志馆南水北调分馆现场教学。来自全国地方志系统的主管领导、各地方志馆馆长和专业人员共150余人参加会议。

《河南河湖大典》编纂工作推进会召开

2020年12月2日，河南省水利厅召开《河南河湖大典》编纂工作推进会，二级巡视员郭伟主持会议并讲话。

郭伟指出，这次会议的主要任务是传达贯彻刘正才书记关于《河南河湖大典》编纂工作的指示精神，通报编纂工作进展情况，分析编纂工作存在的主要问题，研究"今年底完成初稿、明年出版发行"的推进措施。郭伟指出，各撰稿单位克服疫情和汛期连续强降雨影响，完成河湖条目1919条，占总条目数的83.11%，成绩来之不易；要坚定必胜信心，再加一把劲，任务再梳理、组织再加强，咬定目标不放松，确保按时完成任务；要坚持质量第一的原则，加强内部审稿、及时送专家审稿，确保稿件质量符合编纂标准，符合"典籍"要求，努力打造精品。

省南水北调建管局、省水文局、宣传中心、豫北局、陆浑水库管理局、豫东局、沙颍河管理局、勘测公司、设计公司、济源水利局、驻马店水文局、南阳水文局、信阳水文局

等单位分管负责人和主要撰稿人员参加会议。

优化水质：南水北调中线干渠迎来万尾水体"清道夫"

2020年12月4日，在南水北调中线工程干渠河南荥阳索河渡槽入口投放2.3万尾鲢鱼、青鱼及黄尾鲴鱼苗共841.3kg，这些优选的鱼类将作为水体"清道夫"，担负保护南水北调干渠水体生态、优化水质的重任。

荥阳种鱼孵化基地是中线建管局在干渠河南段设立的水生态调控试验项目重要部分，培育适应干渠水质、有助于改善干渠生态构建鱼种。鱼苗全部由荥阳种鱼孵化基地自主繁育，通过分级培育开展试验。先期通过购买鱼受精卵进行水花（0.5~1cm）培育、逐步培育成夏花（3~5cm）、冬片（10~15cm），以及大规格鱼种（大于20cm），试验目标是种苗年培育总量800kg、规格不小于每尾15g。

浮游藻类及着生藻类周期性异常增殖和淡水壳菜的异常增长是南水北调干渠水质保护亟待解决的问题。繁育培养鱼种选择的鲢鱼素有"藻类克星"之称，放养后不需要人工喂养；青鱼通常栖息在水的中下层，食物以螺蛳、蚌、蚬、蛤为主，亦捕食虾和昆虫幼虫，有助于控制干渠内的淡水壳菜；黄尾鲴生活在水体的中下层，以下颌角质边缘刮食底层着生藻类和高等植物碎屑。整个生态调控从控制浮游藻类、淡水壳菜、着生藻类三方面构建，不仅可以净化水质，而且成本低、效果明显。

河南分局副局长石惠民说："根据水生态调控实验的效果，我们将随时调整更适合于干渠内的鱼种繁育工作，通过亲本繁殖培育优质鱼苗，达到构建鱼类繁殖的环境，让亲本在水中自然增殖，助力水生态建设，打造南水北调中线精品工程。"

中青旅董事长康国明到河南分局调研

2020年12月10日，中青旅董事长康国明一行再次到河南分局调研，进一步落实中青旅与南水北调合作设想。河南分局相关负责人陪同调研。

康国明一行到河南分局境内调研焦作高填方区段、城区绿化带项目以及穿黄工程，听取工程设计意图、功能和研学开展及文化建设情况，参观焦作标准化渠段及穿黄隧洞进口。

康国明指出，中线工程的建设和管理技术复杂、工程壮观让人叹为观止，且发挥效益显著，具有很强的文化旅游价值。希望双方相互学习，进一步加强相关领域合作，发挥各自专业及行业优势，实现共赢发展。

河南分局相关负责人表示，南水北调通水以来效益显著，事业处于高速发展的状态，希望通过交流继续加深合作。

南水北调通水六年8亿方丹江水润泽鹰城

2020年12月12日南水北调中线工程正式通水6年，完全改变平顶山市水资源紧缺状况，保障市民生活用水，提升生活质量，城市河湖生态显著优化。

六年来，平顶山市供水范围不断扩大，供水量显著提升。宝丰县水厂、郏县水厂、叶县水厂、白龟山水厂、九里山水厂、平煤神马集团水厂、石龙区水厂、新城区焦庄水厂先后并网供水，惠及150万人。截至2020年10月31日，累计供水8.031亿m³，其中生活用水2.043亿m³，生态补水2.903亿m³，充库补水3.085亿m³。

2020年通过白龟山水库泄洪闸和南干渠向

水库下游分水，为湛河生态文化园、乌江河口公园、凌云路槐香公园、国铁桥至许南路段带状公园以及湛河沿线多个景观节点注入生机和活力，持续对北汝河、澧河的补水使水系连通，上下游水生态环境进一步改善。

鹤壁市南水北调向老城区引水工程项目开工

2020年12月16日，鹤壁市南水北调向老城区引水工程项目（二级加压泵站）在鹤壁经济技术开发区集中开工。市人大常委会副主任朱东培、副市长孙栋、市政协副主席董撑群参加开工仪式。

南水北调向老城区引水工程分四部分建设，一是取水工程，从南水北调干渠36号口门取水，对金山泵站升级改造，更换大扬程、多频率循环泵；二是建设加压泵站，新建调蓄水池、水泵间、附属设施间；三是输水管道工程，供水管道直径1.2m，采用涂塑钢管材质，管线总长12.7km；四是山城水厂改造工程，扩建加药间、加氯间满足南水北调制水工艺。工期12个月。

河南省副省长武国定调研南水北调中线观音寺调蓄工程

2020年12月26日，河南省副省长武国定调研南水北调中线观音寺调蓄工程并主持召开现场办公会。

武国定察看调蓄工程（下库）施工现场，听取有关单位关于先期开工项目及进展情况汇报，研究解决工程建设中存在的问题。武国定指出，建设观音寺调蓄工程对保障南水北调中线工程供水安全、支撑郑州国家中心城市建设、改善当地生态环境、优化河南能源结构、稳投资拉内需都有十分重要的意义。

武国定要求，各级各部门各单位要进一步提高政治站位，加强统筹协调，大力支持工程建设；要进一步加快工程进度，积极推动土地预审、林地占压、拆迁安置、文物勘探和施工组织设计、安全生产等工作；要进一步加强组织领导，领导小组各成员单位要各司其职、各负其责，加强沟通协调，搞好工作衔接，积极主动高效推进各项工作任务；要坚持问题导向、目标导向，强化工作措施，建立工作台账，倒排工期，及时研究解决存在问题，争取工程早日建成发挥效益，造福南水北调工程沿线人民。

观音寺调蓄工程位于新郑市南9km，是国家2020-2022年150项重大水利工程建设项目之一，是南水北调中线干渠沿线第二个调蓄工程，是河南省第一个南水北调调蓄工程。工程主要包括上、下调蓄水库和抽水蓄能电站，规划总库容3.28亿m³，静态总投资约175亿元，由中线建管局和新郑市政府共同出资建设。观音寺调蓄工程局部场地平整及大坝试验工程于12月21日开工。

省政府副秘书长陈治胜，中线建管局，省水利厅、自然资源厅、林业局、文物局和郑州市政府、新郑市委市政府等单位负责人参加。

（水利厅南水北调处）

焦作市南水北调天河公园AAAA级景区创建成功

2020年12月28日，焦作市南水北调天河公园正式获批为国家AAAA级旅游景区，填补焦作中心城区的一项空白，助推焦作全域旅游示范市创建。焦作市南水北调天河公园AAAA级景区创建工作，从申报材料编制、申报工作台账梳理，到景区标识标牌安装、游客中心和购物中心装修布置、停车场设施完善、卫生间配套建设、景区网站建立全部完成。

贰 规章制度·重要文件

规　章　制　度

河南省南水北调配套工程有限空间作业管理办法（试行）

2020年6月15日

豫调建建〔2020〕11号

第一章　总则

第一条　为规范河南省南水北调配套工程运行管理单位的有限空间危险作业安全，有效控制和减少有限空间作业风险，保护在有限空间作业中人员的健康和安全，依据《中华人民共和国安全生产法》和有关安全生产的法律、行政法规及技术标准、规范、规定，制定本办法。

第二条　有限空间是指封闭或者部分封闭，出入口较为狭窄，自然通风不良，易造成有毒有害、易燃易爆物质积聚或者氧含量不足的空间，如南水北调配套工程各类阀井、管道等。

第三条　本办法适用于河南省南水北调配套工程阀井、管道等有限空间的作业行为。

第二章　有限空间作业工作原则

第四条　对于经首次检测存在易燃易爆、有毒或含氧量不达标的阀井，必须严格实行作业审批制度，严禁擅自进入有限空间作业。

第五条　必须做到"先通风、再检测、后作业"，严禁通风、检测不合格作业。

第六条　必须配备个人防中毒窒息等防护装备，设置安全警示标识，严禁无防护监护措施作业。

第七条　必须对作业人员进行安全培训，严禁教育培训不合格上岗作业。

第八条　必须制定应急措施，现场配备应急装备，严禁盲目施救。

第三章　作业前准备

第九条　有限空间作业前，需完成以下工作：

（1）作业班组安全教育；

（2）设置警戒、警示标识；

（3）对有限空间作业应确认无许可和许可性识别；

（4）通风并检测确认有限空间内氧含量及有害物质浓度；

（5）对于首次检测指标不达标的阀井，分析合格后编制施工方案，再办理《有限空间作业审批表》；

（6）作业前30分钟，应再次对有限空间有害物质浓度采样，分析合格后方可进入有限空间。

第十条　安全措施检查完、全部符合要求后，现场负责人签字，并报主管以上人员审批同意后，严格按照审批意见，开展工作。

第四章　相关要求

第十一条　从事有限空间作业人员应进行安全培训，培训内容包括但不限于：

（1）有限空间作业的危险因素和安全防护措施；

（2）有限空间作业的操作流程及注意事项；

（3）设备仪器的检查和使用方法；

（4）紧急情况下的应急处置措施。

第十二条　针对有限空间作业应编制应急救援预案。内容包括但不限于：

（1）确定应急救援组织指挥机构，明确相关部门与人员职责分工，统一协调指挥；

（2）明确应急处置措施、医疗救助、应急人员防护；

（3）现场检测与评估；

（4）应急救援经费、物资和人员保障；

（5）善后处理措施。

第十三条 应选用合格、有效的气体和测爆仪等检测设备。检测人员应装备准确可靠的分析仪器，按照规定的检测程序，针对作业危害因素制定检测方案和检测应急措施。

第十四条 进入有限空间作业前，应采取通风措施，气体检测指标应满足：有限空间的作业场所空气中的含氧量应为 19.5%～23%，若空气中含氧量低于 19.5%（个体防护装备选用规范中为 18%），应有报警信号；有毒物质浓度应符合 GBZ2.1 和 GBZ2.2 规定；可燃气体浓度应低于可燃烧极限或爆炸极限下限的 10%。

通风换气应满足稀释有毒有害物质的需要；有限空间的吸风口应设置在下部；当存在与空气密度相同或小于空气密度的污染物时，还应在顶部增设吸风口。

进入自然通风换气效果不良的有限空间，应采用机械通风，通风换气次数不能少于 3 次/h～5 次/h。通风换气应满足稀释有毒有害物质的需要。

第十五条 作业人员进入有限空间前，需穿戴相应的个人劳动防护用品。对由于受作业环境限制不易充分通风换气的场所，作业人员必须配备并使用空气呼吸器或软管面具等隔离式呼吸保护器具，严禁使用过滤式面具。

第十六条 作业人员进入有限空间后，外部需留有人员照看通风设备和应急救援器具，并保持联络。

第十七条 有限空间内作业，特别是在存在可燃性气体的作业场所，严禁抽烟，不得动火。所有电气设备设施及照明应符合 GB 3836.1 中的有关规定，实现整体电气防爆和防静电措施。

第十八条 为防止无关人员进行有限空间作业场所，提醒作业人员引起重视，在有限空间外敞面醒目处，设置警戒区、警戒线和警示标志，夜间作业需设置警示红灯及其他反光警示标志。其设置应符合 GB 50016，GB 2893 和 GB 2894 中的有关规定。作业场所职业危害警示应符合 GBZ 158 中的有关规定。

第十九条 当作业人员在输水管道内部作业时，应严密关闭两端阀门，装好盲板，设置"禁止启动"等警告信息。

第二十条 应急器材应保证满足应急救援要求，并放置在作业现场，急救药品应完好、有效。

第二十一条 作业完成、所有作业人员离开有限空间后，方可撤除设备和仪器，并清除作业过程中形成的垃圾，保证人走场清。

《有限空间作业审批表》内工作内容完成后，应将《有限空间作业审批表》和对应的《有限空间作业气体检测数据记录表》整理归档备查。

第二十二条 所有人员未经审批无权进入或要求他人进入检测指标不达标的有限空间进行作业，所有人员有权拒绝违章指挥。

第二十三条 各运行管理单位负责制定应急措施，并组织开展有限空间应急救援演练。

第五章 附则

第二十四条 本办法自发布之日起实施。

第二十五条 本办法由河南省南水北调建管局负责解释。

附表 （略）

HNNSBDPT　J001-2020

河南省南水北调配套工程专用技术标准

其他工程穿（跨）越、邻接 河南省南水北调受水区供水 配套工程设计技术要求

2020年12月29日

豫调建投〔2020〕85号

前言

为保障河南省南水北调受水区供水配套工程（以下简称供水配套工程）的运行安全、工程安全和供水安全，规范供水配套工程沿线各地区各行业在工程管理和保护范围内需要建设的桥梁、公路、铁路、地铁、管道、缆线、取水、排水等工程设施穿越、跨越、邻接供水配套工程设计，原河南省南水北调办公室于2015年10月发布实施了《其他工程穿越邻接河南省南水北调受水区供水配套工程设计技术要求（试行）》。2016年10月，河南省人民政府以政府令第176号公布了《河南省南水北调配套工程供用水和设施保护管理办法》，依据该办法有关规定，按照《河南省南水北调受水区供水配套工程保护管理办法（试行）》的有关要求，对《其他工程穿越邻接河南省南水北调受水区供水配套工程设计技术要求（试行）》进行修订。

本技术要求由河南省南水北调中线工程建设管理局负责解释。

本技术要求批准部门：河南省水利厅

本技术要求颁布单位：河南省南水北调中线工程建设管理局

本技术要求编制单位：河南省水利勘测设计研究有限公司

本技术要求主要审查人员：

凌　霄、籍勇晔、曹会彬、杨恩文、王国

栋、雷淮平、秦鸿飞、徐庆河、余　洋、胡国领、邹根中、郝家凤、李申亭、徐秋达

本技术要求主要起草人员：

苗红昌、李菊先、张海峰、王庆庆、鞠厚磊、尹　箭、王海峰、王　鹏、刘豪祎、朱明锋、李云光、庄春意、齐　浩、李春阳

1　总则

1.0.1　为规范其他工程穿越、跨越、邻接河南省南水北调受水区供水配套工程（以下简称供水配套工程）的勘测设计工作，保障供水配套工程的运行安全、工程安全和供水安全，编制本技术要求。

1.0.2　本技术要求适用于新建、改建、扩建、加固的其他工程下穿、上跨、邻接供水配套工程的勘测设计。

1.0.3　穿越、跨越、邻接工程勘测设计至少应包含专题设计（初步设计深度，下同）、施工图设计两个阶段。

1.0.4　穿越、跨越、邻接工程设计除应满足本技术要求外，还应符合《河南省南水北调配套工程供用水和设施保护管理办法》（河南省人民政府令第176号），以及国家现行有关标准、规范的规定。

2　名词解释

2.0.1　供水配套工程：系指自南水北调中线干线总干渠分水口门至城市受水水厂或其他受水目标之间的工程，包括输水管道（暗涵）及其进口调节池、预留分水口、阀井、调压塔、排水管、水闸、泵站及其前池、调蓄池等建（构）筑物和满足安全运行的相关附属设施。

2.0.2　穿越、跨越、邻接工程：系指在供水配套工程管理范围和保护范围内建设的河（渠、沟）道、桥梁、公路、铁路、地铁、管道、缆线、取水、排水等工程。

2.0.3　穿越、跨越：系指在供水配套工程管理范围内以下穿、上跨方式建设的工程形式。

2.0.4　邻接：系指在供水配套工程管理范

围外、保护范围内采用邻近、平行方式建设的工程形式。

2.0.5 管理范围和保护范围

1.根据河南省人民政府令第176号《河南省南水北调配套工程供用水和设施保护管理办法》第二十六条，南水北调配套工程管理范围按照批准的工程设计文件划定。

（1）输水管线管理范围

输水管道埋置在地下，管道占地为临时占地，施工结束后恢复原迹地功能，归属性质不变，因此，不设为管理占地。

输水管线的调节水池、管涵、检修闸（阀）井、气孔等构筑物管理范围，以构筑物轮廓外边线以外2m为界划为管理范围。

（2）泵站管理范围

泵站的管理范围为泵站征地边界线。

（3）管理处、管理所及现地管理房的管理范围

管理处、管理所、现地管理房按征地边界划为管理范围。

（4）其他设施管理范围

其他设施包括观测、交通、通信设施、测量控制标点、界碑、里程牌及其他维护管理设施的占地范围为工程管理范围。

2.根据河南省人民政府令第176号《河南省南水北调配套工程供用水和设施保护管理办法》第二十七条，南水北调配套工程保护范围按照下列原则划定：

（1）河道、渠道、水库保护范围按照《河南省水利工程管理条例》的规定划定。

（2）管道、暗涵等地下输水工程为工程设施上方地面以及从其边线向外延伸至30米以内的区域，其中穿越城（镇）区的为工程设施上方地面以及从其边线向外延伸至15米以内的区域。

（3）穿越河流的交叉工程为从管理范围边线向交叉河道上游延伸至不少于500米、下游延伸至不少于1000米以内的区域。

（4）泵站、水闸、管理站、取水口等其他工程设施为从管理范围边线向外延伸至50米以内的区域。

2.0.6 覆土深度：指输水管道（暗涵）外壁与地面的垂直距离。

2.0.7 水平净距：指输水管道（暗涵）外壁及附属设施外轮廓线与穿越、跨越、邻接工程外轮廓线间的水平距离。

2.0.8 垂直净距：指输水管道（暗涵）外壁及附属设施外轮廓线与穿越、跨越、邻接工程外轮廓线间的垂直距离。

3 总体要求

3.0.1 专题设计应对穿越、跨越、邻接供水配套工程的必要性、可行性及建设规模进行充分论证。

3.0.2 穿越、跨越、邻接工程的布置和建设不应对已有供水配套工程的正常运行和管理产生不利影响。

3.0.3 穿越、跨越、邻接工程的布置应进行多方案比选确定，提出穿越、跨越、邻接的方式、施工工艺及运行、管理条件。

3.0.4 有可能污染水质的其他工程与供水配套工程交叉、邻接时，宜采用下穿、下行方式，且不应有接口重叠并采取加强保护措施；受条件限制须上跨供水配套工程输水管道时，在供水配套工程保护范围内应采用耐腐蚀的管道并采取加强防护措施。

3.0.5 对于失事后可能对供水配套工程造成严重后果的穿越、跨越、邻接工程，应布置专门的事故紧急处理设施。

3.0.6 穿越、跨越、邻接工程设计应提出超出设计使用年限后的处理措施。

4 设计标准及基本资料

4.1 设计标准

4.1.1 穿越、跨越、邻接工程防洪标准不得低于供水配套工程的防洪标准。

4.1.2 穿越、跨越、邻接工程应在原设计基础上提高一个安全等级。

4.1.3 穿越、跨越、邻接工程建筑物抗震设防标准除符合其行业要求外，还应不低于供

水配套工程的抗震设防标准。

4.2 基本资料

4.2.1 穿越、跨越、邻接工程设计应收集工程区城乡规划（包括园区规划、道路规划、给排水规划等）、水文气象、工程测量、工程地质及供水配套工程相应部位的设计、施工和竣工等资料。

4.2.2 穿越、跨越、邻接工程进行地质勘察时，不应损坏管理范围内各项设施，且不得影响供水配套工程的运行安全、工程安全及供水安全。

4.2.3 穿越、跨越、邻接工程设计还应收集供水配套工程交叉、邻接段附近的管道、附属设施、供电及自动化设施等的布置、设计、施工及运行管理等方面的资料。

4.2.4 行业规范规程及相关技术要求。

5 穿（跨）越、邻接工程设计

5.1 工程布置

5.1.1 穿越、跨越、邻接工程位置及线路选择应结合供水配套工程的特性以及运行状况和穿越、跨越、邻接位置附近地形、地物、工程地质条件及穿越、跨越、邻接工程自身的施工与运行等条件，经技术、经济比较确定，且不应对供水配套工程的运行管理产生不利影响。确定的穿越、跨越、邻接工程位置应采用供水配套工程的高程和坐标系统，并在地形图上标明供水配套工程的桩号、坐标及管理和保护范围。

5.1.2 其他工程穿越、跨越供水配套工程时，其交叉角度不宜小于60°；受条件限制交叉角度小于60°时，须充分论证必要性并采取相应的工程措施，保证供水配套工程安全。

5.1.3 穿越、跨越、邻接工程布置应考虑其在施工及运行期不影响供水配套工程的运行安全、工程安全及供水安全。

5.1.4 下穿工程布置应符合下列要求：

（1）对于承插式管道，严禁在承插口下方穿越。

（2）进出口应布置在配套工程保护范围外。

（3）采用顶进或盾构等方法施工时，垂直净距不应小于下穿管道（暗涵）最大外径的2倍，且不应小于3m。不满足上述条件的，应充分论证后确定，并须保证供水配套工程的运行安全、工程安全及供水安全。

（4）采用定向钻施工方案时，管道埋深应结合定向钻施工泥浆压力、下穿位置地质条件等情况综合确定，且垂直净距不应小于6m。

5.1.5 跨越、邻接工程布置应符合下列要求：

（1）其他工程管线跨越供水配套工程管涵的最小垂直净距，不小于表5.1.5-1规定。

表5.1.5-1 其他工程管线跨越供水配套工程管线的最小垂直净距（m）

给水管线	雨、污水中水管线	石油管线	热力管线	燃气管线	通信管线		电力管线		涵洞基底
					直埋	保护通道	直埋	保护管	
0.5	1.0	1.0	1.0	1.0	0.5	0.5	0.5	0.5	1.0

（2）其他工程管线邻接供水配套工程管涵的最小水平净距，应结合其施工及运行情况可能对供水配套工程造成的影响范围分析确定。

（3）公路、铁路、渠道、排水沟跨越供水配套工程管涵时，其路基、渠、沟底距管涵顶的最小净距以不改变原管涵的受力条件分析确定。

（4）桥梁跨越工程下部结构距管涵的水平净距不宜小于5m，且施工期间应采取工程措施，确保工程安全；梁底距管涵覆土顶面（地面）垂直净距应满足配套工程运行、巡视、检修、更换等必要条件。特殊情况经论证后确定，并须保证供水配套工程的运行安全、工程安全及供水安全。

5.2 结构设计

5.2.1 穿越、跨越、邻接工程结构设计，除遵照本行业相关技术标准进行结构设计外，还应对其在施工及运行条件下对供水配套工程的影响进行计算，并根据计算结果采取相应的工程措施。

5.2.2　穿越、跨越、邻接工程对供水配套工程的影响计算应符合下列要求：

（1）设计工况应结合供水配套工程建筑物和穿越、跨越、邻接工程建筑物设计工况综合分析确定，并按不同工况进行荷载组合。

（2）计算及实测供水配套工程累计沉降量，对承插式管道不应超过其借角对应值的一半，其他管材不超过5mm。

5.2.3　穿越、跨越、邻接工程对供水配套工程的影响计算应包括下列内容：

（1）沉降变形计算分析；

（2）稳定计算分析；

（3）施工及运行期，车辆及其他临时荷载对供水配套工程结构安全的影响分析；

（4）施工期排水及其他影响供水配套工程安全的计算分析。

5.3　施工组织设计

5.3.1　施工组织设计应包括施工条件、施工方法、主要机械设备选型、施工场地布置、施工进度计划、应急预案等内容。

5.3.2　施工营地应布置在供水配套工程保护范围以外的适当地点，施工机械及施工荷载不应影响供水配套工程及相关设施的安全。

5.3.3　施工道路应避开管道或暗涵布置，不可避免要从管道（涵）上方通过时，应对管道或暗涵采取必要的保护措施。

5.3.4　施工期需要进行深基坑作业时，其基坑支护、防渗措施应进行专门设计，并应对供水配套工程进行安全稳定复核。

5.3.5　采用定向钻、机械顶管、盾构等方法施工时，应采取有效措施确保施工精度。

5.3.6　应对施工产生的废水、废气、灰渣等污染源进行严格控制，并采取有效的防抛撒、防污染措施，施工完成后应对供水配套工程保护范围内的施工迹地按相关要求进行恢复。

5.4　安全监测设计

5.4.1　专题设计阶段应研究确定第三方监测的必要性及设计方案。

5.4.2　安全监测设计应包括监测项目、范围、内容、仪器埋设、监测频次、监测时段、预警值等。

5.4.3　当穿越、跨越、邻接工程造成供水配套工程管道或建筑物附加变形值达到预警值或工程运行出现异常时，应采取有效保护措施，必要时应立即停止施工。

5.4.4　安全监测设施安装不应损坏供水配套工程管道及附属物结构、监测设施。

5.4.5　穿越、跨越、邻接工程开工前，应对其所在部位的供水配套工程管道及相关建筑物初始状态进行现场观测并保留数据。

5.4.6　应对安全监测方法、频次及资料整编等提出要求，并上报供水配套工程建设（运行）管理单位。

5.4.7　穿越、跨越、邻接工程施工及运行期，应对（包括但不限于）供水配套工程的地基沉降变形、水平位移、地下水位变化、高压线路对管道的电磁影响等进行安全监测。

6　设计报告格式要求

6.0.1　穿越、跨越、邻接工程专题设计报告名称为《A穿（跨）越（或邻接）河南省南水北调受水区B供水配套工程C口门（D）专题设计报告》，其中A为穿（跨）越、邻接工程名称，B为穿（跨）越处供水配套工程所属省辖市，C为口门编号，D为供水配套工程线路设计桩号。如：《新建郑州至许昌铁路工程跨越河南省南水北调受水区许昌供水配套工程17号口门线路（桩号30+362.943）专题设计报告》。

6.0.2　施工图设计报告格式同专题设计报告。

6.0.3　专题设计报告应包括但不限于以下内容：工程概况、穿（跨）越的可行性及必要性论证、设计依据、线路选择、穿（跨）越方

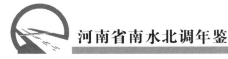
案比选、工程规模确定、工程布置、工程设计、施工组织设计、安全监测设计、环境保护与水土保持设计、水质保护、工程运行条件及工程调度管理等。

6.0.4 报告应附有关文件，包括立项审批文件等。

6.0.5 报告应附有关图纸，包括但不限于平面图、纵横剖面图、工程总平面布置图，以及供水配套工程保护范围内的细部结构图。

用词说明

1.表示很严格，非这样做不可的：

正面词采用"必须"，反面词采用"严禁"；

2.表示严格，在正常情况下均应这样做的：

正面词采用"应"，反面词采用"不应"或"不得"；

3.表示允许稍有选择，在条件许可时首先应这样做的：

正面词采用"宜"，反面词采用"不宜"；

4.表示有选择，在一定条件下可以这样做的，采用"可"。

2020-12-31 发布 2020-12-31 实施

HNNSBDPT J002-2020
河南省南水北调配套工程专用技术标准

其他工程穿（跨）越邻接河南省南水北调受水区供水配套工程安全评价导则

2020 年 12 月 29 日
豫调建投〔2020〕85 号

前 言

为保障河南省南水北调受水区供水配套工程（以下简称供水配套工程）的运行安全、工程安全和供水安全，规范供水配套工程沿线各地区各行业在工程管理和保护范围内需要建设的桥梁、公路、铁路、地铁、管道、缆线、取水、排水等工程设施穿越、跨越、邻接工程对供水配套工程的安全影响评价工作，原河南省南水北调办公室于 2015 年 10 月发布实施了《其他工程穿越邻接河南省南水北调受水区供水配套工程安全评价导则（试行）》。2016 年 10 月，河南省人民政府以政府令第 176 号公布了《河南省南水北调配套工程供用水和设施保护管理办法》，依据该办法有关规定，按照《河南省南水北调受水区供水配套工程保护管理办法（试行）》的有关要求，对《其他工程穿越邻接河南省南水北调受水区供水配套工程安全评价导则（试行）》进行修订。

本导则由河南省南水北调中线工程建设管理局负责解释。

本导则批准部门：河南省水利厅

本导则颁布单位：河南省南水北调中线工程建设管理局

本导则编制单位：河南省水利勘测设计研究有限公司

本导则主要审查人员：

凌 霄、籍勇晔、曹会彬、杨恩文、王国栋、雷淮平、秦鸿飞、徐庆河、余 洋、胡国领、邹根中、郝家凤、李申亭、徐秋达

本导则主要起草人员：

苗红昌、李菊先、张海峰、王庆庆、鞠厚磊、尹 箭、王海峰、王 鹏、刘豪祎、朱明锋、李云光、庄春意、齐 浩、李春阳

1 总则

1.0.1 为规范穿越、跨越、邻接工程对河南省南水北调受水区供水配套工程（以下简称供水配套工程）的安全影响评价，依据国家相关法律法规、《南水北调工程供用水管理条例》（中华人民共和国国务院令第 647 号）和《河南省南水北调配套工程供用水管理办法》（河南省人民政府令第 176 号），以及国家现行技术标准、规程、规范，结合工程实际，特制

订本导则。

1.0.2 穿越、跨越、邻接工程专题设计应符合《其他工程穿（跨）越邻接河南省南水北调受水区供水配套工程设计技术要求》（以下简称《技术要求》）。

1.0.3 本导则适用于其他工程穿越、跨越、邻接供水配套工程时，穿越、跨越、邻接工程对供水配套工程的安全影响评价，评价对象是穿越、跨越、邻接工程的专题设计报告。

2 名词解释

2.0.1 供水配套工程：系指自南水北调中线干线总干渠分水口门至城市受水水厂或其他受水目标之间的工程，包括输水管道（暗涵）及其进口调节池、预留分水口、阀井、调压塔、排水管、水闸、泵站及其前池、调蓄池等建（构）筑物及满足安全运行的相关附属设施。

2.0.2 穿越、跨越、邻接工程：系指在供水配套工程管理范围和保护范围内建设的河（渠、沟）道、桥梁、公路、铁路、地铁、管道、缆线、取水、排水等工程。

2.0.3 穿越、跨越：系指在供水配套工程管理范围内以下穿、上跨方式建设的工程形式。

2.0.4 邻接：系指在供水配套工程管理范围外、保护范围内采用邻近、平行方式建设的工程形式。

2.0.5 管理范围和保护范围

1.根据河南省人民政府令第176号《河南省南水北调配套工程供用水和设施保护管理办法》第二十六条，南水北调配套工程管理范围按照批准的工程设计文件划定。

（1）输水管线管理范围

输水管道埋置在地下，管道占地为临时占地，施工结束后恢复原迹地功能，归属性质不变，因此，不设为管理占地。

调节水池位于总干渠管理范围内，不重复考虑。

输水管线管涵、检修闸（阀）井、气孔等

构筑物管理范围，以构筑物轮廓外边线以外2m为界划为管理范围。

（2）泵站管理范围

泵站的管理范围为泵站征占地外边界线。

（3）管理处、管理所及现地管理房的管理范围

管理处、管理所、现地管理房按征地边界划为管理范围。

（4）其他设施管理范围

其他设施包括观测、交通、通信设施、测量控制标点、界碑里程牌及其他维护管理设施的占地范围为工程管理范围。

2.根据河南省人民政府令第176号《河南省南水北调配套工程供用水和设施保护管理办法》第二十七条，南水北调配套工程保护范围按照下列原则划定：

（1）河道、渠道、水库保护范围按照《河南省水利工程管理条例》中的规定划定。

（2）管道、暗涵等地下输水工程为工程设施上方地面以及从其边线向外延伸至30米以内的区域，其中穿越城（镇）区的为工程设施上方地面以及从其边线向外延伸至15米以内的区域。

（3）穿越河流的交叉工程为从管理范围边线向交叉河道上游延伸至不少于500米、下游延伸至不少于1000米以内的区域。

（4）泵站、水闸、管理站、取水口等其他工程设施为从管理范围边线向外延伸至50米以内的区域。

2.0.6 覆土深度：指输水管道（暗涵）外壁与地面的垂直距离。

2.0.7 水平净距：指输水管道（暗涵）外壁及附属设施外轮廓线与穿越、跨越、邻接工程外轮廓线间的水平距离。

2.0.8 垂直净距：指输水管道（暗涵）外壁及附属设施外轮廓线与穿越、跨越、邻接工程外轮廓线间的垂直距离。

3 评价内容

3.0.1 穿越、跨越、邻接工程符合性评价

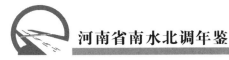

应包括以下内容：

（1）基本资料是否满足穿越、跨越、邻接工程设计及安全影响评价要求；

（2）设计依据的正确性及完整性，设计标准是否符合《技术要求》以及国家、行业现行有关技术标准、规程、规范的规定；

（3）专题设计报告的完整性，以及与供水配套工程相关的计算条件及荷载是否满足供水配套工程运行维护要求；

（4）结构设计计算内容是否完整，设计工况是否满足供水配套工程安全运行维护的要求，计算方法、参数选定是否正确，成果是否合理。

（5）穿越、跨越、邻接工程相关审批文件是否齐全。

3.0.2 工程设计安全影响评价应包括以下内容：

（1）工程建设及穿越、跨越、邻接供水配套工程的必要性；

（2）工程位置及线路选择的合理性、控制点位置的确定；

（3）建筑物型式选择及工程布置是否满足规程、规范要求；是否满足供水配套工程管理范围和保护范围的相关要求；

（4）工程设施对供水配套工程的防洪影响；

（5）工程运行期间对供水配套工程、自动化设施、安全监测等设施及其运行维护条件的影响及处置措施的有效性、合理性；

（6）穿越、跨越、邻接工程对供水配套工程水质的影响；

（7）穿越、跨越、邻接工程对供水配套工程运行维护的影响；

（8）工程超出使用年限或其他原因报废处理措施对供水配套工程安全运行及耐久性的影响。

3.0.3 施工安全影响评价应包括以下内容：

（1）施工方案、施工场地布置、施工技术

要求和施工措施是否符合相关技术标准，是否对供水配套工程安全运行及维护管理存在不利影响，相应处置措施是否合理、安全、有效；

（2）施工临时设施对供水配套工程防洪是否存在不利影响，相应处置措施是否合理有效；

（3）施工期安全监测是否完备，是否具有针对性和可实施性；

（4）工程施工对供水配套工程及其设施运行维护条件的影响和处理措施的合理性、有效性；

（5）施工度汛及应急预案是否合理，是否具有针对性和可实施性；

（6）施工期环境保护及迹地恢复措施是否符合水源保护及供水配套工程运行管理、维护的相关技术规定要求；

（7）穿越、跨越、邻接工程在施工及运行期检修用水和其他废弃物的排放、水土保持与环境保护措施是否满足管理范围和保护范围相关要求。

3.0.4 安全监测评价应包括以下内容：

（1）监测项目、监测方法、监测点布置的合理性；

（2）安全监测值控制标准的安全性与合理性；

（3）监测设施选择的合理性；

（4）监测频次、监测周期及资料整编要求的正确性。

3.0.5 评价报告应提出穿越、跨越、邻接工程对供水配套工程安全影响评价的主要结论，以及设计、施工应关注的重点及建议。

4 评价报告格式要求

4.0.1 安全影响评价报告名称为《A穿（跨）越河南省南水北调受水区B供水配套工程C口门线路（D）安全影响评价报告》，其中A为穿（跨）越工程名称，B为穿（跨）越处供水配套工程所属省辖市（直管县），D为线路桩号。如：《新建郑州至许昌铁路工程跨越河南省南水北调受水区许昌供水配套工程17

号口门线路（桩号30+362.943）安全影响评价报告》。

4.0.2　评价报告应包括但不限于以下内容：工程概述（包括穿跨越、邻接工程概况，穿跨越、邻接段供水配套工程设计概况及工程建设及运行现状）、评价依据、安全影响评价内容（包括符合性评价、工程布置安全影响评价、供水配套工程安全影响评价、施工安全影响评价、安全监测评价等）及评价结论及建议。

4.0.3　报告应附有关文件，包括立项审批文件等。

4.0.4　评价报告应附有关图纸，包括但不限于平面图、纵横剖面图、施工总平面布置图，以及供水配套工程保护范围内的细部结构图。

2020-12-31　发布 2020-12-31　实施

HNNSBDPT　J003-2020
河南省南水北调配套工程专用技术标准

其他工程连接河南省南水北调受水区供水配套工程设计技术要求

2020年12月29日
豫调建投〔2020〕85号

前　言

为保障河南省南水北调受水区供水配套工程（以下简称供水配套工程）的运行安全、工程安全和供水安全，规范其他工程连接供水配套工程勘测设计工作，依据《河南省南水北调配套工程供用水和设施保护管理办法》（河南省人民政府令第176号）的有关规定，河南省南水北调中线工程建设管理局按照河南省水利厅的要求组织编制《其他工程连接河南省南水北调受水区供水配套工程设计技术要求》。

本技术要求由河南省南水北调中线工程建设管理局负责解释。

本技术要求批准部门：河南省水利厅

本技术要求颁布单位：河南省南水北调中线工程建设管理局

本技术要求编制单位：河南省水利勘测设计研究有限公司

本技术要求审查单位：黄河勘测规划设计研究院有限公司

本技术要求主要审查人员：

毛文然、凌　霄、李全胜、齐央央、曹会彬、王国栋、雷淮平、秦鸿飞、徐庆河、余洋、胡国领、邹根中、郝家凤、付黎歌、徐秋达

本技术要求主要起草人员：

苗红昌、李菊先、张海峰、王庆庆、鞠厚磊、尹　箭、王海峰、王　鹏、刘豪祎、朱明锋、李云光、庄春意、齐　浩、李春阳、李淑敏

1　总则

1.0.1　为规范连接河南省南水北调受水区供水配套工程（以下简称供水配套工程）的工程勘测设计工作，保障供水配套工程的运行安全、工程安全和供水安全，编制本技术要求。

1.0.2　本技术要求适用于新建、改建、扩建的其他工程连接供水配套工程的勘测设计。

1.0.3　连接工程勘测设计应包含专题设计（初步设计深度，下同）、施工图设计两个阶段。

1.0.4　连接工程设计除应满足本技术要求外，还应符合《河南省南水北调配套工程供用水和设施保护管理办法》（河南省人民政府令第176号），以及国家现行有关标准、规范的规定。

2　名词解释

2.0.1　供水配套工程

供水配套工程：系指自南水北调中线干线总干渠分水口门至城市受水水厂或其他受水目标之间的工程，包括输水管道（暗涵）及其进

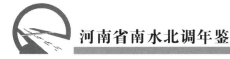

口调节池、预留分水口、阀井、调压塔、排水管、水闸、泵站及其前池、调蓄池等建（构）筑物和满足安全运行的相关附属设施。

2.0.2　其他工程

除河南省南水北调配套工程以外，与已有供水配套工程连接的新建、改建、扩建的供水、配水工程。

2.0.3　连接工程

连接工程系指与供水配套工程相连的工程或通过供水配套工程设施向水库、蓄水池、河道、水厂及前池等其他工程供水的工程。

2.0.4　开敞式连接

其他工程与供水配套工程之间采用自由水面连接。

2.0.5　管理范围和保护范围

1.根据河南省人民政府令第176号《河南省南水北调配套工程供用水和设施保护管理办法》第二十六条，南水北调配套工程管理范围按照批准的工程设计文件划定。

（1）输水管线管理范围

输水管道埋置在地下，管道占地为临时占地，施工结束后恢复原迹地功能，归属性质不变，因此，不设为管理占地。

调节水池位于总干渠管理范围内，不重复考虑。

输水管线管涵、检修闸（阀）井、气孔等构筑物管理范围，以构筑物轮廓外边线以外2m为界划为管理范围。

（2）泵站管理范围

泵站的管理范围为泵站征占地外边界线。

（3）管理处、管理所及现地管理房的管理范围

管理处、管理所、现地管理房按征地边界划为管理范围。

（4）其他设施管理范围

其他设施包括观测、交通、通信设施、测量控制标点、界碑里程牌及其他维护管理设施的占地范围为工程管理范围。

2.根据河南省人民政府令第176号《河南

省南水北调配套工程供用水和设施保护管理办法》第二十七条南水北调配套工程保护范围按照下列原则划定：

（1）河道、渠道、水库保护范围按照《河南省水利工程管理条例》中的规定划定。

（2）管道、暗涵等地下输水工程为工程设施上方地面以及从其边线向外延伸至30米以内的区域，其中穿越城（镇）区的为工程设施上方地面以及从其边线向外延伸至15米以内的区域。

（3）穿越河流的交叉工程为从管理范围边线向交叉河道上游延伸至不少于500米、下游延伸至不少于1000米以内的区域。

（4）泵站、水闸、管理站、取水口等其他工程设施为从管理范围边线向外延伸至50米以内的区域。

3　总体要求

3.0.1　专题设计阶段应对连接供水配套工程的可行性、必要性及建设规模进行充分论证。

3.0.2　连接工程的布置和建设不应对已有供水配套工程的正常运行和管理产生不利影响。

3.0.3　连接工程的布置应进行多方案比选，提出连接的方式、施工工艺及运行、管理条件等。

3.0.4　通过连接工程增加供水目标后，应对连接工程涉及的供水配套工程进行系统的水力计算和过渡过程复核，分析对原有工程可能造成的影响，并提出保护措施。

3.0.5　对于失事后可能对供水配套工程造成连带事故的连接工程，应设置专门的事故紧急处理设施。

4　设计标准及基本资料

4.1　设计标准

连接工程的安全等级不应低于供水配套工程的相应安全等级。

4.2　基本资料

4.2.1　连接工程设计应收集工程区城乡规

划（包括园区规划、道路规划、给排水规划等）、水文气象、工程测量、工程地质及与供水配套工程相连接部位附近的设计、施工和竣工等资料。

4.2.2 连接工程进行地质勘探时，不得影响供水配套工程的运行安全、工程安全和供水安全。

4.2.3 连接工程设计还应收集供水配套工程预留（新设、改扩建）分水口及附近的管道、附属设施、供电及自动化等设施的布置、设计、施工和运行管理等方面的资料。

4.2.4 行业规范规程及相关技术要求。

5 连接工程设计

5.1 工程布置

5.1.1 连接工程的位置及线路选择应结合供水配套工程的特性以及运行状况和连接位置附近地形、地物、工程地质条件及连接工程自身的施工与运行等条件，经技术经济比较确定，且不应对已有供水配套工程的正常运行和管理产生不利影响。确定的连接工程位置应采用供水配套工程的高程和坐标系统，并在地形图上标明供水配套工程的管线桩号、预留分水口、阀井、调压塔、排水管等在线工程、水闸、泵站、调蓄池、管道进口调节池等工程位置及坐标等。

5.1.2 应明确说明连接工程所处位置的供水配套工程管理范围和保护范围，并在图纸上予以标示。

5.1.3 连接工程与供水配套工程宜采用开敞式连接；采用其他方式连接的应进行充分论证。

5.1.4 连接工程在建设及运行期间不宜在供水配套工程保护范围内加载、开挖、改变地下水位，不可避免时应采取相应工程措施。

5.1.5 连接工程的建筑物布置应考虑超出设计使用年限后的处理措施，使其满足供水配套工程相应设施的耐久性要求，且不应影响供水配套工程的安全运行。

5.1.6 连接工程从供水配套工程下部穿越时，应符合《其他工程穿（跨）越邻接河南省南水北调受水区供水配套工程设计技术要求》的有关规定。

5.2 水力计算

5.2.1 连接工程设计在进行水力计算前，应首先确定供水配套工程在设计流量和最小引水流量下连接点的压力水位，以此作为连接工程的进口水位，对比连接工程末端水位确定输水方式。

5.2.2 应对连接工程的分水规模进行论证，尽量避免对与其相连接的供水配套工程的正常运行产生较大影响，难以避免时应对供水配套工程采取相应的工程措施。

连接工程的分水规模确定后，应对供水配套工程及连接工程进行整体输水系统水力学复核计算。

5.2.3 供水配套工程及连接工程必须进行整体输水系统水力过渡过程计算，提出输水系统水锤防护措施及合理的阀门启闭过程，并提出连接工程发生事故、连接工程和原配套工程组合发生事故的安全影响及防护措施。

5.3 结构及工艺设计

5.3.1 连接工程建筑物结构设计，除遵照本行业相关技术标准、规范规程及其他相关的规范规程进行结构设计外，对供水配套工程保护范围内的连接段工程，还应分析其在施工及运行条件下对供水配套工程的影响，并根据分析计算结果采取相应有效的工程措施。

5.3.2 连接段工程的安全等级不应低于供水配套工程安全等级，连接段管道必须采用钢制管件，钢材的型号、壁厚、焊接形式、焊缝检测、防腐等级等均不应低于供水配套工程的相应标准。

5.3.3 管件、阀件等设备的设计标准不应低于供水配套工程的相应标准。

5.3.4 连接段工程对配套工程的影响计算，应包括结构受力状态、应力、抗浮稳定、抗滑稳定、抗倾稳定、地基稳定、施工期排水、机械动力等内容，其荷载确定及组合应遵照水利及相关行业技术标准要求。

5.4　施工组织设计

5.4.1　连接工程施工应采取有效措施，避免对配套工程的运行安全、供水安全产生不利影响。

5.4.2　连接工程施工组织设计应包括施工条件、施工方法、主要机械设备选型、施工场地布置、施工进度计划、应急预案等内容。

5.4.3　连接工程施工营地及工厂设施宜布置在供水配套工程保护范围以外的适当地点，施工机械及施工荷载不应影响供水配套工程及相关设施的安全。

5.4.4　施工道路应避开管道或暗涵布置，不可避免要从管道（涵）上方通过时，应对管道或暗涵采取必要的保护措施。

5.4.5　施工期需要进行深基坑作业时，其基坑支护、防渗措施应进行专门设计，并应对供水配套工程进行安全复核。

5.4.6　应对施工产生的废水、废气、灰渣等污染源进行严格控制，并采取有效的防抛撒、防污染措施，施工完成后应对供水配套工程保护范围内的施工迹地按相关要求进行恢复。

5.5　安全监测设计

5.5.1　方案或专题设计阶段应研究确定第三方监测的必要性及设计方案。

5.5.2　安全监测设计应包括监测项目、范围、内容、仪器埋设、监测频次、监测时段、预警值等。

5.5.3　当连接工程造成供水配套工程管道或建筑物附加变形值达到预警值或配套工程运行出现异常时，应采取有效保护措施，必要时应立即停止施工。

5.5.4　安全监测设施安装不应损坏供水配套工程管道及附属物结构、监测设施。

5.5.5　连接工程开工前，应对其所在部位的供水配套工程管道及相关建筑物初始状态进行现场观测并保留数据。

5.5.6　应对安全监测方法、频次及资料整编等提出要求，并上报供水配套工程建设（运行）管理单位。

5.5.7　连接工程施工期及运行期应对供水配套工程管道及附属物地基沉降变形、水平位移、地下水位变化等进行安全监测。

5.6　电气及自动化设计

5.6.1　连接工程的电气设计应遵照水利及相关行业技术标准，各供电负荷等级应与供水配套工程相一致。

5.6.2　连接工程应将控制、计量系统纳入供水配套工程自动化系统统一调度管理，并将其接入供水配套工程自动化系统。

5.6.3　自动化设计内容应包括控制设备的监控，流量、液位、压力、视频等数据的采集，传输网络的确定，调度中心监控和调度软件的扩充等。

5.7　工程运行管理

5.7.1　连接工程运行应服从供水配套工程统一调度，实行科学管理，保证工程运行安全、高效。

5.7.2　连接工程管理应编制调度运行规程，保证工程的安全及良性运行。

6　设计报告格式要求

6.0.1　连接工程专题设计报告名称为《A连接河南省南水北调受水区B供水配套工程C口门线路（D）专题设计报告》，其中A为连接工程名称，B为连接处供水配套工程所属省辖市（直管县），C为口门编号，D为供水配套工程线路设计桩号。如：《漯河市第八水厂供水工程连接河南省南水北调受水区漯河供水配套工程10口门线路（桩号75+058.129）专题设计报告》。

6.0.2　连接工程施工图设计报告格式同专题设计报告。

6.0.3　设计报告应包括但不限于以下内容：工程概况、连接可行性和必要性论证、设计依据、线路选择、连接方案比选、工程规模确定、系统水力计算及过渡过程复核、结构及工艺设计、安全监测设计、机电及自动化设计、施工组织设计、环境保护与水土保持设计、工程运行条件及工程调度管理等。

6.0.4 报告应附有关文件，包括立项审批文件等。

6.0.5 报告应附有关图纸，包括但不限于平面布置图、纵横剖面图，以及供水配套工程保护范围内连接工程的细部结构图。

用词说明

1.表示很严格，非这样做不可的：

正面词采用"必须"，反面词采用"严禁"；

2.表示严格，在正常情况下均应这样做的：

正面词采用"应"，反面词采用"不应"或"不得"；

3.表示允许稍有选择，在条件许可时首先应这样做的：

正面词采用"宜"，反面词采用"不宜"；

4.表示有选择，在一定条件下可以这样做的，采用"可"。

2020-12-31 发布 2020-12-31 实施

HNNSBDPT J004-2020

河南省南水北调配套工程专用技术标准

其他工程连接河南省南水北调受水区供水配套工程安全评价导则

2020年12月29日

豫调建投〔2020〕85号

前 言

为保障河南省南水北调受水区供水配套工程（以下简称供水配套工程）的运行安全、工程安全和供水安全，规范其他工程连接供水配套工程对供水配套工程的安全影响评价工作，依据《河南省南水北调配套工程供用水和设施保护管理办法》（河南省人民政府令第176号）的有关规定，河南省南水北调中线工程建设管理局按照河南省水利厅的要求组织编制《其他工程连接河南省南水北调受水区供水配套工程安全评价导则》

本导则由河南省南水北调中线工程建设管理局负责解释。

本导则批准部门：河南省水利厅

本导则颁布单位：河南省南水北调中线工程建设管理局

本导则编制单位：河南省水利勘测设计研究有限公司

本导则审查单位：黄河勘测规划设计研究院有限公司

本导则主要审查人员：

毛文然、凌 霄、李全胜、齐央央、曹会彬、王国栋、雷淮平、秦鸿飞、徐庆河、余洋、胡国领、邹根中、郝家凤、付黎歌、徐秋达

本导则主要起草人员：

苗红昌、李菊先、张海峰、王庆庆、鞠厚磊、尹 箭、王海峰、王 鹏、刘豪祎、朱明锋、李云光、庄春意、齐 浩、李春阳、李淑敏

1 总则

1.0.1 为规范连接工程对河南省南水北调受水区供水配套工程（以下简称供水配套工程）的安全影响评价，依据国家相关法律法规、《南水北调工程供用水管理条例》（中华人民共和国国务院令第647号）和《河南省南水北调配套工程供用水和设施保护管理办法》（省政府令176号)，以及国家和水利等行业的相关技术标准、规范、规程，结合工程实际，制订本导则。

1.0.2 专题设计应符合《其他工程连接河南省南水北调受水区供水配套工程设计技术要求》。

1.0.3 本导则适用于其他工程连接供水配套工程时，连接工程对供水配套工程的安全影

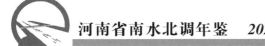

响评价，评价对象是连接工程的专题设计报告。

2 名词解释

2.0.1 供水配套工程

供水配套工程：系指自南水北调中线干线总干渠分水口门至城市受水水厂或其他受水目标之间的工程，包括输水管道（暗涵）及其进口调节池、预留分水口、阀井、调压塔、排水管等线上工程、水闸、泵站及其前池、调蓄池、调蓄水库等工程及满足安全运行的相关设施。

2.0.2 其他工程

除河南省南水北调配套工程以外，与已有供水配套工程连接的新建、改建、扩建的供水、配水工程。

2.0.3 连接工程

连接工程系指与南水北调供水配套工程相连的工程或通过供水配套工程设施向水库、蓄水池、河道、水厂及前池等其他工程供水的工程。

2.0.4 开敞式连接

其他工程与供水配套工程之间采用自由水面连接。

2.0.5 管理范围和保护范围

1.根据河南省人民政府令第176号《河南省南水北调配套工程供用水和设施保护管理办法》第二十六条，南水北调配套工程管理范围按照批准的工程设计文件划定。

（1）输水管线管理范围

输水管道埋置在地下，管道占地为临时占地，施工结束后恢复原迹地功能，归属性质不变，因此，不设为管理占地。

调节水池位于总干渠管理范围内，不重复考虑。

输水管线管涵、检修闸（阀）井、气孔等构筑物管理范围，以构筑物轮廓外边线以外2m为界划为管理范围。

（2）泵站管理范围

泵站的管理范围为泵站征占地外边界线。

（3）管理处、管理所及现地管理房的管理范围

管理处、管理所、现地管理房按征地边界划为管理范围。

（4）其他设施管理范围

其他设施包括观测、交通、通信设施、测量控制标点、界碑里程牌及其他维护管理设施的占地范围为工程管理范围。

2.根据河南省人民政府令第176号《河南省南水北调配套工程供用水和设施保护管理办法》第二十七条，南水北调配套工程保护范围按照下列原则划定：

（1）河道、渠道、水库保护范围按照《河南省水利工程管理条例》中的规定划定。

（2）管道、暗涵等地下输水工程为工程设施上方地面以及从其边线向外延伸至30米以内的区域，其中穿越城（镇）区的为工程设施上方地面以及从其边线向外延伸至15米以内的区域。

（3）穿越河流的交叉工程为从管理范围边线向交叉河道上游延伸至不少于500米、下游延伸至不少于1000米以内的区域。

（4）泵站、水闸、管理站、取水口等其他工程设施为从管理范围边线向外延伸至50米以内的区域。

3 评价内容

3.0.1 连接工程符合性评价应包括以下内容：

1.基本资料是否满足连接工程设计及安全影响评价要求；

2.设计依据的正确性及完整性；

3.设计报告完整性；

4.工程相关审批文件。

3.0.2 连接工程设计评价应包括以下内容：

1.设计标准是否满足供水配套工程相应标准；

2.工程位置及线路选择的合理性；

3.连接工程布置是否满足规范要求；

4.连接工程的连接方式、材质、压力等级、施工工艺是否满足供水配套工程要求；

5.通过水力计算，复核工程规模，复核增加连接工程后对供水配套工程过流能力及对原

供水目标水位的影响；提出消减影响采取的措施；

6.通过水力过渡过程复核计算，提出连接工程对供水配套工程安全运行的影响及采取的措施；

7.结构及工艺设计内容是否完整，设计条件、设计工况是否满足供水配套工程安全运行维护要求，计算方法、参数选定是否正确，成果是否合理；

8.机电及自动化设计是否满足供水配套工程的相关要求；

9.连接工程对供水配套工程运行调度管理、运行期维护等是否产生影响，以及所采取的措施。

3.0.3 连接工程施工安全影响评价应包括以下内容：

1.施工方案、施工场地布置、施工技术要求和施工措施对供水配套工程安全运行及维护管理的影响；

2.施工期安全监测的针对性和可实施性；

3.工程施工对供水配套工程及其设施运行维护条件的影响和处理措施的合理性；

4.应急预案的合理性。

3.0.4 连接工程监测评价应包括以下内容：

1.监测项目、监测方法、监测点布置的合理性；

2.安全监测预警值的合理性；

3.监测设施选择的合理性；

4.监测频次、监测周期及资料整编要求的合理性。

3.0.5 评价报告应提出连接工程对供水配套工程安全影响评价的主要结论，以及设计、施工应关注的重点及建议。

4 评价报告编制格式要求

4.0.1 安全影响评价报告名称为《河南省南水北调受水区A供水配套工程增加B供水对C口门输水工程安全影响评价报告》，其中A为连接工程所属省辖市（直管县），B为增加

的供水目标名称，C为口门编号。如：《河南省南水北调受水区漯河供水配套工程增加第八水厂供水对10号口门输水工程安全影响评价报告》。

4.0.2 评价报告应包括但不限于以下内容：工程概述（包括连接工程概况、连接段供水配套工程设计概况、连接工程及供水配套工程建设及运行现状）、评价依据及技术路线、安全影响评价内容（包括符合性评价、工程布置安全影响评价、连接工程对供水配套工程流量、水位、结构、运行安全、运行维护影响评价、施工安全影响评价、安全监测评价、工程管理模式评价等）及评价结论及建议。

4.0.3 评价报告应附有关图纸，包括但不限于平面布置图、纵横剖面图，以及供水配套工程保护范围内连接工程的细部结构图。

2020–12–31 发布 2020–12–31 实施

鹤壁市南水北调配套工程隐患排查治理制度（试行）

2020年9月24日

鹤调办〔2020〕59号

第一章 总 则

一、编制依据

为确保鹤壁市南水北调配套工程安全生产运行，推进事故预防工作科学化、信息化、标准化，实现把风险控制在隐患形成之前、把隐患消灭在事故发生之前，依据《河南省深化安全生产风险隐患双重预防体系建设行动方案》（豫政办〔2018〕68号）《河南省企业安全风险辨识管控与隐患排查治理双重预防体系建设导则（试用）》《河南省水利水电工程施工安全风险辨识管控与隐患排查治理双重预防体系建设实施细则》《河南省南水北调受水区供水配套工程泵站管理规程》《河南省南水北调受

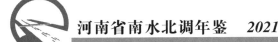

水区供水配套工程重力流输水线路管理规程》
等相关法律、法规和安全管理要求，并结合工
程特点，制定本管理制度。

二、目标与原则

本管理制度规定了本单位落实隐患排查治
理工作的各项要求和规范，坚持"谁主管，谁
负责"的原则，切实落实安全生产主体责任。
通过对生产过程及安全管理中可能存在的人的
不安全行为、物的不安全状态或管理缺陷等进
行排查，以确定隐患和危险有害因素的存在状
态，以及它们转化为事故的条件，以此制定治
理措施，消除或控制隐患和危险有害因素，遏
制各类安全生产事故发生，持续提升鹤壁市南
水北调配套工程安全管理水平。

三、适用范围

本方案适用于鹤壁市南水北调配套工程隐
患排查治理。

第二章　隐患分级

一、安全隐患定义

安全隐患即违反国家法律法规、行业标
准、单位规章制度、岗位或设备操作规程，或
因其他因素在生产运行活动中存在可能导致事
故发生或导致事故后果扩大的物的危险状态、
人的不安全行为和管理上的缺陷。

二、安全隐患分级

根据隐患整改、治理和排除的难度及其可
能导致事故后果和影响范围，安全隐患分为一
般安全隐患等级和重大安全隐患等级。

（一）一般安全隐患等级是指危害和治理
难度较小，不影响设备设施或运行系统正常运
行，发现后能够立即整改排除的隐患。

（二）重大安全隐患等级是指危害和治理
难度较大，应当全部或者局部停止运行，并经
过一定时间整改治理方能排除的隐患，或者隐
患来自外部因素影响，致使本单位自身难以排
除的隐患。

第三章　隐患排查

一、排查内容

站内工作人员或市办组织人员依据安全生
产、维修保养等各项规章制度，采取一定的方
式和方法，对各站设备设施、作业流程、风险
分级管控措施进行安全隐患排查。排查内容主
要包括以下方面：

（一）值班人员纪律遵守情况；

（二）个人安全防护措施实施情况；

（三）工作票、操作票等作业许可执行情
况；

（四）各站开展安全生产培训情况；

（五）安全生产责任制落实情况；

（六）日常运行管理情况；

（七）运行管理、安全生产等资料台账记
录情况；

（八）建构筑物、设备设施运行及维修养
护情况；

（九）风险分级管控措施及隐患整改落实
情况；

（十）防汛工作、消防工作开展情况；

（十一）应急预案制定实施及应急物资储
备情况；

（十二）其他安全生产等规章制度规定的
落实情况。

二、排查类型及方式

隐患排查类型主要包括日常隐患排查、定
期隐患排查、专项隐患排查、季节性隐患排查
以及节假日隐患排查。

（一）日常隐患排查方式主要指各站工作
人员在日常交接班检查和巡视检查过程中，严
格按照日常交接班和巡视检查规章制度进行的
日常性巡视检查，巡视检查时结合看、听、嗅、
摸、测等结果，及时发现工程及其设备设施的
运行安全隐患。

（二）定期隐患排查方式由市办组织人员
参与定期检查，每月通过安全生产检查方式开

展，以保障安全生产为目的，以安全岗位责任制和安全生产管理制度落实情况为重点，与各站人员共同参与的全面性检查。

（三）专项隐患排查方式由市办组织人员开展专项治理行动检查，主要包括：电气安全检查、消防安全检查、汛期安全检查等有计划的排查方式。

（四）季节性隐患排查方式主要根据各季节特点开展的隐患检查方式，主要包括：

1.春季以防解冻泄漏、防解冻坍塌为重点；

2.夏季以防雷、防暴雨、防暑降温为重点；

3.秋季以防火为重点；

4.冬季以防火、防雪、防滑、防冻为重点。

（五）节假日隐患排查方式主要指在重大活动和节假日前，对运行设备、设施是否存在异常状况和隐患、备用设备状态、应急物资储备等情况进行检查，特别是要对节假日期间值班、值守人员、紧急抢修力量安排、各类应急物资储备进行重点检查。

三、隐患台账登记

（一）日常隐患排查发现的隐患问题，由当班巡检责任人通过巡检仪上报，将问题详情据实登记在当日巡视检查记录表中，当班巡检责任人签名并负责对隐患问题持续跟踪整改治理，治理完成后在巡视检查记录表中原隐患问题登记处记录治理完成情况。

（二）定期、专项、季节性、节假日隐患排查或检查活动结束后，由站内工作人员根据检查通报或检查结果及时登记安全隐患检查台账（附件1），详细列出排查时间、隐患部位、问题详情等信息，并对隐患问题进行分级，确定隐患治理责任人，负责隐患问题治理工作，治理完成后据实填写治理完成情况。

第四章 隐患治理

一、隐患治理

安全隐患治理是指消除或控制隐患的活动或过程。隐患排查结束后，及时对发现的隐患

问题进行等级划分，确定治理责任单位及责任人、治理期限，将隐患治理责任落实到人，并制定可靠的整改措施实施治理。

二、隐患管控

发现安全隐患后，应及时对隐患部位或区域采取悬挂检修告知牌、降低负荷、设备停用等必要管控措施，防止隐患危害进一步发展扩大。安全隐患排除前或者排除过程中无法保证安全的，应当从危险区域内撤出作业人员，并疏散可能危及的其他人员，并设置警戒标志。站内人员应严格遵守安全生产及交接班管理制度，做好交接班过程中安全隐患及维修进展告知工作。

三、隐患分级治理

（一）一般隐患治理

对于一般安全隐患，由各站站长或整改指定的治理责任人负责台账登记、现场监督、现地协调、跟踪治理、进展汇报等工作，由市办工程建设监督科负责下发维修养护工作联系单（附件2），并协调安排维修养护单位进行整改治理工作。

（二）重大隐患治理

经判定或评估属于重大安全隐患的，及时制定重大事故隐患治理方案，根据治理方案内容组织施工，必要时召开专家评审会或上报省建管局。治理方案应包括下列主要内容：

1.治理的目标和任务；

2.采取的方法和措施；

3.经费和物资的落实；

4.负责治理的机构和人员；

5.治理的时限和要求；

6.防止整改期间发生事故的安全措施；

7.其他必要的处置措施。

四、隐患治理复查

隐患治理完成后，根据隐患级别组织相关人员对治理情况进行复查，实现闭环管理。复查内容包括：隐患是否消除、设备设施是否恢复正常运行、是否产生新的风险隐患。对于不符合整改要求的，分析原因并进行二次整改。

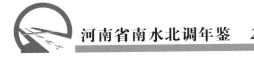

各项检查结果、隐患整改情况应及时上报并及时摘牌销案。

第五章　持续改进

为确保隐患排查治理体系持续适宜性、充分性和有效性，当发生下列情形之一时，应组织相关人员及时开展专业隐患排查治理工作：

一、法律、法规及其他要求更新时；

二、增加新工艺、新设备、新材料、新区域时；

三、运行流程发生变化；

四、新建、改建、扩建工程时；

五、事故事件发生后；

六、组织机构发生大的调整时；

七、外部安全生产环境发生重大变化；

八、气候条件发生大的变化或预报可能发生重大自然灾害。

第六章　奖惩制度

对在隐患排查治理方面有突出贡献的团体和个人要给予奖励，对因违反隐患排查治理等安全生产规章制度造成事故的责任者，要给予严肃处理，触及刑律的，交由有关部门处理。

一、对于违反隐患排查、安全生产等规章制度的人员，要给予严肃处理，性质恶劣的立即辞退。

二、对因违反隐患排查、安全生产等规章制度造成的一切后果，由违规者自负并追究其相关责任，触及刑律的，交由有关部门处理。

三、对安全隐患进行瞒报、谎报、延报的，给予严肃处理，触及刑律的，交由有关部门处理。

四、严禁在隐患治理中消极整改、延误整改、以次充好、应付检查等行为，违者严肃处理，对因此造成的一切后果，由违规者自负，触及刑律的，交由有关部门处理。

五、各站隐患排查治理情况将计入当月先进集体评比考核中，对于团体贡献较为突出的将给予奖励。

六、对在隐患排查治理过程中表现突出的个人给予奖励，并计入年中、年终考核中。

第七章　附则

本制度由鹤壁市南水北调办公室负责解释，自公布之日起试行。

鹤壁市南水北调配套工程有限空间应急救援预案（试行）

2020 年 11 月 18 日
鹤调办〔2020〕68 号

第一章　总　则

一、编制依据

为确保鹤壁市南水北调配套工程安全生产运行，有效预防、控制和妥善处理有限空间突发事故，加强突发事故的应急救援能力，依据《中华人民共和国安全生产法》《中华人民共和国突发事件应对法》《中华人民共和国劳动法》《中华人民共和国消防法》《生产安全事故应急条例》（国令第 708 号）《河南省安全生产条例》《河南省南水北调配套工程有限空间作业管理办法（试行）》《河南省南水北调受水区供水配套工程泵站管理规程》《河南省南水北调受水区供水配套工程重力流输水线路管理规程》等相关法律、法规和安全管理要求，并结合工程特点，制定本应急救援预案。

二、目标与原则

本应急救援预案规定了本单位有限空间应急救援工作的指导性方法和实施建议，坚持"以人为本"和"安全优先"的原则，牢牢把握"及时进行救援处理"和"减轻事故所造成的损失"两个事故损失控制的关键点，把遇险人员、受威胁人员和应急救援人员的安全放在首位。实行统一领导，分级负责的工作原则，在本单位领导统一组织下，充分发挥各职能部门作用，逐级落实安全生产责任，建立完善的有限空间突发事故应急管理机制。最大限度地减少人员人身伤亡事故，保障人的生命财产安全，减少事故的影响和损失，确保鹤壁市南水北调配套工程安全生产运行。

三、适用范围

本应急预案适用于鹤壁市南水北调配套工程范围内进水前池、箱涵、阀井等有限空间作业现场的应急救援。

第二章 组织机构及主要职责

一、组织机构

为做好鹤壁市南水北调配套工程有限空间突发事件的预防及应急救援工作，鹤壁市南水北调办成立了有限空间应急救援工作领导小组（以下简称领导小组）。领导小组人员组成如下：

组　长：杜长明　市南水北调办公室主任

副组长：郑　涛　市南水北调办公室副主任

赵　峰　市南水北调办公室副主任

成　员：姚林海　市南水北调办公室综合科科长

张素芳　市南水北调办公室工程建设监督科科长

冯　飞　市南水北调办公室投资计划科副科长

李　艳　市南水北调办公室财务审计科负责人

王瑞德　河南省水利第一工程局（维修养护单位）

二、主要职责

领导小组主要职责：贯彻落实国家有关有限空间应急救援的方针政策和法规；针对鹤壁市南水北调配套工程有限空间作业实际情况，

编制及完善有限空间应急救援预案；组建有限空间应急救援队伍，强化应急救援力量，按计划组织实施有限空间应急救援演练；负责鹤壁市南水北调配套工程范围内有限空间作业及突发事件预防的检查及监督工作；确保有限空间应急救援经费的落实，保障安全防护用品及其他应急救援装备配备到位，做好人员、车辆等其他相关资源的调配工作；组织事故原因调查，查危溯源，做好相关隐患问题整改工作。

第三章 风险分析与预防

一、风险分析

1.有限空间是指空间环境封闭或者部分封闭，与外界相对隔离，出入口较为狭窄，自然通风不良，作业人员不能长时间在内工作，空气中易造成有毒有害、易燃易爆物质积聚或者氧含量不足的空间。

2.鹤壁市南水北调配套工程的有限空间主要为管道、阀井、进水前池、箱涵等。人员在进入有限空间进行巡视检查、维修养护及其他作业活动时，如空气中氧含量过低、有毒有害物质及易燃易爆物质浓度过高，易造成人员缺氧、中毒窒息、燃爆及坠落等安全生产事故。尤其是在进行动火、带电作业时，更易造成事故的发生。

二、救援防护用品配备

1.多气体检测仪（可检测氧气、一氧化碳、硫化氢及可燃性气体含量）；

2.大功率强制通风设备；

3.应急低压照明设备；

4.正压式呼吸器；

5.救援三角架；

6.对讲通信设备；

7.个人防护用品（防滑手套、防滑鞋、安全带、安全绳）。

三、预防事故的措施

1.严格按照《河南省南水北调配套工程有限空间作业管理办法》《鹤壁市南水北调配套

工程复合式多气体检测仪操作规程》等相关规章制度要求进行有限空间作业；

2.对于经首次检测存在易燃易爆、有毒或含氧量不达标的阀井，必须严格实行作业审批制度，严禁擅自进入有限空间作业；

3.严禁不通风、不检测或检测不合格进行作业；

4.配备个人防中毒窒息等防护装备，设置安全警示标识，严禁无防护监护措施作业；

5.对作业人员进行安全培训，严禁教育培训不合格上岗作业；

6.作业班组必须明确监护人员并全程监护作业，严禁作业人员无监护私自作业，严禁监护人员与作业人员同时进入有限空间；

7.监护人员与作业人员共同检查监护措施、防护设施及应急报警、通讯、救援等设施；

8.制定应急措施，现场配备应急装备，严禁盲目施救。

第四章　应急处置措施

一、现场异常情况判断

监护人员观察到井下作业人员出现坠落或其他异常行为（如慢慢昏倒等）；每分钟例行的喊话没有回应；以上情况一旦发生，则立即执行本应急预案。

监护人员应立即报告应急领导小组，并拨打119、120等应急救援电话。（报警要点：报警人单位、姓名以及电话号码，受伤害的地点以及到救护地点的最佳行驶路线；中毒人的人数与状况，包括中毒原因等有利于救护的各种情况）。

二、人不下井救援

如果遇险井下作业人员在可视范围内，现场监护人员应立即拽拉安全绳，将井下作业人员拉出井底。

施救人员拽拉前应预拉一次，确定遇险人员没有被卡住，切不可强拉硬拽，以免让井下作业人员二次受伤。预拉也是为了检查安全绳安全可靠度，以免将遇险人员拉至半空后，因为安全绳的脱落，遇险人员再次跌落井底，造成二次伤害。

拽拉过程中，应根据现场情况控制拽拉速度，一般情况下，大概0.5m/s。

三、人下井救援

如发生遇险井下作业人员在不可视范围内，不能拽出或者在拽拉过程中发生遇险人员被卡住的现象，则应派人下井救援；下井救援人员必须配备个人防护用品。并且井上至少仍有两人以上的监护人员时，方能下井实施营救。

救援人员第一时间检查遇险人员情况，是否昏迷，有无外伤出血等情况，根据险情需要，及时确定救援方案。如果是因坠落等情况造成其他伤害（非中毒窒息），应根据遇险人员情况，对遇险人员进行固定后施救，避免发生二次伤害。

如遇险人员中毒窒息，营救人员应从遇险人员背后双手穿过其腋下，在前胸结扣，将遇险人员拖拽至竖井底部（井上人员能够开始拽拉的地点）。检查遇险人员安全绳是否绑扎牢固，如果未绑好，需重新帮忙绑扎，确定安全绳无安全隐患后，方可通知井上救援人员开始拽拉。

在井上人员拽拉过程中，井下救援人员应在井下辅助托举，托举过程中应帮遇险人员护住头部。等到遇险人员被救出井后，井下营救人员立即返回地面，避免事故再次发生。

地上人员在发生事故营救过程中，应圈出事故发生地点，贴醒目危险提醒标志，避免其他不知情人员（或非施工人员）再次发生事故。

四、现场紧急救护

1.中毒窒息人员拽出井底后，立即组织人员将其转移到阴凉通风的地方，并根据伤情采取适当的措施救护遇险人员；中毒轻微者连续深呼吸数次；若发现呼吸和心跳停止的，应立即进行心肺复苏（人工呼吸）救护，并尽快联系医院，立即送往附近医院急救。

2.进行心肺复苏救护。解开遇险人员衣领及腰带（头、颈、躯干处于同一直线，双手放于身体两侧，身体无扭曲），心脏按压部位——胸骨下半部，胸部正中央，男性两乳头连线之间的胸骨处。一手掌根部紧贴按压部位，另一手重叠其上，指指交叉，双臂伸直并与患者胸部呈垂直方向，用上半身重量及肩臂肌力量向下用力按压，力量均匀、有节律，频率100～120次/分，按压深度成人5～6cm，尽量不中断按压30次（15—18秒钟完成30次按压，每次胸外按压后要让胸廓充分的回弹）。

立即进行人工呼吸，连续吹气2次，吹气时间持续1秒以上，吹气时能看到胸廓起伏即可（送气量不宜过大），一次吹气完毕后，松手，离口，面向胸部，可见胸部向下塌陷，紧接着做第二次吹气。心脏按压和人工呼吸交替进行，每个周期包括30次按压和2次人工呼吸，5个周期之后迅速判断遇险人员情况，直到抢救成功或者120急救人员到来接替抢救。

第五章 附 则

本预案由鹤壁市南水北调办公室负责解释，自公布之日起试行。

重 要 文 件

河南省水利厅关于南水北调中线干线工程保护范围管理专项检查问题整改情况的函

豫水调函〔2020〕2号

水利部南水北调司：

2019年8月5日，收到《水利部南水北调司关于抓紧对南水北调中线干线工程保护范围管理专项检查发现问题进行整改的通知》（南调建函〔2019〕4号，以下简称《通知》）后，厅领导高度重视，迅速安排部署，加强与有关各方的沟通与协调，督促落实整改责任，加快问题整改进度。

2019年11月19日，我厅《关于南水北调中线干线工程保护范围管理专项检查问题整改情况的函》（豫水调函〔2019〕14号），将截至10月底相关问题整改情况上报水利部。

2019年11月18日至22日，水利部组织对我省报送的问题整改情况进行了复查，其中上报已整改的影响水质安全6个问题中，有1个整改不到位，1个未整改。随后，我厅及时印发了《关于加快对南水北调中线干线工程保护范围管理专项检查发现问题进行整改的函》（豫水调函〔2019〕19号），要求相关省辖市切实落实主体责任，加大整改力度，如期完成问题整改任务。

通过我省各有关部门及地方政府的共同努力，截至12月底，南水北调中线干线（河南段）工程保护范围管理专项检查发现的79个问题，已完成整改54个，部分整改1个，正在整改13个，未整改8个。其中：《专项检查核查问题清单（河南省）》中的9个问题，已完成整改7个，正在整改1个，不具备整改条件1个；《专项检查摸查问题清单（河南省）》中的70个问题，已完成整改47个，部分整改1个，正在整改12个，未整改8个。问题整改情况一览表、整改过程说明及照片，见附件。

特此报告。

附件（略）：

1.南水北调中线干线工程保护范围管理专项检查发现问题（影响水质安全）整改情况一览表（河南省，省生态保护厅提供）

2.南水北调中线干线工程保护范围管理专项检查发现问题（影响运行安全）整改情况一览表（河南省）

3.有关省辖市、直管县市整改情况报告

2020年1月6日

河南省南水北调中线工程建设管理局会议纪要

〔2020〕1号

4月2日上午，厅党组副书记、副厅长（正厅级）王国栋主持召开省南水北调建管局（以下简称省建管局）办公会议，厅南水北调处主要负责同志，省建管局总工及各处室负责同志（名单附后）参加会议。会议听取了各处近期工作情况汇报，研究部署了下一步重点工作。纪要如下：

一、做好专业技术人员等级晋升工作

9名专业技术人员等级晋升相关资料已经厅人事处审核完毕，待省人社厅办事大厅开放后及时办理相关手续，兑现工资待遇；对已符合晋升中级职称的6名同志，按照有关规定办理手续，下发聘任文件。

二、进一步加强借聘用人员管理

各处室要结合实际工作需求，对借聘用人员进行再梳理、再核实。对确实需要继续借聘用的人员，要将借聘人员基本情况、借聘原因、岗位、时限等报综合处备案，由省建管局统一与聘用人员签订本年度聘用合同，完善相关手续；对不再借、聘的人员应提前告知，按照有关规定程序处理。

三、加快配套工程运行、维修养护定额编制工作

在借鉴水利部和外省市相关定额的同时，要结合我省配套工程实际情况，注重现场数据采集。建设管理处要督促定额编制单位加快工程运行、维修养护定额编制工作，及早提交成果，满足运行管理费预算编制需要。

四、做好配套工程结算财政评审准备工作

根据各设计单元工程验收工作进展情况，提出工程结算财政评审进度计划建议，并协调省财政厅评审中心及时开展工作。濮阳、安阳、漯河等3个省辖市于6月底之前完成合同处理、工程、征迁验收等收尾工作，具备财政评审条件；鹤壁、焦作、许昌等3个省辖市于9月底之前完成合同处理、工程、征迁验收工作，具备财政评审条件；其余各设计单元工程于今年年底之前完成合同处理、工程、征迁验收工作，具备财政评审条件。档案验收工作受工程、征迁等验收制约，不影响财政评审工作，可以稍微延后，其他各项工作抓紧督促推进，按照时间节点完成，为配套工程完工财务决算提供条件。

五、进一步加强资金管理

经济与财务处要敦促各地市做好预算编制工作，预算项目类别划分要科学，费用预算要尽可能符合实际，同时，要加强资金使用的监管。

配套工程征迁实施管理费要与各市县征迁任务量相结合，征迁工作经费不足部分可从省控征迁预备费中列支。环境移民处与经济财务处要密切配合，加强征迁资金使用的监督、指导。

六、加快实施南水北调展览中心项目

为更好地开展精神文明创建工作，建设南水北调展览中心项目非常必要。要做好规划设计工作并抓紧实施。该项目所需资金尽可能申请使用省财政资金，也可纳入省建管局2020年运行管理费预算，从水费中列支。

七、做好黄河南仓储、维护中心外接永久供水、供电、排水等项目建设

黄河南仓储、维护中心主体工程已完成，外接永久供水、供电工程由郑州段建管处负责与新郑市相关行业部门联系、对接，编制规划设计方案，投资计划处组织评审后，与行业部门签订建设委托协议，并督促加快项目建设进度。外接雨污水排放工程，同意郑州段建管处意见，委托现场施工单位实施，按照工程变更程序处理。

八、建设节水型机关

"节水优先、空间均衡、系统治理、两手发力"是习近平总书记提出的治水思路，建设节水型机关是节水优先的重要体现。省建管局要高度重视，由综合处牵头，其他各处室抽调人员，成立工作专班。严格审定实施方案，达到招标条件的，应公开招标确定监理、施工单位，所需资金纳入运行管理费预算，从水费中列支。

九、完善办公自动化系统档案管理模块功能

根据档案工作实际需求，增加OA系统档案管理系统，综合处负责提出具体需求，投资计划处负责做好自动化项目合同变更等工作。两处加强协调配合，完善档案管理功能模块，为档案管理工作提供良好支撑。

十、组织做好我省河湖大典南水北调篇编纂工作

编纂我省河湖大典南水北调篇是全面反映我省南水北调工程建设、运行管理等各方面工作的良好契机，各处室要高度重视、精心组织，确保高质量、按期完成任务。由综合处牵头负责，成立编委会，制定实施方案，明确各单位、部门职责，确定列条原则，细化任务、目标、计划、质量标准等，并组织好培训工作。各处、省辖市南水北调建管局（中心），中线建管局河南分局、渠首分局按照建设、运行期属地管理原则，分别负责辖区内的编纂工作。各项目建管处分别做好统筹协调、指导、统稿、评审工作；各省辖市南水北调建管局（中心）积极配合做好有关信息收集等工作。相关经费从中线干线建设管理费列支。

十一、关于疫情防控费用开支

疫情防控期间购买的酒精、口罩、消毒液、测温枪等防疫物资费用，由综合处与经济财务处做好审核工作，相关费用从运行管理费中列支。

河南省南水北调中线工程建设管理局会议纪要

〔2020〕9号

8月21日上午，厅党组副书记、副厅长（正厅级）王国栋主持召开省南水北调建管局（以下简称省建管局）办公会议，听取了各项目建管处近期工作情况汇报，安排部署了下一步重点工作。纪要如下：

一、加快干线工程资金支付

各项目建管处要加快干线工程价差补充协议签订工作，加快无风险标段的资金结算支付。对完工决算核准的设计单元工程，要及时向中线局申请拨付剩余资金，确保干线工程后续工作顺利推进。

二、成立自动化系统运行调度工作组

目前，省建管局工作重点已逐步转为配套工程运行管理，自动化系统的运行调度是今后重点工作之一。为加强自动化系统的运行管理，决定组建自动化系统运行调度工作组，设组长1人、副组长2人，工作人员12人。工作组由秦鸿飞同志兼任组长，徐秋达、王海峰同志兼任副组长，工作人员由郑州段建管处牵头统筹调配，8月底前到位。工作组成立后，要抓紧制定和完善值班值守规章制度、运行调度操作规程，并及时组织人员上岗培训；同时要求市县南水北调机构成立相应的自动化系统运行调度工作组，明确人员、岗

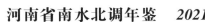
位、职责，切实做好供水配套工程自动化运行管理工作。

三、做好本调水年度水量调度总结工作

截至8月下旬，本调水年度我省实际供水约20亿立方米（不含本年度生态补水），占本调水年度计划供水量的81%。平顶山段建管处要认真总结今年我省供水情况，准确掌握当前供水水厂数量、规模及实际供水量等基础数据，为编制下一年度用水计划提供参考，制定出更加符合实际、更加科学合理的用水计划。

四、进一步加大水费征缴力度

为完成水费征缴任务，近期省建管局要向有关市县南水北调机构印发水费催缴通知，督促其尽快缴纳所欠水费，特别是2018-2019年度、2019-2020年度的水费务必全部缴纳。对不能按时缴纳水费的市县要采取必要措施，力争按期完成水费征缴任务。

五、建立健全管理制度

（一）制定办公机具配备管理办法

为规范市县南水北调管理机构办公机具配备标准，郑州段建管处牵头，相关处配合，尽快制定办公机具配备标准及管理办法。结合国家、河南省和市县行政事业单位办公机具配置标准，明确配备人员范围、标准、数量，进一步规范采购及管理，加强监督监管。

（二）制定管理处所物业管理办法

为规范市县管理处所物业管理，提升我省南水北调形象，由郑州段建管处牵头，安阳段建管处配合，制定管理处所物业管理办法，合理确定物业费标准，严格控制物业费支出。

（三）制定配套工程防汛物资管理办法

为加强我省配套工程防汛物资储备管理，确保防汛工作需要，由平顶山段建管处负责，组织制定省建管局防汛物资采购、储备、调用管理办法，确保防汛物资采购合规、质量可靠、储备充足、管理规范、调用及时。

六、加强精神文明建设工作

郑州段建管处牵头，其他各处密切配合，切实加强精神文明建设工作。按照精神文明建设工作有关要求，进一步细化工作台账，明确任务、目标、时限、责任处室，责任到人，狠抓落实。要发挥全体员工的能动性，积极营造精神文明建设良好氛围，确保工作实效。

河南省南水北调中线工程建设管理局会议纪要

〔2020〕10号

9月15日，省水利厅党组副书记、副厅长（正厅级）王国栋主持召开河南省南水北调中线工程建设管理局（以下简称"省建管局"）办公会议。会议听取了各处近期工作进展情况汇报，就下一步重点工作进行了安排部署。纪要如下：

一、加快配套工程保护区划定工作。南阳段建管处具体负责，按照专家评审意见进一步细化完善实施方案，尽快组织开展招标工作。

二、做好水量调度计划编制工作。平顶山段建管处负责认真总结2019-2020年度水量调度计划执行情况，配合厅南水北调处做好2020-2021年度用水计划编制工作。

三、加快运行管理预算定额编制工作。根据我省南水北调配套工程运行管理工作的实际需要，保障下年度预算编制使用，同意《河南省南水北调受水区供水配套工程运行管理预算定额标准》编制项目立项，若编制费用在招标限额内，可直接委托河南省水利科学研究院编制。平顶山建管处负责抓紧完成编制方案及费用审查、合同立项和签订等相关工作，尽快完成定额标准编制工作。

四、做好银行账户及财务管理工作。为便于管理，郑州段建管处负责的省建管局银行基本账户、机关财务工作交由安阳段建管处负责，原支出审批职责及审批程序不变。

五、做好工程竣工（完工）财务决算编制工作。委托各市建设的配套工程，设计单元完工财务决算由各市负责编制，省建管局负责审核；设计单元工程竣工财务决算由省建管局负责编制；并尽快启动配套工程完工财务决算的审核、竣工财务决算编制单位的招标工作。

安阳段建管处要尽快组织编制《决算编制细则》，指导全省配套工程的决算编制工作。由于该项工作涉及工程、征迁、财务，专业技术性较强，同意委托技术力量强、经验丰富的会计师事务所协助编制。

六、协调做好生态补水调度工作。平顶山段建管处认真总结生态补水经验，摸清沿线各市县生态补水需求，充分发挥南水北调社会效益和生态效益，为我省经济社会发展提供强有力的水资源保障。

七、加强管理处所（仓储、维护中心）的使用管理。平顶山段建管处牵头，南阳段建管处配合，全面梳理南水北调配套工程管理处所（仓储、维护中心）规划设计、项目建设、工程验收、人员入驻、使用管理等情况，研究提出投入使用管理意见。具备条件的，要协调各市尽快组建工程运行管理队伍，人员尽快入驻，加强房屋看管、设备维护，尽早发挥工程投资效益。

黄河北仓储中心、维护中心已经建成，基本具备投入使用条件，鉴于机构改革原因，暂时委托鹤壁市南水北调工程运行保障中心代为管理。

八、确保机构改革过渡期稳定。各处要按照厅党组的统一部署，加强团结协作，提升凝聚力、向心力和战斗力，各司其职，着力补短板、强弱项，协调推进各项工作更好发展。各支部要加强党建工作，充分发挥党支部战斗堡垒作用和党员先锋模范作用，坚持党建工作与业务工作融合发展。要加强思想建设，注重加强交流沟通，关心职工作、生活，抓好班子带好队伍，确保改革过渡期工程平稳运行，人员安定团结。

河南省南水北调中线工程建设管理局会议纪要

〔2020〕11 号

10月19日上午，厅党组副书记、副厅长（正厅级）王国栋主持召开省南水北调建管局（以下简称省建管局）办公会议，厅南水北调处主要负责同志，省建管局各处主要负责同志参加会议。会议听取了各处近期工作情况汇报，安排部署了下一步重点工作。纪要如下：

一、做好职称评审工作

今年的职称评审工作已经启动，我局申请中级职称人员3名，申请高级职称人员4名。要认真做好内部职称评审工作，对申请高级职称的人员按照相关规定做好内部评审、推荐。督促符合条件的人员如实准备、上报相关材料，严格审查，把好第一道审核关。

二、开展《河南河湖大典》图片采集工作

目前，《河南河湖大典》南水北调篇编纂工作正在积极推进，相关释文图片也是其中的重要组成部分。根据工作需要，同意郑州段建管处意见，采取询价方式择优选择专业公司，开展南水北调干线、配套工程相关设施的图片采集工作，抓紧组织地面拍摄和航拍，相关费用约17万元，从干线工程建设管理费中列支。

三、做好宣传工作

机构改革期间，宣传工作不能放松。郑州段建管处要以新网站上线为契机，组织召开宣传工作会议，做好新网站操作系统培训工作，加强网站管理，搭建好我省南水北调系统宣传平台，并对当前和下一阶段宣传工作进行安排部署。

四、加强党员干部职工培训

年度财政预算列有党员干部职工培训经费，按程序报水利厅批准后，可赴南水北调干部学院学习培训，郑州段建管处负责做好相关组织工作。关于明年的干部职工培训工作，郑州段建管处牵头，其他各处室配合，要尽早筹划、组织全省南水北调系统内干部培训，提高思想政治水平，增强集体凝聚力。

五、做好办公机具的清查、处置工作

郑州段建管处、安阳段建管处联合组织对各处办公机具进行清查，厘清资产类别、归属、使用、账目等情况。对无使用价值的，按相关规定进行报废处置。属于干线工程建管费购置的资产，提出处置建议，经中线建管局同意后处置；属于我省财政资金购置的资产，按照我省相关规定处置。对于使用干线工程建管费购买的车辆等原值较高的资产，要加强与中线建管局的沟通协调，应退回原单位，由其妥善处理。

六、开展好节水型机关建设宣传活动

根据省建管局节水机关建设工作方案，相关项目改造已基本结束。郑州段建管处牵头，按计划积极开展节水机关建设宣传活动，开展社区宣传和节水知识讲座，树立广大干部职工节水理念，营造机关良好节水氛围。

七、加强干部职工及借聘用人员管理工作

机构改革期间，日常工作纪律要常抓不懈。各处要加强人员思想教育和纪律管理，确需请假的，要严格履行请销假手续，长期病、事假者要严格执行国家、省相关规定，按照规定管理到位。

年底前，借聘用人员（含劳务派遣人员）原则上全部解聘或退回原单位，确需继续借用、聘用的，各处要分别提出用人申请，经研究同意后，完善相应程序、手续，重新签订劳动合同或聘用协议。对于不再聘用的人员，提前一个月书面通知其本人，及时办理解聘、解除劳动合同手续，按照规定进行经济补偿。

八、配合做好财政评审工作

目前，省财政厅评审中心正在对焦作、濮阳、漯河三个省辖市进行配套工程结算财政评审，安阳段建管处要督促相关市南水北调建管局提高思想认识，与评审单位多交流、多沟通，发现问题及时整改，确保财政评审顺利完成。

九、做好系统内财务人员培训工作

为适应运行管理工作需要，提高系统内财务人员业务水平，规范会计核算，同意安阳段建管处结合内审情况、今年预算执行情况及明年预算编制工作开展系统内财务人员培训，费用约需18万元，从水费中列支。

十、做好自动化系统维护和人员培训工作

南阳段建管处要将自动化系统维护项目进行细化分类，长期维护服务可通过购买社会服务，由专业公司承担，切实做好自动化系统长期维护工作。

目前，自动化系统调度运行工作组已成立，要注重全省自动化系统调度运行人员的专业培训，加强实际操作应用。组织筹划赴外地有经验的单位进行参观学习，汲取先进的管理经验，保障我省配套工程平稳运行。

十一、加强泵站和管理处所日常管理

平顶山建管处要下发相关文件、通知，要求各地加强对工程沿线管理处所、泵站等日常管理工作。定期组织现场巡查巡检，制定奖惩措施，对发现的问题建立分类台账，限期整改。

十二、及早完成配套工程运行管理定额编制工作

《河南省南水北调受水区供水配套工程运行管理定额标准（试行）》已征求各省辖市意见，待专家审查通过后，再征求水利厅相关处室意见，经厅长办公会审议通过后印发。

十三、加快实施安防及信息综合管理系统升级改造工程

省建管局安防系统不符合公安部门平安建设相关要求，已经两次要求整改；不具备疫情防控形势下与水利厅连线召开视频会议条件；没有节水型机关建设智慧信息系统显示终端屏幕；缺少日常管理、综合宣传、信息管理、文化建设等信息综合管理显示屏幕。郑州段建管处会同南阳段建管处抓紧研究，制定方案，加快实施安防及信息综合管理系统升级改造工程，加强平安建设，提升管理水平。经费从水费中列支。

十四、营造安全卫生的就餐环境

受潮气影响，职工餐厅底部墙体壁纸发霉、开裂、脱落，局部墙砖开裂、脱落，天花板乳胶漆脱落，影响安全、美观。由郑州段建管处组织物业公司制定修缮方案，采取询价方式确定施工单位，尽快进行维修。费用从水费中列支。

十五、加强秋冬季节疫情防控工作

随着秋冬季节的来临，我国新冠肺炎疫情防控工作外防输入、内防反弹压力依然较大。疫情尚未结束，省建管局要做好疫情防控措施的常态化，及时储备疫情防控物资，坚持做好办公楼内清洁、消毒工作，保持公共环境卫生。全体干部职工要科学佩戴口罩、勤洗手、常通风、不聚集，保持高度的防控意识不松懈。

河南省南水北调中线工程建设管理局会议纪要

〔2020〕12 号

11月6日，厅党组副书记、副厅长（正厅级）王国栋主持召开省南水北调建管局（以下简称省建管局）办公会议。会议听取了各处近期工作情况汇报，安排部署了下一步重点工作。纪要如下：

一、尽快启动配套工程管理和保护范围划定工作

我省南水北调配套工程管理和保护范围划定技术方案已通过专家评审，为加快划定工作，根据工作实际，南阳段建管处尽快组织启动招标程序，选择技术服务单位，所需费用列

入明年水费支出预算。保护范围划定成果提交后，由省水利厅征求沿线各地市政府意见后，再安排组织实施。

二、加强自动化调度系统维护工作

配套工程自动化调度系统即将全面投入使用，考虑其专业性较强，为保障系统正常运行，通过购买社会服务，委托第三方承担运行维护任务较为合适。南阳段建管处、平顶山段建管处要认真研究，统筹考虑，提出专题方案。自动化调度系统运行维护费用列入明年水费支出预算。

三、更新干线工程结算系统软件服务器

干线工程结算系统软件服务器由于运行时间较长，设备逐渐老化，存储能力有限。目前干线工程结算工作尚未结束，根据工作需要，需尽快提升或更新服务器性能，保障结算工作顺利开展。南阳段建管处、安阳段建管处负责落实，相关费用约2.5万元，从干线建管费中列支。

四、做好职工体检工作

郑州段建管处负责，择优选择体检医院，比照厅属其他事业单位体检费用标准，组织好全体干部职工年度体检工作，相关费用从干线建管费中列支。

五、规范专业技术人员聘任工作

郑州段建管处要认真梳理近年来省建管局专业技术人员聘任情况，切实做好聘任工作。专业技术人员聘期为三年，对三年期满的专业技术人员要重新下发聘任文件，续填聘书，规范相关程序。

河南省南水北调中线工程建设管理局会议纪要

〔2020〕13 号

11月25日，厅党组副书记、副厅长（正厅级）王国栋主持召开省南水北调建管局（以

下简称省建管局）办公会议。会议听取了各处近期工作情况汇报，安排部署了下一步重点工作。纪要如下：

一、持续推进配套工程运行管理定额编制工作

《河南省南水北调受水区供水配套工程运行管理定额标准（试行）》已征求水利厅相关处室及沿线各省辖市意见，平顶山段建管处要进一步完善相关汇报材料，为12月报厅长办公会审定做好准备。

二、建立运行维护用车租赁定点服务商家库

为满足下一年度配套工程巡查、运行维护管理需要，由平顶山段建管处会同郑州、安阳段建管处，尽快组建工作组，按照《河南省南水北调配套工程运行维护用车使用管理办法》要求，通过公开遴选方式，确定若干家具有营运资质的汽车租赁公司，报省建管局同意后，签订租车服务框架协议，列入我省南水北调配套工程运行维护用车租赁定点服务商家库。

三、进一步加快干线工程收尾工作

（一）加快价差补充协议的签订　各项目建管处尽快将各自管辖标段价差补充协议签订情况及存在问题报省建管局，南阳段建管处具体负责汇总、整理，并及时报南水北调中线建管局核备。

（二）研究合同变更争议问题　12月底前，各项目建管处认真梳理当前存在的合同争议问题并提出处理意见，南阳段建管处组织研究、汇总后正式上报南水北调中线建管局，妥善处理。

（三）加强资金风险标段防控　12月底前，各项目建管处要认真梳理管辖范围内存在资金支付风险的标段，省建管局针对风险标段研究提出处理方案。对在委托段内部难以消除风险的，即时上报南水北调中线建管局联动；对无风险标段要按程序加快结算支付。

四、加快《其他工程穿（跨）越、邻接、连接配套工程专项技术要求和安全评价导则》的修订、印发工作

《其他工程穿（跨）越、邻接河南省南水北调受水区供水配套工程设计技术要求》《其他工程穿（跨）越、邻接河南省南水北调受水区供水配套工程安全评价导则》的修订，以及《其他工程连接河南省南水北调受水区供水配套工程设计技术要求》《其他工程连接河南省南水北调受水区供水配套工程安全评价导则》的编制已基本完成，且已征求相关市县意见并经过专家审核，由南阳段建管处具体负责，尽快修改完善，并以省建管局名义印发，报省水利厅备案。

五、做好配套工程沿线阀井提升改造工作

为保证我省配套工程运行安全，进一步提升配套工程整体形象，由南阳段建管处具体负责，委托设计单位尽快开展前期工作，于2021年1月15日前，提出配套工程阀井提升改造方案。改造方案要结合配套工程运行管理实际需要，统一标准，保证安全，外观醒目，便于维修。

六、做好档案整编工作

为进一步做好省建管局机关档案整编工作，同意委托专业档案技术服务公司进行档案整理，由郑州段建管处具体负责，同意与河南天道信息科技有限公司续签协议，相关费用约20万元，从南水北调干线工程建设管理费中列支。

七、进一步加强水费收缴工作

截至目前，水费收缴情况不甚理想。省建管局要向有关市（县）南水北调机构发水费催缴通知，2018-2019年度、2019-2020年度水费务必全部缴纳。对不能按时缴纳水费的市（县）要采取必要措施，力争按期完成水费收缴任务，并及时上交南水北调中线建管局。

八、开展办公家具、设备的清查工作

郑州段建管处会同安阳段建管处，以省建管局名义下发专门通知，要求南水北调系统各级管理机构对使用南水北调配套工程建设资金、运行管理费（水费）购置的办公家具、设备进行全面清查，如实核查工程开工以来办公家具、设备相关账目和实物，做到账、物相符，符合报废条件的按照程序及时处置。在办公家具、设备清查工作完成之前，暂停批复相关购置计划。为便于工作，管理处所设置职工食堂十分必要，郑州段建管处会同安阳段建管处抓紧调研，尽快研究制定食堂器具和设备配置标准，相关费用列入水费支出预算。

九、加快存量资金支付

目前省建管局及有关市建管局配套工程账户存量资金较大。安阳段建管处要督促有关单位加快资金支付，年底前做到应支尽支，明年6月底前全部支付完毕。

十、做好配套工程压矿评估工作

河南省南水北调受水区供水配套工程黄河南压覆矿产资源核实评估项目已通过公开招标选定河南省国土资源科学研究院为中标单位，并签订了合同。为加快该项工作，新乡段建管处要积极协调各地市做好配合，并严把规范标准，统筹把控配套工程黄河南、北压矿评估核实工作。

十一、实施安防及信息综合管理系统升级改造项目

郑州段建管处已组织编制完成《河南省南水北调受水区供水配套工程调度中心安防及信息综合管理系统升级改造项目规划方案》，项目主要包括视频安防和电子围栏系统、LED大屏显示系统（含节水机关建设智慧信息管理显示系统）、视频会议系统、智慧停车和人脸识别门禁系统等4部分内容，概算约200万元。由郑州段建管处正式上报省建管局组织审查、批复，待方案审批后，按相关规定择优选择实施单位，相关费用从水费中列支。

十二、严控办公设备购置

根据5个项目建管处办公设备需求申请，结合实际工作需要，同意购置3台笔记本电脑、1台台式电脑、3台投影仪、1台打印机，相关费用从省财政经费中列支。按照政府采购规定，严格履行采购审批程序，规范办理验收、入库、登

记、领用等手续，统筹使用，加强管理。

十三、加强公务用车管理

为进一步加强省建管局公务用车管理，根据《党政机关公务用车配备使用管理办法》要求，实行公务用车定点保险、定点维修、定点加油制度。同意继续与郑州恒力源汽车维修有限公司、中国人民财产保险股份有限公司郑州市分公司、中石化郑州石油分公司永平路加油站等三家定点服务单位签订服务协议，规范管理。

十四、利用好南水北调法学会平台

南水北调政策法律研究会是研究我省南水北调相关课题的平台。各项目建管处要充分利用该平台，确定研究题目及内容，积极参与课题研究，为提升理论研究水平、提供好的素材创造条件。根据南水北调法学会机构、人员设置情况，相关负责人出差补助等费用从法学会专项资金中列支，按照省建管局审签程序、权限审批。

关于编纂《河南河湖大典》南水北调篇的通知

豫调建综〔2020〕4号

各项目建管处，各省辖市、省直管县（市）南水北调办（建管局、中心）：

为贯彻习近平总书记提出的新时代治水方针，落实省委省政府"四水同治"战略，加强水文化建设，河南省水利厅决定编纂《河南河湖大典》，河南省南水北调工程为其中的第五篇（以下简称《大典》）。

按照厅党组的工作部署，河南省南水北调中线工程建设管理局负责组织《大典》·南水北调篇的编纂工作。为此，我局成立了《大典》编纂工作组织机构，制定了《河南河湖大典·南水北调篇编纂工作实施方案（试行）》《河南河湖大典·南水北调篇条目结构、要素及编纂说明（试行）》，并根据《中国河湖大

典》，结合我省《大典》·南水北调篇编纂工作需要，摘录部分内容作为参考模板（详见附件）。为切实做好《大典》编纂工作，现就有关要求通知如下：

1.各单位要成立相应组织机构，主要负责同志亲自负责，明确分管领导分管负责，抽调专门人员具体负责编纂工作。各单位组织机构成立文件于2020年4月20日前报省南水北调建管局。

2.各单位要尽快组织学习、领会，采取适当形式进行培训。要结合实际，抓紧研究、制定《实施方案》，要细化工作任务、目标、计划、程序、步骤、进度、质量要求等。要严格落实责任，责任到人。各单位《实施方案》于2020年4月24日前报省南水北调建管局。

3.自通知之日起，各单位抓紧组织开展《大典》编纂工作，于2020年4月30日前提交条目划分汇总清单、试写稿，报省南水北调建管局《大典》编纂委员会办公室（联系人：袁舫13523065109，李宁18695819859）。

4.各单位要按照职责分工，切实履职尽责，认真做好工作对接、协调和统筹，保障编纂工作顺畅、高效。如有问题，请及时向省南水北调建管局《大典》编纂委员会办公室反馈，编纂办公室要迅速协调解决。

5.《大典》编纂工作实行旬报制，每月8日、18日、28日上报上一期旬报，省南水北调建管局编纂办负责汇总、总结。2020年5月8日上报第一期旬报。

特此通知。

附件（略）：1.《河南河湖大典》·南水北调篇编纂工作实施方案 2.《河南河湖大典》·南水北调篇条目结构、要素及编纂说明 3.《河南河湖大典》·南水北调篇参考模板

2020年4月14日

关于做好2020年汛期档案安全管理工作的紧急通知

豫调建综〔2020〕20号

各省辖市、省直管县（市）南水北调办（中心、建管局）：

目前，全国已进入主汛期，多地区持续发生强降雨，降雨过程强度大、影响范围广、持续时间长，防汛形势复杂严峻，不容乐观。为此，国家档案局印发了《关于做好汛期档案安全工作的紧急通知》（档办函〔2020〕71号），明确要求各单位必须加强汛期档案管理，确保档案安全。为更好地贯彻落实通知精神，切实加强汛期档案管理工作，确保我省南水北调配套工程档案安全。现就有关要求通知如下：

一、高度重视汛期档案安全，严格落实防汛安全责任。各级档案部门要充分认识当前防汛形势的严峻性，进一步增强责任意识和担当意识，坚决克服侥幸心理和麻痹思想，把汛期档案安全工作作为当前阶段的重要任务，牢牢把握档案汛期安全工作主动权，全面落实防汛责任制，强化防汛各项措施，确保汛期安全防范和应急工作思想到位、职责到位、指挥到位、措施到位。

二、狠抓安全隐患排查，确保安全度汛。要立即对档案库房及参建单位档案室进行检查、排查，发现危房、库房漏雨、排水设施不畅、防雷装置失效等不安全因素，要及时采取加固、遮盖、围挡、防渗、疏通以及维修更换设备等有效措施进行补救与防范。要做好汛期档案保护工作，对空调等设备及时进行检修与维护，有效控制档案库房温湿度，避免档案受潮、发霉。

三、完善防汛应急预案，做好应急准备。督促各参建单位进一步完善防汛应急预案，组

织开展应急演练，切实提高应急抢险能力。要确保人员到位、物料到位、措施到位，遇到紧急情况危及档案安全时，要迅速反应、主动应对，提早或尽速转移、保护重要档案。

四、如发生档案因灾受损，要按照应急预案立即组织抢救并将有关情况上报省建管局和当地档案主管部门。请各单位按上述要求尽快组织落实，省建管局将对档案安全情况进行督促检查。

特此通知。

2020年7月8日

河南省南水北调中线工程建设管理局关于进一步明确借聘用人员有关事项的通知

豫调建综〔2020〕36号

机关各处室、各项目建管处：

按照《河南省南水北调中线工程建设管理局会议纪要》（〔2020〕7号、〔2020〕11号）要求，为进一步优化人员配置，结合实际工作需要和用人需求情况，现将省南水北调建管局借调、劳务派遣和社会聘用人员有关事项通知如下：

一、借调人员

由借调人员所在处室通知借调人员，于2020年12月31日前返回原单位，并与其原单位办理相关结算手续。

二、劳务派遣人员

省南水北调建管局于2020年11月20日前书面通知河南汇隆企业管理咨询有限公司（劳务派遣公司），于2020年12月31日前将劳务派遣人员退回河南汇隆企业管理咨询有限公司，并由该公司协调办理后续手续。

三、社会聘用人员

由所在处室于2020年11月25日前书面通知社会聘用人员，于2020年12月31日前解除聘用合同。

四、工作要求

1. 各处室要根据实际工作情况，对所属上述人员逐人说明情况，耐心、仔细做好思想工作。

2. 各处室要做好人员工作、通用资产、财务交接手续。

3. 对于确有人员需求的，按照《河南省南水北调中线工程建设管理局会议纪要》（〔2020〕7号、〔2020〕11号）要求办理。

特此通知。

2020年11月24日

关于印发《河南省南水北调中线工程建设管理局2020年用水计划实施方案》等11项方案制度的通知

豫调建综〔2020〕38号

机关各处室、各项目建管处：

按照《水利部关于开展水利行业节水机关建设工作的通知》《河南省水利厅关于印发水利行业节水型机关建设方案的通知》和河南省南水北调中线工程建设管理局会议纪要（〔2020〕1号）有关要求，为加快推动我局节水型机关建设，加强用水节水管理，实现节约用水目标，现将《河南省南水北调中线工程建设管理局2020年用水计划实施方案》等11项方案制度印发给你们，请结合实际，认真贯彻执行。

附件（略）：1.河南省南水北调中线工程建设管理局2020年用水计划实施方案　2.河南省南水北调中线工程建设管理局用水节水管理制度　3.河南省南水北调中线工程建设管理局机关用水计量管理制度　4.河南省南水北调中线工程建设管理局机关用水统计管理制度　5.河南省南水北调中线工程建设管理局节约用水目标责任制度和考核制度　6.河南省南水北调中线工程建设管理局用水设备管理

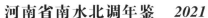

维护制度 7.河南省南水北调中线工程建设管理局用水设备设施定期巡查检修制度 8.河南省南水北调中线工程建设管理局雨水中水回用系统管理规程 9.河南省南水北调中线工程建设管理局中水回用系统维修保养管理制度 10.河南省南水北调中线工程建设管理局生活水箱管理规定 11.河南省南水北调中线工程建设管理局机关绿化灌溉用水管理制度

2020年12月11日

关于办理房屋授权无偿使用证明的函的复函

豫调建综函〔2020〕8号

河南省前坪水库管理局：

贵局关于《办理房屋授权无偿使用证明》的函收悉。根据厅长专题办公会议精神（纪要〔2020〕15号），现授权贵局无偿使用河南省南水北调受水区供水配套工程调度中心大楼的第六层。

附件：房屋授权无偿使用证明（略）

2020年12月11日

关于清查通用资产的通知

豫调建综〔2020〕37号

各省辖市、直管县（市）南水北调办公室（运行保障中心、建管局），各项目建管处：

目前，我省南水北调配套工程已进入运行管理阶段。为掌握各单位通用资产配置现状，合规配置并节约高效使用资产，保障我省南水北调配套工程运管工作的正常进行，请各单位清查已配置的、用配套工程建设资金及运行管理资金购买的办公设备、家具等通用资产及使用情况，做到账物相符，不留死角（详见附表）。现将有关要求通知如下：

1.高度重视本次通用资产清查工作，成立清查工作组。

2.行动迅速，措施有效，分工明确，责任到人，确保清查结果真实、准确、全面。

3.2021年1月31日前，将资产清查报告报送至省南水北调建管局综合处。联系人：王振，电话：0371-69156899，传真：0371-69156622。

特此通知。

2020年12月11日

关于11套未安装流量计及其附属设备安装方案的批复

豫调建投〔2020〕83号

自动化代建部，平顶山、漯河、郑州、鹤壁市南水北调办公室（运行保障中心）：

自动化代建部《关于11套未安装流量计及其附属设备处理方案的请示》（南自代建报告〔2020〕022号）收悉，我省南水北调配套工程流量计及其附属设备自2014年10月开始安装，目前剩余11套设备受现场环境影响，不能按照合同条件完成，需对7套设备变更安装方案，4套设备因管理房未建或其他原因，暂缓安装。经研究，对11套设备安装方案批复如下：

一、因现地管理房距离对应阀井超出300m的电信号传输范围，同时不具备光信号传输施工条件。同意流量计二标负责采购安装的漯河三四水厂及宝丰水厂、流量计三标负责采购安装的上街水厂末端、流量计四标负责采购安装的鹤壁境内滑县支线、流量计六标负责采购安装的新乡32号新区支线及漯河五水厂支线首端共6套流量计及附属设备变更为无线传输安装方案。

二、因无安装施工作业空间，同意流量计六标负责采购安装的郑州21号口门流量计变更为外夹式换能器。

三、同意2号口门至邓州新野线路、商水支线首端、36号线金山水厂输水线路、商水支线岔口共4套设备暂不安装，按遗留问题处理。

四、代建部按照合同变更原则处理结算。复核"剩余流量计及其附属设备安装变更前后投资对比表"，需扣除部分设备合同内换能器、主机费用，按照合同报价审核设备安装费。

五、请平顶山、漯河、郑州、鹤壁市南水北调办公室（运行保障中心）协调现场安装事宜。

特此批复。

2020年12月21日

关于印发其他工程穿（跨）越、邻接、连接河南省南水北调受水区供水配套工程设计技术要求及安全评价导则的通知

豫调建投〔2020〕85号

各有关单位：

依据《河南省南水北调配套工程供用水和设施保护管理办法》（河南省人民政府令第176号）的有关规定并结合工作实际，我局对《其他工程穿越邻接河南省南水北调受水区供水配套工程设计技术要求（试行）》《其他工程穿越邻接河南省南水北调受水区供水配套工程安全评价导则（试行）》有关内容进行了修订。

为保障河南省南水北调受水区供水配套工程（以下简称供水配套工程）的运行安全、工程安全和供水安全，规范其他工程连接供水配套工程的勘测设计和安全影响评价工作，我局组织编制了《其他工程连接河南省南水北调受水区供水配套工程设计技术要求》和《其他工程连接河南省南水北调受水区供水配套工程安全评价导则》。

现将以上技术要求和安全评价导则随文印

发，请遵照执行。《其他工程穿越邻接河南省南水北调受水区供水配套工程设计技术要求（试行）》和《其他工程穿越邻接河南省南水北调受水区供水配套工程安全评价导则（试行）》同时废止。

特此通知。

附件（略）：1.《其他工程穿越邻接河南省南水北调受水区供水配套工程设计技术要求》

2.《其他工程穿越邻接河南省南水北调受水区供水配套工程安全评价导则》

3.《其他工程连接河南省南水北调受水区供水配套工程设计技术要求》

4.《其他工程连接河南省南水北调受水区供水配套工程安全评价导则》

2020年12月29日

关于河南省南水北调配套工程4套流量计及其附属设备验收有关问题的函

豫调建投函〔2020〕24号

河南省水利水电工程建设质量监测站：

为推进河南省南水北调配套工程流量计采购安装项目验收工作，自动化代建部《关于11套未安装流量计及其附属设备处理方案的请示》（南自代建报告〔2020〕022号）向我局来文，建议将2号口门至邓州新野线路、商水支线首端、36号金山水厂输水线路、商水支线岔口共4套流量计及其附属设备安装作为尾工处理。

商水支线首端、36号金山水厂输水线路、商水支线岔口管理房未建，2号口门至邓州新野线路因群众阻工无法进场安装，上述流量计目前不具备施工安装条件。为加快南水北调配套工程流量计验收进度，经我局研究，同意将上述4套流量计及其附属设备安装作为尾工处理。

特此致函。

2020 年 12 月 21 日

关于缴纳南水北调水费的通知

豫调建财〔2021〕1 号

各有关省辖市、直管县（市）水利局、南水北调办公室（建管局、运行保障中心）：

根据各市县分配水量、确认计量水量及相应的水价，各市县 2019—2020 供水年度应缴纳的基本水费、计量水费、生态水费已核定，详见附件。

为保证我省南水北调工程正常运行，按时偿还银行贷款本息，及时缴纳南水北调干线水费，请各市县及时足额缴纳。

水费缴纳采取银行转账方式，省南水北调水费收取专用账户信息如下：

账户名称：河南省南水北调中线工程建设管理局

开户银行：

银行账号：

附件：2019—2020供水年度应缴水费明细表

2021 年 1 月 6 日

关于郑州市南水北调配套工程
征迁资金计划调整的批复

豫调建移〔2020〕15 号

郑州市南水北调配套工程建管局：

郑州市南水北调配套工程线路全长95.3km，共17条线路7个分水口门，初步设计批复征迁安置费用共计63534.22万元，其中：农村安置补偿投资24445.33万元，工业企业补偿费1628.93万元、单位迁建补偿费31.41万元、专业项目补偿费4868.15万元，其他费用4089.70万元，预备费7046.30万元，有关税费21424.36万元。

征迁实施过程中，由于设计变更、错漏登项目以及施工工期延长等方面的原因，导致征迁实施情况与《河南省南水北调受水区供水配套工程技施设计阶段郑州市建设征地拆迁安置实施规划报告》内容不一致，依据《河南省南水北调受水区供水配套工程建设征迁安置实施管理暂行办法》等文件规定，郑州市南水北调办履行了相关程序和手续，我局同意对郑州市南水北调配套工程市级征迁投资调整如下：

农村补偿费17946.48万元，工业企业补偿费665.73万元，单位补偿费173.64万元，专业项目补偿费1473.97万元，其他费用2306.91万元，使用预备费155万元，有关税费20368.26万元，合计投资43089.99万元。

2020 年 12 月 21 日

关于切实做好配套工程地下有限空间
安全防范工作的紧急通知

豫调建建〔2020〕10 号

各省辖市、省直管县（市）南水北调办公室（中心、建管局），自动化系统各参建单位，中州水务控股有限公司（联合体），河南华北水电工程监理有限公司，省水利勘测有限公司：

近日，省安委办、省住房城乡建设厅、省应急厅印发紧急通知（豫安委办明电〔2020〕16号），通报了5月27日至29日短短3日内我省一些地方接连发生多起窨井、污水管道等城市市政设施地下有限空间作业亡人事故，并就切实做好城镇市政设施地下有限空间安全防范工作提出要求。为认真贯彻落实省委、省政府领导同志批示要求，根据省水利厅统一安排，现结合我省南水北调配套工程实际，就地下有限空间安全防范工作提出如下要求：

一、聚焦风险防控，严防事故发生

各有关单位要以事故为教训，高度警觉，警钟长鸣，始终绷紧安全这根弦，采取有效措施落实安全责任。要聚焦风险管控，加大宣传培训和警示教育，将有限空间作业安全宣教工作纳入本年度"安全生产月"活动中，普及地下有限空间作业安全常识和科学施救知识，提高员工自我保护意识。要按照有关要求，结合本单位、部门实际，辨识配套工程地下有限空间作业场所，有针对性建立完善地下有限空间作业管理制度，对从业人员全员培训，学习掌握地下有限空间作业标准规范和操作规程，熟悉掌握地下有限空间作业特点及防范措施，确保作业安全，严防事故发生。

二、认真摸底排查，杜绝私闯擅入

配套工程阀井、暗涵、管廊等地下有限空间众多，由于自然通风不良，易造成有毒有害、易燃易爆物质聚集，氧含量不足，存在缺氧窒息、中毒、触电、机械伤害等多种危险因素，危险系数高。要深入开展地下有限空间辨识排查工作，认真全面辨识本单位有限空间，在摸清地下有限空间底数和危害因素基础上，建立本单位、部门地下有限空间作业安全管理台账。针对排查出的地下有限空间，采取在入口处设置清晰、醒目、规范的安全警示标识和安全作业流程等措施，有效杜绝私自进入和盲目施救。

三、规范作业行为，落实安全责任

各单位要为一线作业人员配备合格的检测、通风、长管呼吸器、安全绳等防护设备，凡从事配套工程地下有限空间运行、保养、维修、清理作业活动的工作，要坚持先检测后作业的原则，作业场所未经检测和通风，严禁进入作业；作业现场必须安排监护人员，严守操作规程，切实落实有限空间作业安全生产责任制。

2020年6月7日

关于做好安全生产专项整治三年行动相关工作暨配套工程安全生产隐患排查的通知

豫调建建〔2020〕19号

各省辖市、省直管县（市）南水北调办（中心、建管局）：

安全生产专项整治三年行动开展以来，大部分单位高度重视，能严格按照省建管局印发的《河南省南水北调配套工程安全生产专项整治三年行动实施方案》要求，突出整治重点，抓住关键环节，强力推进专项整治，切实增强了生产安全和运行安全防范治理能力。但是，通过抽查，发现个别管理处（所）、现地管理房、泵站、阀井等依然存在安全隐患，暴露出个别市（县）对专项整治重视不够，隐患排查不认真、安全责任落实不到位。

根据省水利厅有关文件要求和专项整治第二阶段工作安排，请各省辖市、省直管县（市）南水北调办（中心、建管局）切实加强专项整治组织领导，对所辖范围内配套工程安全隐患进行全面排查，彻底整改，从根本上消除事故隐患，为我省南水北调配套工程运行管理提供坚实的安全保障。现就有关事宜通知如下：

一、排查内容及进度安排

安全隐患排查整治工作从2020年9月21日至11月30日，分三个阶段进行。

（一）隐患排查（9月21日至25日）。根据《河南省南水北调配套工程安全生产专项整治三年行动实施方案》，结合各单位配套工程实际，对办公、生产、生活等区域安全隐患进行全面排查。重点排查自动化综合机房空调是否安装到位；消防设备的配备情况是否符合规范要求，防火安全门是否有安全标识，安装开启方向是否朝向逃生方向，消防水泵电缆是否单独敷设或采用耐火阻燃电缆；泵站内电气设备接地连接是否符合规范，采用的接地扁铁是否为合格镀锌扁铁；管理处（所、房）避雷带圆钢是否大于等于12mm；生活区用电是否存在私拉乱扯现象；泵站和阀井吊车梁轨道下部是否按规范处理到位等。

（二）问题整改（9月26日至11月15日）。各单位对排查出的问题逐一登记造册，建立问题隐患、制度措施和重点任务"三个清单"，限期整改，消除隐患，确保我省南水北调配套工程生产安全和运行安全。

（三）检查抽查（11月16日至30日）。省建管局以"飞检"的方式，对有关单位安全隐患排查及整改情况进行抽查。对隐患排查整改好的单位进行通报表扬，对隐患排查不彻底、整改落实不到位的单位进行通报批评。

二、工作要求

（一）认真落实专项整治责任和措施

各单位要充分认识安全生产专项整治的重要性，进一步层层压实安全专项整治领导责任、主体责任和直接责任。要落实整治任务，细化整治措施，突出整治重点，毫不松懈抓细抓实专项整治工作。

（二）彻底整改各类问题隐患

各单位要认真组织开展安全隐患排查活动，从人员、设备、材料、管理、环境等方面，全面排查，不留死角。要坚持边查边改，立查立改，将各类问题消灭在萌芽状态，从源头上有效遏制和防范安全事故的发生。

（三）常态化开展事故警示教育

各单位要结合实际，制度化、常态化、规范化地开展安全事故警示教育活动，引导全体干部职工深刻吸取各类事故教训，进一步增强安全意识，实现从"要我安全"向"我要安全"的转变，从思想上筑牢安全防线。

每月1日前，各单位要将上月问题隐患、制度措施和重点任务"三个清单"报送省建管局（包括加盖公章的纸质版和电子版）。

联系人：

附件（略）：1.问题隐患清单　2.制度措施

清单　3.重点任务清单

2020年9月27日

关于印发《河南省南水北调配套工程会议费管理办法》等3项管理制度的通知

豫调建建〔2020〕23号

各省辖市、直管县（市）南水北调办公室（运行保障中心、建管局），各项目建管处：

为进一步规范我省南水北调配套工程会议、职工培训教育和车辆使用管理，合理使用各项经费，提高资金使用效益，省南水北调建管局制定了《河南省南水北调配套工程会议费管理办法》《河南省南水北调配套工程职工教育培训管理办法》《河南省南水北调配套工程运行维护用车使用管理办法》等3项管理制度，现印发给你们，请结合实际，认真贯彻执行。

附件（略）：1.《河南省南水北调配套工程会议费管理办法》　2.《河南省南水北调配套工程职工教育培训管理办法》　3.《河南省南水北调配套工程运行维护用车使用管理办法》

2020年11月5日

关于开展配套工程避雷设施和消防水泵系统安全隐患排查整治活动的通知

豫调建建〔2020〕26号

各省辖市南水北调办（中心、建管局），邓州市南水北调和移民服务中心，清丰县南水北调建管局：

为切实加强我省南水北调配套工程安全管理，省建管局于2020年12月中旬对配套工程泵站、现地管理站和调流调压阀室进行了抽查，发现避雷设施和消防水泵系统存在较多安全隐患。为确保配套工程安全运行，有效防范安全事故发生，请你们对所辖范围内的泵站、现地管理站和调流压阀室避雷设施和消防水泵系统进行全面排查，对发现的安全隐患彻底整改。有关事宜如下：

一、省建管局抽查时发现的问题

（一）消防水泵系统存在的问题

部分消防水泵的供电电缆未与其他配电线路分开敷设，且未采用阻燃电缆；消防泵配电箱安放位置不正确，配电箱启动按钮未安装在消防栓附近；控制柜直接放在泵站和阀室底板上；控制柜和配电柜外壳未安装接地线；消防泵电源未采用双回路，未与备用电源连接；消防泵进、出水管线标识不合格，未按规范规定的颜色喷漆。

（二）避雷设施存在的问题

部分屋顶避雷带材料不合格；横向避雷带间距不合格；避雷带连接长度（搭接焊）不符合规范要求；避雷带引下线地面埋置深度不合格（应不小于 0.7 米）；部分建筑物避雷接地体同其他建筑安全距离不合格（应不小于 5 米），或未按照设计要求安装避雷接地检测端子；个别泵站安装了避雷针；个别避雷带锈蚀严重。

二、排查及整改要求

各单位要高度重视此次排查整治活动，主要负责人要亲自抓，负总责，立即安排部署，对所辖范围内所有的泵站、现地管理站和调流调压阀室进行全面排查。对排查出的问题和省建管局抽查时发现的问题，要逐一建立台账，查清问题原因和责任单位，制定整改措施，明确责任单位、责任人和整改时限，务必于2021年3月底前全部整改完毕。

1.因施工原因导致的问题。工程尚未进行验收的，由建管单位责令施工单位立即整改；若工程已通过验收，但施工单位质保金尚未退还，则由建管单位负责整改，所需费用从质保金中扣除；若工程已通过验收，且施工单位质保金已退回，由建管单位负责整改，并自行解决费用。

2.因设计或其他原因导致的问题。由建管单位负责整改，并自行解决费用。

省建管局将随机对安全隐患排查整治活动开展情况进行抽查。

三、奖惩措施

各单位排查整改完成后，及时将整改结果报省建管局。省建管局将于2021年4月上中旬对整改完成情况进行检查，对整改完成好的单位进行表扬；对弄虚作假、敷衍应付、流于形式、整改不到位的单位进行全省通报，并追究相关排查及整改人员的责任。

特此通知。

2020年12月29日

关于漯河市南水北调中线工程维护中心2020年度运行管理费支出预算的报告

漯调〔2020〕15号

河南省南水北调建管局：

根据省南水北调建管局《关于编报2020年度运行管理费支出预算的通知》（豫调建财〔2019〕87号）文件要求，我单位组织有关人员，结合2019年度运行管理费支出情况，编制了2020年度运行管理费支出预算：

一、编制依据

（一）国家有关法规政策；

（二）财务政策和会计制度；

（三）配套工程维修养护管理办法、资产维修养护、大修理和技术改造计划；

（四）职工薪酬、激励政策和培训教育计划；

（五）管理费用、管理目标；

（六）河南省南水北调办有关规定。

二、管线及管理机构概况

（一）管线　漯河境内管线长度119.06km。

（二）管理机构　按照《河南省南水北调受水区漯河供水配套工程初步设计报告》（核

定稿），漯河市南水北调配套工程设1处3所，分别为漯河管理处和漯河管理所、舞阳管理所、临颍管理所。1处3所共定编管理人员69人，其中漯河管理处定编24人，舞阳等3处管理所共定编45人。根据工程管理需要，每公里需巡线2人，共需巡线人员24人，管理房48人（12处管理房，每处管理房4人），配置车辆13辆。

（三）2019年度预算执行偏离原因 一是管理处（所）尚未建成，工程管理及生产人员未全部到位；二是部分现地管理房建成投入运行较晚；三是各类车辆未完全采购到位；四是现有在职在编人员工资由财政统发。

（四）2020年度预算编制与审核意见和建议：建议计提职工福利费和防汛值班费。

三、2020年度费用项目说明

（一）线路运行维护费233.44万元

1.人员工资141.58万元

巡线人数24人，工资标准按上年度批复4916元/人/月计算。

2.劳动保护费3.6万元

巡线人数24人，按每人每年1500元计算。

3.差旅费17.28万元

巡线人数24人，按每人每月600元计算。

4.交通工具使用费21万元

巡线车3辆，油修及保险按7万元/辆/年计算。

5.运维材料购置费19.98万元。（详见附件3，附件4）

6.巡检进地影响补偿费30万元。

（二）泵站运行费0万元

无

（三）现地管理房值守管理费327.49万元

1.人员工资238.69万元

12处现地管理房，每处安排值守人员4人，共48人。工资标准按上年度批复4144元/人/月计算。

2.劳动保护费7.20万元

值守人员48人，按每人每年1500元计算。

3.办公费14.40万元

值守人员48人，按每人每年3000元计算。

4.水电物业费43.2万元

12处管理房，每处按3000元/月/处计算。

5.临时设施费24万元。

12处管理房，每处按2万元/年/处计算。

（四）管理所值守管理费0万元

机构和人员组建不明确。

（五）管理机构管理费312.1万元

1.人员工资117.98万元

管理人员36人，其中在职在编16人由当地财政统发工资，其余20人从运管费中发放工资。工资标准按上年度批复4916元/人/月计算。

2.劳动保护费5.4万元

管理人员36人，按每人每年1500元计算。

3.差旅费25.92万元

管理人员36人，按每人每月600元计算。

4.办公费10.8万元

管理人员36人，按每人每年3000元计算。

5.水电物业费15万元

6.交通工具使用费7万元

1辆车，7万元/辆/年。

7.固定资产购置50万元

用于新办公楼配置办公设备。

8.培训费5万元

9.会议费5万元

10.业务招待费10万元

11.中介机构服务费10万元

12.其他支出50万元

办公场所搬迁费、加班费、节假日值班费、防汛值班费、职工福利等费用。

（六）运行管理费支出预算总计

运行管理费支出预算总计873.03万元。

附件（略）：

1.2019运行管理费支出对比表

2.2020年度运行管理费支出预算表

3.河南省南水北调受水区漯河供水配套工程10号口门空气阀井、检修阀井、调流阀、排空阀、标志桩材料购置费用表

4.河南省南水北调受水区漯河供水配套工

程 17 号口门空气阀井、检修阀井、调流阀、排空阀、标志桩材料购置费用表

2020 年 1 月 10 日

漯河市南水北调中线工程维护中心关于上报安全度汛方案和防汛应急预案的报告

漯调〔2020〕40 号

省南水北调建管局：

为确保 2020 年我市南水北调配套工程安全度汛，我单位编制了《漯河市南水北调配套工程及运行管理安全度汛方案》和《漯河市南水北调配套工程防汛应急预案》，并报漯河市水利局通过审批，现予已上报。

附件（略）：

1.《漯河市南水北调中线工程维护中心关于上报安全度汛方案的请示》

2.《漯河市水利局关于漯河市南水北调中线工程维护中心安全度汛方案的批复》

3.《漯河市南水北调中线工程维护中心关于上报防汛应急预案的请示》

4.《漯河市水利局关于漯河市南水北调中线工程维护中心防汛应急预案的批复》

2020 年 5 月 25 日

许昌市南水北调配套工程管理处关于印发《许昌市南水北调配套工程管理处工作制度、目标考核评定细则》的通知

许调管〔2020〕5 号

管理处各部：

为切实转变工作作风，严肃工作纪律，规范内部管理，进一步加强干部职工作风建设，参照《许昌市南水北调办公室关于进一步加强工作纪律

的通知》（许调办〔2019〕55 号）要求，结合我市运行管理工作实际，制定了《许昌市南水北调配套工程管理处工作制度》，现予以印发，请各部组织人员认真学习，遵照执行。

附件（略）

1.《许昌市南水北调配套工程管理处工作制度》

2.《许昌市南水北调配套工程管理处目标考核评定细则》

2020 年 2 月 28 日

许昌市南水北调配套工程管理处关于修订目标考核评定细则的通知

许调管〔2020〕8 号

各部门：

为严格落实管理处岗位职责和工作制度，有效推进精细化管理，优化奖优罚劣、奖罚分明的考核机制，激发工作积极性，增强工作责任心，提高工作执行力，营造争先创优工作氛围，体现效率与公平，根据上级有关规定及要求，结合管理处工作实际，借鉴干线工程管理经验，修订完善了管理处目标考核评定细则，经报请许昌市南水北调工程运行保障中心研究同意，现予以印发，自 2021 年 1 月 1 日起实行。

特此通知。

附件：目标考核评定细则（修订）（略）

2020 年 10 月 12 日

许昌市南水北调配套工程管理处关于印发岗位职责及工作制度的通知

许调管〔2020〕9 号

各部门：

为进一步促进我市南水北调配套工程运

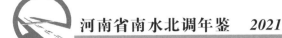

行管理工作，加强运行管理队伍建设，细化岗位职责，明确责任分工，严肃工作纪律，增强职工素质，提高工作效率，提升行业形象，保障供水安全，根据上级有关规定及要求，借鉴干线工程管理经验，结合运行管理工作实际，制定并完善了管理处岗位职责及工作制度，经报请许昌市南水北调工程运行保障中心研究同意，现予以印发，自2021年1月1日起实行。

特此通知。

附件（略）：

1.《许昌市南水北调配套工程管理处岗位职责（试行）》

2.《许昌市南水北调配套工程管理处考勤管理制度（修订）》

3.《许昌市南水北调配套工程管理处学习培训制度》

4.《许昌市南水北调配套工程管理处文秘及档案管理制度》

5.《许昌市南水北调配套工程管理处印章使用管理制度》

6.《许昌市南水北调配套工程管理处巡查车辆管理制度》

7.《许昌市南水北调配套工程管理处物业考核办法》

2020年10月12日

关于成立禹州沙陀湖调蓄工程推进工作专班的通知

许调水运〔2020〕31号

各县（市、区）南水北调办公室，机关各科室、市南水北调配套工程管理处：

南水北调中线禹州沙陀湖调蓄工程是我市近年来积极谋划的重大项目，目前，南水北调中线禹州沙陀湖调蓄工程项目已列入国家南水北调中线在线调蓄工程"5+5"项目整体规划布局，《河南省水资源综合利用规划》《河南省水利发展"十三五"规划》《河南省南水北调"十三五"专项规划》和许昌市60个重大专项。项目建设主要利用新建在线调蓄工程，改善中线工程停水检修及应急供水条件，增强受水区供水抗风险能力，同时为总干渠分段停水检修提供水源保障，进一步提升中线干渠应急供水保障能力。

为切实加强对南水北调中线禹州沙陀湖调蓄工程建设的统筹协调，扎实做好各项前期工作，加快推进项目建设，按照市政府《关于成立禹州沙陀湖调蓄工程建设领导小组的通知》（许政文〔2020〕9号）的要求，中心决定成立禹州沙陀湖调蓄工程推进工作专班，现将有关事项通知如下：

一、工作专班组成机构及职责

（一）工作专班负责人：张建民

工作专班成员：李国林、李禄轩、方森林、孙卫东、陈国智、禹州市南水北调办负责同志

（二）主要职责

围绕市委、市政府决策部署，做好南水北调中线禹州沙陀湖调蓄工程项目立项、方案论证、批复、手续办理等前期和业务指导工作，力争在市委、市政府确定时间节点前完成各项工作任务；统筹协调南水北调中线建管局、省中线局、省水利厅南水北调处等部门对接协调工程项目前期工作，围绕工程项目的效益定位，积极争取上级支持；配合市水利局、禹州市人民政府推进沙陀湖调蓄工程前期工作，保障项目有序推进。

（三）工作专班下设综合协调组、前期工作组

1.综合协调组组长孙卫东，组员为办公室、工程保障科负责同志，职责为承担专班各级协调对接的具体工作，保障沙陀湖前期各项工作顺利推进，督促落实专班议定事项，扎实落实好市委、市政府各项工作部署，完成专班安排各项临时工作任务。

2.前期工作组组长陈国智,组员为运行管理科、配套工程管理处负责同志,职责为参与工程可行性研究、初步设计审查,参与设计文件审核、技术交底,参与工程重大技术问题、建设有关的审查论证会、咨询会等工作;配合做好项目立项、方案论证、批复、手续办理等工作。

二、工作要求

一要高度重视。专班成员结合自身职能,及时落实专班会议议定事项,完成项目推进工作。要切实转变工作作风,敢于担当,全力以赴服务好项目建设。

二要完善机制。专班定期召开例会,及时协调解决项目推进工作中存在的困难和问题,将工作动态以简报形式上报市委、市政府主要领导和禹州沙陀湖调蓄工程建设领导小组。

三要落实责任。专班成员和综合协调组、前期工作组人员要结合各自工作实际,主动作为,统筹协调各方力量,全力以赴推动禹州沙陀湖调蓄工程项目建设,确保项目早日落地实施,以实际成效为许昌水生态建设和南水北调事业发展做出积极贡献。

2020年4月10日

许昌市南水北调工程运行保障中心关于印发《2020年"党建+"行动实施方案》和《2020年党建工作要点》的通知

许调水运〔2020〕54号

机关各科室,市南水北调配套工程管理处:

为深入贯彻落实市委党的建设工作领导小组《关于印发〈2020年"党建+"行动实施方案〉的通知》(许党建〔2020〕3号)精神,结合工作实际,制定了《2020年"党建+"行动实施方案》和《2020年党建工作要点》,现印发给你们,请认真贯彻落实。

2020年5月28日

许昌市南水北调工程运行保障中心2020年"党建+"行动实施方案

为深入学习贯彻习近平新时代中国特色社会主义思想,认真贯彻落实市委七届十次全会和全市组织部长会议精神,推动党的建设与南水北调中心工作、各科室重点工作深度融合、互促共进,充分发挥党组织领导核心作用、基层党组织战斗堡垒作用和广大党员的先锋模范作用,促进全市南水北调各项工作提质增效、全面进步,以党的建设高质量推动经济发展高质量,为加快建设"智造之都、宜居之城"提供坚强保障。现制定2020年"党建+"行动实施方案如下。

一、"党建+"工程运行保障

(一)不断提高南水北调运行管理水平

一是进一步完善配套工程运行管理处职能,创新管理模式,挖潜增效,加强值守、供水调度、安全巡查,通过抓制度保运行,高标准做好配套工程运行保障工作,提升配套工程管理水平,确保供水安全。二是严格按照调度指令进行调度,积极与省办、中线工程运管处、地方人民政府、有关部门和用水单位之间的沟通协调,保证各类调度信息互通共享、同步操作。积极维护调试流量和水量计量设施设备,定时与干线工程管理处和用水单位对流量计的流量和水量读数进行现场核对并签字确认。三是积极配合省建管局完成自动化设备安装调试,为工程自动化运行管理创造条件。

(二)全力做好南水北调总干渠服务保障工作

一是进一步加强与上级业务主管单位的沟通,确保征迁政策和资金落到实处。二是强化对各县(市、区)南水北调征迁机构的工作督导,持续做好南水北调中线干线工程服务保障工作,积极解决征迁遗留问题,确保总干渠征迁工作圆满完成。三是积极汇报对接,增强水资源利用率。进一步加强向上级行业主管部门汇报对接，充分利用水指标，筹划水资源扩展应用，综合我市河道过流能力和生态补水需求，完善优化补水方案，最大化争取生态补水量，增强南水北调水资源利用率，持续改善我市境内自然河流的水质和水生态环境，确保河流水质稳定达标。

（三）完善各项预案，搞好应急管理

修订完善《许昌市南水北调配套工程突发事件应急预案》《许昌市区南水北调工程断水专项应急预案》《许昌市南水北调配套工程防洪抢险应急预案》和《许昌市南水北调配套工程水量调度应急预案》，开展断水实战演练和消防演练，做好随时应对各种风险的准备。

二、"党建+"移民村建设发展三年规划

根据《河南省美好移民村建设指导意见》（豫移〔2019〕1号）精神和市委市政府要求，市、县移民管理部门深入调研，制订《许昌市丹江口库区移民村建设发展2020-2022年规划》，分步利用三年时间对13个移民村进行打造，使其全部创建成美好移民村。

（一）分步推进。第一步，将长葛市佛耳湖镇下集村作为美好移民村建设示范村进行先行试点，推动第一批4个美好移民村建设，计划在2020年底前完成。第一批美好移民村包括长葛市下集村、初定襄城县黄桥社区、襄城县白亭东村、建安区金营村4个村；第二步，总结第一批美好移民村建设发展经验，政策扶持第二批5个美好移民村建设，计划在2021年底前完成。第三步，对剩余4个移民村进行收尾攻坚，计划在2022年底前完成。

（二）突出重点。重点围绕"产业兴旺"，把产业放在第一位。产业兴旺是村集体发展的核心动力，产业是促进群众就近就业，使群众致富的有效手段。按照省移民工作领导小组《河南省美好移民村建设指导意见》（豫移〔2019〕1号）要求，产业占60%以上。同时，搞好生态宜居。注重提升农村设施，杜绝"高、大、上"等不切实际的形象工程，在群众感觉到的地方用力，不断提升污水处理设施，建设生活垃圾处理设施，使秸秆、废弃树木得到有效处理。持续推进"厕所革命"，加大"果树进村"力度，精选1-2个品种，不断扩大绿化覆盖，确保有收益。

（三）严格程序。项目立项审批，充分发挥群众积极性，由所属乡（镇）组织移民村两委班子、党员和群众代表集体研究讨论后，报属地政府和县（区）移民办逐级把关审核后，报市移民办进行审批立项，同时报市政府和省移民办备案。坚持把权力放手给群众，让群众自主建设项目，市、县移民管理部门要给予指导帮助。

（四）加强考核。为促进项目顺利推进和确保实施成效，决定逐年实行移民生产发展三年项目实施竞赛活动。按照公开、公平、公正的原则对各县（区）进行考核评比。每年设立发展先进奖1名，奖励资金采取以奖代补形式，主要用于移民村发展生产、完善基础设施等。考评内容主要以项目实施进度和收益、脱贫攻坚、信访稳定等方面为主，排名通过组织村两委、移民党员群众代表和乡（镇）政府进行评议实行。

三、"党建+"美好移民村建设

吹响"党建+"美好移民村建设集结号，深入贯彻党的十九大精神，以习近平新时代中国特色社会主义思想为指导，全面贯彻落实国家、省关于实施乡村振兴战略的意见和规划，按照"产业兴旺、生态宜居、乡风文明、治理有效、生活富裕"的总要求，以美好移民村建设为抓手，积极整合各类资金资源，着力促进移民产业发展，着力改善人居环境，着力提升乡风文明，着力创新社会治理，着力促进增收致富，助力移民村振兴。

（一）促进移民村产业发展

一是积极发展特色优势产业。结合区域产业规划布局和本地资源条件，积极选择、培育和发展有市场、效益好、能让移民尽快受益的特色产业。二是培育壮大村级集体经济。积极盘活集体资源资产，加大招商引资力度，探索资源开发型、土地经营型、资产受益型、产业带动型等集体经济发展新途径，规范集体收入管理，实现良性循环、持续升级。三是扶持移民就业创业。以市场需求为导向，开展多层次、多渠道、多形式的移民创业发展能力、转移就业技能、农村实用技术等培训，大力培养新型职业移民，加大劳务输出力度，促进移民转产转业、就业创业，提升移民就业和创业质量。

（二）改善人居环境

一是改善居住条件。加快移民村安全饮水工程建设和管理，大力推进重点移民村改气、改厕等工程，提高移民群众生活质量。二是改善村容村貌。以硬化、绿化、美化、净化、亮化建设等为重点，加强移民村空间整治，推进果树进村，建设花园、游园、菜园、果园，建设生态宜居的美好移民村。三是改善生态环境。加强农村生活垃圾和生活污水治理，推进"厕所革命"，加强畜禽粪污处理、废弃农膜回收、病虫害绿色防控，推进农作物秸秆综合利用，加快农村废弃物资源化利用，建设天蓝、地绿、水净的移民美好家园。

（三）提升基础和公益设施

一是提升基础设施。继续实施新一轮农村电网改造升级工程，着力提升移民群众用电质量。完善广播电视、网络等信息基础设施，提升信息服务水平，推动智慧农业发展。二是提升公共服务设施。加快移民村养老院、超市等设施建设，配套完善党群服务中心、文化广场、农家书屋等，补齐短板，提高移民生活条件。

（四）倡塑乡风文明

一是加强移民村思想道德建设。加强移民村思想文化阵地建设，实施公民道德建设工程，开展文明村、文明家庭、孝道文化等建设，提高移民综合素质，提高移民村文明程度。二是传承弘扬宝贵精神财富。大力弘扬愚公移山精神、红旗渠精神、焦裕禄精神和南水

北调移民精神，激发移民群众自力更生、艰苦创业的积极性，并将其转化为建设美好移民村的强大精神动力。三是丰富移民文化生活。建立健全移民村公共文化服务体系，开展多种形式的群众文化体育和科技卫生下乡等活动，为广大移民提供高质量的精神营养。

（五）创新社会治理

一是完善移民村党组织领导的体制机制。建立以基层党组织为领导、村民自治组织和村务监督组织为基础、集体经济组织和农民合作组织为纽带、其他经济社会组织为补充的村级组织体系。二是优化自治法治德治相结合的治理体系。坚持自治为基，以自治增活力，进一步加强和深化移民村社会治理创新工作，建立健全"三会"等民主管理组织和制度，建设充满活力、和谐有序的善治移民村。

四、"党建+"安全稳定

（一）发挥基层党组织信访前哨作用

基层党组织要扛稳抓牢力保一方平安的政治责任，深入开展矛盾纠纷隐患排查化解活动，把隐患苗头消化在萌芽状态。严格落实好初信初访初办责任，认真受理、快速安排、规范答复，提高一次性办结率和群众满意度。坚决执行好领导接访约访下访制度，做到有访接访、无访下访约访，及时就地妥善处置化解群众反映问题，确保矛盾不上交、问题不上行。

（二）坚持信访工作属地管理原则

按照信访工作属地管理原则，移民属地政府为移民信访稳定工作的责任主体。属于移民安置、生产发展等造成的矛盾隐患、问题遗留，市、县移民管理部门密切配合属地所属政府进行解决，立即落实相关政策，耐心做好解释工作，确保把矛盾化解在基层，确保社会大局和谐稳定。

（三）积极建设平安和谐移民村

推进移民村社会治安防控体系建设，持续开展移民村安全隐患和突出治安问题综合治理，深入推进扫黑除恶专项斗争，加强移民村拒毒防毒宣传教育，依法打击非法宗教活动，

规范移民村小微权力运行。完善调解、仲裁、行政裁决、行政复议、诉讼等有机衔接、相互协调的多元化纠纷解决机制。积极回应移民群众关切，补齐移民民生短板，优先发展教育事业，加强社会保障体系建设，促进社会公平正义。

（四）把党的领导贯穿疫情防控全过程

督促指导基层党组织落实主体责任，及时科学掌握疫情信息，大力宣传疫情防控知识，稳定移民群众情绪，树立群众信心，推进复工复产，防止产生恐慌情绪。同时依靠乡、村党组织和基层政府，配合做好涉及移民安置政策范围内的信访稳定工作，确保移民社会大局和谐稳定。

五、"党建＋"配套工程征迁验收

根据河南省南水北调建设管理局关于南水北调供水配套工程6月底前完成县级自验，10月底前完成市级验收，11月底前完成省级终验工作安排和部署，结合当前新冠肺炎防疫的实际情况，开展南水北调配套工程征迁验收涉及的档案整理、验收表格填报、编制财务决算报告及编写验收实施管理报告等工作，确保我市配套工程征迁验收工作按时完成。

六、"党建＋"法治南水北调

依照《河南省南水北调配套工程供用水和设施保护管理办法》，积极开展普法宣传工作，进一步加大南水北调法律法规宣传，强化服务职能，提高服务水平，大力营造良好的环境，以规范管理。

七、"党建＋"水污染防治

（一）打赢水污染防治攻坚战

加强南水北调中线工程总干渠突发水污染事件预防工作，按照"保障一渠清水永续北送"的要求与责任分工，配合市环保单位对南水北调总干渠两侧饮用水水源保护区内水环境风险点进行全面排查，对发现的风险点积极与环保单位进行沟通、协调，并在职责范围内采取防控措施，保证南水北调总干渠水质安全。

（二）做好水源保护区巡查工作

一是按照《南水北调中线一期工程总干渠（河南段）两侧水源保护区划定方案》的要求，严格把关。二是配合环保部门做好水环境风险防控工作，扎实做好总干渠一级水源保护区内的巡查工作，保证南水北调工程通水安全，确保不再发生违建、钻探等问题，着手研究制定系列切实管用的制度，确保高效做好总干渠服务保障工作。三是将防汛隐患排查工作做实做细，提前对可能影响排洪、防汛问题，提前做好排查整治，确保度汛期安全度汛。四是配合环保、运管单位做好总干渠两侧保护区内的巡查工作，将环境监管纳入常态化和网格化管理。

八、"党建＋"南水北调精神

积极弘扬"负责、务实、求精、创新"的南水北调精神，打造一支"作风过硬、业务精通、敢于担当、乐于奉献"的南水北调干部队伍，扎实推进市南水北调系统各项工作同步协调发展。通过开展专题讲座、组织讨论交流等形式，认真组织系统内党员干部职工学习党的最新理论成果，围绕南水北调发展新形势、新要求，优化知识结构，提高综合素质。扎实做好《河南河湖大典》南水北调篇编纂工作，弘扬水利文化，营造各行业认识南水北调、了解南水北调、热爱南水北调的浓厚氛围。

深入推进"党建＋"行动，是2020年中心工作重点任务之一，要巩固拓展"不忘初心、牢记使命"主题教育成果，深化"初心使命四问"活动，探索建立学习教育、调查研究、检视问题、整改落实等长效机制。要高度重视，把党的建设和中心工作、重点工作同谋划、同部署、同落实。建立定期例会、调查研究、台账管理、专题汇报等工作推进机制，及时掌握进度、解决问题，确保高质量完成年度任务。坚持上下联动、注重抓面，由点到面地推动工作，以典型示范带动全面推广，为"党建＋"深入推进营造良好舆论氛围，力求整体推进、面上突破，全面进步、全面过硬。

许昌市南水北调工程运行保障中心关于印发《领导干部读书计划》的通知

许调水运〔2020〕56号

机关各科室，市南水北调配套工程管理处：

现将《领导干部读书计划》印发给你们，请结合实际认真贯彻落实。

2020年6月8日

许昌市南水北调工程运行保障中心领导干部读书计划

根据《中共许昌市委组织部关于推动领导干部爱读书读好书善读书的实施意见》（许组文〔2020〕56号）文件要求，为全面贯彻落实新时代党的建设总要求和新时代党的组织路线，进一步提升领导干部的理论水平、专业素养和工作本领，推进学习型政党和学习型社会建设，推动领导干部带头爱读书读好书善读书，结合工作实际，制定领导干部读书计划如下。

一、指导思想

坚持以习近平新时代中国特色社会主义思想为指导，深入贯彻习近平总书记关于领导干部要加强学习的一系列指示精神，教育引领领导干部爱读书读好书善读书，把学习作为一种追求、一种爱好、一种健康的生活方式，学以修身、学以立德、学以增智，着力破解知识老化、思想僵化、能力退化的问题，切实提升科学谋划、破解难题、推动发展的本领，示范带动各级党员干部群众乐学好学，努力在全党、全社会营造重视读书、重视学习的良好氛围，为打造高素质专业化干部队伍，加快建设"制造之都、宜居之城"提供坚强保证。

二、深刻理解爱读书读好书善读书的意义

（一）清醒认识"为什么读"，自觉做到爱读书

一是领导干部读书学习是把握时代规律、夯实执政根基的必然要求。时代的进步、社会的发展，有其内在逻辑和规律。把握规律才会胸有丘壑，认清大势才能顺势而为。当前，我们正奋进在实现中华民族伟大复兴的道路上，全球不稳定不确定因素依然很多，挑战和风险前所未有，逆全球化趋向不断涌现，这都考验着我们党的执政智慧和能力。作为领导干部，只有多读书多学习，才能登高望远、把握规律，保持清醒认识、保持战略定力，自觉担负重任、奋力拼搏，在实现中华民族伟大复兴的征程中把握发展规律、夯实执政根基、彰显人生价值。

二是领导干部读书学习是加强党性修养、提升精神境界的有效手段。中华民族历来讲究读书修身立德。古人讲，治天下者先治己，治己者先治心。修身养性，一个直接、有效的方法就是读书。作为领导干部，要在新时代不断提高完善自己、经受住各种考验，就要把读书学习与加强世界观改造紧密联系起来，坚持在读书学习中坚定理想信念、提高政治素养、提升精神境界，坚持在读书学习中领悟人生真谛、体会人生价值，努力塑造崇高的思想品德、高尚的道德情操和特有的人格魅力。

三是领导干部读书学习是提升专业水平、增强履职能力的重要途径。工欲善其事，必先利其器。实践证明：事有所成，必是学有所成；学有所成，必是读有所得。当前，中国特色社会主义进入新时代，中国正在发生广泛而深刻的变化，特别是改革发展稳定的各项任务非常艰巨繁重，这对领导干部的素质和能力提出了新的要求，对领导干部的读书和学习也提出了新的要求。习近平总书记强调："全党同志一定要善于学习，善于重新学习"。作为领导干部，必须不断地读书学习，一刻不停地增强本领，才能适应新形势、解决新问题、夺取

新胜利。

四是领导干部读书学习是建设学习型政党、学习型社会的迫切需要。我们党基于对时代发展趋势的深刻认识和对自身使命的清醒把握，明确提出了建设学习型政党、学习型社会的战略目标。领导干部在党内和社会上处于重要位置，具有强大的行为导向和风气引领作用。作为领导干部，要从社会责任和示范效应来看待读书问题，既做读书的自觉实践者，又做学习型政党、学习型社会建设的积极倡导者、大力推动者，以自己的模范表率作用引导全党全社会形成善于学习、崇尚知识的良好风气。

（二）准确把握"读些什么"，自觉做到读好书

一是研读马克思主义理论经典著作。马克思主义是我们认识世界和改造世界的强大思想武器，马克思主义理论素养是领导干部素质的核心和灵魂，掌握马克思主义基本理论是领导干部做好一切工作的看家本领。要认真学习马克思主义哲学。马克思主义哲学是无产阶级的科学世界观和方法论，领导干部读一些马克思主义哲学基本著作，能够培养思辨能力、养成批判精神、提升人生格局，不断增强工作的科学性、预见性、主动性，使领导和决策体现时代性、把握规律性、富于创造性。要认真学习马克思主义政治经济学。马克思主义政治经济学深刻揭示了资本主义生产方式的本质及其产生、发展和灭亡的客观规律，阐述了无产阶级在资本主义社会中的地位和历史使命，为无产阶级革命提供了理论依据。领导干部读一些马克思主义政治经济学著作，能够更好地理解把握党和政府在新时期的各项政治经济政策，增强共产党执政的信心。要认真学习科学社会主义。科学社会主义阐明了无产阶级解放运动的条件和发展规律，指出了无产阶级彻底解放的正确道路，是指导无产阶级革命斗争的理论武器。领导干部学习科学社会主义，能够站稳政治立场、增强斗争精神、提升斗争能力，坚定

对共产主义的信仰。

二是研读中国特色社会主义理论著作。中国特色社会主义理论是同马克思列宁主义、毛泽东思想既一脉相承又与时俱进的科学理论，包括邓小平理论、"三个代表"重要思想以及科学发展观在内的科学理论体系，习近平新时代中国特色社会主义思想是中国特色社会主义理论体系的重要组成部分。这一理论体系，凝结了几代中国共产党人带领人民不懈探索实践的智慧和心血，全面、系统、深刻地理解和坚定不移地坚持这一理论体系，对于夺取全面建成小康社会新胜利，实现中华民族伟大复兴，具有重大而深远的历史意义。领导干部要认真学习中国特色社会主义理论体系，特别是要学懂弄通做实习近平新时代中国特色社会主义思想，深刻领会贯穿其中的坚定理想信念、真挚为民情怀、高度自觉自信、无畏担当精神，才能树牢"四个意识"、坚定"四个自信"、做到"两个维护"，真正从内心深处在政治上思想上行动上同党中央保持高度一致，自觉投身实现中华民族伟大复兴的伟大征程中。

三是研读履职必需的各种知识书籍。领导工作综合性、系统性强，需要多方面的知识积累，同时领导干部需经过多领域、多层次、多岗位的锻炼，更新知识结构、完善知识体系、提升履职能力，也是动态的、持续的过程。作为领导干部，要坚持干什么学什么、缺什么补什么，有针对性地系统学习掌握做好领导工作、履行岗位职责必备的各种知识，读一些与本职工作密切相关的书籍，努力完善履行岗位职责必备的基本知识体系，才能克服本领不足、本领恐慌、本领落后的问题，使自己真正成为行家里手、内行领导。尤其一些年轻领导干部，要多读一些加强现代社会管理、危机管理方面的书籍，不断提高领导管理能力。在此基础上，要广泛阅读经济、法律、科技、文化、管理、国际和信息网络等方面的书籍，加

强党史、国史的研读学习，丰富知识储备、优化知识结构。

四是研读古今中外优秀传统文化书籍。优秀传统文化书籍作为古今中外文化精华的传世之作，思考和表达了人类生存与发展的根本问题，其智慧光芒穿透历史，思想价值跨越时空，历久弥新，成为人类共有的精神财富。特别是我们中华民族有着五千年的文明史，传统文化中的许多优秀文化典籍蕴涵着做人做事和治国理政的大道理。作为领导干部，要多读优秀传统文化书籍，经常接受优秀传统文化熏陶，能够提高人文素养，吸收前人在修身处事、治国理政等方面的智慧和经验，增强对人与人、人与社会、人与自然关系的认识和把握能力，正确处理义与利、己与他、权与民、物质享乐与精神享受等重要关系，涵养浩然之气、塑造高尚人格，不断提高科学人文素养和思想道德境界。

（三）着力掌握"怎么样读"，自觉做到善读书

一是坚持学有方向。方向性问题是根本性问题。马克思主义是我们立党立国的根本指导思想，忽视马克思主义所指引的方向，读书学习就容易陷入盲目状态甚至误入歧途，就容易在错综复杂的形势中无所适从，就难以抵御各种错误思潮。领导干部读书学习，要把马克思主义、毛泽东思想和中国特色社会主义理论体系所指引的方向作为正确学习方向，原原本本研读经典著作，努力掌握马克思主义立场、观点、方法，沿着正确政治方向不断前进。

二是坚持学思结合。学而不思则罔，思而不学则殆。领导干部读书学习，要带着问题读书，养成边读书边思考的习惯；要联系实际，开动脑筋，对现实中的疑惑进行深入思考，力求把零散的东西变为系统的、孤立的东西变为相互联系的、粗浅的东西变为精深的、感性的东西变为理性的；要敢于拿起批判的武器，在思考中发现新问题，在继承前人的基础上努力形成新的认识，不断提高思维的准确性、逻辑性、深刻性、敏捷性、创造性。

三是坚持学以致用。毛泽东同志指出：读书是学习，使用也是学习，而且是更重要的学习。领导干部读书学习，根本目的是增强工作本领、提高解决实际问题的能力。要坚持学以致用、用以促学、学用相长，在读书的过程中增强运用能力、在运用过程中提高读书水平；要着力改造客观世界，把读书学习成果转化为谋划工作的思路、解决问题的措施、推动发展的本领；要着力改造主观世界，不断强化党性修养，牢固树立马克思主义世界观人生观价值观，始终保持共产党人的本色。

三、学习内容

坚持把学习习近平新时代中国特色社会主义思想作为第一议题，研读马克思主义理论经典著作；研读中国特色社会主义理论著作；研读履职必需的各种知识书籍；研读古今中外优秀传统文化书籍等。

四、实施措施

（一）提高思想认识

中国共产党人依靠学习走到今天，也必然要依靠学习走向未来。领导干部要切实提高思想认识，切实把读书作为一个终生学习的事业，切记心浮气躁、浅尝辄止。要善于将零碎化的时间利用起来，争取每天挤出一定时间读书，坚持在读书学习中不断提高自身素质，坚持在读书学习中不断改造主观世界和客观世界。

（二）坚持示范带动

要发挥示范引领作用，结合工作实际和个人兴趣爱好，制定读书学习计划，带头坚持学习、学习、再学习，坚持实践、实践、再实践，带动身边人养成读书学习、知行合一的好习惯，努力营造人人爱读书读好书善读书的浓厚氛围。

（三）注重务求实效

要坚持每天学习，使学习成为自己的一种生活习惯、一种工作责任、一种人生追求，变"要我学"为"我要学"，变"学一阵"为"学一生"，确保取得实效。

（四）完善制度保障

定期购买各类理论、专业、国学等经典书籍，规范建设读书场地，为干部职工读书学习创造良好条件。

四、领导干部读书学习推荐书目

（一）马克思主义理论经典著作

《共产党宣言》

《政治经济学批判》

《资本论》

《社会主义从空想到科学的发展》

《毛泽东选集》（第1-4卷）

（二）中国特色社会主义理论著作

《邓小平文选》（第1-3卷）

《江泽民文选》（第1-3卷）

《科学发展观学习读本》

《习近平谈治国理政》（第1-2卷）

《习近平新时代中国特色社会主义思想学习纲要》

（三）古今中外优秀传统文化书籍

《史记》

《资治通鉴》

《鲁迅全集》

《平凡的世界》

《巴黎圣母院》

（四）时政与综合类书籍

《邓小平时代》

《习近平的七年知青岁月》

《之江新语》

《乡土中国》

《第五批全国干部教育培训教材》

读书是一个长期的需要付出辛劳的过程，不能心浮气躁、浅尝辄止、不求甚解，而应循序渐进、由浅入深、水滴石穿。领导

干部读书学习，要发扬钻劲，一本好书、一篇好文章，要反复读、仔细品，甚至把相关书籍和背景材料找来对照读、比较读，如饥似渴地学习；要发扬韧劲，树牢终身读书学习的理念，以锲而不舍的精神、常读常新的态度、百读不厌的劲头，在读书世界里感悟人生、乐以忘忧。

许昌市南水北调工程运行保障中心关于修订全市南水北调配套工程运行管理工作督查办法的通知

许调水运〔2020〕90号

各县（市、区）南水北调办（中心），机关各科室、市南水北调配套工程管理处：

《关于开展全市南水北调配套工程运行管理工作督查活动的通知》（许调水运〔2019〕91号）实施以来，对提高我市南水北调配套工程运行管理工作水平，督促各单位强化安全供水意识，确保工程安全运行起到了十分明显的作用。为了进一步精细量化考核指标，明晰赋分标准，完善问题整改机制，丰富考核内容及方式，持续提升运行管理工作水平，根据《河南省南水北调受水区供水配套工程泵站管理规程》《河南省南水北调受水区供水配套工程重力流输水线路管理规程》要求，经研究对全市南水北调配套工程运行管理工作督查办法进行修订。现将有关事宜通知如下：

一、督查内容

（一）综合管理情况；

（二）水量计量及调度执行情况；

（三）现地值守及工程监测自动化情况；

（四）巡视检查及工程保护情况；

（五）维修养护工作情况；

（六）消防、安全管理及应急预案编制情况；

（七）存在问题及其他影响工程安全运行情况（省、市"飞检"、巡查等提出的问题处理情况等）。

二、督查组织

成立以许昌市南水北调工程运行保障中心分管领导为组长，运行管理科和管理处负责人为副组长，管理处各部门负责人为成员的检查组。其中，综合部负责考核管理所、管理站（泵站）综合管理及问题整改落实情况，组织当月督查活动，印发督查情况通报；计划调度部负责考核工程调度及水量计量管理情况；运行监测部负责考核现地值守、设备监测及自动化运行管理情况；巡查维护部负责考核巡视检查、维修养护、消防安全、防汛度汛及应急管理情况；各部门负责人依次轮流负责汇总检查通报，其他部门负责人负责整理检查材料。

三、督查方式

督查对象以县（市、区）南水北调办（中心）为单位，采用日常检查、"飞检"、互学互督及夜间、节假日突击检查等形式，依次到管理所、口门线路工程、现地管理站进行现场实地查看、查阅有关记录资料、听取情况介绍、召开座谈会，按照管理所、管理站（泵站）考核评分表（详见附件1、附件2）进行检查评分，县（市、区）南水北调管理所考核得分=管理所评分＊30%+管理站平均评分＊70%。

对因出现缺岗、替岗及综合管理、工程调度、设备操作、巡视检查、维修养护和消防安全管理等方面出现严重违规行为，被市级以上管理机构通报的管理所、管理站（泵站）实行一票否决，当月考核等次直接确定为最后一名。

四、时间安排

根据上级部门要求及运行管理实际情况，日常检查每月开展一次，"飞检"、互学互督及夜间、节假日突击检查根据运行管理实际情况（汛期、节假日、重大事件等情况）不定期开展，督查人员由许昌南水北调配套工程管理处相关部门人员联合组成，分管领导不定期带队督查。

五、督查问题处理

检查组现场出具问题交接单（详见附件3），各单位应建立整改台账，明确整改责任人及整改时间，限期整改并上报整改报告。

六、奖惩措施

（一）每月考评

对每月考核得分前两名的县（市、区）南水北调办（中心）进行奖励，第一名奖励运行管理费10000元，第二名奖励运行管理费5000元；对考核得分后两名的县（市、区）南水北调办（中心）核减运行管理费，倒数第一名核减10000元，倒数第二名核减5000元。

（二）每半年考评

以每月的督查考核得分为基础，对半年累计考核得分第一名的县（市、区）南水北调办（中心）奖励20000元，对半年累计考核得分第二名的县（市、区）南水北调办（中心）奖励10000元，对半年累计考核得分末位的县（市、区）南水北调办（中心）分管负责人进行约谈。

（三）年度考评

以每月的督查考核得分为基础，对全年累计考核得分第一名的县（市、区）南水北调办（中心）奖励50000元并发文表彰，对全年累计考核得分第二名的县（市、区）南水北调办（中心）奖励30000元，对全年累计考核得分末位的县（市、区）南水北调办（中心）主要负责人进行约谈。

奖励资金可用于运行管理工作和基层一线人员绩效。

七、工作要求

（一）检查组要高度负责，逐一查看管理所、管理站（泵站）、供水工程线路等工程现场，仔细查阅资料，认真记录存在的问题，留取影像资料，确保督查工作质量。

（二）各县（市、区）南水北调办要高度重视，做好日常运行管理工作，针对督查内容，举一反三，认真查找自身存在的问题，建立问题责任制及奖惩制度，明确责任主体，确保供水安全。

（三）严格督查纪律。检查人员要实事求是，做到客观、公开、公平、公正，遵守工作纪律、廉洁纪律、生活纪律，不徇私情，不搞串通，不吃拿卡要，检查前签订承诺书（详见附件4），检查完毕在评分表上签字确认。各县（市、区）要杜绝违规安排宴请、赠送礼品礼物等，如存在弄虚造假、干扰考核现象实行一票否决。

附件：1.许昌市南水北调配套工程县（市、区）管理所运行管理工作考核评分表

2.许昌市南水北调配套工程管理站（泵站）运行管理工作考核评分表

3.许昌市南水北调配套工程运行管理检查问题交接单（略）

4.承诺书（略）

2020年9月1日

附件1：

许昌市南水北调配套工程县（市、区）管理所运行管理工作考核评分表

问题序号	检查项目	具体问题	问题等级			赋分标准	得分
			一般	较重	严重		
一、综合管理（20分）							
1	职责制度	管理所是否分工明确，是否建立对应的工作制度、岗位职责		✓		1.2	
2		管理所是否定期组织召开例会，总结工作经验，安排工作计划	✓			1	
3	培训学习	管理所是否定期组织业务培训、学习	✓			1	
4	监督检查	管理所是否定期对所辖现地管理站进行检查并下发检查报告		✓		1.2	
5	人员管理	员工上岗前未进行岗前培训		✓		1.2	
6		未落实考勤制度	✓			1	
7		统一穿戴工装，佩戴工作牌，保持仪容仪表干净整洁，举止得体	✓			1	
8	环境卫生	管理所范围内卫生是否干净整洁摆放有序		✓		1.4	
9	档案管理	各类记录、资料分类整理、归档	✓			1	
10	整改落实	对上级管理机构历次检查发现的问题是否及时整改，是否上报整改报告				全部整改得10分，1项未整改扣2分，直至扣完	
二、工程调度及水量计量管理（20分）							
11	调度管理	配合省、市级管理机构编制水量调度计划是否及时，水量确认是否及时，准确			✓	2	
12		未制定运行调度方案			✓	2	
13		未执行输水调度运行标准、规程规范、规章制度等			✓	2	
14		调度指令是否严格按照省、市级管理机构严格执行			✓	2	
15		未按规定要求签收或记录调度指令		✓		1	
16		调度指令执行完成后未按要求及时反馈指令执行结果	✓			0.5	
17		工程调度记录等填写内容不完整、事项记录不完整		✓		1	
18		未向上级报告水量计量方面存在问题		✓		1	
19		调度相关资料是否及时分类归档	✓			0.5	
20	应急调度	未制定应急调度预案			✓	3	
21		发现险情后未按规定报告			✓	3	
22		发现险情后未及时启动应急预案			✓	2	

问题序号	检查项目	具体问题	问题等级			赋分标准	得分
			一般	较重	严重		
三、现地值守、设备监测及自动化运行管理（30分）							
23	运管值班	是否制定值班制度或值班计划	✓			1.5	
24		人员是否严格执行值班制度或值班计划	✓			1.5	
25		带班领导、值班人员脱岗			✓	4	
26		无值班记录或值班记录不全、未执行交接班制度	✓			1.5	
27		记录是否及时准确，并分类归档	✓			1.5	
28		现地管理站各项记录是否及时收集整理分类归档	✓			1.5	
29	自动化系统操作	未按操作规程规定的程序进行操作			✓	4	
30		设备出现故障未按规定及时处置		✓		2	
31		未按要求填写有关操作记录或记录不规范		✓		2	
32	自动化系统维修与养护	未落实设备维修保养方案		✓		2	
33		发现故障未及时报告		✓		2	
34		对维护或检修后的设备需试运行而未进行试运行即投入使用		✓		2	
35		未按设备的维护周期进行维护	✓			1.5	
36		未按规定的时间或周期对设备进行检修	✓			1.5	
37		无维护检修记录或记录不全	✓			1.5	
四、巡视巡查、维修养护、消防安全、防汛度汛体系及应急管理（30分）							
38	巡视巡查	未制定巡查工作方案（应包括巡查范围、路线、频次、巡查重点、安全保障及组织措施等）		✓		0.4	
39		未按方案确定的巡查范围、路线、频次进行巡查		✓		0.4	
40		管线、电气设备设施、构筑物巡视巡查记录是否及时分类归档	✓			0.2	
41	穿越工程	对正在危害配套工程的邻接穿越施工是否积极协调水行政部门进行执法处理		✓		0.4	
42		对工程管理范围内的穿越、邻接工程未审批即允许施工			✓	0.8	
43		未开展穿越、邻接工程检查并记录		✓		0.4	
44		发现穿越、邻接工程穿越施工或出现安全隐患未及时报告			✓	0.8	
45		未做好临近穿越工程现场监管记录		✓		0.4	
46	工程环境	征地红线内的工程永久用地、设施等被侵占未制止			✓	0.8	
47		地下建筑物或管道回填控制区域违规堆土、堆物、建房、种植深根植物等影响工程运行安全的占压未制止			✓	0.8	
48		工程保护范围内存在违规取土、采石、采砂、挖塘、挖沟等作业未制止			✓	0.8	
49		工程保护范围内私自取水、盗水等未及时制止	✓			0.2	
50	消防安全	是否定期组织管理站进行消防演练完善应急预案	✓			0.2	
51		未定期排查安全生产、防火、防触电等隐患				0.8	
52		消防器材和设施未按规定时间进行校验并登记		✓		0.4	
53		安全生产记录是否及时分类归档	✓			0.2	
54		未按规定配备或更换消防器材		✓		0.4	
55		消防器材的放置位置和标示、消防器材登记表填写不满足要求	✓			0.2	
56	防汛度汛	未编制、未下发度汛方案及应急预案			✓	0.8	
57		未制定汛期检查方案		✓		0.4	
58		未按规定进行度汛、防汛检查		✓		0.4	
59		未按巡查方案确定的范围、路线、频次和度汛要求进行巡查		✓		0.4	
60		是否定期组织管理站进行防汛演练		✓		0.4	
61		防汛记录是否及时分类归档	✓			0.2	
62		防汛器材是否登记更新	✓			0.2	
63		未制定防汛物资管理办法		✓		0.4	
64		未制定突发事件应急处置方案或应急预案			✓	0.8	

续表

问题序号	检查项目	具体问题	问题等级			赋分标准	得分
			一般	较重	严重		
65	安全管理	未明确运行安全岗位责任制、未制定安全管理实施细则、安全管理制度			✓	0.8	
66		未及时审批下级工程管理单位上报的安全隐患处理方案或未组织编制重大安全隐患处理方案			✓	0.8	
67		未定期召开运行安全会议或无运行安全会议纪要		✓		0.4	
68		运行安全检查发现的问题整改落实不到位		✓		0.4	
69		上级临时收发文件是否落实	✓			0.2	
70		未制定安全保卫制度		✓		0.4	
71		易燃易爆物品未按规定存放			✓	0.8	
72		未及时对损坏的安全设施进行恢复		✓		0.4	
73		现场工作人员未配备安全防护、应急救护用品	✓			0.2	
74	特种设备	未做好特种设备维护记录、年检台账并持证操作			✓	2.2	
75	维修养护	签证不满足标准要求的维修养护项目			✓	0.8	
76		供电线路不畅通、事故性断电未及时按规定报告		✓		0.4	
77		未按规定对维修养护完成的项目进行检查验收		✓		0.4	
78		养护台账不完整、未定期更新	✓			0.2	
79		发现故障未及时报告		✓		0.4	
80		对维护或检修后的阀门、阀件需试运行而未进行试运行即投入正常运行		✓		0.4	
81		无维护检修、保养记录或记录不全，是否归档		✓		0.4	
82		管线阀井禁止存在积水	✓			0.2	
83		工作报修单是否及时并整理归档	✓			0.2	
84		每月缺陷统计表上报是否及时、是否缺项，准确无误，已完成是否及时消缺	✓			0.2	
85	运行安全事故处理	未制定、未下发应急预案			✓	0.8	
86		发现险情后未按规定报告			✓	0.8	
87		发现险情后未及时启动应急预案			✓	0.8	
88	应急处理	未制定、未下发突发事件应急预案			✓	0.8	
89		未按规定登记危险源、危险区			✓	0.8	
90		未定期对负有处置突发事件职责的工作人员进行培训			✓	0.8	
91		发生突发事件后未立即采取措施控制事态发展			✓	0.8	
92		未定期检查本单位各项安全防范措施的落实情况			✓	0.8	
93		未开展有关突发事件应急知识的宣传普及活动		✓		0.4	
94		未开展必要的应急演练		✓		0.4	
	合计					100	

1.评分标准：考核评分表中未发现问题得对应项分值，否则不得分；

2.加分标准：市南水北调工程运行保障中心定期组织业务知识和操作技能测试，测试成绩平均得分100分的加5分，平均得分90～99分的加4分，平均得分80～89分的加3分，平均得分70～79分的加2分，平均得分60～69分的加1分，平均得分59分以下不得分。

附件2：

许昌市南水北调配套工程现地管理站（泵站）运行管理工作考核评分表

问题序号	检查项目	具体问题	一般	较重	严重	赋分标准	得分
一、整改落实（10分）							
1	问题整改	对上级管理机构历次检查发现的问题是否及时整改完成				全部整改得10分，1项未整改扣2分，直至扣完	10
二、工程调度及水量计量管理（20分）							
2	工程调度	运行调度方案未存档	✓			0.5	
3		未执行输水调度运行标准、规程规范、规章制度等			✓	3	
4		未将操作过程中存在的问题记录、建档、反馈相关部门			✓	3	
5		工程调度记录填写内容不真实、事项记录不完整或无记录			✓	3	
6		未按规定要求签收或记录调度指令		✓		2.5	
7		收到指令后未对指令进行核实，发现问题未及时反馈		✓		2	
8		操作完毕后未按要求及时反馈指令执行结果	✓			0.5	
9	应急调度	应急调度预案未存档	✓			0.5	
10		发现险情后未按规定报告			✓	3	
11	调水计量	未向上级报告水量计量方面存在问题		✓		2	
三、现地值守、设备监测及自动化运行管理（30分）							
12	人员管理	运行管理人员未按规定进行培训、学习	✓			0.5	
13		未执行考勤制度		✓		0.9	
14		未统一穿戴工装，佩戴工作牌，保持仪容仪表干净整洁，举止得体	✓			0.5	
15	运管值班	未制定值班制度或值班计划	✓			0.5	
16		带班领导、值班人员脱岗		✓		2	
17		周例会制度未落实		✓		0.9	
18		未按照规定频次、内容认真填写智能巡检系统信息	✓			0.5	
19		值班期间从事与工作无关事项		✓		1	
20		进水池有杂物等，未进行进水池杂物打捞或无打捞记录		✓		1	
21		管理站内外、进场道路、阀门阀件卫生未保持干净整洁		✓		1	
22		进场道路及管理范围内杂草、杂物未及时清除，绿化苗木未定期修剪	✓			0.5	
23	运管值班	建（构）筑物巡查记录填写不规范	✓			0.5	
24		无值班记录或值班记录不全		✓		1	
25		未执行交接班制度	✓			0.5	
26		日报表未定期打印并归档	✓			0.5	
27		自动化巡查记录填写不规范	✓			0.5	
28	设备操作	操作规程及相应规章制度未悬挂或不符合实际情况	✓			0.5	
29		未按操作规程规定程序进行操作或对设备操作不熟悉		✓		2	
30		无操作票记录或者操作票记录不规范		✓		0.9	
31		未按指令要求调节阀门开度或随意更改程序、设定值		✓		2	
32		自动调节系统出现故障未及时维修	✓			0.5	
33		未发现控制柜设置值、流量信号异常		✓		0.9	

续表

问题序号	检查项目	具体问题	问题等级			赋分标准	得分
			一般	较重	严重		
34	设备操作	故障原因未查明，强力启闭造成设备损坏			✓	2	
35		阀门刻度不变时，未发现流量已明显变化		✓		0.9	
36	自动化系统操作	未按操作规程规定的程序进行操作			✓	2	
37		设备出现故障未按规定及时处置		✓		0.9	
38		未按要求填写有关操作记录或记录不规范		✓		0.9	
39	自动化系统维修与养护	未落实设备维修保养方案		✓		0.9	
40		发现故障未及时报告		✓		0.9	
41		对维护或检修后的设备需试运行而未进行试运行即投入使用		✓		0.9	
42		未按设备的维护周期进行维护	✓			0.5	
43		未按规定的时间或周期对设备进行检修	✓			0.5	
44		无维护检修记录或记录不全	✓			0.5	
四、巡视巡查、维修养护、消防安全、防汛度汛体系及应急管理（40分）							
45	安全管理	未定期召开运行安全会议或无运行安全会议记录		✓		0.8	
46		未发现安全隐患或发现安全隐患未按规定报告			✓	1	
47		未落实运行安全岗位责任制、未存档安全管理实施细则、安全管理制度	✓			0.4	
48		未定期排查安全生产、防火、防触电等隐患	✓			0.4	
49		巡查发现的安全隐患未及时报告或未及时采取措施	、	✓		1	
50		对安全隐患采取的处理措施不当		✓		0.8	
51		未配备运行安全管理人员	✓			0.4	
52		未按规定建立安全隐患台账	✓			0.4	
53		现场工作人员未配备安全防护、应急救护用品	✓			0.4	
54		安全防护措施不到位	✓			0.4	
55		工程现场未按照相关规定配备安全防护器材	✓			0.4	
56		安全防护设施损坏后未及时发现并采取措施处理，损毁或丢失未及时恢复		✓		0.8	
57		设施设备摆放不当影响工程正常运行管理（含临时设施）		✓		0.8	
58	防汛度汛	度汛方案及应急预案未存档	✓			0.4	
59		未进行汛前、汛后安全大排查	✓			0.8	
60		未按巡查方案确定的范围、路线、频次和度汛要求进行巡查		✓		0.8	
61		防汛物资出入库登记台账填写不符合要求	✓			0.4	
62		未按已批复的物资储备方案储备物资		✓		0.8	
63		突发事件应急处置方案或应急预案未存档	✓			0.4	
64		发生突发事件后未按规定报告，未及时采取抢险措施			✓	1	
65		未按规定进行应急演练		✓		0.8	
66	运行安全事故处理	发现险情后未按规定报告			✓	1	
67		未配备预警设备或设备不能正常启动		✓		0.8	
68		配备的备用电源，不能正常启动		✓		0.8	
69		未配备对外通信与应急通信设备或设备不能正常启动		✓		0.8	
70	应急处理	突发事件应急预案未存档			✓	1	
71		未按规定登记危险源、危险区			✓	1	
72		发生突发事件后未立即采取措施控制事态发展，未按规定及时报告			✓	1	

续表

问题序号	检查项目	具体问题	问题等级			赋分标准	得分
			一般	较重	严重		
73	消防设施	易燃易爆物品未按规定存放			✓	1	
74		消防器材和设施未按规定时间进行校验		✓		0.8	
75		未按规定配备或更换消防器材		✓		0.8	
76		消防器材的放置位置、标示、消防器材登记表填写不满足要求	✓			0.4	
77	警示标示	未按规定设置警示、标示设施		✓		0.8	
78		未对警示、标示设施进行修复、增补或更新	✓			0.4	
79	特种设备	是否按照标准、频次进行维护		✓		0.8	
80		年检报告、合格证是否齐全，是否存在超期不检			✓	1	
81	工程巡查	巡查工作方案（应包括巡查范围、路线、频次、巡查重点、安全保障及组织措施等）未存档	✓			0.4	
82		未组织工程巡查			✓	1	
83		无巡查记录或记录不全	✓			0.4	
84		巡查记录造假			✓	1	
85		对影响通水运行安全的严重问题未按规定上报			✓	1	
86		未按方案确定的巡查范围、路线、频次进行巡查		✓		0.8	
87		机电、金结、自动化设备未定期检查、维护和保养		✓		1	
88	工程环境	征地红线内的工程永久用地、设施等被侵占未制止			✓	1	
89		地下建筑物或管道回填控制区域违规堆土、堆物、建房、种植深根植物等影响工程运行安全的占压未制止			✓	1	
90		工程保护范围内存在违规取土、采石、采砂、挖塘、挖沟等作业未制止			✓	1	
91		工程保护范围内私自取水、盗水等未及时制止	✓			0.4	
92	维修养护	供电线路不畅通、事故性断电未及时按规定报告		✓		0.8	
93		工程维修养护资料不完整，不符合有关规定要求	✓			0.4	
94		养护台账不完整、未定期更新	✓			0.4	
95		每月缺陷统计表上报是否及时、是否缺项，准确无误，已完成是否及时消缺				0.4	
96		未按规定对维修完成的项目进行验收，签证不满足要求的维修养护项目			✓	1	
97		发现故障未及时报告		✓		0.8	
98		对维护或检修后的阀门、阀件需要试运行而未进行试运行即投入正常运行		✓		0.8	
99		无维护检修记录或记录不全，工作票是否整理存档		✓		0.6	
	合计					100	

1.评分标准：考核评分表中未发现问题得对应项分值，否则不得分；

2.加分标准：市南水北调工程运行保障中心定期组织业务知识和操作技能测试，测试成绩平均得分100分的加5分，平均得分90～99分的加4分，平均得分80～89分的加3分，平均得分70～79分的加2分，平均得分60～69分的加1分，平均得分59分以下不得分。

重 要 文 件 篇 目 辑 览

河南省水利厅关于南水北调中线干线工程保护
　范围管理专项检查问题整改情况的函　豫水
　调函〔2020〕2号

河南省水利厅关于调整2019-2020年度用水计
　划的函　豫水调函〔2020〕8号

河南省南水北调中线工程建设管理局会议纪
　要　〔2020〕1号～13号

河南省南水北调中线工程建设管理局会议纪
　要　〔2021〕1号

关于2019年度部门决算的报告　豫调建
　〔2020〕1号

河南省南水北调中线工程建设管理局关于调整
　保密委员会领导小组成员的通知　豫调建
　〔2020〕2号

关于河南省南水北调受水区供水配套工程2020
　年2月用水计划的函　豫调建函〔2020〕1号

关于移交南水北调中线一期工程郑州2段设计
　单元工程档案的函　豫调建函〔2020〕2号

关于跨南水北调总干渠桥梁工程竣工验收的
　函　豫调建函〔2020〕3号

关于河南省南水北调受水区供水配套工程2020年
　3月用水计划的函　豫调建函〔2020〕4号

关于河南省南水北调受水区供水配套工程2020年
　4月用水计划的函　豫调建函〔2020〕5号

关于河南省南水北调受水区供水配套工程2020
　年6月用水计划的函　豫调建函〔2020〕6号

关于河南省南水北调受水区供水配套工程2020
　年11月用水计划的函　豫调建函〔2020〕7号

河南省南水北调受水区供水配套工程调度专用
　函　豫调水调〔2020〕1号～117号

河南省南水北调建管局关于刘晓英等9名同志
　岗位聘任的通知　豫调建综〔2020〕1号

关于印发2020年南水北调供水配套工程档案验
　收工作计划的通知　豫调建综〔2020〕2号

关于征集在新冠肺炎疫情防控工作中先进典型
　事迹的通知　豫调建综〔2020〕3号

关于编纂《河南河湖大典》·南水北调篇的通
　知　豫调建综〔2020〕4号

关于做好河南省南水北调年鉴2020卷组稿工
　作的通知　豫调建综〔2020〕5号

河南省南水北调建管局关于王冲等6名同志岗
　位聘任的通知　豫调建综〔2020〕6号

关于《关于清丰县南水北调配套工程档案验收
　工作延期的申请》的回复　豫调建综〔2020〕
　7号

关于对河南省南水北调受水区平顶山供水配套
　工程档案进行预验收的通知　豫调建综
　〔2020〕8号

关于对河南省南水北调受水区许昌供水配套工
　程鄢陵供水工程档案进行预验收的通知　豫
　调建综〔2020〕9号

关于印发《河南省南水北调建管局2020年精
　神文明建设工作要点》的通知　豫调建综
　〔2020〕10号

关于表彰2019年度文明家庭的通知　豫调建
　综〔2020〕11号

关于表彰2019年度文明处室、文明职工的通
　知　豫调建综〔2020〕12号

关于印发《河南省南水北调建管局2020年精
　神文明建设工作方案》的通知　豫调建综
　〔2020〕13号

河南省南水北调中线工程建设管理局关于成立
　创建节水型机关领导小组的通知　豫调建综
　〔2020〕14号

关于对河南省南水北调受水区清丰县供水配套
　工程档案进行预验收的通知　豫调建综
　〔2020〕15号

关于印发《河南省南水北调中线工程建设管理
　局节水机关建设实施方案审查意见》的通
　知　豫调建综〔2020〕16号

关于印发《河南省南水北调受水区平顶山供水
　配套工程档案预验收意见》的通知　豫调建

综〔2020〕18号

河南省南水北调中线工程建设管理局关于核定用水计划的申请豫调建综〔2020〕19号

关于做好2020年汛期档案安全管理工作的紧急通知 豫调建综〔2020〕20号

河南省南水北调中线工程建设管理局关于变更单位银行账户户名的请示 豫调建综〔2020〕22号

关于对河南省南水北调受水区博爱供水配套工程建设档案进行预验收的通知 豫调建综〔2020〕23号

河南省南水北调中线工程建设管理局关于工作人员病、事假期间有关工资待遇的通知 豫调建综〔2020〕24号

关于报送《2019年度行政事业单位内部控制报告》的报告 豫调建综〔2020〕25号

关于印发《河南省南水北调受水区清丰县供水配套工程档案预验收意见》的通知 豫调建综〔2020〕26号

关于对河南省南水北调受水区鹤壁市供水配套工程档案进行预验收的通知 豫调建综〔2020〕27号

关于印发河南省南水北调建管局节水型机关建设施工图审查意见的通知 豫调建综〔2020〕28号

关于对河南省南水北调受水区周口市供水配套工程档案进行预验收的通知 豫调建综〔2020〕29号

关于印发河南省南水北调受水区供水配套工程仓储维护中心设计单元工程档案编号的通知 豫调建综〔2020〕30号

关于召开河南省南水北调系统宣传工作会议暨举办网站管理员培训班的通知 豫调建综〔2020〕31号

河南省南水北调中线工程建设管理局关于举办党的十九届四中全会精神暨职业道德提升培训班的请示 豫调建综〔2020〕32号

关于印发《河南省南水北调受水区许昌供水配套工程鄢陵供水工程档案预验收意见》的通知 豫调建综〔2020〕33号

关于印发《河南省南水北调中线工程建设管理局机关考勤及请休假制度（试行）》的通知豫调建综〔2020〕34号

关于对河南省南水北调受水区安阳市供水配套工程档案进行预验收的通知 豫调建综〔2020〕35号

河南省南水北调中线工程建设管理局关于进一步明确借聘用人员有关事项的通知 豫调建综〔2020〕36号

关于清查通用资产的通知 豫调建综〔2020〕37号

关于印发《河南省南水北调中线工程建设管理局2020年用水计划实施方案》等11项方案制度的通知 豫调建综〔2020〕38号

河南省南水北调建管局关于徐庆河等50名同志岗位聘任的通知 豫调建综〔2020〕39号

关于《关于申请对河南省南水北调受水区供水配套工程调度中心安防及信息综合管理系统升级改造项目规划方案进行审查批复的报告》的批复 豫调建综〔2020〕40号

关于《关于2021年度职工培训计划安排的报告》的回复 豫调建综〔2020〕41号

关于《关于新乡市南水北调配套工程2021年度会议和教育培训计划的报告》的回复 豫调建综〔2020〕42号

关于郑州市南水北调工程运行保障中心解决法律顾问有关费用请示的批复 豫调建综〔2020〕43号

关于编纂《河南河湖大典》·南水北调篇的函 豫调建综函〔2020〕1号

关于编纂《河南河湖大典》·南水北调篇的函 豫调建综函〔2020〕2号

关于尽快退回省南水北调配套工程调度中心中央空调工程项目部分工程价款的函 豫调建综函〔2020〕3号

河南省南水北调建管局关于周口市南水北调工程建设管理领导小组办公室购置办公家具及办公设备的请示的批复 豫调建综函

〔2020〕4号

关于再次敦请进行跨南水北调总干渠桥梁工程竣工验收的函　豫调建综函〔2020〕5号～6号

关于办理房屋授权无偿使用证明的函的复函　豫调建综函〔2020〕7号～9号

关于举办2019年度河南省南水北调配套工程自动化系统运行维护培训班的通知　豫调建投〔2020〕6号

关于许昌市城乡一体化示范区永兴东路新建工程跨越河南省南水北调受水区许昌供水配套工程17号口门供水主管线专题设计报告和安全影响评价报告的批复　豫调建投〔2020〕10号

关于郑州航空港区滨河西路隧道工程穿越河南省南水北调受水区郑州供水配套工程20号分水口门输水管线工程专题设计及安全评价报告的批复　豫调建投〔2020〕11号

关于河南省南水北调受水区新乡供水配套工程管理区绿化费用有关问题的回复　豫调建投〔2020〕12号

关于31号供水管线泵站2020-2021年度代运行招标控制价的批复　豫调建投〔2020〕13号

关于河南省南水北调受水区漯河供水配套工程施工九标穿沙河连接工程合同变更的批复　豫调建投〔2020〕14号

关于焦作2段、郑州1段设计单元工程价差的批复　豫调建投〔2020〕15号

关于新建郑济铁路郑州至濮阳段穿越河南省南水北调供水配套工程35号供水管线滑县支线专题设计报告及安全影响评价报告的批复　豫调建投〔2020〕16号

关于印发河南省南水北调受水区安阳供水配套工程安阳管理处及安阳市区管理所室外工程施工图设计及预算审查意见的通知　豫调建投〔2020〕17号

关于安阳段等5个设计单元工程价差的批复　豫调建投〔2020〕18号

关于郑州市南水北调配套工程管理处建设职工文体设施所属经费的批复　豫调建投〔2020〕19号

关于河南省南水北调受水区安阳供水配套工程38号供水管线施工10标末端线路调整合同变更的批复　豫调建投〔2020〕20号

关于河南省南水北调受水区郑州市供水配套工程郑州管理处新增室外消防供水设备合同变更的批复　豫调建投〔2020〕21号

关于南阳市供水配套工程施工五标段军民桥穿越工程变更的批复　豫调建投〔2020〕22号

关于自动化三标通信系统变更单价的批复　豫调建投〔2020〕23号

关于印发河南省南水北调受水区安阳供水配套工程建设监理3标延期服务费用补偿审查意见的通知　豫调建投〔2020〕24号

关于郑州航空港区滨河西路快速化工程穿越河南省南水北调受水区郑州供水配套工程20号分水口门至港区一水厂输水管线工程专题设计及安全评价报告的批复　豫调建投〔2020〕25号

关于河南省南水北调受水区新乡供水配套工程施工20标32号输水管线穿越新辉路顶管合同变更的批复　豫调建投〔2020〕26号

关于南阳市南水北调配套工程管材三标合同变更的批复　豫调建投〔2020〕27号

关于河南省南水北调受水区新乡供水配套工程施工10标合同变更的批复　豫调建投〔2020〕28号

关于南水北调配套工程驻马店供水工程连接10号分水口门输水工程专题设计及安全评价报告的批复　豫调建投〔2020〕29号

关于南阳市配套工程2020年度泵站代运行项目分标方案的批复　豫调建投〔2020〕30号

关于印发河南省南水北调受水区濮阳供水配套工程监理延期服务费用补偿审查意见的通知　豫调建投〔2020〕31号

关于对南阳南水北调配套工程完善管理设施新增项目设计报告的批复　豫调建投〔2020〕32号

关于印发《河南省南水北调受水区漯河供水配套工程漯河市管理处、市区管理所室外工程施工图设计及预算审查意见》的通知　豫调建投〔2020〕33号

关于自动化四标通信系统变更单价的批复　豫调建投〔2020〕34号

关于十一标自动化机房环境完善新增项目的批复　豫调建投〔2020〕35号

关于自动化三标17号线周庄水厂支线通信线路迁移变更的批复　豫调建投〔2020〕36号

关于河南省南水北调受水区鹤壁供水配套工程管理机构项目建设施工1标合同费用调整报告的批复　豫调建投〔2020〕37号

关于郑州市侯寨水厂工程连接河南省南水北调受水区郑州供水配套工程的请示　豫调建投〔2020〕38号

关于加强许昌配套工程运行管理有关事宜的回复　豫调建投〔2020〕39号

关于周口-漯河天然气输气管道工程商水改线段穿越河南省南水北调受水区周口供水配套工程10号口门线路（桩号125+156.00）专题设计报告和安全影响评价报告的批复　豫调建投〔2020〕40号

关于周口-漯河天然气输气管道工程漯河段穿越河南省南水北调受水区漯河供水配套工程10号分水口门输水线路（桩号66+297.58）专题设计报告和安全影响评价报告的批复　豫调建投〔2020〕41号

关于安阳市东部及南部供热管网工程穿越河南省南水北调受水区安阳市供水配套工程38号口门输水线路专题设计报告及安全影响评价报告的批复　豫调建投〔2020〕42号

关于河南省南水北调受水区新乡供水配套工程施工11标合同变更的批复　豫调建投〔2020〕43号

关于新乡卫辉段、新郑南段、禹州长葛段设计单元工程价差的批复　豫调建投〔2020〕44号

关于方城段、南阳市段设计单元工程价差的批复　豫调建投〔2020〕45号

关于南阳五标合同变更单价争议处理的批复　豫调建投〔2020〕46号

关于转发《河南省水利厅关于郑州市侯寨水厂工程连接河南省南水北调受水区郑州供水配套工程的批复》的通知　豫调建投〔2020〕47号

关于焦作市南水北调配套工程现地管理站及泵站基础设施完善有关事宜的回复　豫调建投〔2020〕48号

关于河南省南水北调受水区南阳供水配套工程2号口门邓州三水厂支线损坏管道修复设计方案概算调整报告备案及费用有关事宜的回复　豫调建投〔2020〕49号

关于河南省南水北调受水区漯河供水配套工程施工九标土方开挖等关键项目单价调整合同变更的批复　豫调建投〔2020〕50号

关于河南省南水北调受水区安阳供水配套工程安阳管理处接入市政管线设计费用的批复　豫调建投〔2020〕51号

关于印发《河南省南水北调受水区郑州供水配套工程郑州管理处运行管理设施完善改造方案咨询意见》的通知　豫调建投〔2020〕52号

关于印发河南省南水北调受水区漯河供水配套工程建设监理1至5标监理延期服务补偿费审查意见的通知　豫调建投〔2020〕53号

关于印发河南省南水北调受水区平顶山供水配套工程建设监理延期服务费用补偿审查意见的通知　豫调建投〔2020〕54号

关于河南省南水北调南阳配套工程施工十标向兰营水库及龙升水厂输水线路合同变更复议有关问题的批复　豫调建投〔2020〕55号

关于印发河南省南水北调受水区清丰供水配套工程建设监理延期服务补偿费审查意见的通知　豫调建投〔2020〕56号

关于自动化二标通信系统变更单价的批复　豫调建投〔2020〕57号

关于印发河南省南水北调受水区周口供水配套工程建设监理二标、三标延期服务费用补偿

审查意见的通知　豫调建投〔2020〕58号

关于河南省南水北调受水区许昌供水配套工程
　17号口门许昌市经济开发区供水工程分标方
　案的批复　豫调建投〔2020〕59号

关于南水北调中线干线工程郑州2段等6个设
　计单元工程基本预备费使用方案的请示　豫
　调建投〔2020〕60号

关于河南省南水北调受水区平顶山供水配套工
　程管理所自动化设备室采购安装空调计划的
　批复　豫调建投〔2020〕61号

关于南水北调受水区博爱供水工程自动化系统
　实施方案的批复　豫调建投〔2020〕62号

关于印发河南省南水北调受水区南阳供水配套
　工程建设监理1至7标监理延期服务补偿费
　审查意见的通知　豫调建投〔2020〕63号

关于河南省南水北调受水区漯河供水配套工程
　漯河市管理处（所）室外工程分标方案的批
　复　豫调建投〔2020〕64号

关于印发河南省南水北调受水区安阳供水配套
　工程建设监理01标02标延期服务补偿费审
　查意见的通知　豫调建投〔2020〕65号

关于河南省南水北调受水区漯河供水配套工程
　市区管理处（所）部分工程变更问题的回
　复　豫调建投〔2020〕66号

关于河南省南水北调受水区南阳供水配套工程
　内乡供水工程连接河南省南水北调受水区南
　阳供水配套工程3号分水口门彭家泵站工程
　专题设计及安全评价报告的批复　豫调建投
　〔2020〕67号

关于焦作市大沙河、新河生态补水工程连接河
　南省南水北调受水区焦作供水配套工程27
　号口门线路专题设计及安全评价报告的批
　复　豫调建投〔2020〕68号

关于河南省南水北调受水区焦作供水配套工程
　26号分水口门施工1标泵站基础处理合同变
　更的批复　豫调建投〔2020〕70号

关于河南省南水北调受水区郑州供水配套工程
　提水泵站增加双电源有关事宜的回复　豫调
　建投〔2020〕71号

关于许昌城乡一体化示范区忠武路穿越许昌供
　水配套工程17号口门鄢陵输水管线专题设
　计报告和安全影响评价报告的批复　豫调建
　投〔2020〕72号

关于邓州市迎宾大道（北）下穿二广高速公路
　工程跨越河南省南水北调受水区南阳供水配
　套工程2号口门输水管道专题设计报告及安
　全影响评价报告的批复　豫调建投〔2020〕
　73号

关于南水北调中线干线工程禹州长葛段第八施
　工标段渠道边坡衬砌砂垫层单价补偿的批
　复　豫调建投〔2020〕74号

关于印发《河南省南水北调供水配套工程黄河
　南仓储、维护中心室外绿化工程施工图设计
　及预算审查意见》的通知　豫调建投
　〔2020〕75号

关于焦作市东海大道穿越南水北调配套工程28
　号口门修武输水线路专题设计及安全评价报
　告的批复　豫调建投〔2020〕76号

关于舞阳县高速公路连接线（北三环-孟寨盐
　路北400米）工程跨越河南省南水北调受水
　区漯河供水配套工程10号口门向漯河供水
　管线专题设计报告和安全影响评价报告的批
　复　豫调建投〔2020〕77号

关于做好河南省南水北调配套工程自动化系统
　运行调度相关工作的通知　豫调建投
　〔2020〕78号

关于鲁山县迎宾大道新建工程跨越河南省南水
　北调受水区平顶山供水配套工程11-1号口
　门输水管道专题设计报告及安全影响评价报
　告的批复　豫调建投〔2020〕79号

关于河南省南水北调受水区许昌供水配套工程
　信息化及安防系统等三个实施方案的批
　复　豫调建投〔2020〕80号

关于河南心连心化工集团股份有限公司南水北
　调引水管线工程连接河南省南水北调受水区
　新乡市供水配套工程的请示　豫调建投
　〔2020〕81号

关于南水北调中线干线工程河南委托段价差调

复 豫调建投函〔2020〕20号

关于临颍管理所、舞阳管理所南水北调配套工程自动化设备安装作为尾工的函 豫调建投函〔2020〕21号

关于河南省南水北调受水区许昌供水配套鄢陵供水工程施工一标与107国道交叉段合同变更的复函 豫调建投函〔2020〕22号

关于河南省南水北调受水区许昌供水配套工程鄢陵供水工程施工1标及鄢陵管理所材料价格补偿的复函 豫调建投函〔2020〕23号

关于河南省南水北调配套工程4套流量计及其附属设备验收有关问题的函 豫调建投函〔2020〕24号

关于河南省南水北调受水区郑州市供水配套工程21号口门施工1标段施工影响周边房屋索赔的复函 豫调建投函〔2021〕2号

关于河南省南水北调受水区郑州市供水配套工程21号口门施工1标段尖岗水库管线裂缝处理工程变更造价的复函 豫调建投函〔2021〕3号

关于开展南水北调配套工程运行管理费内部审计的通 豫调建财〔2020〕2号

关于鹤壁市南水北调配套工程运行管理费请示的批复 豫调建财〔2020〕3号

关于邓州市南水北调配套工程运行管理费请示的批复 豫调建财〔2020〕4号

关于许昌市南水北调配套工程运行管理费请示的批复 豫调建财〔2020〕5号

关于郑州市南水北调配套工程运行管理费请示的批复 豫调建财〔2020〕6号

关于新乡市南水北调配套工程运行管理费请示的批复 豫调建财〔2020〕7号

关于鹤壁市南水北调配套工程运行管理费请示的批复 豫调建财〔2020〕8号

关于安阳市南水北调配套工程运行管理费请示的批复 豫调建财〔2020〕9号

关于濮阳市南水北调配套工程运行管理费请示的批复 豫调建财〔2020〕10号

关于周口市南水北调配套工程运行管理费请示的批复 豫调建财〔2020〕11号

关于南阳市南水北调配套工程运行管理费请示的批复 豫调建财〔2020〕12号

关于濮阳市南水北调配套工程剩余项目建设资金使用计划的批复 豫调建财〔2020〕13号

关于安阳市南水北调配套工程剩余项目建设资金使用计划的批复 豫调建财〔2020〕14号

关于许昌市南水北调配套工程剩余项目建设资金使用计划的批复 豫调建财〔2020〕15号

关于清丰县南水北调配套工程剩余项目建设资金使用计划的批复 豫调建财〔2020〕16号

关于鹤壁市南水北调配套工程剩余项目建设资金使用计划的批复 豫调建财〔2020〕17号

关于平顶山市南水北调配套工程剩余项目建设资金使用计划的批复 豫调建财〔2020〕18号

关于郑州市南水北调配套工程剩余项目建设资金使用计划的批复 豫调建财〔2020〕19号

关于漯河市南水北调配套工程剩余项目建设资金使用计划的批复 豫调建财〔2020〕20号

关于滑县南水北调办公室搬迁新办公场所所需费用的意见 豫调建财〔2020〕21号

关于许昌市南水北调配套工程运行管理费请示的批复 豫调建财〔2020〕22号

关于南阳市南水北调配套工程剩余项目建设资金使用计划的批复 豫调建财〔2020〕23号

关于周口市南水北调配套工程剩余项目建设资金使用计划的批复 豫调建财〔2020〕24号

关于焦作市南水北调配套工程剩余项目建设资金使用计划的批复 豫调建财〔2020〕25号

关于新乡市南水北调配套工程剩余项目建设资金使用计划的批复 豫调建财〔2020〕26号

关于郑州市南水北调配套工程运行管理费请示的批复 豫调建财〔2020〕27号

关于加快南水北调配套工程建设资金支付的通知 豫调建财〔2020〕28号

关于平顶山市南水北调配套工程运行管理费请示的批复 豫调建财〔2020〕29号

关于转发《河南省预算评审操作规程》的通知 豫调建财〔2020〕30号

河南省南水北调建设管理局关于报送焦作2段设计单元工程完工财务决算的函　豫调建财函〔2020〕2号

河南省南水北调建设管理局关于报送潮河段设计单元工程完工财务决算的函　豫调建财函〔2020〕3号

河南省南水北调建设管理局关于报送新郑南段设计单元工程完工财务决算的函　豫调建财函〔2020〕4号

河南省南水北调建设管理局关于报送禹长段设计单元工程完工财务决算的函　豫调建财函〔2020〕5号

河南省南水北调建设管理局关于报送方城段设计单元工程完工财务决算的函　豫调建财函〔2020〕6号

河南省南水北调建设管理局关于报送新卫段设计单元工程完工财务决算的函　豫调建财函〔2020〕7号

河南省南水北调建设管理局关于报送南阳段设计单元工程完工财务决算的函　豫调建财函〔2020〕8号

关于支付南水北调中线一期工程总干渠安阳段丁家村北公路桥加宽变更增加投资的函　豫调建财函〔2020〕9号

关于尽快支付南水北调中线工程总干渠禹长段课张南公路桥35kV供电线路调整增加投资的函　豫调建财函〔2020〕10号

关于漯河市南水北调配套工程永久用地勘边定界招标工作请示的批复　豫调建移〔2020〕1号

关于增加南水北调配套工程征迁安置工作经费的通知　豫调建移〔2020〕2号

关于拨付南水北调配套工程征迁安置档案验收经费的通知　豫调建移〔2020〕3号

关于拨付南阳市南水北调配套工程征迁安置资金的通知　豫调建移〔2020〕4号

关于焦作市南水北调配套工程征迁资金调整的批复　豫调建移〔2020〕5号

关于拨付郑州市配套工程征地拆迁补偿资金的

通知　豫调建移〔2020〕6号

关于焦作市南水北调配套工程博爱征迁安置资金调整的批复　豫调建移〔2020〕7号

关于漯河市南水北调配套工程征迁资金调整的批复　豫调建移〔2020〕8号

关于濮阳市南水北调配套工程征迁资金调整的批复　豫调建移〔2020〕9号

关于拨付南水北调配套工程焦作市剩余征地拆迁资金的通知　豫调建移〔2020〕10号

关于使用河南省南水北调受水区焦作供水配套工程征迁节余资金和配套工程结余资金的批复　豫调建移〔2020〕11号

关于周口市南水北调配套工程征迁资金调整的批复　豫调建移〔2020〕12号

关于西平县南水北调配套工程征迁资金调整的批复　豫调建移〔2020〕13号

关于新乡市南水北调配套工程征迁资金调整的批复　豫调建移〔2020〕14号

关于郑州市南水北调配套工程征迁资金计划调整的批复　豫调建移〔2020〕15号

关于南水北调中线一期工程总干渠河南段压覆矿产设计费有关情况说明的函　豫调建移函〔2020〕1号

关于河南省南水北调受水区新乡供水配套工程卫辉市管理所国有建设用地划拨价款支付问题的复函　豫调建移函〔2020〕2号

关于配合核查河南省南水北调配套工程压覆煤炭资源情况的函　豫调建移函〔2020〕3号

关于核查濮阳市南水北调配套工程征地拆迁补偿投资超额支出情况的函　豫调建移函〔2020〕4号

关于转发《全省安全生产集中整治工作情况通报》的通知　豫调建建〔2020〕2号

关于转发刘伟副省长在全省安全生产电视电话会议上讲话的通知　豫调建建〔2020〕3号

关于黄河北物资仓储中心移交及自动化设备安装调试相关事宜的回复　豫调建建〔2020〕4号

关于转发《河南省水利厅办公室关于做好岁末

年初水利安全生产防范工作的通知》的通知　豫调建建〔2020〕5号

关于南阳市南水北调配套工程2号口门邓州三水厂支线管道修复后充水试验再次发现管道渗水增加修复投资的回复　豫调建建〔2020〕6号

关于许昌市南水北调配套工程16号口门任坡泵站2020-2021年度运行管理分标方案的批复　豫调建建〔2020〕7号

关于印发《河南省南水北调受水区供水配套工程2020年度施工合同验收计划》的通知　豫调建建〔2020〕8号

关于切实做好南水北调配套工程防汛管理和超标准洪水防御工作的通知　豫调建建〔2020〕9号

关于切实做好配套工程地下有限空间安全防范工作的紧急通知　豫调建建〔2020〕10号

关于印发《河南省南水北调配套工程有限空间作业管理办法（试行）》的通知　豫调建建〔2020〕11号

河南省南水北调中线工程建设管理局关于印发《河南省南水北调配套工程安全生产专项整治三年行动实施方案》的通知　豫调建建〔2020〕12号

关于报送河南省南水北调配套工程安全生产责任人信息表的通知　豫调建建〔2020〕13号

关于我省南水北调配套工程泵站维修养护有关事宜的通知　豫调建建〔2020〕14号

关于举办河南省南水北调配套工程基础信息管理系统及巡检智能管理系统试运行工作培训班的通知　豫调建建〔2020〕15号

关于印发《南水北调总干渠宝丰郏县段昭北干渠及昭北一分干渠影响渠道处理工程合同项目完成验收鉴定书》的通知　豫调建建〔2020〕16号

关于印发《南水北调中线一期工程总干渠安阳段生产桥及活水村北公路桥工程合同项目完成验收鉴定书》的通知　豫调建建〔2020〕17号

关于印发《南水北调中线一期工程总干渠安阳段保泰盈生态园连接设施工程合同项目完成验收鉴定书》的通知　豫调建建〔2020〕18号

关于做好安全生产专项整治三年行动相关工作暨配套工程安全生产隐患排查的通知　豫调建建〔2020〕19号

关于《河南省南水北调受水区供水配套工程维修养护项目1标段服务方案》的批复　豫调建建〔2020〕20号

关于《河南省南水北调受水区供水配套工程维修养护项目2标段服务方案》的批复　豫调建建〔2020〕21号

关于开展配套工程站区环境卫生专项整治活动的通知　豫调建建〔2020〕22号

关于印发《河南省南水北调配套工程会议费管理办法》等3项管理制度的通知　豫调建建〔2020〕23号

关于调整河南省南水北调中线工程建设管理局安全生产领导小组成员的通知　豫调建建〔2020〕24号

关于做好2021年元旦、春节期间我省南水北调工程供水运行和安全管理工作的通知　豫调建建〔2020〕25号

关于开展配套工程避雷设施和消防水泵系统安全隐患排查整治活动的通知　豫调建建〔2020〕26号

关于河南省南水北调受水区供水配套工程2020年1月用水计划的函　豫调建建函〔2019〕47号

关于调整河南省南水北调受水区漯河供水配套工程施工6标项目划分的函　豫调建建函〔2020〕1号

关于平顶山市南水北调配套工程13号口门高庄泵站代运行项目分标方案的复函　豫调建建函〔2020〕2号

关于郑州市密垌口门暂停分水的函　豫调建建函〔2020〕3号

关于辉县市百泉湖引水工程通水运行的复函　豫调建建函〔2020〕4号

关于鹤壁市南水北调配套工程36号口门泵站进水池清淤工作的复函　豫调建建函〔2020〕5号

关于鹤壁市南水北调配套工程34号口门泵站进水池清淤工作的复函　豫调建建函〔2020〕6号

关于河南省南水北调受水区供水配套工程2020年5月用水计划的函　豫调建建函〔2020〕7号

关于省南水北调受水区供水配套工程自动化系统和流量计安装项目划分确认的函　豫调建建函〔2020〕8号

关于河南省南水北调受水区供水配套工程2020年7月用水计划的函　豫调建建函〔2020〕9号

关于郑州市南水北调配套工程市区泵站代运行项目招标有关安排的复函　豫调建建函〔2020〕10号

关于河南省南水北调受水区供水配套工程2020年8月用水计划的函　豫调建建函〔2020〕11号

关于邓州市南水北调配套工程3号口门彭家泵站代运行管理的复函　豫调建建函〔2020〕12号

关于许昌市南水北调工程运行保障中心增补2020年防汛抢险物资的复函　豫调建建函〔2020〕13号

关于河南省南水北调受水区供水配套工程2020年9月用水计划的函　豫调建建函〔2020〕14号

关于周口市维修调流阀部分设备的复函　豫调建建函〔2020〕15号

关于开展南水北调中线一期工程总干渠河南境内电源接引工程和沿渠35kV输电工程委托建设管理合同验收工作的函　豫调建建函〔2020〕16号

关于河南省南水北调受水区供水配套工程2020年10月用水计划的函　豫调建建函〔2020〕17号

关于对南水北调中线一期工程总干渠河南段17座铁路交叉工程委托建设管理合同进行验收

的通知　豫调建建函〔2020〕18号

关于河南省南水北调受水区供水配套工程2020年12月用水计划的函　豫调建建函〔2020〕19号

关于河南省南水北调受水区供水配套工程2021年1月用水计划的函　豫调建建函〔2020〕20号

关于向禹州市颍河供水的函　豫调建建函〔2021〕1号

南阳市南水北调中线工程领导小组关于表彰2019年度南水北调工作先进单位的决定　宛调水字〔2020〕1号

关于做好2020年准备南水北调配套工程汛前工作的通知　漯调〔2020〕11号

关于漯河市南水北调中线工程维护中心2020年度运行管理费支出预算的报告　漯调〔2020〕15号

漯河市南水北调中线工程维护中心关于上报安全度汛方案和防汛应急预案的报告　漯调〔2020〕40号

关于拨付漯河市南水北调配套工程运行管理费的请示　漯调〔2020〕44号

许昌市南水北调中线工程建设领导小组关于调整许昌市南水北调工程征迁安置验收委员会成员名单的通知　许调〔2020〕1号

许昌市南水北调工程运行保障中心关于表彰2019年度全市南水北调工作先进单位和先进个人的决定　许调水运〔2020〕5号

许昌市南水北调工程运行保障中心冬春火灾防控"百日安全"行动方案　许调水运〔2020〕9号

关于印发许昌市南水北调配套工程运行管理2020年春节前安全大排查暨1月份轮检情况的通报　许调水运〔2020〕15号

关于进一步做好信访工作的通知　许调水运〔2020〕27号

关于成立禹州沙陀湖调蓄工程推进工作专班的通知　许调水运〔2020〕31号

关于印发《2020年度许昌市南水北调工程运行保障中心理论学习中心组集体学习安排意

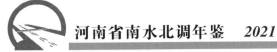

的报告　新南中组〔2020〕31号

新乡市南水北调工程运行保障中心关于班子成
员分工的通知　新南水〔2020〕8号

关于印发《新乡市南水北调工程运行保障中心
关于预防未成年人溺亡专项治理工作实施方
案》的通知　新调办〔2020〕21号

关于印发《鹤壁市南水北调配套工程运行管理
工作疫情防控应急预案》的通知　鹤调办
〔2020〕12号

关于印发《鹤壁市南水北调配套工程运行管理
工作疫情防控应急预案》的通知　鹤调办
〔2020〕12号

关于印发《鹤壁市南水北调办公室新型冠状病
毒感染的肺炎疫情防控工作方案》的通知
鹤调办〔2020〕13号

关于成立鹤壁市南水北调配套工程档案验收工
作领导小组的通知　鹤调办〔2020〕16号

关于成立《河南河湖大典》南水北调篇编纂工
作领导小组的通知　鹤调办〔2020〕21号

关于印发《鹤壁市南水北调配套工程隐患排查
治理制度（试行）》的通知　鹤调办
〔2020〕59号

关于切实做好"双节"期间配套工程安全运行
工作的通知　鹤调办〔2020〕60号

关于印发《鹤壁市南水北调配套工程有限空间
应急救援预案（试行）》的通知　鹤调办
〔2020〕68号

安阳市南水北调办公室关于印发《〈河南河湖
大典〉·南水北调篇编纂工作实施方案》的
通知　安调办〔2020〕15号

关于报送《安阳市南水北调办公室安全生产专
项整治三年行动实施方案》的报告　安调办
〔2020〕20号

安阳市南水北调配套工程建设管理局关于报审
南水北调配套工程2020年度汛方案和防汛
应急预案的请示　安调建〔2020〕13号

关于报送配套工程档案预验收工作计划的报
告　安调建〔2020〕23号

安阳市南水北调工程运行保障中心关于印发
《安阳市南水北调配套工程2020年运行管理
"互学互督"活动实施方案》的通知　安调
〔2020〕2号

关于开展配套工程站区环境卫生专项整治活动
的通知　安调〔2020〕8号

叁 干线工程（上篇）

政 府 管 理

【概述】

2020年，水利厅南水北调工程管理处协调促进干线工程保护范围问题整改，81个专项检查问题，整改72个，建议销号3个，正在整改6个。420m³/s大流量输水期间，组织沿线加强值守巡查，落实应急保障措施，保障输水安全。严把干线工程验收质量关，多方协调选定验收专家为验收质量把关，督促项目法人做好验收技术准备，遵循干线工程验收导则，严守验收程序，落实验收质量复核要求，改进工作，保证验收质量。截至2020年底，全省766座跨渠桥梁，竣工验收737座，占比96%。主持完成郑州1段、宝郏段、潮河段和辉县段4个设计单元工程的完工验收，对焦作2段进行技术初验条件核查，超额完成水利部下达的年度验收计划。以"城乡供水一体化"为目标，协调加快新增配套供水工程建设，督促加快干线调蓄工程前期工作。组织建立2020年《防汛责任人名单》，开展防汛检查，督促问题整改，确保工程度汛安全。

（孙向鹏）

【水量调度】

编制完成受水区河南省2019-2020年度用水计划，于2019年9月24日以《河南省水利厅关于报送南水北调中线一期工程2019-2020年度用水计划建议的请示》（豫水调〔2019〕8号）上报水利部。同年10月31日，水利部以《南水北调中线一期工程2019-2020年度水量调度计划》（水南调函〔2019〕197号）文批复我省南水北调水量调度计划，分配我省水量27.04亿m³（含南阳引丹灌区6亿m³）。2019年11月26日，河南省水利厅、河南省住房和城乡建设厅联合以《关于印发南水北调中线一期工程2019-2020年度水量调度计划的函》（豫水调函〔2019〕15号），下达2019-2020年度水量调度计划。

2020年受新冠肺炎疫情影响，地方用水需求抑制明显，6月24日，省水利厅以《关于调整2019-2020年度用水计划的函》（豫水调函〔2020〕8号）文，向水利部申请调整水量调度计划。7月2日，水利部办公厅以《关于删减河南省南水北调中线一期工程2019-2020年度用水计划的通知》（办南调函〔2020〕494号），同意湖南省用水计划核减为238607万立方米。

【大流量输水】

2020年4月29日~6月20日，水利部实施南水北调中线一期工程加大流量输水，期间陶岔入渠流量最大至420m³/s。4月29日，水利厅以《关于全力做好南水北调中线工程加大流量输水期间有关工作的通知》（豫水明电〔2020〕15号）文，对干渠大流量输水期间沿线相关省辖市补水、退水通道及配套工程运行管理作出安排部署。5月25日，水利厅以《关于进一步加强南水北调中线一期工程420m³/s加大流量输水安全管理工作情况的报告》，将干渠退水闸及退水通道排查情况报送水利部。

【工程验收】

2020年，根据南水北调东、中线一期工程设计单元工程完工验收计划（办南调函〔2018〕1835号），水利厅计划并完成宝丰郏县段、潮河段、郑州1段3个设计单元工程完工验收。超额完成辉县段设计单元工程完工验收。组织省南水北调建管局、中线建管局河南分局、渠首分局完成设计单元工程的水保、环保、消防、移民征迁、档案等专项验收及项目法人验收。协调交通厅等部门按计划完成跨渠桥梁验收有关工作，全省766座跨渠桥梁竣工验收725座，占比95%。11月18~21日，水利部组织对河南省干线工程验收质量进行复核，复核初步意见转发项目法人和省南水北调建管局，改进完工验收工作不足，进一步提高验收质量。

（雷应国）

【调蓄工程】

加快干线调蓄工程前期工作。观音寺调蓄工程是南水北调中线在线调蓄工程的重要组成部分，被列为国家2020-2022年重点推进的150项重大水利工程建设项目。工程位于新郑市南9km，工程估算总投资238.6亿元，总库容3.4亿m³，抽蓄电站装机1620MW（一级120MW，二级1500MW）。永久征地2.54万亩，其中基本农田1126.67ha。工程于12月21日开工建设。禹州沙陀湖、焦作马村、鹤壁鱼泉调蓄工程完成可研设计招标，2020年加速推进前期工作。

（刘豪祎）

【防汛度汛】

2020年汛前，更新建立河南省《配套工程防汛责任人名单》《干线工程防汛红线外市、县、乡三级责任人名单》，开展防汛风险点排查，编制报备《工程度汛方案》《超标准洪水应急预案》。根据省政府有关工作部署，制订《开展河长制湖长制专题调研和防汛检查工作方案》，成立12个督导组，水利厅领导带队，开展防汛专题调研和汛前检查。6月23日，联合中线建管局、省应急厅在白河倒虹吸开展防汛应急演练。对防汛检查发现的问题，采取"四不两直"的方式检查整改情况。2020年河南省南水北调工程度汛安全、运行安全。

（蔡舒平）

干 线 工 程 运 行 管 理

渠首分局

【概述】

2020年遭遇新冠肺炎疫情的严峻考验，渠首分局辖区紧邻湖北首当其冲。渠首分局严格落实中线建管局和属地防控要求，攻坚克难推动各项工作取得显著成效，实现供水效益逐年递增。2019-2020年度中线完成供水86.20亿m³，渠首分局辖区年度供水10.77亿m³（含生态补水2.84亿m³），累计不间断运行2151天，渠首累计入渠水量340.53亿m³。克服疫情影响保质保量完成年度藻类、地表水和地下水监测任务，入渠水质稳定在Ⅱ类以上。入渠流量达到350m³/s及以上运行共计112天，维持入渠420m³/s加大流量运行共计43天。对工程质量和输水能力进行全面检验。发电效益持续发挥，陶岔电厂年度发电量2.1亿千瓦时，累计发电量4.2亿千瓦时，累计实现电费收入1.32亿元。

2020年渠首分局在中线建管局评比中，1人获评杰出人物称号，2人获评岗位能手称号；获评先进基层党组织2个，优秀共产党员9名，优秀党务工作者2名。渠首分局党委组织"感动渠首"优秀评选活动，对4个集体和5名员工进行通报表彰。

【机构建设】

2020年，渠首分局内设综合处、计划合同处、财务资产处、人力资源处、党群工作处（纪检处）、分调度中心、工程处、水质监测中心（水质实验室）和安全处9个处（中心），下设陶岔、邓州、镇平、南阳、方城5个现地管理处和1个陶岔电厂。主要职责是负责辖区内运行调度、工程维护、安全保卫、水质监测等运行管理相关工作。年内跨分局调出4人，离职2人，截至2020年12月31日，在编员工229人，平均年龄34岁，其中女职工20名。系统内轮训、交流学习6人，实有在岗员工223人。

陶岔管理处与邓州管理处管辖范围实现平稳过渡交接，推进完成与河南分局在省直系统

"五险一金"分户工作，对机关职能处室、陶岔电厂和现地管理处岗位设置和岗位职责进一步梳理上报，制定渠首分局考勤休假实施细则并严格执行。配合开展人力资源系统上线运行和干部人事档案专审工作。累计培训1488人次，其中组织29名科室负责人及处室正副职干部到中国人民大学进行干部管理能力培训。2020年副高级评审通过13人，中级通过6人，完成19人职称认定工作。年度招聘应届毕业生7人，完成27名处室正副职干部试用期满转正考核和3名处室副职干部选拔，完成22名现地管理处科室干部选拔任用工作。

【工程概况】

南水北调中线渠首段工程是南水北调中线干线千里长渠之始，丹江水从陶岔渠首进入干渠，流经唐白河流域西部，穿过南阳市境内3县1市4区，从连接伏牛山脉和桐柏山脉的方城垭口翻越江淮分水岭，向北自流至黄淮海平原。主体工程于2008年11月正式开工，2013年底工程基本完工，2014年12月12日正式向北方调水。

工程全长185.545km，包括陶岔渠首枢纽工程和渠道工程两个部分。其中渠道长176.718km，建筑物长8.827km。渠首大坝上游92km引渠纳入巡查管理范围。工程沿线地质条件复杂，其中深挖方渠段58.411km，最大挖深47m，开口最大391m；高填方渠段全长33.69km，最大填高17.2m；膨胀土渠段全长149.47km。沿线布置各类渠系建筑物119座，跨渠桥梁185座。内邓、沪陕、南阳绕城、许平南4条高速跨越干渠；宁西、焦柳、浩吉、郑渝（高铁）4条铁路跨越干渠。起点段设计流量350m³/s，加大流量420m³/s；终点段设计输水流量330m³/s，加大流量400m³/s。

渠首分局工程沿线布置节制闸9座，控制闸7座，分水闸10座，退水闸7座。主要满足南阳市生活用水、生态用水和引丹灌区农业用水，南阳市中心城区和邓州、镇平、方城、社旗、唐河、新野城区供水实现全覆盖，惠及南

阳市人口260万。

【工程维护】

补齐工程安全短板 2020年组织实施一批水下衬砌面板修复、陶岔渠首枢纽工程标准化建设、部分渗水点处理、部分河道整治及防护、跨渠桥梁病害处理、部分楼梯间纠偏处理、陶岔电厂专项检修等重要项目，及时对陶岔渠首枢纽工程安全监测系统进行升级并对深挖方段测斜管实施自动化改造，推进日常维修养护、绿化、穿跨越项目监管工作，提升工程安全运行系数。

完善工程实体建设标准 2020年全部中控室三星级达标，南阳管理处和邓州管理处中控室被中线建管局认定为优秀中控室（四星级）。新增15座闸站通过三星级闸站达标创建，严陵河退水闸、淇河节制闸、白河退水闸3座闸站通过中线建管局四星级闸站评审授牌。推进陶岔水质自动监测站达标创建工作，制定出仪器设备补充更新专项方案。

推进安全生产达标创建 守住三条"红线"，配合中线建管局通过水利安全生产标准化一级达标。成立专门达标创建办公室，定期召开会议会商推进，搜集标准化创建相关意见和建议100余条，召开创建办工作例会9次，开展检查17次，配合中线建管局修编制度40余项，分局层面修编制度、预案13项。建立风险分级管控和隐患排查治理双重预防机制，形成安全风险三张清单，并实现动态管控。

【安全生产】

度汛安全 2020年发生"7·21""8·7""8·21"三次强降雨，辖区工程最大24h降雨量212.4mm，分局首次编制超标准洪水防御预案，配齐配强应急保障人员、物资、设备设施，严格防汛值班值守，加强与地方防汛体系融合对接，举办白河倒虹吸大型防汛演练，综合运用调度措施预防高地下水渠段衬砌板隆起，实现度汛安全。

"两个所有"专项活动 全年利用巡查系

统上传问题共 6.6 万余项，其中自主发现率 95.5%，问题整改率 99.7%。编制涵盖 16 个专业 143 类典型问题清单和专业知识题库，严格"查、认、改、罚"工作机制，及时约谈相关责任单位，加大责任追究。

现场安全生产监管 编制印发《渠首分局安全操作规程（试行）》《渠首分局安全生产奖惩办法（试行）》，开展安全生产专项整治三年行动，通过签订责任书、加重处罚、约谈方式强化安全责任落实，全年共下达处罚文件 60 份，罚款 12 万元，对责任单位约谈 14 次，对 3 个现地管理处进行约谈。渠道安装物联网智能锁，部分渠段安装雷达测速系统，推进"安全监管+信息化"建设。调动安全保卫和警务力量，保障特殊时期安全加固升级。

【科研创新】

创新解决实际问题 渠首分局在 2019 年中线建管局科技创新评奖中获一等奖 2 项、二等奖 1 项、三等奖 2 项，其中扶坡廊道式钢结构装配围堰修复水下衬砌板技术研究项目及南水北调中线工程十二里河渡槽大流量运行水面超常波动研究项目获一等奖。北斗自动化变形监测系统应用试点、基于 INSAR 技术的膨胀土深挖方渠段滑坡风险排查试点项目进一步提升安全监测能力，有利于实现对深层工程安全隐患的早发现早预警早处置。

提高水质保护能力 2020 年对原有"水质实验室、自动监测站、固定监测断面"水质监测体系配备无人采样机、水下观测机器人、移动实验室，基本构建"陆海空"三栖采样监测体系。完成原子荧光光度计及配套设备、便携式多光谱扫描仪安装调试及验收，进一步提升实验室监测及应急监测能力。边坡清藻机清藻效果试验、低能量超声波除藻控藻研究科研项目为除藻控藻工作提供更多解决方案。

【工程验收】

推进工程验收 辖区 191 座跨渠桥梁竣工验收除朱营西北跨渠公路桥外，其他 190 座竣工验收任务全部完成。设计单元完工验收阶段目标完成，淅川县段、镇平县段 2 个单元通过完工验收，南阳市段、方城县段 2 个单元完成法人验收自查工作。渠首分局辖区 7 个设计单元工程档案全部完成专项验收问题整改并移交中线建管局档案馆。后续工程档案验收中，工程维护及抢险设施物资设备仓库建设项目、抢险储备物资采购项目档案、35kV 供电系统无功补偿项目、局部边坡不稳定弃渣场加固项目档案通过项目法人验收。

协调完工决算遗留问题处理 按照建设期投资收口工作会要求，完成淅川段、镇平段设计单元遗留问题处理及验收配合相关工作，配合完成南阳段、方城段设计单元合同完工结算相关工作。建设期遗留问题基本全部得到处理。

【工程效益】

截至 2020 年 12 月 31 日，渠首分局向南阳市累计供水 44.01 亿 m³（含生态补水 5.40 亿 m³），其中 2019-2020 年度供水 10.77 亿 m³，南阳市中心城区和邓州、镇平、方城、社旗、唐河、新野城区供水实现全覆盖，惠及南阳市人口 260 万。陶岔电厂财税体制基本理顺，购售电合同、并网协议手续变更完成，年度发电量 2.15 亿 kW·h，累计发电量 4.32 亿 kW·h。

2020 年 1 月 1 日~12 月 31 日，辖区共开启分水口门 8 个、退水闸 7 个，其中肖楼分水口分水 73128.52 万 m³，刁河退水闸分水 1945.36 万 m³，望成岗分水口分水 3486.05 万 m³，湍河退水闸分水 3631.62 万 m³，彭家分水口分水 23.80 万 m³，严陵河退水闸分水 395.04 万 m³，谭寨分水口分水 1315.98 万 m³，潦河退水闸分水 1622.16 万 m³，田洼分水口分水 3503.23 万 m³，大寨分水口分水 1757.49 万 m³，白河退水闸分水 4602.96 万 m³，半坡店分水口分水 2979.32 万 m³，清河退水闸分水 6632.46 万 m³，十里庙分水口分水 1024.20 万 m³，贾河退水闸分水 545.38 万 m³。

（王朝朋）

河南分局

【概述】

2020年，河南分局按照既定工作目标，围绕年度工作重点，克服新冠肺炎疫情影响，统筹做好疫情防控和运行管理工作，对标"高标准样板"，坚持"补短板"与"强监管"双管齐下，要求不降、工作不松、力度不减，工程设施持续完善，工程效益不断提升，完成全年目标任务，各项工作取得新成绩新突破。

【穿黄隧洞（A洞）精准检查维护】

2020年在冬季冰期小流量时段对穿黄隧洞（A洞）开展精准检查维护工作。项目组克服技术复杂、工期紧迫、疫情防控困难，进行前期准备、精研方案、精细管理、科研支撑、精准维护，3月13日穿黄隧洞（A洞）精准检查维护项目比原计划提前8天完成施工恢复过流供水。运行后渗漏量0.35L/s，远小于90L/s控制指标，维护效果良好。

【输水调度】

4月29日~6月20日开展年度首次加大流量输水工作，5月9日8时30分陶岔渠首供水流量420m³/s，历时53天，提前完成年度生态补水任务，河南省13座城市受益。河南分局制定加大流量输水工作方案，成立领导小组，加强主体责任和督导考核，开展风险排查及处置、夜间工程巡查、运用安防视频巡视措施，保障加大流量输水工作完成。加大流量输水，验证工程大流量输水能力，穿黄隧洞于6月7日8时50分通过加大流量320m³/s，同时也积累大流量输水调度数据和运行经验。进行备调中心输水调度应急演练，采用"备调值班、总调热备"的工作模式，实行每班1名调度长3名调度员4班两倒的值班方式，增强备调度中心灾备功能及输水调度人员应急调度能力。参加渠道流态优化试验研究工作，收集辖区渠道地板高程、底宽、坡比等水力要素数据，每日收集汇总审核辖区输水建筑物水情数据，编制辖区输水建筑物水头损失表，制作水位变化、流量变化、流态变化曲线示意图，与近三年输水调度数据进行对比分析，为渠道流态优化试验研究提供水情数据支撑。

【安全生产】

2020年，继续开展水利安全生产标准化一级达标创建，构建完善的安全生产制度体系，推进安全生产责任落实，完成各项安全生产目标。

安全生产标准化达标创建　建立安全生产责任"一岗一清单"，以清单管理推进安全生产责任落实，开展安全生产标准化达标创建，实行半月报制度和定期督办制度，修编制度标准，梳理工作项目和档案资料，开展达标自评。实施标准化规范化实践项目，初选项目111个，核定项目45个，涵盖土建工程维护、信息机电管理、安全监管专业。

构建双预防机制　开展安全风险辨识、评估，编制建（构）筑物和设备设施、作业活动、安全管理三个风险清单，对安全风险实施分级管控。推进安全生产专项整治三年行动，开展以危化品储存使用为重点安全专项检查治理、对河南分局辖区全线渠道和桥梁围网进行拉网式排查，开展为期三个月的集中整治。

加强现场管控　对安全管理工作、问题整改率、管理行为奖惩，编写强制性条款写入采购合同文件。强制"安全交底""进场前安全交底""班前5分钟安全教育"。严格落实9类13项危险作业许可制度，建立危险作业工作票签发WPS云文档台账，加强作业过程监督。

加强现场安全保卫　印发安防综合监控系统巡查方案，编制河南分局反恐工作应急预案，制定"人防、物防、技防"预防措施。完成《安全生产管理手册》"安全保卫"章节编制，引导规范现场安全保卫管理行为。推广应用新型救生索，提升生命安全保障能力。

防汛应急排查整改　按照"防大汛、抗大洪、抢大险"的要求，超标完成准洪水防御应对工作。组织防汛问题全面排查和防汛专项检查，共发现影响安全度汛问题122个，全部整改完成。成立河南分局防汛应急抢险突击队。组织完成85个防汛风险项目等级划分，3支应急抢险队和5个驻汛点及人员设备布防。完成度汛方案和防汛应急预案的编制及报备，开展防汛应急演练10次。完成河南分局超标准洪水防御预案和演练方案，并于6月30日组织开展超标准洪水防御演练。

【"双精"维护】

2020年运行管理强化问题发现机制和标准化建设，推动"双精维护"加快实施，对标高标准样板工程，促进运行管理提档升级，完善计量、签证流程，严肃考核机制，严格质量评定和验收程序，努力实现"精准定价、精细维护"目标。推进"两个所有"，管理处所有人员能够独立查找管辖范围内的所有问题。截至9月30日，河南分局共检查发现问题157915项，问题自主发现率99.67%，自查问题整改率96.74%。继续开展标准化渠道建设，截至10月20日完成74km，累计完成548km。组织开展运行管理标准化规范化实践项目，现地管理处提交实践项目111个，核定45个。开展沥青混凝土路面破损修复、拱形骨架护坡修复精细维护试点，试点工作完成90%。完成采购项目129项（2.61亿元），占年度采购任务的70%，办理价款结算约2.42亿元，批复变更索287项（3633万元）。从"预算执行监管信息系统""计划合同信息管理系统"推动全面预算和合同管理科学化、精细化，加快实施"双精维护"。

【工程验收】

根据中线建管局2020年工程验收计划和河南分局验收工作总体部署，年度验收工作虽受新冠疫情影响，但总体验收任务完成较好，验收工作质量不减。设计单元项目法人验收计划完成14个，完成14个。配合水利部和河南省水利厅完成穿漳河工程、鲁山北段工程、沙河渡槽工程、宝丰至郏县段工程、郑州1段工程5个设计单元完工验收。跨渠桥梁572座，完成竣工验收545座。按期完成辖区内全部完

工财务决算编报，完成建设期新增勘测设计项目费用认定及分解，共201项（2.04亿元），完成建设期变更索赔52项（2776万元），加快建设期合同收尾。

【机构建设】

2020年选拔出17名青年干部，组织8名处室副职干部岗位交流，加强现地管理处干部力量，优化干部资源配置。组织2020年人员招聘，优化河南分局和各部门人员配置，按计划完成年度招聘32人。根据现地管理处缺编和在编人员专业配置情况，分配人员至现地管理处。协调开展河南分局工程验收办公室、穿黄检修工作组人员调配。优化考核体系，按照中线建管局新修订的绩效考核指标，将现地管理处、机关各部门纳入机构考核体系，并对各级干部及员工绩效考核进行规范。按季度组织开展现地管理处运行管理考核，及时通报考核结果；组织员工试用期考核转正定岗工作。修订技术标兵评比标准，开展2020年技术标兵评选活动。

【科研创新】

2020年推动课题研究成果应用到中线工程运行管理工作中，解决工程运行难题。开展渠道流态优化试验研究，完成新郑段桥梁墩柱导流罩安装，进行澧河渡槽、穿黄隧洞出口流态水工模型试验。开展基于"BIM+"的大直径输水隧洞精准维护三维可视化技术研究。持续开展使用卫星雷达遥感技术的渠道边坡变形监测研究和使用无人机高精度渠坡变形巡测系统建设研究。组织运行期结构胶加速老化耐久性试验研究项目专项管理。完成鱼类洄游规律研究、鱼类迁移及分布规律研究、水生态调控实验阶段性试验。开始进行成果转化，整理报告。藻类图谱建立及智能化识别项目完成主要设备的购置及组装。藻类资源化利用完成发酵罐中有关试验，并对实验数据进行整理和分析。

【疫情防控】

2020年新冠肺炎疫情发生后，河南分局迅

速行动成立疫情防控工作领导机构，制定疫情防控工作方案，建立疫情报告制度，加强人员及办公场所管理，落实疫情防控保障措施，累计发放口罩8.5万个，消毒用品1.1万余瓶，一次性手套5000余双，并下拨防疫专项经费16.67万元。全国疫情防控进入常态化以后，制定疫情防控常态化工作方案，适时掌握属地疫情防控相关政策，对重点人员和重点地区精准防控。为有效应对北京新发地农贸市场聚集性疫情，及时开展河南分局机关全员新冠肺炎病毒检测。2020年河南分局辖区包括自有人员和各类维护人员在内近3千人，未出现确诊病例和疑似病例，实现人员"零感染"，保障员工身体健康和生命安全。

【综合保障】

强化督办事项跟踪，落实督办事项节点化管理，2020年督办事项共计17件，其中水利部督办事项1项、中线建管局督办事项4项（含水利部督办事项1项）、河南分局督办事项13项。截至10月20日，各类督办事项办结5项。综合管理高效有序运转，公文通报提高各环节审核质效，提升河南分局整体公文质量。创新办公自动化系统信息报送渠道，进一步完善信息报送机制，确保政务信息工作反应灵敏运行高效。落实各项保密措施确保无泄密事件发生。加强车队、物业管理，提升综合保障服务能力。处理法律应诉案件4起，起诉案件2起，完成"七五"普法总结、开展民法典学习宣传、进行重点信访排查、加强重要时期信访工作。新冠肺炎疫情防控工作常态化，适时掌握疫情防控属地政策，严守疫情防控纪律。严格执行中央"八项规定"，持续反"四风"，严格程序进行接待、会务和办公耗品采购工作。完成在各类新闻媒体发表新闻报道925余篇；牵头完成三个中小学研学基地自评报告，创新开展线上研学活动；制作河南分局2020年宣传季刊，制作河南分局纸质宣传平台。组织2020年度"智慧中线、安全调水"郑州开放日活动，增进社会各界对南水北调工程的了解。

【党建引领】

进一步发挥党建引领作用，巩固落实主题教育成果，建立不忘初心、牢记使命长效机制，在疫情防控和加大流量输水关键期进一步推进党建与业务融合。开展"不忘初心、牢记使命"主题教育检视问题整改落实情况"回头看"工作，开展贯彻落实国有企业基层组织工作条例情况自查整改工作并按时报送自查报告。组织开展党建工作自查和检查督导工作，按照动员部署、党支部自查、中线建管局检查组检查、水利部督查组督查四个阶段推进。梳理解决信访举报办理工作各环节存在的形式主义、官僚主义突出问题，以问题为导向，进一步严实责任和作风。进一步规范廉政谈话工作和落实"三重一大"决策制度，成立加大流量输水党员干部督查组，推动成立党员示范"岗""区""队"，与业务工作"同研究、同部署、同落实、同考核"，为加大流量输水提供坚实的组织保障。

（张茜茜）

干线工程委托段管理

【投资管控】

2020年，开展南水北调中线工程河南省委托段剩余争议复议项目处理，完成价差复核、批复工作。南水北调中线工程完工财务决算全面开展，对施工单位在完工决算阶段提出的争议复议项目，组织专家进行分析研究，会同中线建管局多次召开专题会提出处理意见。截至2020年底，中线工程争议复议处理基本完成。组织开展价差调整复核测算，依据复核测算结果及中线建管局意见，提出价差调整处理方案。完成河南省委托段16个设计单元工程价差调整批复。

组织对河南省委托段16个设计单元工程投资指标下达和使用情况进行梳理分析，提出申请增加投资控制指标的意见建议。依据变更索赔处理、价差复核及完工财务决算审核，完成预支付资金抵扣工作。

（王庆庆）

【资金到位与使用】

截至2020年底，累计到位建设资金326.90亿元，2020年度拨款2.0亿元。累计基本建设支出333.58亿元，其中建筑安装工程投资290.42亿元，设备投资6.07亿元，待摊投资37.09元。省南水北调建管局本级货币资金合计0.72亿元。

【完工财务决算】

截至2020年底，中线建管局委托河南省南水北调建管局建设管理的16个设计单元完工财务决算报告全部报送中线建管局。其中潞王坟试验段、白河倒虹吸段、南阳膨胀土试验段、石门河倒虹吸段、郑州1段、安阳段6个设计单元的决算已经水利部核准。郑州2段、辉县段、焦作2段、方城段、潮河段5个设计单元决算组织委托中介机构按照中线建管局和水利部委托中介机构提出的意见对决算报告进行重新修改。宝丰郏县段、南阳市段、新郑南段3个设计单元完成水利部委托中介机构审核，正在按照要求进行整改。禹州长葛段设计单元、新乡卫辉段设计单元的完工财务决算正在审核。

（王 冲）

【工程验收】

外委项目合同验收 南水北调中线干线委托河南省建设管理渠段内，有部分工程建设任务需委托相关行业部门实施，省南水北调建管局与铁路、电力等相关行业或地方有关部门共签订委托建设管理合同48个，其中44个需要对委托合同进行验收。2020年共完成8个委托建管合同验收：省南水北调建管局与省电力公司签订的干渠电源接引和沿渠35kV输电线路工程委托合同，与昭平台水库管理局签订的宝丰至郏县段昭北干渠及昭北一分干渠影响渠段处理工程委托合同，与郑州铁路局工管所签订的6个跨渠铁路建筑物委托合同。

跨渠桥梁竣工验收 中线干线委托河南省建设管理渠段内，需竣工验收桥梁共433座，桥梁竣工验收需桥梁所在道路的主管部门主持，涉及部门多协调难度大。截至2020年12月底，累计完成竣工验收415座，占比96%。2020年共完成竣工验收24座。剩余9座跨市政道路桥梁和9座跨高速（国、省道）桥梁，竣工验收准备工作完成。

（刘晓英）

南阳委托段

【概述】

南水北调中线委托河南省建设管理的南阳段工程共分4个设计单元：方城段工程、白河倒虹吸、南阳膨胀土试验段和南阳市段，总长97.62km，布置各类建筑物181座，其中河渠交叉建筑物13座（包括白河倒虹吸），左岸排水建筑物41座，渠渠交叉建筑物15座，分水口门6座，节制闸4座，退水闸4座，铁路交叉建筑物4座，跨渠桥梁94座（其中，新增生产桥6座）。4个设计单元批复概算总投资95.26亿元。

【价差调整】

河南省南水北调建管局经与中线建管局沟通，委托河南华北水电工程监理有限公司对方城段、南阳市段设计单元工程承包合同价差调整进行复核，并出具价差复核报告。8月4日以《关于方城段、南阳市段设计单元工程价差的批复》（豫调建投〔2020〕45号），完成南阳段各标段的价差调整审批程序，并进行部分标段价差结算。

【财务完工决算核查】

2020年，南阳市段和方城段2个设计单元的完工财务决算报告全部通过三审并上报水利部。水利部已核准方城段完工财务决算报告，南阳市段的完工财务决算报告已经水利部有关部门复审，待核准。完成南阳市段和方城段2个设计单元工程的完工验收的法人验收和技术性初步验收。

（李君炜）

平顶山委托段

【概述】

平顶山段渠线全长94.469km，包括宝丰郏县段和禹州长葛段两个设计单元，沿线共布置各类建筑物183座，其中河渠交叉13座，渠渠交叉10座，左岸排水41座，节制闸4座，退水闸2座，事故闸1座，分水口7座，公路桥67座，生产桥34座；铁路交叉工程4座。平顶山段共分19个施工标，2个安全监测标，8个设备采购标，3个监理标，合同总金额40.35亿元。

【财务完工决算及变更处理】

2020年平顶山段完成宝丰郏县段和禹州长葛段财务完工决算报告，向水利部委托的咨询机构（三审）提供施工标段相关资料，配合完成审核问题对接确认工作。2020年处理4个变更项目，变更项目处理金额296.80万元。其中宝丰郏县段处理变更项目2项，处理金额51.64万元；禹州长葛段处理变更项目2项，处理金额245.16万元。

【工程验收】

宝丰郏县段工程分别于2020年6月、8月和9月通过设计单元工程完工验收项目法人验收、完工验收技术性初步验收和完工验收。2020年，平顶山委托段有5座省道桥梁通过竣工验收，其中宝丰郏县段2座，禹州长葛段3座。

（周延卫）

郑州委托段

【概述】

南水北调工程郑州段委托建设管理4个设计单元，分别为新郑南段、潮河段、郑州2段和郑州1段，总长93.764km，沿线共布置各类建筑物231座，其中，各类桥梁132座（公路桥93座，生产桥36座，铁路桥3座）。批复概算总投资107.98亿元，静态总投资105.96亿元。主要工程量：土石方开挖7913万m³，土石方填筑1799万m³，混凝土及钢筋混凝土182万m³，钢筋制安98613t。郑州段工程共划分为16个渠道施工标、7个桥梁施工标、6个监理标、2个安全监测标、4个金结机电标，合同总额48.17亿元。

2020年，郑州建管处在投资控制管理、黄河南仓储维护中心工程建设、各专项验收工作中克服新冠疫情影响，落实党建工作的各项要求，完成2020年各项工作任务。

【工程验收】

2020年7月20~22日，南水北调中线郑州1段设计单元工程通过水利厅组织的完工验收技术性初步验收，9月21~22日通过郑州1段设计单元工程完工验收，11月18~20日通过潮河段设计单元工程完工验收技术性初步验收，12月14~15日通过潮河段设计单元工程完工验收。5月18日，南水北调中线工程王庄生产桥通过干线航空港区管理处组织的竣工验收。

【仓储及维护中心建设】

2020年完成黄河南仓储维护中心建设用地指标调整，协调新郑市政府，以新郑市联审联批会议纪要〔2020〕2号形式明确项目建设"不采用装配式建筑技术"。7月31日新郑市以新郑土〔2020〕36号对项目建设用地使用权进行批复，10月黄河南仓储维护中心建设用地不动产进行首次登记，并获得《不动产权证书》。2020年底项目主体工程基本完工，室外海绵城市及绿化工程正在实施。

（岳玉民　闫利明）

新乡委托段

【概述】

新乡委托段工程自李河渠道倒虹吸出口

起，到沧河渠道倒虹吸出口止，全长103.24km，划分为焦作2段、辉县段、石门河段、潞王坟试验段、新乡和卫辉段5个设计单元。干渠渠道设计流量250~260m³/s，加大流量300~310m³/s。2020年主要工作有设计单元工程完工验收和工程档案移交。

【工程档案及完工验收】

2020年12月11日完成新乡卫辉段设计单元工程档案的移交工作。6月完成辉县段设计单元工程完工验收（法人自查），9月完成焦作2段设计单元工程完工验收（法人自查），10月完成新乡和卫辉段设计单元工程完工验收（法人自查），11月完成辉县段设计单元工程完工验收技术性初步验收，12月完成辉县段设计单元工程完工验收。

【桥梁竣工验收和移交】

2020年与新乡市、焦作市交通部门沟通，基本完成焦作2段4座市政跨渠桥梁的资料、档案整理。5月，新乡段6座省道跨渠桥梁进行竣工验收和资料移交。新乡段除3座市政桥梁还没有进行管养移交外，其余75座全部进行竣工验收和管养、资料移交。

【投资控制】

新乡委托段5个设计单元工程总投资969723.14万元，静态投资（不包含征地移民投资）7000.080万元，其中建筑工程457093.22万元，机电设备及安装8137.14万元，金属结构设备及安装10520.29万元，临时工程23082.23万元，独立费用88756.03万元，基本预备费33362.61万元，主材价差43018.84万元，水土保持4715万元，环境保护1993万元，其他部分投资8273万元，建设期贷款利息50049.54万元。委托段工程施工合同金额511244.83万元。截至2020年12月底，共完成工程结算665878万元，2020年完成焦作2段设计单元完工财务决算报告水利部的核准工作。

【工程监理】

新乡委托段工程共有3家监理单位：黄河勘测规划设计有限公司（焦作2段监理）、河南立信工程咨询监理有限公司（辉县前段监理）、科光工程建设监理有限公司（辉县后段、石门河倒虹吸、试验段、新乡卫辉段）。2020年，监理单位派驻现场管理人员对完工验收、工程档案验收和配合审计稽查开展监理工作。

（侯自起）

安阳委托段

【概述】

投资控制　2020年10月9日，水利部以《水利部办公厅关于核准南水北调中线一期工程总干渠安阳段工程完工财务决算的通知》（办南调〔2020〕212号）文件，核准安阳段工程完工财务决算。

工程验收　2020年安阳段完成设计单元合同外项目35千伏供电线路工程的验收。12月，水利部通过南水北调干渠安阳段设计单元完工验收。

合同管理　委托有资质的单位，对安阳段各施工标段价差进行复核，并依据复核结果与各施工单位签订《价差补充协议》。

（马树军）

肆 干线工程（下篇）

陶岔电厂和陶岔管理处

【概况】

陶岔管理处所辖工程起点位于陶岔渠首大坝坝前2km，终点位于刁河渡槽进口交通桥下游侧，桩号14＋646.1。其中桩号0＋000为陶岔渠首大坝，桩号0＋000至14＋465段为深挖方渠段，渠道纵坡1/25000，底宽10.5～23.0m，最大挖深47m。桩号14＋465至14＋646.1段为刁河渡槽进口段。所辖各类建筑物26座，包括陶岔渠首大坝1座，河渠交叉建筑物1座，左岸排水建筑物4座，渠渠交叉建筑物1座，分水口门1座，节制闸1座，退水闸1座，公路桥7座，生产桥8座，水质监测站1座。

陶岔电厂为河床灯泡贯流式发电机组，装机容量2×25MW，水轮机设计水头13.5m，正常运行水头范围6.0m～24.86m，水轮机直径5.10m，电站设计最大过水能力420m³/s。陶岔电厂接入国家电网（南阳），出线电压等级110kV，陶岔电厂设计年平均发电量2.4亿kW·h。2010年3月开始建设厂房主体，2014年机组安装完成，2018年6月通过水利部机组启动验收。

陶岔渠首枢纽工程位于河南省南阳市淅川县九重镇陶岔村，是南水北调中线干渠的引水渠首，也是丹江口水库的副坝。坝顶高程176.6m，正常蓄水位170m，历史最高蓄水位166.98m。工程的主要任务是供水、灌溉，兼顾发电，工程设计引水流量350m³/s，加大流量420m³/s，年设计供水量95亿m³。枢纽工程设计标准为千年一遇设计、万年一遇加20%校核。混凝土重力坝总长265m，引水闸坝段布置在渠道中部右侧，采用3孔闸，孔口尺寸7×6.5m（宽×高），底板高程140m。

【组织机构】

陶岔电厂和陶岔管理处是南水北调中线建管局渠首分局所辖现地管理机构，2020年两个机构联合办公。陶岔电厂和陶岔管理处下设综合科、合同财务科、安全科、工程科、运行维护科、调度科6个科室，现地运行管理人员38人。陶岔电厂管辖范围为渠首电站、110kV送出工程、坝顶门机、坝后门机。陶岔管理处管辖范围为枢纽区工程（含管理处园区、大坝、引渠、渠首引水闸、消力池、干渠、边坡、排水沟）、大坝上游2km引渠、大坝下游至刁河节制闸下游交通桥下游侧干渠。陶岔电厂负责陶岔渠首枢纽工程水电站的运行管理，陶岔管理处负责引水闸、肖楼分水口和刁河节制闸、退水闸的调度运行管理。

【工程维护】

绿化工程 2020年完成北排河渠道和所辖干渠深挖方渠道沿线渠坡草体修剪、高秆草拔除以及绿篱造型字的维修养护，完成绿植补植小专项，完成渠首枢纽园区缺株和缺失绿篱补植，完成辖区乔木刷白和冬季集中修剪。

陶岔渠首枢纽场区土建工程 完成2020年度预算下达渠首枢纽场区相关小专项的采购。完成坝前引渠护栏、办公区护栏及0＋300交通桥桥头加装警示标牌；完成坝前引渠护栏清理刷漆、坝前2km处加装界牌；完成坝前左右岸一级坡面新建排水沟、二级马道纵向排水沟砂浆找平；完成左岸交通桥下安装钢大门及不锈钢栏杆；完成办公楼二楼卫生间和宿舍楼一楼走廊防水修复；完成西侧园区步道面层混凝土砖集中更换及办公区破损白色瓷砖更换。每日对坝前漂浮物进行打捞，进行枢纽工程区卫生保洁；定期对坝顶引张线管沟、消防管沟进行清理。

深挖方膨胀土渠段和北排河渠道土建工程 完成2020年度土建工程日常维修养护项目采购和合同签订，完成2020年度预算下达干渠深挖方渠段相关小专项的采购及实施。完成柳树冲桥右岸新增浆砌石截流沟项目。完成肖楼东北桥左右岸桥下护坡硬化、刁河进口裹头坡面硬化和刁河进口新型警示柱安装、左岸8+740～9+260段一级马道新型警示柱更换安装，完成山坡杨右岸至上游1km排水沟拆除重建及新型警示柱安装。完成北排河渡槽、张楼南沟排水渡槽、王家西沟渡槽槽内水草淤泥清理及右岸张楼南沟排水渡槽至徐家桥之间浆砌石截流沟底清淤及混凝土找平、王家水库南左岸钢大门更换和路面硬化。完成山坡杨左岸钢大门更换、右岸引道路面破损修复和右岸张庄北桥下游500m处新增踏步浇筑。配合渠首分局完成8+216～8+377右岸变形体加固项目合同验收。完成大流量输水期间拦漂索拆除保存及恢复安装。完成北排河出口斜坡段不锈钢栏杆加高、王家西南桥防抛网加固的变更及实施。完成刁河部分内墙墙面修复和部分吊顶更换、园区路灯广告牌更换。完成肖楼降压站部分内墙墙面修复、外墙真石漆修复和降压站屋面防水修复及园区路灯广告牌更换、积水处理。完成肖楼园区及王家西南桥右岸截水沟增设变更实施；完成刁河进口右岸边坡滑塌、程营西北桥左岸裹头滑塌方案制定及刁河滑塌预备费申请跟进；完成右岸0+300～肖楼分水口警示柱刷新；完成刁河至张河南桥段部分路面的改造、修复和路缘石更换。完成柳树冲左岸下游侧截流沟面板滑塌修复；完成徐家桥右岸上游浆砌石截流沟及张楼南沟排水渡槽进口段浆砌石截流沟沟底清淤及找平；完成王家西南桥左岸下游侧围网易损坏处改造；完成刁河进口水质仓库搭建；完成渠道右岸肖楼东北桥至徐家桥渠段一级马道沥青混凝土路面修筑。

陶岔电厂维护项目　完成2020年陶岔电厂专项检修项目，完成1号主变应急检修工作，完成10kV九陶线电缆改造，完成10kV专用线路输电设备、导体、连接线缆、线路保护通道等部位维护及检修，完成110kV日常消缺维护、专业巡检及例行试验，完成陶岔电厂自动化升级改造、电厂防误闭锁系统安装和安全工器具柜安装、闸站自动化消缺改造项目，完成陶岔电厂自动化计算机监控系统升级改造。

【运行调度】

2019年11月1日~2020年10月31日调水年度调水量87.6亿 m^3，占年度调水计划71.16亿 m^3 的123.1%。截至2020年12月31日，累计入干渠水量351.74亿 m^3，年度发电量2.09亿 $kW \cdot h$，累计发电量4.19亿 $kW \cdot h$，累计安全运行2211天。

【水质保护】

水质监测数据　2020年按计划对监测仪器定期检查清理，按时完成各类监测采样，每月定期对高家村桥左岸下游地下水井水位进行测量，并及时上报数据。

水质应急管理体系　成立陶岔电厂和陶岔管理处水质保护工作组，编写管理处突发水污染事件应急预案和藻类防控预案，新建刁河水质物资仓库，补充水质应急物资，开展水污染事件应急演练，从体系建设、物质保障到应急演练各环节加强应急管理。组织开展突发水污染事件应急演练。

专项巡查　每月对辖区内污染源进行现场巡查、排查，形成污染源专项巡查记录并及时更新污染源台账。2020年发现新增污染源3处，复发污染源2处，原有污染源1处。经过与地方相关部门的持续沟通和跟踪处理，共消除各类污染源4处。

【安全管理】

2020年开展水利安全生产一级达标创建工作，召开达标创建工作会8次，专家到管理处指导创建工作7次。完成年度安全生产目标，其中重大事故和人员伤亡起数为零，安全隐患整改率100%，特种作业持证人数33人，特种作业持证上岗率100%。召开安全生产领导小组会4次；签订员工安全承诺书50

份；签订员工安全责任书50份；开展各专业、各类型安全生产培训40余次，建立员工培训档案50份；开展安全宣传8次，宣传覆盖3000余人次。组织日常检查、定期检查和专项检查共检查85次。与进场运行维护单位签订安全协议25份、签订安全交底53份、开具危险作业票480份。为进一步完善安全生产防控体系，全面排查工程区域各类危险源和风险点，开展防恐应急演练2次，溺水救援演练1次。

（许凯炳）

邓 州 管 理 处

【概况】

邓州管理处所辖工程位于河南省南阳市邓州市境内，涉及4个乡镇，渠道长度37.454km，起点位于邓州市刁河节制闸下游交通桥下游侧（桩号14+646.1），设计流量350m³/s，加大流量420m³/s；终点位于邓州市和镇平县交界处（桩号52+100），设计流量340m³/s，加大流量410m³/s。其中深挖方渠段（挖深≥20m）总长9.593km，最大挖深约21m，高填方渠段（填高≥6m）总长17.298km，最大填高约17.2m。

辖区各类交叉建筑物65座，其中7座河渠交叉建筑物，12座左岸排水建筑物，2座渠渠交叉建筑物，2座分水口门，2座节制闸，2座退水闸，25座公路桥，12座生产桥，1座穿渠通道。

【组织机构】

邓州管理处成立于2014年1月，隶属中线建管局渠首分局，负责南水北调中线干线工程邓州市境内37.454km渠道的运行管理工作。所辖工程包括湍河和严陵河两座节制闸，望城岗和彭家两座分水口。

2020年邓州管理处下设四个科室，分别为综合科、安全科、工程科和调度科，其中综合科主要负责行政事务、人力资源、党群、后勤保障、资产物资和财务管理，安全科主要负责生产安全、消防安全和工程安全保卫，工程科主要负责工程维护、工程巡查、水质保护、防汛应急和安全监测，调度科主要负责运行调度、金结机电、自动化和供配电。人员编制39人，实际在岗31人。

【工程维护】

2020年，完成刁河渡槽上下游河道整治及防护项目和桩号34+435～34+455左岸渠堤外坡渗水处理项目2个专项；完成刁河、湍河出口排水通道维护及刁河9号槽下部平台治理项目；完成严陵河渡槽进出口2处备料点累计3510m³块石、1125m³反滤料转移工作；采用高聚物灌浆开展雷庄东桥右岸下游渗水处理。日常维护完成沥青路面破损修复4.1km、截流沟找平18处、防护栏杆加高1784m、截流沟浆砌石防护420m、左排建筑物清淤6座、绿化苗木补植4972棵。完成湍河渡槽退水渠应急处置，满足70m³/s退水能力；完成严陵河退水闸出口通道疏通及防护项目，满足30m³/s退水能力。与邓州市农村公路管理所签订邓州市境内29座村道和机耕道跨渠桥梁维护费补助协议并完成支付。配合渠首分局完成淅川县段设计单元工程完工验收项目法人验收。

截至2020年12月31日，管理处发现问题13211个，其中管理处自查发现问题数量13156个，渠首分局检查发现问题22个，稽察大队发现问题23个。管理处问题自主发现率99.58%，问题整改率98.86%。完成工程巡查人员业务培训12次，培训228人次；对工程巡查日常安全检查20余次。

推进"两个所有"活动"网格化管理，立体化管控"实施，加大发现问题和整改问题的力度。加快工程巡查App系统上土建绿化问题的整改销号，保持整改率在95%以上。加大问题整改复核力度，确保"真问题、真整改"，同时，严格管理整改销号周期，加大逾期整改和人为错误的追责力度。合理划分巡查责任区、配置机动巡查人员。

【防汛与应急】

完成大陂南沟排水倒虹吸进口防汛演练1次；参加上级部门组织的防汛培训3次，接受上级部门防汛检查6次，参加上级部门防汛会议12次。

【安全监测】

完成内观数据采集77期，编制初步分析月报12期，完成设施设备维护单位、咨询单位考核12次，完成外观单位考核6次；完成沿线17处安全监测工作基点保护箱改造，完成加大流量输水期间沿线水尺安装及水位水量数据统计上报工作，完成程营西生产桥左岸上下游、黑白洼村南公路桥右岸上下游、大赵岗西南生产桥右岸上游等渗水处16孔测压管安装埋设，完成15+125～15+825高填方渠段沉降量变化较大部位的测点增加，完成32+300、32+400、33+000、47+960及严陵河进出口平台沉降异常部位新增垂直位移测点改造；完成2次自动化监测系统数据及参数的校核；完成可视化项目、InSAR项目配合工作。

【运行管理】

金结机电 2020年完成原维护单位退场和信息科技公司进场的交接工作，加强与信息科技公司的沟通联系及业务对接，加强与地方调水机构沟通联系和业务对接，完成彭家分水口设备调试，11月上旬完成彭家分水口分水。

高压输配电 在疫情期间克服交通限制的影响，完成2月~4月沿线35kV供电线路鸟类活动频繁对供电产生安全隐患的排查处理，处理鸟窝隐患16处，加装防鸟装置22处。完成35kV供电线路及降压站供电设备春季检修及辖区4台柴油发电机年度保养。完成严陵河中心站及辖区节制闸、分水口和管理处园区各降压站巡视维护。

专项工程 完成水利部督办项目视频智能分析平台系统在邓州管理处试点的建设目标任务。完成中线建管局合同项目邓州管理处动环监控系统设备改造及扩容项目的施工任务。完成管理处自动化专项问题整改变更项目。完成邓州管理处113个安防系统配电箱线缆及接地整改。完成辖区湍河、严陵河2座节制闸闸站工控机升级改造项目。完成邓州辖区133套渠道钢大门物联网锁的安装调试。

闸站管理 严陵河退水闸通过中线建管局首批"四星级闸（泵）站"验收，严陵河节制闸、望城岗分水闸、彭家分水闸通过中线建管局闸站生产环境标准化达标验收，辖区内节制闸及分水闸全部完成闸站生产环境标准化达标。

【加大流量输水】

2020年5月9日入渠流量达到加大流量420m³/s并持续至6月21日，邓州管理处成立大流量输水领导小组并编制印发工作方案。管理处主要领导及调度科全体自有人员均参与调度加固值班，协助调度业务开展，加强大流量输水期间水情信息传递、流态监测、设备设施损坏等突发情况的响应。大流量输水期间辖区退水闸共执行现地指令102次，每次调整均向邓州市应急局及邓州市水利局通报，同时也与刁河、湍河、严陵河退水闸下游退水通道施工现场负责人信息共享。

【输水调度】

2020年开展输水调度"两个所有"活动问题排查与整改，每月向分调度中心上报《2020年输水调度"两个所有"活动问题排查与整改情况表》，截至12月底共梳理问题104个全部整改完成。开展输水调度"汛期百日安全"专项行动，加强风险管控，严格执行输水调度、防汛值班、应急值班各项工作管理要求。配合分调中心承办2020年输水调度知识竞赛活动，全体调度值班人员参与，取得渠首分局团体第一名。开展中控室标准化建设创优争先，被中线建管局授予"优秀中控室"称号。

截至2021年1月1日8时，全年共执行调度指令673条，其中远程指令545条，远程成功率100%，现地指令128条；执行检修和动态巡视指令282条；全部指令都及时得到执行和反馈。截至2021年1月1日8时，望城岗分水口累计分水3524.24万m³，彭家分水口累计分水25.64万m³；湍河退水闸累计分水3631.62万m³，其中生态补水2768.52万m³；严陵河退水闸累计分水395.04万m³，其中生态补水395.04万m³。

【水质保护】

2020年开展4次污染源专项巡查和跟踪处理，与地方调水机构、环保局等政府部门现场协调处理污染源3处，管理处污染源台账遗留问题全部清零。完成2020年度水质应急演练，完成水质仓库货架的采购和安装、并在刁河渡槽和管理处园区安装灭蛾装置。巡查系统水质问题整改率100%，每月对水质维护人员、打捞人员、工程巡查人员开展教育培训。完成管理处辖区退水闸和分水口静水扰动合计36次。对管理处沿线左排取样72次。

【安全管理】

2020年制定安全管理文件5份，编制安全生产工作计划17份，签订安全生产责任书40份，签订安全生产协议13份，召开安全生产专题月例会11次。开展安全生产定期检查11次，下达安全处罚文件11份，罚款3.1万元。组织安全生产教育培训29次，342人。签发安全生产危险工作作业票100份。完成安全宣传物资和安全设施项目专项预算执行采购工作。组织全体职工参加全国水利安全生产知识网络竞赛及《水安将军》安全生产知识趣味活动。组织开展"安全生产月"主题条幅签名活动、安全知识讲座。以《深入学习贯彻习近平总书记安全生产重要指示精神，推动"两个所有""双精维护"向纵深发展，强化安全意识，筑牢安全放线，确保工程安全平稳运行》为主题，管理处处长讲"安全生产公开课"。参加渠首分局组织的"消除事故隐患，筑牢安全防线"主题征文活动，投稿7篇。

完成邓州管理处安全生产标准化达标创建工作及自评报告编制。完成建（构）筑物及设备设施、作业活动、安全管理三项风险清单编制、评审、辨识、评估。开展安全生产责任制履职情况检查。

2020年邓州管理处安全保卫由外保警务室和内保保安组成，邓州警务室共2名民警和4名协警，按要求配备日用警务器材，开展警务值班和巡逻；保安公司邓州分队配备17名保安，每天开展3次机动巡逻，处理突发事件12起，修复隔离网39次，驱离无证人员及车辆13起，驱离倒虹吸进出口钓鱼事件33起，开展防溺水进校园宣传活动14次，宣传车开展防溺水安全宣传活动37次，张贴海报两千张，发放宣传页10万余份，受教人数3.5万人；与邓州市教体局、公安局和沿线乡镇、派出所开展座谈1次。

（李　丹）

镇　平　管　理　处

【概况】

镇平段工程起点邓州市与镇平县交界处严陵河左岸马庄乡北许村桩号52+100，终点潦河右岸的镇平县与南阳市卧龙区交界处，设计桩号87+925，全长35.825km，起点设计水位144.375m，终点设计水位142.540m，总水头1.835m。镇平段共布置各类建筑物64座。2020年镇平管理处设置综合科、安全科、工程科和调度科4个科室，编制39人，到位30人。

【工程维护】

2020年完成渠道内外边坡、三角区及绿化带草体修剪98.6万m²，草体更换项目4296m²，草体补植项目600m²，完成40898株乔木、灌木养护工作，完成各类乔木、灌木、花卉等绿化植物种植共2543株。完成新建混凝土路面项目6130m²，沥青路面裂缝处理项目900m，混凝土路面破损处理项目867m²，泥结碎石路破损处理项目9229m²，泥结碎石路面磨耗层修复40126m²，路面标线修复（混凝土路面）项目4085m，路面标线修复（沥青路面）项目8380m，路缘石与路面（压顶板）之间接缝处项目31686m，路缘石警戒色修复项目4657m²，防浪墙与衬砌板裂缝建筑防水沥青油膏填筑处理项目9773m，警示柱刷漆项目20320个。完成混凝土截流沟拆除重建项目57m³，截流沟重建为预制块结构项目10m³，截流沟混凝土找平处理项目521m³，土工布铺筑项目240m²，伸缩缝聚硫密封胶2040m。完成渠道衬砌板聚硫密封胶更换9313m，破损沥青道路路基拆除项目620m²，路基处理项目620m²，沥青混凝土项铺筑项目23000m²。完成西赵河倒虹吸建筑物内墙粉刷4388m²，外墙真石漆5636m²。

【安全生产】

2020年对自有职工、外聘人员、新进场人员及维护单位进行安全教育培训共30余次。安全宣传进校园、进村庄、到集市，实现全年无生产性安全事故。2020年安全生产检查60余次，召开安全生产月例会12次，印发会议纪要12份；每季度组织开展1次全员安全生产教育培训；在重要节日、寒暑假散发挂历、安全宣传页、海报、挂条幅、进校园宣传共20余次；与维护、施工（穿越）单位签订安全生产管理协议21份，安全培训及技术交底30余次；对所有进场作业人员、车辆、设备实行严格的登记制度，车辆均配备《车辆通行证》，人员均配备《人员通行证》。

根据辖区特点强化反恐维稳工作，发挥《南阳市反恐办关于反恐怖袭击重点目标示范单位》的模范带头作用，同时协调镇平段警务室、保安公司镇平分队开展治安巡逻，联系市县公安部门，打击沿线各类破坏工程设施、危害水质安全等违法违规行为。

【运行调度】

2020年度中控室接收调度指令248条，操作闸门914门次，全部按照指令内容要求完成指令复核、反馈及闸门操作，全年调度指令执行无差错；完成大流量输水工作。2020集中开展输水调度应急桌面推演1次，每月开展两次知识培训。

【信息机电维护】

2020年度按照闸站标准化实施方案对淇河节制闸低压室、启闭机室进行地板改造，电缆沟盖板及支架更换，获中线建管局"四星级达标闸站"称号；配合信息科技公司南阳事业部辖区内电池组动环系统改造，配合完成辖区内信息自动化专项整改，配合完成西赵河弧形闸门安全检测；按照闸站标准化建设要求完成西赵河及谭寨分水口内外墙整修项目立项采购及施工；按照闸站标准化实施方案对闸站园区停车场改造完成，进一步提升园区环境；完成辖区内95个安防摄像机问题整改。

【水质保护】

2020年镇平管理处编制水污染事件应急预案在地方环保部门备案，组织水质应急演练1次，储备水污染应急物资；开展日常水质监测取样，编制修订镇平管理处闸站定点打捞工作管理办法，对闸站漂浮物垃圾打捞工作进行逐日检查；对辖区内可能存在水质污染风险的污染源和风险源进行排查，建立污染源、风险源台账，及时跟踪，动态更新，辖区内无污染源和新增污染源问题。

【维修工程验收】

2020年镇平段共参与采购工程维护类项目3个。按照南水北调工程验收管理有关规定，组织工程维护项目实施。组织镇平管理处前房营南2桥右岸截流沟积水处理项目、沥青路面病害处理项目、西赵河倒虹吸建筑物内外墙粉刷项目、南水北调中线干线2019-2020年土建专业维修养护项目1标和2标共计5个项目的验收。

（张青波　赵　云　张艳丽）

南 阳 管 理 处

【概况】

南阳管理处管辖范围全长36.826km（桩号87+925-124+751），渠道长33.469km，各类建筑物累计长3.357km（含白河倒虹吸1.337km）。沿线全挖方渠段累计长9.763km（挖深大于15m的深挖方累计长4.38km），高填方渠段（填高≥6m）累计长9.955km，剩余13.751km 为半挖半填渠段，全段大部分为膨胀土渠段。渠道设计流量自上而下340-330m³/s，加大流量410-400m³/s，起点设计水位142.540m，终点设计水位139.435m，总水头3.105m。

南阳段工程从南阳市区西北角穿城而过，涉及卧龙、宛城、高新和城乡一体化示范区4个行政区7个乡镇（街道办）23个行政村，辖区内共有各类建筑物77座，其中输水建筑物8座，左排建筑物22座，跨渠桥梁41座，分水口门3座，退水闸2座，水质自动监测站1座。

南阳管理处成立于2013年，是中线工程的三级运行管理单位，主要负责南阳段工程运行管理工作。2020年管理处内设综合科、安全科、工程科、调度科4个科，共有正式员工28人，学历均为本科以上。

【工程维护】

2020年涉及各类项目9个，其中续约项目2个，绿化新增变更项目1个；新增项目办公楼三楼阳台封闭项目、潦河渡槽进口楼梯间纠偏处理项目、白河退水闸水质试验项目和闸站动环监控系统改造项目、十二里河渡槽渗漏水处理项目、鸭东一分干渡槽渗漏水处理项目共6个。截至12月31日，除十二里河和鸭东一分干渡槽渗漏水处理项目正在进行外，其他项目全部完工。开展部分河道疏浚、围网和桥梁防抛网加固以及日常维护，完成十二里河河道治理穿越项目的现场监管，在十二里河渡槽实施防溅措施，提升工程安全运行系数。

【工程巡查】

2020年南阳段共有工程巡查人员20人，按照巡查App每日推送的巡查任务进行日常巡查，并根据实际情况组织汛前、汛期、大流量输水重点时段专项排查。推进"两个所有"问题查改工作，截至12月31日，利用巡查系统共上传各专业问题12262项，其中管理处自查发现各类现场问题12211项，自主发现率99.6%，问题整改12204项，问题整改率99.5%。自有员工排查问题数量占比首次突破50%。对稽察大队和上级检查发现问题，及时组织维护单位整改，举一反三做到立行立改、限期整改。

【防汛与应急】

2020年汛前建立防汛与应急工作体系，明确责任人和联系人，梳理确定防汛风险项目，编制防汛"两案"并上报渠首分局和南阳市防办备案。完成辖区11处保证水位以下防汛备料点的转移和处置，按期完成中线防汛App风险项目、仓库物资设施设备、备料点物资等模块的信息录入工作。在中线建管局与河南省联合举办的白河倒虹吸防汛应急演练活动中，管理处全面完成各项筹备任务，受到参加演练的河南省各级防汛、应急部门负责人肯定。

【水质保护】

完成白河倒虹吸进口水质应急监测车排水管路改造、余庄西桥排污口及后田洼桥污水口封堵、董岗村污水入截流沟引排疏浚工程、太阳能灭虫灯采购安装，配合实施白河退水闸水质试验项目、渠道边坡清藻机清藻效果试验等科研项目。截至12月31日，姜沟水质自动站共检测数据1600余组，数据有效率超过98%。共治理污染源3处，未发生突发水质污染事件。

【输水调度】

大流量输水 按照水利部大流量输水工作安排，南阳段2020年4月29日启动加大流量输水工作，至6月20日结束。组织中控室和闸站值班人员加强水情监控工作，加密安全监测时段和频次，并对辖区渡槽、倒虹吸、退水闸等建筑物安排人员进行24小时值守。大流量期间执行远程指令113条，执行现地指令89条，累计通过白河、潦河两个退水闸退水37723.52万m^3，妥善处置白河退水闸和潦河退水闸末端海漫段损毁险情。全年执行远程指令458条，现地指令113条，通过大寨、田洼两个分水口分水5552万m^3，通过白河、潦河两个退水闸退水6225万m^3。

星级闸站创建 开展闸站"创先争优"活动，提高规范化管理水平，标准化建设逐

步走在全线前列。中线建管局首批四星级闸站、中控室评选，管理处中控室评为"四星级"优秀中控室，白河退水闸评为"四星级"优秀闸站，新增潦河渡槽、娃娃河倒虹吸、大寨分水口、白条河倒虹吸四座闸站评为三星级达标闸站。除姜沟、田洼两个分水口暂时未达标外，其他8个闸站均为三星级以上闸站。

【安全生产】

2020年开展水利安全生产标准化一级达标创建，先后下发《关于进一步加强现场安全管理有关工作的通知》《关于进一步加强场内交通安全管理的通知》，截至12月31日，共下达处罚文件9份，罚款2.03万元。推进"安全监管+信息化"建设，辖区渠道安装物联网智能锁107把，安装雷达测速显示屏4处，安装雷达测速抓拍系统1处，下发各类危险作业工作票75份，并对各类危险作业工作票实行WPS云文档同步管理，提高现场监管的精准度和便捷性。安全保卫和警务力量开展特殊时期安全加固工作，预防、制止和处理一大批违规行为。

（孙天敏）

方 城 管 理 处

【概况】

方城段工程起点小清河支流东岸宛城区和方城县的分界处，桩号124+751，终点三里河北岸方城县和叶县交界处，桩号185+545，全长60.794km。76%渠段为膨胀土渠段，累计长45.978km，其中强膨胀土岩渠段2.584km，中膨胀土岩渠段19.774km，弱膨胀土岩渠段23.62km。辖区全挖方渠段19.096km，最大挖深18.6m，全填方渠段2.736km，最大填高15m，设计输水流量330m^3/s，加大流量400m^3/s，设计水位139.435~135.728m。

方城管理处下设综合科、调度科、安全科、工程科，2020年有编制人员41人。

【运行调度】

2020年，方城管理处共执行调度指令967条，其中远程指令931条，现地指令36条。共操作闸门3001门次，远程指令执行成功率99.76%。4月28日~6月20日在加大流量输水期间，方城段东赵河、黄金河、草墩河三座节制闸闸前运行水位在设计水位上0.20m至加大水位之间控制，各闸站运行情况正常。重点监控断面草墩河节制闸于6月10日20：45闸前瞬时流量达到最大值410.80m^3/s，从20：18到22：40流量在400m^3/s左右，运行时长2小时22分钟，工程运行平稳。

【工程效益】

2020年，方城管理处共开启分水口2座，分别为半坡店分水口、十里庙分水口；开启退水闸2座，分别为清河退水闸、贾河退水闸。半坡店分水口为社旗、唐河供水，流量0.90m³/s，共分水2979.32万m³；十里庙分水口为方城县城供水，共分水1024.2万m³；清河退水闸分水6632.48万m³；贾河退水闸分水545.38万m³。

【金结机电维护】

方城段河渠交叉建筑物有草墩河、贾河梁式渡槽，东赵河、清河、潘河、黄金河、脱脚河5座渠道倒虹吸，半坡店、大营、十里庙3座分水口。方城段共设有各类门槽（含门库）106孔，各类闸门56扇，各类启闭机52台套，以及自动抓梁等附属设备，总重量2754t。方城段永久供电系统有1座贾河中心开关站，35kV降压站11座，其中箱式变电站1座。35kV输电线路约71km（包括中心开关站电源引线10.2km），510座基杆塔。柴油发电机组6套，移动式柴油发电机组电源车1辆。

金结机电维护 2020年4月以前由外委单位开展，从4月开始由南水北调中线信息科技有限公司南阳事业部组织开展，金结机电日常维护6人。按照中线建管局统一标准，每月对节制闸进行一次动态巡查，两次静态巡查；控制闸、退水闸每月一次静态巡查，控制闸每两月一次动态巡查，退水闸每一季度一次动态巡查；2020年弧门动态巡查51次，退水闸动态巡查3次（不含清河退水闸），检修门动态巡查49次，临时检修33次。

永久供电系统维护 2020年4月开始由南水北调中线信息科技有限公司南阳事业部组织开展，永久供电系统日常维护贾河驻点共15人。永久供电系统贾河中心开关站实行24小时"五班两倒"值守，每月对11个降压站及输电线路巡检一次。2020年贾河中心开关站共用电361.5万kW·h，缴费12次累计199.8万元。

【自动化系统维护】

方城段自动化调度系统的设备设施有管理处电力电池室、通信机房、网管中心及现地站的自动化室、监控室。自动化调度系统包括方城段现地闸站，有3座节制闸、2座退水闸、3座分水口、3座控制闸，共布置人手孔199个，闸站视频监控129个，渠道沿线安防摄像机161个。自动化调度系统包括闸站监控系统、视频监控系统、自动化安全监测系统、视频会议系统、工程防洪系统、安防系统等。信息自动化各个系统的维护在2020年7月以前由外委单位实施，7月开始由南水北调中线信息科技有限公司南阳事业部组织实施，信息自动化日常维护9人。

【安全监测】

2020年，根据各监测部位所安装的渗压计、钢筋计、应变计、测斜管、测压管、垂直位移测点、水平位移收敛点等监测仪器观测成果，辖区工程渠道和建筑物运行性态良好。完成振弦式仪器人工采集数据12942个，测压管采集数据4658次，沉降管采集数据2736个，测斜管采集数据37240个，外观测点采集数据11168个。完成黄金河倒虹吸新增12孔测压管项目。组织安全监测外聘人员培训12次、60人。工程巡查App中安全监测问题455个，全部整改完成。组织编写安全监测月报12期，外观观测单位考核6次，自动化维护标考核3次。完成安全监测仪器日常保养及仪器检定工作。

【工程巡查】

方城管理处辖区工程巡查分为10个责任区，共26人。2020年开展业务培训11次286人，业务考试3次78人，"两个所有"典型问题清单培训和专业知识考试2次54人，工程巡查人员全年发现各类问题19816个占管理处问题总量的79.5%。2020年方城管理处检查发现各类问题24141项，自查问题数量较2019年上升77%，全部完成整改，维护率100%。2020年上级部门检查发现问题74项，管理处自查率99.69%，与2019年相比上升0.01%。2020年人均自查问题数量689项较2019年上升107%。

【防汛与应急】

方城管理处2020年共列6处防汛风险项目，分别为小清河河道倒虹吸、东赵河渠道虹吸、清河渠道倒虹吸、潘河渠道倒虹吸、黄金河渠道倒虹吸、贾河渡槽。成立2020年防汛领导小组及应急抢险队完善防汛组织机构，水利部检查1次，长江委检查3次，中线建管局、稽察大队、地方政府部门检查多次，发现的问题均完成整改；"7·21"大暴雨期间24小时最大降雨200mm，江河排水倒虹吸、湾街排水倒虹吸均超过警戒水位，管理处领导及职工迅速到达现场驻守；2020年保养应急设施设备12次，配合南阳管理处开展白河进口防汛演练1次，参加渠首分局组织防汛培训1次，2020年工程平稳运行。

【工程维护】

2020年进行排水沟、截留沟清理、涵管、排水管等排水设施淤堵清理，防洪堤加高、补充，左排进出口淤积、路缘石（防浪墙）与沥青路缝隙灌缝等防汛安全准备；进行沥青路面修复、桥头植草砖修复、左岸泥结石道路修复、警示柱刷漆、左岸下渠管理道路混凝土硬化、防护网更换、闸站室内外墙面刷漆、路面围网清理、割草、拔草、草皮补植、苗木补植栽植，以及截流沟汛期水毁项目修复等土建绿化日常维修养护。专项项目黄金河倒虹吸上下游河道整治工程实施完成并通过验收；村道和机耕道维护费补助项目同方城县交通运输局签订补助协议并完成支付；黄金河倒虹吸洞身完成排空检查；黄金河进出口渗水处理项目完成采购并开始实施。

【水质保护】

2020年配合渠首分局、协议监测单位开展取样工作18次。在全国"两会"期间进一步加固水质安全管理措施，对危化品车辆通过频次较高的桥梁安排专人24小时值守；大流量期间每周至少一次进行水质风险点排查，共排查8次；协调方城县环保局、方城县南水北调中心处理水质污染源，排查发现污染源3处，治理3处；在沿线乡镇、村庄、学校开展公民大讲堂和水质保护宣传9次；每月至少开展静水区域扰动1次，按时对退水闸、未分水的分水口底部淤积物进行清理、抽排；开展鱼类资源、水禽类资源等水生态调查18次；日常每周一次、大流量期间每周两次用多功能参数仪器对水质进行监测，共监测66次；每月对水质监测井进行数据采集，共采集12次；集中对工程巡查人员开展水质保护巡查培训4次；开展东赵河、黄金河、草墩河闸站蜮虫捕杀及数量统计；完成水污染应急演练；完成水质仓库建设，完成大流量前期水质应急工作平台和拦油设施设备拆除、拦油设施移交南阳管理处及水质应急工作平台日常维护；参加中线建管局和渠首分局组织的水质业务培训4次，8人；巡查App上传水质问题39个，处理完成39个。

【安全管理】

2020年完成中线建管局水利安全生产标准化一级达标创建工作。建立风险分级管控和隐患排查治理双重预防机制，编制风险清单，在输水渡槽、高填方等重点部位设置重大安全风险告知卡和职业危害告知卡。持续开展"两个所有"问题查改活动，全年共排查安全生产及安全保卫类问题3047个，整改3047个，整改率100%。全面落实全员安全生产责任制，利用技防、人防、物防的手段开展安全保卫日常管理工作。完成2020年"全国两会""中秋、国庆双节"、大流量输水期间安全加固工作。组织开展法律法规知识、规章制度、急救知识、新入场人员、交通安全、网络安全等培训学习19期，开展安全交底33次。开展安全文化建设，举办"安全生产月""一把手讲安全""管理处安全知识竞赛""南水北调公民大讲堂"、举办安全讲

座、安全宣讲等活动，鼓励和引导全体员工 参与安全文化建设和推广。 　　　　（王宛辉）

叶县管理处

【概况】

叶县管理处工程线路全长 30.266km，沿线布置各类建筑物 61 座，大型河渠交叉建筑物 2 座（府君庙河渠道倒虹吸，澧河渡槽），左岸排水建筑物 17 座，渠渠交叉建筑物 8 座，退水闸 1 座，分水口 1 座，桥梁 32 座。流量规模分为两段，桩号 K185+549－K195+477 设计流量 330m³/s，加大流量 400m³/s；桩号 K195+477－K215+815 设计流量 320m³/s，加大流量 380m³/s。

【组织机构】

叶县管理处编制数 39 名，控制数 33 名，实际在岗 26 名，2020 年设综合科、安全科、工程科、调度科，其中处级干部 3 名，科室负责人 4 名，员工 19 名。组织机构健全，管理制度完善，岗位分工明确，职责清晰，各项工作有序开展。2020 年叶县管理处按照"践行总基调　筑牢生命线　加快新发展"的工作思路，协调各部门关系推动各项工作实现既定目标。

【工程管理】

2020 年土建日常维护项目有浆砌石勾缝修复、破损护坡拆除重建、新建排水沟、沥青路面沉陷处理、泥结碎石路破损处理、聚硫密封胶填缝处理、警示柱刷漆、截流沟砂浆找平处理、防护网片更换、刺丝滚笼安装。合同金额 905.29 万元，截至 11 月实际完成合同金额 688.18 万元（不含设计变更项目），占合同额 75.9%。合作造林项目实施第三年，2020 年养护合作造林树木共 90584 株，其中一般防护林带乔木 64891 株，桥梁节点乔木 19242 株，灌木 3689 株，并完成 18000 棵死亡树木补植。澧河出口高填方渠段日本矮樱、紫叶李、金叶柳、木槿等观赏树种约 2800 株。完成 7.64km 标准化渠道创建，累计

完成 28.57km。

全面排查防护区内的污染源，未发现污染源。每月 2 次大气沉降对渠道水质影响项目样品采集，更新和修改工程巡查手册，编写巡查人员考核细则。

沟通协调，突破难点，完成 2 座国道省道跨渠桥梁竣工验收移交。审核批准自动化运行维护单位月度巡视检查计划及维护月报，检查并考核维护结果，配合完成无人机监测渠坡变形项目，安全监测自动化维护如期移交至信息科技公司；每月检查外观测量作业过程，审核外观作业成果，组织召开安全监测月例会。

组织维护单位技术工人及班组长参加河南分局举办的南水北调（河南）第一届"工匠杯"技术比武。参加浆砌石勾缝、混凝土拆除浇筑施工、路缘石安装、聚硫密封胶修补、草体修剪、树圈维护项目，并取得优秀成绩。管理处获"优秀组织奖"，维护单位获"优秀组织奖"，获得"一星班组长"6 人，"一星技术工人"13 人。

【安全生产】

2020 年完善制度体系加强培训交底，调整安全生产工作小组，完善安全生产组织机构和安全生产管理办法，制定年度安全生产管理计划，完善安全生产管理手册。组织参加全国水利安全生产知识网络竞赛、《水安将军》安全生产知识竞赛、"两个所有"知识竞赛并取得优秀成绩。全年开展各类安全培训 16 次，参加培训人员 307 人。

开展专业隐患排查治理。加强"三查一督"监管机制。签订安全生产责任书 35 份，员工签订安全生产承诺 35 份，每季度开展安全生产目标检查考核和安全生产责任制落实情况检查考核。签订安全生产协议 8 份，安全

技术交底 15 次；其他相关方安全告知书 5 份；组织召开月度安全生产工作会议 12 次，签发危险作业票 275 份，签发临时用电许可证 42 份，签发动火作业票 18 份。组织全员开展隐患排查，发现问题即查即改、边查边改，隐患消除在萌芽阶段。全年开展各类安全生产检查 40 余次，处理违法违规行为 46 起、安装救生索 35 条、各类警示标牌 300 余个，拆除和更换防抛网 6707m²、滚笼刺丝 3597.20 延米。

水利安全生产标准化一级达标创建是中线建管局 2020 年重点任务，根据中线建管局和河南分局统一部署，严格按照 8 个一级项目、28 个二级项目和 126 个三级项目逐项开展创建工作。按规定设置安全生产管理机构、配备专职安全生产管理人员，建立健全安全生产管理网络；加大宣传力度，对各级管理人员进行教育培训；对外来人员进行安全教育；开展隐患排查，逐级建立并落实从主要负责人到相关从业人员的事故隐患排查治理和防控责任制，并通过安全生产达标创建。

开展专项整治三年行动，对 2 个专题和 8 个重点任务进行研究，解决专项整治中存在的重难点问题。编制印发《叶县管理处安全生产专项整治三年行动实施方案》，明确科室分工，落实工作措施，定期上报工作开展情况。同时以南水北调各类自动化系统，对现场进行监管，建立"安全监管+信息化"监管模式。"两会"期间、大流量输水、节假日、夏季高温、冬季期间输水安全平稳运行。开展隐患排查、重点部位值守、两个所有巡查、安保及警务室巡逻及应急处置工作。

【运行调度】

2020 年接收并执行调度指令 356 条，操作闸门 639 门次，远程操作成功率 99.44%。日常考核和调度竞赛相结合，提高值班人员岗位能力和业务水平，对水情信息及渠道环境变化实时监控，及时发现各类隐患，准确分析、填写和报告警情信息。

全年发现整改信息机电类问题 1132 条，

现场设备巡查和巡视 52 次，配合完成辖区内闸门及启闭设备安全检测、检修平台安装工作。对标《闸（泵）站生产环境技术标准》，开展闸站标准化建设，辛庄分水口、府君庙河倒虹吸、澧河退水闸 2020 年同时获得"三星"闸站称号，管理处辖区所有闸站均为"三星"闸站。中控室开展"汛期百日安全"活动，整编输水调度业务、应急工作手册、度汛方案、防汛应急预案等重要文件充实学习角，更换会商桌及会商椅升级中控室硬件设施，开展交接班问答和调度竞赛，提升值班业务水平。中控室获中线建管局 2020 年度优秀中控室（四星级）优秀中控室称号。

【防汛与应急】

2020 年叶县管理处成立防汛应急处置小组，负责汛期洪涝灾害引发的各类险情预警及应急先期处置工作。应急处置小组下设综合保障队、现场处置队和运行保障队，分别由管理处负责人、主任工程师负责，成员由各科室工作人员组成。汛前编制 2020 年的度汛方案及应急预案，同时邀请专家评审，后经修改完善上报地方防汛部门及河南分局备案。

全年组织开展 5 次防汛应急培训，防汛物资设备采购保质保量及时到位，全面排查并建立防汛风险项目登记台账，根据预警要求，及时安排人员设备值守。按照《关于做好 2020 年南水北调中线干线工程安全度汛工作的通知》（中线局工维〔2020〕12 号）工程防汛风险项目五类三级划分标准，对辖区工程大型河渠交叉建筑物、左排建筑物、全填方渠堤、全挖方渠段、其他工程等五类项目进行排查。排查出防汛风险项目 4 个，其中大型河渠交叉建筑物 1 座为 3 级风险项目，左排倒虹吸 1 座为 3 级风险项目，全填方渠段 2 处为 3 级风险项目。汛期应急抢险驻汛点 2 个：沙河渡槽和禹州段采空区。每个驻汛点配置挖掘机（自重 20t 以上，斗容量 1m³ 及以上）3 台、装载机（自重 5t 以上，斗容量 3m³ 及以上）1 台；每个标段配备长臂挖机 1 台，拖板车（载重25t以上，拖运抢险设备）1台。

按照要求防汛应急物资及抢险设备储备有土工布、土工膜、编织袋、铅丝笼、木桩、石块、反滤料、脚手架、铁丝、钢管、装配式围井、配电箱、救生圈、救生绳、水面浮球、救生衣、防水手电、胶鞋、铁锹、铁丝、十字镐、担架、警戒带等物资，按要求储备应急电源车、抽污泵、橡皮船、配电箱等设备，保障应急抢险先期需要。汛期叶县管理处防汛值班每班次2人，防汛值班电话24小时保证畅通，值班电话无漏接迟接情况。

【合同管理】

2020年组织签订合同项目6项；办理计量支付20余次，其中土建日常项目10次、绿化项目4次，累计结算金额超过1185万元；处理变更项目16项，授权范围内自行批复变更项目12项，无索赔事项发生；计划合同信息管理系统补录往年合同超过10个；预算"三率"执行位居河南分局前列，采购完成率94.23%，统计完成率98%，合同结算率90%以上。合同签订程序合规，合同立项、合同会签资料完备，并及时报送河南分局业务处室备案归档；审核报送结算资料齐全规范，办理结算准确及时，未发生审核把关不严被追责现象；变更处理及时，程序合规，履行审核职责，定性准确，定价无严重偏差，处理变更事项承包商无异议，未发生被追责现象。规范记账、算账、报账等日常会计处理工作，按月编制食堂月账，手续完备、数字准确、账目清晰。

【预算管理】

预算执行可控在控，2020年管理性费用整体执行率48.61%，因为疫情原因造成部分预算执行困难，产生结余。其中业务招待费、车辆使用费、差旅费、会议费结余较大，修理费因地源热泵多次发生较大故障费用超出预算，技术图书资料因额外订阅人民日报海外版超出预算。持续推进预算管理科学化精细化水平，合理编制年度资金预算，

加强资金使用管理，严格履行财务监督审核程序。

【采购管理】

2020年成立采购小组，按照年度预算完成一批使用年限到期资产报废更新。管理处授权范围内组织直接采购项目5项，配合河南分局完成公开招标采购1项，供应商备选库采购项目1项，编制采购限价6次，配合河南分局编制采购限价1次。授权范围内采购项目严格按照采购权限和采购程序进行，采购文件编制规范，采购限价编制合理，物资采购管理清晰透明。

（许红伟　牛　岭）

【水质保护】

2020年在日常巡查中发现常村镇杨蛮庄距离渠道300m处有一养猪场，存在污染隐患。叶县管理处沟通协调有关部门暂停猪场停业整改，辖区内污染源消除，未发生水质污染事件。

物资仓库存放围油栏、吸油毡、应急防化服、防毒面罩、铁锹及编织袋等物资；在2座有危化品通过的风险桥梁附近设置应急储沙池；确保发生水污染事件时干渠水质安全。在沿线设置水质保护宣传牌，开展水质培训，配合中线建管局及河南分局外协单位开展大气沉降采样，在府君庙、澧河组织人员每天进行漂浮物打捞。

【工程效益】

2020年叶县段工程输水安全平稳，澧河节制闸向下游分水 783737.62 万 m^3，累计 2940378.20 万 m^3；辛庄分水口向漯河、周口两地分水 13733.62 万 m^3，累计 46003.64 万 m^3；澧河退水闸生态补水 1 次，2538.16 万 m^3，累计 3571.56 万 m^3。

【"两个所有"活动】

2020年持续开展"两个所有"活动，管理处建立所有员工查找所有问题常态化工作机制，明确责任人和责任范围，明确奖惩措施；组织开展业务培训，提高员工自主发现

问题能力；建立"一人多岗、一岗多人"工作机制；每月抽题组织1次闭卷考试，对于知识考试成绩85分以下或排名后三名的员工，进行"谈话提醒"，增强员工对非本专业知识的了解、学习。全年共发现各类问题11142个，整改问题11083个，整改率99.4%；抽查责任区巡视达标率100%；组织开展9次"两个所有"考试，达到90分以上共128人/次。

标准化规范化实践项目创建，以安全生产为中心，突出问题为导向，工程科完成《高地下水位渠段增设排水棱体》《预制拱圈装配项目技术标准》，调度科完成《安防摄像头风光互补供电系统》《高压环网柜SF6气体泄漏检测报警装置》，安全科完成《隔离围网焊耳脱焊快速永久修复构件》上报河南分局，获得2020年度推广实践项目。

【党建工作】

党建与业务 开展"党员责任区""党员示范岗"主题活动，明确党员示范岗、党员责任区，党建与业务深度融合，发挥党员先锋模范作用和先进典型示范带动作用，创造良好文化氛围。2020年共创建党员示范岗8个、党员责任区5个。开展支部书记讲党课、主题党日、联学联做活动，推动补短板、强监管，实现"稳中求好，提质增效"的工作目标。

党员服务 开展"谈心谈话"活动，支部书记是谈心制度第一责任人，围绕意识形态、工作、生活内容开展谈心。按照干部管理权限和党员领导干部分工，实行分级负责的办法，谈心活动覆盖每名党员、每名职工。及时了解并反映党员需求，及时解决困难党员和群众的问题，2020年保有记录的谈心谈话26份。

疫情防控 多方寻找食材供应商联系食材，保证供给、提高品质；加大物资储备，加强联系口罩、酒精、84消毒液采购渠道，保障防疫物资供应；关注高速出行路况为职工规划返程路线，到高速路口送通行证明；对管理处园区、厨房、办公场所等区域进行消毒消杀。餐厅就餐实行自带餐具就餐，一人一桌；餐厅、餐桌、办公桌、门把手、卫生间、车辆全部进行消毒，每天两遍；园区出入测量体温和登记。

【新闻宣传】

2020年共发表稿件152篇，其中南水北调报7篇，中线建管局网站55篇，其他媒体7篇，公众号发表55篇。对日常工作、党建业务、典型模范、精神文明建设加大宣传力度。在安全生产月、学校新学期联合警务室和保安公司对沿线4个乡镇的20个村庄、24所中小学5800余名师生开展安全法规、防溺亡宣讲。现场采用小课堂、演讲比赛、设置展板、提问互动的形式开展宣传，发放宣传页2000余张、悬挂条幅30条、粘贴海报150余张。

（武运动 郑强龙）

鲁山管理处

【概况】

鲁山段全长42.919km，其中输水渠道长32.799km，建筑物长10.12km。输水渠道有高填方7037.9m，半挖半填17851.6m，全挖方7903.4m。沿线布置各类建筑物94座，其中节制闸2座、控制闸2座、退水闸2座、分水口2座、河渠交叉建筑物4座，左岸排水建筑物2座，渠渠交叉建筑物20座，桥梁38座（交通桥21座、生产桥17座）。设计流量320m³/s，加大流量380m³/s。辖区起点设计水位133.890m，终点设计水位130.191m，总设计水头差3.699m，设计水深7.0m。设计流量320m³/s，加大流量380m³/s。

【组织机构】

鲁山管理处负责鲁山段工程运行管理，以及平顶山直管项目的征迁退地、桥梁移交、完工验收、尾工建设任务。编制43名，控制数39名，实际在岗28名，设置综合科、安全科、工程科、调度科。组织机构健全，管理制度完善，岗位分工明确，职责清晰，各项工作有序开展。完善组织机构，优化人员配置，细化职责分工，深化职工薪酬管理，加强岗位专业技能培训。根据年度工作重点制定培训计划，逐月跟踪督促培训开展情况。建立培训讲师制度，规模化集中培训管理，全年人均参与培训时长超90课时。开展职工劳动保护、社会保障管理、职称申报、档案信息管理、标兵评比、水利专业技术考试工作。

【安全生产】

2020年是水利安全生产标准化一级达标创建年。鲁山管理处全员参与，对照创建标准、规范业务流程、细化执行运行安全管理行为清单，加强现场管控与建立长效机制结合，通过安全生产管理标准化建设验收。实施《施工临时用电规范化标准配电箱》安全标准化创新项目，不断优化设计方案，实现提高使用效能、降低成本费用的经济性指标，编写的《施工临时用电规范化标准配电箱使用技术标准》创新科技成果被河南分局列为2021年度强行推广使用项目。建立健全安全生产管理体系，及时调整安全生产领导小组成员和人员职责，完善安全组织机构和安全生产管理办法；编制安全生产标准化一级达标创建实施方案并印发，制定年季月度安全生产管理计划，印发安全生产标准化工作手册，安全生产体系进一步健全。

按照安全生产专项整治三年行动、全国安全生产月，"安全生产"专题活动要求，结合"两个所有"、安全生产检查、雨中巡查等措施，推动全员排查事故隐患，开展"查隐患从身边做起"活动，完善"三查一督"监管机制。加强特殊季节和关键时期生产安全，保障两会期间、大流量输水期间、"春节""五一""中秋"等节假日期间安全，开展疫情期间生产安全与防护和暑期安全生产，汛期安全生产制定应急预案，加强冰期输水安全管理。

2020年组织安全生产知识培训20次324人。签订安全生产责任制52份，员工签订安全生产承诺书35份，每季度开展安全生产目标检查考核和安全生产责任制落实情况检查考核。与3家维护单位签订安全生产协议；其他相关方安全告知书15份；组织召开月安全生产工作会议12次，安全专项检查12次；开具危险作业票207份，临时用电申请81份，动火作业票25份。

在安全生产月联合平顶山市、鲁山县两级政府部门，开展"消除事故隐患、筑牢安全防线"为主题的"安全生产进万家"专场演出，电视台和互联网媒体同步直播。联合警务室和保安公司到渠道沿线张官营、磙子营等6个乡镇20个村庄，距渠道1km范围内的村庄开展宣传活动，发放宣传页2000余张，悬挂条幅30条，粘贴宣传海报200余张，扇子3000把，摆放展板8块，致家长的一封信和供水条例2000份。按照"两个所有"要求，组织人员定期开展围网专项排查、保护区专项排查，落实问题整改。

【"两个所有"活动】

2020年开始建立问题查改长效机制，根据"每周两天、不少于1遍"的双控检查指标，进行员工发现问题数量排名公示。推动全员"两个所有"能力建设，开展"两个所有"考试及知识竞赛活动，培养问题发现能力，提高问题发现质量，截至12月底共发现各类问题11351项，整改完成11032项，自主发现率99.31%，整改完成率97.20%。

【调度管理】

鲁山段2020年输水量726901万 m³，其中退水316.32万 m³，分水20.24万 m³；执行调度指令1519批次，成功1509批次，远程指令成功率99.3%。鲁山管理处制定问题消缺、软硬件升级、环境美化等措施，沙河闸站被授予

"四星级闸（泵）站"，灰河闸站、澎河闸站、沏河闸站被授予"三星级闸（泵）站"。4月29日~6月30日加大流量输水期间加强巡视值守，加密参与调度的分水口、节制闸、深挖方、高填方等重要部位巡查。开展"汛期百日安全"专项行动，制定专项行动实施细则。落实全员调度值班工作，管理处副处长带头参与，定期对值班长及值班员进行考核，组织全体职工进行理论培训。管理处全员值班，解决了调度值班人员长期值班，脱离现场工作的问题，取得良好的效果。

2020年对机柜内设备未接地、双电源设备未进行双电路连接、双电源设备两条电源线接在同一个PDU等稽察、标准化建设遗留、自查所发现问题进行消缺。设备设施日常维护按照规定进行闸门的动静态巡视，完成河南分局第二、第三批典型问题查改。排查杆塔二维码标识，组织开展鲁山段春季电气设备预防性试验，并对影响供电线路树木实施砍伐。

（赵 京 马腾飞）

【工程维护】

2020年土建工程持续开展双精维护，修订《南水北调中线干线鲁山管理处工程维护分段管理责任制实施方案》，优化土建维护管理方式。加强资源投入、质量、进度、安全、文明施工过程管理，完善计量和签证流程，严肃考核机制，严格质量评定和验收程序，实现"精准定价、精细维护"目标。2020年创建标准化渠道6.1km，超额完成全年6km标准化渠段建设目标。克服疫情防控不利因素完成澎河渡槽检修。澎河渡槽左线9跨渡槽下部涵洞与挡墙结合部位轻微渗水，按照河南分局指导意见，借鉴穿黄隧洞检修成功经验制定处理方案，"两班倒"作业、组织人员夜间施工缩短工期，3月7日澎河渡槽完成检修正常运行。冬季值干渠小流量输水期间，完成沙河渡槽检修工作。12月22日对沙河梁式渡槽左联2号线进行停水排空检修，处

理17-18跨结构缝部位渗水问题。结构缝渗水处理方案对近年来结构缝处理重新进行优化，调整角钢尺寸、回填层、手刮聚脲施工等。1月27日2号线恢复正常调度，结构缝部位无渗水，处理效果达到预期目标。

【安全监测】

2020年度完成安全监测数据采集、整编，安全监测站房内墙墙体粉刷、防雷设施安装、水平位移观测墩、垂直位移测点及测点标识牌更换等维护、安全监测自动化系统内历史数据校核、召开安全监测会商会及辖区异常部位的分析研判工作。开展安全监测专业内部培训4次，学习南水北调中线工程安全监测专业岗位标准、技术标准、管理标准和数据采集规定等文件。印发安全监测管理工作实施细则，明确异常问题处置流程。在日常数据采集及分析过程中及时发现异常问题，并采取必要措施进行处置。

2020年安全监测采集整编安全监测数据4113058点次，其中内观人工采集23503点次、外观数据14602点次、自动化采集点次4074953点次，原始数据严格按要求进行记录并装订成册，内业资料完整齐全，并按时进行归档。以问题为导向落实整改，2020年发现、处理、整改安全监测问题189项，上级单位检查、稽查及自查发现的安全监测问题整改率100%。按照年度预算对辖区安全监测内、外观设施进行维护，完成水平位移观测墩维护181个、水准工作基点保护井修复9个、测点标志牌更换138个，完成活动式测斜仪、GK408读数仪、电磁沉降仪、电测水位计二次仪表检定17台次。持续完善安全监测自动化系统，对系统内测点缺少的信息及时查找设计文件等相关资料进行补充完善，推动未接入自动化系统的仪器改造工作，并对发现的安全监测自动化软硬件问题及时组织自动化维护单位处理。

【水质保护】

2020年开展水质保护巡查、漂浮物打

捞、水体监测、藻类捕捞、污染源防治、水生态调控试验工作。在3座有危化品通过的风险桥梁附近闸站设置应急物资箱，有应急防化服、铁锹及编织袋，并对桥面排水设施封堵、设置应急储沙池和集污池；在沙河进口储存围油栏、吸油毡、吸油拖栏等应急物资。在沿线各跨渠桥梁桥头处设置水质保护宣传牌118块，配合中线建管局及河南分局外协单位进行水体采样10次，全年打捞水面漂浮物超500kg；修编《水污染应急预案》并向河南分局水质监测中心和地方相关责任部门备案。定期排查工程沿线水源保护区内污染源，并致函鲁山县相关责任单位协调取缔污染源3处；加大流量输水期间，组织相关单位对水面阻水设施进行拆除。警务人员和安保人员统一服装，按规定定期沿渠巡逻，及时处理违法违规行为192起。

配合中国科学院水生生物研究所开展《中线总干渠贝类异常增殖成因及其多种途径防控体系》研究；水生态调控试验作为河南分局的一项重要科研项目，配合长江流域水环境监测中心较好完成2次鱼类资源调查工作、鱼类洄游规律试验、水生态调控原位试验和9次月、季度生态水体采样。

【防汛与应急】

2020年按照风险等级标准确定4处风险项目，编制防汛应急预案和度汛方案，汛前完成防汛物资及工器具采购补充。严格落实24小时值班和领导带班防汛值班制度，开展鲁山管理处高填方渠段防汛应急演练。汛期大雨以上降雨共7次，按要求开展雨中雨后巡查。郭胡桥左岸渠道衬砌板先后出现3处隆起，紧急调集河南分局应急抢险队到现场进行水下探查、应急打降压井进行地下水抽排，确保工程实体安全；7月21日鲁山段大暴雨，降雨造成围网损坏、雨淋沟冲刷、截流沟损坏、泥结碎石路面损坏等63处，开展问题查改、水毁项目，快速恢复附属设施功能。主汛期配备抢险人员12名，设备6台、

24小时值守待命；汛前及汛期上级检查5次，参加上级各类防汛会议7次；防汛应急物资全部到位，设施设备状态良好，全员参与防汛值班，辖区4处3级防汛风险点实现平稳度汛。

【审计与整改】

2020年接受2019年运行维护费用和局长离任审计共二次审计监督，对审计机构提出的食堂供应商没有进行市场调研、外来就餐人员没有统计收费标准、清单描述理解不准确7项问题按照"明确问题类型及原因、明确责任单位和责任人、明确整改措施或方案、明确整改计划，限期整改的"审计问题整改要求，逐一建立问题台账，编制整改报告并得到审计机构认可，审计发现问题全部整改完毕。

【预算管理】

根据量入为出，确保重点；项目管理，过程监控等全面预算管理的基本原则，加强预算项目执行的约束力。预算执行监管信息系统对实行项目执行全过程跟踪和监管，对预算项目执行偏差进行预算分析。鲁山管理处2020年管理费用预算分解金额173.10万元，截至12月底共执行105.79万元，执行率61.11%。其中三公经费预算执行率：业务招待费11.08%、会议费0、车辆费77.56%。运行维护项目三率：采购完成率99.53%、统计完成率99.95%、结算率92.97%。

【资产清查】

物资清查初盘提前完成，位列第一方阵。2020年10月，中线建管局启动第一阶段全面物资清查工作，鲁山管理处4个设计单元在内。管理处迅速制定资产清查专项方案，成立以处长为组长的全面物资清查突击小组，明确组成人员和具体责任分工，在12月20日前提前超额完成河南分局资产全面清查督办事项。加强会计核算，开展资产管理动态管理。2020年编制记账凭证1856份，各类原始凭证完整真实、程序合理合规、资金使

用受控。严格执行资产出入库管理制度，登记资产变动台账，每季度开展资产盘点，保证账卡物相符。

【研学教育实践基地建设】

推进研学教育基地建设，打造精品课程。在全国中小学生实践教育基地建设中，持续塑造"沙河渡槽"工程璀璨明珠，推动场区规划、功能分类、基地建设、设施完善、硬件提升，制定接待标准、完善接待流程、打造精品线路、开发优质课程。2020年开展全国中小学生研学实践教育活动22批次，以"助力教育脱贫攻坚　南水陪伴英才成长"为主题的公益研学5批；走进鲁山西部贫困山区，开展"关爱留守儿童、筑梦陪伴成长"公民大讲堂活动；创建微信公众号，开发研学新平台，采用线上研学方式传播南水北调故事，建设更多中小学生喜爱的沙河渡槽研学优质课程。弘扬新冠肺炎疫情中医护人员"逆行者"精神，特邀百名医护人员子女走进沙河渡槽。全年省内外2100名学生受益。

【工程验收与移交】

2020年完成辖区内三座国道省道桥梁缺陷处理并移交。倒排工期加快施工进度，如期完成桥梁缺陷处理。12月23~24日，河南省交通运输厅主持召开鲁山段境内3座国道省道跨渠桥梁竣工验收会议，通过验收和移交。河南分局统筹协调，鲁山管理处配合，联系施工、监理、设计等参建各方编写专项验收报告，组织验收会议，全年通过鲁山北段设计单元工程完工验收、鲁山南2段设计单元工程完工验收、沙河渡槽段设计单元工程完工验收，超额完成年度验收任务。

【党建工作】

履行党建主体责任，加强党建与业务融合。鲁山管理处党支部学习贯彻党的十九大及十九届五中全会精神，有看直播、学讲话、听讲座、联学联做、学习强国等方式，开展"两学一做""不忘初心、牢记使命"主题教育活动，落实"三会一课"制度，执行"三重一大"监督。开展党风廉政警示教育活动。鲁山管理处党员在道路不通、防疫物资紧缺情况下，第一时间返回岗位，主动担负起疫情防控、调度值班、设备巡视等任务；澎河渡槽渗水检修、防汛应急先锋突击队组建、雨后深夜巡查等急难险重工作党员带头；以问题为导向，党员带头开展隔离设施排查；大流量输水期间，主动承担起高填方、深挖方等关键部位的徒步巡视工作。彰显一个党员一面旗帜的新时代精神。建立"灯下黑"问题清单，学习"八项规定实施细则"，及时开展党风廉政警示教育活动10次，在"春节、五一、端午、中秋、十一"节点严防"四风"反弹，全面从严治党，严格履行监督职责。

【精神文明建设】

2020年成功创建市级文明单位。鲁山管理处坚持以人为本、系统谋划、整体推进、创建文明单位。按照市级文明部门创建要求对标对表，参加爱心助力高考、慰问贫苦家庭、垃圾分类及废旧物资再利用志愿服务活动，履行企业的社会责任；开展篮球、足球、趣味赛事，丰富职工精神生活；践行"讲文明、树新风""传家训、立家规、扬家风"新时代理念，提升职工素养和道德品质；以公益研学为载体助力教育精准脱贫，文明单位创建活动取得实效。

【新闻宣传】

调研参观接待屡创新高。作为中线控制性工程，沙河渡槽是向外推广的一张靓丽名片，2020年鲁山管理处组织接待各类考察、调研、参观150余次7000余人。开展以"排除事故隐患、筑牢安全防线"为主题的"安全生产进万家"大项公益演出、"南水北调助力构建国家水网"为主题的喜迎南水北调通水6周年、"南水北调公民大讲堂志愿服务项目""防溺亡专题宣传"等进村入校活动。全年在中国南水北调报发表文章7篇、中线建管局网站发表文章26篇、南水北调手机报报道5次、信语南水北调微信公众号、豫见南水北调官方微信公众号报道17次、博言南水北调官方微博报道6次、管理处微信公众号推送33篇，并获"南水北调志愿服务项目公民大讲堂"路演竞赛铜奖、"掠美瞬间　美在中线"摄影大赛工程篇二等奖和秋色篇三等奖。

（宁志超　张承祖）

宝 丰 管 理 处

【概况】

宝丰管理处所辖干渠起点宝丰县昭北干六支渡槽上游58m，桩号K258+730，终点北汝河倒虹吸出口，桩号K280+683。途径宝丰、郏县5个乡镇84个村。总长21.953km，其中高填方渠段长4.273km，填高6~12m，深挖方渠段长0.663km，挖深20~28m，膨胀土（岩）渠段长10.9km（中膨胀土渠段3.4km，弱膨胀7.5km）。

渠道设计底宽18.5~34.0m，堤顶宽5m。设计流量320~315m³/s，加大流量380~375m³/s，设计水深7m，加大水深9m，渠底比降1/24000~1/26000。共布置各类建筑物65座，其中河渠交叉建筑物5座（包含2座节制闸、3座控制闸）、渠渠交叉建筑物7座、左排建筑物8座、跨渠桥梁21座（包括铁路桥2座）、分水闸2座、退水闸1座、铁路暗渠1座、抽排泵站8个、安全监测室12个。

（陈嘉敏　张克会　王耀鹏）

【安全生产】

2020年宝丰管理处安全生产标准化基本条件符合要求，在全部28项（总分数1000分）三级评审项目中，查评125项（应得分990分）。评价的125个项目中，扣分项3项，扣分值20分，实得分970分。

按照水利部《水利工程管理单位安全生产标准化评审标准》得分评定方法，评定得分＝[各项实际得分之和/（1000−各合理缺项分值之和）]×100=[970/（1000−10）]×100)=98分。宝丰管理处安全生产标准化评定得分为98分，符合申报安全生产标准化一级达标条件。水利一级达标创建汇总建档资料1883份，其中电子版资料1651份，纸质版资料232份。2020年宝丰管理处根据《安全生产目标管理标准（试行）》（Q/NSBDZX209.07−2020）规章制度的要求，管理处处领导、科室临时负责人及岗位人员逐级签订安全生产目标责任书共31份。

2020年宝丰管理处根据《关于印发安全风险清单范例的通知》（中线局安全〔2020〕84号）及《安全风险分级管控管理标准（试行）》（Q/NSBDZX409.28−2019）文件要求，从建筑物及生产设备设施辨识单元、作业活动辨识单元、安全管理辨识单元、建筑物及设备设施安全风险清单、作业活动安全风险清单、安全管理风险清单6个方面进行安全风险辨识。共辨识高填方暴雨洪水等6类安全隐患，并现场制作安全隐患告知牌10个。2020年管理处依据相关奖惩制度文件开具罚款单11份，罚款金额16000元。各级检查发现并进行责任追究问题16个，其中中线建管局检查通报问题9个（较重问题3个，一般问题6个），落实责任追究进行经济处罚；管理处巡查系统发现问题7个，落实责任追究进行通报批评和诫勉谈话。

2020年度河南分局下发宝丰管理处安全生产专项经费36.05万元，7月按照河南分局相关规定核减安全生产专项经费12.23万元，调整后安全生产专项经费23.82万元。安全生产专项经费报销229855.58万元，完成率96.5%。

保安公司在南水北调宝丰段成立宝丰分队，满编14人，2020年到岗12人，分为2个班组。共发现各类问题472个，违规行为61起，火情12起，违规进入工程管理范围1

起。宝丰南水北调警务室配备干警2名，协警2名，2020年共巡逻156次，在巡逻中处理违规情况30次，现场驱离违规人员26人、驱离违规车辆9辆、劝离桥梁闲杂人员27人、保护区处理违规事件7起。

（杨赵军 徐志一）

【防汛与应急】

2020年，加强应急和演练管理，编制各类应急预案和处置方案，实行动态管理，抢险物资到位，应急交通通畅。汛期建立防汛值班制度及防汛值班表，修订《宝丰管理处汛期雨中、雨后巡查工作实施细则》，汛期参与值班278班次，记录防汛值班日志278次，上报河南分局防汛值班室防汛日报278次，加密巡查15次，参与人员60余人次。完成应急物资仓库建设及物资入库。加强地方联动，与宝丰县委县政府及沿线乡镇政府联合组织防汛应急演练。

7月，响应上级支援固始县抗洪抢险，管理处派出人员及应急电源车参加史河大寨社区段河堤冲刷、淮河郑营提灌站河水倒灌、史灌河新台子村堤坝漏洞等险情处置。河南分局参加支援地方防洪抢险的行动及参加固始县抢险突击队受到省水利厅、固始县政府肯定，河南日报、信阳日报多次对中线建管局支援地方抗洪抢险进行报道。

（尚进晋 田裕丰）

【运行调度】

2020年输水调度运行安全平稳。截至12月31日，宝丰管理处执行完成远程指令1908门次（不含现地指令38门次），执行成功1878门次，远程操作成功率98.43%。玉带河、北汝河节制闸累计过闸流量285亿m³，高庄分水口累计分水9303万m³、马庄分水口累计向焦庄水厂分水3431万m³。2020年计划生态补水600万m³，实际退水600.71万m³，2020年生态补水2409.78万m³。

2020年3月下旬逐步调整陶岔渠首入渠流量开始大流量输水。3月24日，陶岔入渠流量

350m³/s，5月1日入渠流量调整为385m³/s，后续逐步调整至加大流量420m³/s，7月12日加大流量输水正式结束。

玉带河节制闸于5月1日9时30分达到设计流量315m³/s，6月15日13时达到339.93m³/s。加大流量试验阶段于6月30日19时50分加大流量375m³/s，最大流量为403.9m³/s。加大流量以来一直处于设计水位129.56m以上运行，5月2日8时达到加大水位130.20m，5月26日4时达到最大水位130.40m，超加大水位20cm。北汝河节制闸于5月1日4时12分达到设计流量315m³/s，6月14日18时41分达到最大流量343.32m³/s。在加大流量试验阶段7月1日0时50分超过加大流量375m³/s，最大流量为375.90m³/s。5月23日4时达到设计水位128.26m，5月4日8时达到加大水位128.89m，6月5日8时达到最大水位128.96m，超加大水位7cm。

【信息机电自动化维护】

2020年信息机电自动化维护，其中金结机电静态巡查执行1890单，并跟踪进行动态巡查；35kV高压共故障性停电4次，计划停电12次，电力执行供配电设备巡视及维护巡视2230台次；自动化巡视完成108站/次，巡视专业通信（视频、动环、传输、电源）、网络、闸控、安防系统，巡查设备3988台/次，平均每站点设备统计443台/次。金结液压及供配电和自动化调度系统运行平稳，各类设备安全运行。

（姜乾）

【预算与合同管理】

开发使用预算监管系统和计划合同系统，推动预算和合同管理规范化精准化。宝丰管理处2020年度维修养护类总预算1619.67万元。共组织和参与签订合同7个，年度合同金额1460.36万元，结算金额1311.31万元。完成超权限变更初审8项，金额167.6万元；完成权限内变更审批34项，金额195.22万元。准确高效完成2021年度预算编制。配合完成2019年运行资金专项审计、经济责任审计、

巡查审计。

（张建宝　张树志）

【水质保护】

2020年，宝丰管理处加强工程保护范围内的污染源排查，排查出工程保护范围内污染源56项。大流量输水期间，按照上级要求拆除钢制拦鱼网，工作平台，电感拦鱼、高庄拦污导流装置，分水口、退水闸前围油栏等所有阻水设施。配合长江流域水环境监测中心完成水样采集、鱼类监测、定位装置安装。按照应急物资管理要求，所有水质应急物资均录入中线防汛App，打印铭牌张贴在水质设备设施上。及时修订管理处水污染应急预案，并组织宣传贯彻。联系地方环保局应急办，组织召开方案审查会议，完成预案备案。向禁烧办发函协调治理保护区内围网附近和桥头堆放玉米小麦秸秆问题，同时建立24小时沟通联系机制。每月开展水源保护区风险源、污染源巡查，建立巡查台账，及时上报季度、半年度、年度污染源管理工作报告。

（麻会欣）

【党建工作】

2020年，宝丰管理处党支部以弘扬新时代水利精神为价值取向，结合"两个所有""双精维护""逢事必审"工作思路，发挥先锋模范作用，创新工作方法，提升工作水平，以高质量基层党建推动工作高质量发展。宝丰管理处党支部把党的政治建设摆在首位，把增强"四个意识"、坚定"四个自信"、做到"两个维护"作为重要工作任务。学习习近平总书记'3·14''9·18'讲话精神和水利发展总基调，践行新时代水利精神，开展不忘初心牢记使命主题教育学习专题学习，集中学习24次。新冠肺炎疫情期间，宝丰管理处党支部第一时间成立疫情防控小组，提前采买防疫物资，制定防控措施，加强出入管理和风险防控。2020年党支部创建党员示范岗和党员责任区，制定"两个所有"责任分区和实施方案，按照"每周不少于两次，每次不少于一天"的巡查频次进行问题查改，每周进行公布。2020年，宝丰管理处共发现上传问题15997项，整改率99.9%。

（毛鹏飞）

郏 县 管 理 处

【概况】

南水北调中线一期工程干渠郏县运行管理段工程自北汝河倒虹吸出口渐变段开始至兰河涵洞式渡槽出口渐变段止，起止桩号K280＋708.2～K301＋005.6。渠线总长20.297km，其中建筑物长0.797km，渠道长19.500km。渠段始末端设计流量315m/s，加大流量375m/s，起止点渠底高程分别为121.254m和120.166m，起止点设计水位分别为128.254m和127.166m，加大水位分别为128.886m和127.789m，设计水深7.0m，加大水深7.632m，渠道纵坡1/26000、1/24000两种。干渠沿线布置各类建筑物39座，其中河渠交叉输水建筑物3座（青龙河倒虹吸、肖河涵洞式渡槽、兰河涵洞式渡槽）、渠渠交叉建筑物1座（广阔干渠渡槽）、左岸排水建筑物9座（排水涵洞1座，排水倒虹吸8座）、桥梁24座（公路桥13座、生产桥11座）、退水闸1座（兰河退水闸）、分水口1座（赵庄分水口）。

【安全生产】

2020年编制安全生产工作计划，开展安全生产检查、安全宣传教育、安全生产会议和安全生产工作总结，开展水利安全一级达标创建工作，并实现达标。严格日常管理与季度考核，不断提高安保服务质量。严格警务室管理，拓展警务室的工作职能，创新工作方法。完善与地方政府、公安机关联络机制，严肃处理违规、违法行为。开展"防淹溺""安全生产月""南水北调大讲堂"活动。

【工程巡查】

定期组织工巡人员培训讲解工程巡查内容要求、常见问题分类分级、工程巡查App系统的使用及要求，提高工巡人员发现和辨识问题的能力。通过微信工作群、安防视频监控系统、巡查实时监管系统进行监控监督指导工巡行为，进行月度考核并实行奖惩。

【水质保护】

2020年完成污染源专项巡查12次，保护区水质全面检查4次，修订水污染事件应急预案并备案，完成重点危化品运输桥梁桥面排水改造和桥下集污池建设以及储备应急沙土工作，围网外无污染源，保护区内无养殖场。

【应急管理】

2020年与地方部门联防联动，组织防汛安全隐患大排查，对渠道工程沿线上下游20km的水域结构情况进行摸排，建立渠道防汛区域网络、水质风险网络、安全隐患网络。"防汛两案"经市县应急管理局评审通过，报河南分局和地方备案。组织防汛应急演练、水污染应急演练、专网通讯中断应急演练、群体性事件应急演练。开展各项应急培训，掌握应急处置流程及措施，提高全员应急能力。

【调度管理】

2020年金结机电设备运行安全，水质稳定达标，未发生影响运行调度的安全事故，完成420m³/s的大流量输水任务。开展"输水调度百日安全"活动，中控室值班人员、现地闸站值守人员熟练操作柴油发电机、液压启闭机、固卷启闭机等机电设备，熟练掌握《输水调度管理工作标准》《输水调度业务手册》《输水调度应急工作手册》要求，并具备一定的应急调度能力。9月18日9∶00~26日21∶35通过兰河退水闸向平顶山市兰河分水130万m³。全年执行远程调度指令482门次，成功执行479门次，成功率99.37%。2020年赵庄分水口分水1099.04m³。

【信息机电维护】

《南水北调中线干线工程建设管理局企业标准（试行）》的52个信息机电类专业标准，35kV供电系统、金结机电、信息自动化、安防各专业日常巡视陆续在App掌上巡查系统中上线。按照巡视计划设定、巡视任务接单功能提醒专业人员及时进行设备巡视，按照技术标准制定的巡视项目提醒专业人员全面进行设备巡视。

2020年完成兰河无功补偿项目验收；完成金结、液压、供配电、自动化各专业的维护合同验收；完成管理处园区高压电缆更换、箱变高压柜故障处理；完成安全生产标准化一级达标创建所需的输水调度、金结、液压、供配电、自动化各专业档案资料归档；完成上海勘测设计研究院有限公司进行的南水北调中线干线工程闸门和启闭机安全检测项目；完成赵庄分水口工作闸门应力检测项目。

（卢晓东　姬高升　丁　宁）

禹州管理处

【概况】

禹州段辖区总长42.24km，工程始于（桩号K300+648.7）郏县段兰河渡槽出口100m处，设计流量315~305m³/s，设计水深7m，渠底比降1/24000~1/26000。工程沿途与25条大小河流、46条不同等级道路交叉。布置各类建筑物80座，其中河渠交叉建筑物4座，渠渠交叉建筑物2座，左岸排水建筑物21座，退水闸1座，事故闸1座，分水闸3座，抽排泵站2座，路渠交公路桥梁45座，铁路桥梁1座。禹州段辖区内共有弧形钢闸门8扇、平板钢闸门21扇、叠梁钢闸门10套、液压启闭机 11 台、固定卷扬启闭机 7 台、电动葫芦 8 个、柴油发电机 5 台、高压环网柜 7 套、断路器柜 1 套、变压器 9 台。现地站自动化室共 7 个，网管中心、综合机房、电力电池室各 1 个，自动化机柜 76 套。安全监测仪器 2567 支。禹州段工程向干渠禹州以北输水及向许昌市区、许昌县、襄城县、禹州市区、神垕镇及漯河临颍县分水的任务。

【调度管理】

2020 年，禹州管理处输水调度运行平稳。实行"全员调度值班"工作制度并取得良好效果；开展中控室生产环境标准化达标建设，被中线建管局授予四星级中控室称号；严格执行"2020 年 HW 行动"期间各项安全措施，保障输水调度网络安全；开展"百日安全活动"、落实"大流量输水"各项要求，落实各项加固措施，保障特殊时期的输水调度安全。全年颍河节制闸共收到远程调度指令 277 条，操作闸门 1015 门次，成功 1007 门次，成功率 99.2%；颍河节制闸全年过水 73.33 亿 m³。辖区 3 个分水口全年分水 1.59 亿 m³。颍河退水闸全年退水 7608 万 m³，其中生态补水 3806.33 万 m³。

开展各类调度和自动化系统业务知识培训 3 次，接受培训 50 人次。作为值班制度改革的试点，向分调中心提供一名试点值班人员。值班工作与安全生产深度融合，创新制定安防视频巡视制度，保障各类调度业务和自动化系统业务，实现中控室"信息汇聚中心"的定位。建设中控室学习角，提高值班人员的综合素质，用中控室外阳台建造一处学习角，值班人员可利用值班空隙学习和休闲。

【安全生产】

2020 年，禹州管理处配合中线建管局完成水利安全生产标准化一级达标创建。全年开展日常安全生产检查和月度定期安全生产检查 23 次，共发现问题 136 个；印发 2020 年度安全生产工作目标、计划、任务清单，将年度安全生产目标分解到各科室，共签订《安全生产责任书》共 51 份；完成对固有风险评估为重大风险（Ⅳ级）的深挖方、膨胀土、采空区、高填方等 11 个重点部位安全风险告知卡的设置；组织安全生产教育培训 21 次 290 人；召开各类安全生产会议 15 次。综合人防、物防、技防手段，基本建立起立体安全保卫体系。全年警务室巡逻 277 次，出警 29 次，参加应急演练 3 次，配合宣传 5 次；安保公司禹州分队全年巡逻里程 125000 余 km，完成两会期间加固、大流量输水、"双节"加固等重大活动安保任务。在安全生产月开展安全生产宣传、知识技能培训、知识竞赛、案例警示教育。

推进两个所有专项活动，落实双精维护理念，全年发现上传工程巡查系统问题总数 11844 个，其中自主发现率 99.34%，满足不低于 95% 的要求；维护问题 11774 个，维护率 99.4%。人均问题数量 452.54 个。

【工程维护】

2020 年完成的维护项目有左排倒虹吸及左排渡槽抽水及清淤 2816.95m³，左岸泥结碎石路面修复 17372.8m²，沥青路面标线修复 13121.38m，路缘石更换 8146.5m，沥青路面面层拉毛修复 17142.44m²，"四缝"封闭 10487.25m，隔离网更换 3461.43m²，防抛网更换 5911.14m²，场区路面处理 3167.17m²，桥头混凝土面层拆除重建 864.05m²，刺丝滚笼更换及安装 2206.38m，栏杆刷漆 1132.21m，热熔法屋面防水修复 726.91m²，沥青路面沉陷处理 1228.56m²，浆砌石勾缝修复 1103.13m²，截流沟、排水沟清淤，水面垃圾打捞，闸站保洁，渠道环境保洁。

绿化合作造林全年完成全线苗木浇水 75.6 万株，刷白 120000 株，补植 8000 株，除草 658 万 m²。绿化整改 App 问题维护 1942 个，维护率 99.7%，创建绿化标准化渠段 10km。完成对绿化单位检查考核 12 次，完成绿化养护日志记录、绿化养护台账 12 个月，完成绿化计量结算12个月，绿化合作造林预算执行率100%，完成年度预算。

（郭亚娟　谭　胥）

【防汛与应急】

2020年参加青龙河倒虹吸防汛演练，参与现场各项演练科目，提高汛期应急处置能力；参与淮河流域固始县防汛抢险，为防汛抢险现场提供夜间照明；参与处置汛期预警7次，汛期预警期间严格防汛值班制度和工程巡查，对应急抢险单位人员和机械开展不定期抽查、检查，确保人员和机械处于临战状态。主动加强与地方防汛指挥机构沟通联系，建立工作协调机制，及时更新地方政府相关部门通讯录，协调处理左排排水不畅问题。

【安全监测】

全年在安全监测"举一反三"问题台账中，上报并整改问题214个；完成禹州管理处安全监测月报、安全监测台账，发现并处置安全监测异常问题4个，跟踪往期重点问题2个，专项分析报告3篇；配合飞检、监督队及专家组等上级检查7次；配合河南分局完成安全监测自动化维护单位移交信息科技公司，干渠加大流量输水期间加密观测、渠道水尺安装及水尺观测影像资料收集整理，禹州采空区深孔测斜生产性试验项目合同验收、结算等重要工作3项；创新完成禹州柔性测斜仪生产性试验项目，获得中线建管局"2019年度科技创新奖"二等奖，申报一项专利权，获得《实用新型专利证书》。

【水质保护】

2020年日常水质工作内容有水质日常巡查、污染源巡查、垃圾打捞。水质日常巡查随工程巡查同步开展，污染源巡查每季度开展一次，巡查内容主要为围网外一级保护区内各类污染源变化情况，对发现的保护区范围内污染源及时记录、建立台账，依据污染源处置要求，及时发函地方政府协调解决。垃圾打捞工作按照要求在颍河倒虹吸、小南河倒虹吸、石良河倒虹吸进口进行，设置垃圾打捞点，打捞人员对打捞出的垃圾和漂浮物进行分类称重并填写垃圾清理记录。

【党建工作】

党支部制订《禹州管理处党支部2020年学习计划》《禹州管理处党支部2020年工作要点》，明确年度学习主要内容、主要学习计划安排。自学与集中学习相结合、理论学习与现场操作相结合，建立和更新"一账一册一法"工作台账。落实"三会一课"党内生活制度，全年召开支部委员会12次、专题集中学习教育12次、支部党员大会4次、组织生活会1次、党小组会36次、专题党课4次。研究制订《禹州管理处党支部"三重一大"决策制度实施方案（试行）》，进一步推动管理处"三重一大"公开透明运行。在采购、合同、验收等重大事项中严格履行监督职责。开展党风廉政建设、廉政风险防控、安全生产等排查和自查。

开展主题学习教育活动，3月开展"以考促学促用"主题党日活动；6月组织到杨水才纪念馆开展"以初心、敬党心、砥砺前行、筑梦中线""七一"主题党日活动；7月组织开展"迎战大流量输水，我们在行动"主题党日活动；8月开展"警示教育月"，牢筑党员干部道德防线；9月开展"勿忘国耻　传承抗战精神"主题党日活动；11月开展"向郑守仁同志学什么"读书活动。

【新闻宣传】

制订《禹州管理处2020年宣传工作方案》，号召全处职工参与南水北调中线工程宣传工作。全年共发表新闻稿件200篇，其中在中线建管局网站发表新闻稿件55篇、南水北调报4篇、管理处微信公众号48篇、地方媒体41篇、博言南水北调（微博）19个、信语南水北调微信公众号/抖音20篇、豫见南水北调8篇。

开展各项专题宣传活动。2月~3月开展最

美抗疫榜样人物宣传活动，4月开展"抗击疫情青年说"主题团日活动，6月开展"解密南水北调，安全知识进校"安全生产月宣传活动，8月开展第二届"最美水利人"宣传学习活动，9月开展"全国科技活动周"宣传活动，10月开展《民法典》专题宣讲培训宣传，12月开展通水六周年专题宣传。

（石起亚　项海龙）

长 葛 管 理 处

【概况】

长葛管理处所辖工程起止桩号K342+937～K354+397，全长11.46km，其中明渠段长11.06km，建筑物长0.40km；榆林西北沟排水倒虹吸出口尾水渠长1.6km，实际管辖渠段长13.06km。长葛段沿线布置各类建筑物33座，其中渠道倒虹吸工程2座、左排倒虹吸工程4座、跨渠桥梁14座、陉山铁路桥1座、抽排泵站5座、降压站6座和分水闸1座。

长葛段渠道采用明渠输水，起点设计水位125.074m，终点设计水位124.528m，总设计水头差0.546m。沿线设计流量305m³/s，加大流量365m³/s，渠道设计水深7m，加大水深7.62～7.66m。渠道为梯形断面，设计底宽21.0～23.5m，一级边坡系数2.0～2.5，二级边坡系数1.5，渠道纵坡比降1/26000。渠道多为半挖半填断面，局部为全挖断面，最大挖深13m，最大填高5m。

【安全监测】

2020年学习贯彻安全监测相关规章制度和管理要求，进行安全监测数据采集、整理整编、数据初步分析及月报编写上报、工作基点复核、资料归档等日常管理工作。

完成对安全监测房、外观测点、保护盒、标示牌、工作基点、MCU自动化采集系统等仪器设备的问题排查和维修养护，完成读数仪、测斜仪、水准仪、全站仪等二次仪表的年检、日常保养和维修。参加长葛沉降段基于卫星雷达遥感技术InSAR的渠道边坡变形监测科技创新项目，通过角反射器安装卫星雷达监测数据和外观水准测量成果对比，卫星雷达监测和外观监测成果基本吻合；参与安全监测自动化新系统应用升级，编写月报模板，剔除粗差数据，数据校核，完善自动化系统参数和警戒值设定；参与中线建管局加大流量输水期间重点闸站及断面的水位、流量、流速数据采集上报；参加河南分局长葛段地面沉降研究项目，通过收集地质资料、综合地质调查及物探等手段研究沉降原因、地质沉降变化趋势，提出防治措施。

【土建维护及绿化】

2020年按照合同要求对2019年开展土建工程日常维修养护项目进行质量控制和项目验收；及时对3000余个App缺陷进行整改处理和销号。开展标准化渠道建设，2020年对洼李分水口干挂石材安装。2020年合作造林绿化草体养护34万m²，乔灌木养护5.6万株，地被植物养护2000余m²。日常App处理，加强树圈整理、草体控制、树木补植等项目管控，提高养护成效和渠道内的整体绿化效果。上级领导检查时对渠道绿化工作予以充分肯定。

【工程巡查】

2020年每季度开展一次培训，培训形式室内与现场培训相结合，学习培训工程巡查基本知识、重点巡查项目和部位、工程巡查维护系统App使用方法、突发事件处理方法等。学习宣贯《工程巡查技术标准》《工程巡查管理标准》《工程巡查人员考核办法试行》《现地管理处工程巡查岗工作标准》《现地管理处工程巡查管理岗工作标准》《关于转发进一步加强现场作业监管和加重责任追究的通知》等上级工程巡查相关文件。规范工程巡查人员考核，成立以主管处领导为组长的工程巡查工作考核小组，负责辖区工程巡查考核工作，每周与每月考核相结合。通过日常现场检查和使用"巡查系统"及沿线监控视频对工程巡查人员的业务能力、劳动纪律、安全生产等情况进行考核并赋分，与工程巡查人员工资收入挂钩。

落实各项水质保护制度和大流量输水水质安全保障工作方案，加强社会宣传和职工业务培训，加强对水质风险源的排查和防控，实现2020年度水质安全工作目标。督促协调地方政府尽快处理水环境问题，解决水源保护区内垃圾堆放场5处，迁移养殖场2处。

【防汛度汛】

2020年汛期落实各项防汛措施和安全度汛方案，对关键事项和薄弱环节及时组织汛前排查。加强与地方政府联动，与长葛市防办、南水北调办联合组织防汛应急演练。根据Ⅲ级防汛风险项目K353+220～K353+280左岸防洪堤工程及小洪河倒虹吸出口右岸备料点实际风险情况，长葛管理处及时按照批准的处理方案施工，实施备料点迁移至附近最高点，对防洪堤进行除险加固，消除防洪堤受洪水冲刷可能造成边坡滑塌或洪水漫顶入渠的风险。

【问题查改】

按照河南分局"两个所有"问题查改工作要求，和"一专多能""一岗多人"、全员调度值班的安排，长葛管理处明确"两个所有"问题查改工作目标，细化工作职责，依据"谁来查、查什么、如何查、查不出来怎么办"的工作思路，制订《长葛管理处"两个所有"问题查改工作机制（试行）》和《长葛管理处"两个所有"问题查改工作手册》，学习上级"两个所有"问题检查与处置相关规定、飞检周报等各级检查问题文件，对比类似问题及时查改自身问题。

自有人员在开展日常工作的同时，参加"两个所有"问题查改工作，熟悉辖区工程情况、设备运行状况、水质安全情况、具备基本专业常识，增强发现运行管理一般问题和常见问题的能力，熟练运用中线工程巡查维护实时监管系统（App）录入问题、完善流程，推进"两个所有"活动再上台阶。

【调度管理】

2020年贯彻落实"水利工程补短板、水利行业强监管""两个所有"和"双精维护""简单事情重复做、重复事情用心做"等输水调度工作理念，贯彻落实输水调度管理工作标准的要求，参与完成总调中心组织的输水调度"汛期百日安全"专项行动、"大流量输水运行"、输水调度"两个所有"活动。11月授予"达标中控室"称号，评为三星达标中控室。2020年12月参与河南分调中心组织的调度值班模式优化试点工作。

全年收到调度指令303条，共操作闸门1038门次，远程操作971门次，远程操作成功969门次，远程成功率99%。小洪河节制闸累计过闸流量271亿m³，累计通过洼李分水口向长葛地区分水13868万m³，全年分水水量确认准确无误。全年未发生擅自操作闸门或不按指令操作行为，未发生任何输水调度事故。

【安全生产】

2020年贯彻"以人为本、安全第一、预防为主、综合治理"的安全生产方针，开展疫情防控，落实安全生产各项工作部署。推动安全生产标准化一级达标和安全生产集中整治，加强现场监督监管，修订细则、明确规程，深化隐患排查治理，提高安全生产管理水平，防范化解安全风险。依据水利工程管理单位安全生产标准化评审标准中的"8.28.126"要求，配合完成水利安全生产标准化一级达标创建的各项任务。完成"两会"加固、"大流量输水"加固、"国庆"加固三项重要时期加固工作。组织开展安全生产活动月及节假日宣传，在辖区沿线14个村庄和7所中小学进行防溺水宣传。

【合同管理】

2020年度河南分局对长葛管理处共下达预算659.12万元，其中维修养护费用预算531.32万元。土建维护项目由河南分局组织采购及签订，合同金额268.03万元；绿化维护项目为多年合同，2020年度延续执行，年度合同金额76.71万元。截至12月31日，土建维护项目共结算金额186.58万元，绿化维护项目共结算金额76.45万元。

2020年度由管理处组织签订合同6份，其中房屋租赁合同4份，办公楼风道维护项目合同1份，自动化专项整治项目合同1份。经中线建管局、河南分局各级审计稽查，未发现大的违规问题，未发现违纪问题，得到审计专家的肯定。对检查中发现的问题，管理处组织相关人员进行学习讨论，分析问题产生的原因并吸取教训，避免日后工作中再发生类似问题。

【党建工作】

长葛管理处党支部围绕"水利工程补短板 水利行业强监管"的工作总基调，以"两个所有"为导向，以"双精维护"为关键，以安全生产为目标，贯彻落实全面从严治党要求，巩固"不忘初心、牢记使命"主题教育成果，制订《长葛管理处党支部2020年理论学习计划》，落实"三会一课"制度，全年开展党员大会4次，支部委员会12次，党小组会24次，讲党课5次，学习教育44次，保质保量完成各项工作任务。

按照"走出去、取进来"基本思路，与有关管理处、地方政府、配套单位等开展"联学联做"活动交流经验；多形式开展主题党日活动，激发党员干事创业热情，提高支部的凝聚力和战斗力；依托长葛市红色资源优势，先后在毛主席纪念馆、中央河南调查组旧址、燕振昌纪念馆等红色教育基地参观学习。

在大流量输水期间成立党员先锋队，党员牵头带领组员进行工程体检，以"望、闻、切"的诊病方式开展工程排查。按照"两个所有"创新模式，把8名党员分在六个问题排查组，把6块党员承诺牌立在六个责任段，各组党员亮明身份带领小组成员到现场，开展跨专业实操训练。

(长葛管理处)

新 郑 管 理 处

【概况】

南水北调中线干线新郑管理处负责新郑南段、双泊河渡槽、潮河段潮河1-3标的运行管理。渠道起点为禹州长葛段工程终点，位于许昌市长葛和郑州市新郑两市交界，桩号K354+681.4，终点位于潮河段3标的终点，位于郑州市航空港区，桩号K391+532.7。新郑段总长36.851km，其中建筑物长2.209km，明渠长34.642km。沿线布置各类建筑物80座，其中渠道倒虹吸4座（含节制闸1座）、输水渡槽2座（含节制闸1座）、退水闸2座、左排建筑物17座、渠渠交叉建筑物1座、分水口1座、排水泵站7座、各类跨渠桥梁44座，

35kV中心开关站1座。

【输水调度】

2020年节制闸完成调度指令600条，涉及闸门操作2192门次；李垌分水口向新郑市分水4786.06万 m^3；沂水河退水闸向新郑市退水96天，退水量1367.87万 m^3；双泊河退水闸退水358天，退水量5826.87万 m^3。截至2020年底，累计向新郑市供水40923.82万 m^3（其中，李垌分水口分水21377.39万 m^3；沂水河退水闸退水2797.85万 m^3；双泊河退水闸退水16748.58万 m^3。）

【安全生产】

2020年，新郑管理处开展新冠肺炎疫情

防控工作，有序复工稳步开展各项安全生产和运行管理工作，以不触碰"五条红线"为目标，完成水利安全生产标准化一级达标创建任务、网络安全攻防演练，及时消除运行安全隐患，完成年度安全生产工作目标。

每季度按时召开安全生产领导小组会议共3次，每月按时召开月度安全例会共11次，共印发会议纪要14份，签订目标责任书38份，签订书面安全生产承诺38份，对临水、水上、高空、起重、用电、动火等危险作业，均办理危险作业工作票，落实管控措施，设置监护人；创新培训教育方式，开展安全专访、视频播放、知识竞答等活动，见缝插针，安全教育进入现场，受培训450人次；开展公民大讲堂、节水宣传等活动宣传工程安全及工程效益。

组织开展风险辨识活动，按要求编制辨识清单和风险清单，制作安装7个作业场所重大安全风险告知牌，以问题为导向，持续推进"两个所有"，提升员工综合素质，继续加强问题整改，"两会"期间及"中秋、国庆"双节加固期间，对控制闸、退水闸增加人员加固值守，并严格履行值班纪律。

工巡、现场维护人员、安保、警务室建立联动机制，2020年安保巡视现场发现问题140余个，安防视频巡视发现问题230余个，工程保护范围内对外协调事件20余次。组织开展人员溺水应急救援演练、办公场所防暴恐突发事件应急演练、消防应急演练，提高应急救援现场处置能力。

【防汛与应急】

根据河南分局2020年防洪度汛有关要求部署度汛工作，明确度汛工作职责，成立安全度汛工作小组，明确责任人、组织防汛排查。根据河南分局对风险项目划分的要求，对可能影响防洪度汛的项目进行全面排查梳理，确定风险级别，明确责任人。2020年新郑段共有防汛风险项目9个，均为Ⅲ级风险项目。

3月9~10日，组织相关人员对新郑管理处所辖左排建筑物、河渠交叉建筑物、高填方渠段、深挖方渠段、防汛物资储备情况进行联合排查，对可及时消除的隐患及时进行处理，不能及时处理的隐患，严格按照中线建管局印发的防汛风险项目"五类三级"划分标准建立风险项目管控台账，并结合日常工程巡查、土建维修养护、安防系统、防洪系统对风险项目进行日常监控管理。同时配合地方防汛指挥部、流域管理机构及河南分局等上级机构的防汛检查工作，对检查发现的问题及时进行整改落实。

汛前新郑管理处组织在岗人员学习防汛"两案"、防汛值班制度及要求，熟悉应急处置工作流程，明确防汛重点部位及责任人；对突发事件先期处置队人员进行培训；6月12日，新郑管理处在黄水河排水倒虹吸进口组织开展防汛抢险应急演练。

汛中管理处加强调度值班工作，严格24小时值班制度，防汛值班日期为5月15日~9月30日，值班时间白班8：00至17：00，夜班17：00至次日8：00。对防汛风险项目每天进行巡查，遇暴雨等异常天气时加密重点部位巡视检查，必要时安排定点值守。及时发现并会同港区防汛抗旱指挥部联合应急处置梅河支沟左岸排水倒虹吸淤堵及水毁险情、城李南桥上游右岸生态公园雨水汇集防护林带淹漫防护堤险情。

（段振振　王珍凡）

【水质保护】

2020年新郑管理处按规范化要求开展水质日常巡查及管理、水环境日常监控、漂浮物管理、污染源管理、水质应急管理、藻类采样、水质应急物资管理和水质保护宣传工作。协调地方调水机构处理辖区内污染源相关问题，到2020年底一级水源保护区范围内污染源问题全部销号；在沿线各跨渠桥梁桥头处设置水质保护警示宣传牌；配合上级单位进行蛙人水下衬砌板藻类采样、地下水采样、水质应急采样；在李垌分水口安装拦漂导流装置，定期进行水质设备维护，水质应急物资盘点，修编《新郑管理处水污染时间应急预案》（Q/NSBDZXHNXZ-03-2020）并向河南分局水质监测中心报备。2020年度新郑段辖区未发生水污染事件。

【技术创新】

2020年，完成《安全文明施工现场技术标准》《作业活动监管监控设备安装技术标准》《桥头溺水应急救助设施技术标准》3个标准化规范化实践项目，并在河南分局范围内推广。

【党建工作】

2020年新郑管理处党支部围绕党建工作重点，制订《新郑管理处党支部2020年理论学习计划》，对党建工作进行细化、安排和组织落实；全面落实"两个所有""双精维护""不忘初心、牢记使命"主题教育等重要工作，实现党建与业务工作的进一步融合。落实"三会一课"制度，组织召开支部党员大会4次、支部委员会13次、党小组会26次、讲党课4次、集中学习教育20次、专题组织生活会2次，支部书记讲党课1次。在中国南水北调报、中线建管局网站发表党建等宣传稿128篇。新郑管理处党支部创新制订《新郑管理处党支部"1212"支部工作法》。

（吴　冰　程伊文）

航 空 港 管 理 处

【概况】

航空港区段是南水北调中线一期工程干渠沙河南～黄河南的组成部分，起点郑州航空港区耿坡沟，桩号K391+533.31，终点郑州市潮河倒虹吸进口，桩号K418+561.11。渠段总长27.028km，其中明渠段长26.774km，建筑物长0.254km。K391+533.31～K405+521段渠道设计流量305m³/s，加大流量365m³/s；K405+521～K418+561.11段渠道设计流量295m³/s，加大流量355m³/s。

【组织机构】

航空港区管理处编制数39名，控制数31名，实际在岗22名。设综合科、安全科、工程科、调度科，其中处级干部3人，科室负责人4名，员工15名。组织机构健全，管理制度完善，岗位分工明确，职责清晰。完善组织机构，优化人员配置和职责分工，配合开展薪酬制度改革以及职工休假制度调整，完成职工医疗费用报销、职称申报、标兵评比。推进"两个所有"，加强培训管理。2020年航空港区管理处围绕"水利工程补短板水利行业强监管"的工作总基调，推动"两个所有""双精维护"、安全生产实现目标。

【安全管理】

2020年航空港区管理处调整安全生产领导小组成员，修订安全生产管理制度，配合上级单位安全生产检查12次。管理处组织开展安全检查19次，包括月度安全检查12次。全年召开安全生产会议26次，其中月度安全生产会议12次，安全生产会议纪要和检查通报各12份，落实中线建管局2020年全国"两会"期间安全加固方案措施专题会1次，节假日检查2次，冬季消防用电安全检查3次，救生器材专项安全检查1次。

加强特殊季节和特殊时期的安全管理工作，"两会"期间、"安全生产月""五一""十一"和寒暑假，采取增加安保和警务室巡查频次，延长单次巡逻时间，重点渠段、建筑物和桥梁部位增派驻点值守人员。

7月成立水利安全生产标准化一级达标创建自评工作小组，并对管理处标准化一级达标创建工作进行量化处理。"在评审期内，未发生造成人员死亡、重伤3人以上或直接经济损失超过100万元以上的生产安全事故；不存在非法违法生产经营建设行为；重大事故隐患已治理达到安全生产要求"作为红线，提出"高度重视，精心组织；对照标准，强化培训；强化检查，保证进度；高压严管，严守底线。"最终通过水利部组织的水利工程管理单位安全生产标准化建设一级达标评审。

【问题查改】

管理处贯彻落实中线建管局和河南分局"两个所有"工作部署，修订细则、划分10个责任区，推进"两个所有"工作进一步开展。在日常工作中对"两个所有"问题信息台账实施"周周跟，月月新"。问题查改率目标：对应发现未发现问题等运行安全管理问题落实责任人，确保问题自主发现率不低于90%，问题整改率不低于95%。截至2020年底，管理处工巡App共计发现问题8662余项，问题自主发现率和问题整改率全部达到目标要求。

【消防管理】

对管理处和闸站原有消防系统存在缺陷，管理处组织对管理处园区和闸站的消防系统进行升级改造，对供电、配电、线路、消防设备摸底检查，对管理处、丈八沟节制闸、小河刘分水口消防系统进行重新升级。每月对辖区内消防系统、设施、设备开展一次巡视检查，全年开展两次全员消防培训，两次消防警报设施检测。管理处辖区全年未发生消防火情问题。

【调度管理】

航空港区管理处在2020年贯彻执行输水调度有关管理制度、标准、办法，中控室值班工作按照要求完成水情工情数据全天候监视，完成252条调度指令的跟踪，落实和反馈，完成分水10039.83万 m³。处置各类警情129条，其中调度预警49条，设备预警80条。配合完成金结机电设备定期开展的动态巡视和专项检修、全面维护，配合完成自动化专业相关的通信设备、流量计等设备检修维护、流量计定期维护、安防系统检修，协

调推动中控室输水调度相关自动化应用系统的功能完善。完成加大流量输水期间的各项调度加固措施，对大流量输水期间可能的运行风险进行提前分析准备，进行各类突发事件的防范和应急处置准备，按要求填报各专项表格，为上级进行流态分析及时提供基础数据。

贯彻落实上级要求的新冠疫情防控措施，对中控室生产环境硬件进行完善，完成"汛期百日安全"专项行动及"国庆、中秋双节"加固措施，组织输水调度知识竞赛，按照上级要求派人到总调中心和分调中心进行顶岗轮训。传达落实上级部门有关应急（防汛）工作指示精神，执行上级部门应急（防汛）值班工作制度。完成管理处的输水调度值班和应急（防汛）值班工作和组织输水调度业务培训，内容涵盖调度相关制度、规范、工作手册以及上级印发的所有调度相关文件。根据安全管理相关要求开展安全问题自查活动，及时整改各类输水调度安全隐患，2020年度内未发生调度安全事件。

【安全监测】

2020年组织召开安全监测月度例会12次，指导安全监测人员学习南水北调安全监测相关的专业技能和管理办法，掌握安全监测数据采集、整理、分析的方法和要求。安全监测原始数据严格按照相关要求记录，并及时整编上传自动化系统，未接入自动化仪器内观数据采集按照要求每周人工观测一次，共完成53次，完成人工数据采集量为5630点次，其中内观数据1992点次，外观数据3638点次，自动化系统数据采集量为376660点次；落实加大流量输水期间每天观测三个断面水尺读数，收集数据并整理保存相关视频材料；活动测斜仪数据采集每月一次，全年完成12次；编写安全监测初步分析月报每月一次，全年共完成12次。大力推进工程巡查维护实时监管系统App安全监测模块的现场应用；大力推进河南分局安全监测

左排渗压计自动化改造项目二期的现场实施；加强安全监测自动化应用系统的日常应用及管理，安全监测自动化应用系统升级改造的现场管理。

【水质保护】

2020年，开展水质保护巡查、漂浮物打捞、水体监测、污染源防治，在5座有危化品通过的风险桥梁附近设置应急储沙池；在管理处园区、丈八沟倒虹吸、小河刘分水口设置应急物资箱，配备应急防化服、铁锹、编织袋等物资，确保发生水污染事件时干渠水质安全。

开展水质保护宣传，在沿线各跨渠桥梁桥头处设置水质保护宣传牌144块，进行水质培训2次（水质保护知识培训和水质业务技能培训），全年打捞漂浮物超500kg；编写《水污染应急预案》并开展危化品入渠应急演练。与相关地方单位协调污染源处理问题，2020年辖区内仅有一处污染源。2014年未发生水污染事件。

（李俊昌　庄　超）

【防汛与应急】

2020年防汛应急管理以"防大汛、抗大洪、抢大险""安全第一，常备不懈，以防为主，全力抢险"为方针，突出防汛重点项目，实现"标准内洪水，工程、人员和财产三安全，超标准洪水损失降到最低程度"的目标。

汛前排查并进行评估防汛风险项目1处，计算风险等级为Ⅲ级；编制完成防汛应急预案、度汛方案并报市防办备案，与地方建立联动机制；专题会及培训会6次，对防汛风险项目应急工作进行专门部署，明确各专业相关人员。汛期大雨以上降雨预警7次，开展雨中雨后专项巡查8次，其中，6月11日和8月7日降雨造成丈八沟渠道倒虹吸下游涵洞淤堵，过流不畅，超警戒水位。管理处组织人员对下游涵洞进行疏通，保证正常过流。主汛期应急抢险Ⅱ标配备抢险人员12名，设备

4台，24小时待命值守，汛前及汛期上级检查3次，参加各级防汛会议8次；汛前防汛应急物资全部补充到位，设备设施状态良好；严格落实24小时防汛值班制度，全员参与防汛值班。辖区1处Ⅲ级防汛风险点安全度汛。

【合同管理】

2020年，航空港区管理处严格按照河南分局计划编制、统计、合同管理、变更索赔以及计量支付等管理办法开展工作，探索适合港区管理处的合同项目管理工作模式，确保合同管理依法依规，落实"双精维护"。开展计划合同管理系统的培训，管理人员能够准确使用系统开展工作。2020年航空港区管理处合同管理工作均在计划合同管理系统上开展，确保合同管理过程的规范化。加强对运行维护单位的合同管理，规避审计风险，提升管理水平。2020年度，航空港区管理处涉及合同项目全部完成。

【预算管理】

根据河南分局2020年度预算编制要求，航空港区管理处及时按要求编制2020年度预算，编制内容完整、依据可靠、数据准确。

2020年度港区管理处管理性费用中业务招待费预算数5.0万元，预算执行数1.9万元；会议费预算数2.0万元，执行数1.5万元；车辆使用费预算数28.8万元，预算执行数19.85万元。管理性费用支出总额73.22万元，预算费用总额140.34万元，在预算范围之内。2020年航空港区管理处在维修养护预算执行中，按规定完成采购，采购过程合法合规，预算项目采购和履行实施执行到位。

【工程效益】

航空港区管理处下辖丈八沟节制闸设计过闸流量305m³/s，2020年瞬时过闸平均流量226m³/s，年过闸水量70余亿m³。下辖小河刘分水口设计分水量6m³/s，日均供水量近30万m³，2020供水年度小河刘分水口向航空港区一水厂、航空港区二水厂以及中牟新城水厂

供水共计10039.83万m³，截至2020供水年度累计供水38290.77万m³，为郑州市航空港综合实验区以及中牟县新城区的社会经济发展提供必不可少的水资源，带来巨大的社会效益、经济效益和生态效益。

【党建工作】

2020年，航空港区管理处党支部学习贯彻党的十九大和十九届二中、三中、四中、五中全会精神及习近平新时代中国特色社会主义思想，贯彻落实习近平新时代治水思路，践行"忠诚、干净、担当、科学、求实、创新"的新时代水利精神，全面落实从严治党要求，加强政治机关意识教育，开展"灯下黑"问题专项整治，加强廉政风险防控体系建设，推进"两个所有"，全面促进党建工作与业务工作进一步融合。

党员在疫情防控中模范带头，有担当，有责任。制定详细的年度学习计划、实施方案，落实"三会一课"制度。全年共召开支委会14次，两个党小组会议共计24次，支部党员大会4次，开展专题组织生活会2次；开展党员发展工作，预备党员转正1名，发展对象转预备党员2名，发展对象2名，积极分子1名，提交入党申请书1名；推进基层党建与中心工作进一步融合，创建"党员责任区"、"党员示范岗"；开展爱心捐款活动、爱国卫生运动，观看爱国教育影片，参观焦裕禄纪念馆、中原英烈纪念馆、玉溪抗日纪念馆、红旗渠纪念馆；按照要求定期开展学习教育及廉政教育，节假日前夕开展廉政提醒。落实警示教育月活动，开展专题组织生活会、组织开展主题征文活动、观看廉政警示教育片。落实主体责任及执纪监督，"三重一大"民主决策落实到位，在采购、合同、验收重大事项中切实履行监督职责。按要求设立意见箱和电子意见箱，由支部纪检委员负责日常管理，广开言路，自觉接受群众监督；先后与安阳管理处、陶岔管理处开展联学联做，学习探讨党建和业务工作经验。

【新闻宣传】

2020年在中线建管局网站发表稿件56篇，南水北调报发表4篇，手机报发稿1篇，各类自媒体发稿85篇，稿件数量较往年大幅增加。开展"中国水周、世界水日"、南水北调公民大讲堂志愿服务项目活动，扩大南水北调影响力。开展南水北调大讲堂进校园、进社区活动，开展安全防溺亡教育入课堂活动，开展节水护水教育活动，超2000名学生和居民受益。

（王明恩　杨莉莉）

郑 州 管 理 处

【概况】

郑州管理处辖区段起点位于航空港区和郑州市交界处安庄，终点位于郑州市中原区董岗附近干渠桩号 SH（3）179＋227.8～SH210＋772.97，渠段总长31.743km，途径郑州市管城回族区、二七区、中原3个区36个行政村。渠段起始断面设计流量295m³/s，加大流量355m³/s；终止断面设计流量265m³/s，加大流量320m³/s。渠道挖方段、填方段、半挖半填段分别占渠段总长的89%、3%和8%，最大挖深33.8m，最大填高13.6m。渠道沿线布置各类建筑物79座，其中渠道倒虹吸5座（其中节制闸3个），河道倒虹吸2座，分水闸3座，退水闸2座，左岸排水建筑物9座，跨渠桥梁50座，强排泵站6座，35kV中心开关站1座，水质自动监测站1座。辖区内有3个节制闸参与运行调度，通过3个分水口向郑州市城区供水。干渠上跨下穿项目种类多数量多，工程安全和水质安全潜在风险点较多，工程管理任务重。郑州段工程自东南至西南穿郑州市城区而过，沿线人口密集，受人员频繁活动影响较大，外部环境复杂，协调压力大。

【安全生产】

2020年郑州管理处水利安全生产标准化一级达标创建通过水利部评审验收。

严格落实中线建管局新冠肺炎疫情防控工作部署和郑州市疫情防控政策要求，成立应对新冠肺炎疫情工作领导小组，编制《郑州管理处应对新型冠状病毒感染的肺炎疫情防控工作方案》，下发《关于做好新冠肺炎疫情防控工作的通知》，严格落实人员及场所管理、个人防护措施取得实效，人员无确诊或疑似病例。

2020年郑州管理处根据领导变动及人员分工及时调整安全生产领导小组，成立安全科，配置专职安全生产管理人员，明确安全生产管理方针、目标及职责。与每个进场运行维护人员签订安全生产协议，并明确1名安全管理人员，将运行维护单位纳入管理处安全生产管理体系。根据中线建管局及河南分局制度修订情况，及时修编《郑州管理处安全管理实施细则》。各单位、各岗位人员安全生产职责明确，各级管理人员落实"一岗双责"制度，保证安全管理工作的系统性和全面性。开展风险辨识活动，对风险进行单元划分，建立安全风险管控清单。管理处逐级签订《安全生产责任书》40份，组织自有人员签订《安全生产承诺书》29份。

组织开展防汛、工程突发、消防等应急演练5次，开展安全培训26次500余人，组织安全生产定期检查15次，组织安全生产例会12次。按照河南分局要求在跨渠桥梁防抛网及入渠钢大门更新补充安装"禁止游泳""禁止攀登"等警示牌258块；安装新型围网15km；新增防护栏杆230m；安装防护滚龙刺丝约16km；改造安装渠道拦漂索54条；安装重大安全风险告知卡21块；安装"错车平台""限速牌"等警示牌40个。全年无安全责任事故。组织各类安全检查，查处的隐患全部按照定措施、定责任人、定整改时间的要求整改完毕。按照"两个所有"及隐患排查治理活动要求，开展自有人员自查自纠，组织运行维护、工巡、安保开展排查活动，共自查问题8244项，整改完成8122项，整改完成率98.5%。

【防汛度汛】

2020年汛前完成大型河渠交叉建筑物、高填方、深挖方、左排建筑物、防洪堤、防护堤、截流沟、排水沟、跨渠桥梁及渠道周边环境全面排查，列出可能存在的风险，制定应对措施。汛前完成大李庄排水渡槽内部临时热力管网拆除，完成大学路、汪垌村废弃排污管道永久处置，完成付庄沟排水渡槽备料点抢险道路修筑。汛前对防汛"两案"进行修订并向河南分局及地方防汛指挥办公室报备，与地方防办、南水北调办、气象部门、上游水库建立联动机制，进一步规范防汛值班工作。汛前组织管理处全体员工进行防汛知识培训，明确防汛重点项目，严格24小时值班制度，值班期间保持电话畅通，密切关注天气变化情况，关注河渠交叉建筑物上游来水情况，关注风险项目巡查情况，发现汛情及时上报。编制"2020年度雨中、雨后巡查制度"，将雨中雨后巡查工作落实到位，确保现场第一时间发现隐患。

【工程维护】

2020年开展"两个所有"活动，落实精准维护，全面提升郑州辖区段工程形象面貌。加强日常维护项目的组织管理，以月度考核促进日常维护质量提升。制定标准化渠道创建方案并上报河南分局，2020年完成12.09km，累计完成20.45km。落实过程控制，全程参与监管。投入使用的穿跨越邻接项目每月巡视一遍，正在施工的穿跨越邻接项目每周巡视一遍并进行记录。对检查发现的穿跨越工程施工违规行为或施工问题责令施工单位限期整改并进行追责。

【调度管理】

2020年郑州管理处按照中线输水调度各

项技术、管理、工作标准，定期组织调度值班人员召开业务交流讨论会，学习各项输水调度有关规章制度，进行理论考试、实操及课堂提问，全年共组织各类输水调度业务培训9次，输水调度知识竞赛1次。

郑州管理处安排专人负责水量计量，每月按时间要求上报水量数据，及时与配套部门对上月分水量进行确认，未发生晚报、漏报、错报。2020年度郑州段工程向郑州市供水3.8亿 m^3。南水北调工程水源，占郑州市居民用水量的90%，直接受益人口710万人。2020年十八里河退水闸与贾峪河退水闸向下游河道生态补水，补水总量6768万 m^3。4月29日~6月20日郑州段工程53天加大流量输水，向郑州市供水6082.6万 m^3，生态补水3956.38万 m^3。

【水质保护】

2020年郑州管理处按照规定对水质风险源及污染源进行巡查。安排运行维护人员及时对渠道内边坡的漂浮垃圾物进行清理收集，并外运出渠道。在十八里河倒虹进口安装自动拦藻装置，在刘湾分水口、中原西路分水口安装拦漂导流装置，对渠道的漂浮物及藻类进行拦截清理。

【设备维护】

2020年郑州管理处严格按照运行维护合同和中线建管局金结机电相关维护标准、规范加强对维护单位日常管理，落实"两个所有"和"精细维护"相关要求，定期对设备进行专项检查和静态巡视、组织维护单位按期开展动态巡视和定期维护，对维护过程采取旁站、视频跟踪进行全程监督，对维护质量进行现场验收，定期对维护单位考核。全年未发生因设备操作、维护不到位而影响输水调度的事件。设备检修维护按照设备运行维护管理标准严格执行"两票"制。

【采购管理】

2020年度郑州管理处完成采购项目10项，其中配合河南分局采购2项。按照《河南分局非招标项目采购管理实施细则》组织实施，采购权限符合上级单位授权，无越权采购；采购管理审查审核程序完备；采购文件完整、供应商资格达标、要求合理、合同文本规范；采购工程量清单项目特征描述清晰，列项合理；采购价格合理、定价计算准确；涉及河南分局组织实施的采购项目，管理处配合按期按质完成全部采购工作。郑州管理处规章制度健全，流程控制严谨，全年开展2次合同管理相关培训。

【预算管理】

按照河南分局2020年度预算编制要求编制年度预算。编制内容完整、依据可靠、数据准确。郑州管理处2020年度预算总额1365.97万元，其中管理性费用126.18万元，维修养护费用1239.79万元。2020年管理性费用支出75.49万元，维修养护费用年度合同金额908.86万元（含变更），完成金额908.86万元（含变更），结算金额908.86万元（含变更），采购完成率100%，统计完成率100%，合同结算率100%。预算项目采购执行到位，管理性费用预算总额、业务招待费、会议费和车辆使用费未超出当年批复额度。

（赵鑫海　徐　超　罗　熙）

荥阳管理处

【概况】

荥阳段干渠线路总长23.973km，其中明渠长23.257km，建筑物长0.716km；明渠段分为全挖方段和半挖半填段，均为土质渠段，渠道最大挖深23m，其中膨胀土段长2.4km；渠道设计流量265 m^3/s，加大流量320 m^3/s。

干渠交叉建筑物工程有河渠交叉建筑物2座（枯河渠道倒虹吸和索河涵洞式渡槽），左岸排水渡槽5座，渠渠交叉倒虹吸1座，分水口门2座，节制闸1座，退水闸1座，渗漏排水泵站26座，降压站9座（其中含5座集水井降压站），跨渠铁路桥梁1座，跨渠公路桥梁29座（含后穿越桥梁3座）。

【安全管理】

2020年进一步完善安全生产体系和制度建设，落实安全生产责任制，成立安全科，并依照《南水北调中线建管局安全生产检查制度》，适时调整安全生产工作小组，修订《南水北调中线干线荥阳管理处安全生产实施细则》。按照"横向到边、纵向到底"原则，对安全生产责任进行再细化，扩大安全生产组织机构，安全生产组织机构成员涵盖管理处全体自有人员、所有维护和协作单位负责人，明确安全生产组织机构成员的安全职责。编制安全生产责任分解表，分别明确所有岗位人员的安全管理责任以及所有维护及协作单位主要负责人、安全生产管理人员的生产安全责任。

推进安全生产标准化一级达标创建，成立以主要负责人为组长，分管负责人为副组长，自有人员为成员的安全生产标准化一级达标创建工作小组，制定创建工作方案和任务分工表，明确达标创建组织机构及职责、任务分工、工作内容、实施步骤、保障措施和工作要求。对标准化创建中的8个一级项目、28个二级项目及126个三级项目进行研讨论，责任落实到人，以定期信息报送、定期检查。2020年7月，组织开展安全生产标准化建设情况自主评定检查，对管理处安全生产标准化相关制度、标准化达标支持性文件和记录的完整性、符合性进行评定，根据预测评定结果对达标情况进行打分，并列出整改项清单。

加强重要节点安全生产管理，根据河南分局工作要求，对重点项目和重要部位，进行隐患排查治理。组织对河渠交叉建筑物、高边坡、膨胀土及高填方渠段、跨渠桥梁、自动化调度系统、闸阀系统、输变电系统和设备设施重要部位开展隐患集中排查，责任到人、治理到位；对节制闸、控制闸、有危化品运输车辆通过的重点桥梁等工程重要部位，实施24小时值守；组织对渠道沿线桥头钢大门、隔离网、桥梁防抛网、刺丝滚笼、弯道护栏、安全警示标识、消防及救生设施进行全面排查；加强应急值班力量，执行领导到岗带班和值班人员24小时值班制度，开展应急抢险物资和设备维护保养，检查所在仓库应急抢险设备的工作状态。

2020年，按照《安全生产检查管理办法》要求，组织开展12次定期安全生产检查，30余次安全生产日常检查，参加上级组织的安全生产检查5次，组织安全生产专题会议12次，印发专题会议纪要12份。制定安全生产培训计划，组织员工进行安全培训，并为每位员工建立培训档案并实时更新，开展4次季度安全生产培训、9次安全生产专项培训共39学时。

2020年组织安保人员修复隔离网160余次，扑灭隔离网外火灾6起，制止跨渠桥梁违规钓鱼15次，处理跨渠桥梁交通事故2起，制止无通行证车辆进入管理范围24次，劝离无临时通行证人员进入管理范围20次，开展安全保卫宣传10次，悬挂安全宣传条幅40幅。

【防汛与应急】

2020年成立安全度汛工作小组，汛前全面排查，梳理确定防汛风险项目9个，编制"两案"及专项方案，与地方政府建立安全度汛联动机制，开展防汛风险项目专项巡查，加强应急人员和应急驻守管理，组织学习培训、防汛演练，增强全员应急抢险能力。

【调度管理】

开展中控室标准化建设，创建"四星达标"中控室。根据《河南分局中控室标准化建设工作实施方案》《中控室标准化建设达标及创优争先管理办法》（Q/NSBDZX401.01-2019）和《中控室规范化管理标准》（Q/

NSBDZX201.07-2019）文件要求，荥阳管理处组织实施中控室生产环境标准化建设。安装中控室窗帘，采买办公用椅和电器，精细管理中控室值班人员各项工作内容，严格按照中线建管局要求进行防疫管控，按时间节点要求完成各项建设任务。11月19日通过中线建管局现地管理处中控室标准化建设评定"优秀中控室"称号，同时完成四星达标中控室的验收，完成中控室生产环境标准化建设创建。

精准调度，完成大流量输水和生态补水任务。按照上级关于大流量输水工作方案相关要求，细化方案、制定措施、落实细则，严格执行调动指令、开展设备监控、水情数据观测上报工作。2020年6月6日，索河节制闸达到加大流量320m³/s，最大流量321.84m³/s，完成大流量输水工作任务。4月10日~6月24日，索河退水闸开启向索河生态补水，共补水1219.17万m³。

开展输水调度"汛期百日安全"活动。根据《关于开展2020年输水调度"汛期百日安全"专项行动的通知》（中线局调〔2020〕16号）《关于印发河南分局2020年输水调度"汛期百日安全"专项行动落实措施的通知》（中线局豫调〔2020〕5号）文件要求，管理处组织开展输水调度"汛期百日安全"专项行动。通过学习记录、检查记录和现场演练及输水调度知识竞赛等方法逐项落实保障措施，进一步规范调度值班行为，提高调度人员的业务技能，消除调度安全隐患。

【水质保护】

2020年开展水质巡查监控重点对外部污水进入渠道、水面水下是否有垃圾、左岸排水渡槽渗漏及穿渠建筑物渗漏、跨渠桥梁桥面污染、伸缩缝损坏漏水、桥面落水管损坏漏水等情况进行巡查。制订《荥阳管理处渠道垃圾漂浮物清理制度》，定点值守和机动巡逻人员每天对渠道进行巡查，发现漂浮物及时打捞。每半月对水质污染源进行专项全面巡查，建立新水质安全问题信息台账，电话沟通和发函协调地方政府处置污染源。

【工作创新】

2020年管理处组建技术骨干为核心的创新小组，对现场日常维护实际问题开展科研探索。对索河闸站园区绿化形象较差的问题，组织人员结合现场实际，制定索河闸站园区景观提升措施和方案，采取喷灌和铺设草坪方案，有效提升现场的形象。对跨区桥梁下方绿植成活率低、绿化困难的问题，研究实验太阳能滴灌植草方法，经过孙寨桥的实验，有效解决跨渠桥梁下方绿化问题，工程形象显著提升。

【党建工作】

2020年强化党建引领，发挥"两个作用"，党支部严格按照全面从严治党主体责任清单，逐项落实定期查改，推进支部工作规范开展。开展警示教育月活动、优良家风建设活动、政治机关意识教育、"灯下黑"问题专项整治、"不忘初心、牢记使命"主题教育检视问题整改落实情况"回头看""厉行勤俭节约、反对铺张浪费"专项活动等学习活动。发挥党支部战斗堡垒作用和党员先锋模范作用，提升党支部凝聚力、战斗力、创造力，推动党建工作和中心业务进一步融合。

（郭金萃　黄新尧）

穿黄管理处

【水利部督办事项】

2020年穿黄管理处实施水利部督办项目2项。

穿黄隧洞（A洞）检查维护　2020年穿黄

管理处动员和协调有关各方，抽调管理处一半人员参加穿黄隧洞 A 洞检查维护现场工作组。维护工作受到工作组领导好评。克服运行管理人员少任务重困难，同时开展隧洞维护和运行管理的工作。2019 年 11 月开始穿黄隧洞 A 洞检查维护，2020 年 3 月 3~12 日完成穿黄 A 隧洞充水工作，并开始提闸通水运行。安全监测仪器数据正常，渗漏量 0.35L/s，远小于 90L/s 的控制要求。

科技教育试验项目　初步设计批复。根据 2020 年中线建管局第 2 次局长办公会精神，3 月，组织完成科技教育试验项目规划方案调整，新增科技教育试验场及新能源应用、实体模型展示区建设内容，更改科技教育试验楼建设地点，重新设计科技教育试验楼建筑方案。6 月，中线建管局组织对科技教育试验楼初步设计报告审查；8 月，中线建管局组织对科技教育试验场及新能源应用初步设计报告审查；9 月，中线建管局组织对修改后的科技教育试验楼、科技教育试验场及新能源应用初步设计报告审查；12 月，河南分局将再次修改后的科技教育试验楼初步设计报告正式上报中线建管局，再次修改后的科技教育试验场及新能源应用初步设计报告发总工办初审。根据计划合同部意见，需将科技教育试验楼、水生态试验场及新能源应用、实体模型三部分初步设计报告（方案）合本后，再报水利部备案。

布展大纲编制。根据科技教育试验楼一、二楼展区规划，编制完成《南水北调中线工程科技教育试验项目"印象中线"布展大纲》，利用 SketchUp（草图大师）完成科技教育试验楼室内布展方案绘制。

项目延期。项目原定于"2020 年 6 月 20 日，组织设计单位完成施工组织设计和施工图设计，年底前主体工程开工建设。"经请示中线建管局同意，现延期至 2021 年 6 月 20 日完成。

【安全达标创建】

穿黄管理处安全生产标准化达标创建工作以"安全生产标准化建设一级达标"为目标，从目标职责、制度化管理、教育培训、现场管理、安全风险管控及隐患排查治理、应急管理、事故管理和持续改进 8 个方面不断完善安全生产管理体系，强化安全生产管理机制，规范作业行为，实现安全健康管理系统化、岗位操作行为规范化、设备设施本质安全化、作业环境器具定置化，提高安全生产管理水平。

按照管理处水利生产标准化达标创建实施步骤，2020 年 3 月梳理中线建管局、河南分局修订完善的有关规章制度，以科室为单位将正在适用的规章制度汇编成册，并及时将汇编传达全体人员。3 月~6 月，在安全生产标准化实施与整改阶段，管理处各个科室对照评审标准要求，逐条逐项查漏补缺。经过四个月的不断整改和完善，全面贯彻落实水利工程管理单位安全生产标准化评审标准要求，2020 年底中线建管局通过验收，穿黄管理处在河南分局评审中取得优异成绩。穿黄管理处达标创建资料被河南分局确定为模板，在河南分局辖区推广。

【问题查改】

2020 年继续推进"两个所有"活动，划分 6 个"两个所有"巡查责任区，按照"每周检查不少于一遍"控制指标，激励全体员工查找运行管理所有问题。截至 12 月 31 日，穿黄管理处自查问题总数 12935 个，问题自主发现率 98.41%；完成自查问题整改 12930 个，自查问题整改率 100.00%。

【大流量输水】

2020 年 4 月 30 日~7 月 15 日，总调度中心统一调度穿黄工程进入大流量输水阶段。期间，穿黄节制闸共执行 769 条指令，占全年指令 45.23%。为保障大流量输水安全平稳，管理处制定大流量安全输水方案，汛期巡查组织员工、工巡、安保全方位巡查，开展重点部位夜巡，充分利用安防系统、无人机等技术手段加强巡视，中控室加密视频巡视频次，沿渠重点部位新增水尺及夜视监控摄像机。6月7日，穿黄隧洞过闸流量达到加大流量输水320m³/s，完成大流量输水任务，同时也检验穿黄工程施工质量。

大流量输水结束后，对大流量期间积累的数据、影像资料进行整理归档，对安全监测、流量等数据进行分析，成果为穿黄工程安全运行提供理论依据。

【运行调度】

隧洞检查维护结束后，管理处组织恢复A洞过流，制定恢复过流方案，通过现地操作闸门调度，保持流量不变的情况下，A洞闸门逐渐打开，B洞闸门逐渐减小，最终完成恢复双洞过流。通水至今，穿黄节制闸共过流234.88亿 m³，2020年，穿黄节制闸过流68.1亿 m³。全年接受远程调度指令1700条，远程指令操作成功率99.6%。

根据河南分局统一安排，组织开展"输水调度百日安全"活动，组织调度业务知识培训，开展业务自学，开展输水调度知识竞赛，提升全员值班的业务知识水平。

【金结机电维护】

按照闸站星级创建要求，持续进行闸站标准化完善，穿黄节制闸被评定为四星级闸站，穿黄退水闸及新蟒河倒虹吸闸站被评定为三星级闸站。

7月组织完成金结机电、35kV电力运行维护、信息自动化及消防运行维护单位的更换交接。组织新运行维护小组按周期频次进行巡检及问题处理。完成穿黄节制闸液压油缸防护棚制作、移动液压泵站防护棚制作安装、穿黄节制闸液压系统液压泵站减震喉更换、闸站物业的采购及服务实施，完成辖区自动化室的消缺；完成辖区闸站自动化室的防静电环氧树脂地坪施工项目。

组织开展闸站问题专线排查。按照第一批、第二批、第三批典型问题组织专项排查，重点对闸站站房及设备设施问题进行排查整改。全年金结机电自动化专业共发现问题1691项，整改完成1685项，整改率99.65%。

【工程巡查】

2020年，成立工程巡查组织机构，明确巡查分管负责人、巡查负责人、巡查管理人员及工程巡查人员；划定6个巡查责任区段，配备巡查人员18人。日常巡查对巡查路线及分组进行优化，对巡查人员开展工巡App系统培训。

【土建绿化】

2020年土建绿化维护实施6个合同，2020年1月到3月由2019年度原维护单位维护，2020年4月到12月由新维护单位维护。2019年土建绿化维护项目由河南分局公开招标实施，分为南岸土建维护标、北岸土建维护标、南北岸绿化维护三个合同，土建合同期从2019年4月至2020年3月底，合同工期12个月，绿化标合同工期36个月，后因河南新黄水电工程有限公司自身原因解除合同，遂重新找维护单位进行合同续签。2020年土建维护项目由河南分局公开招标实施，分为南岸土建维护标、北岸土建维护标两个合同，合同期从2020年4月1日至2021年3月底，合同工期12个月。

2019年南岸维护标由新黄工程有限公司承担，成立"新黄工程有限公司南水北调中线穿黄管理处（南）2019年土建日常维修养护项目经理部"，现场管理每天约3人，维护人员约20人；北岸维护标由长锦建设工程有限公司承担，成立"长锦建设工程有限公司南水北调中线穿黄管理处（北）2019年土建日常维修养护项目经理部"，现场管理每天约3人，维护人员约20人。绿化维护标由新黄工程有限公司承担，成立"新黄工程有限公司南水北调中线穿黄管理处2019年绿化日常维修养护项目项目经理部"，现场管理每天约3人，维护人员约30人。

2020年7月1日，由河南水建集团有限公司承担后期绿化维护项目，成立河南水建集团有限公司穿黄管理处绿化维护项目经理部，现场管理每天约3人，维护人员约30人。南岸维护标由河南盛鼎建设集团有限公司承担，成立"河南盛鼎建设集团有限公司南水北调中线穿黄管理处（南）2020年土建日常维修养护项目经理部"，现场管理每天约3人，维护人员约20人；北岸维护标由河南大河水利工程有限公司承担，成立"河南大河水利工程有限公司南水北调中线穿黄管理处（北）2019年土建日常维修养护项目经理部"，现场管理每天约3人，维护人员约20人。

2020年度，6个土建绿化维护项目部进场施工维护，12个月资源投入基本满足合同要求，质量、进度、安全文明施工基本正常，完成月度考核30场次全部合格，其中优秀21场次，优秀率70%。

河南盛鼎建设集团有限公司合同金额2625813.17元，变更批复22.37万元，总金额284.95万元，2020年4月~12月结算260.1万元，完成93.9%。河南大河水利工程有限公司合同总金额3078418.22万元，2020年4月~12月结算244.85万元，完成79.53%。绿化标采购金额为111.42万元，2020年4月~12月结算105.06万元，完成94.3%。2020年度土建绿化维护合计完成产值851.86万元。

【安全监测】

2020年穿黄工程安全监测继续委托西北院实施。根据中线建管局要求，进一步加强穿黄工程安全监测管理，对安全监测实施细则进行完善。安全监测单位共有13人，满足安全监测要求。投入安全监测专用车辆2台，二次监测仪表仪器共20台（套）。按照规定频次进行数据采集，记录格式统一规范，观测数据及时收集整理并上报。对数据进行初步分析并定期上报月报和资料归档。穿黄工程截至2020年12月共完成内观采集30674点次，完成外观采集8109点次。隧洞检修恢复过流及大流量输水期间，对工程加密观测，

数据显示，隧洞处于正常工作状态。建立异常问题台账，并持续更新，同时建立异常处置程序，根据不同等级采取相应的处置方法。加强安全监测设施保护，对92个平面位移墩进行重新刷漆保护，对108个沉降测点保护盒进行更换。

【水质保护】

2020年将穿越建筑物、桥梁、进入干渠截流沟内污水和保护区内污染源纳入巡查范围，加强日常巡视和监控。定期打捞闸站处漂浮垃圾，及时清理隔离网内产生的固体废物及生活垃圾无垃圾遗留。成功备案温县水污染应急预案，协调地方环境保护局、南水北调办以及村镇取缔沿线污染源。

【应急抢险】

2020年穿黄管理处成立应急抢险组织机构并明确管理职责，与地方有关部门建立有效联络机制，按要求完善应急预案及处置方案并报送有关部门备案；结合穿黄雨情水情修改防洪度汛应急预案，并组织学习；划出风险项目及重点隐患部位，规范填写巡查记录；规范防汛值班和应急值班；对应急抢险队及抢险物资定期检查，建立台账管理；补充部分应急物资，并按规定维护保养。2020年穿黄管理处所辖工程安全运行，未发生突发应急事件。

【预算管理】

2020年度河南分局下达穿黄管理处预算1266.67万元，其中管理费用249.62万元，维修养护费用983.05万元，资产购置支出34万元。根据下达预算情况，管理处共签订采购合同项目11个，其余为零星采购财务报销项目。三率执行情况：采购完成率85.09%，统计完成率98.22%，合同结算率82.27%。

【研学教育实践基地建设】

2020年穿黄管理处继续每年不间断在工程沿线学校、村庄、集市组织开展防溺亡安全宣讲活动，开展研学教育安全进校园，2020年安全进校园7批次。世界水日和中国水

周研学教育实践基地组织开展专项活动，在工程沿线人员流动较大场所张贴宣传标语，在集市散发主题宣传页，利用媒体、公众号等宣传手段。2020年在研学教育实践基地开放景区开展专题宣讲活动及4月水情宣传月，组织15批次宣讲，互动人数万余人。2020年共批准69.71万元，研学教育实践基地组织进行课程开发、更换研学教育宣传牌、设备展示区设备维护、研学征文、改版印刷《江河相会》宣传册，基本完成年度预算。

【党建宣传】

2020年穿黄管理处加强党支部制度建设，增强党支部的创造力、凝聚力、战斗力。推动整编工作，明确档案管理职责分工，由专人负责建设期档案整编及验收。加快穿黄工程建设期档案整编进度，建设期档案基本完成。开展各类学习教育活动102次，其中支部委员会议15次，全体党员教育学习18次，党员大会5次，党小组会44次，支部专题组织生活会2次，讲党课6次，开展主题党日12次。2020年党支部按照党组织有关要求，完成3次支部委员增补选工作，接收预备党员4名。

（杨　卫　钞向伟）

温博管理处

【概况】

温博管理处管辖起点焦作市温县北张羌村西干渠穿黄工程出口S点，终点焦作市城乡一体化示范区鹿村大沙河倒虹吸出口下游700m处，有温博段和沁河倒虹吸工程两个设计单元。管理范围长28.5km，其中明渠长26.024km，建筑物长2.476km。设计流量265m³/s，加大流量320m³/s。起点设计水位108.0m，终点设计水位105.916m，设计水头2.084m，渠道纵比降1/29000。共有建筑物47座，其中河渠交叉建筑物7座（含节制闸1座），左岸排水建筑物4座，渠渠交叉建筑物2座，跨渠桥梁29座，分水口2处，排水泵站3座。

温博管理处负责辖区内运行管理和工程安全、运行安全、水质安全、人身安全。负责或参与辖区内直管和代建项目尾工建设、征迁退地、工程验收。温博管理处2020年在岗职工23人，内设综合科、运行调度科、工程科和安全科4个科室。

【安全管理】

2020年，温博管理处进一步健全安全管理组织机构，明确安全生产目标，制定安全生产工作计划，开展安全检查督办，与运行维护单位进行安全交底并签订安全生产协议书，根据岗位分工签订安全生产责任书，个人签订安全生产承诺书，安全责任落实到每个岗位每位员工。

温博管理处按要求组织各类安全检查，全年开展12次综合性安全检查，配合上级检查6次。查处的隐患全部按照定措施、定责任人、定整改时间的要求整改完毕。按照"两个所有"及隐患排查治理活动要求，管理处开展自有人员自查自纠，组织运行维护、工巡、安保开展排查活动，2020年管理处共自查问题13612项，整改完成13606项，整改完成率99.95%。全年组织开展12次安全生产月例会，4次安全生产领导小组会。完成水利安全生产标准化一级达标创建。开展创新工作，2020年共有5项标准化规范化项目成果在河南分局推广应用。

【防汛与应急】

2020年温博管理处贯彻"防重于抢"的防洪理念，在汛前汛中各项工作中落实，明确风险等级，确定防汛重点项目；编制防汛应急预案、度汛方案并通过各级防办专家评审和备案，与地方建立联动机制；汛前对沿线各重要建筑物保证水位以下的防汛物资进行倒运，修筑防汛物资平台，巩固抗大险能力；对周村涝、勒马河、北石涧沟左排倒虹吸，进行抽排清淤，清理左排进出口杂树，保证左排倒虹吸正常过流能力。管理处在主汛期配备抢险人员18名，设备6台，24小时值守待命；防汛应急物资全部到位，设施设备状态良好。配合穿黄管理处参加水质应急演练，在济河倒虹吸进口完成围油栏布设，完成应急抢险任务，消除水质风险隐患。

【调度管理】

2020年温博管理处严格贯彻执行输水调度有关管理制度、标准、办法。完成辖区中控室值班工作。期间，按照要求完成水情工情数据全天候监视，完成322条调度指令的跟踪、落实和反馈，完成分水2723.62万 m³，处置各类警情278条，其中调度预警29条，设备预警249条。配合完成金结机电设备定期开展的动态巡视、专项检修和全面维护，配合完成自动化专业相关的通信设备、流量计等设备检修维护，完成流量计定期维护、安防系统检修，协调推动中控室输水调度自动化应用系统的功能完善。完成加大流量输水期间的各项调度加固措施，对大流量输水期间可能的运行风险进行提前分析准备，进行各类突发事件防范和应急处置准备。

落实上级要求的新冠疫情防控措施，对中控室生产环境硬件进行完善，完成"汛期百日安全"专项行动及"国庆、中秋双节"加固措施，组织输水调度知识竞赛，按照上级要求派人到总调中心和分调中心进行顶岗轮训。完成组织管理处输水调度值班、应急（防汛）值班工作和输水调度业务培训，内容有调度相关制度、规范、工作手册以及上级印发的所有调度相关文件。根据安全管理相关要求开展安全问题自查，及时整改各类输水调度安全问题，及时发现影响输水调度安全问题并上报，2020年未发生调度安全事件。

【水质保护】

温博管理处加强水质巡查，联合市县环保局，市县南水北调办、县水利局，推动污水进截流沟等污染源处理。进行源头污水改道、排水口封堵，完成污水进截流沟处理5处2020年温博辖区仅有污水进截流沟问题1处。

【工程效益】

温博管理处下辖济河节制闸设计过闸流量265m³/s，2020年均瞬时过闸流量319m³/s，年过闸水量60多亿 m³。下辖北冷（马庄）分水口设计分水量2m³/s，日均供水量1.9万 m³，2020供水年度北冷（马庄）分水口向温县水厂供水共计692.80万 m³；北石涧分水口设计分水量1m³/s，日均供水量5.6万 m³，2020供水年度北石涧分水口向博爱水厂供水共计832.18万 m³，向武陟水厂供水共计1198.65万 m³。截至2020供水年度累计供水2030.83万 m³，为温县、博爱、武陟的社会经济发展提供必不可少的水资源，带来巨大的社会效益经济效益和生态效益。

（李海龙　耿建华　牛　涛）

【安全监测】

2020年，温博管理处组织召开安全监测月度例会12次，指导安全监测人员学习南水北调安全监测相关专业技能和管理办法。安全监测原始数据严格按照相关要求记录，并及时整编上传自动化系统，安全监测全年采集整编内观监测数据119.8万余点次，其中人工数据8542点次。制作异常问题处置单，规范异常问题处置程序，按时上报安全监测台账、内外观整编数据库及月报。持续开展"两个所有"活动，完成"两个所有"培训2次，发现、处理、整改安全监测问题225项，上级领导检查、稽查、自查发现的安全监测问题均能及时整改，问题整改率100%。持续进行规范化建设，2020年完成安全监测设施各类测点标识牌165个、沉降观测工作基点保护井整治8个、沉降测点保护盒修复103个，完成安全监测系统优化工作。完成左排渗压计监测自动化改造，增设自动化采集箱15个，增加自动化数据职能采集器1台，消除仪器分布分散和人工观测消耗大的影响，汛期短时强降雨也可及时掌握左排过水时渠底渗透压力。

【党建工作】

2020年，温博管理处党支部开展学习习近平新时代中国特色社会主义思想的理论建设，落实新冠肺炎疫情防控的重要讲话精神和部署要求、2020年全国水利工作会议精神和习近平总书记关于治水工作的重要论述，以"水利工程补短板、水利行业强监管"为总基调，开展"两个所有""一人多岗一专多能"工作，以问题为导向，以服务运行管理为中心，充分发挥党支部的战斗堡垒作用。

制订《温博管理处党支部2020年工作要点》《温博管理处党支部2020年理论学习计划》，严格落实"三会一课"制度。开展主题党日和联学联做活动。推动党建与业务进一步融合，充分发挥党员干部先锋模范作用，找差距，补短板，实现党建与业务互相促进。2020年温博管理处是中线建管局资产全面清查试点单位，党支部推动全力配合资产清查工作，完成各项资产清查工作，为中线建管局资产清查工作积累经验。走进革命家牛东海家中，传承老革命的家风家教；到滨河和蚰蜒河开展"关爱山川河流 保护母亲河"志愿服务活动。与穿黄管理处，温县南水北调办开展"联学联做"活动，联学共建；开展"警示教育月"活动，牢筑党员干部道德防线；开展"厉行勤俭节约 反对餐饮浪费"专题教育活动。

（杨参参 马瑞海）

焦作管理处

【概况】

南水北调中线干渠焦作段包括焦作1段和焦作2段两个设计单元，是中线工程唯一穿越主城区的工程，外围环境复杂，涉及沿线4区1县30个行政村。焦作段渠道起止桩号K522+083～K560+543，总长38.46km，其中建筑物长3.68km，明渠长34.78km。渠段始末端设计流量265m³/s和260m³/s，加大流量320m³/s和310m³/s，设计水头2.955m，设计水深7m。渠道工程为全挖方、半挖半填、全填方3种形式。干渠与沿途河流、灌渠、铁路、公路的交叉工程全部采用立交布置。沿线布置各类建筑物69座，其中节制闸2座、退水闸3座、分水口3座、河渠交叉建筑物8座（白马门河倒虹吸、普济河倒虹吸、闫河倒虹吸、翁涧河倒虹吸、李河倒虹吸、山门河暗渠、聩城寨倒虹吸、纸坊河倒虹吸），左岸排水建筑物3座，桥梁48座（公路桥27座、生产桥10座、铁路桥11座），排污廊道2座。自2014年12月12日正式通水以来，工程运行安全平稳。

焦作段管辖机电金结设备设施共计308台套，其中液压启闭机33套，固定卷扬式启闭机22套，弧形闸门28扇，平板闸门27扇，检修叠梁闸门25扇，电动葫芦21台，旋转式机械自动抓梁14套，柴油发电机组11台，高压环网柜40面，高压断路器柜10面，低压配电柜53面，直流电源系统控制柜24面。

【组织机构】

焦作管理处负责焦作段运行管理工作，承担通水运行期间的工程安全、运行安全、水质安全和人身安全的职责，负责焦作1段工程验收的现场工作。

焦作管理处内设综合科、安全科、调度科、工程科，2020年有正式员工33名。设置处长1名，副处长1名，主任工程师1名，其中高级职称11人，中级职称15人，初级职称7人。设立基层党支部、团组织，自有员工中党员 21 名，35 岁以下青年员工 19 人。

【安全管理】

2020 年开展常态化防疫保障运行工作。焦作管理处先后编写并下发《焦作管理处新冠肺炎疫情防控工作方案（第一版）、（第二版）》和《焦作管理处新冠肺炎疫情常态化防控工作方案》，及时转发中线建管局、河南分局疫情防控最新工作要求，严格落实各项防控措施。复工复产期间，采购口罩、护目镜、消毒液、医用酒精，本地员工轮流到岗值班，外地市员工远程办公，物业、司机轮流值班。2020 年完成一级达标创建。2019 年 9 月 19 日中线建管局启动水利安全生产标准化一级达标创建工作，管理处迅速成立水利安全生产标准化一级达标创建工作小组，编制管理处标准化创建实施方案，开展安全生产标准化宣传培训，按科室、专业对照达标创建任务明确分工，定期召开达标创建工作会。日常创建过程落实安全生产管理规章制度及操作规程，及时收集整理管理资料，按期完成达标创建资料归档。焦作管理处水利安全标准化达标创建工作 126 个三级项目中实施创建工作 125 项，合理缺项 1 项（4.1.8 水力机械及辅助设施）；建立达标创建资料纸质档案 56 盒，累计收集达标创建资料 518 类。

根据达标创建工作要求，组织开展风险辨识、评估、分级制定管控措施，划分建筑物及设备设施单元清单、作业活动安全管理辨识清单、安全管理辨识清单，制作建筑物及设备设施安全风险清单、作业活动安全风险清单、安全管理风险清单。其中固有风险为重大安全风险（IV 级）4 项、较大安全风险（III 级）48 项。开展安全风险清单培训，全员熟悉工作岗位和作业环节中存在的安全风险。固有风险为重大风险的区域设置安全风险告知卡，明确安全风险、隐患类别、事故后果、管控措施、应急措施及报告方式。在高填方、高地下水位、深挖方渠段现场设置安全风险告知卡 16 处。

2020 年 7 月，管理处成立安全生产标准化达标创建自评小组，对照《水利工程管理单位安全生产标准化评审标准》要求，检查达标创建过程资料及作业现场，自评打分编写自评报告，自评得分 97.7 分，达到水利安全标准化一级标准。12 月通过水利部组织的水利安全标准化一级达标创建评审。

【调度管理】

2020 年，中控室共执行调度指令 389 条 2094 门次，成功 2076 门次，失败 18 门次，成功率 99.14%。接收报警 289 条，消警 287 条，其中调度报警 56 条（一级报警 48 条，二级报警 8 条）消警率 100%；设备报警 233 条（一级报警 25 条、二级报警 23 条、三级报警 73 条、四级报警 112 条），消警率 100%。下达操作指令 148 条，366 门次，其中纠正 43 次，纠偏 16 次，临时配合操作 115 次，动态巡视 41 次。处理文件 73 份，其中收文 54 份，发文 9 份。通水以来焦作管理处输水量 2394882.85 万 m³，通过苏蔺分水 3477.87 万 m³，通过府城分水 2235.07 万 m³，通过闫河退水闸分水 865.57 万 m³（含生态补水）。

大流量输水期间成立工作小组，印发《焦作管理处关于印发 420 立方米每秒加大流量输水工作实施方案的通知》。对全体值班人员进行重点断面水尺读数培训，一对一现场实操；重点断面水位采集数据执行专员、科长、处领导三级审核制度；制定重要渠段巡查计划，重要渠段自有人员每天巡查不少于 1 遍；分段制定巡查计划，按照"每周至少 2 天，不少于 1 遍"双标要求对责任区进行现场巡查；中控室值班人员对安防监控系统进行视频巡视；在退水闸生态补水期间，值班人员每 2 小时通过视频监控系统巡视退水情况，现场安排人员 24 小时值守；安保巡逻延长单次巡逻时间，对重要建筑物、人口密集处桥梁等延长停驻时间，每天对工程重要部位的巡查 4 次（晚上增加 1 次夜间巡逻）。期间，闫河节制闸最大流量 296.54m³/s，最高水位 105.56m；

聨城寨节制闸最大流量 299.34m³/s，最高水位 103.99m。

【问题查改】

问题查改管理处设专人监管长时间未处理问题和即将到期问题，开展巡查情况公示。截至 2020 年 12 月 21 日，管理处自查发现问题 15235 项，上级发现问题 37 项，问题自主发现率 99.76%，完成整改 14542 项，整改率 95.45%，均满足中线建管局问题查改工作要求，焦作管理处问题发现数量中线建管局排名第五，河南分局排名第三。

调整问题发现责任划分，各分段人员负责检查发现段内的全部运行管理违规行为和工程缺陷，如有应发现未发现问题由段内人员依序承担问题发现责任。实施"两个所有"分段轮转制，将焦作 5 个区段人员轮转，每个季度轮转一次，初次轮换于 2020 年第三季度开始实施。组织"两个所有"每周一课、每月一考。每周抽出半天时间组织自有员工开展"两个所有"知识学习，由管理处各专业轮流开展培训，学习各专业规章制度、技术标准和上级检查发现的典型问题，提高全员发现问题能力。每月开展一次"两个所有"考试，应知应会的内容必须掌握，考试成绩在管理处进行公示，对于考试成绩低于 90 分的，要求重新学习并进行补考。

2019 年 12 月~2020 年 2 月开展为期三个月的安全生产集中整治活动，管理处成立安全生产集中整治工作小组，编制并印发《焦作管理处安全生产集中整治实施方案》，并召开专题工作会，明确整治重点、分工、措施和要求。结合"两个所有"活动开展现场巡查，开展重大危险源排查治理，按照重大危险源排查标准，管理处未发现重大危险源；开展防火安全检查，对办公场所、集体宿舍、职工食堂等人员密集场所进行检查，发现并及时整改宿舍内卧床抽烟、电动车违规充电等问题。安全生产集中整治期间，共排查发现问题 983 项。先后开展交通安全专项整治、运行维护作业安全专项整治、危险化学品安全专项整治、工程建设项目安全整治。对 3 起车辆违规行为责任单位、责任人进行通报和处罚；开展对外墙真石漆作业项目、水质综合平台拆除项目、李河退水闸闸门加高项目、电动葫芦检修平台改造项目的作业内容开展监督检查。总结并编报《焦作管理处 2020 安全生产专项整治三年行动 2020 年度工作总结》。

【防汛与应急】

2020 年按照中线建管局和河南分局防汛工作安排，焦作管理处开展防汛准备。根据人员变动情况调整安全度汛工作小组，明确人员岗位职责分工。开展物资盘点、筹备物资采购，开展设备维护，保障设备正常运行工况。开展工程防汛隐患排查，确定 2020 年防汛风险项目 3 个。对 7 个倒虹吸及山门河暗渠进出口裹头水尺进行复核，并更换为不锈钢材质水尺。成立以管理处员工、日常维护单位人员、安保人员和工巡人员参加的应急抢险队，遇突发事件及时组织开展先期处置。摸排、更新渠道周边应急抢险道路，完善防汛两案中抢险道路路线图。汛前对三个水库摸排，提前进行沟通联络。用无人机对 8 个河渠交叉建筑物、3 个风险点进行实景拍摄，并录制风险点介绍短视频。更新防汛布置图并制作防汛展板，完成布置图上墙。

依据 2020 年工程防汛风险项目分级标准，编制《南水北调中线干线焦作管理处 2020 年度汛方案》《南水北调中线干线焦作管理处 2020 年防汛应急预案》，并按 4 区 1 县、南水北调办、水利局反馈意见进行修改完善，报焦作市防办审批备案。

6 月 10 日上午，焦作管理处在辉县谷庄桥下游与辉县管理处开展年度防汛演练，现场演练实操设备和练习抢险技能，提升突发事件的现场抢险能力；6 月 12 日下午，焦作管理处开展防汛桌面推演。

主动与焦作市政府和市水利部门、应急

管理部门对接联系，防汛工作纳入地方政府的防汛体系，服从焦作市防指的防汛统一指挥。与焦作市防汛相关单位部门建立联动机制，互通"人员、电话、物资设备"，实现各有关单位之间信息及资源交换共享。2020年管理处先后接受水利部、中线建管局专项检查2次；监督队和飞检防汛检查4次；焦作市应急局、城区防办、南水北调办、水利局领导现场检查指导防汛工作3次；参加焦作市组织的防汛工作会议3次。

完成防汛物资设备采购及设备完善，2020年补充采购救生衣20件、救生绳17根、安全围栏100m、折叠床22张、反光背心80件、头戴式防水灯30个、安全帽40个、防水手电24个、工业防水插座3个、电钻1台、尼龙绳200m、十字镐10把、铁锹20把、角磨机1台、封包线10卷、土工滤垫30片、装配式围井8片。对储备的105项抢险物资、18个现场物资备料点、开展盘点维护保养，按时进行设备试运行操作。

汛情预警及应急响应。汛期接到各类汛情预警后，焦作管理处全体人员进入待命状态，持续跟踪天气情况和河流水情，加强现场巡查和排查，对险情可能发生部位进行监控，进行物资和设备准备，通知应急抢险驻汛人员进行抢险准备。2020年焦作管理处在接到地方气象部门及防办预警后，安全度汛工作小组按照中线建管局和河南分局要求立即进入应急响应状态。6月16日、6月26日、7月15日、7月21日、8月4日、8月11日、8月17日中线建管局防汛指挥部启动预警。管理处接到应急响应通知后，全员及各运行维护单位暂停一切休假坚守岗位。应急处置3队8岗人员保持24小时手机畅通，同时在小官庄渡槽3级风险点增加1台长臂反铲及2名巡视人员。

【水质保护】

焦作管理处在加强水质巡查、藻类监测的同时加强对府城南水质自动监测站与水质应急物资仓库的管理。2020年水质保护工作的污染源消缺和新巡查模式探索有所突破。联合市、区环保局等多部门联动，推动污水进截流沟等污染源问题处理。采取逐区协调，现场讨论，彻底解决的方式，解决李河截流沟自运行以来常年流水的"老、大、难"问题，实现焦作段污染源清"零"目标。联合地方相关部门利用辅助工具专项巡查打破"巡查局限性"，使用无人机对辖区内污水进截流沟进行专项巡查，然后专员专项巡查，加大流量期间每季度一次调整为每月一次，全年专项巡查18次。

对危化品桥梁应急沙池沙土易流失、标识不清晰问题，在6座桥梁12个应急沙池进行改造，增加砂浆保护层、二维码铭牌、警示标语。按照上级要求及法律法规，焦作管理处对府城降压站安保室进行改造，建成河南分局第一个危险废液间，警示标志和制度上墙。增强水质自动监测站管理，对府城南水质自动监测站的渠道水体监测项目电导率、水温、pH值、溶解氧、浊度、氨氮、高锰酸盐指数、溶解性有机物、生物毒性等9项参数进行监测。监测频次1580次，监测数据14220个。

【安全保卫】

2020年，焦作管理处持续加强安全保卫，在安全加固期间，安保和警务室增加巡查频次，延长巡查时间，安保每天对全段巡查4次，警务室每周巡查2次，同时对工程保护区进行一遍不安全因素排查。

2020年安保分队共制止保护区违规施工行为16次，临时修复围网126处，扑灭火情7起，发现并制止违规入渠人员23人，各级领导检查200余次；警务室共出动巡逻600余车次，制止、劝阻钓鱼等影响运行安全的行为152余起，其中非法进入渠道21起。落实出入管理办法，进行入渠工作人员信息登记，收集全体入渠工作人员身份信息和特种作业证书，签订安全生产交底责任（承诺）书。

2020年共办理人员临时出入证474个，车辆临时通行证67个，三轮车通行证17个，对400余人进行安全交底。

【安全监测】

2020年焦作管理处重点对高填方段沉降量超标情况展开安全监测专项工作。对高填方段现场出现的堤顶纵向裂缝、建筑物渐变段出现裂缝、错台，桥梁与渠道衬砌板结合处出现明显位移，李河进口园区出现明显沉降等问题及时上报，采取一系列保障措施。加密测量频次，对苏蔺西桥至解放大道桥测量频次加密至一周一次，其余建筑物和渠道仍维持原监测频次不变；新增柔性测斜仪、位移计（微芯桩）、表面测缝计和位错计以及沉降点等监测设施；联合高校用无人船和单波速测深仪及水下机器人技术对高填方段渠道水下断面情况进行检测，在渠段网外增设5个断面，共布设24个测点，分散分布在渠道左右岸2km的范围内；对水准起测基点及工作基点进行校核；新增红线外三个垂直基点；调取工程区域附近两口国控水井地下水位变化情况对比分析。

【渠道标准化创建】

2020年焦作管理处超额完成渠道标准化创建目标任务。对剩余渠段现场基础较差的情况，编制2020年标准化渠道建设方案，分解标准化渠道任务，组织维护单位分工分段，先后完成渠段内建筑物内外墙修复、截流沟浆砌石勾缝、边坡排水沟修整、警示柱维护、沥青灌缝、树圈维护、苗木补植、草体修剪，渠段整体形象明显提升。2020年通过标准化渠道验收12.99km，累计创建标准化渠道57.15km。

按照中线建管局和河南分局要求，开展标准化闸站达标建设。焦作段共22个闸站站点，结合中线建管局《南水北调中线干线工程标准闸（泵）站生产环境达标验收办法》，供电专业涉及绝缘垫、配电柜绝缘板、警示贴、巡视地贴、照明灯等项目，前期完成所有站点排查，编制统计供配电专业工程量清单，施工期间多次检查质量进度，施工完成后进行现场计量验收，通过河南分局组织的达标闸站验收。2020年完成"三星级"达标闸站评选8座，完成"四星级"达标闸站初验1座。截至2020年底累计完成"三星级"达标闸站13座、"四星级"达标闸站通过初验1座。

（李　岩　贾金朋）

【规范化建设】

2020年规范化建设向工程全范围展开。

液压启闭机和电控系统功能完善联合调试项目　按照河南分局要求，对液压启闭机和电控系统进行改造，增加系统压力油过滤器、油箱电接点温度计、液位传感器等多项完善性设备。4月22日辖区内33台套液压设备全部改造调试完毕，2座节制闸调度正常。

事故闸闸门锁定梁加高项目　4月开始对辖区进口事故闸门锁定梁进行加高处理。项目涉及普济河、闫河、瓮涧河、李河进口事故闸4个闸站16扇平面闸门，将已有20号工字钢切割两段长度150mm拼焊为整体支撑座，底面找平后支撑在原闸门锁定梁下方，将闸门抬高200mm，减少闸门阻水风险，5月7日实施完成。

李河退水闸工作闸门加高项目　4月管理处联合信息科技公司和设计单位对李河退水闸工作闸门进行加高处理。经复核施工图图纸，固定卷扬式启闭机死行程为1800mm，闸门门底至吊耳板吊耳孔距离为7950mm，启闭机平台至检修平台高度为10500mm，经优化对工作闸门进行加高300mm的设计，6月1日实施完成，6月2日现场验收合格后投入运行。

山门河进口事故闸油缸返厂维修项目　管理处在日常设备巡检过程中，发现山门河进口事故闸液压启闭机1号右侧与2号右侧油缸存在渗漏油现象，经运行维护技术人员现场研判确定为油缸内泄漏，对故障油缸拆除

返厂维修。通过制定油缸吊装及闸门固定专项方案、油缸拆除、油缸运输、油缸工厂检测及维修、油缸厂内调试、现场安装调试验收等多项环节，完成油缸维修返回现场安装调试，设备运行稳定。

电动葫芦和电动单梁起重机检修平台项目　增设单轨移动式启闭机（电动葫芦）和电动单梁起重机检修平台，保证设备和作业人员安全，提高设备检修养护工作效率。焦作段目前安装检修平台共计14台套，已于2020年12月21日全部实施完成。

闸门和启闭机安全检测项目　根据《水工钢闸门和启闭机安全检测技术规程》（SL 101-2014）要求和中线建管局安全生产达标创建工作安排开展闸门和启闭机安全检测工作，闸门和启闭机安全检测项目涉及焦作段22个闸站148台套金结机电设备全部完成。

启闭机室空调排水设施完善项目　项目于2019年底已完成主体部分施工，排水设施受疫情影响，推迟至2020年6月实施，目的是防止UPS主机运行过程中因温度过高而对系统造成伤害。截至6月底，共完成室内开槽10m、埋设水管21m、空调外机移位2台、内机安装托水盘10个。

闸后摄像头增设照明灯项目　管理处组织对渠道重点断面摄像头加装照明灯，解决夜间水位监控问题，保证24小时全时段实时监控渠道水位变化，上报水情信息。项目于6月初全部完成，共安装照明灯11套。

机房电缆沟盖板更换项目　自动化机房电缆沟盖板是2015年全面整治期间更换的玻璃钢材质盖板，发现多处变形、破损，甚至出现裂纹等安全问题。根据达标闸站验收办法规定，管理处进行改造，更换为不锈钢材质盖板，2020年完成更换站点5个约16m²。

电力电池室和综合机房排烟口改造项目　11月18日实施下移电力电池室和综合机房排烟口位置改造，使电力电池室和综合机房排烟口底部距离地面高度小于30cm，确保

七氟丙烷气体喷洒后能完全排出。

规范化施工技术标准项目　2020年在维护合同开始前组织项目负责人对合同进行梳理学习，沟通交流，专员对每项维护内容工程量、施工工艺、维护标准熟练掌握。对维护内容编制更为详细的施工技术要求，其中《错车平台施工技术标准》《外墙真石漆施工技术标准》入选河南分局标准化规范化实践项目评审。

备防石码方标准化项目　对备防石码方工作进行标准化施工，对码方位置选择、基础处理、码方尺寸统一标准。是防汛物资标准化和信息化要求的落实，确保防汛物料数量清晰，便于后期养护，遇到突发情况能够即时使用。

【穿跨越项目管理】

2020年严格按照《穿跨越邻接南水北调施工监管规定》文件要求，开展穿跨越邻接工程项目审批、巡视、验收，主动与后穿越项目单位沟通，建立后穿越项目联络机制，应对突发事件发生。2020年共巡视48次发现问题8个，与地方来往文函4份。焦作段工程共有穿跨越项目27处，其中完建项目24个，在建项目3个。

东海大道桥辅道建设工程邻接南水北调干线焦作段工程，工程内容有道路、排水、照明、绿化、灌溉及桥下硬化、桥下L挡墙，2019年10月开工，2020年主体工程完工，渠道内桥下硬化及桥下L挡墙项目未完成，尚未组织验收。南水北调焦作城区段绿化带工程邻接南水北调工程，西起丰收路，东至中原路以东约600m，长约10km，干渠两侧宽度各100m（局部有扩展）。2020年项目正在施工。修武山后~七贤110千伏线路跨越南水北调工程，2020年工程正在审批。

【技术创新】

光影水尺创新项目　闸前水位是南水北调输水调度的核心控制数据，安装在倒虹吸出口闸室的闸前水尺是校核水位的重要工

具。由于流出倒虹吸的水流从有压水变为无压水，水流断面由矩形变为梯形，闸前水流湍急、流线紊乱，水位变幅大，造成安装的闸前水尺时常被冲刷变形脱落，或被污物附着无法正常读数，且闸前水尺的安装位置空间狭小，存在临水作业，人员不易到达，安装水尺的难度极大。管理处利用光学投影技术，将光影水尺投影到闸室侧墙上，实现观测校核水位功能，同时避免水尺毁坏、受污染的问题。

平板闸门门槽空隙封堵创新项目 鸟类通过平板闸门门槽空隙时常进入闸室，对设备安全和环境造成一定影响。管理处统筹考虑维护安全、维修成本，对检修门槽孔口实施封堵。采用不锈钢加铝合金排刷的组合工艺对检修门槽孔口周围非固定式封堵，既可防鸟又不影响检修门使用效果良好。2020年形成技术标准，并通过河南分局审核，计划于2021年在河南分局范围内推广。

电力系统室外电缆管道密封创新项目 电力系统室外电缆管道采用传统的防火泥方式封堵，防火泥会因温度升高，融化开裂失去防水防鼠效果，管道内会出现渗水、积水、泥沙以及老鼠繁殖等情况，对电缆线安全和维修施工造成影响，还会造成电力中断或信号中断事故。管理处对电缆管道采用耐高温的充气型密封系统进行密封效果良好，2020年形成技术标准，并通过河南分局审核，计划于2021年在河南分局范围内推广。

引进除草机器人项目 焦作管理处辖区共有草体面积209.33万 m²，草体养护高峰期需要每天投入80人同时作业，无论是资源投入还是人员管理都面临较大挑战。管理处自2019年开始与河南水建集团研究采用机械代替人工的方式开展作业。2020年经现场工作开展，除草机器人有效节约人力成本，大大减少安全风险，提高现场监管效率。

【合同管理】

2020年焦作管理处按照规定开展合同管理，各项目立项手续齐全，采购项目过程依法合规，会签程序完备，资料保存完整，无违规事项及程序瑕疵，符合制度要求，监督执行到位。2020年焦作管理处执行合同13项，执行河南分局签订合同2项，管理处签订合同11项，其中运行维护类4项（闸站物业项目占用编号ZXJ/HN/YW/JZ-2020009）运行监管类7项，完成线上合同录入10项，正在进行1项。2020年合同项目全部经由计划合同系统线上进行结算审批，合同系统与预算系统完成对接，合同项目类结算推送至预算系统，全年执行预算2175.95万元，采购完成率96.29%；统计完成1844.72万元，统计完成率87.26%；结算完成1484.74万元，合同结算率70.23%。全年业务招待费执行率14.3%、会议费执行率15%、车辆使用费执行率25.86%、管理性费用总额执行率35.67%，三公经费可控，预算执行情况良好。

【工程验收】

2020年管理处成立设计单元验收小组推进干线设计单元工程验收。分专业成立验收报告编写小组，校核审定各项工作报告，梳理相关档案资料，向工作组介绍工程重点部位。经专家组讨论认为焦作1段、焦作2段工程已按照批准的初步设计和设计变更内容建设完成；工程设计标准符合相关技术标准规定；土建施工和设备安装质量合格；安全监测成果表明建筑物整体工作性态正常；验收资料齐全；同意该焦作1段、焦作2段工程通过设计单元工程完工验收技术性初步验收。推进各类档案归档移交，按照河南分局进度要求，如期完成城建档案整理，并向焦作市档案馆正式移交。设置档案管理室为资料管理和借阅提供场所。完整收录运行期档案，通过河南分局专项检查，全年共收整2019年度档案274卷，972个文件，共计6万余页。

【党建与廉政建设】

2020年党建工作突出党建引领作用，严格贯彻落实上级党、纪、工、青、妇等组织

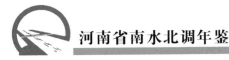

的管理规定及要求，提高党员素质，为群众排忧解难，探索新的信访接待工作方法，完成中线建管局和河南分局下发的党建工作学习任务。

持续开展先进创建，完成"红旗基层党支部"创建中5大项，89小项相关资料整理编写存档工作，并对往年度党建资料进行目录梳理。完成中线建管局党建督查中7大项，56小项相关资料整理编写存档工作。开展各类党建主题教育活动，上报简报统计表41份，完成河南分局25次主题学习，通过个别提问和统一考试为思想加压，高成绩完成水利部巡视组党建知识考试，学习成果受到河南分局肯定。

按照河南分局党委要求组织开展管理处党支部换届、补选工作。党建与现场段站负责制融合，调整党小组和党员责任区与党员群众1+1人员分工。配合河南分局完成党员组织关系接转。党支部三会一课、主题党日、党费收缴规范开展。党支部把"坐下来""走出去""迎进来"相结合开展主题党日活动。全年开展主题党日活动9次。组织开展"警示教育月"活动并进行活动总结。开展重点岗位廉政提醒、集体观看警示纪录片，开展全方位塑造良好家风工作，到愚公移山精神教育基地参观。加强公车使用、三公经费报销、车费与餐费缴纳管理。全年共接待4起信访事件，均为往年施工项目中劳务人员工资纠纷，管理处与焦作市信访局、焦作市各级政府对接，进行事件解释与沟通，未发生群体性事件。

（李华茂　李　旺）

辉 县 管 理 处

【概况】

南水北调干线辉县段位于河南省辉县市境内，起点辉县市纸坊河渠倒虹工程出口，终点新乡市孟坟河渠倒虹出口，全长48.94km。辉县段渠道有挖方和半挖半填两种形式，过水断面梯形，渠底和渠坡采用现浇混凝土衬砌。建筑物有节制闸、控制闸、分水闸、退水闸、左岸排水建筑物及跨渠桥梁等，其中参与运行调度的节制闸3座，控制闸9座，为中线建管局最多。干渠以明渠为主，设计流量260m³/s，加大流量310m³/s。2020年12月，南水北调中线一期工程干渠黄河北～羑河北辉县段设计单元工程通过完工验收。

（高　胜　朱春青）

【安全生产】

2020年按照"管业务必须管安全、管生产必须管安全"工作要求，成立以处长为组长，副处长及主任工程师为副组长，各科室负责人、安全科全体人员为成员的安全生产领导小组，明确职责。开展风险辨识、评估、分级并制定管控措施，制作建筑物及设备设施安全风险清单、作业活动安全风险清单、安全管理风险清单，其中固有风险为重大安全风险（Ⅳ级）6项、较大安全风险（Ⅲ级）22项。落实"两个所有"要求，以问题为导向，定期组织培训和考试，提高全员隐患排查能力。更换沿线53个破损老化救生箱，更换救生箱内救生绳40条，救生衣38套，救生圈10个。完成对沿线56条拦河绳更新改造。更新完善防护网、钢大门上标识、标牌共320余m²。新增、修复、完善安全防护网8540m²，增设、完善修复滚笼刺丝3925m。利用暑假、"十一"和寒假期，以"关爱生命、预防溺水"为主题，开展进村入校安全知识宣传，持续开展安全生产专项整治三年行动。

（詹贤周）

【调度管理】

金结机电设备　辉县段工程有闸站建筑物17座，液压启闭机设备45台套，液压启闭机现地操作柜90台，电动葫芦设备34台，闸门98扇，固定卷扬式启闭机8台套。管理处每月底根据河南分局下发的运行维护单位机电金结设备维护巡查计划编制下月设备巡视计划。全年共完成各类设备设施静态巡视9860台次。2020年机电金结专业共发现问题1240个，其中上级检查发现问题8个，管理处自有人员发现问题1232个，自主发现率99.9%。金结机电的问题整改率100%，期间无安全事故和质量问题发生。开展"大流量输水"期间巡查，严格按照规定频次和巡查要求开展，设备静态巡视1500余次。

35kV永久供电系统　辉县段工程有35kV降压站15座，箱式变电站1座，高低压电气设备134套，柴油发电机13套。2020年度辖区内按计划执行停送电操作42次。2020年度，35kV专业共发现问题1023个，其中上级检查发现问题4个，管理处自有人员发现问题1019个，自主发现率99.9%，问题整改率为100%，期间无安全事故和质量问题发生。

信息自动化和消防　辉县段工程有视频监控摄像头189套，安防摄像头110套，闸控系统水位计31个，流量计5个，通信站点16处，包含通信传输设备、程控交换设备、计算机网络设备、实体环境控制等。2020年度辉县管理处信息自动化和消防专业共发现问题1158个，其中上级检查发现问题4个，管理处自有人员发现问题1154个，自主发现率99.9%。管理处严格规定问题整改时限和质量要求。2020年度信息自动化和消防专业问题整改率99.9%，期间无安全事故和质量问题发生。

（郭志才）

【合同管理】

2020年辉县管理处完成9项直接采购。采购严格按照《河南分局非招标采购管理实施细则》组织实施，采购权限符合上级单位授权，采购管理审查审核程序完备；采购文件完整，供应商资质符合要求，合同文本规范；采购工程量清单项目特征描述清晰列项

合理；采购价格合理定价准确。

（吕宾宾）

【防汛与应急】

编制2020年度汛方案、防汛应急预案和突发事件应急处置方案，成立安全度汛领导小组和应急处置小组，由管理处处长、副处长、主任工程师负责，成员由各科室工作人员组成。辉县管理处严格执行防汛（应急）值班制度，开展应急演练加强人员培训，提高全员应急处置能力，落实各项应急处置措施。

（崔宗南　罗克厅）

【工程维护】

2020年，土建日常维修养护完成浆砌石勾缝修复、警示柱刷漆、路缘石更换、铁栏杆刷漆、不锈钢栏杆更换、沥青路面处理、排水沟混凝土找平、防护网更换、内墙墙面修复、外墙墙面真石漆修复，以及闸站保洁（含园区和防汛仓库）、水面垃圾打捞、渠道环境保洁项目。绿化项目实施完成草体养护、草体补植、闸站绿化养护及防护林带养护。草体养护总面积169万 m^2、草体补植约4万 m^2、苗木补植20余万株，成活率90%以上。2020年辉县管理处通过标准化渠道验收10.39km，累计通过验收27.5km。

（袁卫涛　赵文超）

【安全监测】

2020年辉县管理处开展安全监测数据的采集、整理整编、数据初步分析以及月报编写上报、资料归档工作。对安全监测观测房、外观测点、保护盒、标识牌、工作基点等设施进行定期维修养护。完成大流量输水期间内观及外观监测加密观测、对重点监测断面增设测压管和垂直位移测点工作。

（常华利）

【工程巡查】

2020年开展工程巡查人员培训，会议培训和现场实地培训相结合，学习工程巡查业务知识、标准文件、巡查要求、突发事件处置方法。实行每周和每月考核相结合，通过

现场检查和巡查管理系统记录检查，对工程巡查人员的业务能力、劳动纪律、安全生产执行情况进行考核并赋分，建立奖惩机制，激励巡查人员不断提升业务能力。

（郭培峰　魏世祎）

【穿跨邻接项目】

2020年开展对辖区13个穿跨邻接工程的巡查巡检。对在建的新晋高速跨南水北调大桥工程和秋山—百泉、秋山—协和110千伏线路工程加强过程监管，按照批复的施工方案施工。同时配合做好各项安全监测工作，发现影响工程安全和水质安全风险及时整改。

（郭培峰）

【水质保护】

2020年辉县管理处定期对管理处辖区沿线进行水质和污染源巡查。协调地方政府排查污染源，全年销号养殖场污染源2处。2020年辖区内污染源全部销号，剩余9处风险源每月进行2次巡查。8月对水环境突发事件应急预案进行修订，并按要求进行专家评审和预案备案。大流量输水期间完成藻类应急监测。

（吴　辉）

【工程效益】

干线工程正式通水以来南水北调中线辉县段工程累计向下游输水254.29亿m³。2020年度，辖区内郭屯分水口累计分水757.4万m³，路固分水口累计分水1464.17万m³，峪河退水闸生态补水1543.16万m³，黄水河支退水闸1546.01万m³，实现年度分水目标。

（郭志才）

【党建工作】

2020年度，辉县管理处党支部以习近平新时代中国特色社会主义思想为指导，围绕"水利工程补短板、水利行业强监管"总基调和"两个所有、双精维护、逢事必审"的管理理念，以创建标准化渠段、标准化闸站、标准化中控室为目标，发挥党支部战斗堡垒作用和党员模范先锋作用，完成疫情防控、生态补水、加大流量输水和安全度汛等重要工作。对新冠肺炎疫情防控，党支部贯彻落实上级党组织以及属地的疫情防控要求，主动协调物资，开展辖区内疫情防控工作。

（李玉平）

卫 辉 管 理 处

【概况】

卫辉管理处所辖工程范围为黄河北～姜河北段第7设计单元新乡和卫辉段和膨胀岩（土）试验段，是南水北调干渠第Ⅳ渠段（黄河北～漳河南段）的组成部分。起点位于河南省新乡市凤泉区孟坟河渠倒虹吸出口，桩号K609+390.80，终点位于鹤壁市淇县沧河渠倒虹吸出口，桩号K638＋169.75，总长28.78km，其中明渠长26.992km，建筑物长1.788km。渠道为半挖半填和全开挖，设计流量250～260m³/s，加大流量300～310m³/s。共有建筑物51座，其中河渠交叉建筑物4座，左岸排水9座，渠渠交叉2座，公路桥21座、生产桥11座，节制闸、退水闸各1座，分水口门2座。

【调度管理】

2020年继续开展星级闸站、中控室建设，优化闸站设备设施环境，提高规范化标准化管理水平。管理处成立以处长为组长的闸站达标建设工作组，实行闸站站长牵头分专业负责制，责任落实到人。站长负责牵头对照问题查改、督促整改、自检验收；专业负责人负责整改方案制定、具体问题整改。闸站设备实施作业环境得到明显改善和提升，三星级闸站全部达标，其中香泉河节制闸获"四星级"闸站。管理处持续保持三星级达标中控室建设成果，不断加强管理提升水平，获2020年度优秀中控室称号（四星级）。完成加大流量输水年度重点工作，管理处制定具体实施方案，细化各项措施并制定措施清单，责任到人，合理安排工巡人员、安保人员、运行维护单位各项工作，职工主动放弃节假日休息，主动加班开展巡视巡查工作。及时发现并成功处置潞州屯左排倒虹吸坡脚渗水问题，确保加大流量输水期间的安全平稳运行。

【工程维护】

推进精细化管理和精准定价，在项目立项、采购、变更处理、结算各环节落实中线建管局标准化清单和定额的要求。对浆砌石勾缝项目、刺丝滚笼安装变更项目组织效率测定，确定项目价格。管理处对左排倒虹吸进出口裹头部位浆砌石勾缝脱落、3个左排进出口进行硬化，一次性解决进出口裹头维护问题。对原桥梁防抛网低矮和质量差问题，管理处在更换防抛网时制定更换的标准和质量要求，提高防抛网高度，桥梁防抛网高2m，引道连接处高3m，大大减少外来人员入渠风险。

【安全生产】

2020年开展"安全生产标准化一级达标创建""安全生产专项整治三年行动"，全力提升安全管理水平。严格实行安全生产责任制，落实管生产必须管安全的理念，开展"安全生产标准化一级达标创建""安全生产专项整治三年行动"，进一步完善安全生产管理体系，开展安全检查、安全教育培训，签订安全生产协议书，加强对运行维护单位安全管理，开展安全宣传，建立安全档案，上岗人员持证。完成加大流量输水、全国"两会"期间安全加固工作。规范安全保卫、警务室工作，完成管理处辖区36条救生索改造。对安全生产标准化8个一级项目、28个二级项目、126个三级项目逐项梳理，堵塞安全管理漏洞，及时消除安全隐患。

【防汛与应急】

2020年辖区防汛风险项目10个，无Ⅰ级风险项目，其中Ⅱ级风险项目1个，山庄河渠道倒虹吸；Ⅲ级风险项目9个。汛期共接到上级部门预警8次，境内共发生20次中到大雨及暴雨，其中中雨9次，大雨7次，暴雨4次，24小时最大降雨量54mm。辖区内4条交叉河流和9条排水河沟均未出现行洪过流情况。

2020年贯彻落实上级防汛指示精神，排查防汛风险项目，划分风险项目等级，编写及修订防汛"两案"及防汛工作手册，抢险人员、防汛物资、抢险设备配备到位。开展防汛演练培训，加强联动协调机制，严格执行防汛值班和预警值班制度，发挥党员防汛先锋模范作用，成功解除山庄河渠道倒虹吸防汛风险点问题。

9月11日，卫辉管理处在金灯寺渠段开展全线首次水污染及防汛综合应急演练，新乡市南水北调运行保障中心、凤泉区及卫辉市应急管理局、水利局、生态环境分局参与观摩演练。演练以发生叠加险情为背景，模拟"省水泥厂北公路桥突发暴雨洪水冲垮防洪堤，洪水入渠情况下桥梁上部发生交通事故导致燃油泄漏，污染物随洪水进入渠道"险情的现场处置，共分为桥头污染物阻断、防洪堤溃口封堵、水面拦截油污、油污处置四个科目，投入抢险人员110余人，物资设备包括水质监测车、应急电源车、移动灯塔车、围油栏、冲锋舟、吸油毡等。抢险人员迅速完成水污染及防汛综合险情情况的应急报告、应急通讯、应急照明、应急处置、属地联动的全面检验。

【工程效益】

截至2020年底，卫辉管理处渠段工程累计向下游输水227.88亿m³。2020年度，老道井分水口分水47207.93万m³，温寺门分水口分水13977.42万m³，香泉河退水闸生态补水3761.23万m³，完成年度分水目标任务。南水北调水已成为新乡市的主水源，从根本上改变供水格局，改善城市用水水质，提高供水保证率。实施生态补水，置换出被城市生产生活用水挤占的农业和生态用水，新乡市定国湖、平原湖、凤泉湖水面明显增加，有效缓解地下水超采的问题，地下水位逐步上升，生态环境得到改善修复。

【党建工作】

加强党建与业务融合，围绕全年各项重点工作、在不同的时间节点成立"加大流量输水党员先锋队""抗洪抢险党员先锋队"，设立"党员示范岗""党员责任区"，有力地保障各项工作的开展。执行"三会一课""三重一大"制度，持续开展党风廉政建设和"不忘初心、牢记使命"主题教育，定期开展主题党日活动，联学联做、学习先进人物、开展先进性教育。贯彻党的十九大和十九届二中、三中、四中、五中全会精神和习近平总书记关于治水工作的重要论述精神，以党的政治建设为统领，围绕"水利工程补短板、水利行业强监管"的总基调，主动担当作为，忠实履行职责，推动党建与业务互融互促，以实现"精准定价、精细维护"为目标，全面推动各项工作再上新台阶。2020年5月卫辉管理处被授予卫辉市文明单位荣誉称号，党支部获中线建管局2019-2020年度先进基层党组织荣誉称号。

（宁守猛　茛培志　齐增辉）

鹤壁管理处

【概况】

鹤壁段设计单元工程是南水北调中线一期工程干渠Ⅳ渠段（黄河北-姜河北）的组成部分，属于第9个设计单元，地域上属于河南省鹤壁市和安阳市，渠段起点为鹤壁市淇县沧河渠道倒虹吸出口导流堤末端，终点为汤阴县行政区划边界处，全长30.833km，从南向北依次穿越鹤壁市淇县、淇滨区、开发区、安阳市汤阴县。沿线共有建筑物63座，其中河渠交叉建筑物4座，左岸排水建筑物14座，渠渠交叉建筑物4座，控制建筑物5座（节制闸1座，退水闸1座，分水口3座）跨渠公路桥21座，生产桥14座，铁路桥1座。承担向干渠下游输水及向鹤壁市、淇县、浚县、濮阳市、滑县供水任务。

【运行管理】

大流量输水　2020年4月29日~6月20日，6月28日~8月30日两次大流量输水，历经118天，6月7日淇河节制闸达到通水以来流量及水位最高值，闸前水位96.48m超加大水位0.48m，流量280m³/s。完成淇河退水闸现场操作10次，调整工作闸门66门次，读取水尺数据1110次，拍摄输水照片396张，录制水流流态视频112段（15.3G）。

金结设备排查　组织对辖区金结设备进行全面排查，确保所有闸门启闭自如，拆除拦污栅、拦漂索阻水设备设施。

现场巡视　安排值守人员现场巡视，安排专人值守安防监控系统对重要建筑物、重点渠道和要害部位进行视频巡视，对渠道关键断面内外观监测374874点次，其中大流量输水期间加密频次333024点次。

自动化数据与人工水尺读数对比　在不同水位情况下进行自动化数据读取和人工水尺读数进行对比，校核水尺安装位置，探索人工水尺读数新方法。

风险部位加强巡查　对辖区内掏砂洞渠段、衬砌面板损坏部位等风险部位，以及桥墩水流形态、纵向排水沟漫水、左排倒虹吸渗水洇湿、思德河进出口水流形态加强巡查。开展各项水头损失分析，分析水位、流量及水头损失之间的关系，绘制三者之间关系曲线图。

研究闸站闸门空爆　进一步研究闸站闸

门空爆现象，根据水位高低及时进行闸门调整，减少空爆现象。

【土建绿化维护】

建立"三机制一主抓"工作方法　按照维护计划任务单制、工作完成日报制、工程计量月结制，加强现场文明施工管理，有效提高维护工作水平。要求员工提升工作能力，牢记工程基础数据，掌握土建绿化维护表格的使用，熟知工程管理制度，整理维护档案资料归档。

制定"两图两册两清单"　设计制作鹤壁段工程标准化渠道创建进度图、鹤壁段工程绿化工程平面布置图、鹤壁段工程基础数据手册、鹤壁段工程土建绿化日常维修养护规范表格手册、鹤壁段工程管理制度清单、鹤壁段工程土建绿化日常维修养护档案资料清单，规范内业资料管理。

开发新管理系统　设计开发土建日常维修养护计量管理系统，具备工程量超量预警模块、剩余工作任务统计模块、各段长完成产值统计模块等。

【桥梁验收】

2020年完成淇滨大道公路桥、杨庄北跨渠公路桥等6座桥梁的桥梁病害处理，全部通过合同完成验收。其中杨庄北跨渠公路桥完成移交验收。

【防汛与应急】

2020年完成跨越鹤壁、安阳两市三区的盖族沟左排渡槽下游河道与京广铁路交汇处涵洞严重污水淤堵的目标任务。多次到安阳、鹤壁两市水利局、环保局、应急局和南水北调办反映情况，陪同相关单位部门察看现场，两市的地方河长制办公室联系，书面向各区县和市政府汇报。有效推动沿线村庄生活污水处理站建设，促进上游污水处理厂加快调试和使用，根治污水排放、河道淤堵等工程度汛和水质安全风险隐患。处理问题的方法得到海河委和河南省环保厅检查组领导充分肯定和表扬，提出这是南水北调工程管理单位与地方相关单位联合协调处理问题的典范。

【安全生产】

2020年构建20分钟应急圈，建立工程巡查、自有员工、安保、警务、工程维护人员五位一体安全防护体系。开展打击破坏安全隔离设施入渠钓鱼专项行动8次，制止25起涉河违法事件，移送当地公安机关治安处理10人。鹤壁管理处定期召开安全生产会议14次，组织月度定期检查10次，签订安全生产责任制30份。与5家维护单位签订安全生产协议，开展维护作业人员进场安全交底42次。组织警务室和工巡共7人参与安防系统远程安全监督检查，全年共发现外人入渠等安全生产违规行为68项；现场检查发现安全违规行为207项，办理危险作业票124份。对及时发现报告，或有效阻止安全生产违规行为和隐患的个人进行奖励，申请奖励9人次，奖励1800元。

【预算管理】

鹤壁管理处2020年度维修养护类总预算2616.66万元，实际年度合同采购金额2434.85万元。截至12月25日，完成金额2104.64万元，结算金额1976.55万元。采购完成率100.00%，统计完成率86.44%，合同结算率81.18%。

【问题查改】

2020年继续开展两个所有工作，以4个小组为载体，建立"列清单促整改、先整改后上传、谁上传谁跟踪"的工作方法，健全"定期会商交流机制和统计分析督促查改机制"两个机制。"以问题为导向，以整改为目标"实现五个确保：确保整改率不低于95%，确保问题发现数量适度，确保上级检查的问题全部整改到位，确保不出现到期未维护问题，确保每名员工责任段巡查满足要求。

【党建工作】

推行"三四三"工作法　在党建工作中，以三个党小组、四个"两个所有"工作

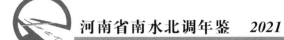

组为载体，提升党支部三力（政治领导力、工作执行力和组织凝聚力）。以党建引领团队建设，组织开展特色党建活动，党建和业务进一步融合取得良好成效。

严格落实疫情防控　2020年突发疫情，鹤壁管理处党支部发挥党支部的战斗堡垒和党员先锋模范作用，严格落实中线建管局和河南分局防疫工作要求，按照属地管理政策联防联控，完成2020年疫情管控、复工复产、严防外部输入和常态化疫情防控，全年0感染。

（陈　丹）

汤 阴 管 理 处

【概况】

汤阴段工程是南水北调中线一期工程总干渠Ⅳ渠段（黄河北－姜河北）的组成部分，地域上属于河南省安阳市汤阴县。汤阴县工程南起自鹤壁与汤阴交界处，与干渠鹤壁段终点相连接，北接安阳段的起点，位于姜河渠道倒虹吸出口10m处。汤阴段全长21.316km，明渠段长19.996km，建筑物长1.320km。渠段起点设计水位95.362m，终点设计水位94.045m，总设计水头差1.317m。共有各类建筑物39座，其中河渠交叉3座，左岸排水9座，渠渠交叉4座，铁路交叉1座，公路交叉19座，控制建筑物3座（节制闸、退水闸和分水口门各1座）。另有汤阴管理处管理用房1座、汤阴物资设备仓库1处2座。设计水深均为7.0m，设计流量245m³/s，加大流量280m³/s。

【运行管理】

2020年汤阴管理处严格按照输水调度各项规章制度和要求开展值班工作。全年经历冰期输水、疫情影响、大流量输水、汛期输水、百日安全活动的考验。水情信息收集上报完整及时，水量计量及时精确，提前完成年度输水目标，被中线建管局授予四星"优秀中控室"称号。2020年汤阴管理处共接收调度指令225条414门次。

金属结构机电设备　按照要求开展机电金结设备的运行维护工作，合理制定维护计划。对49台金结液压设备，全年共开展静态巡视636次，动态巡视334次，全面定期维护2次，固定周期维护1次。完成11台液压启闭机液压油检测，8台电动葫芦、2台固定卷扬式启闭机钢丝绳深度保养。完成辖区内11台液压启闭机22只避震喉更换。完成辖区11台电动葫芦检修平台安装验收。全面开展标准化闸站达标，姜河控制闸、永通河控制闸、董庄分水闸被中线建管局授予"三星达标闸站"。

永久供电系统　管理处严格按照规范要求对35kV供电系统进行运行维护管理。2020年按时完成辖区内1个中心站、5个降压站、2个泵站供电系统设备运行维护，完成4931号杆塔电缆头故障等计划外停电突发事件处理。完成南水北调中线一期工程干渠沿渠35kV供电系统无功补偿项目单位工程及合同项目完成验收。严格实施临时用电许可制度，定期排查设备隐患，保障高压、变压器、低压、直流、备用电源运行良好。

信息自动化系统　2020年信息自动化专业完成25项清单项目专项改造，所辖闸站完成动环监控升级改造项目的设备设施安装与布置，对辖区60个安防摄像头立杆配电箱内设备设施进行标准化整治，增强设备使用寿命。

【防汛与应急】

汤阴管理处立足"防大汛、抗大洪、抢大险"，对防洪度汛工作早部署、早安排、早准备、早落实，3月对2020年度汛方案和应急预案进行修订和完善并于4月中旬向安阳市防办备案，5月28日在姜河倒虹吸出口裹头处开展裹头冲刷抢险及浅层滑坡防护应急演练。主汛期严格值班纪律，按期对应急抢险物资设备进行维护保养，加强雨中雨后巡视检查及时发现隐患，确保工程安全度汛。

【工程维护】

全年完成2020年土建日常维护项目、防汛物料倒运项目、渠道围网加固项目，所有维护项目均按照计划工期完成，维护工作每月及时验收签证，保证预算及时执行，2019年日常维护项目完成验收。2020年汤阴管理处标准化渠道完成创建9.13km，累计完成创建25.3km，渠道覆盖长度63.25%。实施完成草体养护、草体补植、闸站节点绿化养护及新造林带养护等日常工作。其中完成草体养护面积55.44万 m²，草体补植6万 m²；乔木养护72529株，灌木9185株，种（补）植乔灌木18429株。

【安全监测】

2020年汤阴管理处按期、按量、准确完成观测数据采集、整理分析、数据导入自动化系统和编写安全监测月度分析报告工作。安全监测外观观测标段按期完成数据采集分析，及时将观测成果及分析报告提交管理处，并对其进行检查考核。全年人工采集共13372点次，各测点基本处于稳定状态。

【工程巡查】

2020年按照《南水北调中线干线工程巡查管理标准》组织开展工程巡查，完成年度各项巡查任务。疫情防控期间现场工程巡查人员全员在岗，不减巡查频次和巡查时间，高标准完成巡查任务。安防视频监控系统、巡查实时监管系统监控监督指导工巡行为，进行月度考核并实行奖惩。

【水质保护】

2020年汤阴管理处加强水质巡查、监控管理、漂浮物打捞和保护区污染源巡查处置，及时补充应急物资，提升应急处置能力。辖区内全年无新增污染源。与地方水利主管部门协调，对2019年汤阴西公路桥左岸污水进入截流沟问题处理实效加强监管，地方修建污水处理站，防止问题再发生。

（武媛媛　刘鹤年）

【桥梁验收】

2020年8月28日，汤阴管理处完成辖区内最后一座桥梁移交，汤阴段辖区跨渠桥梁类别较多，对应的桥梁接养单位也多，前期协调工作复杂，汤阴管理处克服困难主动协调，8月先后完成市政汤阴西公路桥和国道省道董庄西公路桥验收移交，并与桥梁接养单位建立合作互通平台保持联系。

【安全生产】

2020年，按照中线建管局和河南分局关于推进水利安全生产标准化建设部署，开展水利安全生产标准化一级达标创建。依据水利工程管理单位安全生产标准化评审标准中"8.28.126"要求，进行策划动员、实施运行、自评整改，围绕"不发生造成人员死亡、重伤3人以上或直接经济损失超过100万元以上的生产安全责任事故"的"三条红线"安全目标，以"两个所有""双精维护"为推动力，系统开展现场隐患排查治理，开展安全生产专项三年行动，加强现场作业监管，严格责任追究。持续整改提升，配合完成水利安全生产标准化一级达标创建的各项任务。

"安全生产月"活动与业务工作同谋划、同部署、同检查、同落实。编制印发2020年"安全生产月"活动方案，确定"消除事故隐患，筑牢安全防线"的活动主题。参加水利部安全生产知识竞赛和趣味活动，开展安全生产知识网络竞赛促标准化创建，组织专题宣传教育，开展"排查整治进行时"活动，组织应急演练，从六个方面明确"安全生产月"活动的"规定动作"和"自选动作"。

【"两个所有"活动】

按照"所有人查所有问题"的总要求，依据《事故隐患排查治理管理标准》和《安全生产管理手册》，开展隐患排查治理。开展传帮带、互帮互学推动自有人员学技术、学标准、学管理，实现从排查表面问题到排查深层次问题，从发现问题延伸到分析预判问题，从被动整改问题发展到主动预防处置问题。在一级达标创建期间共发现问题11027个。2020年汤阴管理处问题自主发现率99.58%，自查问题整改率99.7%，较往年问题整改率大幅度提高。

【合同管理】

汤阴管理处按照《河南分局非招标项目采购管理实施细则》的通知（中线局豫计〔2018〕103号）要求开展工作，直接采购、签订的合同：《南水北调中线干线汤阴管理处2020年汤阴西公路桥至姜河倒虹吸出口段防护林带苗木缺株缺陷整改项目》（ZXJ/HN/YW/TY-2020002），合同额383053.3元；《南水北调中线汤阴管理处办公楼风道维修养护项目》（ZXJ/HN/YW/TY-2020003），合同额83282元；《南水北调中线干线汤阴管理处2020年自动化专项整治项目》（ZXJ/HN/YW/TY-2020004），合同额88336.05元，满足工程运行维护的需要。

按照"双精维护""逢事必审"要求，对维护单位的变更严格审核。从每个变更的人工单价、材料单价和机械台班费，到现场实际签证的人工、材料和机械数量进行逐一审核，对量和价进行控制。2020年度，管理处批准6次变更，涉及金额164893.01元。

【工程效益】

自2014年12月12日正式通水以来，汤阴段累计向下游输水216.263688亿m³，其中2020年输水量57.746046亿m³。2020年董庄分水口向汤阴地区分水2310.48万m³，累计分水7648.38万m³。2020年汤河退水闸向汤阴县汤河补水1054.08万m³，其中生态补水569.55万m³。南水北调中线工程成为汤阴县主要的生活用水、生态水源。

【党建工作】

汤阴管理处支部2020年共组织集中学习培训60次，持续推进公务接待、公车管理、会议管理、办公用房标准日常监督检查工作，及时传达上级文件精神，按时报送学习总结。学习贯彻党的十九大精神，贯彻落实全面从严治党要求，带动全体党员干部学习，把学习的过程作为增强"四个意识"、坚定"四个自信"的过程，不断提升党员领导干部的政治和理论素养。

开展《抓好疫情防控，加强安全生产》党支部书记讲公开课主题党日活动、"不忘初心，弘扬优良家风"主题党日活动、《党员发展工作流程》党课、《民法典学习解读》党课以及"两个所有"、安全一级达标、"党员示范岗"和"党员责任区"创建活动，进一步加强党员教育管理工作。

组织全体职工参与精神文明建设，开展南水北调大讲堂线上直播、水周宣传、学雷锋、植树、疫情捐款、向贫困母亲献爱心捐款、爱国卫生运动、安全宣传进校园、端午节线上健步走、贫困户帮扶献爱心等一系列活动，丰富职工生活，提高管理处精神文明工作水平。

（何　琦　顾生锋）

安阳管理处（穿漳管理处）

【概况】

安阳段　南水北调干渠安阳段自姜河渠道倒虹吸出口始至穿漳工程止，累计起止桩号690+334～730+596。途经驸马营、南田村、丁家村、二十里铺、经魏家营向西北过许张村跨洪河、王潘流、张北河暗渠、郭里东，通过南流寺向东北方向折向北流寺到达安阳河，通过安阳河倒虹吸，过南士旺、北士旺、赵庄、杜小屯和洪河屯后向北至施家河后继续北上，至穿漳工程到达终点。

渠线总长 40.262km，其中建筑物长 0.965km，渠道长 39.297km。采用明渠输水，与沿途河流、灌渠、公路的交叉工程采用平交、立交布置。渠段始末端设计流量分别为 245m³/s 和 235m³/s，起止点设计水位分别为 94.045m 和 92.192m，渠道渠底纵比降采用单一的 1/28000。

渠道横断面全部为梯形断面。按不同地形条件，分全挖、全填、半挖半填三种构筑方式，其长度分别为 12.484km、1.496km 和 25.317km，分别占渠段总长的 31.77%、3.81% 和 64.42%。渠道最大挖深 27m，最大填高 12.9m。挖深大于 20m 深挖方段长 1.3km，填高大于 6m 的高填方段 3.131km。设计水深均为 7m，边坡系数土渠段 1:2～1:3，底宽 12～18.5m。渠道采用全断面现浇混凝土衬砌。在混凝土衬砌板下铺设二布一膜复合土工膜加强防渗。渠道在有冻胀渠段采用保温板或置换砂砾料两种防冻胀措施。

沿线布置各类建筑物 77 座，其中节制闸 1 座、退水闸 1 座、分水口 2 座、河渠交叉倒虹吸 2 座，暗渠 1 座，左岸排水建筑物 16 座，渠渠交叉建筑物 9 座，桥梁 45 座（交通桥 26 座、生产桥 18 座、铁路桥 1 座）。

穿漳段 南水北调干线穿漳工程起点位于干渠河南省安阳市安丰乡施家河村东漳河倒虹吸进口上游 93m，桩号 K730+595.92，止于河北省邯郸市讲武城镇漳河倒虹吸出口下游 223m，桩号 K731+677.73。途径安阳市、邯郸市两市，安阳县、磁县两县，安丰乡和讲武城镇两乡。东距京广线漳河铁路桥及 107 国道 2.5km，南距安阳市 17km，北距邯郸市 36km，上游 11.4km 处建有岳城水库。

主干渠渠道为梯形断面，设计底宽 17～24.5m。设计流量 235m³/s，加大流量 265m³/s，设计水位 92.19m，加大水位 92.56m。共布置渠道倒虹吸 1 座，节制闸 1 座，检修闸 1 座，退水排冰闸 1 座，降压站 2 座，水质检测房 1 座，安全监测室 1 个。

【安全管理】

健全安全生产管理体系 管理处成立以处长为组长、副处长为副组长、各科室负责人为成员的安全生产领导小组，明确相关人员安全生产岗位职责，人员变动时及时对小组成员进行调整。2020 年，管理处安全科负责安全生产日常管理、安全保卫管理、问题查改、责任追究工作，科室配备人员 4 名。

推进水利安全生产标准化一级达标创建 对中线建管局和河南分局下发的所有安全生产相关规章制度进行宣传贯彻培训，向各岗位人员配发电子版或纸质文件，并组织梳理完善管理处有关安全生产管理制度，通过水利部安全生产标准化一级达标创建。

开展安全宣传活动 以"安全生产月""南水北调中线公民大讲堂"以及主办开放日活动为载体，开展安全生产宣传，组织推进安全宣传进农村、进社区、进学校、进家庭；开展未成年人防溺亡宣传，截至 2020 年底共集中教育中小学生 11000 余人，组织发放预防溺水宣传单 50000 份、悬挂宣传条幅 100 副，分发宣传书包 150 个，折扇 3000 把，抽纸 5000 盒，取得良好成效。

组织安全生产教育培训 管理处每季度对员工开展一次安全生产教育培训，按时组织人员参加上级及外部组织的各类安全生产教育培训，对新进场人员及时进行入场安全教育培训，不定期开展专项安全教育培训，各类培训记录及台账完整规范。对运行维护入场人员，开展作业前安全教育、交底，运行维护过程中对危险作业均及时开展过程安全教育、交底。全年度管理处共组织各类安全生产教育培训 21 次，培训人员 396 人次。

开展安全生产检查 管理处按照"管生产必须管安全"的原则，依据中线建管局《安全生产检查管理标准（试行）》要求开展经常性安全生产检查。日常检查由岗位人员和安全生产管理人员按职责分工以及日常工作和设备设施状态实时开展；定期检查由处长或分管安全生产的副处长带队，各科室共同参加，对管理处的安全生产进行全面检查。对于检查发现的问题及时登记并通知相关单位或个人整改，并对整改情况进行复查。2020年共开展定期安全检查12次，发现各类问题273项，具备整改条件的全部整改完成，整改率100%。

完成安全经费预算　2020年度安全生产专项经费预算金额为54.73万元，安全生产专项经费执行金额为53.37万元，执行率97.52%。

【防汛与应急】

2020年汛前全面排查辖区内防汛风险，制定应急预案，并按时完成工程度汛方案和应急预案的审批备案。加强雨中雨后巡视检查，及时发现隐患。组织开展应急培训1次、填方渠道管涌险情应急演练1次，提高应急处置能力，提升各科室、各单位间应对突发事件的相互协作水平。

（周　芳　秦晓庆）

【调度管理】

2020年安阳管理处（穿漳管理处）辖区输水调度平稳、水质稳定达标，经受住大流量输水的考验。管理处中控室实行全员值班，2班倒、24小时值班制度。全年2座节制闸参与调度运行，2座分水口参与分水，1座退水闸参与生态补水。截至12月31日，安阳河节制闸累计执行调度指令1841条，漳河节制闸累计执行调度指令1649条，其中2020年安阳河节制闸执行调度指令202条，漳河节制闸执行调度指令194条。辖区内2座分水口向安阳市分水，截至12月31日，南流寺分水口累计向安阳市分水9096.56万 m^3，小营分水口累计向安阳市分水13120.71万 m^3，其中2020年南流寺分水口向安阳市分水5832.51万 m^3，小营分水口向安阳市分水3440.97万 m^3。截至12月31日，安阳河退水闸累计向安阳市生态补水6504.39万 m^3，其中2020年安阳河退水闸向安阳市生态补水1448.90万 m^3。

【水质保护】

2020年安阳管理处对辖区复杂的运行环境导致污染源多发现状，既发挥警务室作用，又采取工程措施，加强与地方沟通协调，共消除污染源16处。

加强后跨越施工水质保护管理，开展水质安全教育和过程监管。辖区内在建的1座后跨越桥梁施工管理到位，水质安全。水质自动监测房参加五星级站房验收。

【合同与预算管理】

严格执行各维护合同采购相关约定、合同管理相关制度，依据现场实施情况进行合同日常管理。合同日常实施过程中确保工程维护资金安全，合同变更项目有理有据。2020年管理处共签订维护合同16个（其中管理处直接采购13个），截至12月底年度合同结算金额1938.46万元。

按照河南分局下达安阳（穿漳）管理处2020年度预算明细，严格控制预算费用使用，杜绝"三公经费"超支，督办预算项目未按规定时间节点完成的现象。按照预算执行考核评价节点要求，及时准确完成预算监控系统各项数据录入。截至12月底，管理处采购完成率100%、统计完成率97.96%、合同结算率89.45%。

【党建工作】

2020年，安阳管理处（穿漳管理处）党支部以习近平新时代中国特色社会主义思想为指导，以"红旗基层党支部"创建成果为基础，以创建"水利先锋党支部"为目标，落实党建工作责任，创新党建工作举措，提高党建发展水平。推进党建与业务互融互促，以目标和问题为导向，落实基层党建各项工作。严格落实"两个所有"要求，树立"双精维护"和"逢事必审"理念，创建"三坚持　三强化"党支部工作法，发挥基层党支部的战斗堡垒作用和党员先锋模范作用，完成党建和运行管理各项工作。

（戚树宾　司凯凯）

伍 配套工程（上篇）

政 府 管 理

【概述】

2020年河南省水利厅南水北调工程管理处工作以扩大供水范围、提高南水北调效益为目标，较好地完成目标任务。运行管理进一步健全制度规范管理，加强人员培训和运行监管。制定配套工程验收计划推进验收工作。加大力度催缴水费，致函有关省辖市、直管县（市）政府，督促按时足额交纳水费，解决历史欠费问题。新增供水项目建设以"城乡供水一体化"为目标，协调加快工程建设。2020年3次向水利部申请生态用水指标，利用大流量输水时机，扩大生态补水效益，全年生态补水5.99亿 m^3。2019—2020调水年度，全省供水29.96亿 m^3（其中生态补水5.99亿 m^3），占计划23.86亿 m^3 的125.6%，超额完成年度用水计划。

（孙向鹏）

【运行管理】

2020年组织修订《配套工程水费征缴及使用管理办法》《运行管理预算定额标准》《运行维护预算定额标准》。10月12~16日，举办"2020年南水北调工程运行管理培训班"，共63人参加培训。委托第三方对配套工程运行管理进行巡查，全年巡（复）查11次，新发现问题367个，印发《巡（复）查报告》23份。坚持问题导向，跟踪问题整改，规范运行管理，及时消除隐患。加强疫情防控，贯彻落实水利厅党组新冠肺炎疫情防控各项要求，统筹开展疫情防控和复工复产工作，落实"六稳六保"要求，加强安全生产监督检查，确保生产安全、供水安全。2020年参加南水北调运行管理项目招投标监督9次，没有发生不良影响。

【工程验收】

2020年组织省南水北调建管局编制《2020年配套工程施工合同验收计划》，制订

并印发水利厅《2020年配套工程政府验收计划》（豫水办调〔2020〕3号）。加强配套工程验收工作监管，对少数泵站因受水水厂未建成而无出水通道，或因受水水厂受水能力不足而影响泵站联合调试问题，依据验收导则基本规定解决相关问题，促进配套工程验收。

截至2020年底，输水线路合同项目验收基本完成，调度中心及管理处所合同验收基本完成，自动化系统和流量计合同验收加快进行；通水验收累计完成52条线路，占总数63条的82.5%；泵站启动验收累计完成22座（剩余鹤壁金山泵站），占总数23座的95.6%；设计单元档案预验收累计完成11个，占总数17个的64.71%；征迁验收县级自验累计完成36个，占总数79个的45.57%，南阳的市级验收10月12日完成；调度中心完工结算评审完成，濮阳、焦作、漯河市结算评审正在进行。

（雷应国）

【新增供水目标】

以"城乡供水一体化"为目标，协调加快新增配套供水工程建设。2020年舞钢市、淮阳县、驻马店四县、安阳市西部以及内乡县、平顶山市城区、新乡市"四县一区"南线等南水北调供水配套工程开工建设。项城县、沈丘县、新乡市"四县一区"东线等南水北调供水配套工程正在开展前期工作。郑开同城东部供水进行点状开工建设。

郑开同城东部供水工程分两期建设：一期工程从20号口门取水，解决郑州东部和开封近期用水问题，20号口门新增年供水量1.76亿 m^3，其中分配郑州市0.76亿 m^3、开封市1亿 m^3。二期工程为改造十八里河退水闸，新建取水口，解决郑州市东部和开封市用水问题，开封市年供水量2亿 m^3。二期工程建成后，20号口门不再向开封市供水。

（刘豪祎）

【水费收缴】

2020年加大力度催缴水费，保证工程运行和还贷所需。在全省南水北调工作会议上通报相关情况，专题部署，提出明确要求；致函有关省辖市、直管县（市）政府《关于缴纳南水北调水费的函》（豫水调函〔2020〕7号），督促按时足额交纳水费，解决历史欠费问题；印发《关于缴纳南水北调水费的通知》，明确各市、直管县2019-2020供水年度上半年基本水费、计量水费及生态补水水费应缴金额；印发《关于南水北调水费征缴情况的通报》至11个省辖市、2个直管县（市）政府，通报历史欠缴情况；对欠缴水费的市县，采取"暂停审批新增供水项目与供水量"措施。

截至11月26日，全省应收水费84.79亿元，实际收水费56.77亿元，完成比例66.95%；前五个调水年度应交纳南水北调中线建管局水费46.71亿元，实际交纳37.26亿元，完成比例79.8%。

（雷应国）

【生态补水】

2020年3月18日，水利厅以《关于报送2020年第一批南水北调生态补水计划的函》（豫水调函〔2020〕4号），向水利部申请对河南省实施50m³/s的生态补水。同月，水利部向河南省实施生态补水近1亿m³，取得良好的生态效益和社会效益。4月15日，水利厅以《关于报送2020年第二批南水北调生态补水计划的函》（豫水调函〔2020〕6号），再次向水利部申请实施64.39m³/s的生态补水。全年累计生态补水5.99亿m³。

（张明武）

配套工程运行管理

【概述】

按照河南省委省政府机构改革决策部署，省南水北调办并入省水利厅，有关行政职能划归省水利厅。省南水北调建管局5个项目建管处承担原项目建管处职责，同时分别接续省南水北调建管局机关综合处、投资计划处、经济与财务处、环境与移民处、建设管理处5个处室职责。截至2020年12月31日，河南省南水北调配套工程运行平稳安全，全省共有39个口门及25个退水闸开闸分水。

【职能职责划分】

2020年河南省进一步优化和规范全省南水北调配套工程管理的职能职责。省南水北调建管局负责南水北调配套工程运行管理的技术工作及技术问题研究；组织编制工程技术标准和规定；协调、指导、检查省内南水北调配套工程的运行管理工作；提出河南省南水北调用水计划；负责配套工程基础信息和巡检智能管理系统的建设；负责科技成果的推广应用；负责与其他省配套工程管理的技术交流相关事宜；负责调度中心运行管理，按照全省南水北调年度调水计划执行水量调度管理。

各省辖市、省直管县（市）南水北调中心（办、配套工程建管局）负责辖区内配套工程具体管理工作。负责明确管理岗位职责，落实人员、设备等资源配置；负责建立运行管理、水量调度、维修养护、现地操作等规章制度，并组织实施；负责辖区内水费收缴，报送月水量调度方案并组织落实；负责对省南水北调建管局下达的调度运行指令进行联动响应同步操作；负责辖区内工程安全巡查；负责水质监测和水量等运行数据采集、汇总、分析和上报；负责辖区内配套工程维修养护；负责突发事件应急预案编制、演练和组织实施。

【制度建设】

2020年省南水北调建管局制定印发《河

南省南水北调配套工程会议费管理办法》（豫调建建〔2020〕23号）《河南省南水北调配套工程职工教育培训管理办法》（豫调建建〔2020〕23号）《河南省南水北调配套工程运行维护用车使用管理办法》（豫调建建〔2020〕23号），进一步规范南水北调配套工程会议、职工培训教育和车辆使用管理，合理使用各项经费，提高资金使用效益。现行水利行业定额和河南省地方定额缺乏适用于配套工程管道及闸阀维修养护的定额标准，维修养护项目经费核算困难，省南水北调建管局组织编制完成《配套工程维修养护定额标准》和《配套工程运行管理预算定额标准》，待省水利厅批准印发。

【业务培训】

按照年度培训计划安排，省南水北调建管局组织开展两期专题培训班，全省配套工程调度管理、运行管理、巡视检查、维修养护人员共210人次参加培训。2020年7月22~30日，省南水北调建管局在郑州分两期举办河南省南水北调配套工程基础信息、巡检智能管理系统试运行工作培训班，并对试运行工作进行动员部署；11月23日~12月4日，省南水北调建管局委托河南水利与环境职业学院在郑州市分两期举办南水北调配套工程运行管理培训班，对南水北调配套工程标准化管理、运行管理巡查常见问题及整改进行培训，学习安阳、濮阳配套工程运行管理经验，现场观摩干线安阳管理处和安阳市配套工程站区环境、线路巡查等标准化管理。

【用水计划管理】

2019年10月31日，水利部印发《南水北调中线一期工程2019-2020年度水量调度计划》（水南调函〔2019〕197号）；2019年11月25日，水利厅、住建厅联合印发《关于印发南水北调中线一期工程2019-2020年度水量调度计划的函》（豫水调函〔2019〕15号），明确河南省2019-2020年度计划用水量为27.04亿 m^3（含南阳引丹灌区6亿 m^3）。各省辖市、省直管县（市）南水北调中心（办、配套工程建管局）编报月水量调度方案，省南水北调建管局制定全省月用水计划，报水利厅并函告中线建管局。2020年受新冠肺炎疫情影响，各地用水量有所下滑，计划完成情况未达预期。按照水利厅要求，省南水北调建管局于6月2~4日对（差额1000万元以上，执行率70%以下）焦作、许昌、南阳、鹤壁、邓州进行督导检查，并配合水利厅南水北调处申请调减河南省2019-2020年度用水计划。7月2日，水利部办公厅发文同意河南省2019-2020年度计划用水量由27.04亿 m^3 调减至23.86亿 m^3（含南阳引丹灌区6亿 m^3）。截至2020年10月31日，河南省2019-2020年度供水23.97亿 m^3，为年度计划23.86亿 m^3 的100.5%，完成年度水量调度计划。

按照水利厅安排 2020年3月18日~6月25日，通过南水北调干渠24座退水闸和1号肖楼口门向工程沿线8个省辖市和邓州市生态补水5.99亿 m^3，完成同期生态补水计划3.94亿 m^3 的152.0%。

【水量调度】

河南省南水北调配套工程设2级3层调度管理机构：省级管理机构、市级管理机构和现地管理机构。省级管理机构负责全省配套工程的水量调度，市级管理机构负责区域内供水调度管理，现地管理机构执行上级调度指令，实施配套工程供水调度操作。2020年，上报月计划执行情况12份，编发运行管理月报12份，向中线建管局发调度函80份，向各市级管理机构发调度专用函117份。

【水量计量】

克服配套工程流量计安装、启用滞后于线路供水运行等困难，省南水北调建管局建设管理处组织各省辖市、省直管县（市）南水北调中心（办、配套工程建管局）每月按时与干线工程管理单位、用水单位进行水量签认，留存水量计量资料统计汇总，每半年提交省南水北调建管局经济与财务处作为计量水量结算依据。2020年6月22日，省南水北调建管局建设管理处以配套工程管理单位与用水单位确认的水量暂结缴费向经济与财务处提交2019-2020年度上半年计量水量。

依据中线建管局口门流量计率定成果和2018-2019年度暂结水量，省南水北调建管局建设管理处复核2014-2019年度计量水量，提出历史认定水量和口门流量计修正系数建议，配合水利厅与中线建管局完成《南水北调中线向河南省供水水量计量有关事宜协调会纪要》（中线局纪要〔2020〕119号），12月17日，省南水北调建管局建设管理处向经济与财务处建议将2014-2019年度供水暂结水量确认为已结算水量；2019-2020年度供水结算水量为181950.80万m³，生态补水结算水量为33377.13万m³；与中线建管局2014-2020年度供水结算水量按纪要双方认定水量确认；2018-2019年度生态补水双方认定水量14901.52万m³按结算水量确认，有争议及涉及口门生态补水结算水量另行协商确认。

【维修养护】

2020年7月5日，河南省南水北调配套工程2017-2020年度维修养护合同到期。省南水北调建管局公开招标选择两家配套工程维修养护单位，7月27日签订维修养护合同，7月31日召开进场专题会组织布置进场对接和交接工作，10月20日批复服务方案，省辖市、省直管县（市）南水北调中心（办、配套工程建管局）组织维修养护单位开展维修养护工作。2020年，维修养护单位按照合同约定完成日常维修养护任务，累计完成各项专项维修养护项目18项、应急抢险项目5项。

【工程基础信息与巡检智能管理系统建设】

原省南水北调办（省南水北调建管局）公开招标选定的河南省南水北调受水区供水配套工程基础信息管理系统及巡检智能管理系统建设项目承担单位和监理单位，完成南水北调受水区供水配套工程的阀井、管理房、泵站定位测量；完成配套工程自动化系统数据资源规划与建设、硬件支撑环境及平台的补充完善、基础信息管理系统和巡检智能管理系统的建设。2020年6月2日，系统建设项目5个子系统全部通过验收，7月30日系统开始试运行，巡检智能管理系统配置342台移动巡检仪和物联网卡。

【工程病害防治管理系统开发应用】

2020年对配套工程病害信息散见于飞检报告、巡查报告、稽察报告及整改报告不便运管人员全面准确掌握并及时处理等问题，省南水北调建管局委托省水利勘测有限公司开发配套工程病害防治管理系统。7月30日系统建成并投入试运行，11月23日系统通过合同验收。

【站区环境卫生专项整治】

省南水北调建管局2020年10月30日以"豫调建建〔2020〕22号"文印发通知，全面开展配套工程站区环境卫生专项整治活动。12月22~25日，省南水北调建管局组织两支暗访组，对平顶山、漯河、许昌、郑州、新乡、鹤壁6市配套工程站区环境卫生专项整治活动情况进行暗访，并对暗访发现较差站区及责任追究情况进行通报。

【供水效益】

截至2020年12月31日，河南省累计有39个口门及25个退水闸开闸分水，向引丹灌区和85座水厂供水，向6座水库充库，向南阳、漯河、周口、平顶山、许昌、郑州、焦作、新乡、鹤壁、濮阳和安阳11个省辖市和邓州市生态补水，累计119.75亿m³，占中线工程供水总量的35.6%，日供水量最高达2029万m³，全省受益人口2300万，农业有效灌溉面积80000ha。2020年3月18日～6月25日，干渠24个退水闸和1号肖楼口门向南阳、平顶山、许昌、郑州、焦作、新乡、鹤壁、安阳等8个省辖市和邓州市的24条河流生态补水5.99亿m³。

（庄春意）

配套工程建设管理

【概述】

河南省南水北调供水配套工程输水线路总长1053.98km，2020年对未完成输水线路尾工和管理处、所、中心加快推进建设。及时协调解决剩余工程建设中存在的问题，全面排查梳理，对问题登记造册建立台账，逐一提出解决办法、实施方案和计划安排，制定进度保证措施，细化任务，责任到人，保证节点目标任务按期完成。2020年春节后，组织协助各省辖市开展疫情防控应对准备，保证工程尽早复工。对郑州21号口门尖岗水库向刘湾水厂供水工程尾工进展缓慢问题，到施工现场协调商定资金供应、变更处理、抢险索赔、环境影响的处理方案，制定节点监控及纠偏措施，推进施工进度。

【尾工建设】

输水线路剩余尾工基本完成　2020年初输水线路共剩余3项尾工。截至2020年12月底，焦作27号分水口门府城输水线路全部完工；郑州21号口门尖岗水库出水口工程剩余尾工基本完成；21号口门尖岗水库向刘湾水厂供水工程隧洞衬砌和顶管施工完成，正在进行隧洞和顶管连接段管件的焊接。

管理处所中心建设按计划推进　河南省配套工程规划建设51处（62座）管理处、所、中心。截至2020年12月底，累计建成44处（50座），占比86.3%。正在建设2处（4座），其中黄河南仓储和维护中心合建项目主、配楼主体工程完成，室外设施、附属建筑及室外厂区平整完成98%，因室外图纸优化调整和扬尘管控暂停施工；安阳市管理处、市区管理所合建项目主体工程完成，剩余室外道路及绿化未完成。其余5处（8座）未开工，其中焦作市博爱县管理所招标准备工作基本完成，计划2021年1月发布招标公告；平顶山市管理处、新城区及石龙区管理所合建项目，漯河临颍县管理所、舞阳县管理所，新乡市管理处、市区管理所合建项目正在办理土地使用手续。

【工程验收】

2020年初制订印发《河南省南水北调受水区供水配套工程2020年度施工合同验收计划》（豫调建建〔2020〕8号），配合水利厅编制《2020年河南省南水北调受水区供水配套工程政府验收计划》（豫水办调〔2020〕3号），指导全省配套工程验收工作。继续实行配套工程验收月报制度，到验收工作进展相对落后的郑州、新乡调研现场解决问题，委派专业技术人员到现场指导帮助参建单位整理验收资料。

输水线路工程施工合同验收　全省配套输水线路工程共有150个施工合同项目，划分为160个单位工程。截至2020年12月底，累计完成合同项目完工验收149个，单位工程验收159个。河南水建集团承建的郑州21号口门尖岗水库至刘湾水厂输水线路剩余1个单位工程和1个合同项目不具备验收条件。全年完成配套输水线路单位工程验收13个、合同项目完成验收11个。

管理处所中心单位工程验收　截至2020年底，全省51处（62座）管理处、所、中心完成验收37处（42座）。周口市商水县管理所购买的小产权房，不在验收范围。除未开工建设的5处（8座）外，还有9处（12座）因工程未完工。平顶山市宝丰县、郏县、鲁山县、叶县管理所，周口市管理处和市区管理所合建项目，鹤壁市黄河北维护中心、淇县管理所，黄河南维护中心及仓储中心2处合建项目，安阳市管理处、市区管理所合建项目，未完成单位工程验收。2020年共完成管理处、所、中心分部工程验收31个、单位工程验收9个。

泵站机组启动验收　全省南水北调配套工程共23座泵站。截至2020年12月底，累计完成泵站机组启动验收22座，占比95.7%，其中2020年完成泵站机组启动验收15座，剩余1座泵站（鹤壁金山泵站）因下游规划水厂暂未建设，无法开展泵站启动验收。

单项工程通水验收　需进行单项工程通水验收的输水线路共63条，截至2020年12月底累计完成通水验收56条，占比88.9%，其中2020年完成通水验收36条。剩余7条输水线路未进行通水验收。其中，周口1条、新乡3条，计划2021年1月验收；清丰1条，具备通水验收条件，正在协调验收事宜；郑州1条（21号口门尖岗水库至刘湾水厂输水线路），因工程未全部完工，未进行通水验收；鹤壁1条（36号口门金山水厂支线）因下游规划水厂未建，无法开展通水验收。

【安全生产】

2020年6月是全国第19个"安全生产月"，组织开展以"消除事故隐患，筑牢安全防线"为主题的安全生产月系列活动。6月10日召开安全生产主题动员大会，组织全体员工观看警示教育片《义马气化厂"7·19"重大爆炸事故》；6月19日，对全体干部职工进行安全生产主题教育培训，学习贯彻《习近平总书记关于安全生产重要论述》和《安全生产法宣讲》，观看有限空间作业安全知识宣教片和逃生绳使用宣教片；6月24日，印发《河南省南水北调配套工程安全生产专项整治三年行动实施方案》；以"消除火灾隐患，防范重大风险"为主题，开展防灾减灾及火灾警示宣传教育培训；组织全体员工参与省安委办举办的第十二届"安全河南杯"安全知识竞赛和水利部监督司举办的全国水利安全生产知识网络竞赛活动。2月3日春节后上班第一天印发《关于做好疫情防控期间我省南水北调配套工程供水运行和安全防范工作的通知》，对全省南水北调系统疫情防控和配套工程运行管理进行安排部署。督促各市配套工程建管、运营单位加大汛期巡查力度，及时报告和处置险情，确保工程度汛安全。

（刘晓英）

配套工程投资计划管理

【自动化与运行管理决策支持系统建设】

2020年全部完成自动化系统通信线路施工及设备安装，实现各受水省辖市、直管县市运行管理机构与省调度中心的联网运行。完成除自动化1标（泵阀监控、水量调度、安全监测）外的自动化系统测试、调试及子系统验收。完成流量计安装。省南水北调建管局和各省辖市、直管县市南水北调中心（办）成立自动化运行调度工作小组，自动化调度系统开始试运行。

【投资控制】

2020年基本完成南水北调配套工程变更索赔处理，截至12月底，累计完成变更索赔处理2028项，占总数的98.54%；委托5家咨询机构全面开展配套工程结算工程量核查。严控变更索赔审批、严控工程量结算，全省配套工程预计结余资金10.25亿元。

【穿越配套工程审批】

2020年组织完成《其他工程穿越邻接河南省南水北调受水区供水配套工程设计技术要求（试行）》《其他工程穿越邻接河南省南水北调受水区供水配套工程安全评价导则（试行）》的修订。组织完成《其他工程连接河南省南水北调受水区供水配套工程设计技术要求》《其他工程连接河南省南水北调受水区供水配套工程安全评价导则》编制。2020年，共完成其他工程穿越邻（连）接配套工程专题设计和安全评价报告审查22个，批复14个。

【新增供水工程】

2020年，完成驻马店市南水北调供水工

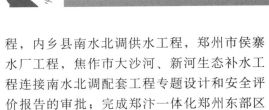

程，内乡县南水北调供水工程，郑州市侯寨水厂工程，焦作市大沙河、新河生态补水工程连接南水北调配套工程专题设计和安全评价报告的审批；完成郑汴一体化郑州东部区域南水北调供水工程、新乡市"四县一区"南水北调配套工程东线项目连接配套工程专题设计和安全评价报告审查，设计单位正在根据审查意见对报告进行补充修改完善。

（王庆庆）

配套工程资金使用管理

【资金到位与使用】

截至 2020 年底，配套工程累计到位资金 144.54 亿元，其中省、市级财政拨款资金 57.02 亿元，南水北调基金 49.14 亿元，中央财政补贴资金 14 亿元，银行贷款 24.38 亿元。2020 年拨入资金 0.08 亿元。全省南水北调配套工程累计完成基本建设投资 130.85 亿元，其中完成工程建设投资 97.49 亿元、征迁补偿支出 33.36 亿元。全省货币资金余额 11.06 亿元，其中省南水北调建管局本级货币资金余额 4.62 亿元，各地市、县货币资金余额 6.44 亿元。

【财政评审及完工财务决算】

召开专题会、视频会，现场督导，加快变更索赔处理及征迁实施规划调整，要求所有设计单元 2020 年底前具备财政评审条件；加强与省财政评审中心协调沟通，申请早日把南水北调配套工程列入评审计划；做好配套工程竣工（完工）财务决算编制准备，组织编制配套工程竣工（完工）财务决算编制细则及编制模板。截至 2020 年底，配套工程调度中心项目完成财政评审，焦作、濮阳、漯河 3 市评审工作正在进行。

【运行资金管理】

组织编制 2020 年度运管费收支预算。按照"量入为出、适度从紧、突出重点、保障优先"原则，根据 2019 年度预算执行情况，组织编制全省 11 个省辖市、2 个直管县市 2020 年度运行管理费支出预算，报水利厅厅长办公会核准后执行。预算执行过程中，每季度对各省辖市、直管县市运行管理费收支情况进行监督审核。2020 年度运行管理支出预算 17.72 亿元，实际支出 15.33 亿元。

【审计与整改】

2020 年委托中介机构对省南水北调建管局局本级及 11 市 2 个直管县市建账以来运行管理费使用情况进行全面审计，发现的问题全部整改到位；组织完成 2019 年省南水北调建管局财政资金的内审和整改；完成 2019 年度省审计厅联网审计核查。11 月中旬于南阳市淅川县南水北调干部学院举办南水北调系统配套工程运行管理财务干部培训班。

【水费收缴】

截至 2020 年底，共收缴南水北调水费 57.24 亿元。其中：2014—2015 供水年度收缴 8.25 亿元水费，2015—2016 供水年度收缴 6.85 亿元水费，2016—2017 供水年度收缴 1.08 亿元水费，2017—2018 供水年度收缴 12.77 亿元水费，2018—2019 供水年度收缴 13.95 亿元水费，2019—2020 供水年度收缴 14.34 亿元水费。截至 2020 年累计上缴中线建管局水费 39.47 亿元。其中：2014—2015 供水年度上缴水费 5.99 亿元，2015—2016 供水年度上缴水费 2.01 亿元，2016—2017 供水年度上缴水费 4 亿元，2017—2018 供水年度上缴水费 7 亿元，2018—2019 供水年度上缴水费 8.6 亿元，2019—2020 供水年度上缴水费 11.87 亿元。

（李沛炜　王　冲）

陆 配套工程（下篇）

运 行 管 理

南阳运行中心

【线路巡查防护】

2020年修订完善南阳市南水北调配套工程试运行线路巡检、值班规章制度，泵站代运行项目招投标委托招标代理机构组织招标，新中标单位与原合同单位按照合同要求移交并进驻。全年开展6次运行管理检查，自动化监控设施检查现场人员值班值守情况110次。与配套工程维修养护单位对接，按照属地管理原则，各县南水北调办明确辖区内输水管线、阀井设施设备、现地管理站维修养护内容。

（陈 冲）

【新增供水项目】

根据省水利厅及省住建厅联合下发的《关于进一步做好南水北调用水效益提升工作的函》（豫水资函〔2020〕39号），南阳市对官庄工区、示范区、桐柏县、镇平县等4个新增供水项目开展科学论证，推进项目尽快实施。2020年南阳市政府批准，中心城区水量指标调减8000万 m³，分别向4个新增供水目标调整2000m³、2000m³、3000m³、1000万 m³。唐河县城乡一体化及官庄工区供水项目已与省水利厅对接，开始编制《可行性论证报告》。淅川县香九厚片区供水工程启动设计工作。

【防汛与应急】

编制南阳市南水北调配套工程2020年度汛方案和应急预案报市防汛指挥部、市水利局审批，报省建管局备案。南阳运行中心党委3次对防汛工作进行安排部署，下发《关于扎实做好2020南阳市年南水北调工程防汛工作的通知》等13份文件，调整领导小组及成员单位负责人名单，参加南阳市演练、周会商会活动。对排查出的51处隐患分类施策编制度汛方案和应急预案。落实防汛值班制度，加强督导检查。6月~8月，运行中心主任和分管领导4次分别带队检查卧龙区、示范区、方城县干渠和配套工程防汛工作。按照省南水北调建管局要求落实安全生产和双重预防体系建设，推进安全生产专项整治三年行动实施方案。组织开展南阳市南水北调配套工程防灾减灾暨防汛消防综合应急演练。

【供水效益】

2020年，南阳市受水厂13座建成10座接水9座在建3座，全年共计用水2.4亿 m³，其中生态补水1.34亿 m³，生活用水1.06亿 m³，超额完成1.4亿 m³的年度用水任务。截至2020年12月31日，累计有7个分水口和4个退水闸分水，向新野二水厂、镇平五里岗水厂及规划水厂、中心城区四水厂、龙升水厂及麒麟水厂、社旗水厂、唐河老水厂、方城新裕水厂供水，向白河、清河、贾河、潘河和潦河生态补水，受益人口216万。南阳市南水北调配套工程全长156km，累计向邓州、新野、镇平、南阳城区、社旗、唐河、方城供水12.35亿 m³，其中生活用水4.67亿 m³，生态补水7.68亿 m³。

（王文青）

平顶山运行中心

【制度建设与培训】

2020年学习贯彻两个《管理规程》，及时对全市站区运行管理制度进行修订更新，统一规范运行管理工作标准。研究出台管理站所运行管理工作考核办法，每月开展一次考核并下发考核通报，以日常考核检查和专项巡查推动运行管理整改提升，进一步规范配套工程运行管理。

与维修养护单位和设备设施厂家合作，开展配套工程设备设施操作、故障排查、维修养护、站区消防和用电的专项培训，编制输水线路现地管理站电气设备操作实用手册和阀门阀件操作实用手册。加强日常监管，严格穿越邻接工程审批。2020年按照审批权限共上报审批穿越项目37处，巡线巡查发现并制止在输水线路保护范围内违规行为20余项。

【防汛与应急】

2020年汛前，平顶山运行中心组织开展工程汛前隐患排查，对风险点进行全面安全检查，落实监管措施，制订《平顶山市南水北调工程2020年防汛工作方案》和应急预案，召开专题会议安排部署，明确各级各部门职责，严格落实24小时防汛值班制度。

【供水效益】

2020年比往年有效降雨虽有所增加，但河流湖泊蓄水量仍在持续下降，按照市委市政府指示，申报南水北调工程进行生态补水和充库补水，进一步扩大南水北调水资源的综合效益。

2019-2020供水年度供水2.9亿 m^3，其中生活供水0.65亿 m^3，补水2.25亿 m^3，超额完成年度供水计划。通过向沙河补水使白龟湖水位从年内最低的98.82m上涨到103.0m，水库蓄水量增加1.4亿 m^3，不仅保障城区的生产生活用水，也使白龟湖国家级湿地公园实至名归，水生态环境的持续向好吸引红嘴鸥栖息，通过向北汝河、兰河的补水为郏县四水同治水系连通补充水源，生态环境得到进一步改善。

（张伟伟 李海军）

漯河维护中心

【概述】

漯河市配套工程从南水北调干渠10号、17号分水口向漯河市区、舞阳县和临颍县8个水厂供水，年均分配水量1.06亿 m^3，其中市区5670万 m^3、临颍县3930万 m^3、舞阳县1000万 m^3。全管道输水，管线总长约120km。10号线由平顶山市叶县南水北调干渠10号分水口向东经漯河市舞阳县、源汇区、召陵区进入周口市，长101km。17号线由许昌市孟坡南水北调干渠17号分水口向南经许昌市进入漯河市临颍县，管线长约17km。漯河市配套工程沿线征迁涉

及临颍、舞阳、源汇、召陵、经济开发区的18个乡镇105个行政村和驻马店西平县人和乡。截至2020年12月31日，漯河市上缴水费24284.45万元。

【机构建设】

2020年，漯河市南水北调中线工程维护中心内设综合科、计划与财务科、建管科，下设市区、临颍县、舞阳县12个现地管理房。负责辖区内运行调度、工程维护、安全保卫、水质监测等运行管理相关工作。制定招聘工程运行管理专业技术人员方案，请示省南水北调建管局和市水利局党组同意，全程委托市人社局考试中心公开招考工程运行管理专业技术人员。组织对招聘人员进行集中培训，定岗定责。2020年运行的12个现地管理房共配备44名值守人员，15名巡线人员。

【制度建设】

2020年维护中心编制供水调度、水量计量、巡查维护、岗位职责、现地操作、应急管理、信息报送等一系列运行管理制度，汇编成《漯河市南水北调配套工程运行管理手册》《漯河市南水北调供水配套工程巡视检查方案》，制作管理房《值班日志表》《交接班记录表》《建（构）筑物巡视检查记录表》《输水管线、阀井或设备设施巡视检查记录表》，统一装订成册。制作《管理房安全生产责任制》《供水高度协调制度及职责》《供水运行巡查制度及职责》《维修应急制度及职责》《管理房卫生管理制度》悬挂在管理房值班室。

【工程巡查】

2020年加强工程巡查和维修养护，编制《漯河市南水北调供水配套工程巡视检查方案》，每周对供水线路进行巡视检查2次，对全市配套工程进行汛前专项执法检查。对存在积水的87个阀井进行抽水，更换损坏的井盖8个，标识桩16根，铭牌36个。穿越配套工程管道12起，办理穿越手续8起，阻止在保护范围内打井4起。2020年严格按照维修养护标准，对阀件阀体进行两次刷漆、涂抹黄油以及

对管理房配电设施的养护，对市区四水厂更换EPS电池40块。

【员工培训】

组织举行安全生产和消防安全培训会。1月13日参加省南水北调建管局组织的自动化培训；5月开展以"消除火灾隐患、共建平安河南"为主题的消防安全讲座培训；6月25日，参加省南水北调建管局巡检系统培训。

【供水效益】

漯河市8个受水水厂总计累计34606.09万m³，2020年供水9167.86万m³，覆盖全市两县6区，受益人口97万人，生态补水4920万m³。

（董志刚　张　洋）

周口市南水北调办

【巡检仪系统试运行】

2020年自动化建设基本完成开始试运行，智能巡检系统投入使用。自动化站通过智能巡检管理系统监督、汇总记录和上报各管理站、组值班和巡查时发现的问题；通过视频监控系统对各现地管理站自动化机房进行监控。值班24小时不间断，每两小时进行指纹打卡并记录智能巡检管理系统实时数据；每日不少于3次对自动化设备机房运行状况进行巡查。7月27～30日在东区管理处所分两批开展《周口市南水北调配套工程基础信息管理系统及巡检智能管理系统》培训会。

【站区环境卫生专项整治】

落实《关于开展配套工程站区环境卫生专项整治活动的通知》（豫调建建〔2020〕22号）文件要求，成立周口市南水北调办"站区环境卫生专项整治活动"领导小组，制定周口市南水北调办"站区环境卫生专项整治"实施方案。站区及办公楼全面清扫，建立长期有效的卫生制度，优化责任区域，落实责任到人。

【水政执法】

2020年贯彻落实南水北调有关法律法规，加大执法查处力度，全年共查处9起涉水案件。与水政监察大队开展联合执法行动，运管人员向管道周边群众发放宣传手册，讲解配套工程的管道位置，告知违规施工可能带来的后果，共发放宣传册5000余份。2020发现可能对管道运行造成影响的邻接和穿跨越施工48项；阀井缺陷195项，基本整改完毕。

【防汛与应急】

2020年开展汛前安全检查，制定防汛预案和汛前工作安排，运行管理人员对运行管线及设备进行汛前大检查，检查全覆盖、不遗漏，早发现、早处理。对重点部位和关键阀井检查不少于10次，排查出的隐患列出清单，建立台账，制定整改方案，落实整改措施，并跟踪督导严格落实。

巡线人员巡线时发现中心城区一处管道周围有大片积水。原因是地基不规则下沉造成环向裂缝，沿管身向箱涵方向开裂。周口市南水北调办迅速成立应急抢修指挥部，主任何东华任指挥长，副主任贺洪波任副指挥长，下设5个工作组。指挥部成员与施工人员共80人开展抢修作业。2020年1月6日22时，抢修人员在漫天飞雪中开始停水抢修施工，经过70多小时抢修，漏水管道修复，中心城区恢复正常供水。

（李晓晖　朱子奇）

许昌运行中心

【概述】

许昌市南水北调配套工程全长约147km，全市年分配水量2.26亿m³，通过4座分水口门向许昌市区（1.0亿m³）、襄城县（1100万m³）、禹州市及神垕镇（3780万m³）、鄢陵县（0.2亿m³）、长葛市（5720万m³）供水。许昌市15号、16号、17号、18号分水口门供水工程相继通水，全市供水区域335.28m²，受益人口227.23万，实现许昌市受水目标全覆盖。

2020年，许昌市南水北调配套工程运行管理优化机构设置、中层干部竞聘上岗，明确部门岗位设置及部门主要职责划分，修订完善7

个规章制度和许昌市管理处目标考核评定细则，开展运行管理督查考核活动，进行月"督查"考核、"轮检""夜间突击检查"，推进配套工程运行管理规范化制度化。上报完善市级管理处功能设置，完善管理处党建、文体、宣传功能，解决许昌市配套工程管理处生活用水困难问题。加强管理处所站（泵站）人员管理及监控安保设施。推进水费收缴工作。在核定水价水量的基础上，将基本水费纳入财政预算，累计上缴水费5.82亿元。

【机构建设】

许昌市南水北调配套工程设两级调度运行管理：许昌运行中心和各县市区运行中心（办）。许昌运行中心及所属市南水北调配套工程管理处负责全市配套工程的供水调度运行管理。各县市区运行中心（办）负责分水口门供水工程的供水运行调度管理。其中15号分水口门供水工程由襄城县南水北调中心负责管理，16号分水口门供水工程由禹州市水务保障中心负责管理，17号分水口门供水工程由建安区移民服务中心负责管理，17号分水口门鄢陵供水工程由鄢陵县南水北调办负责管理，18号分水口门供水工程由长葛运行中心负责管理。

【制度建设】

2020年完善修订规章制度：许昌运行中心《关于修订全市南水北调配套工程运行管理工作督查办法的通知》（许调水运〔2020〕90号）。许昌市南水北调配套工程管理处关于印发《许昌市南水北调配套工程管理处工作制度、目标考核评定细则》的通知（许调管〔2020〕5号）。许昌市南水北调配套工程管理处关于修订目标考核评定细则的通知（许调管〔2020〕8号）。许昌市南水北调配套工程管理处关于印发岗位职责及工作制度的通知（许调管〔2020〕9号）。

【水量调度】

许昌市南水北调工程水量调度按照统一调度、分级负责、专人管理的原则，由许昌运行中心负责统一调度，各县市运行中心（办）分

级负责。水量调度实行计划管理，各用水单位年度、月度用水计划报相应县市南水北调中心（办），上报至许昌运行中心。

许昌各县市区运行中心（办）和用水单位于10月、每月15日前将下年度、月度用水计划表电子版及纸质版报送至许昌南水北调中心。水厂用水计划由水厂填报，水库充库调蓄用水计划由水库管理单位或其上级部门填报，生态用水计划由地方政府授权的部门或单位填报。许昌运行中心根据用水单位所报调度计划，委托相应县市区南水北调中心（办）实施调度，由南水北调配套工程现地管理站与用水单位现场对接进行水量日常调度和调节。

颍河退水由许昌运行中心委托禹州市水务保障中心与干线禹州运管处现场对接，通过"许昌市南水北调受水区供水配套工程调度专用函"上报许昌运行中心，由禹州市水务保障中心相关单位人员负责现场调度。

（高功懋　屈楚皓）

【维修养护】

日常维修养护。加强对各县市区电气设备设施、阀门阀件、建（构）筑物日常维修养护现场环境协调、进度、质量、施工环境监督。建立日常维修养护项目台账，对维护过程进行跟踪管理。组织"轮检"过程中加强监督日常维修养护工作。专项维修养护。2020年各县市区确认专项维修项目12项，完成10项，剩余2项正在处理，完成率83%。

按照省南水北调建管局要求，许昌南水北调运行中心组织对许昌市配套工程站区开展环境卫生专项整治活动，对管理处、管理所和现地管理站（泵站）环境卫生进行区域责任划分，明确到责任人，开展轮检以及不定时检查，卫生专项整治活动纳入每月轮检考核，取得明显效果。

【现地值守】

许昌市配合智能巡检系统建设实施，2020年完成智能巡检系统的方案、需求规划的研讨、智能巡检系统数据的采集以及智能巡检系

统的建设实施。配合智能巡检实施单位对各县（市、区）管理站值班人员进行培训，制定智能巡检系统现地值守电气设备巡查、建（构）筑物巡查计划、频次、巡查内容，安排专人负责实时监控现地管理站执行情况。对智能巡检系统数据记录分析加强管理站现地值守及建（构）筑物情况监管。建立QQ群等互联网平台实时监管全市运行管理情况，同时上线现地管理站运行管理人员"钉钉"考勤制。不定时对现地管理站进行突击检查，了解值守人员在岗在职情况。

（魏浩远　徐英耀）

【运行管理督查考核】

许昌运行中心下发《关于修订全市南水北调配套工程运行管理工作督查办法的通知》（许调水运〔2020〕90号），实行每月一考核，半年一考评，年终一总结。月督查活动采用日常检查、"飞检"、夜间、节假日突击检查形式对管理所、分水口线路工程、现地管理站现场查看，按照《许昌市南水北调配套工程运行管理工作考核评分表》进行检查考核评分下发督查通报，并对考核前两名和后两名的县（市、区）进行相应的奖惩措施。对发现的问题建立台账，明确整改日期并进行复查。2020年，许昌市南水北调运行中心组织轮检考核10次，共计发现运行管理存在问题314条。现地值守缺岗、替岗问题杜绝，各项制度执行情况改进，记录填写基本符合要求。

（许　攀　刘道通）

【员工培训】

2020年许昌运行中心组织人员参加省建管局组织的运行管理培训班，组织各县市区运行机构、各现地管理站学习培训材料。

县市区运行机构和现地管理站每月组织培训学习，培训学习内容包括南水北调相关的法律法规，省市级管理机构下发的运行管理规章制度，许昌配套工程设计及建设情况，现地运行管理、设备操作及自动化系统，月用水计划、调度专用函格式规范、调度管理规定、职责及制度，工程巡视检查及工程保护，维修养护制度、标准及工作流程，安全运行管理及防汛工作要点。

（杜迪亚　胡建涛）

【落实中央环保督察整改】

成立贯彻落实中央环境保护督察整改工作领导小组，严格对照中央环境保护督察"回头看"反馈意见和《许昌市2020年水污染防治攻坚战实施方案》工作任务，明确整改目标、整改措施、责任领导、责任单位和完成时限，持续发力推进整改工作。

【防汛与应急】

2020年按照"防大汛、抗大洪、抢大险、救大灾"的要求，树立"两个坚持、三个转变"防灾减灾救灾理念，成立许昌市南水北调工程防汛工作领导小组，全面负责汛期洪涝灾害引发的各类险情现场预警及应急处置工作。印发《关于切实做好市南水北调工程防汛管理和超标准洪水防御工作的通知》（许调水运〔2020〕43号）。开展防范洪灾特别是超标准洪水防御的宣传和警示教育，早准备、早部署、早落实，防汛职责细化分解到每个部门、岗位和人员。

实行岗位责任制，24小时防汛值班，人员、车辆、通讯三到位，不定时对相关单位防汛职责落实、防汛工作制度执行、防汛工作措施以及防汛值班情况进行检查。汛前组织防汛演练。

增强协同管理，加强监测预警。与各有关单位和部门建立协调机制，及时准确掌握工程度汛情况，互通工情水情汛情，与许昌市水利局和干渠运行管理处沟通对接，排查隐患，建立管理台账。对工程防汛重点区域、重点部位、重点环节进行梳理分析，对高填方和深挖方渠段、采空区、重要建筑物等工程重点部位，以及渠道周边弃渣场等风险点开展防汛排查，排查出防汛减灾短板和弱项，提出并落实分级管控措施。

2020年许昌市南水北调工程干渠Ⅲ级以

上防汛风险项目17个（禹州市16个，长葛市1个），其中II级防汛风险项目3个，均在禹州市。中心明确配套工程风险重点，加强汛期重大危险源的巡视检查，建立风险点排查登记表。对穿越河道、沟渠、重要交通设施等附近及地势低洼易涝区域的阀井加强巡查次数，开展汛期风险点预警，对各县（市、区）防汛物资储备情况进行检查。

修订《许昌市南水北调配套工程度汛方案》《许昌市南水北调配套工程防洪抢险应急方案》，组建15人的防汛抢险队，汛前进行培训，储备防汛抢险机械、车辆、支护、救生、照明、通讯、急救器械及料物，并做好防汛抢险物资器材及抢险机械设备的组织、供应和运输工作。

（盛弘宇）

【供水效益】

截至2020年12月31日，许昌市南水北调配套工程累计供水9.45亿m³，其中生活用水4.53亿m³，生态用水4.92亿m³。2020年供水2.25亿m³，其中生活用水0.99亿m³，生态用水1.26亿m³，生态供水区域174.5km²，受益人口227.23万人。累计向河湖水系调水2.46亿m³，干渠颍河退水2.49亿m³。各县市地下水位有明显回升，水质硬度明显下降。南水北调水源对保障水安全、修复水生态、改善水环境、优化配置水资源发挥出经济、社会、生态综合效益。

（孔继星）

郑州运行中心

【水量调度】

2020年郑州南水北调配套工程运行整体平稳安全，全年供水7.21亿m³，其中生活供水5.72亿m³，生态供水1.49亿m³，超额完成供水目标任务。

运行管理按照市县分级负责体制，加强日常管理，建立运管工作监督机制；健全运管制度，规范操作，提高精细化管理水平；优化运行管理岗位人员配置。截至2020年底，通水

以来累计供水29.7亿m³，受益人口710万人。修订泵站运行管理方案，汛期编制2020年配套工程度汛方案、防汛应急预案，制订线路巡查、安全保卫、设备保养、维修养护管理制度，推进运管工作制度化规范化。

【维修养护】

2020年组织开展郑州配套工程市区泵站代运行项目招标工作，完成开标评标，确定中标单位，完成市区泵站代运行合同签订；组织市区泵站代运行单位和管线维护单位编制年度工作方案，制定工作细则，建立设备维修台账，对设备设施的使用运行和维护进行动态监控。

【巡检智能管理系统培训】

2020年协调省水利勘测有限公司专家，对配套工程自动化巡检系统和基础信息系统两个业务运用系统软件进行业务培训；安排运管人员参加省南水北调建管局组织的配套工程自动化巡检系统、自动化系统培训。

【站区环境卫生专项整治】

根据省南水北调建管局《关于开展配套工程站区环境卫生专项整治活动的通知》要求，成立郑州市南水北调配套工程站区环境卫生专项整治工作领导小组，安排部署、监督管理郑州市南水北调配套工程站区环境卫生专项整治工作，建立环境卫生长效管理机制。

（刘素娟 周健）

焦作运行中心

【水量调度】

根据省水利厅、省住房和城乡建设厅南水北调中线一期工程2019-2020年度水量调度计划（豫水调函〔2019〕15），核定焦作市南水北调水量为11544万m³，2020年受疫情影响调减至8686万m³，实际用水7882.32万m³。焦作南水北调中心编制年、月运行调度方案，开展联合水量计量，及时整理水量信息，每月1日焦作南水北调中心会同干渠运管单位、受水水厂，现场查看水量计量数据，经三方确认签字盖章后，形成上月水量确认单，并及时上报省

南水北调建管局运管办。

【维修养护】

2020年，维修养护的日常维护，开展供水管道主体及阀件设备渗漏检查及除锈、防腐、涂漆、涂抹黄油等作业。对电器设备开展日常清扫检查。按期对现地管理站及泵站灭火器进行充装更换，汛前对管理站及泵站防雷接地装置检测整修。对现地站管理房屋顶进行治漏，对管理房屋墙体进行内外粉刷，提升现地管理站整体形象。

委托府城、北石涧泵站的代运行单位负责对泵站进行日常维修养护工作，建立维修养护机制，编制设备检修维护周期和设备操作规程，规范维修养护。变更府城泵站电费计量方式，改"设计容量计量"为"按需计量"，电费节省12.5%。

【员工培训】

2020年焦作运行中心编制年度培训计划并组织实施。先后委托焦作市鹏翔应急安全技术服务有限公司对南水北调中心及管理站12人进行高低压电工技能培训，组织开展消防培训及应急演练培训、基础信息管理系统及巡检智能管理系统试运行工作培训、机电设备运行维护技术培训和新员工入职培训，培训成效明显达到预期效果，运行管理工作更加规范高效。

【站区环境卫生专项整治】

2020年焦作运行中心组织开展配套工程站区环境卫生专项整治活动，成立组织，制定专项整治方案，进行拉网式检查。环境整治工作纳入管理站日常管理，建立环境卫生工作长效机制，完善日检查、月考核、季通报机制。整治管理处所自动化系统调度控制室、UPS 电源室、综合机房和泵站、调流调压阀室等区域，站区环境焕然一新，工程形象明显提升，达到预期效果。

（樊国亮）

【防汛与应急】

协调媒体在节假期间加强宣传，告知市民注意安全。组织召开专题会议，对2020年城区段干渠安保和防汛进行部署。会同有关单位制定安全保卫和防汛方案、应急预案，现场督导检查。协调责任单位对城区段干渠左岸截流沟清淤疏浚。严格落实24小时防汛值班制度。

（彭 潜）

【供水效益】

2020年，焦作运行中心围绕保水质、保水量、稳供水"两保一稳"总目标开展工作。供水范围实现焦作中心城区全覆盖，新增受益人口36万，总受益人口160万，首次从25号分水口向温县环城水系生态补水，推进城乡供水一体化建设，集中开工建设一批供水项目。

城市居民及工业供水 截至2020年10月31日，南水北调中线工程累计向焦作受水区供水18314万 m^3。2020年度（2019年11月1日－10月31日）共向受水区供水7882.32万 m^3，较2019年度增加2500万 m^3。2020年焦作市府城水厂新增新城、牧野、中站、峰林4座加压泵站并网运行，实现中心城区供水全覆盖，新增受益人口36万，中心城区近百万市民用上南水北调水，全市受益人口160万。

生态补水 2020年南水北调中线工程共向焦作市生态补水905.44万 m^3，累计生态补水5800万 m^3。进一步扩大补水范围，2020年焦作市除向龙源湖、黑河、新河、大沙河、大狮涝河生态补水，新增向市区沁泉湖公园生态补水，新增25号分水口门向温县环城水系生态补水，生态效益进一步彰显。发挥生态复合效益，6月利用生态补水发挥抗旱效益，使城乡一体化示范区、修武县旱情得到有效缓解；完善生态补水工作机制，改生态补水工作协调制为报审制，生态补水向城市防汛办报审后实施，生态补水的安全性进一步加强。

（樊国亮）

新乡运行中心

【概述】

2019-2020年度新乡市供水1.27亿m³，超额完成目标27%。2015年6月30日通水以来，规划的9座受水水厂相继通水，受水区域、受益人口、用水量逐步扩大，5年全市累计供水5.8亿m³，受益人口由120万人增加到200万人。2020年首次通过3个退水闸补水5511.29万m³，创历史新高。新乡运行中心设立运行调度科，领导职数1正1副，正式人员4人，劳务派遣4人，设9个管理站，14个管理房，共有运管人员80人，其中机关14人，管理站66人。

【线路巡查养护】

线路巡查 2020年巡线员每天对管辖范围内的输水线路巡查1次，每周对输水沿线阀井及内部设备巡视检查不少于1次，并整理保存巡视检查记录，特殊巡查时间根据具体情况或上级指令执行。

维修养护 2020年对32号线3处设施进行提升改造，养护阀井2510座次、现地管理房168座次、电气设备1092台次，保障配套工程安全有效运行。

员工培训 2020年9月22日组织新入职运行管理人员集中业务培训，提升安全意识、提高应急处置能力，加强安全保障意识。

【供水效益】

3月19日南水北调中线420m³/s加大流量输水6月21日结束。新乡市峪河、黄水河支及香泉河3处退水闸向下游河流生态补水，流量最大值25m³/s，同时，通过31号输水管线向辉县市百泉湖生态补水。2020年新乡市生态补水5511.29万m³，补水持续94天为历年补水时间最长。

（郭小娟　周郎中）

濮阳市南水北调建管局

【概述】

2020年配套工程运行平稳，实现供水安全

目标。截至2020年底累计供水3.57亿m³，其中2019-2020供水年度供水8403.37万m³，指标消纳率71%，位居全省前列，新增2000万m³供水目标实现；累计收缴水费30144.65万元，其中2019-2020供水年度收缴水费4229.04万元；工程历史遗留问题得到解决，完成调配套工程征迁安置档案市级验收，工程消防、工程建设档案专项验收；供水范围不断扩大，农村供水四化工作快速进展。

【线路巡查防护】

2020年濮阳市南水北调办创新巡查方式，智能巡检系统实行全天候监管，加密巡查频次，增设警示标识桩。对濮阳市城区段输水管线附近的建设工地、道路施工项目进行全天候监测，发现问题及时整改，全年共排查整改安全隐患12处，抽排阀井积水5座。按照管理权限和报批程序审批邻接工程2处。上半年，协助富民路（濮水路-濮上路）穿越南水北调输水管线项目，仅历时14天就完工，将供水影响降低到最小。

【维修养护】

2020年7月，省南水北调建管局就工程维修养护项目与河南水利第一工程局签订合同。8月开始，濮阳市南水北调配套工程维修养护由河南水利第一工程局负责。维修养护单位按月维修养护计划，对供水管道主体及阀件设备进行渗漏检查及防腐涂漆防止设备老化。对中州水务控股有限公司合同期内完成的专项维修项目进行批复和备案，项目有阀井专项抽排水、绿城路站散水维修专项、绿城站排水系统专项、王助连接路引桥、管理房电缆沟维修、管理处院内绿化专项、调流调压阀室屋顶防水工程。

【员工培训】

2020年濮阳市南水北调办落实工程运行管理各项规章制度，围绕调度管理、巡视检查、维修养护、安全防范，开展岗位训练提升岗位能力，共组织业务知识集中培训8次，参加省南水北调建管局培训4次，培训内容有安全用

电、消防知识、防汛知识、设备维护、工程巡查。按照《濮阳市南水北调配套工程运行管理工作奖惩办法（试行）》（濮调办〔2020〕53号）加强人员管理，全年共印发运行管理通报53期，奖励28人次，处罚22人次，退回1人。

【站区卫生专项整治】

2020年11月20日，省南水北调建管局下发《关于开展配套工程站区卫生专项整治活动的通知》，在全省开展站区卫生专项整治活动。濮阳市南水北调办成立环境卫生专项整治活动领导小组，明确具体分工及处罚措施，及时与维修养护单位联系，对境内站区和阀井重新进行粉刷。现场组定期组织开展专项环境卫生检查，落实卫生责任制度，卫生日检查、月考核、季通报常态化。通过集中整治，各管理站站区整洁明亮，设施表面整洁，物品摆放整齐美观。

【防汛与应急】

濮阳市南水北调办5月初召开防汛工作会议，制订《濮阳市南水北调2020年度防汛工作方案》和《濮阳市南水北调配套工程防汛抢险应急预案》，6月中旬开展防汛抢险应急演练。严格执行24小时防汛值班制度，落实防汛值班责任制和领导带班责任制，汛期南水北调配套工程运行平稳没有出现任何险情。

【供水效益】

2020年，濮阳市进一步提高南水北调工程效益，把农村饮水安全提档升级为乡村振兴和高质量发展的重大举措，推进农村供水"四化"。濮阳市南水北调办合理规划科学调度南水北调水资源，全力助推农村供水"四化"。截至2020年底累计供水3.57亿 m³，其中2019—2020年度供水8403.37万 m³，指标消纳率71%。供水范围覆盖濮阳市城区和濮阳县城区以及清丰、南乐两县全境，受益人口230万。

（王道明　孙建军）

鹤壁市南水北调办

【管理模式】

鹤壁市南水北调办运行管理工作，有泵站委托管理和现地管理机构直接管理的模式。配套工程维修养护由省南水北调建管局招标确认的河南省水利第一工程局承担合同期1年，对34号分水口铁西泵站和36号分水口第三水厂泵站代为管理，同时为全市泵站运行管理提供技术支持和服务，并承担配套工程两座泵站内所有建（构）筑物与机电、金属结构和自动化调度系统设备的运行、巡视检查和日常管理。

【运行调度】

2020年鹤壁市南水北调办共接到省南水北调建管局调度专用函13次，鹤壁市南水北调办印发调度专用函31次。濮阳市、滑县、鹤壁市各水厂用水量发生变化时，根据省南水北调建管局调度专用函或其他书面通知要求，现地管理房及泵站加大管线巡视频率和流量计观察频率，流量计加密观察时间为调度开始后12小时。2020年对南水北调配套工程巡检智能管理系统设备进行重新登记，各巡检小组重新分组，省南水北调建管局正式接收巡检智能管理系统，巡检智能管理系统正式运行。

【线路巡查防护】

鹤壁市南水北调配套工程线路巡查防护分34-2、35-1、35-2、35-3、35-3-3现地管理站及34号分水口铁西泵站、36号分水口第三水厂泵站7个巡查防护单元。34-2现地管理机构负责34号分水口城北水厂支线范围内的全部阀井和输水管线巡视检查，输水管线长5.03km，沿线各类阀井14座。35-1现地管理机构负责35号分水口进水池至VB15之间的全部阀井和进水池至VB16之间的输水管线及第四水厂支线范围内的全部阀井和输水管线巡视检查，输水管线长7.9km，沿线有进水池1座，各类阀井25座。35-2现地管理机构负责35号主管线VB16至VB28之间的全部阀井和VB16至VB29阀井之间的输水管线，36号金山水厂支线（不含泵站内）范围内的全部阀井和输水管线巡视检查，输水线路10.52km，36号金山支线4.9km，沿线有各类阀井34座，1座双向调压塔。35-3现地管理机构负责35号主管线VB29至VB47之间的全部阀井和VB29至VB48阀井之间的输水管线的巡视检查，输水线路长14.365km，沿线各类阀井22座。35-3-3现地管理机构负责35号线VB48至VB60之间的全部阀井和输水管线，浚县支线和滑县支线全部阀井和输水管线的巡视检查，输水线路长14.185km，沿线有各类阀井33座，单向调压塔1座。34号分水口铁西水厂泵站负责站内与铁西水厂支线范围内的全部阀井及输水管线。36号分水口第三水厂泵站负责第三水厂泵站、金山泵站、36号线路第三水厂支线范围内的全部阀井及输水管线，36号线金山水厂支线巡查频次1周2次，其他线路1天1次。2020年巡线发现及制止有危及工程运行安全的行为22起，向相关单位下发12个停工通知单。2020年补充完善《鹤壁市南水北调配套工程风险分级管控制度（试行）》《鹤壁市南水北调配套工程隐患排查治理制度（试行）》。全年进行安全生产检查16次，印发通报16次，查出安全生产隐患全部完成整改，每日智能巡检系统对泵站、现地管理站巡查线路、巡查频次、巡查问题上报情况进行线上检查。工程完好平稳运行，实现零事故运行。

【维修养护】

配套工程泵站运行维护项目招标于10月19日开标，与中标单位河南省水利工程一局签订鹤壁南水北调配套工程泵站运行维护合同。组织维修养护单位按时完成2020年月度、季度、年度阀井维修、养护、抽水、打扫等维护工作。完成36号口门第三水厂泵站2号、4号水泵机组大修和34号、36号泵站进水池清淤。

【站区环境卫生专项整治】

根据省南水北调建管局《关于开展配套工程站区环境卫生专项整治活动的通知》（豫调建建〔2020〕22号）要求，印发《鹤壁市南水北调配套工程站区环境卫生专项整治活动实施方案》，按照属地管理原则落实配套工程站区环境卫生专项整治活动的各项内容。管理处所自动化系统调度控制室、UPS电源室、综合机房、泵站、调流调压阀室及站区内环境卫生情况纳入月考核内容。

【员工培训】

2020年组织各管理站定期学习南水北调工程运行管理、维护与设施保护相关知识，站外悬挂宣传条幅、站内播放宣传片和组织知识竞赛，开展"世界水日、中国水周""防灾减灾及火灾警示宣传教育""安全生产月"活动；修订完善《运行管理人员素质提升100题》，编写《运行管理人员学习手册》；举办配套工程运行管理培训班，开展消防安全学习培训。开展培训12场，培训200人次，推进运行管理规范化建设。

【防汛与应急】

按照鹤壁市防汛工作要求，汛前编制《鹤壁市南水北调配套工程2020年度汛方案》和《鹤壁市南水北调配套工程2020年防汛抢险应急预案》，送市水利局、市应急管理局审批。编制2020年防汛物资补充采购清单和预算，防汛物资组织抢险队。汛中对各现地管理站、泵站开展汛期安全隐患排查，并印发《鹤壁市南水北调配套工程关于防汛备汛工作检查的通报》，对检查中发现的问题立即组织整改。汛后向配套工程各站印发《鹤壁市南水北调办关于做好配套工程防汛总结工作的通知》，及时统计整理防汛物资并进行防汛工作总结。

【供水效益】

鹤壁市南水北调34、35、36号分水口，向淇县铁西水厂、淇县城北水厂、浚县城东水厂、鹤壁市第三水厂、鹤壁市第四水厂供水。2020年向鹤壁市供水7815.34万 m^3，其中向淇县水厂供水1369.61万 m^3，向浚县供水830.38万 m^3，向新区供水2410.57万 m^3，淇河退水闸向淇河生态补水3204.78万 m^3。南水北调中线工程累计供水30021.12万 m^3，其中向城市水厂累计供水 21833.56 万 m³，通过淇河退水闸向淇河生态补水 8187.56 万 m³。

（姚林海　张素芳　李志旭）

安阳运行中心

【概述】

安阳南水北调配套工程共涉及 4 条（35、37、38、39 号）供水线路。35 号输水线路向濮阳市供水，流经内黄县，管线长 14.96km，布设有各类阀井 17 座。

37 号输水管线向汤阴县、内黄县供水，输水线路全长 57.06km；设置董庄分水口门处的 37-1 管理站、汤阴县第一水厂处的 37-2 管理站、汤阴县第二水厂处的 37-3 管理站、主管线与汤阴县第二水厂分岔处的 37-4 管理站及内黄县第四水厂处的 37-5 管理站 5 个现地管理站；与供水管线相连的汤阴第一水厂设计日供水量 2.0 万 m³，第二水厂设计日供水量 3.0 万 m³，内黄县第四水厂设计日供水量 8.3 万 m³。

38 号输水管线向安阳市区供水，输水线路全长 18.73km；设置小营分水口门处的 38-1 管理站、安钢水厂支线分岔处的 38-2 管理站、安钢水厂进口处的 38-2-1 管理站、安阳第六水厂处的 38-3 管理站 4 个现地管理站；与供水管线相连的市区第六水厂设计日供水量 30 万 m³，安钢水厂设计日供水量 4.0 万 m³，市区第八水厂近期设计日供水量 10 万 m³，远期设计日供水量 20 万 m³。

39 号输水管线向安阳市区供水，输水线路全长 1.13km；设置南流寺分水口门处的 39-1 管理站、安阳第七水厂处的 39-2 管理站 2 个现地管理站；与供水管线相连的市区第七水厂设计日供水量 30 万 m³。

新增供水目标安钢冷轧水厂于 9 月 15 日开始试通水，10 月 13 日正式通水运行，安阳市所有供水目标全部实现通水。

【机构建设】

2020 年，在安阳南水北调中心建管科设运行管理办公室，暂时牵头负责全市运行管理工作。市区 38、39 号线运管工作暂由滑县建管处代管。依托汤阴县南水北调中心和内黄县南水北调服务站，成立市区、汤阴县和内黄县 3 个运行管理处，负责水量调度、运行监督检查和市区、汤阴县、内黄县区域内的运行管理。建立安阳市南水北调配套工程运行管理 QQ 群、微信群，对管理站内标识、标牌、铭牌、宣传和警示标语等进行统一制作安装，对运行管理各类记录表也进行统一制作、装订成册，同时对阀井界桩进行归位，并刷漆翻新、喷涂警示标语和监督电话，为 3 个运管处统一购置工作服，统一现场布置、为巡查人员购置安全绳、防坠器及空气检测仪等专用工具，保证巡查人员上下阀井安全。9 月 20 日～10 月 31 日开展"安阳市南水北调配套工程 2020 年运行管理互学互督活动"。

【运行调度】

安阳运行中心负责辖区内年用水计划编制，月用水计划收集汇总，编制月调度方案，进行配套工程现场水量计量、供水突发事件的应急调度。2020 年编报月调度方案、运行管理月报各 12 期；每月 1 日，与干渠管理处和受水水厂进行现场供水水量计量确认，全年共签认水量计量确认单 120 份，全年共向省南水北调建管局报送调度专用函 36 份（次）；向现场下达操作任务单 50 份（次）。

2020 年度供水 11610.748 万 m³，其中生活供水 8538.1 万 m³，生态供水 3072.648 万 m³。

【线路巡查防护】

2020 年按照省南水北调建管局下发的"配套工程巡视检查管理办法"，细化制定"配套工程巡视检查方案""巡视检查路线图表"，巡查人员对输水管线每周进行两次巡查，特殊情况加密巡查频次，发现问题及时报告。明确阀井、现地管理房、调流调压室的管护标准及管线巡查记录、巡视检查发现问题报告单，规范运管巡查工作程序。

【维修养护】

2020 年，实施《河南省南水北调受水区供水配套工程重力流输水线路管理规程》《河南省南水北调配套工程日常维修养护技术标准（试行）》和《安阳市南水北调配套工程维修养护管理办法（试行）》要求，制定印发安阳南水北调中心关于贯彻执行《河南省南水北调配套工程有限空间作业管理办法（试行）》的通知。加强与维修养护单位（河南省水利第一工程局）沟通联系，安排部署维修养护工作。每周五定为管理站所集中学习日、劳动日，加强运管人员学习培训。定期进行运行管理知识测试，不断提升运管人员业务技能。

【穿越项目审查审批】

2020年组织益和热力有限责任公司根据专家意见对中华路东部及南部供热管网穿越38号供水管线的专题设计及安全影响评价报告进行修改完善，复核后上报省南水北调建管局完成审批。审批后组织专家对项目施工图进行审查审批。收到汤阴县东部水厂引水工程连接配套工程37号口门线路可行性论证报告后，报省南水北调建管局审查。河南安彩能源榆济线对接工程穿越配套工程38号分水口线路主线和支线各一处，对项目专题设计报告及安全影响评价报告初审后上报省南水北调建管局组织专家进行技术审查。

【站区环境卫生专项整治】

11月4～20日开展配套工程环境整治活动，并印发《安阳市南水北调工程运行保障中心关于开展配套工程站区环境卫生专项整治活动的通知》（安调〔2020〕8号）明确组织机构和责任分工，对整治活动进行安排部署，各运管处进行拉网式排查，对站内各重点区域进行包干划分，卫生责任落实到个人。开展每周一次卫生整顿日活动，加强设施设备的维护保养。

（董世玉）

邓州运行中心

【制度化建设】

2020年，持续推进运行管理规范化制度化

建设，开展安全生产专项整治，组织开展消防、防汛、井下作业、设备操作安全主题教育培训。健全"日巡查、周检查、月例会"管理机制，制定巡检智能管理系统应用规定、运行管理人员考评制度、安全管理制度、安全生产责任制度，通过巡检智能管理系统开展线上和线下日常检查，对运行管理、值班值守、安全生产、环境卫生等进行专项督查21次，下发督查通报3次。出台《邓州市南水北调配套工程运行管理绩效考评办法》，开展3次绩效考评，依据考评结果对运管人员实行奖罚措施。召开全体运管人员参加的例会3次。

【线路巡查防护】

2020年加强输水管道沿线巡查力度，制止20余次输水管道保护范围内违规施工，监督3次跨越穿越输水管线现场施工，及时发现抢修邓三支线空气阀井等3次渗漏水事故。在汛期及重要节假日前组织人员对全线阀井进行拉网式隐患排查。

【供水效益】

邓州市规划建设4座南水北调供水水厂，年分配水量9200㎥，2020年4座水厂全部通水。2019-2020年度邓州市承接南水北调来水6.67亿㎥，其中农业灌溉用水6亿㎥，有效灌溉面积80000ha；城市生活供水2541万㎥，受益人口40万；生态补水5108㎥，明显改善湍河、刁河、严陵河及周边生态环境。

（司占录）

滑县南水北调办

【巡线与值守】

2020年滑县南水北调办加强配套工程管理的督查机制，实现对巡线和值守工作的全方位、不间断监督管理。巡检智能系统随时掌握巡线人员下井巡查工作动态。各管理站人员每日将值班和巡查情况发在运行管理微信群里，发现问题随时上报。滑县南水北调办运行管理科人员采取不定时间不打招呼的办法，抽查运管情况和检查情况及时通报，发现问题及

时整改。

【防汛与应急】

2020年滑县把南水北调配套工程防汛工作列入全县防汛工作目标，组建防汛应急队，完善防汛抢险预案，加强应急物资储备，及时购置防汛抢险物料。汛期值班人员、管线巡查人员和值守人员手机一律24小时开机。遇到极端天气，县南水北调办和全体巡查、值守人员一律在岗，发现险情及时上报并即时处置。2020年9月郑济高铁穿越35号供水管线工程开始施工，12月因管道施工供水管道停水7天。及时启动应急管理方案，配合自来水公司及时切换备用水源，保证居民用水。运管人员连夜开始全程巡查。在管线改道施工期间，运管人员现场督导施工，监督施工质量。停水期间滑县自来水公司开展水源切换应急演练。

【供水效益】

滑县南水北调2019-2020年度用水量2132.69万 m³，同比用水量增加192.67m³，累计用水6109.15万 m³，惠及县城规划区，直接受益人口超过24万。南水北调工程供水，为水质要求较高的招商引资企业提供优越条件。

（刘俊玲）

建 设 管 理

南阳运行中心

【工程验收】

2020年，按照《河南省南水北调配套工程验收工作导则》要求完成配套工程剩余验收任务。完成配套工程施工2标合同项目完成验收；完成邓州彭家泵站、中心城区田洼泵站和方城十里庙1号泵站和2号泵站等3处4座泵站的机组启动验收；完成配套工程2号线、3号线、3-1号线、4号线、5号线和9号线等6条线路的通水验收；完成方城管理设施完善项目验收和阀井加高项目4个标段的验收。南阳市配套工程共计26个施工合同项目完成验收完成；4处5座泵站的机组启动验收完成；8条输水线路通水验收完成；管理设施完善项目和阀井加高项目验收完成。

【内乡县供水配套工程】

3月24日，组织召开内乡供水配套工程建设推进会。截至2020年底，管槽开挖完成23km，管道安装完成20km，分别占总任务的85%和74%，主厂房重力墙及前池浇筑完成，定向钻施工准备完成。

（陈　冲）

平顶山运行中心

【工程验收】

2020年及时组织召开全市南水北调暨移民工作会议，安排配套工程验收工作。平顶山市在全省首家开展档案预验收，5月通过工程档案预验收。配合省南水北调建管局完成水保环保验收前期准备。完成配套工程3处泵站的机组启动验收及6条供水线路的通水验收。全面完成配套工程县级征迁自验。总结试点完成的叶县、宝丰县县级自验经验，对剩余县区征迁自验工作进行再动员再部署，完成剩余县区的征迁自验，准备市级初验。配合省南水北调建管局开展已结算工程量专项核查，委托第三方机构对配套工程已结算工程量进行核查，经过3个月沟通协调，最终所有施工标段出具核查报告，下一步进行财政评审和竣工结算。

（张伟伟　李海军）

漯河维护中心

【工程验收】

2020年6月16日，漯河维护中心主持配套工程管理处所单位工程验收。7月24~25日，主持配套工程施工6标段合同项目完成验收。

12月8~9日，组织配套工程10、17号分水口供水工程通水验收自查，并提交自查工作报告。

12月16~17日，水利局主持，省南水北调建管局、河南省水利水电工程建设质量监测站、漯河维护中心代表及特邀专家参加，对河南省南水北调受水区漯河供水配套工程10号、17号分水口门供水工程进行通水验收，完成《河南省南水北调受水区漯河供水配套工程10号分水口门供水工程通水验收鉴定书》《河南省南水北调受水区漯河供水配套工程17号分水口门供水工程通水验收鉴定书》。

【征迁验收】

漯河市南水北调征迁安置验收于2020年开始实施，涉及5个县区的县级自验和市级初验，工作量巨大。漯河市采取加强培训和邀请第三方参与验收的方法，加快推进征迁验收。截至2020年征迁验收完成百分之八十，位列全省前茅。

【防汛与应急】

漯河维护中心成立防汛领导小组，编制《漯河市2020年南水北调配套工程运行管理度汛方案》《漯河市南水北调配套工程防汛应急预案》，落实防汛值班制度，坚持汛期24小时值班。按照省南水北调建管局规定，与中州水务平顶山基站保持密切联系，全程实现信息畅通，维修、养护、抢险等工作顺利开展。同时与漯河市应急管理局配合，与漯河市水利工程处组建防汛抢险突击队，与漯河市防汛物资储备站签订防汛物资使用协议，遇有紧急情况快速调拨物资到达现场进行抢险作业。

（董志刚　张　洋）

周口市南水北调办

【安全生产】

2020年制订《安全整治三年推进实施工作方案》，组织人员用两天时间对站内电气线路全面排查，严查私接乱搭电线和使用违规电器；向各管理站、组配备安全带、安全绳，组织专门培训；完善制度措施"两个清单"，加强安全风险管控，制定风险报告制度。

【工程档案预验收】

9月8～11日，省南水北调建管局对周口市供水配套工程档案进行预验收。周口市南水北调设计单元共形成工程档案2303卷，竣工图12卷，照片5册298张。验收组听取周口市南水北调建管局的工程档案自检报告和监理单位的档案专项审核报告，实地查看工地现场、档案库房和工程档案整编情况，验收组通过档案预验收。

（李晓晖　朱子奇）

许昌运行中心

【工程验收】

根据《关于印发〈2020年河南省南水北调受水区供水配套工程政府验收计划〉的通知》（豫水调〔2020〕3号）要求，许昌市南水北调中心向许昌市水利局提出通水验收申请，2020年8月26～28日，许昌市水利局主持召开许昌市南水北调配套工程通水验收会议，河南省水利水电工程建设质量监测站、许昌南水北调中心、各县市区南水北调中心（办）等单位代表和特邀专家，组成验收委员会，对许昌供水配套工程15～18号分水口门供水工程和鄢陵供水工程进行通水验收。项目法人、建管、勘测、设计、监理、监造、施工单位和主要设备制造厂家等被验单位代表参加，通水验收工作全部完成。配套工程水保环保验收完成资料收集工作。

（高功懋　杜迪亚）

郑州运行中心

【尾工建设】

配套工程管理处所建设期间，一直存在建设手续不全、投资经费短缺、各级沟通不畅妨碍项目正常进行的遗留问题，始终面临领导约谈、省南水北调建管局督办、市级督查的巨大压力。郑州市南水北调运行中心团结协作主动作为沟通汇报，逐步理顺，使管理处所建设工作得到理解和支持，帮助落实项目建设合法性、解决项目主要资金缺口、理顺项目完工验收程序，2020年管理处所建设完成尾工建设。

完成全部12个单位工程合同内和变更项目建设任务；整体项目通过水利厅质监站和省南水北调建管局组织的完工验收。完成6个管理处所项目的使用单位移交，郑州管理处和新郑、荥阳、港区管理所正式投入使用。完成6个管理处所自动化调度设施设备的联网运行。基本完成各项目工程档案收集整理和完工结算资料编制报审。

【工程验收】

2020年完成配套工程10个分部工程、4个单位工程及2个合同项目验收。累计完成132个分部工程验收，为136个分部工程的99.0%；完成20个单位工程验收，为21个单位工程的95.2%；完成13个合同项目验收，为14个施工合同项目的92.9%。根据水利厅安排，配合市水利局完成7处8座泵站的机组启动验收和10条输水线路的通水验收。

（刘素娟　周　健）

焦作运行中心

【管理处所建设】

2020年焦作市供水配套工程调度中心建设受疫情影响，3月中旬复工，5月底完工，6月4日通过工程预验收。完成调度中心围墙及大门出行路的施工及验收，完成调度中心热力交换站及管网的设计，开展变更项目清理，完善相关变更手续，开展工程备案准备，完成调度中心项目规划核实测量，编制规划核实报告，开展竣工验收问题的整改。

【工程验收】

2020年完成27号分水口府城输水线路设计变更项目尾工建设。6月21日，焦作市府城设计变更项目通过单位工程验收暨合同项目完成验收，4个管理所全部完成完工验收，焦作市供水配套工程规划建设项目全部完成。

1月焦作市配套工程通过温县、武陟、博

爱、府城、苏蔺5条输水线路的单项工程通水验收，完成府城泵站机组启动验收。焦作市6条输水线路、2座泵站机组启动验收全部完成。博爱设计单元档案验收工作同步开展，报请省南水北调建管局于7月底对博爱设计单元档案进行预验收。水保环保验收由省南水北调建管局统一组织实施，焦作市配合相关单位按要求及时提供基础资料数据。

【征迁安置验收】

2020年完成27号分水口门供水配套工程府城变更线路工程临时用地返还复垦共5.76ha；编制《河南省南水北调受水区供水配套工程焦作市征地拆迁安置资金调整报告》《河南省南水北调受水区焦作供水配套工程26号分水口门博爱供水工程征地拆迁安置资金调整调整报告》，7月完成征迁安置县级验收。

（焦　凯）

焦作市南水北调城区办

【征迁安置】

2020年安置小区建设建立手续办理快速便捷通道，出台安置房建设配套政策，加大督导力度。用于绿化带搬迁安置的137.08万㎡安置房中，117.53万㎡建成交工，4.05万㎡完成主体施工，15.5万㎡主体工程完工开始装修。完成天河南路群英河桥梁占压中国联通焦作分公司部分土地及附着物的调查和拆除、天河南路占压的张璋故居迁移、天河北路占压嘉苑房地产土地的征迁补偿、天河路施工涉及的53条水电气等专项基础设施处理和平光南厂生活区补偿费用返还。

（彭　潜）

新乡运行中心

【"四县一区"配套工程建设】

"四县一区"南水北调配套工程是新乡市优化水资源配置、提高南水北调水资源利用率，改善东四县及平原示范区群众用水条件的重大民生工程，分东线项目和南线项目。南线项目向原阳县、平原示范区供水，2020年完成初设审批及设计变更审查，变更后管线总长度43.78km，工程投资4.81亿元。南线项目移交工程建设用地21.64km，占线路总长度49.4%，完成管道铺设2.45km，占总长度5.6%，完成工程投资9857.63万元，占总投资20.5%。东线项目向延津县、封丘县、长垣市及经开区供水，线路全长98km，工程投资18.5亿元。2020年完成连接32号分水口进水池专项报告及安评报告编制，PPP咨询机构确定，土地预审、建设项目选址意见书、社会稳定风险评估报告办理完成，可研报告已批复。

【工程验收】

配套工程验收 新乡市南水北调配套工程共划分20个合同项目，20个单位工程，109个分部工程，截至2020年11月底全部完成验收。

水保环保消防专项验收 配套工程新乡段水保、环保分部工程验收完成，辉县、卫辉、获嘉管理所消防专项验收完成。

配套调蓄工程验收 新乡县调蓄工程验收2020年分部工程和合同验收全部完成；对贾太湖与调蓄工程资产置换提出合理性建议，加快推进调蓄工程管网与市区管网对接；组织协调新乡县调蓄工程征迁、水保、环保专项验收工作。

征迁安置验收 11月12～13日，新乡市南水北调配套工程红旗区和获嘉县征迁安置县级验收工作完成。

（郭小娟　周郎中）

濮阳市南水北调建管局

【工程验收】

2020年河南省南水北调工程验收由于机构改革，验收主体、验收方式、验收要求都发生变化，工作难度增加，为按时完成专项验收项目，改革组织机构和管理体制，强化节点意识，倒排工期，加压推进，历史遗留问题得到有效解决。截至2020年底，配套工程征迁安置档案通过市级验收；工程档案专项验收和征

迁安置专项验收前期准备工作完成已具备验收条件；水保和环保专项验收所需的材料全部收集完毕上报省南水北调建管局；濮阳南水北调管理处调度楼竣工验收正在进行，消防验收基本完成。

【安全生产月活动】

2020年我国第19个"安全生产月"中贯彻落实省市《关于开展2020年水利"安全生产月"活动的通知》要求，濮阳市南水北调办采用线上线下相结合的方式，围绕"安全生产月"活动主题组织开展宣传。悬挂横幅、电子屏幕滚动播放，微信每天定时群发安全警示教育宣传片，组织干部职工参与全国水利安全生产知识网络竞赛。组织开展安全生产大检查4次，排查整改安全隐患9项，对安全生产风险告知栏进行统一更换。

（王道明　孙建军）

鹤壁市南水北调办

【工程验收】

截至2020年底，输水线路累计完成单元工程评定5922个，占单元工程总数的99.4%；分部工程验收累计完成121个，占分部工程总数的99.20%；单位工程验收累计完成14个，占单位工程总数的100%；合同项目完成验收累计完成12个，占合同项目总数的100%；泵站机组启动验收累计完成2个，占总数的66.6%；单项工程通水验收累计完成7个，占总数的87.5%。除金山支线因管理房及水厂未建影响部分验收外，其余全部完成。

截至2020年底，管理处所分项工程验收累计完成110个，占分项工程总数的100%；分部工程验收累计完成25个，占分部工程总数的100%。黄河北物资仓储中心完成竣工验收。

截至2020年底，黄河北物资仓储中心完成规划验收，正在补充部分消防设计图纸，待消防验收完成后进行竣工验收备案；淇县管理所、浚县管理所基本建设完成，正在准备竣工验收；黄河北维护中心合建项目主体工程9月

22日完成竣工验收。

【水保环保专项验收】

2020年5月18日，省南水北调建管局召开南水北调配套工程水保环保专项验收工作启动暨培训会。5月28日，省南水北调建管局在鹤壁市召开配套工程水保环保专项验收工作推进会，对豫北各市配套工程水保环保专项验收工作再动员再部署。鹤壁市南水北调办组织完成社会公众调查表50份和资料报送。

【自动化建设】

2020年鹤壁市配套工程自动化通信线路建设完成，配合开展自动化设备进场及"一处三所两个中心"自动化设备的安装调试。

【安全生产月活动】

2020年6月是第19个全国"安全生产月"。根据省水利厅、市水利局关于开展2020年"安全生产月"和"安全生产万里行"活动通知精神，鹤壁市南水北调办开展以"消除事故隐患，筑牢安全防线"为主题的"安全生产月"和"安全生产万里行"活动。加强安全生产法规知识学习培训，及时召开安全生产专题会。6月召开两次安全生产专题会。向现地管理站、泵站及维护养护单位生产人员征订发放《水利安全生产特刊》；在市南水北调办微信公众号制作宣传材料连续发布安全生产法规、安全生产知识；组织收看安全生产警示教育片，以案说法、以案警示、以案促改。加强巡视检查力度，开展定期安全生产检查7次，印发通报7次，安全生产隐患及时完成整改。6月10~12日组织开展安全生产专项检查。

【征迁安置】

2020年鹤壁市配套工程征迁资金梳理工作基本完成。省南水北调建管局组织对资金梳理情况逐县（区）进行审核，对审核中发现的问题出具整改意见，印发《鹤壁市南水北调办关于建立南水北调配套工程征迁安置遗留问题台账周报制度的通知》，建立验收工作台账，落实清单管理，压实责任，实行销号制，并根据各县区工作进度定期通报。4月16日印发《鹤壁市南水北调办关于尽快报送配套工程征迁安置资金梳理复核报告的通知》（鹤调办移〔2020〕1号），加大力度推进配套工程征迁安置验收，6月23日召开工作推进会，8月27日召开关于解决南水北调配套工程36号泵站周边耕地等一揽子遗留问题工作推进会议，11月23~25日市南水北调办征迁验收督导组到各县区开展鹤壁市南水北调配套工程征迁安置投资计划调整专项检查，对各县区征迁资金投资计划调整复核情况、征迁验收推进情况、征迁遗留问题整改情况、征迁安置档案验收准备情况进行逐县区审核。

推进土地勘界、林地可研用地手续办理。配套工程土地勘界初稿完成，并与市国土资源局对接进行修改完善。

（姚林海　冯　飞　李志旭）

安阳运行中心

【工程验收】

2020年安阳市管理处复工建设，主体工程全部完成准备竣工验收；完成汤阴管理所室外工程验收；完成配套工程工程档案初验和征迁安置县级验收工作。完成安阳市管理处所的主体工程建设，组织豫北设计院进行安阳市管理处所的设计变更工作，完成安阳管理处所室外工程施工图和预算的审查审批、安阳市管理处所室外管网接入市政规划报批。

【自动化建设】

协调唐山汇中公司完成滑县新增分叉处流量计的安装。配合自动化建设单位，加快推进自动化设备安装和光缆铺设。先后安装安阳管理处，滑县、汤阴、内黄管理所安全检测6台套、通信系统4套、UPS电源3套、网络系统13台、安防系统11套、会议系统10套，共计完成安装自动化设备47套（台）。开展37号线路汤阴二水厂，内黄水厂管理站，内黄管理所，38号线路进水池，小营、安钢、六水厂末端管理站，39号进水池、末端管理站和安阳市管理处的光缆铺设外部协调，现场研究解决铺设线路。自动化设备及光缆铺设全部完成并通过验收。

【安全生产月活动】

2020年在6月全国第19个安全生产月开展安全生产主题活动，组织专题学习和网上答题，召开安全生产会议，观看安全生产警示教育片。组织南水北调运行管理人员在社区发放宣传资料，悬挂安全条幅，宣传安全生产知识。组织人员参加全国网上安全生产知识竞赛和水安将军知识竞赛。

【防汛度汛】

2020年汛前修订完善配套工程防汛方案和防汛应急预案，报市防办审批，同时报省南水北调建管局备案。及时安排部署汛前检查，排查防汛安全隐患，制定整改措施，并编报汛前检查报告。按照市防办要求上报安阳中心防汛行政责任人名单及联系方式。收集干渠沿线各县区防汛责任人、分管领导、联系人及联系方式，以备汛期急需。安排防汛值班，并不定期督导检查。编报《2020年南水北调工程防汛工作总结》。6月29日召开安阳市南水北调工程防汛会议，对全市南水北调系统防汛工作安排部署。

（董世玉）

邓州运行中心

【现地管理】

2020年，实施完成现地管理房设施完善项目，新建配套工程生活用房15间、发电机房6间，新增绿化面积6500m²，增设餐桌、餐椅等日常生活用具。组织实施3号口门彭家泵站代运行项目招标，选定代运行管理单位，集中培训管理人员，制定泵站管理制度，配齐设备设施。5月彭家泵站试运行通过验收，赵集水厂通水，向周边4个乡镇供水。

【征迁安置验收】

2020年，按照省、南阳市配套工程征迁安置验收工作部署，梳理审核市、乡两级征迁资金1.4亿元，完成编制完工财务决算报告，分门别类规范归档各类档案1042卷（册），于6月23日通过配套工程征迁安置县市级初（自）验。

（司占录）

滑县南水北调办

【征迁安置验收】

按照南水北调工程征迁安置验收的总体要求，2020年12月20日，滑县重新调整由政府主管副县长任主任的验收委员会，验收委员会各专业小组实地查看、质询、讨论，完善、整理、归档验收档案162卷。验收委员会各专业小组、黄河勘测规划设计研究院有限公司和黄河工程咨询监理有限公司及邀请南水北调有关专家参加验收。会议完成征迁安置的县级自验。

（刘俊玲）

投资计划管理

漯河维护中心

【招标投标】

2020年8月12日漯河维护中心与河南天百康工程管理咨询有限公司签订招标代理协议书，委托为漯河市管理处所室外工程建设项目招标代理机构。10月10日漯河维护中心在《漯河市公共资源交易信息网》上发布河南省南水北调配套工程漯河市管理处（所）室外工程招标公告。11月3日在漯河市公共资源交易中心准时召开不见面开标会议。根据评标委员会推荐情况，按照投标文件规定确定入围单位和中标人。11月5~10日项目中标候选人在《漯河市公共资源交易信息网》上进行公示，公示期间无投诉质疑。

【变更索赔】

2020年会同省南水北调建管局组织变更联合审查会议两次，共审查变更索赔项目20项

（包括5个监理标段延期服务费），审查通过20项。其中200万元以上1项省南水北调建管局批复，200万元以下审批权限14项，12项批复，2项标段正在补充资料。2020年共批复处理变更22项，截至2020年漯河配套工程变更索赔审批的变更项目150项。

【工程量核查与财政评审】

2020年4月，省南水北调建管局开展市工程量核查，漯河维护中心接受河南省河川工程监理有限公司的工程量核查。漯河维护中心提供图纸、变更资料、各标段工程量电子版、招投标文件等资料，协助其完成工程量核查。9月中旬，北京中证天通工程造价咨询有限公司对漯河维护中心开始进行财政评审。协调评审单位和各标段之间存在的问题，配合完成财政评审工作。

2020年11月12日，漯河市南水北调中线工程维护中心与河南拓卓建筑工程有限公司签订管理处室外工程的施工合同。

（董志刚 张 洋）

周口市南水北调办

【新增供水工程】

淮阳区、项城市、沈丘县、西华县南水北调新增供水工程，2020年淮阳区工程建成通水。项城市工程可研报告批复，初步设计报告正在编制，PPP项目社会资本方于7月3日二次开标，中州水务控股有限公司联合两家施工企业河南省水利第二工程局和河南水建集团有限公司中标，7月11日进行合同谈判。沈丘县工程完成《规划选址论证报告》编制和评审，可研报告待批复，环境影响评价报告已批复，项目区用电安装完成，土地调规手续待批，南水北调水厂及调蓄池征地、城区配套管网地质勘测完成，指挥部正在安装项目区围挡。西华县工程项目建议书批复，设计招标完成，可研报告正在编制。

（李晓晖 朱子奇）

许昌运行中心

【招投标与工程量核查】

2020年许昌市配套工程组织3次公开招标：许昌供水配套工程16号分水口门任坡泵站运行管理、维修养护招标和许昌供水配套工程17号分水口门增设经济开发区供水线路工程招标。

组织许昌市南水北调配套工程参建单位召开工程量核查专题会，明确工程量核查的工作任务及完成时间节点，并配合开展工程量核查。

（高功懋 杜迪亚）

【自动化决策系统建设】

2020年配合自动化代建单位加快自动化决策系统建设，截至12月配套工程自动化累计完成光缆敷设94.54km（含沿南水北调干渠敷设32.4km），自动化设备基本到位，实现与省南水北调建管局以及各县市区视频会议以及设施设备的互联互通。

2020年3月许昌市颍汝干渠综合整治，17号分水口周庄水厂支线自动化通信线路（沿颍汝干渠自周庄水厂进口管理站至天宝路段）位于颍汝干渠综合整治规划道路范围内，需要迁移140根通信电缆线杆（相应配套通信光缆），经与相关单位沟通协调，在规定时间内完成自动化通信线路的迁移。

（贠超伦 魏浩远）

【穿越邻接工程】

2020年许昌市南水北调运行中心处理穿越邻接南水北调供水管线工程4处：示范区忠武路，建安区劳动北路，长葛市团结路、政和路。其中忠武路上报《安全影响评价报告》《专题设计报告》，报省南水北调建管局审批后，鄢陵县南水北调办与施工单位签订监管协议，10月《许昌城乡一体化示范区忠武路穿越许昌供水配套工程17号口门鄢陵输水管线》跨越段安全完工，其他3处正在督办相关手续。

（孔继星）

【沙陀湖调蓄工程】

成立沙陀湖工作专班，到郑州对接协调沙陀湖调蓄工程相关工作，6月促成市领导与中咨公司调研组会面，9月与中线建管局联系汇报基本达成合作意向，11月中线建管局和省水利厅主要领导赴禹州对沙陀湖项目专题调研。2020年沙陀湖调蓄工程项目列入河南省水利基础设施空间规划和省"十四五"规划，确定为省重点项目，并申报进入国家"十四五"规划项目库。

（徐　展　程晓亚）

郑州运行中心

【新增供水目标】

2020年巩义市申请南水北调供水项目用水指标落实；新郑市通过老观寨水库向龙湖镇南水北调供水项目前期工作启动；高新区拟从荥阳24号分水口取水方案，省水利设计公司完成方案编制；十八里河退水闸向开封、中牟、北龙湖、经开区供水项目前期工作启动；侯寨水厂改用南水北调供水列入计划。

（刘素娟　周　健）

焦作运行中心

【投资控制分析】

根据省南水北调建管局批复的《焦作供水配套工程27号分水口门输水线路设计变更报告》，府城输水线路共需增加投资6525.41万元。27号分水口门输水线路设计变更工程建设，在完成市控工程建设投资使用，完成调剂使用的2000万元征迁资金，完成批复的预备费1687.08万元后，2020年焦作南水北调中心向省南水北调建管局申请到使用配套工程节余资金，共计2198.05万元。

（焦　凯）

【穿越邻接项目】

2020年，焦作市完成2项穿越邻接工程审批。7月22日完成国道207（原S237）焦作至温县段改建工程穿越南水北调供水配套26号口门（博爱）输水线路专题设计报告、安全影响评价报告审查。8月4日完成焦作市大沙河、新河生态补水工程连接南水北调受水区焦作供水配套工程27号口门线路专题设计及安全评价报审查。完成项目施工方案审批并按照穿越（邻接）要求签订监管协议。

（张海涛）

【新增供水目标】

2020年，焦作市推进城乡供水一体化工作，完成《焦作市南水北调水资源综合利用专项规划》的编制与报批、水量指标的调配、项目工程招标启动。5月焦作市有关县区组织开展南水北调城乡供水一体化工程项目招标，先后完成修武县七贤镇中心水厂、修武县周庄镇中心水厂、温县城乡一体化供水工程（一期）项目、武陟县黄沁河流域沁北南水北调水厂、中站区城乡供水一体化项目的招标。

8月5日，"焦政办〔2020〕37号"文印发《焦作市人民政府办公室关于调整焦作市南水北调中线一期工程水量分配指标的通知》，调整焦作市各县区南水北调供水指标，为新增供水目标工程建设明确规模标准。11月12日，焦作市政府"焦政函〔2020〕16号"文印发《焦作市人民政府关于焦作市南水北调水资源综合利用专项规划的批复》，规划将南水北调焦作受水区范围扩大到沁阳市、孟州市，提出南水北调焦作供水城乡全覆盖的总体计划安排。

9月10日，焦作市在修武县举行城乡供水一体化项目集中开工动员会，标志全市正式启动南水北调新增供水目标工程建设，集中开工动员会采取"1个主会场+3个分会场"的形式同步进行，修武县设主会场1个，博爱县、温县和孟州市各设分会场1个。城乡供水一体化项目总投资13.96亿元，新建扩建水厂5座，铺设供水管网2826km，设计日供水规模31.5万m³。项目建成后可提升和改善25个乡镇553个村86.5万人饮水保障水平。

2020年修武县七贤镇中心水厂、孟州市南水北调水厂基本建设完成，配套输水管线、供水管网建设全面启动，武陟县沁南、沁北水厂基本完成施工设计、温县城乡供水管网基本规划完成。

（董保军）

【设计施工变更】

2020年，焦作供水配套工程主要变更内容为27号分水口门府城输水线路设计变更，共完成变更评审27项，其中施工标段变更26项，监理延期服务费1项。

【结算工程量核查】

焦作配套工程结算工程量核查工作由河南省诚信工程管理有限公司负责。查涉及施工标段共17个：焦作配套工程9个施工标段，博爱配套工程2个施工标段，府城变更项目2个施工标段，管理处所4个施工标段。2020年4月，焦作配套8个施工标段（施工1-5标、7-9标）相关核查资料移交核查公司，施工6标因涉及府城变更项目，未做完工结算，未提供资料；博爱配套工程因档案验收未能提供资料；府城变更项目因工程未实施完成，无法提交资料；管理处所因尚未进行验收，相应资料不齐全，未提供材料。

2020年7月，焦作配套工程8个施工标初审结果反馈至焦作南水北调中心，其他标段因财政审计未能提供。9月-12月，省财政评审中心委托龙达恒信工程咨询有限公司对焦作市配套工程进行财政审计，工程量核查工作暂停。

【合同结算支付】

2020年合同结算支付根据省南水北调工程建管局投资控制管理办法，按照审核审批程序，严格审核参建单位所报资料，2020年共支付资金793.29万元。

（焦凯）

新乡运行中心

【合同管理】

新乡供水配套工程共有合同变更161项，截至2020年完成审批158项，剩余3项正在进行。对配套工程变更处理创新工作思路，解决参建单位难题，听取各单位各部门合理化建议，及时组织有关单位还原情况，制定妥善处理方案。组织设计、监理、施工及管道、设备供货单位召开协调会，推进变更处理。2020年完成全部合同变更审查，全年批复合同变更21项，共增加投资3111.78万元，审减投资约832万元。

（郭小娟　周郎中）

濮阳市南水北调办

【南水北调水资源专项规划编制】

原省南水北调办和省水利厅于2018年3月启动全省南水北调水资源综合利用专项规划编制工作，原省南水北调办下发《关于开展南水北调水资源综合利用专项规划编制工作的通知》（豫调办〔2018〕4号）。濮阳市2018年7月启动南水北调水资源综合利用专项规划编制工作，委托河南省水利勘测设计研究有限公司编制规划。组织召开县区及有关部门座谈会征求意见，最终确定濮阳市南水北调供水全市域覆盖的规划目标。2020年11月8日，濮阳市水利局组织召开专项规划评审会通过评审设计，编制单位按照评审意见修改完成，已报市政府待批复。

【结算工程量核查】

2020年4月7日，省南水北调建管局下发《关于开展河南省南水北调受水区供水配套工程结算工程量复查工作的通知》，明确精诚工程管理有限公司负责濮阳建管范围内施工安装标段结算工程量进行复查。4月15日，省南水北调建管局与咨询单位到濮阳市召开结算工程量核查工作对接会。咨询单位现场办公，实地查看，以竣工图为准，根据合同约定的计量方法，对各施工标结算工程量进行核查。核查结果经过施工、监理、建管三方签字确认，并于7月出具核查报告。依据核查报告，施工1标核减14.22万元，施工2标核减4.09万元，施工3标核减14.53万元，施工4标核减1.26万元，施工 5 标核减 45.12 万元，调度楼施工标核减 32.61 万元。

（王道明　孙建军）

鹤壁市南水北调办

【投资控制分析】

鹤壁供水配套工程市控静态投资 77492 万元，市控指标项目投资完成总额 74365.73 万元，市控指标节余 3224.16 万元。省控资金支出 24.5 万元。配套工程征迁市控资金节余 5603.71 万元。鹤壁供水配套工程完成投资不超市控指标，总体可控。

【变更索赔】

鹤壁供水配套工程变更索赔 277 个，有管线变更、管理机构建设变更、监理延期服务，预计增加投资 10604.23 万元。其中批复销号 264 项（含已批复 215 项、合并销号 49 项），占总数的 95%，增加投资 5992.41 万元；未批复的 13 项（含已审查未批复 5 项、未审查批复 5 项、监理延期服务 5 项），占总数的 15%，增加投资 2012.27 万元。

【合同结算支付】

鹤壁市南水北调建管单位共签订各类合同 70 个，合同额 66512.65 万元，完成合同投资 62074.58 万元（部分合同清单项目发生变更，合同完成投资减少），其中施工合同 16 个，合同额 25270.51 万元，完成投资 22819.08 万元；采购合同 11 个，合同额 38480.84 万元，完成合同投资 36494.2 万元；监理合同 7 个，合同额 933.76 万元，完成合同投资 933.76 万元；跨越公路工程安全评价合同 1 个，合同额 24.5 万元，完成合同投资 24.5 万元；穿越铁路工程合同（包括林地及土地补偿款）11 个，合同额 1392.26 万元，完成投资 1392.26 万元；技术服务合同 18 个及行政事业性收费项目，合同及费用额 45.49 万元，完成投资 45.49 万元；外部供电电源接引工程合同 3 个，合同额 244.83 万元，完成合同投资 244.83 万元；水保环保监测合同 2 个，合同额 29 万元，完成合同投资 29 万元。公路保通费及路政管理费合同 5 个，合同额 91.47 万元，完成合同投资 91.47 万元。

【穿越邻接项目】

2020 年向省南水北调建管局上报修改后的《郑济铁路郑州至濮阳段穿越河南省南水北调供水配套工程 35 号供水管线滑县支线专题设计及安全影响评价报告》，批复后与项目实施单位河南城际铁路有限公司签订《郑济铁路郑州至濮阳段穿越河南省南水北调供水配套工程 35 号供水管线滑县支线（桩号 Kb3+177.5 至 Kb+252.5）项目建设监管协议书》，派驻人员现场监管。

（冯　飞　王志国）

安阳运行中心

【投资控制】

2020 年按照省南水北调建管局要求，对安阳市南水北调配套工程 20 个施工标段、11 个设备采购标段、8 个监理标段和铁路、外部供电、科研设计、穿越高速和国道、征迁等投资完成情况进行统计分析，对管理处所室外工程尾工投资进行估算，依据省南水北调建管局印发的投资控制金额，编制完成安阳市南水北调配套工程投资控制分析报告。

【新增供水工程】

安阳市新增供水工程汤阴县东部水厂位于菜园镇东，规划供水范围任固镇、菜园镇、五陵镇、瓦岗乡和古贤镇 5 个乡镇，供水人口 23.64 万人，水厂设计日供水规模 1.5 万 m^3，规划取水口的日取水规模 2 万 m^3，从水厂紧邻的南水北调配套工程 37 号供水线路取水。2020 年 9 月 23 日安阳运行中心将可行性论证报告上报省南水北调建管局审查。

【合同管理】

2020 年复核合同变更 42 项，审批合同变更 16 项。安阳配套工程累计合同变更 310 项，组织专家审查 310，占全部变更的 100%，累计审批 299 项，占全部变更的 96%。加快解决监理延期服务费问题。省南水北调建管局组织专家对监理1、2、3标报送的延期服务费资料进行审查，监理1、3标已根据专家意见进行补充完善，监理2标正在根据专家意见完善资料。咨询公司对监理1、3标的申报资料出具审核意见后分别签订补充协议。对已批复的合同变更及索赔进行复核、报备、归档；向省南水北调建管局进行9次合同备案，共备案合同变更28项，累计备案293项，占全部变更的95%。

（孟志军　董世玉）

资金使用管理

南阳运行中心

【资金使用管理】

截至2020年12月底省南水北调建管局拨付工程建设资金共计1172293396.97元，其中管理费917.49万元，奖金437万元。截至2019年12月底，南阳市累计拨付各参建单位共计1104635986.40元，其中拨付管材制造单位498045468.85元，拨付施工单位519204382.35元，拨付监理单位13175640元，拨付阀件单位74210495.20元。截至2020年12月底省南水北调建管局拨付征迁资金518608669.64元，其中其他费16348800元，征迁资金502259869.64元，南阳市南水北调建管局下拨489890799.61元给相关县市区。

（张少波）

【移民后期扶持项目】

对照年初上报市政府全年完成1.5亿元项目资金的目标及避险解困第五批建设搬迁任务，2020年完成项目建设317个，涉及资金1.78亿元，完成避险解困第五批建设搬迁任务。推进改革，变项目审批制为核准备案制。出台《南阳市大中型水库移民后期扶持项目管理实施细则》（宛移〔2020〕1号）。简政放权，取消项目计划审批，下放300万元以下项目实施方案的核准验收权限。8月开展移民后期扶持工作调研，找准问题建立台账。8月后扶项目建设进度比7月有较大提升，完工率提高34%，增加完工项目173个，开工率提高11%，增加开工项目62个。7月开展中央水库移民扶持基金绩效评价配合工作；10月配合水利部完成对淅川县后期扶持项目政策实施情况的稽查。成立南阳市大中型水库移民后期扶持"十四五"规划编制工作领导小组，制定规划编制工作方案。

【移民避险解困试点项目】

南阳市共批复避险解困项目5个批次，共3555户14441人，完成3395户13557人。其中淅川县任务量最重，占全市避险解困工作任务一半以上，2020年全部完成建设搬迁任务。南召县批复921户，建成889户，搬迁640户。卧龙区批复419户，主体完工419户，均未搬迁。鸭河工区批复263户，因合户实际246户。其中建成211户（84户达到搬迁入住条件，3户搬迁入住），35户正在基础施工。

2020年落实移民避险解困督导机制，督促避险解困试点项目建设，进行2次专项调研并以市移民工作领导小组办公室的名义向县区政府下发2次督导通报。

2020年根据省政府移民工作领导小组《关于印发美好移民村建设指导意见的通知》（豫移〔2019〕1号）及河南省移民办《关于确定2020年美好移民村示范村建设名单的通知》（豫移办〔2020〕5号）精神，采取实地调研考察、县区申报、市级审查把关的方法，经中心党委研究，确定淅川县大石桥乡郭家渠村、老城镇下湾村，西峡县重阳镇重阳村等10个美好移民村（非南水北调村）示范村。县区成立专班规划设计，统筹资金，整合力量推进美好移民村示范村建设。方城县拐河镇东关村、曹庄村，桐柏县程湾镇和湾村，卧龙区潦河坡镇潦河坡村利用后扶资金规划的基础设施项目及生产发展项目、鸭河工区皇路店镇张井村通过统筹资金规划的花生加工车间项目正在实施，淅川县大石桥乡郭家渠村、老城镇下湾村、南召县天池电站移民新村、南河店镇姜先沟村、西峡县重阳镇重阳村完成设计。

南阳市2020年度发放全市大中型水库移民后期扶持直补资金16913.19万元，共涉及移民281859人。

（宋迪）

平顶山运行中心

【水费收缴】

平顶山市城区供水须经白龟山水库调蓄，交费主体和水量界定不明确，水费收缴难度较大。2020年研究制定南水北调水费清缴方案，与市财政局对接沟通，通过市财政直接向有关县区代扣南水北调水费，对2018—2019供水年度水费进行清缴，对前四个供水年度水费清缴至90%。截至2020年10月31日，全市应缴纳水费63832.80万元，收缴水费45993.70万元，尚欠17839.10万元。其中2018—2019年度应缴纳水费11497.09万元全部上缴；前四个供水年度应缴纳水费38998.99万元，收缴水费34496.62万元，尚欠4502.38万元，缴费率为90%。前六年应缴纳水费6.38亿元，收缴水费4.6亿元，收缴率72%。

（张伟伟 李海军）

周口市南水北调办

【水费收缴】

2020年南水北调水费收缴取得重大进展。周口市制定长效缴费机制，南水北调基本水费收缴情况每月书面报告市政府，对南水北调水费收缴工作推进不力的单位，与市财政局联合下发催缴函，并实施奖惩措施，推动全市南水北调水费收缴工作取得明显成效。截至2020年底，周口市应缴南水北调水费28047.9508万

元，已缴水费18790.8739万元，占应缴水费的67%。2020年收缴水费2007.26万元。其中：沈丘县602.25万元，项城市410.625万元，商水县2137.6万元，市城乡一体化示范区1580.19万元，银龙水务公司4721.9172万元，商水上善水务公司371.4617万元。其中：市财政300万元，沈丘县328.5万元，项城市136.875万元，商水县483.5万元，市城乡一体化示范区200万元，周口银龙水务有限公司1800万元，商水县上善水务有限公司210万元。截至2020年共承接南水北调水1.43万 m³，受益人口65万人。

（李晓晖 朱子奇）

许昌运行中心

【财务审计与水费收缴】

2020年实施账实相符运行管理，完成许昌市本级及各县（市、区）账目6套，盘点清查固定资产541项。5月，配合省南水北调建管局委托的第三方审计机构对许昌市运行管理财务内部审计，14个问题整改完成。推动南水北调水费收缴，对历史欠费制定3年清缴计划，2020年开始县市当月新增水费当月缴清，并建立公平合理的水费收缴机制。截至2020年底，许昌市累计应缴水费7.61亿元，已缴5.82亿元，欠缴1.79亿元，完成比例为76.5%。

（孔继星）

焦作运行中心

【建设资金】

截至2020年12月底，省南水北调工程建设管理局拨付焦作市供水配套工程建设资金分别为：配套一期工程累计拨付36842.33万元；配套博爱线工程累计拨付8790.68万元。截至2020年12月，焦作市一期配套工程累计支出35526.57万元，其中建筑安装工程投资25804.57万元，设备投资4741.95万元，待摊投资4947.93万元，其他投资59.13万元；配套博爱工程累计支出8829.73万元，其中建筑安装工程投资7266.21万元，设备投资552.54万

元，待摊投资 978.78 万元。

【征迁资金】

截至 2020 年 12 月，省南水北调建管局拨付焦作市配套一期征迁累计 14877.87 万元；博爱线路累计拨付 1978.17 万元。截至 2020 年 12 月，焦作市一期配套征迁累计支出 14766 万元；博爱线路征迁累计支出 1772 万元。

【运行管理资金】

2020 年度省南水北调建管局拨付焦作南水北调运行中心运行管理资金 500 万元，支出 600.55 万元。

【固定资产清查】

按照河南省南水北调建管局《关于清查通用资产的通知》要求，对使用配套工程建设资金及运行管理资金购买的办公设备、家具等通用设备及使用情况进行清查，做到账实相符。

【水费收缴】

2020 年焦作市委市政府推进南水北调水费收缴工作，克服疫情防控财力紧张的困难，追加财政资金 7900 万元用于水费缴纳，完成市本级 2019 年度水费缴纳任务。2020 年全市水费共缴 14786.92 万元，完成年度缴纳计划。

（韩　燕）

新乡运行中心

【水费收缴】

2020 年推动南水北调水费收缴工作，为减轻欠费县市区财政压力，将水量指标调入"四县一区"新增供水县市区，与新乡市财政局对接，申请到 7000 万元财政专项资金用于欠费县市区缴纳欠费。2020 年新乡运行中心共上缴南水北调水费 2.16 亿元，其中 2018—2019 年度水费已缴清，2019—2020 年度应缴纳水费 2.26 亿元，缴纳 0.97 亿元，位列全省第三。

（周郎中　郭小娟）

濮阳市南水北调建管局

【财务管理】

2020 年加强各项资金制度建设，严格财务收支管理，按章办事。建立工程质量保证金退还机制，按照"应退尽退"原则，向符合条件的参建单位直接退还质量保证金，不符合的需提交银行保函后方可退还。2020 年市财政评审工作基本完成，下一步根据评审结果将剩余质量保证金全部退还。配合开展各级审计检查，濮阳市南水北调办财务通过省第三方资金审计；高标准完成省南水北调建管局关于南水北调配套工程运行管理账务审计发现问题的整改工作。

【财政评审】

2020 年 9 月 11 日组织人员参加省财政厅召开的财政评审进点会，会议提出漯河、焦作、濮阳三市南水北调配套工程建管单位配合评审单位开展财政评审工作，90 天内完成财政评审。会后及时传达会议精神，安排各参建单位资料整理工作，按照评审单位的要求分三次将评审资料送至郑州。多次会同施工单位、采购单位、监理单位与评审单位进行沟通，在规定的时间内完成濮阳市南水北调配套工程财政评审工作。施工标送审金额 11385.44 万元，审减 112.63 万元；采购标送审金额 15276.13 万元，审减 50.96 万元。

【水费收缴】

加大水费收缴力度，截至 2020 年底累计收缴水费 30144.65 万元，其中 2019—2020 供水年度收缴水费 4229.04 万元。全年共发放水费催缴函 19 份，发送律师函 2 份，上门催缴 10 余次。对于历史欠缴水费制定三年缴纳计划。

（王道明　孙建军）

鹤壁市南水北调办

【建设资金】

截至 2020 年 12 月底，鹤壁市配套工程完成建安投资 71030.97 万元（占合同投资 66175.25 万元的 107.33%），完成征地和环境投资 26117.91 万元，管理处所完成建设投资 3775.51 万元（占合同投资 3540.64 万元的 106.63%）。

截至2020年12月底，省南水北调建管局累计拨入建设资金6.91亿元，累计支付在建工程款6.88亿元，其中建筑安装工程款5.82亿元，设备投资6628.71万元，待摊投资3912.12万元（建设单位管理费446.9万元、林木占地补偿102.12万元、临时设施费2360.08万元、监理费1052.33万元、存款利息收入49.31万元），工程建设账面资金余额2502.94万元，余额主要是工程款。

【征迁资金】

截至2020年12月底，累计收到省南水北调建管局拨入征迁资金2.95亿元，累计拨出移民征迁资金2.29亿元，征地移民资金支出3539.24万元，征地移民账面资金余额658.61万元（含利息收入2.96万元）。

【运行管理资金】

截至2020年12月底，累计收到省南水北调建管局拨入运管费4161.14万元。累计支出运管费4076.88万元，其中营业费用3639.02万元，管理费用435.25万，财务费用2.61万元，账面资金余额84.26万元。

【黄河北维护中心与仓储中心建设资金】

截至2020年12月底，累计收到省南水北调建管局拨入1500万元征迁资金，支出1022.06万元；累计收到省南水北调建管局拨入2222.47万元两个中心工程款，支出2084.84万元；累计收到省南水北调建管局拨入290万元前期工作经费，支出290万元；累计收到省南水北调建管局拨入25.97万元建设管理费，支出12.31万元；其中利息收入12.68万元。账面资金余额687.94万元，余额主要是两个中心征迁资金。

【水费收缴】

2019-2020年度向各县区用水单位下发催缴文件16份，与市财政局沟通协调代扣水费，完成水费收缴4939.28万元，其中水务集团上缴1504.96万元，财政代扣3434.32万元。

（李　艳　郭雪婷　李志旭）

安阳运行中心

【账务管理】

2020年对各项建设、征迁资金的支付进行审核，每月汇总县区征迁资金报表，同时对建设资金报表进行合并编制，按时报省南水北调建管局。对2020年度配套工程运行管理预算进行分解，根据汤阴县和内黄县的配套工程运行管理核算各项预算资金，审核合规后按照支出进度拨款。每月完成运行管理资金的税务申报工作。配合河南精诚会计师事务所完成对2019年度的运行管理资金审计。

【水费收缴】

2020年安阳市市长袁家健主持召开水费协调会，专题研究南水北调水费清缴和分配水量指标转让有关事项。安阳运行中心协调市委督察局督导各有关县区和用水企业、单位缴纳水费。2019-2020年度应交水费1.6亿元，实交水费4236万元，欠交水费1.18亿元。

（孟志军　董世玉）

滑县南水北调办

【财务管理】

2020年滑县南水北调办加强各项资金制度建设，严格财务收支管理，按章办事。完善内部控制制度，建立内部控制体系。建立健全关键岗位责任制，明确关键岗位职责权限，完善相关的制度和办法。对合同管理、预算编制、收支管理等业务流程及审批程序、资料收集细化规定。配合各级审计和检查，对出现问题逐条逐项整改，资金使用规范安全高效。加大水费征收力度，水费按时足额上交，对用水单位下达收缴函，与县政府有关领导就政府承担的基本水费进行协调督促，按时交清，2018-2019年度水费上交100%。

（刘俊玲）

柒 水源区保护

政 府 管 理

【保护范围问题整改】

水利部南水北调司2019年8月5日以《关于抓紧对南水北调中线干线工程保护范围管理专项检查发现问题进行整改的通知》（南调建函〔2019〕4号），对河南省南水北调干线沿线存在的79个问题提出整改要求。省水利厅以《关于商请对南水北调中线干线工程保护范围管理专项检查发现问题进行督促整改的函》（豫水调函〔2019〕9号），将影响水质安全的52个问题移交省生态环境厅；以《关于抓紧对南水北调中线干线工程保护范围管理专项检查发现问题进行整改的通知》（豫水调函〔2019〕10号），将影响工程运行安全的27个问题分解至相关9个省辖市（直管县市）政府，提出整改要求，明确整改时限。截至2020年底，81个问题确认整改到位72个，建议销号3个，未整改6个。

（张明武）

【丹江口库区移民】

完成投资计划调整和使用意见报批 2020年河南省移民办与项目法人签订总体包干协议后，编制投资计划调整和有关投资总体使用意见，经水利厅厅长办公会议讨论通过，由省政府主管省长签发执行。

配合开展完工财务决算有关工作 河南省移民办督促有关市县加大审计问题整改力度，5月底整改工作全部完成，8月水利部对我省完工财务决算予以核准。

开展地质灾害防治工作 2020年向南阳市政府和南水北调中线工程水源公司发函，催促履行地质灾害防治责任；组织在郑州召开淅川县丹江口库区地质灾害防治工作座谈会，就先行实施两个移民安置点地灾防治达成初步意见。截至2020年底南阳市、淅川县正在进行组织编制实施方案。组织南阳市进行丹江口水库地质灾害监测预警，保障受影响移民群众生命财产安全。

示范引领全省美好移民村建设 拟定南水北调丹江口库区第二批33个示范村名单，下达建设补助10296万元，督促指导各地加快推进第一批16个示范村项目实施见效。南水北调丹江口库区移民南阳、许昌等市统筹推进示范村建设，取得较好成效。2020年9月1~2日，河南省移民办在平顶山市召开全省征地移民安置工作会议，观摩郏县马湾和宝丰县马川两个南水北调丹江口库区移民村的移民安置、生产发展和美好移民村建设等情况。

信访稳定工作 加强工程建设意义和征地移民政策宣传，做好征地移民的教育引导，营造良好舆论氛围。信访稳定工作按照"属地管理、分级负责""谁主管、谁负责"的原则，开展矛盾纠纷排查化解活动，及时协调解决征地移民有关问题，把矛盾化解在基层，保持社会大局和谐稳定。打赢5起涉法涉诉案件，有效解决缠访闹访问题。

移民文化建设 编撰出版《河南省南水北调丹江口水库移民志》。经多次修订完善，专家审查和通稿，2020年出版发行。

【干线征迁】

2020年，河南省开展南水北调中线完工财务决算编制及审计配合工作，分别在南阳、许昌、焦作召开财务决算推进会，督促审计问题整改。协调进行水利部组织的决算审计配合工作，督促指导及时整改审计问题；配合完成南水北调中线文物保护财务决算编制及审计工作；开展南水北调中线压矿补偿工作，完成压矿补偿专项验收；及时处理安阳段中路引桥、冀村废渣场等征迁有关征迁问题。

（邱型群　焦中国）

受水区水源保护

漯河受水区

【地下水压采】

2015~2020年，省定漯河市任务是压采地下水量1735万 m³，其中浅层水压采77万 m³。编制完成《漯河市南水北调受水区地下水压采实施方案》，制定各受水区浅层地下水和中深层承压水年度压采目标，并将年度压采计划和封井任务分解到各县区。截至2020年，全市共关闭自备井607眼，压采地下水量4114万 m³，超额完成省定任务。

【地下水管控体系】

2020年，加强地下水监测，按时完成70眼地下观测井的资料整编任务，并定期对地下观测井进行维护。加强地下水计量监控，对重点取用水户全面完成在线实时监控，落实取水计量设施的安装与监督。规范取用地下水行为，对自备井取水户实行台账登记制度，建立取水许可档案，实现一井一证一档；变更、核销取水许可证提前在网上公示。建立巡查制度，对焊封铅封的自备井进行不定期巡查；实行取水许可限批政策，公共管网覆盖范围内不再审批，高耗水行业不符合产业政策的不再审批，在超采区范围内的限制审批，在饮用水源地保护范围内的不再审批。落实责任到位，漯河市将地下水压采目标列入《漯河市水污染防治碧水工程行动计划》考核内容，组织督导组定期进行检查评估。

【地下水压采成效】

根据市区地下水水位统一调查资料显示，2020年全市平原区80%的浅层地下水观测井水位出现回升，地下水位平均上升0.97m；95%的深层承压水观测井水位出现回升，地下水位平均上升2.0m。推进城乡一体化水源地表化，漯河市城乡一体化示范区为全省饮用水地表化试点。

（董志刚 张 洋）

焦作受水区

【干渠保护区水污染风险点整治】

2020年，焦作运行中心配合省水利厅、市水利局、市生态环境部门，开展南水北调中线干线焦作段两侧保护区范围内污染风险源排查整治活动，整治保护区专项检查问题13处，其中涉及示范区4处、温县2处、马村区4处、修武县2处、中站区1处。

（王 惠）

【南水北调绿化带建设】

焦作市南水北调绿化带正式定名为南水北调天河公园。截至2020年底，"水袖流云""枫林晚秋""诗画太行"等12个节点公园全部开园，开放面积达到260万 m²，形成一道"春有花、夏有荫、秋有色、冬有景"的靓丽风景线，呈现出凝翠叠绿、姹紫嫣红的精美画卷，来自四面八方的游客纷纷点赞，人民日报、中央电视台、学习强国等中央媒体20余次报道推送。

（彭 潜）

安阳受水区

【概述】

2020年安阳南水北调中心配合市环境攻坚办、市生态环境局，会同相关县（区）环保、农业、南水北调等部门和单位，加大督导检查力度，持续保持高压态势，对南水北调干渠水源保护区范围内的违法行为和违法设施发现一起查处一起，发现一处拆除一处，重点督促解决汤阴县盖族沟清淤和龙安区活水村生活污水截流问题，封填保护区内违规打井11处，避免新增水污染风险源。

（孟志军 董世玉）

邓州受水区

【干渠保护区管理】

2020年，持续加强干渠保护范围内环保，严格执行审查准入制度，否决对干渠可能产生水质影响项目2个。联合环保、畜牧等部门对干渠保护范围内开展污染源排查整治，处理3起违规养殖问题。

（司占录　张　博　卢　卓）

水源区上游保护

栾川县

【概况】

洛阳市栾川县南水北调中线工程水源区位于丹江口库区上游栾川县淯河流域，包括三川、冷水、叫河3个乡镇，流域面积320.3km²，区域辖33个行政村，370个居民组，人口6.6万，耕地2133公顷，森林覆盖率82.4%。

【"十三五"规划任务完成情况】

栾川县涉及"十三五"规划水污染防治和水土保持项目13个，总投资1.43亿元，使用中央预算内资金6310万元，截至2020年底全部完工。有叫河镇污水处理设施及管网建设项目、冷水镇污水管网建设项目、三川镇污水收集处理工程建设项目、栾川县众鑫矿业有限公司庄沟尾矿库综合治理项目、栾川县瑞宝选矿厂尾矿库综合治理项目、栾川县诚志公司石窑沟尾矿库综合治理项目、栾川县丹江口库区农业粪污资源化利用工程、三川镇农村环境综合整治项目、叫河镇农村环境综合整治项目、冷水镇农村环境综合整治项目、三川镇生态清洁小流域项目、叫河镇生态清洁小流域项目、冷水镇人工湿地项目。

项目完成后，污水处理设施完备，水源区三乡镇累计建设污水管网78.9km，显著改善水源区整体环境。尾矿库综合治理取得明显效果，覆土种草保护植被，减少细粒尾砂污染，进一步改善工业环境。农村面源治理成效显著，在水源区三川、冷水、叫河三个乡镇建设物理性病虫害防治、智能水肥一体化、农业废弃物收储利用中心、畜禽养殖污染治理、地表径流污水净化利用工程、农业环境监测体系等。在水源区推广沼气、平衡施肥、发展经济作物等水源区农业面源污染综合治理试点项目，开展农村面源整治。累计在水源区建设粪便收集池、储粪场10座，太阳能杀虫灯1360个，有机堆肥场2座及相关污水处理设施。农村人居环境整治常态长效。全县完成农户改厕20560座，完成目标任务的102.8%，农村生活污水处理率达到44%。完成廊道绿化提升154.5km；村庄绿化104个；进一步完善农村供水设施改善饮水质量。

（范毅君）

卢氏县

【概述】

2020年卢氏县持续开展水源地保护攻坚战，推进重点流域环境保护。联合水利、农业农村、住建等部门，按照"乡镇自查、部门核查"原则，在全县范围开展黑臭水体排查识别，未发现黑臭水体现象。申报水污染防治中央项目储备库2个，其中淇河流域治理项目资金已经下达1929万元。推进县级水生态保护"十四五"规划编制工作，完成现场调研和资料收集开始规划编制。

【全面贯彻落实河长制】

全面贯彻落实河长制，建立断面周边环境整治网格化管理机制、部门联动机制，围绕水环境问题治理，开展入河排污口排查整治、河湖"清四乱"、全域清洁河流、汛期水污染防治百日行动等专项行动，分类整治和精准施治，保障地表水环境质量安全。提高污水治理能力，不断提升城乡污水处理设施及配套管网建设水平，督促五里川、朱阳关等南山六乡镇污水处理厂完成技改并通过验收，提升污水处理设施稳定运行能力，出水水质稳定达到一级A标准。

【加强饮用水源地保护】

2020年推进饮用水源地规范化建设工作，投资270余万元，完成26个乡镇及4个农村"千吨万人"饮用水水源保护区规范化建设，采购和安装界标157个，宣传牌114个，交通警示牌91个，设置隔离栏6550m。加强饮用水水源地监控监管能力建设，定期开展对县城集中式饮用水源地和4个农村"千吨万人"饮用水源地的水质监测，完成26个乡镇集中式饮用水源地的水质全分析监测。

【推进农村污染防治工作】

2020年结合农村人居环境改善工作，协同推进"厕所革命"、畜禽养殖粪污综合处置、农村生活污水治理工作，完成年度20个村庄农村环境综合整治任务，达到生活污水治理率60%以上、生活垃圾无害化处理率70%以上、饮用水卫生合格率90%以上、畜禽粪污综合利用率70%以上。推动示范工程建设，按照生活污水、生活垃圾"五统一"原则，在文峪乡大石河村至香子坪村沿线和沙河乡张家村开展农村环境综合整治先行先试示范工程项目建设，投资2316.56万元，因地制宜建设处理规模为0.6~30m³/d的污水处理设施92套，配套改水改厨改厕791户，主支管网建设5.96km；建设日处理10t生活垃圾一体化高温热解气化消纳焚烧厂2座，配套垃圾收集转运车35辆。

（催杨馨）

京 豫 对 口 协 作

栾川县

【对口协作项目】

2020年栾川县申请到南水北调对口协作项目6个，总投资3016万元，使用协作资金2416万元。其中保水质项目3个，计划投资2850万元，使用协作资金2250万元。分别是投资950万元的三川镇生态环境综合治理项目总投资900万元的叫河镇生态旅游村建设项目和总投资1000万元的樊营村生态环境治理项目。交流合作类项目3个，总投资166.45元，全部使用协作资金，分别是干部双向挂职项目、南水北调对口协作经贸洽谈活动和结对区县协作项目。

叫河镇生态旅游村建设、樊营村生态环境治理、三川镇生态环境综合治理等三个建设类项目完工，南水北调对口协作经贸洽谈活动因疫情原因，将于2021年择期举办。

【对口帮扶项目】

2020年申请到昌平区对口帮扶项目4个，总投资1083万元，使用对口帮扶资金440万元，分别是昌平职业学校栾川班项目补贴学习费用238万元，栾川县石庙镇庄科村食用菌反季节香菇种植使用帮扶资金40万元，狮子庙镇食用菌种植扶贫产业基地建设项目使用帮扶资金40万元，冷水镇人工湿地建设项目使用帮扶资金120万元。2020年底项目全部完工。京豫对口协作和昌平区援助项目的实施，对持续改善水源区生态环境、保护水质、提升公共服务能力、促进当地经济社会发展具有重要意义。

【交流互访】

2020年因疫情影响，栾川县与北京昌平区合作与交流开展较往年稍晚，但双方互访交流不断，合作办学成效显著，经贸合作另辟蹊径。

5月2~3日，南阳市委常委、副市长孙昊哲带队一行共11人到栾川县督导考察对口协作工作。6月1~2日，北京市支援合作办、昌平区及省、市发展改革委领导一行到栾川县调研对口协作项目。8月30日~9月2日，栾川县常务副县长王宏晓、副县长王玉莹带队，发展改革委、投资促进局等一行7人到北京市昌平区开展两地对口协作经贸对接洽谈活动。9月25日，栾川县副县长王玉莹带队参加昌平区对口帮扶县旗消费扶贫产品产销对接推介会，展示玉米糁、猴头菇、柿子醋等栾川印象品牌产品32种。10月15~17日，昌平区政务服务管理局局长李怀来一行到栾川县调研对口协作项目，并向陶湾镇中心小学捐赠爱心图书价值15万元。11月28日~12月4日，县发展改革委及水源区6人在北京师范大学昌平校区参加河南省对口协作业务能力提升培训班。

【职业教育合作】

2016—2020年第一轮合作期间，栾川县中等职业学校与北京市昌平职业学校合作，开设河南栾川中职班，招收栾川籍学生进京学习，截至2020年共招收栾川学生265名，毕业学生100名，在京安置栾川学生29名。2016—2020年第一轮合作到期后，又签订第二轮教育合作。昌平区教育部门为栾川县中等职业学校申请到价值2300万元的教育设施，为栾川县中职产教融合园项目提供有力支撑。

【经贸合作】

2020年初以来，为缓解企业产品滞销状况，栾川县紧密依托京豫对口协作机遇，扩展农特产品销售通道，为企业滞销产品谋出路。建立"特色农产品名录"。多方调研，广泛收集更新农特产品名录。涵盖以"栾川印象"品牌为主的高山杂粮、食用菌等6大系列81款产品，纳入《2020年昌平区消费扶贫产品名录》。推荐农产品参加集中采购。先后上报槲包、玉米糁、菌菇、花草茶、柿子醋等16种农产品，参加由北京市扶贫支援办组织的商贸流通企业、机关企事业单位集中采购活动。继续依托"双创中心"推介产品。自2019年1月入驻双创以来，共上架栾川印象品牌32种产品，涉及4家企业。2020年，因疫情影响，双创中心于4月3日恢复正常营业状态，农产品纳入大宗采购大礼包内。参加昌平区对口帮扶县旗消费扶贫产品产销对接推介会，展示玉米糁、猴头菇、柿子醋等栾川印象品牌产品32种。引导企业参加北京市扶贫支援办和北京市商务局联合举办的扶贫产品直播促销活动，直播网络带货。2020年以各类平台及集中采购和直播带货等途径销售农产品100余万元。

（范毅君）

卢氏县

【协作资金】

卢氏县将蜂产业列为产业扶贫的一项重点特色产业，通过近两年的发展，北京市扶贫支援办及省发展改革委领导对蜂产业发展给予充分肯定，并与北京市支援合作办、省发展改革委协商加大对口协作资金投入，最终确定2020年对口协作援助项目3个，对口协作资金总额5840万元，比2019年增加2094.2万元，同比增长55.91%，其中蜂产业提质增效工程获得资金5240万元。

【项目进展】

2020年全面完成2019年对口协作项目投资计划的年度审计，及时发现项目建设过程中存在的问题，督促项目单位整改落实，全年下达项目督办通知6份，实地督导10余次。2020年卢氏县实施对口协作项目3个，其中，交流合作类项目1个，为结对区县协作项目，使用协作资金100万元，用于组织开展京豫协作支部党建结对活动、基层干部培训、项目招商推介、委托第三方年度项目审计。保水质项目1个，为汤河乡大坪村水环境综合治理项目，使用协作资金500万元；建造水体景观坝2000m，生态护堤402m，绿化带改造640m²，公厕2座，20m×8m产业大棚20个。助扶贫项目1项，为卢氏县蜂产业提质增效工程项目，使用协作资金5240万元，建设蜂产品加工标准化厂房、研发中心及中蜂、意蜂养殖基地，种植洋槐、椴树等卢氏本地特色优质蜜源。3个项目建设基本完成近期组织验收。

【交流互访】

2020年卢氏县加强京豫对口协作，增进两地行业协会、政府部门以及知名企业之间的交流互信，取得阶段性成果。

6月2~3日，北京市扶贫支援办二级巡视员赵振业、四处处长孙德康、怀柔区发展改革委科长何霞波及河南省发展改革委二级巡视员徐跃峰一行到卢氏县开展对口协作项目调研及党支部共建活动。8月、9月北京健康中国50人论坛组委会、北京新安贞医疗团队分别受邀到卢氏县调研重点项目企业和大健康产业，并召开座谈会商讨合作事宜。10月12日卢氏县委书记王清华带领发展改革委、商务局、工信和科技局负责人到北京市怀柔区对接对口协作相关事项，并与怀柔区领导展开座谈。10月31日，卢氏县受健康中国50人论坛组委会邀请，由县委副书记韩际东带队到怀柔区参加雁栖湖健康发展论坛2020，在多个分论坛上演讲交流，进行招商推介活动，并与北京新安贞医院签订战略合作协议。与北京市怀柔区发展改革委对接，2020年申报怀柔区级帮扶资金210万元用于卢氏县脱贫攻坚领域项目。

（催杨馨）

文 物 保 护

【概述】

2020年河南省文物局南水北调办开展受水区供水配套工程文物保护项目验收，同时进行南水北调文物保护的审计、报告出版、档案整理等后续工作。

【配套工程文物保护项目验收】

整理自2009年以来开展受水区供水配套工程文物保护工作出台的规章、制度、文件等材料，编制验收综合性资料。整理2020年验收被抽查的8个地下文物保护项目的协议书、开工报告、中期报告、完工报告、验收报告、文物清单、发表成果等材料，编制每个项目的验收汇报材料。完成受水区33个文物保护项目发掘资料的移交。完成受水区已移交考古发掘资料的整理建档与集中存放工作。2020年11月通过受水区供水配套工程文物保护初步验收，并根据验收专家意见完善资料，准备受水区文物保护项目的最终验收。

【南水北调文物保护项目管理】

2020年配合会计师事务所完成对干渠文物保护项目的审计工作。加强南水北调丹江口库区消落区文物保护，与郑州大学、南阳市文物考古研究所签订协议，对狮子岗墓地、下集老村遗址等6处位于消落区的文物点进行抢救性清理。完成《南水北调中线工程河南段出土人骨的体质人类学研究》等4项课题的结项工作并颁发结项证书。干渠文物保护项目汤阴五里岗、平高台遗址、南阳取土区、姜河墓地、吉庄龙山，受水区供水配套工程文物保护项目陈郎店遗址、风头岗遗址、武陟万花遗址等8个项目通过专家组验收。

2020年出版考古发掘报告《淅川马川墓地战国秦汉墓》《淅川下王岗2008-2010年考古发掘报告》，《漯河临颍固厢墓地》交出版社印制，《淅川沟湾遗址》《禹州崔张、酸枣杨墓地》报告完成校稿。加强档案整理，聘请专业档案公司对南水北调2019年文书档案和2020年移交的文物保护项目的发掘资料进行标准化整理。文书档案和受水区文物保护项目已移交的考古发掘资料均完成标准化整理并存放入档案室。

（王蒙蒙）

高水北调

捌 组织机构

河南省南水北调建管局

【机构设置】

2020年原省南水北调办（建管局）机关承担的事业性职能暂由5个区域建设管理机构（南阳、平顶山、郑州、新乡、安阳南水北调工程建设管理处）在原工作职责不变情况下分口接续负责。其中：南阳南水北调工程建设管理处负责南阳市南水北调干线186km、渠首工程和配套工程160km的建设管理工作同时，接续原南水北调办（建管局）投资计划处有关职责；平顶山南水北调工程建设管理处在负责平顶山、漯河、周口3市南水北调干线116km、沙河大渡槽和配套工程275km的建设管理工作同时，接续原南水北调办（建管局）建设管理处有关职责；郑州南水北调工程建设管理处在负责郑州、许昌2市南水北调干线193km、穿黄工程、穿越京广与京珠铁路（高速公路）交叉工程和配套工程241km的建设管理工作同时，接续原南水北调办（建管局）综合处、机关党委、基建处、审计监察室有关职责；新乡南水北调工程建设管理处在负责新乡、焦作2市南水北调干线147km、石门河倒虹吸工程、穿市区工程和配套工程135km的建设管理工作同时，接续原南水北调办（建管局）环境与移民处、监督处、法学会有关职责；安阳南水北调工程建设管理处在负责安阳、鹤壁、濮阳3市南水北调干线93km、穿漳工程安阳倒虹吸工程和配套188km的建设管理工作同时，接续原南水北调办（建管局）经济与财务处有关职责。

（樊桦楠）

【疫情防控】

2020年郑州建管处负责省南水北调建管局疫情防控工作，成立新冠肺炎疫情防控工作领导小组，组建疫情防控临时党支部，成立疫情防控党员突击队，防范化解各种疑难险重问题。在疫情防控物资紧缺关键阶段，购置4万余元的口罩、酒精、测温枪、消毒液等防疫物资，为机关正常工作提供强有力的后勤保障。在疫情防控一线，涌现出一批主动作为、勇于担当的先进典型。

【党建工作】

2020年，河南省南水北调建管局5个党支部在水利厅党组领导下开展工作，以党建促业务、以业务助发展，学习贯彻习近平新时代中国特色社会主义思想和党的十九大精神，增强"四个意识"、坚定"四个自信"、做到"两个维护"。巩固和深化"不忘初心、牢记使命"主题教育成果。在机构改革过渡期，持续提升党建工作成效。

加强党建工作科学化规范化管理，严格执行"三会一课"、民主集中制、民主评议党员制度，支部书记带头上党课。加强意识形态工作，党支部书记落实党管意识形态原则，重要工作亲自部署、重要问题亲自过问、重大事件亲自处置。与党员干部谈心谈话，加强思想交流和沟通，了解党员干部思想状况，把握意识形态工作局面。贯彻执行民主集中制，重大问题集体研究、集体决定，推进决策民主化科学化。加强党支部自身建设和党员管理，组织开展党员学习讨论，参加水利厅组织的基层党组织观摩交流活动，推进党支部标准化规范化"三基"建设。

2020年郑州建管处党支部召开支委会14次，党员大会2次，支部书记讲党课1次，组织党员学习23次，专题研究意识形态工作2次，专题研究党风廉政会议4次，专题研究精神文明建设工作3次。

【节水型机关建设】

2020年组织成立节水型机关建设领导小组，制定相关规范和制度11项，科学合理编制节水机关建设规划方案，推进节水机关建设。加强节水宣传，更换节水用水器具，建设雨水收集利用系统、污水处理回用及智能绿化浇灌系统等措施，2020年节水量约5000吨，节水率达50%以上，节水效果显著。

（崔 堃）

【机要管理】

河南省南水北调建管局机要室2020年共接收和各类文件1200余份，办理发文400份，并向档案室移交2019年文件。公文运转从收拆、登记、阅批、办理到终结处理，不积压、不丢失、不泄密。严格按照程序规定使用、保管及养护印章。

【OA系统维护】

2020年OA系统的维护工作有：一是流程调整。在日常公文流转中经常会出现各处室公文的交叉办理、公文运转中的签批错误、文件的更换调整，机要室对相关问题随时解决。二是软件调试。由于OA系统对计算机的部分功能有所要求，平时办公中经常会出现电脑系统重置、下载软件与OA系统部分功能冲突，机要室随时对办公楼内电脑进行现场调试。对各省辖市南水北调机构进行远程支持。三是突发情况处理。遇到断网、服务器故障等突发情况，机要室都在第一时间通知相关部门检修并告知所有用户。

【OA系统与档案系统对接】

2020年河南省南水北调建管局内部以及与各省辖市直管县市管理机构通过OA系统线上运转公文，实现线上公文的流转和审批。但OA系统与档案系统是两套独立运行的系统，办公系统中产生的已经审批完成的公文文件，只能由人工从办公系统下载后，再逐个上传到档案管理系统逐个上传并归档，操作烦琐低效。2020年机要室与档案室，通过综合办公系统定制接口开发，将综合办公系统产生的需要归档的公文、签报直接推送到档案管理系统，按照省南水北调建管局统一的档案管理办法与其他途径产生的档案统一保存，实现两个系统无缝衔接，OA产生的电子档案也可以在档案系统中完成全文索引，方便后续电子档案的查询和借阅。

（高 攀）

【文书档案管理】

重新整理原南水北调办移交水利厅文书档案14828件，并与省水利厅对接，编制移交方案与说明；组织完善档案管理制度并上墙；加强库房安全措施，安装库房窗帘共23间，购置温湿度计，修封2楼库房空隙，更换灭火器；组织整理机关2019年档案1624件，发文汇编412件，整理补充历年未归档插件3793件；档案室提供150人次档案借阅，其中工程档案3086卷，文书77件；参与干线设计单元工程完工验收、外委项目合同验收6次。协助焦作南水北调方志馆资料收集，复制档案资料约4800张，书籍36套80本，挂图1张。

（宁俊杰）

【精神文明建设】

2020年，河南省南水北调建管局以习近平新时代中国特色社会主义思想为指导，贯彻"节水优先、空间均衡、系统治理、两手发力"治水思路，落实"水利工程补短板、水利行业强监管"总基调，统筹南水北调业务工作和精神文明建设工作，实现南水北调发展新跨越，开创精神文明建设新局面。

理想信念教育 学习贯彻习近平新时代中国特色社会主义思想列入各支部学习计划作为一项长期政治任务，贯穿各项工作和创建活动全过程。推进"两学一做"常态化制度化，开展"不忘初心、牢记使命"主题教育。在南水北调干部学院举办为期5天的"党的十九届四中全会精神暨职业道德提升培训班"全员培训，树牢"四个意识"，坚定"四个自信"，做到"两个维护"。成立省南水北调建管局青年理论学习小组，定期开展理论学习活动，参加水利厅组织的青年干部培训班，青年理论学习全覆盖。推进社会主义核心价值观教育，设置宣传栏、网站、微博专题宣传社会主义核心价值观。组织观看专题宣教片、知识答题、主题党日、网上云祭扫、诚信宣传进工地活动，组织开展核心价值观、爱国主义、诚实守信、良好家风宣传实践活动。"国家安全日"开展国家安全法宣传教育普及率100%。

价值观引领活动　开展道德讲堂、新时代水利精神和南水北调精神宣讲主题实践活动。组织干部职工开展张富清、申六兴、余元君先进典型专题学习。组织开展"弘扬新时代水利精神"教育学习和以提升职业道德为主题的职工专题教育培训。持续开展"身边好人""文明处室、文明职工、文明家庭"评先评优活动，2020年对获奖的5个文明家庭、5名文明职工和2个文明处室进行表彰，并在大会上进行先进事迹交流学习。开展以"文明使用公勺公筷"为主题的文明餐桌倡议活动，以"祖国山河美如画、出游文明你我他"为主题的文明旅游教育，以"推进生态文明、建设美丽河南"为主题的环保知识讲座，以"争做文明交通践行者"为主题的文明交通实践活动，发放倡议书250余份。在2020年国家网络安全宣传周，组织开展"普及网络安全知识、营造文明上网环境"为主题的文明上网活动，并组织干部职工到郑州网络安全科技中心进行体验式学习。

扩大文明建设成果　持续开展学雷锋志愿服务活动。组织开展"春季绿植养护"志愿活动，开展"倡导绿色生活，反对铺张浪费""夏季防溺水"志愿宣传活动，发放倡议书宣传品260余份；配合商都路办事处开展全城大清洁活动5次，参与活动70余人次；组织开展"抗击疫情、为爱逆行"义务献血活动；组织志愿服务队到帮扶村驻马店确山肖庄村开展"山洪防御和夏季防溺水宣传"志愿服务活动，发放宣传品100余份；组织职工注册河南志愿网，在职干部职工和在职党员注册率达到双百。开展节水型机关建设。建

立节水用水规章制度10余项，投资200余万元建设雨水收集利用系统、污水处理回用系统，开发建设智慧节水信息管理平台，加强用水科学管理；开展节水倡议、节水知识讲座、节水知识进社区节水宣传活动；承办"全省水利系统节水知识讲解大赛"并获二等奖和优秀组织奖。开展爱国卫生运动。邀请专家举办"卫生健康知识宣传讲座"；定期开展环境卫生大整治，建立卫生自查互评机制；开展"文明就餐·公勺公筷·杜绝浪费"和"文明健康、有你有我"公益宣传；发放"拒绝浪费"倡议书80余份，进店发放"文明就餐"宣传海报30余份；到帮扶村开展清除白色垃圾宣传实践活动。开展群众性文体活动。组织开展"我们的节日"主题活动，春节"写对联、送祝福"、清明节"网上云祭扫"、五四青年节"乒乓球友谊赛"、端午节"粽飘香、端午情"包粽食粽、中秋节月饼DIY活动。组织开展"书香机关、阅读人生""学习强国"答题挑战赛。组建乒乓球、羽毛球、篮球业余爱好者微信群，定期开展交流。

加强疫情防控　成立疫情防控工作领导小组，成立疫情防控临时党支部，组建疫情防控党员突击队，制定防控措施近30条，编印发放疫情防控手册120余册，先后购置5万余元的口罩、酒精、消毒液；通过省南水北调建管局门户网站、宣传栏、微信群宣传疫情防控知识；组织开展"疫情防控爱心款捐赠"活动，先后为社区送去3500余元紧缺防疫物资、防疫手册和慰问品。疫情防控期间未出现"新冠肺炎"疑似、确诊病例，职工思想稳定，工作秩序井然。

加强文明基础建设　坚持"两手都要抓、两手都要硬"方针，精神文明建设工作是南水北调年度工作重要内容，水利厅党组副书记、副厅长（正厅级）王国栋多次组织召开厅长办公会安排部署重点任务。成立以厅党组副书记、副厅长为组长的精神文明建

设工作领导小组，下设办公室，配备精神文明工作专职人员，精神文明建设专项经费列入预算，建立精神文明建设工作提醒、通报机制，形成领导、文明办、各处室、全体职工共建共创共享的创建氛围。

（龚莉丽）

省辖市省直管县市南水北调管理机构

南阳市南水北调工程运行保障中心

【机构设置】

2020年整合南阳市南水北调中线工程领导小组办公室（南阳市南水北调中线工程建设管理局）、南阳市移民局（南阳市人民政府移民工作领导小组办公室）、南阳市南水北调配套工程建设管理中心3个事业单位的机构和人员编制，组建南阳市南水北调工程运行保障中心（南阳市移民服务中心）。10月18日举行南阳市南水北调工程运行保障中心（南阳市移民服务中心）揭牌仪式。南阳运行中心为市水利局所属正处级事业单位。核定编制65名，其中主任1名（水利局党组成员），副主任4名，二级调研员3名，三级调研员5名，四级调研员2名。科级干部25名，经费实行全额预算管理。2020年在职在编61人，劳务派遣人员160人（受省南水北调建管局委托招聘的市区运行管理人员，代为省南水北调建管局管理，包括工资在内的所有费用，均由省南水北调建管局负责）。靳铁拴任市水利局党组成员、中心党委书记、主任。

【党建与廉政建设】

2020年深化全面从严治党工作，开展主题教育。统筹推进"不忘初心、牢记使命"主题教育，党员干部到水利厅学习优秀经验。成立以党委书记任组长的主题教育领导小组，下设办公室负责日常工作开展。成立综合协调、文字材料、会务活动、宣传报道四个专项小组负责主题教育工作。中心组学习每月1次，讲党课每季度1次，研讨交流每季度1次，全体人员集中学习每周1此，记录读书笔记每周不少于1篇，每季度对学习强国平台优秀学员进行表彰。开展机关党建"灯下黑"专项整治，全面梳理存在问题，明确专人负责，定期统计进度，全面整改到位，邀请上级部门集中会诊推进中的问题，明确意见限期解决。筹备成立机关党委、机关纪委，设立党建办公室，选拔2名干部专职党建工作。严格落实"三会一课"制度，组织全体党员学习习近平新时代中国特色社会主义思想、党章党规、习近平总书记系列重要讲话及习近平谈治国理政第一、二、三卷，每个党支部每周学习至少一次，组织全体党员参加党的知识考试，党支部书记带头讲党课每月至少一次，对各党支部记录本不定期检查、指导、规范。加强党员日常管理，召开党员发展会议，建立完善党员档案，规范党费收缴标准及记录，建立党费缴纳日制度，党费收缴情况逐月登记，并组织进行不定期专项检查。主题党日组织全体党员观看《黄大年》《党课开讲啦》和专题纪录片《初心永恒》《血战湘江》影片，到桐柏革命纪念馆开展红色革命教育，组织在职党员到居住地社区开展创文活动，每周组织机关党员到分包常庄社区开展创文主题党日活动。在疫情防控期间，组织党员参与各项抗疫工作。开展优秀党员和党支部评选活动。对驻村帮扶的淅川县香花镇柴沟村和大石桥郭家渠村，实行党员一对一结对帮扶，扶贫与扶智扶志相结合，基础建设与壮大产业相协同。累计投入50万元，协调申请到北京对口协作和移民项目资金3500余万元，修建水泥路40km，新建1800m²黄粉虫养殖场，配套建设200ha林下经济产业示范基地，发展薄壳核桃、软籽石榴333.33ha。

全面落实党风廉政建设工作责任制，每月组织一次专题廉政教育，定期听取党风廉政工作汇报，签订廉政目标责任书和廉洁从政承诺书，实行半年一述廉、年终一考核。贯彻执行民主集中制，落实"三重一大"决策制度、主要领导"五不直接分管"和末位发言制度。定期开展谈心谈话。

严格按照《党委（党组）意识形态工作责任制实施细则》要求，加强对意识形态工作的绝对领导。成立领导小组，进一步明确"一岗双责"责任体系。加强主流意识形态建设，加强正面宣传，开展风险隐患防范，配备2名专职人员每天浏览网页，查看市长留言板，及时处置市长留言板和市长热线反映的问题，办结率100%。建立专题报告制度和分析研判制度，设立新闻发言人，接受传统媒体和新媒体采访，回应社会热点关切问题。聘请法律顾问，提供重大决策、合同管理的法律咨询。意识形态工作列入年度综合考核体系，与年终考核评先挂钩。开展"三比"活动，比学习、比奉献、比成效，进一步增强担当意识、奉献意识、实干意识。

（宋　迪）

平顶山市南水北调工程运行保障中心

【机构设置】

平顶山运行中心2020年在职干部职工25人，其中主任1人，副主任2人，四级调研员1人。劳务派遣和外聘16名工作人员负责南水北调配套工程的运行管理。二级巡视员、平顶山市水利局党组书记、运行中心主任曹宝柱，二级调研员、副主任王铁周（2020年11月6日离任），副主任王海超，四级调研员刘嘉淳。

加强干部队伍建设，组织机关干部和县市区移民机构负责人到信阳新县清源红色教育培训中心进行素能提升培训，并在平顶山市举办全市移民后扶项目资金管理暨产业发展培训班、南水北调工程及移民后扶项目管理培训班。2020年提拔中层干部7人次（含职级并行调整），其中正科4人次，副科3人次）。

【疫情防控】

2020年贯彻落实党中央、习近平总书记关于疫情防控最新指示要求，整合各方力量迅速投入疫情防控工作，加大重点部位重点人员排查防控力度。及时成立疫情防控领导小组，完善防控措施，领导干部带头到岗值班，其他人员居家处理公务。投入6000余元疫情防控专项经费，购买消毒器具和防控物资，配足车辆全力保障疫情防控出行需要。全体党员干部到所在社区报到，主动参加疫情防控志愿者服务，号召党员参加疫情捐款，组织27名党员、4名非党员捐款5900元。

【党建工作】

2020年党支部组织集中学习研讨9次，党员学习18次，系统学习党的十九大精神、十九届五中全会精神、习近平新时代中国特色社会主义思想、习近平总书记系列重要讲话精神，树牢"四个意识"、坚定"四个自信"、做到"两个维护"。创新学习方式，建立学习强国、河南党员教育、微信公众号平台，扩大学习外延，带领党员干部阅读文章、观看视频、智能答题。截至2021年1月1日，"学习强国"当日人均积分35.86，全市机关党组织排名位列第一。全面贯彻落实《新形势下党内政治生活若干准则》，严格按照党内政治生活准则和党的各项规定办事，推进"主题党日"活动，落实"三会一课"、谈心谈话、组织生活会、民主评议党员等组织制度，"主题党日"活动常态化、规范化。开展"书香机关"创建、"四史"学习、纪念建党99周年主题党日活动共24次；落实"党课开讲啦"要求，围绕"牢记初心使命、争当出彩先锋"等主题，领导讲党课5次。

进一步加强意识形态工作，严格落实《中共平顶山市委宣传部关于加强意识形态工作机制建设的意见》，把意识形态工作纳入重要议程，成立意识形态工作领导小组，统一领导，分工负责，把握主动权和话语权，加强正确引导和教育监管。增强舆论工作的传播力、引导力、影响力和公信力，加强系统内部微信、微博、抖音等网络平台的舆情监控，排查意识形态管理漏洞，查找风险隐患和薄弱环节。

进一步落实民主集中制原则，贯彻落实民主集中制原则和《"三重一大"制度实施办法》，坚持集体领导和个人分工负责制，规范议事决策程序，"三重一大"事项及时沟通、充分征求意见、上会反复讨论、集体决定。加强党内监督，自觉接受上级部门、干部职工、基层单位、移民群众监督，保证权力运行规范、公正透明。开展经常性的谈话谈心活动，按照《县以上党和国家机关党员领导干部民主生活会若干规定》，严肃认真开展批评与自我批评。

【廉政建设】

2020年履行全面从严治党主体责任，严格落实党风廉政建设"一岗双责"，把廉政建设列入主任办公会重要议程，与业务工作同研究、同部署、同督导、同推进。制定工作计划，与分管科室负责人目标责任书，推进机关党风廉政建设规范化。召开专题工作会议，下发《2020年度党风政风监督工作要点》，开展巡察整改促进党风廉政建设整体提升。对市委巡视反馈意见和指出的问题全面整改落实。定期通报违纪典型案例，观看《歧路之毁》《能吏的拒腐蜕变》警示教育纪录片和《往事如烟》反腐教育片，参观廉政教育基地，开展知识测试，撰写心得体会。全年共开展警示教育6次。节前下发《关于严明"五一"节日期间落实中央八项规定精神要求的通知》《关于中秋、国庆期间廉洁过节的通知》，召开会议进行廉政提醒。

完善规范制度，落实八项规定精神，制订《关于贯彻落实中央八项规定、六项禁令

的措施》，对改进调研、精简会议、压缩公文、严格接待、公车管理提出9项具体措施，修订完善考勤、公务出差审批、车辆及驾驶员管理、财务报销规定、公务卡使用管理及报销办法的制度，加强审核把关和监督检查，确保办事规范有序、制度有效落实，切实发挥制度管人、制度管事和制约保障作用。在日常交往和节假日期间，严格遵守不出入私人会所、不收受礼金证券规定，管好自己、亲属和身边工作人员，没有发生违规违纪问题。

学习贯彻宪法和南水北调工程、配套运管、水质保护、移民后扶、信访维稳相关法规。2020年依据市政府出台的《南水北调供水水费收缴办法》收缴水费1.15亿元。贯彻"阳光信访、责任信访、法制信访"指导思想，加强引导，规范渠道，落实"依法逐级走访"制度，逐一解决群众的合理合法诉求。

（张伟伟　李海军）

漯河市南水北调中线工程维护中心

【机构设置】

漯河市南水北调中线工程维护中心隶属漯河水利局管理，副处级事业单位，参照公务员管理，内设综合科、计划和财务科、建设管理科、运行管理科、征迁科5个科室。2020年在编14人，90%以上为大专以上学历，具有高级职称人员1人，中级职称人员4人。雷卫华现任漯河市南水北调中线工程维护中心主任，于晓冬、张全宏任副主任，张会芹任总工。

【党建与廉政建设】

2020年开展党建"品牌"建设，党支部研究提出"南水北调惠民生、水润沙澧党旗红"的党建品牌，把党建引领贯穿到各项工作中。主题党日、组织生活会学习贯彻党的十九大及历届全会精神，学习习近平新时代中国特色社会主义思想，围绕学习《习近平

谈治国理政》开展研讨交流。组织参加学习强国线上答题挑战赛、"许慎文化进机关"活动，庆祝建党99周年组织开展专题党课、重温入党誓词。共组织学习40余次。2020年按照组织程序完成2名党员转正，确定1名党员发展对象、1名入党积极分子。

推进学习型党组织建设，执行年度学习计划，分两期组织全体党员进党校培训，对《宪法》《民法典》进行专题学习。建立"党员微信群"不定期推送习近平总书记关于党建的批示指示精神和党建信息。向党员发放《党的十九届五中全会〈建议〉学习辅导百问》《习近平新时代中国特色社会主义思想学习纲要》等10余本学习用书。组织开展党的创新理论进机关宣讲活动1次，组织诗词座谈会、全民阅读、读书交流活动3次。承办水利局第四期以"疫情呼唤责任 榜样引领担当"为主题的道德讲堂活动。创新党建活动，在主题党日、清洁城市行动、扶贫济困活动中开展党员"双承诺"，为潘付刘村党支部捐赠电脑两台、打印机一台，到贫困户家中解决其生活困难。学习强国党员参与率100%，干部职工参与率近90%，每天人均学分35分以上，机关党委每周通报始终位列水利局前三名。党风廉政建设和业务工作同部署、同检查、同落实，签订责任书，经常性开展谈心谈话，开展形式主义、官僚主义10种表现查摆整改和"以案促改"活动。

【文明单位建设】

2020年漯河维护中心落实漯河市文明办和市水利局精神文明建设工作部署，精神文明建设取得显著效果。开展文明创建系列活动。组织参加植树活动，清明节网上祭扫，"世界水日"宣传活动，无偿献血，走进许慎文化，党员进社区，文明交通道路执勤，三无楼院治理，城市常态化清洁志愿活动，推进"我们的节日"主题活动，组织志愿者活动56次，参与224人次。4月29日承办市水利局第四期以"疫情呼唤责任、榜样引领担

当"为主题的道德讲堂，5月28日主持节约道德讲堂——学礼仪环节。

【宣传信息】

2020年漯河维护中心共编发简报21期，向省南水北调建管局发布信息14条，向市水利局门户网发布信息3条。7月23日漯河市维护中心抗洪抢险确保召陵区正常供水的信息漯河日报报道。8月14日水利部南水北调第373期手机报报道漯河市南水北调生态补水。12月14日，在漯河日报发布"丹水润城 沙澧更美"庆祝通水6周年文章。

（董志刚 张 洋）

周口市南水北调中线工程建设领导小组办公室

【机构设置】

2020年增设机构，完善职能，按照处所站三级管理体系进行机构建设。委托人事代理公司公开招聘运行管理人员，周口市南水北调办运行管理人员编制共26名，现任主任（局长）何东华，副主任（副局长）贺洪波、赵启峰。2020年成立应急组、巡线组和自动化电气组。

【党建与廉政建设】

2020年党风廉政建设落实主体责任，安排部署工作同时传达廉政建设精神，部署廉政建设事项，落实廉政建设措施，检查廉政建设效果，追究违反廉政建设责任，把党风廉政建设贯彻日常工作全过程。严格落实"两个责任"，落实党支部主体责任和纪检专干的监督责任，反腐倡廉实行半年述廉、年终考核。严格执行公务接待、公务用车、办公用房管理制度，压缩"三公经费"。加强对关键环节、重点岗位和关键权力的制约和监督，预防违法违纪问题的发生。推进精神文明创建的制度和机制创新，全体干部职工参与，不断提升创建实效。

（李晓晖 朱子奇）

许昌市南水北调工程运行保障中心

【机构设置】

许昌市南水北调工程运行保障中心内设办公室、计划与财务科、运行管理科、移民安置科、工程保障科5个科室。下属单位许昌市南水北调配套工程管理处。参照公务员管理事业（财政全供）单位，正处级规格，编制人数共21人。2020年实有人数20人，其中主任1名、副主任2名、二级调研员3名，四级调研员2名，正科级4人，副科级1人，一级科员1人。许昌市南水北调工程运行保障中心主任、一级调研员张建民

【干部任免】

2020年1月许昌市委组织部晋升张建民为中心一级调研员，李国林、李禄轩为中心二级调研员（许组任〔2020〕58号）。4月许昌市委组织部任命时颖为二级调研员（许组任〔2020〕158号）。8月许昌市委组织部晋升李留军为四级调研员（许组任〔2020〕312号）。9月任命刘永辉为许昌市南水北调工程运行保障中心副主任（许政任〔2020〕8号）。10月经许昌市委组织部备案批复徐展为运行中心办公室副主任（许组干函〔2020〕183号）。

【疫情防控】

许昌市南水北调运行中心贯彻落实上级疫情防控工作指示精神，开展新冠疫情防控。成立疫情防控工作领导小组，严密部署，各项防控措施落实到位。疫情期间，对上班人员进行体温检测，有异常者自行回家隔离。要求机关和站（所）办公人员佩戴口罩上班，并每天对办公场所进行消杀。印发《许昌市南水北调工程运行保障中心关于进一步加强疫情防控期间人员管理的通知》，严格落实市委部署的假期24小时值班制度，落实疫情防控每日"零报告"制度。采取悬挂横幅、发放宣传页、电话微信方式向现场运行管理人员宣传疫情防控知识和疫情防控政策。为配套工程巡线人员配发一次性医用口罩和酒精等防疫物资，为一线运行管理人员购买疫情专项保险。站所疫情防控工作纳入每月轮检工作考评。对全市14个南水北调丹江口库区移民村和单位帮扶村襄城县洪村寺村发放84消毒液、免洗洗手液和75%酒精消毒液。

【党建与廉政建设】

2020年组织学习习近平新时代中国特色社会主义思想、党的十九大精神和党的十九届四中、五中全会精神，学习贯彻习近平考察调研河南重要讲话精神，开展"不忘初心、牢记使命"主题教育常态化学习教育。健全机关党建领导小组、及时制定年度党建工作计划并实行目标分解。落实党建工作例会制度，召开党建工作专题会议，研究党员干部意识形态、巡察整改成果常态化制度、党风廉政建设工作。完善领导干部联系带动机制，建立领导干部党建联系点制度。党总支部召开党员大会12次、机关召开支委会12次。制定全面从严治党主体责任清单、工作要点，建立工作台账，落实"三重一大"全部提交集体研究。组织"学习强国"学习评比活动，加强廉政监督，开展日常廉政谈话。健全意识形态工作领导小组，落实《许昌市南水北调工程运行保障中心意识形态工作制度》，半年召开一次意识形态分析研判会。在"许昌南水北调"微信公众号宣传南水北调许昌通水6年来的巨大变化和水生态文明建设成果。开展党务政务公开工作，主动公开政府信息106条。严格贯彻中央八项规定精神，精简会议活动和文件，从严控制会议数量和参加人员规模。严格规范发文程序，现行文件规定适用的不再重复发文，没有实质内容要求的不予发文。厉行节约和反对浪费，办公用品实行专人采购专人保管，严格控制使用数量。严格控制公务接待费用支出。召开会议原则上不挂会标。严格公务用车管理。节假日期间除巡查车辆外其他公车

一律封存。严格公车使用审批制度，公务用车使用由分管领导审批后，由办公室统一派车。严格执行领导干部办公用房管理规定。严禁干部职工违规操办酒席。严格落实《许昌市南水北调工程运行保障中心领导班子议事规则》，增强宗旨观念，开展调查研究。严格执行"三重一大"事项决策程序，3万元以上支出经主任办公会研究，"三重一大"事项决策人人发言、事事表态，杜绝个别酝酿代替集体讨论、会上通报代替民主决策。严格执行"一把手"末位表态程序，先组织讨论，最后举手表决进行集体决策。

【文明单位建设】

落实许昌市文明办和市水利系统精神文明建设工作部署，调整充实创建文明单位领导小组，制订《许昌市南水北调工程运行保障中心2020年精神文明建设工作实施方案》。规定创建工作的标准和实施步骤，抽调人员对各科室的分解任务完成情况进行督促检查，定期召开创建工作推进会。组织学习《公民道德建设实施纲要》《许昌市水利系统文明礼仪守则》。到社区开展志愿服务活动5次，开展文明创建活动17次，组织文明知识竞赛3次。巩固提升"全国水生态文明城市"和"河南省文明单位"创建成果，不断提升南水北调全体干部职工文化素养和文明程度，高标准开展文明单位创建活动。通过省级文明单位复检。

（徐　展　程晓亚）

郑州市南水北调工程运行保障中心

【疫情防控】

2020年，第一时间成立以党支部书记为组长的疫情防控工作领导小组，建立疫情防控工作机制，研究各类疫情防控工作100余项，落实防控工作经费，为职工提供防护用品和物资保障。动员53名志愿者参与社区卡点执勤，累计230人次；组织捐款支持疫情防控，党员累计捐款11260元，被市委市直机关工委表彰为全市疫情防控先进基层党组织，被市水利局机关党委表彰为组织参与社区疫情防控优秀基层党组织。

【党建与廉政建设】

制订《2020年度党建工作要点》《2020年机关学习计划》《2020年中心党支部理论学习中心组学习制度》《党支部2020年从严治党任务清单》。5月进行支部委员增补选举，增选产生1名党支部委员。全体党员按季度足额交纳党费，全年共收缴党费17992元。在每月党员活动日，开展支部书记讲党课、重温入党誓词、文艺作品展播、读书交流、表彰学习标兵、答题挑战赛主题活动10余次，每季度对学习强国前三名进行表彰。联合登封市水务局党组、告成镇党委、石羊关移民新村党支部开展庆国庆搬新村移民群众颂党恩联欢活动。召开预备党员转正大会，修订《内部控制制度》。创优党建工作思路，利用工作群、钉钉开展线上活动，探索网上办公和党员积分化管理。在新办公楼内，配备党建活动室、多功能厅和阅览室，加强基础设施建设。

学习贯彻习近平总书记考察河南、视察黄河重要讲话指示精神，及时传达学习习近平总书记对圆方集团员工的回信，召开党支部理论学习中心组学习会10次；开展集中学习、党小组学习25次；支部书记讲党课1次；邀请专家讲党课2次；党支部成员带头撰写学习体会、交流发言材料16篇，上报8篇调研报告。组织党员到愚公移山干部学院进行党性教育专题培训。

在《党支部2020年党的建设工作要点》中，进一步细化分解年度意识形态工作任务，明确具体工作举措、完成时间和牵头责任部门，有效推进意识形态工作责任制落实到位。党支部主要负责人主持召开意识形态工作专题会。对微信工作群加强管控，规范党员干部网络行为，维护网上信息传播秩序。在省南水北调网站、市水利局网站和党建云平台发布信息70余篇。组织干部职工观看爱国专题片、重大活动直播、学习宪法，及时开展重要节点和敏感时期的舆论监管。

落实"一岗双责"，与机关各处室签订党风廉政建设责任书，党风廉政建设与业务工作同部署同安排，召开党风廉政专题会议，制订《2020年度党风廉政建设工作要点》《2020年度履行全面从严治党主体责任清单》。贯彻党风廉政建设责任制，召开专题会议10次，学习传达市纪委典型案件通报、省纪委"贯彻落实中央八项规定精神"系列专题、组织党员观看警示教育片。

（刘素娟　周　健）

焦作市南水北调工程运行保障中心

【机构设置】

焦作运行中心为参公正处级事业单位，编制数17人，2020年实有12人，内设综合科、财务科、供水运行科、工程科4个科室。正县领导职数1人，副县领导职数2人，副县非领导职数1人，正科领导职数5人，副科领导职数1人，正科非领导职数1人，副科非领导职数2人；职级批复数为二级调研员1人，三级、四级调研员2人，一级、二级主任科员5名，三级、四级主任科员5名。现任机构负责人刘少民。

【干部任免】

2020年，焦作运行中心任免县级干部3名，科级干部5名。根据焦政任〔2020〕5号文件精神，赵彦斌任焦作市运行中心副主任，试用期一年。根据焦组干〔2020〕174号文件精神，吕德水晋升三级调研员。根据焦组干〔2020〕286号文件精神，吕德水晋升二级调研员。按照市委组织部职级并行要求，焦作运行中心印发《焦作市南水北调中心关于李万明等5人职务职级任免的通知》（焦调水〔2020〕2号文），5名科级干部晋升一级主任科员。

（张　琳）

【党建与廉政建设】

2020年以习近平新时代中国特色社会主义思想为指导，落实"管党治党"主责，以"廉洁从家出发"和"以案促改"制度化常态化为目标推进党风廉政建设和反腐败工作。复工复产后及时组织召开年度党风廉政建设工作会议，出台工作实施意见、制定责任清单、签订责任书，落实党风廉政建设主体责任。主要负责人履行党风廉政建设第一责任人职责，落实"四个亲自"要求，做到"重要工作亲自部署，重大问题亲自过问，重点环节亲自协调，重要案件亲自督办"。

组织党员领导干部及家属参观何瑭家风教育基地、人民胜利渠渠首、市税务局"廉洁从家出发示范馆"，加强家风家训教育。组织党员及家属参观南水北调穿黄工程，现场举办"廉洁从家出发"工程体验活动，重温入党誓词。开展"严家风、廉从政"主题党日和"给配偶、子女一封家书"活动，以亲情促廉、以正家风保廉，坚守家庭"廉政线"、管好家庭"廉政账"。开展"以案促改"，组织观看《守望家风—俭廉》《以上率下》《作风与家风》，召开以案促改整体推进"三不"体系推进大会，加强各科室、各岗位风险点排查，全体人员重新排查廉政风险点51个，建立风险台账，制定风险防控措施。落实第一议题制度，在"学习强国""公务员网络培训学院"开展"践行七个一"活动。严格执行"三重一大"制度，加强日常监督，对党员干部廉政档案进行动态更新，经常性开展各层次廉政谈话，对党员进行经常性监督教育管理。

【文明单位建设】

2020年初召开文明创建专题会议，提出争创省级文明单位的目标，把创建"软指标"变成"硬任务"，推进文明创建工作常态化。组织"歌唱和谐，赞誉文明"摄影活动、三八节"抗疫诗抄"、3月22日世界水日水知识竞赛、端午节"品端午文化，包粽子承遗"。开展"廉洁从家出发"活动，组织党员为抗疫捐款，举行形式多样的主题党日活动，开展对口帮扶楼院活动。筹集3万元专款，对口帮扶解放区焦西办事处祥和社区，制作版面开展社会主义核心价值观和四城联创宣传，对小区基础设施进行改造。组织党员、青年志愿者，对小区杂草、乱堆乱放等进行环境卫生集中整治，为建设"精致城市、品质焦作"贡献力量。

【驻村帮扶】

2020年，焦作市南水北调运行保障中心对口驻村帮扶武陟县小董乡朱村。朱村是基层组织软弱涣散村，驻村工作组以党建为突破口，严格执行"三会一课"制度，市运行中心主要领导为村党员上党课，组织全村党员到兰考焦裕禄纪念馆参观，学习弘扬焦裕禄"三股劲"精神。开展支部连支部，牵手"保供水"主题党日和"廉洁从家出发"工程体验活动。运行中心主要领导和驻村工作组多次与武陟县水利局协调对接，投资12万元对村安全饮水工程进行修缮，解决困扰多年的吃水难问题。对6户贫困户设置公益岗位引导就业和小额贷、政府兜底，实现全部脱贫。2020年朱村被小董乡党委乡政府评定为软弱涣散村中的先进村。

（樊国亮）

焦作城区段南水北调建设领导小组办公室

【机构设置】

2006年6月9日，焦作市人民政府成立南水北调中线工程焦作城区段建设领导小组办公室，领导成员6名，设综合组、项目开发组、拆迁安置组、工程协调组。2009年2月24日，焦作市委市政府成立南水北调中线工程焦作城区段建设指挥部办公室，领导成员3名，设综合科、项目开发科、拆迁安置科、工程协调科。2009年6月26日，指挥部办公室内设科室调整为办公室、综合科、安置房

建设科、征迁安置科、市政管线路桥科、财务科、土地储备科、绿化带道路建设科、企事业单位征迁科。2011年，领导成员7名（含兼职），内设科室调整为综合科、财务科、征迁科、安置房建设科、市政管线科、道路桥梁工程建设科、绿化带工程建设科。2012年，领导成员7名（含兼职），内设科室调整为综合科、财务科、征迁科、安置房建设科、市政管线科、工程协调科。2013年10月14日，领导成员6名（含兼职）。2014年，领导成员5名。2015年，领导成员4名。2016年，领导成员7名。2017年，领导成员7名。2018年，领导成员6名。2019年1~4月常务副主任吴玉岭；2019年4月常务副主任范杰；2019年9~12月负责人马雨生，领导3名。2020年，领导成员3名，负责人马雨生。

【主要职责】

落实南水北调焦作城区段绿化带征迁安置政策；按照指挥部要求，协调解决绿化带征迁安置建设中遇到的困难和问题；协调市属以上企事业单位和市政专项设施迁建工作；制定工作程序，完善奖惩机制；开展信息沟通，上传下达，综合性事务联络工作；协调干渠征迁安置后续工作，配合服务城区段干渠运行管理。

【党建与廉政建设】

2020年学习党的十九大、十九届三中、四中全会精神以及《中国共产党廉洁自律准则》，开展警示教育，组织观看《破坏政治生态的毒瘤（焦作市林业局原副局长韦庆雨）》《"憨厚"贪婪者 城建设障人（焦作市住建局原局长赵长占）》。全面履行"一岗双责"，加强作风建设，持续开展"转变作风抓落实、优化环境促发展"活动，解决不想干、不肯干、不会干、不敢干问题，弘扬优良作风，保持清廉本色。

【宣传信息】

2020年南水北调绿化带"丹水善流""千里云梦""踏雪寻梅"等6个节点公园开园，

绿化带开放的节点公园达到12个，开放面积260万m²，形成一道"春有花、夏有荫、秋有色、冬有景"的靓丽风景线，中央电视台、"学习强国"先后6次报道。与焦作广播电视台合作拍摄绿化带四季风光片《春之声》《夏之梦》《秋之韵》《冬之魂》。在《焦作日报》刊发通版"南水北调焦作城区段绿化带：向您献一份人与自然和谐共生的高质量发展答案"。中国南水北调报、河南日报、焦作电视台、焦作日报等媒体集中报道南水北调绿化带建设成果。

【获得荣誉】

2020年1月3日，南水北调焦作城区办被焦作市委市政府授予"2019年度焦作市有重大影响的十件大事突出贡献单位"（焦文〔2020〕2号）。

2020年4月23日，彭潜被焦作市委市政府授予"焦作市2019年度污染防治攻坚战先进个人"（焦文〔2020〕121号）。

（彭　潜）

新乡市南水北调工程运行保障中心

【机构设置】

2020年新乡市南水北调工程运行保障中心改革后县处级干部5名，内设机构领导9名，二级主任科员1名，三级主任科员2名，四级主任科员4名，工勤人员3名。内设机构综合科、工程管理科、规划计划科、运行调度科、财务审计科5个。

现任新乡运行中心党组书记、主任孙传勇，党组成员、副主任杨晓飞，副主任洪全成，党组成员、四级调研员司大勇，四级调研员陈刚。

【党建工作】

制订《2020年党建工作要点》，落实党建工作主体责任。学习贯彻《中国共产党支部工作条例（试行）》，围绕党支部工作职责和任务，加强党支部建设的组织领导和基本保障。以党建促业务，贯彻上级决策部署，全

市2020年完成南水北调供水量1.82亿m³（含生态补水），供水规模位居全省第三位；南水北调"四县一区"配套工程南线工程全面实施，完成管道铺设14762m，完成工程投资14230万元，东线工程可研报告完成专家审查；南水北调生态补水工程首次通过3个退水闸开展补水，年度补水规模5429.27万m³，创历史新高；配套工程市区管理处、3座管理所、13座管理房、1座泵站进行自动化设备安装，铺设通信线120km，实现全市南水北调自动化系统的启用；全年维修养护输水线路中的阀井2510座次、养护现地管理房168座次、电气设备1092台次，全面完成一期配套工程工作。在实施新冠疫情防控、决战决胜脱贫攻坚、创建全国文明城市工作中发挥党支部的战斗堡作用和党员先模范作用。党员自愿捐款支持新冠肺炎疫情防控工作，到社区参加疫情防控值班；在决战决胜脱贫攻坚工作中，党支部与获嘉县方台村党支部开展共建"手拉手"活动。

加强党支部标准化规范化建设，提高党建质量。推进学习型党组织建设，理论学习组带党支部、党员与中心组成员一起学，每月组织一次或两次集中学习，每季度上一次党课。严格执行"三会一课"制度，组织召开支委会9次，党员大会3次，党小组会9次，讲党课3次。严格落实党员领导干部双重组织生活制度。贯彻"三重一大"制度。机构改革到位后于2020年8月13日及时成立机关党支部，组织开展"五比一争"创先争优活动。召开民主生活会会前撰写发言提纲，展开批评与自我批评。2020年召开巡察整改、以案促改两次专题民主生活会，对照市委巡察组巡察发现的问题立行立改。

加强意识形态工作，履行"四种责任"。党组制订《意识形态工作要点》，每季度以党组扩大会形式召开意识形态分析研判会议，半年开展一次意识形态工作报告，党组成员定期与"结对子"对象联络开展工作。加强

对公众号、微信的建设管理，下发《新乡市南水北调工程运行保障中心微信公众号管理制度》，加强党员"学习强国"平台学习情况监督和通报，提升"学习强国"学习平台参与度和活跃度。

【廉政建设】

落实党风廉政建设主体责任，制定党风廉政建设和反腐败工作要点，签订党风廉政建设责任书，召开节假日前党风廉政纪律教育会。

开展以案促改，廉洁自律的重要性逢会必讲、逢节必强，全年共组织党员干部学习各级纪委印发的各类典型案例通报 5 次 33 例。结合个人岗位职责和特点，梳理出重大事项决策、合同变更处理、工程量审核、招投标、物品采购、财务报销、各类手续办理等廉政风险防控点，并明确具体的防控措施。组织党员干部到河南省党风廉政教育基地进行警示教育。规范权力运行，加强对重点环节、重要岗位、重点人员的监督管理。落实"五不直接分管""末位表态"制度和"三重一大"议事决策。严格依法依规处理合同变更，按照程序办理，把好审核、评审关。按照市委要求梳理主体责任负面清单，共梳理问题 15 项，明确责任领导和责任科室，及时跟进，限期整改。每季度统计整改完成情况。

按照市委第四巡察组反馈的 28 个问题和整改要求，召开专题会议，研究制定整改方案，列出问题清单，建立整改台账，加强整改进度督查。立行立改事项和已到时间节点整改事项全部完成，28 个问题全部整改到位 26 个，整改完成率 92.86%，剩余 2 个问题。制定整改措施 101 项，落实 92 项，正在落实 9 项；建章立制 8 条；无收缴退还违规资金，无追责。贯彻落实中央八项规定精神、省委若干意见、市委实施办法及廉洁自律各项规定精神，推进党务政务公开，把党内监督与党外监督结合起来，及时公布重大事项，维护

职工知情权、参与权和监督权。

【文明单位创建】

2020 年新乡运行中心组织开展文明单位创建，制定工作方案，建立统一领导机制，有目标、有要求、有落实、有检查，创建形式多样化。实行奖惩激励机制，制定完善有关规章制度和操作规范。加强单位"门前三包"责任管理，落实卫生责任制。机关和现地管理站门前卫生整洁，责任区内设施设备和绿化无残损。组织全体员工轮流到社区开展打扫楼道和院子、清除墙体小广告、宣传创建文明城市知识志愿服务，为社区制作公益广告并持续更新内容，为社区捐赠垃圾桶。疫情期间按照红旗区指挥部的安排和要求，派出 24 人（党员 11 人），轮流协助南苑小区值班值守。筹措资金为社区值班值守工作人员购买消毒液、酒精、军大衣、手套、泡面等必需品。按照市委组织部通知要求，选派政治坚定、作风过硬、身体健康的同志到疫情防控重要岗位经受考验。单位选派党组成员副处级调研员司大勇带队、3 名年轻优秀党员为成员的疫情防控工作队到社区开展疫情防控工作。开展扶贫帮扶志愿服务活动，2020 年方台村建档立卡贫困户 19 户 76 人全部脱贫，按照四个不摘要求，逐户制定帮扶措施防止返贫和出现新的贫困。严格执行脱贫攻坚例会制度、遍访贫困户制度、驻村工作队五天四夜工作制度。组织志愿者参加全市植树活动。参加全市组织的广播操比赛。组织卫辉管理处、辉县管理处开展"预防未成年人溺亡""校园周边安全治理"活动，超过 1500 名小学生接受安全教育。组织开展共享单车整理摆放志愿服务活动两次，整理摆放共享单车 500 余辆。各项管理制度全部上墙。

【精准扶贫】

2020 年对帮扶责任村方台村建立贫困人口"一户一策"的帮扶机制，落实"脱真贫""真脱贫"，实施特色产业帮扶、技能培

训帮扶、基础设施帮扶、互助资金帮扶、合作社带动帮扶、保障帮扶措施，实现人均可支配收入增长幅度高于全省平均水平。以党建促脱贫，加强政治学习。在党员夜校、村两委会组织学习党的基本理论和扶贫政策，学习习近平总书记重要讲话精神，开展党组织结对帮扶"手拉手"共建活动。巩固脱贫成果，防止返贫，建立健全稳定脱贫长效机制，组织对所有建档立卡脱贫户开展"回头看"，防止返贫和出现新的贫困。组织实施七大方面政策，助力脱贫。围绕产业扶贫、金融扶贫、教育扶贫、就业扶贫、健康扶贫、危房改造和综合保障7个方面实施各项扶贫政策。

2020年组织学习习近平总书记决战决胜脱贫攻坚工作讲话精神及省市脱贫工作会议精神，向贫困户家庭发放消毒液、组织人员帮助贫困户家庭消毒，了解贫困户复工复产情况，设立疫情公益岗，帮助介绍就业。疫情期间卡点值班，工作队及村两委干部按照排班时间表按时值班，对进出人员测量体温，登记，捐赠口罩、酒精及食品。

（郭小娟　周郎中）

濮阳市南水北调中线工程建设领导小组办公室

【机构设置】

濮阳市南水北调办（南水北调配套工程建设管理局），事业性质参照公务员管理单位，机构规格相当于副县级，隶属市水利局领导，财政全额拨款。2020年事业编制14名，主任1名，副主任2名；内设机构正科级领导职数4名；人员编制结构为管理人员12名，专业技术人员1名，工勤人员（驾驶员）1名。现任濮阳市南水北调办主任韩秀成，副主任张玉堂。

【党建工作】

2020年濮阳市南水北调办党支部围绕巩固和完善"不忘初心、牢记使命"主题教育

成果开展党员教育和基层党建。全年共组织集中、自主学习51次，学习笔记3万余字；重大节假日前召开廉政恳谈会，签订廉洁过节提醒函。全面贯彻落实从严治党主体责任；把巩固省级文明单位创建成果与党员教育结合起来，开展文明交通执勤、社区防疫值守、义务植树等活动20余次，不但践行志愿服务精神，而且使党员先锋模范作用进一步发挥。

【精准扶贫】

濮阳市南水北调办的对口扶贫村是范县张庄乡王英村，2020年贫困发生率由原来的15%下降到0.77%，实现整村脱贫，工作要点转为增加集体收入拓宽贫困户就业。王英村老村复耕工作完成，协调联系村与范县绿力生态农业发展有限公司签订土地承包协议，流转土地220亩。用于建设温室大棚8座，日光连栋大棚6座，有机肥包装车间1200m²，阳光发酵车间1200m²，恒温库1000m³，冷冻库600m³。项目于6月开工建设，完成后可为贫困户提供60多个就业岗位。

【文明单位建设】

濮阳市南水北调办2020年开展省级文明单位创建工作，印发《濮阳市南水北调办公室2020年精神文明建设工作方案》。围绕创建目标，将创建任务分解，人人参与，开展"世界水日·中国水周"宣传、社区防疫值守、文明交通执勤、清洁马颊河、义务植树等各类创建活动20余次，记录创建资料5本。对管理处和各管理站进行升级改造，创造整洁优美的工作生活环境，通过2020年省级文明单位复检。

（王道明　孙建军）

鹤壁市南水北调中线工程建设领导小组办公室

【机构设置】

鹤壁市南水北调中线工程建设领导小组办公室（鹤壁市南水北调中线工程建设管理

局、鹤壁市南水北调中线工程移民办公室）内设综合科、投资计划科、工程建设监督科、财务审计科4个科室。事业编制15名，其中主任1名，副主任2名；内设机构科级领导职数6名（正科级领导职数4名，副科级领导职数2名）。经费实行财政全额预算管理。

2020年，现任鹤壁市南水北调办公室主任杜长明，二级调研员常江林，副主任郑涛，副主任、三级调研员赵峰。人事工作由鹤壁市水利局管理。8月26日，鹤组文〔2020〕257号决定赵蜂晋升为三级调研员。

【疫情防控】

2020年开展新冠肺炎疫情防控，提高政治站位，严格落实责任，常态化疫情防控。迅速建立防控管理体系，制订《鹤壁市南水北调配套工程运行管理工作疫情防控应急预案》，采购口罩、消毒液、温度计分发到现地管理站，开展流动性人员排查。

【党建工作】

鹤壁市南水北调办党建工作由市水利局党组统一部署和管理。2020年落实中央、省委和市委决策部署，学习贯彻落实习近平新时代中国特色社会主义思想和党建文件，建立"5+2"党建高质量工作体系。

2020年研究党建工作11次、研究全面从严治党和党风廉政建设方面工作13次、研究意识形态工作8次。印发2020年党建、党风廉政建设工作要点、落实全面从严治党主体责任清单，调整党建工作领导小组。巡察反馈问题全部完成整改。

落实党组会第一议题制度、中心组学习制度、集体学习制度，召开党组会议33次，组织中心组集体学习研讨12次、周四集体学习17次。制定意识形态工作责任清单、7项意识形态工作制度，建立定期分析研判意识形态领域形势、开展风险隐患排查、开展宗教问题线索排查机制，开展分析研判4次、风险隐患排查3次、宗教问题排查12次。局党组书记严格落实"末位表态"制度。组织开

展"牢记初心使命、争当出彩先锋""铭记历史、砥砺前行""迎国庆、心向党"主题党日活动，组织党员干部职工观看《长征大会师》《金刚川》《我和我的祖国》等党史教育、爱国主义教育影片。

5月底完成机关党委、机关纪委换届选举，印发机关党建"三级四岗"责任清单、机关党委委员分工及主要职责，开展"星级争创"工作，推动各支部建设标准化、规范化。实行党建任务派遣单制度和"学习强国"学习情况月通报制度，加强党员学习教育管理，佩戴党徽常态化。选派优秀科级党员干部参加市疫情防控工作，组织58名在职党员到所居住小区参与疫情防控300余人次，组织党员干部职工为疫情防控捐款18610元。开展"迎七一·庆祝建党99周年"活动，开展讲党课、表彰先进、慰问老党员困难党员、党章党规党纪知识测试、主题党日、红色教育活动。开展与石门村党支部结对共建"手拉手"活动，组织党员到石门村举办进行座谈交流、一起重温入党誓词。组织机关党员、退役军人及石门村党员70余人到淇县大石岩、赵庄村参观学习。推进发展党员工作，确定入党积极分子9名，发展党员3名。开展"守初心、担使命、情暖百姓"工作，县处级干部列出民生实事27个、瓶颈问题9个，科级以下党员干部列出问题63个、志愿服务活动计划76个。开展模范机关暨"五型水利"建设，制定工作方案，明确工作任务，推进机关党员干部作风改进。

【廉政建设】

2020年，落实中央、省、市纪委全会部署，高质量推进党风廉政建设工作。加强思想政治引领，落实党组会第一议题、中心组学习、集体学习等学习制度。召开党组会议33次、中心组集体学习12次、组织集体学习17次。规范意识形态工作，研究意识形态工作会议8次，制定意识形态责任清单、意识形态工作制度，开展分析研判4次、风险隐患排

查 3 次、宗教问题排查 12 次。支持纪检监察组开展政治监督，为期 2 个月的政治监督结束后，制定整改清单，组织开展 1 个月的集中整改。

党风廉政建设与业务工作同安排、同落实、同检查，13 次研究党风廉政建设工作。召开党风廉政建设和反腐败工作会议，印发党风廉政建设工作要点、主体责任清单，调整党风廉政建设工作领导小组，签订目标责任书 38 份，并进行半年和年终考核。对巡察反馈问题全部整改完成。

践行"一线工作法"和"实事工作法"，开展调研协助基层解决问题。加强公务用车、公务接待及办公用房管理，对闲置办公用房进行封闭管理。加强水利行业监管开展非法取用地下水、河湖"清四乱"专项整治行动和水利脱贫攻坚专题调研，制定机关党支部与石门村党支部结对共建"手拉手"活动方案，推进平安建设基层联系点和精神文明建设结对帮扶社区工作。

开展营商环境、扶贫领域专项以案促改，开展实地监督检查 15 次，重点检查上下班、疫情防控、带班值班、工作作风等情况。假日前下发廉洁提醒通知 7 份。组织重点岗位人员排查可能发生的风险点，确定风险等级，制定防控措施，汇编廉政风险防控手册。

【文明单位建设】

鹤壁市南水北调办和鹤壁市水利局同创文明单位，由市水利局统一部署。学习贯彻习近平新时代中国特色社会主义思想和党的十九大精神，践行社会主义核心价值观，开展学习教育活动，弘扬"忠诚、干净、担当，科学、求实、创新"的新时代水利行业精神，把文明单位创建与党建高质量和南水北调高质量发展相结合，提升干部职工文明素养和行业文明程度，建设学习创新型、法治纪律型、忠诚担当型、民生服务型、廉洁节约型、环境优美型机关。

2020 年调整精神文明建设工作领导小组，对创建任务分解，纳入年度考核。印发优质服务活动方案、制度规范和突发事件应急预案，在市政府网站、水利局网站和大厅公布办事指南，制定法制宣传教育规划，印发学法用法主题实践活动方案，开展学法用法、法制宣传教育和咨询服务活动，组织涉水法律法规知识测试。组织"诚实守信，从我做起"签名承诺活动，举行诚信知识竞赛，定期举办文明礼仪知识讲座，开展勤俭节约、文明用餐宣传教育。制定公务活动、公车管理、公务接待制度规定。

开展道德讲堂活动，举办"文明交通我先行""践行诚实守信价值观""向鹤壁好人和身边先进典型学习""弘扬优良家风""恪守职业道德，践行爱岗敬业""厚植家国情怀 凝聚奋进力量" 6 期道德讲堂活动。开展学雷锋志愿活动、疫情防控、"99 公益日"捐款活动，共捐助 23559 元善款。开展共建文明社区文艺汇演暨文明家庭、好邻居、身边好人表彰活动，助力"好人力量"向淇滨区清华园社区的二支渠党员志愿巡河队赠送救援物资。开展疫情防控、关爱困难群众、无偿献血、社区共建"五个到户"、建党 99 周年、宣传扫黑除恶、爱国卫生运动、"路长制"清洁家园志愿活动。制订"文明服务、文明执法、文明交通、文明旅游、文明餐桌"活动实施方案。开展精准帮扶活动，安排水利项目资金向帮扶村倾斜，对村内吃水管道、水泵进行维护和更新，修复建设蓄水池。开展"送温暖、献爱心"活动，关爱困难群众、贫困儿童，为贫困儿童送温暖，为困难群众办实事，共采购 10215 元农产品。

【宣传信息】

2020 年，在省南水北调建管局网站发表 14 篇新闻信息，在河南电视台上播发 1 篇、鹤壁日报上刊发 4 篇、在鹤壁电视台播发 4 篇。为"世界水日""中国水周"提供宣传资料图片，制作展板条幅，参加世界水日、中国水周宣传活动。宣传新冠肺炎疫情防控知识，参加国际档案日系列宣传活动。开展水利"安全生产月"和"安全生产万里行"活动，组织收看安全生产警示教育片，以案说法、以案警示、以案促改。开展节能宣传周、低碳日宣传活动。开展防灾减灾及火灾警示宣传教育活动。配合河南电视台采访南水北调工程鹤壁段通水6年的效益。开展《鹤壁市地下水保护条例》宣传。根据省水利厅转发《水利部办公厅关于征集南水北调精神表述语的通知》精神，按照符合水利价值取向、突出南水北调特色、具有强烈感召力的基本原则，把南水北调精神表述语概括为忠实担当，求实创新，奉献奋进，并及时上报水利厅。编写完成《河南省南水北调年鉴2020》（鹤壁部分）篇目内容及图片（6.25万字、27幅图片），编发鹤壁市南水北调工作简报14期，向省市有关部门单位提供工作信息39条。

按照省南水北调建管局《关于编纂〈河南河湖大典〉·南水北调篇的通知》精神，成立编纂工作领导小组，制定《鹤壁市南水北调办公室〈河南河湖大典〉·南水北调篇编纂工作实施方案》，落实责任，与干线鹤壁管理处对接、协调和统筹开展编纂工作，按照进度要求，鹤壁段试写稿内容报省编纂工作组。

（姚林海　王淑芬　王志国）

安阳市南水北调工程运行保障中心

【机构改革】

2020年10月12日，安阳市南水北调工程运行保障中心举行揭牌仪式。安阳中心为正县级规格的参公事业单位，隶属市水利局领导。编制20名，在职在编人员15人，其中主任1名（水利局党组成员），副主任1名，二级调研员1名，三级调研员1名。科级干部12名，经费实行全额预算管理。2020年实有人数71人，其中在职在编15人、借调人员10人、劳务派遣人员46人（受省南水北调建管

局委托招聘的市区运行管理人员，代为省南水北调建管局管理，包括工资在内的所有费用，均由省南水北调建管局负责）。完成3名干部职工的职务晋升和7名干部职工的职级晋升。马荣洲现任市水利局党组成员、安阳中心主任。

【党建工作】

2020年严格落实"三会一课"制度，全年召开5次支部党员大会、26次支部委员会、12次党小组会和5次党课，"每周一答"学习共47次。召开民主生活会2次，组织生活会1次。"支部主题党日"坚持每月至少开展一次活动，既有规定动作，又有丰富学习形式，全年共开展支部主题党日活动12次。与安阳县高庄镇西崇固村党支部开展结对共建"手拉手"活动，并多次组织干部职工到西崇固村进行消费扶贫。4月16日～6月16日，市委第三巡察组对中心进行专项巡察，并向中心反馈巡察意见。中心党支部召开专题会议，成立巡察整改工作领导小组。召开4次巡察整改专题支委会研究部署巡察整改工作，与水利局直属机关纪委、市委第三巡察组进行沟通对接，围绕市委第三巡察组反馈的4个方面19个问题，进行责任分解，形成整改清单，明确责任领导、责任科、责任人、整改内容、整改措施和整改时限，制订《关于落实市委第三巡察组反馈意见的整改方案》和整改台账，形成《关于落实市委第三巡察组反馈意见整改工作的情况报告》，并修改相关制度。2020年19个问题全部整改完成。根据《中国共产党基层组织选举工作暂行条例》和市委组织部、市直工委、市委第三巡察组的要求，组织召开支部换届党员大会，严格按照选举程序，选举出新一届支部委员会。核算党员党费基数，及时收缴并按时足额上交党费。组织全体党员收看纪念中国人民抗日战争暨世界反法西斯战争胜利75周年实况；收看全国抗击新冠肺炎疫情表彰大会；组织中心3名人员参加市直水利系统

"庆七一"党章党规知识竞赛，中心党支部获得安阳市水利局优秀组织奖，王华伟同志获得个人一等奖；"学习强国"平台举办"学习强国"答题挑战赛选拔赛；支部为7名党员集中过"政治生日"，并发放贺卡和书籍。创新活动形式，丰富活动内容。

【廉政建设】

2020年开展党风廉政教育组织党员干部集中学习违反中央八项规定精神典型问题的通报，并进行以案促改对照检查剖析、撰写心得体会。节假日发送廉政过节短信。全年无1例党员干部违法违纪案例。全力推进以案促改警示教育工作，开展赵明达违纪违法案件专项以案促改工作，观看《脱轨》警示教育片。组织召开酒驾专项警示教育大会，观看酒驾专项警示教育片，传达中共安阳市水利局直属机关纪委《关于三起酒驾典型案例的通报》，全体人员签订"遵纪守法、拒绝酒驾"承诺书。严格落实中央八项规定，规范公务接待、办公用房、公车使用。做到节假日前廉政工作有安排，节中有检查，节后有向上级的汇报。

【文明单位建设】

2020年根据省市文明办工作安排，开展各项文明创建活动，巩固和提升精神文明创建成果。按照市文明办要求创建工作每月、每季度、半年、全年有详细安排，综合科严格按时间节点制定活动计划和落实，并将活动开展情况以材料和图片形式上传精神文明建设动态系统。组织参加迎新年送祝福"我们的节日"传统活动；组织志愿者到市广厦新苑开展世界水日水法律法规、防溺水宣传活动；雷锋志愿者日当天，组织年轻志愿者到万科社区开展疫情防控活动；3月12日植树节，组织党员干部到小南海水库沿岸参加植树节活动；组织承办安阳市水利局第二季度道德讲堂活动；组织开展"文明交通""路长制"两项精神文明建设常态化活动；组织开展疫情防控捐款和"慈善一日捐"捐款活动，

共捐款8100元。开展全国文明单位迎检工作。收集整理2020年精神文明建设活动资料进行汇编并印刷成册，同时上传省级文明创建系统。9月通过全国文明单位复检。11月19～20日，安阳运行中心在跃进渠红色教育培训基地组织举办全体干部职工素质提升培训班。

【宣传信息】

2020年编制安阳南水北调中心信息37期，并配合南水北调报、安阳广播电视台对安阳市南水北调工程效益进行宣传报道。在世界水日、宪法日，组织安阳中心人员在广厦小区和五一广场开展宣传。通水6周年期间，与安阳广播电视台联合举办"我家门前有条河"大型系列广播，介绍安阳市南水北调工程通水以来的社会效益，受到社会一致好评。成立河湖大典编制领导小组，制定分工细则，按省南水北调建管局修改意见对稿件进行修改，11月24～26日专家组对河南南水北调河湖大典安阳段初稿评审。完成2020年河南南水北调年鉴的编写和上报。按照市水利局要求进行网络安全大检查，组织学习《网络安全常识普及读本》，落实网络信息安全措施，堵塞网络安全漏洞。

(孟志军　董世玉)

邓州市南水北调工程运行保障中心

【概述】

2020年持续推进运行管理规范化、制度化建设，开展安全生产专项整治，组织开展消防、防汛、井下作业、设备操作安全主题教育培训。健全"日巡查、周检查、月例会"管理机制，制定巡检智能管理系统应用规定、运行管理人员考评制度、安全管理制度、安全生产责任制度，巡查和巡检智能管理系统开展线上和线下日常检查，对运行管理、值班值守、安全生产、环境卫生进行专项督查21次，下发督查通报3次。

(司占录　张　博　卢　卓)

滑县南水北调工程建设领导小组办公室

【机构设置】

滑县南水北调办机构规格正科级，隶属县水利局，编制12人，实有6人。设置综合管理科、财务科、运行管理科。2020年3月，滑县南水北调办主任1人，副主任2人，管理人员增加新聘人员3人，运行管理32人。3月17日，根据滑县人民政府任免通知滑政任〔2020〕1号文，任命张鹏为滑县南水北调办主任，刘俊玲、付刚任副主任。

（刘俊玲）

玖 统计资料

供水配套工程运行管理月报

运行管理月报2020年第1期总第53期

【工程运行调度】

2020年1月1日8时，河南省陶岔渠首引水闸入干渠流量190.71m³/s；穿黄隧洞节制闸过闸流量111.66m³/s；漳河倒虹吸节制闸过闸流量96.90m³/s。截至2019年12月31日，全省累计有39个口门及21个退水闸（湍河、严陵河、白河、清河、贾河、潦河、澧河、澎河、沙河、北汝河、颍河、双洎河、沂水河、十八里河、贾峪河、索河、闫河、香泉河、淇河、汤河、安阳河）开闸分水，其中，36个口门正常供水，2个口门线路因受水水厂暂不具备接水条件而未供水（11-1、22），1个口门线路因地方不用水暂停供水（11）。

【各市县配套工程线路供水】

序号	市、县	口门编号	分水口门	供水目标	运行情况	备注
1	邓州市	1	肖楼	引丹灌区	正常供水	
2	邓州市	2	望城岗	邓州一水厂	正常供水	
				邓州二水厂	正常供水	
				邓州三水厂	正常供水	12月13日15：00～12月17日9：00暂停供水
				新野二水厂	正常供水	
3	南阳市	3-1	谭寨	镇平县五里岗水厂	正常供水	
				镇平县规划水厂	正常供水	
4	南阳市	5	田洼	傅岗（麒麟）水厂	正常供水	
				龙升水厂	正常供水	
5	南阳市	6	大寨	南阳四水厂	正常供水	
6	南阳市	7	半坡店	唐河县水厂	正常供水	
				社旗水厂	正常供水	
7	方城县	9	十里庙	新裕水厂	正常供水	
8	漯河市	10	辛庄	舞阳水厂	正常供水	
				漯河二水厂	正常供水	
				漯河三水厂	正常供水	
				漯河四水厂	正常供水	
				漯河五水厂	正常供水	
				漯河八水厂	正常供水	
	周口市			商水水厂	正常供水	
				周口东区水厂	正常供水	
				周口二水厂	正常供水	
9	平顶山市	11	澎河	平顶山白龟山水厂	暂停供水	
				平顶山九里山水厂	暂停供水	
				平顶山平煤集团水厂	暂停供水	
				叶县水厂	正常供水	
10	平顶山市	11-1	张村	鲁山水厂	未供水	泵站已调试
11	平顶山市	12	马庄	平顶山焦庄水厂	正常供水	

续表

序号	市、县	口门编号	分水口门	供水目标	运行情况	备注
12	平顶山市	13	高庄	平顶山王铁庄水厂	正常供水	
				平顶山石龙区水厂	正常供水	
13	平顶山市	14	赵庄	郏县规划水厂	正常供水	
14	许昌市	15	宴窑	襄城县三水厂	正常供水	
15	许昌市	16	任坡	禹州市二水厂	正常供水	
				神垕镇二水厂	正常供水	
	登封市			卢店水厂	正常供水	
16	许昌市	17	孟坡	许昌市周庄水厂	正常供水	
				曹寨水厂	正常供水	
				北海、石梁河、霸陵河	正常供水	
				许昌市二水厂	正常供水	
	鄢陵县			鄢陵中心水厂	正常供水	
	临颍县			临颍县一水厂	正常供水	
				临颍县二水厂（千亩湖）	正常供水	水厂未建，利用临颍二水厂支线向千亩湖供水
17	许昌市	18	洼李	长葛市规划三水厂	正常供水	
				清潩河	暂停供水	12月10日9:00暂停供水
				增福湖	正常供水	
18	郑州市	19	李垌	新郑一水厂	暂停供水	备用
				新郑二水厂	正常供水	
				望京楼水库	暂停供水	
				老观寨水库	暂停供水	
19	郑州市	20	小河刘	郑州航空城一水厂	正常供水	12月6日23:00～12月7日6:00暂停供水
				郑州航空城二水厂	正常供水	
				中牟县三水厂	正常供水	
20	郑州市	21	刘湾	郑州市刘湾水厂	正常供水	
21	郑州市	22	密垌	尖岗水库	暂停供水	12月16日9:00～12月27日9:00充库300万 m³
				新密水厂	暂停供水	
22	郑州市	23	中原西路	郑州柿园水厂	暂停供水	因水厂管道故障维修，12月31日18:00起暂停供水，其他时段正常供水
				郑州白庙水厂	正常供水	
				郑州常庄水库	暂停供水	
23	郑州市	24	前蒋寨	荥阳市四水厂	正常供水	
24	郑州市	24-1	蒋头	上街区规划水厂	正常供水	
25	温县	25	北冷	温县三水厂	正常供水	
26	焦作市	26	北石涧	武陟县城三水厂	正常供水	
				博爱县水厂	正常供水	
27	焦作市	27	府城	府城水厂	正常供水	
28	焦作市	28	苏蔺	焦作市修武水厂	正常供水	
				焦作市苏蔺水厂	正常供水	

续表

序号	市、县	口门编号	分水口门	供水目标	运行情况	备注
29	新乡市	30	郭屯	获嘉县水厂	正常供水	
30	辉县市	31	路固	辉县三水厂	正常供水	
31	新乡市	32	老道井	新乡高村水厂	正常供水	
				新乡新区水厂	正常供水	
				新乡孟营水厂	正常供水	
				新乡凤泉水厂	正常供水	
	新乡县			七里营水厂	正常供水	
32	新乡市	33	温寺门	卫辉规划水厂	正常供水	
33	鹤壁市	34	袁庄	淇县铁西区水厂	正常供水	
				赵家渠	暂停供水	赵家渠改造，暂停供水
				淇县城北水厂	正常供水	
34	濮阳市	35	三里屯	引黄调节池（濮阳一水厂）	暂停供水	
				濮阳二水厂	正常供水	
				濮阳三水厂	正常供水	
				清丰县固城水厂	正常供水	
	南乐县			南乐县水厂	正常供水	
	鹤壁市			浚县水厂	正常供水	
				鹤壁四水厂	正常供水	
				滑县三水厂	正常供水	
	滑县			滑县四水厂（安阳中盈化肥有限公司、河南易凯针织有限责任公司）	正常供水	滑县四水厂未建，目前向企业供水
35	鹤壁市	36	刘庄	鹤壁三水厂	正常供水	
36	安阳市	37	董庄	汤阴一水厂	正常供水	
				汤阴二水厂	正常供水	
				内黄县四水厂	正常供水	
37	安阳市	38	小营	安阳六水厂	正常供水	
				安阳八水厂	正常供水	
38	安阳市	39	南流寺	安阳四水厂	正常供水	
39	邓州市		湍河退水闸	湍河	已关闸	
40	邓州市		严陵河退水闸	严陵河	已关闸	
41	南阳市		白河退水闸	白河	已关闸	
42	南阳市		清河退水闸	清河	正常供水	
43	南阳市		贾河退水闸	贾河	已关闸	
44	南阳市		潦河退水闸	潦河	已关闸	
45	平顶山市		澧河退水闸	澧河	已关闸	
46	平顶山市		澎河退水闸	澎河	已关闸	
47	平顶山市		沙河退水闸	沙河、白龟山水库	正常供水	
48	平顶山市		北汝河退水闸	北汝河	已关闸	
49	禹州市		颍河退水闸	颍河	已关闸	
50	新郑市		双泊河退水闸	双泊河	正常供水	
51	新郑市		沂水河退水闸	唐寨水库	已关闸	

续表

序号	市、县	口门编号	分水口门	供水目标	运行情况	备注
52	郑州市		十八里河退水闸	十八里河	已关闸	
53	郑州市		贾峪河退水闸	贾峪河、西流湖	已关闸	
54	郑州市		索河退水闸	索河	已关闸	
55	焦作市		闫河退水闸	闫河、龙源湖	已关闸	
56	新乡市		香泉河退水闸	香泉河	已关闸	
57	鹤壁市		淇河退水闸	淇河	已关闸	
58	汤阴县		汤阴退水闸	汤河	已关闸	
59	安阳市		安阳河退水闸	安阳河	已关闸	

【水量调度计划执行】

区分	序号	市、县名称	年度用水计划（万m³）	月用水计划（万m³）	月实际供水量（万m³）	年度累计供水量（万m³）	年度计划执行情况（%）	累计供水量（万m³）
农业用水	1	引丹灌区	60000	4000	4100.26	7672.03	12.79	252442.87
城市用水	1	邓州	4080	280	225.15	441.73	10.83	11240.16
	2	南阳	19501	1580	1529.97	2983.20	15.30	67411.45
	3	漯河	9003	731.56	746.18	1474.02	16.37	29555.42
	4	周口	5563	452.6	467.56	914.15	16.43	11026.84
	5	平顶山	28852	7703	7727.03	14890.51	51.61	68041.73
	6	许昌	20440	1523.4	1346.79	3695.91	18.08	77671.85
	7	郑州	71911	5391	5155.75	10440.23	14.52	233508.14
	8	焦作	11544	850	636.88	1239.02	10.73	18299.24
	9	新乡	13268	1039.2	1123.13	2322.26	17.50	53680.18
	10	鹤壁	6079	387.8	365.70	769.07	12.65	26386.71
	11	濮阳	8363	692.5	724.79	1443.34	17.26	30709.28
	12	安阳	9162	629.3	825.42	1691.11	18.46	27454.60
	13	滑县	2657	177.94	186.24	371.43	13.98	5135.76
		小计	210423	21438.3	21060.59	42675.98	20.28	660121.36
合计			270423	25438.3	25160.85	50348.01	18.62	912564.23

【水质信息】

序号	断面名称	断面位置（省、市）	采样时间	水温（℃）	pH值（无量纲）	溶解氧	高锰酸盐指数	化学需氧量（COD）	五日生化需氧量（BOD₅）	氨氮（NH₃-N）	总磷（以P计）
								mg/L			
1	沙河南	河南鲁山县	12月10日	11.7	8.4	10	2	<15	<0.7	0.044	<0.01
2	郑湾	河南郑州市	12月10日	11.2	8.3	10.2	2	<15	<0.9	<0.047	<0.01

序号	断面名称	总氮（以N计）	铜	锌	氟化物（以F计）	硒	砷	汞	镉	铬（六价）	铅
						mg/L					
1	沙河南	0.94	<0.01	<0.05	0.164	<0.0003	0.0005	<0.00001	<0.0005	<0.004	<0.0025
2	郑湾	0.86	<0.01	<0.05	0.162	0.0003	0.0005	<0.00001	<0.0005	<0.004	<0.0025

续表

序号	断面名称	氰化物	挥发酚	石油类	阴离子表面活性剂	硫化物	粪大肠菌群	水质类别	超标项目及超标倍数	
		mg/L					个/L			
1	沙河南	＜0.002	＜0.002	＜0.01	＜0.05	＜0.01	30	Ⅰ类		
2	郑湾	＜0.002	＜0.002	＜0.01	＜0.05	＜0.01	10	Ⅰ类		

说明：根据南水北调中线水质保护中心1月2日提供数据。

运行管理月报2020年第2期总第54期

【工程运行调度】

2020年2月1日8时，河南省陶岔渠首引水闸入干渠流量145.26m³/s；穿黄隧洞节制闸过闸流量110.10m³/s；漳河倒虹吸节制闸过闸流量95.22m³/s。截至2020年1月31日，全省累计有39个口门及21个退水闸（湍河、严陵河、白河、清河、贾河、潦河、澧河、澎河、沙河、北汝河、颍河、双洎河、沂水河、十八里河、贾峪河、索河、闫河、香泉河、淇河、汤河、安阳河）开闸分水，其中，36个口门正常供水，2个口门线路因受水水厂暂不具备接水条件而未供水（11-1、22），1个口门线路因地方不用水暂停供水（11）。

【各市县配套工程线路供水】

序号	市、县	口门编号	分水口门	供水目标	运行情况	备注
1	邓州市	1	肖楼	引丹灌区	正常供水	
2	邓州市	2	望城岗	邓州一水厂	正常供水	电力设备维修完毕，1月13日14：00恢复供水
				邓州二水厂	正常供水	
				邓州三水厂	正常供水	
	南阳市			新野二水厂	正常供水	
				新野三水厂	正常供水	
3	南阳市	3-1	谭寨	镇平县五里岗水厂	正常供水	
				镇平县规划水厂	正常供水	
4	南阳市	5	田洼	傅岗（麒麟）水厂	正常供水	
				龙升水厂	正常供水	
5	南阳市	6	大寨	南阳四水厂	正常供水	
6	南阳市	7	半坡店	唐河县水厂	正常供水	
				社旗水厂	正常供水	
7	方城县	9	十里庙	新裕水厂	正常供水	
8	漯河市	10	辛庄	舞阳水厂	正常供水	
				漯河二水厂	正常供水	
				漯河三水厂	正常供水	
				漯河四水厂	正常供水	
				漯河五水厂	正常供水	
				漯河八水厂	正常供水	
	周口市			商水水厂	正常供水	因管道维修，1月6日22：00～1月9日12：00暂停供水
				周口东区水厂	正常供水	
				周口二水厂	正常供水	

续表

序号	市、县	口门编号	分水口门	供水目标	运行情况	备注
9	平顶山市	11	澎河	平顶山白龟山水厂	暂停供水	
				平顶山九里山水厂	暂停供水	
				平顶山平煤集团水厂	暂停供水	
				叶县水厂	正常供水	
10	平顶山市	11-1	张村	鲁山水厂	未供水	泵站已调试
11	平顶山市	12	马庄	平顶山焦庄水厂	正常供水	
12	平顶山市	13	高庄	平顶山王铁庄水厂	正常供水	
				平顶山石龙区水厂	正常供水	
13	平顶山市	14	赵庄	郏县规划水厂	正常供水	
14	许昌市	15	宴窑	襄城县三水厂	正常供水	
15	许昌市	16	任坡	禹州市二水厂	正常供水	
				神垕镇二水厂	正常供水	
	登封市			卢店水厂	正常供水	
16	许昌市	17	孟坡	许昌市周庄水厂	正常供水	
				曹寨水厂	正常供水	
				北海、石梁河、霸陵河	正常供水	
				许昌市二水厂	正常供水	
	鄢陵县			鄢陵中心水厂	正常供水	
				临颍县一水厂	正常供水	
	临颍县			临颍县二水厂（千亩湖）	正常供水	水厂未建，利用临颍二水厂支线向千亩湖供水
17	许昌市	18	洼李	长葛市规划三水厂	正常供水	
				清潩河	暂停供水	
				增福湖	正常供水	
18	郑州市	19	李垌	新郑一水厂	暂停供水	备用
				新郑二水厂	正常供水	
				望京楼水库	暂停供水	
				老观寨水库	暂停供水	
19	郑州市	20	小河刘	郑州航空城一水厂	正常供水	
				郑州航空城二水厂	正常供水	
				中牟县三水厂	正常供水	
20	郑州市	21	刘湾	郑州市刘湾水厂	正常供水	
21	郑州市	22	密垌	尖岗水库	正常供水	1月10日起向尖岗水库充库300万 m³
				新密水厂	暂停供水	
22	郑州市	23	中原西路	郑州柿园水厂	正常供水	水厂管道维修完毕，1月11日8:00恢复供水
				郑州白庙水厂	正常供水	
				郑州常庄水库	暂停供水	
23	郑州市	24	前蒋寨	荥阳市四水厂	正常供水	
24	郑州市	24-1	蒋头	上街区规划水厂	正常供水	
25	温县	25	北冷	温县三水厂	正常供水	

续表

序号	市、县	口门编号	分水口门	供水目标	运行情况	备注
26	焦作市	26	北石涧	武陟县城三水厂	正常供水	
				博爱县水厂	正常供水	
27	焦作市	27	府城	府城水厂	正常供水	
28	焦作市	28	苏蔺	焦作市修武水厂	正常供水	
				焦作市苏蔺水厂	正常供水	
29	新乡市	30	郭屯	获嘉县水厂	正常供水	
30	辉县市	31	路固	辉县三水厂	正常供水	
31	新乡市	32	老道井	新乡高村水厂	正常供水	
				新乡新区水厂	正常供水	
				新乡孟营水厂	正常供水	
				新乡凤泉水厂	正常供水	
	新乡县			七里营水厂	正常供水	
32	新乡市	33	温寺门	卫辉规划水厂	正常供水	
33	鹤壁市	34	袁庄	淇县铁西区水厂	正常供水	
				赵家渠	暂停供水	赵家渠改造，暂停供水
				淇县城北水厂	正常供水	
34	濮阳市	35	三里屯	引黄调节池（濮阳一水厂）	暂停供水	
				濮阳二水厂	正常供水	
				濮阳三水厂	正常供水	
				清丰县固城水厂	正常供水	
	濮阳县			濮阳县水厂	正常供水	与濮阳二水厂共用西水坡支线来水
	南乐县			南乐县水厂	正常供水	
	鹤壁市			浚县水厂	正常供水	
				鹤壁四水厂	正常供水	
				滑县三水厂	正常供水	
	滑县			滑县四水厂（安阳中盈化肥有限公司、河南易凯针织有限责任公司）	暂停供水	滑县四水厂未建，目前向企业供水。因春节假期，1月16日8:30起暂停供水
35	鹤壁市	36	刘庄	鹤壁三水厂	正常供水	
36	安阳市	37	董庄	汤阴一水厂	正常供水	
				汤阴二水厂	正常供水	
				内黄县四水厂	正常供水	
37	安阳市	38	小营	安阳六水厂	正常供水	
				安阳八水厂	正常供水	
38	安阳市	39	南流寺	安阳四水厂	正常供水	
39	邓州市		湍河退水闸	湍河	已关闸	
40	邓州市		严陵河退水闸	严陵河	已关闸	
41	南阳市		白河退水闸	白河	已关闸	
42	南阳市		清河退水闸	清河	正常供水	
43	南阳市		贾河退水闸	贾河	已关闸	
44	南阳市		潦河退水闸	潦河	已关闸	
45	平顶山市		澧河退水闸	澧河	已关闸	

序号	市、县	口门编号	分水口门	供水目标	运行情况	备注
46	平顶山市		澎河退水闸	澎河	已关闸	
47	平顶山市		沙河退水闸	沙河、白龟山水库	已关闸	
48	平顶山市		北汝河退水闸	北汝河	已关闸	
49	禹州市		颍河退水闸	颍河	已关闸	1月10日~1月21日向颍河退水300万m³
50	新郑市		双洎河退水闸	双洎河	正常供水	
51	新郑市		沂水河退水闸	唐寨水库	已关闸	
52	郑州市		十八里河退水闸	十八里河	已关闸	
53	郑州市		贾峪河退水闸	贾峪河、西流湖	已关闸	
54	郑州市		索河退水闸	索河	已关闸	
55	焦作市		闫河退水闸	闫河、龙源湖	已关闸	
56	新乡市		香泉河退水闸	香泉河	已关闸	
57	鹤壁市		淇河退水闸	淇河	已关闸	
58	汤阴县		汤河退水闸	汤河	已关闸	
59	安阳市		安阳河退水闸	安阳河	已关闸	

【水量调度计划执行】

区分	序号	市、县名称	年度用水计划（万m³）	月用水计划（万m³）	月实际供水量（万m³）	年度累计供水量（万m³）	年度计划执行情况（%）	累计供水量（万m³）
农业用水	1	引丹灌区	60000	3500	4191.41	11863.44	19.77	256634.28
城市用水	1	邓州	4080	280	231.32	673.05	16.50	11471.48
	2	南阳	19501	1622	1459.81	4443.01	22.78	68871.26
	3	漯河	9003	741.7	721.51	2195.53	24.39	30276.93
	4	周口	5563	452.6	444.06	1358.21	24.42	11470.90
	5	平顶山	28852	3290	3703.03	18593.54	64.44	71744.76
	6	许昌	20440	1483	1556.07	5251.98	25.69	79227.92
	7	郑州	71911	5529.6	4409.27	14849.51	20.65	237917.41
	8	焦作	11544	851	620.56	1859.58	16.11	18919.80
	9	新乡	13268	1069.5	1130.55	3452.81	26.02	54810.73
	10	鹤壁	6079	397.9	368.35	1137.41	18.71	26755.05
	11	濮阳	8363	712.5	734.91	2178.25	26.05	31444.19
	12	安阳	9162	660.3	923.58	2614.69	28.54	28378.18
	13	滑县	2657	173.6	179.06	550.49	20.72	5314.82
		小计	210423	17263.70	16482.08	59158.06	26.26	676603.43
合计			270423	20763.70	20673.49	71021.50	26.26	933237.71

【水质信息】

序号	断面名称	断面位置（省、市）	采样时间	水温（℃）	pH值（无量纲）	溶解氧	高锰酸盐指数	化学需氧量（COD）	五日生化需氧量（BOD₅）	氨氮（NH₃-N）	总磷（以P计）
								mg/L			
1	沙河南	河南鲁山县	1月3日	9.2	8.1	8.8	2	<15	<0.5	0.053	<0.01
2	郑湾	河南郑州市	1月3日	8.3	8.2	9.4	2	<15	<0.5	<0.049	<0.01

续表

序号	断面名称	总氮（以N计）	铜	锌	氟化物（以F计）	硒	砷	汞	镉	铬（六价）	铅
		mg/L									
1	沙河南	1.05	<0.01	<0.05	0.173	<0.0003	0.0006	<0.00001	<0.0005	<0.004	<0.0025
2	郑湾	1.04	<0.01	<0.05	0.177	<0.0003	0.0001	<0.00001	<0.0005	<0.004	<0.0025

序号	断面名称	氰化物	挥发酚	石油类	阴离子表面活性剂	硫化物	粪大肠菌群	水质类别	超标项目及超标倍数
		mg/L					个/L		
1	沙河南	<0.002	<0.002	<0.01	<0.05	<0.01	30	I类	
2	郑湾	<0.002	<0.002	<0.01	<0.05	<0.01	<10	I类	

说明：根据南水北调中线水质保护中心3月16日提供数据。

运行管理月报2020年第3期总第55期

【工程运行调度】

2020年3月1日8时，河南省陶岔渠首引水闸入干渠流量178.00m³/s；穿黄隧洞节制闸过闸流量117.78m³/s；漳河倒虹吸节制闸过闸流量101.68m³/s。截至2020年2月29日，全省累计有39个口门及21个退水闸（湍河、严陵河、白河、清河、贾河、潦河、澧河、澎河、沙河、北汝河、颍河、双洎河、沂水河、十八里河、贾峪河、索河、闫河、香泉河、淇河、汤河、安阳河）开闸分水，其中，36个口门正常供水，2个口门线路因受水水厂暂不具备接水条件而未供水（11-1、22），1个口门线路因地方不用水暂停供水（11）。

【各市县配套工程线路供水】

序号	市、县	口门编号	分水口门	供水目标	运行情况	备注
1	邓州市	1	肖楼	引丹灌区	正常供水	
2	邓州市	2	望城岗	邓州一水厂	正常供水	
				邓州二水厂	正常供水	
				邓州三水厂	正常供水	
				新野二水厂	正常供水	
				新野三水厂	正常供水	
3	南阳市	3-1	谭寨	镇平县五里岗水厂	正常供水	
				镇平县规划水厂	正常供水	
4	南阳市	5	田洼	傅岗（麒麟）水厂	正常供水	
				龙升水厂	正常供水	
5	南阳市	6	大寨	南阳四水厂	正常供水	
6	南阳市	7	半坡店	唐河县水厂	正常供水	
				社旗水厂	正常供水	
7	方城县	9	十里庙	新裕水厂	正常供水	
8	漯河市	10	辛庄	舞阳水厂	正常供水	
				漯河二水厂	正常供水	
				漯河三水厂	正常供水	
				漯河四水厂	正常供水	
				漯河五水厂	正常供水	
				漯河八水厂	正常供水	

续表

序号	市、县	口门编号	分水口门	供水目标	运行情况	备注
8	周口市	10	辛庄	商水水厂	正常供水	
				周口东区水厂	正常供水	
				周口二水厂	正常供水	
9	平顶山市	11	澎河	平顶山白龟山水厂	暂停供水	
				平顶山九里山水厂	暂停供水	
				平顶山平煤集团水厂	暂停供水	
				叶县水厂	正常供水	
10	平顶山市	11−1	张村	鲁山水厂	未供水	泵站已调试
11	平顶山市	12	马庄	平顶山焦庄水厂	正常供水	
12	平顶山市	13	高庄	平顶山王铁庄水厂	正常供水	
				平顶山石龙区水厂	正常供水	
13	平顶山市	14	赵庄	郏县规划水厂	正常供水	
14	许昌市	15	宴窑	襄城县三水厂	正常供水	
15	许昌市	16	任坡	禹州市二水厂	正常供水	
				神垕镇二水厂	正常供水	
	登封市			卢店水厂	正常供水	
16	许昌市	17	孟坡	许昌市周庄水厂	正常供水	
				曹寨水厂	正常供水	
				北海、石梁河、霸陵河	正常供水	
				许昌市二水厂	正常供水	
	鄢陵县			鄢陵中心水厂	正常供水	
	临颖县			临颖县一水厂	正常供水	
				临颖县二水厂（千亩湖）	正常供水	水厂未建，利用临颖二水厂支线向千亩湖供水
17	许昌市	18	洼李	长葛市规划三水厂	正常供水	
				清潩河	正常供水	
				增福湖	正常供水	
18	郑州市	19	李垌	新郑一水厂	暂停供水	备用
				新郑二水厂	正常供水	
				望京楼水库	暂停供水	
				老观寨水库	暂停供水	
19	郑州市	20	小河刘	郑州航空城一水厂	正常供水	
				郑州航空城二水厂	正常供水	
				中牟县三水厂	正常供水	
20	郑州市	21	刘湾	郑州市刘湾水厂	正常供水	
21	郑州市	22	密垌	尖岗水库	正常供水	2月19日9：00起向尖岗水库充库400万m³
				新密水厂	正常供水	
22	郑州市	23	中原西路	郑州柿园水厂	正常供水	
				郑州白庙水厂	正常供水	
				郑州常庄水库	暂停供水	
23	郑州市	24	前蒋寨	荥阳市四水厂	正常供水	
24	郑州市	24−1	蒋头	上街区规划水厂	正常供水	

续表

序号	市、县	口门编号	分水口门	供水目标	运行情况	备注
25	温县	25	北冷	温县三水厂	正常供水	
26	焦作市	26	北石涧	武陟县城三水厂	正常供水	
				博爱县水厂	正常供水	
27	焦作市	27	府城	府城水厂	正常供水	
28	焦作市	28	苏蔺	焦作市修武水厂	正常供水	
				焦作市苏蔺水厂	正常供水	
29	新乡市	30	郭屯	获嘉县水厂	正常供水	
30	辉县市	31	路固	辉县三水厂	正常供水	
31	新乡市	32	老道井	新乡高村水厂	正常供水	
				新乡新区水厂	正常供水	
				新乡孟营水厂	正常供水	
				新乡凤泉水厂	正常供水	
	新乡县			七里营水厂	正常供水	
32	新乡市	33	温寺门	卫辉规划水厂	正常供水	
33	鹤壁市	34	袁庄	淇县铁西区水厂	正常供水	
				赵家渠	暂停供水	赵家渠改造，暂停供水
				淇县城北水厂	正常供水	
34	濮阳市	35	三里屯	引黄调节池（濮阳一水厂）	暂停供水	
				濮阳二水厂	正常供水	
				濮阳三水厂	正常供水	
				清丰县固城水厂	正常供水	
	濮阳县			濮阳县水厂	正常供水	与濮阳二水厂共用西水坡支线来水
	南乐县			南乐县水厂	正常供水	
	鹤壁市			浚县水厂	正常供水	
				鹤壁四水厂	正常供水	
	滑县			滑县三水厂	正常供水	
				滑县四水厂（安阳中盈化肥有限公司、河南易凯针织有限责任公司）	暂停供水	滑县四水厂未建，目前向企业供水。因春节假期，1月16日8:30起暂停供水
35	鹤壁市	36	刘庄	鹤壁三水厂	正常供水	
36	安阳市	37	董庄	汤阴一水厂	正常供水	
				汤阴二水厂	正常供水	
				内黄县四水厂	正常供水	
37	安阳市	38	小营	安阳六水厂	正常供水	
				安阳八水厂	正常供水	
38	安阳市	39	南流寺	安阳四水厂	正常供水	
39	邓州市		湍河退水闸	湍河	已关闸	
40	邓州市		严陵河退水闸	严陵河	已关闸	
41	南阳市		白河退水闸	白河	已关闸	
42	南阳市		清河退水闸	清河	正常供水	

序号	市、县	口门编号	分水口门	供水目标	运行情况	备注
43	南阳市		贾河退水闸	贾河	已关闸	
44	南阳市		潦河退水闸	潦河	已关闸	
45	平顶山市		澧河退水闸	澧河	已关闸	
46	平顶山市		澎河退水闸	澎河	已关闸	
47	平顶山市		沙河退水闸	沙河、白龟山水库	已关闸	
48	平顶山市		北汝河退水闸	北汝河	已关闸	
49	禹州市		颍河退水闸	颍河	已关闸	
50	新郑市		双洎河退水闸	双洎河	正常供水	
51	新郑市		沂水河退水闸	唐寨水库	已关闸	
52	郑州市		十八里河退水闸	十八里河	已关闸	
53	郑州市		贾峪河退水闸	贾峪河、西流湖	已关闸	
54	郑州市		索河退水闸	索河	已关闸	
55	焦作市		闫河退水闸	闫河、龙源湖	正常供水	
56	新乡市		香泉河退水闸	香泉河	已关闸	
57	鹤壁市		淇河退水闸	淇河	已关闸	
58	汤阴县		汤河退水闸	汤河	已关闸	
59	安阳市		安阳河退水闸	安阳河	已关闸	

【水量调度计划执行】

区分	序号	市、县名称	年度用水计划（万m³）	月用水计划（万m³）	月实际供水量（万m³）	年度累计供水量（万m³）	年度计划执行情况（%）	累计供水量（万m³）
农业用水	1	引丹灌区	60000	3550	4577.25	16440.69	27.40	261211.53
城市用水	1	邓州	4080	280	202.93	876.81	21.49	11675.23
	2	南阳	19501	1447.5	1250.82	5693.00	29.19	70121.26
	3	漯河	9003	687	645.09	2840.62	31.55	30922.02
	4	周口	5563	423.4	403.33	1761.53	31.67	11874.23
	5	平顶山	28852	575	460.20	19053.74	66.04	72204.96
	6	许昌	20440	1395.9	1112.03	6364.01	31.14	80339.94
	7	郑州	71911	5491.5	3895.41	18744.91	26.07	241812.82
	8	焦作	11544	801	578.70	2438.28	21.12	19498.50
	9	新乡	13268	926.5	992.30	4445.11	33.50	55803.03
	10	鹤壁	6079	375.3	350.95	1488.36	24.48	27106.00
	11	濮阳	8363	682	667.82	2846.07	34.03	32112.02
	12	安阳	9162	617.7	820.90	3435.59	37.50	29199.08
	13	滑县	2657	163.76	160.36	710.84	26.75	5475.17
小计			210423	13866.56	11540.84	70698.87	33.60	688144.26
合计			270423	17416.56	16118.09	87139.56	32.22	949355.79

【水质信息】

序号	断面名称	断面位置（省、市）	采样时间	水温（℃）	pH值（无量纲）	溶解氧	高锰酸盐指数	化学需氧量（COD）	五日生化需氧量（BOD₅）	氨氮（NH₃-N）	总磷（以P计）
									mg/L		
1	沙河南	河南鲁山县	2月14日	10.1	8.3	9.5	2	<15	0.5	0.035	<0.01
2	郑湾	河南郑州市	2月14日	10.3	8.3	9.7	2	<15	0.6	0.035	<0.01

序号	断面名称	总氮（以N计）	铜	锌	氟化物（以F计）	硒	砷	汞	镉	铬（六价）	铅
						mg/L					
1	沙河南	0.98	<0.01	<0.05	0.178	<0.0003	0.0007	<0.00001	<0.0005	<0.004	<0.0025
2	郑湾	0.99	<0.01	<0.05	0.172	<0.0003	0.0007	<0.00001	<0.0005	<0.004	<0.0025

序号	断面名称	氰化物	挥发酚	石油类	阴离子表面活性剂	硫化物	粪大肠菌群	水质类别	超标项目及超标倍数
				mg/L			个/L		
1	沙河南	<0.002	<0.002	<0.01	<0.05	<0.01	<10	Ⅰ类	
2	郑湾	<0.002	<0.002	<0.01	<0.05	<0.01	<10	Ⅰ类	

说明：根据南水北调中线水质保护中心3月17日提供数据。

运行管理月报2020年第4期总第56期

【工程运行调度】

2020年4月1日8时，河南省陶岔渠首引水闸入干渠流量349.98m³/s；穿黄隧洞节制闸过闸流量248.54m³/s；漳河倒虹吸节制闸过闸流量233.04m³/s。截至2020年3月31日，全省累计有39个口门及21个退水闸（湍河、严陵河、白河、清河、贾河、潦河、澧河、澎河、沙河、北汝河、颍河、双洎河、沂水河、十八里河、贾峪河、索河、闫河、香泉河、淇河、汤河、安阳河）开闸分水，其中，36个口门正常供水，2个口门线路因受水水厂暂不具备接水条件而未供水（11-1、22），1个口门线路因地方不用水暂停供水（11）。

【各市县配套工程线路供水】

序号	市、县	口门编号	分水口门	供水目标	运行情况	备注
1	邓州市	1	肖楼	引丹灌区	正常供水	
2	邓州市	2	望城岗	邓州一水厂	正常供水	
				邓州二水厂	暂停供水	3月30日14：00至4月4日14：00暂停供水
				邓州三水厂	正常供水	
	南阳市			新野二水厂	正常供水	
				新野三水厂	正常供水	
3	南阳市	3-1	谭寨	镇平县五里岗水厂	正常供水	
				镇平县规划水厂	正常供水	
4	南阳市	5	田洼	傅岗（麒麟）水厂	正常供水	
				龙升水厂	正常供水	
5	南阳市	6	大寨	南阳四水厂	正常供水	

序号	市、县	口门编号	分水口门	供水目标	运行情况	备注
6	南阳市	7	半坡店	唐河县水厂	正常供水	
				社旗水厂	正常供水	
7	方城县	9	十里庙	新裕水厂	正常供水	
8	漯河市	10	辛庄	舞阳水厂	正常供水	
				漯河二水厂	正常供水	
				漯河三水厂	正常供水	
				漯河四水厂	正常供水	
				漯河五水厂	正常供水	
				漯河八水厂	正常供水	
	周口市			商水水厂	正常供水	
				周口东区水厂	正常供水	
				周口二水厂	正常供水	
9	平顶山市	11	澎河	平顶山白龟山水厂	暂停供水	
				平顶山九里山水厂	暂停供水	
				平顶山平煤集团水厂	暂停供水	
				叶县水厂	正常供水	
10	平顶山市	11-1	张村	鲁山水厂	未供水	泵站已调试
11	平顶山市	12	马庄	平顶山焦庄水厂	正常供水	
12	平顶山市	13	高庄	平顶山王铁庄水厂	正常供水	
				平顶山石龙区水厂	正常供水	
13	平顶山市	14	赵庄	郏县规划水厂	正常供水	
14	许昌市	15	宴窑	襄城县三水厂	正常供水	
15	许昌市	16	任坡	禹州市二水厂	正常供水	
				神垕镇二水厂	正常供水	
	登封市			卢店水厂	正常供水	
16	许昌市	17	孟坡	许昌市周庄水厂	正常供水	
				曹寨水厂	正常供水	
				北海、石梁河、霸陵河	正常供水	
				许昌市二水厂	正常供水	
	鄢陵县			鄢陵中心水厂	正常供水	
	临颍县			临颍县一水厂	正常供水	
				临颍县二水厂（千亩湖）	正常供水	水厂未建，利用临颍二水厂支线向千亩湖供水
17	许昌市	18	洼李	长葛市规划三水厂	正常供水	
				清潩河	正常供水	3月22日9:30恢复供水
				增福湖	正常供水	
18	郑州市	19	李垌	新郑一水厂	暂停供水	备用
				新郑二水厂	正常供水	
				望京楼水库	暂停供水	
				老观寨水库	暂停供水	
19	郑州市	20	小河刘	郑州航空城一水厂	正常供水	
				郑州航空城二水厂	正常供水	
				中牟县三水厂	正常供水	

续表

序号	市、县	口门编号	分水口门	供水目标	运行情况	备注
20	郑州市	21	刘湾	郑州市刘湾水厂	正常供水	
21	郑州市	22	密垌	尖岗水库	正常供水	3月24日14时继续充库
				新密水厂	正常供水	
22	郑州市	23	中原西路	郑州柿园水厂	正常供水	
				郑州白庙水厂	暂停供水	
				郑州常庄水库	暂停供水	
23	郑州市	24	前蒋寨	荥阳市四水厂	正常供水	
24	郑州市	24−1	蒋头	上街区规划水厂	正常供水	
25	温县	25	北冷	温县三水厂	正常供水	
26	焦作市	26	北石涧	武陟县城三水厂	正常供水	
				博爱县水厂	正常供水	
27	焦作市	27	府城	府城水厂	正常供水	水厂管道维修完毕，3月23日16：30恢复供水
28	焦作市	28	苏蔺	焦作市修武水厂	正常供水	
				焦作市苏蔺水厂	正常供水	
29	新乡市	30	郭屯	获嘉县水厂	正常供水	
30	辉县市	31	路固	辉县三水厂	正常供水	
31	新乡市	32	老道井	新乡高村水厂	正常供水	
				新乡新区水厂	正常供水	
				新乡孟营水厂	正常供水	
				新乡凤泉水厂	正常供水	
	新乡县			七里营水厂	正常供水	
32	新乡市	33	温寺门	卫辉规划水厂	正常供水	
33	鹤壁市	34	袁庄	淇县铁西区水厂	正常供水	
				赵家渠	暂停供水	赵家渠改造，暂停供水
				淇县城北水厂	正常供水	
34	濮阳市	35	三里屯	引黄调节池（濮阳一水厂）	暂停供水	
				濮阳二水厂	正常供水	
				濮阳三水厂	正常供水	
				清丰县固城水厂	正常供水	
	濮阳县			濮阳县水厂	正常供水	与濮阳二水厂共用西水坡支线来水
	南乐县			南乐县水厂	正常供水	
	鹤壁市			浚县水厂	正常供水	
				鹤壁四水厂	正常供水	
				滑县三水厂	正常供水	
	滑县			滑县四水厂（安阳中盈化肥有限公司、河南易凯针织有限责任公司）	正常供水	滑县四水厂未建，目前向企业供水。3月11日9：30起恢复供水
35	鹤壁市	36	刘庄	鹤壁三水厂	正常供水	
36	安阳市	37	董庄	汤阴一水厂	正常供水	
				汤阴二水厂	正常供水	
				内黄县四水厂	正常供水	

续表

序号	市、县	口门编号	分水口门	供水目标	运行情况	备注
37	安阳市	38	小营	安阳六水厂	正常供水	
				安阳八水厂	正常供水	
38	安阳市	39	南流寺	安阳四水厂	正常供水	
39	邓州市		湍河退水闸	湍河	已关闸	
40	邓州市		严陵河退水闸	严陵河	已关闸	
41	南阳市		白河退水闸	白河	正常供水	
42	南阳市		清河退水闸	清河	正常供水	
43	南阳市		贾河退水闸	贾河	已关闸	
44	南阳市		潦河退水闸	潦河	已关闸	
45	平顶山市		澧河退水闸	澧河	已关闸	
46	平顶山市		澎河退水闸	澎河	已关闸	
47	平顶山市		沙河退水闸	沙河、白龟山水库	正常供水	3月19日起向白龟山水库生态补水1072.8万 m³
48	平顶山市		北汝河退水闸	北汝河	已关闸	
49	禹州市		颍河退水闸	颍河	已关闸	
50	新郑市		双洎河退水闸	双洎河	正常供水	
51	新郑市		沂水河退水闸	唐寨水库	正常供水	
52	郑州市		十八里河退水闸	十八里河	正常供水	
53	郑州市		贾峪河退水闸	贾峪河、西流湖	正常供水	
54	郑州市		索河退水闸	索河	已关闸	
55	焦作市		闫河退水闸	闫河、龙源湖	正常供水	
56	新乡市		香泉河退水闸	香泉河	正常供水	
57	鹤壁市		淇河退水闸	淇河	已关闸	
58	汤阴县		汤河退水闸	汤河	已关闸	
59	安阳市		安阳河退水闸	安阳河	已关闸	

【水量调度计划执行】

区分	序号	市、县名称	年度用水计划（万 m³）	月用水计划（万 m³）	月实际供水量（万 m³）	年度累计供水量（万 m³）	年度计划执行情况（%）	累计供水量（万 m³）
农业用水	1	引丹灌区	60000	5300	5139.61	21580.30	35.97	266351.14
城市用水	1	邓州	4080	280	202.8188	1490.03	36.52	12288.45
	2	南阳	19501	1470	326.6112	6675.17	34.23	71103.43
	3	漯河	9003	724.5	511.9108	3352.53	37.24	31433.93
	4	周口	5563	452.6	350.5823	2112.12	37.97	12224.81
	5	平顶山	28852	565	396.15	20522.69	71.13	73673.91
	6	许昌	20440	1484.4	679.7638	8077.41	39.52	82053.35
	7	郑州	71911	5499.7	3832.613	23426.39	32.58	246494.30
	8	焦作	11544	860	287.57	2755.85	23.87	19816.07
	9	新乡	13268	949.1	368.23	5477.20	41.28	56835.12
	10	鹤壁	6079	400	48.62896	1639.41	26.97	27257.05
	11	濮阳	8363	756.4	337.8188	3183.89	38.07	32449.83
	12	安阳	9162	660.3	54.08	3728.82	40.70	29492.31

续表

区分	序号	市、县名称	年度用水计划（万m³）	月用水计划（万m³）	月实际供水量（万m³）	年度累计供水量（万m³）	年度计划执行情况（%）	累计供水量（万m³）
城市用水	13	滑县	2657	173.6	77.53219	788.38	29.67%	5552.71
		小计	210423	14275.60	7474.31	83229.89	39.55%	700675.27
	合计		270423	19575.6	12613.92	104810.19	38.76%	967026.41

【水质信息】

序号	断面名称	断面位置（省、市）	采样时间	水温（℃）	pH值（无量纲）	溶解氧	高锰酸盐指数	化学需氧量（COD）	五日生化需氧量（BOD₅）	氨氮（NH₃-N）	总磷（以P计）
									mg/L		
1	沙河南	河南鲁山县	3月2日	11	8	10.1	2.1	<15	0.7	0.043	<0.01
2	郑湾	河南郑州市	3月2日	10.6	8.2	9.8	2.2	<15	1.1	0.051	<0.01

序号	断面名称	总氮（以N计）	铜	锌	氟化物（以F计）	硒	砷	汞	镉	铬（六价）	铅
						mg/L					
1	沙河南	1.12	<0.01	<0.05	0.169	<0.0003	0.0004	<0.00001	<0.0005	<0.004	<0.0025
2	郑湾	1.17	<0.01	<0.05	0.166	<0.0003	0.0005	<0.00001	<0.0005	<0.004	<0.0025

序号	断面名称	氰化物	挥发酚	石油类	阴离子表面活性剂	硫化物	粪大肠菌群个/L	水质类别	超标项目及超标倍数
				mg/L					
1	沙河南	<0.002	<0.002	<0.01	<0.05	<0.01	10	Ⅱ类	
2	郑湾	<0.002	<0.002	<0.01	<0.05	<0.01	10	Ⅱ类	

说明：根据南水北调中线水质保护中心4月14日提供数据。

运行管理月报2020年第5期总第57期

【工程运行调度】

2020年5月1日8时，河南省陶岔渠首引水闸入干渠流量385.78m³/s；穿黄隧洞节制闸过闸流量259.79m³/s；漳河倒虹吸节制闸过闸流量227.26m³/s。截至2020年4月30日，全省累计有38个口门及23个退水闸（湍河、严陵河、白河、清河、贾河、潦河、澧河、澎河、沙河、北汝河、颍河、双洎河、沂水河、十八里河、贾峪河、索河、闫河、香泉河、峪河、黄水河支线、淇河、汤河、安阳河）开闸分水，其中，36个口门正常供水，1个口门线路因受水水厂暂不具备接水条件而未供水（11-1），1个口门线路因地方不用水暂停供水（11）。

【各市县配套工程线路供水】

序号	市、县	口门编号	分水口门	供水目标	运行情况	备注
1	邓州市	1	肖楼	引丹灌区	正常供水	生态补水72万m³
2	邓州市	2	望城岗	邓州一水厂	正常供水	
				邓州二水厂	正常供水	
				邓州三水厂	正常供水	
	南阳市			新野二水厂	正常供水	
				新野三水厂	正常供水	

续表

序号	市、县	口门编号	分水口门	供水目标	运行情况	备注
3	南阳市	3-1	谭寨	镇平县五里岗水厂	正常供水	
				镇平县规划水厂	正常供水	
4	南阳市	5	田洼	傅岗（麒麟）水厂	正常供水	
				龙升水厂	正常供水	
5	南阳市	6	大寨	南阳四水厂	正常供水	
6	南阳市	7	半坡店	唐河县水厂	正常供水	
				社旗水厂	正常供水	
7	方城县	9	十里庙	新裕水厂	正常供水	
8	漯河市	10	辛庄	舞阳水厂	正常供水	
				漯河二水厂	正常供水	
				漯河三水厂	正常供水	
				漯河四水厂	正常供水	
				漯河五水厂	正常供水	
				漯河八水厂	正常供水	
	周口市			商水水厂	正常供水	
				周口东区水厂	正常供水	
				周口二水厂	正常供水	
9	平顶山市	11	澎河	平顶山白龟山水厂	暂停供水	
				平顶山九里山水厂	暂停供水	
				平顶山平煤集团水厂	暂停供水	
				叶县水厂	正常供水	
10	平顶山市	11-1	张村	鲁山水厂	未供水	泵站已调试
11	平顶山市	12	马庄	平顶山焦庄水厂	正常供水	
12	平顶山市	13	高庄	平顶山王铁庄水厂	正常供水	
				平顶山石龙区水厂	正常供水	
13	平顶山市	14	赵庄	郏县规划水厂	正常供水	
14	许昌市	15	宴窑	襄城县三水厂	正常供水	
15	许昌市	16	任坡	禹州市二水厂	正常供水	
				神垕镇二水厂	正常供水	
	登封市			卢店水厂	正常供水	
16	许昌市	17	孟坡	许昌市周庄水厂	正常供水	
				曹寨水厂	正常供水	
				北海、石梁河、霸陵河	正常供水	
				许昌市二水厂	正常供水	
	鄢陵县			鄢陵中心水厂	正常供水	
	临颍县			临颍县一水厂	正常供水	
				临颍县二水厂（千亩湖）	正常供水	水厂未建，利用临颍二水厂支线向千亩湖供水
17	许昌市	18	洼李	长葛市规划三水厂	正常供水	
				清潩河	正常供水	
				增福湖	正常供水	

续表

序号	市、县	口门编号	分水口门	供水目标	运行情况	备注
18	郑州市	19	李垌	新郑一水厂	暂停供水	备用
				新郑二水厂	正常供水	
				望京楼水库	暂停供水	
				老观寨水库	正常供水	4月27日～5月26日充库300万m³
19	郑州市	20	小河刘	郑州航空城一水厂	正常供水	
				郑州航空城二水厂	正常供水	
				中牟县三水厂	正常供水	
20	郑州市	21	刘湾	郑州市刘湾水厂	正常供水	
21	郑州市	22	密垌	尖岗水库	正常供水	
				新密水厂	正常供水	
22	郑州市	23	中原西路	郑州柿园水厂	正常供水	
				郑州白庙水厂	正常供水	
				郑州常庄水库	暂停供水	
23	郑州市	24	前蒋寨	荥阳市四水厂	正常供水	
24	郑州市	24-1	蒋头	上街区规划水厂	正常供水	
25	温县	25	北冷	温县三水厂	正常供水	
26	焦作市	26	北石涧	武陟县城三水厂	正常供水	
				博爱县水厂	正常供水	
27	焦作市	27	府城	府城水厂	正常供水	
28	焦作市	28	苏蔺	焦作市修武水厂	正常供水	
				焦作市苏蔺水厂	正常供水	
29	新乡市	30	郭屯	获嘉县水厂	正常供水	
30	辉县市	31	路固	辉县三水厂	正常供水	
31	新乡市	32	老道井	新乡高村水厂	正常供水	
				新乡新区水厂	正常供水	
				新乡孟营水厂	正常供水	
				新乡凤泉水厂	正常供水	
	新乡县			七里营水厂	正常供水	
32	新乡市	33	温寺门	卫辉规划水厂	正常供水	
33	鹤壁市	34	袁庄	淇县铁西区水厂	正常供水	
				赵家渠	暂停供水	赵家渠改造，暂停供水
				淇县城北水厂	正常供水	
34	濮阳市	35	三里屯	引黄调节池（濮阳一水厂）	暂停供水	
				濮阳二水厂	正常供水	
				濮阳三水厂	正常供水	
				清丰县固城水厂	正常供水	
	濮阳县			濮阳县水厂	正常供水	与濮阳二水厂共用西水坡支线来水
	南乐县			南乐县水厂	正常供水	
	鹤壁市			浚县水厂	正常供水	
				鹤壁四水厂	正常供水	
	滑县			滑县三水厂	正常供水	

续表

序号	市、县	口门编号	分水口门	供水目标	运行情况	备注
				滑县四水厂（安阳中盈化肥有限公司、河南易凯针织有限责任公司）	正常供水	滑县四水厂未建，目前向企业供水
35	鹤壁市	36	刘庄	鹤壁三水厂	正常供水	
36	安阳市	37	董庄	汤阴一水厂	正常供水	
				汤阴二水厂	正常供水	
				内黄县四水厂	正常供水	
37	安阳市	38	小营	安阳六水厂	暂停供水	因线路穿越施工，4月27日21：00起暂停供水
				安阳八水厂	正常供水	
38	安阳市	39	南流寺	安阳四水厂	正常供水	
39	邓州市		湍河退水闸	湍河	生态补水	生态补水735.42万m³
40	邓州市		严陵河退水闸	严陵河	已关闸	
41	南阳市		白河退水闸	白河	生态补水	生态补水2260.44万m³
42	南阳市		清河退水闸	清河	生态补水	生态补水518.4万m³
43	南阳市		贾河退水闸	贾河	已关闸	
44	南阳市		潦河退水闸	潦河	已关闸	
45	平顶山市		澧河退水闸	澧河	已关闸	
46	平顶山市		澎河退水闸	澎河	已关闸	
47	平顶山市		沙河退水闸	沙河、白龟山水库	生态补水518.4万m³	生态补水427.78万m³
48	平顶山市		北汝河退水闸	北汝河	已关闸	
49	漯河市		贾河退水闸	燕山水库	已关闸	
50	禹州市		颍河退水闸	颍河	已关闸	
51	新郑市		双洎河退水闸	双洎河	生态补水427.78万m³	生态补水1036.8万m³
52	新郑市		沂水河退水闸	唐寨水库	生态补水427.78万m³	生态补水518.4万m³
53	郑州市		十八里河退水闸	十八里河	生态补水427.78万m³	生态补水518.4万m³
54	郑州市		贾峪河退水闸	贾峪河、西流湖	生态补水427.78万m³	生态补水1855.8万m³
55	郑州市		索河退水闸	索河	生态补水427.78万m³	生态补水357.84万m³
56	焦作市		闫河退水闸	闫河、龙源湖	生态补水427.78万m³	生态补水30万m³
57	新乡市		香泉河退水闸	香泉河	生态补水427.78万m³	生态补水501.07万m³
58	辉县市		峪河退水闸	峪河南支	生态补水427.78万m³	生态补水776.78万m³
59	辉县市		黄水河支退水闸	黄水河、大沙河、共产主义渠	生态补水	生态补水776.73万m³

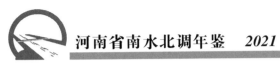

续表

序号	市、县	口门编号	分水口门	供水目标	运行情况	备注
60	鹤壁市		淇河退水闸	淇河	生态补水 776.78万 m³	生态补水 1286.64万 m³
61	汤阴县		汤河退水闸	汤河	生态补水 776.78万 m³	生态补水 250.5万 m³
62	安阳市		安阳河退水闸	安阳河	生态补水 776.78万 m³	生态补水 518.4万 m³

【水量调度计划执行】

区分	序号	市、县名称	年度用水计划（万 m³）	月用水计划（万 m³）	月实际供水量（万 m³）	年度累计供水量（万 m³）	年度计划执行情况（%）	累计供水量（万 m³）
农业用水	1	引丹灌区	60000	4600	5083.38	26663.68	44.44	271506.52
城市用水	1	邓州	4080	280	213.5329	1293.16	31.70	13237.41
	2	南阳	19501	965	720.4171	6740.03	34.56	74602.68
	3	漯河	9003	709	687.3262	4039.86	44.87	32121.26
	4	周口	5563	429	433.5699	2545.69	45.76	12658.38
	5	平顶山	28852	580	476.38	19926.27	69.06	74578.07
	6	许昌	20440	1437	1159.516	8203.29	40.13	83212.86
	7	郑州	71911	5280.5	4583.177	27160.70	37.77	255364.72
	8	焦作	11544	820	553.04	3278.89	28.40	20399.11
	9	新乡	13268	977	1017.12	5830.46	43.94	59906.82
	10	鹤壁	6079	375	348.6131	1885.61	31.02	28892.30
	11	濮阳	8363	745	666.5872	3850.48	46.04	33116.42
	12	安阳	9162	714	758.5	4248.17	46.37	31019.71
	13	滑县	2657	171.21	153.1898	941.57	35.44	5705.90
小计			210423	13482.71	11617.78	89944.18	42.74	724815.64
合计			270423	18082.71	16854.35	116607.86	43.12	996322.16

【水质信息】

序号	断面名称	断面位置（省、市）	采样时间	水温（℃）	pH值（无量纲）	溶解氧	高锰酸盐指数	化学需氧量（COD）	五日生化需氧量（BOD₅）	氨氮（NH₃–N）	总磷（以P计）
								mg/L			
1	沙河南	河南鲁山县	4月8日	15.7	7.3	8.9	2	＜15	1.3	0.039	＜0.01
2	郑湾	河南郑州市	4月8日	16	8.3	9.5	2	＜15	＜0.5	0.05	＜0.01

序号	断面名称	总氮（以N计）	铜	锌	氟化物（以F计）	硒	砷	汞	镉	铬（六价）	铅
							mg/L				
1	沙河南	0.9	＜0.01	＜0.05	0.17	＜0.0003	0.0004	＜0.00001	＜0.0005	＜0.004	＜0.0025
2	郑湾	0.97	＜0.01	＜0.05	0.188	＜0.0003	0.0006	＜0.00001	＜0.0005	＜0.004	＜0.0025

续表

序号	断面名称	氰化物	挥发酚	石油类	阴离子表面活性剂	硫化物	粪大肠菌群	水质类别	超标项目及超标倍数	
		mg/L					个/L			
1	沙河南	＜0.002	＜0.002	＜0.01	＜0.05	＜0.01	40	Ⅰ类		
2	郑湾	＜0.002	＜0.002	＜0.01	＜0.05	＜0.01	＜10	Ⅰ类		

说明：根据南水北调中线水质保护中心5月8日提供数据。

运行管理月报2020年第6期总第58期

【工程运行调度】

2020年6月1日8时，河南省陶岔渠首引水闸入干渠流量418.05m³/s；穿黄隧洞节制闸过闸流量261.13m³/s；漳河倒虹吸节制闸过闸流量233.93m³/s。截至2020年5月31日，全省累计有39个口门及24个退水闸（刁河、湍河、严陵河、白河、清河、贾河、潦河、澧河、澎河、沙河、北汝河、颍河、双泊河、沂水河、十八里河、贾峪河、索河、闫河、香泉河、峪河、黄水河支线、淇河、汤河、安阳河）开闸分水，其中，37个口门正常供水，1个口门线路因受水水厂暂不具备接水条件而未供水（11-1），1个口门线路因地方不用水暂停供水（11）。

【各市县配套工程线路供水】

序号	市、县	口门编号	分水口门	供水目标	运行情况	备注
1	邓州市	1	肖楼	引丹灌区	正常供水	生态补水0.94万m³
2	邓州市	2	望城岗	邓州一水厂	正常供水	
				邓州二水厂	正常供水	
				邓州三水厂	正常供水	
	南阳市			新野二水厂	正常供水	
				新野三水厂	未供水	水厂已调试，管网未建好
3	赵集镇	3	彭家	赵集镇水厂	未供水	泵站机组调试
4	南阳市	3-1	谭寨	镇平县五里岗水厂	正常供水	
5	南阳市	5	田洼	镇平县规划水厂	正常供水	
				傅岗（麒麟）水厂	正常供水	
				兰营水库	未供水	泵站机组调试
				龙升水厂	正常供水	
6	南阳市	6	大寨	南阳四水厂	正常供水	
7	南阳市	7	半坡店	唐河县水厂	正常供水	
				社旗水厂	正常供水	
8	方城县	9	十里庙	新裕水厂	正常供水	
				1#泵站和2#泵站	未供水	泵站机组调试
9	漯河市	10	辛庄	舞阳水厂	正常供水	
				漯河二水厂	正常供水	
				漯河三水厂	正常供水	
				漯河四水厂	正常供水	
				漯河五水厂	正常供水	
				漯河八水厂	正常供水	
	周口市			商水水厂	正常供水	
				周口东区水厂	正常供水	
				周口二水厂	正常供水	

续表

序号	市、县	口门编号	分水口门	供水目标	运行情况	备注
10	平顶山市	11	澎河	平顶山白龟山水厂	暂停供水	
				平顶山九里山水厂	暂停供水	
				平顶山平煤集团水厂	暂停供水	
				叶县水厂	正常供水	
11	平顶山市	11-1	张庄	鲁山水厂	未供水	泵站已调试
12	平顶山市	12	马庄	平顶山焦庄水厂	正常供水	
13	平顶山市	13	高庄	平顶山王铁庄水厂	正常供水	
				平顶山石龙区水厂	正常供水	
14	平顶山市	14	赵庄	郏县规划水厂	正常供水	
15	许昌市	15	宴窑	襄城县三水厂	正常供水	
16	许昌市	16	任坡	禹州市二水厂	正常供水	
				神垕镇二水厂	正常供水	
	登封市			卢店水厂	正常供水	
17	许昌市	17	孟坡	许昌市周庄水厂	正常供水	
				曹寨水厂	正常供水	
				北海、石梁河、霸陵河	正常供水	
				许昌市二水厂	正常供水	
	鄢陵县			鄢陵中心水厂	正常供水	
	临颍县			临颍县一水厂	正常供水	
				临颍县二水厂（千亩湖）	正常供水	水厂未建，利用临颍二水厂支线向千亩湖供水
18	许昌市	18	洼李	长葛市规划三水厂	正常供水	
				清潩河	正常供水	
				增福湖	正常供水	
19	郑州市	19	李垌	新郑一水厂	暂停供水	备用
				新郑二水厂	正常供水	
				望京楼水库	暂停供水	
				老观寨水库	暂停供水	4月27日9：00~5月26日9：00向老观寨水库充库300万m³
20	郑州市	20	小河刘	郑州航空城一水厂	正常供水	
				郑州航空城二水厂	正常供水	
				中牟县三水厂	正常供水	
21	郑州市	21	刘湾	郑州市刘湾水厂	正常供水	
22	郑州市	22	密垌	尖岗水库	正常供水	
				新密水厂	正常供水	
23	郑州市	23	中原西路	郑州柿园水厂	正常供水	
				郑州白庙水厂	正常供水	
				郑州常庄水库	暂停供水	
24	郑州市	24	前蒋寨	荥阳市四水厂	正常供水	
25	郑州市	24-1	蒋头	上街区规划水厂	正常供水	
26	温县	25	北冷	温县三水厂	正常供水	
27	焦作市	26	北石涧	武陟县城三水厂	正常供水	
				博爱县水厂	正常供水	

续表

序号	市、县	口门编号	分水口门	供水目标	运行情况	备注
28	焦作市	27	府城	府城水厂	正常供水	
29	焦作市	28	苏蔺	焦作市修武水厂	正常供水	
				焦作市苏蔺水厂	正常供水	
30	新乡市	30	郭屯	获嘉县水厂	正常供水	
31	辉县市	31	路固	辉县三水厂	正常供水	
				百泉湖	正常供水	
32	新乡市	32	老道井	新乡高村水厂	正常供水	
				新乡新区水厂	正常供水	
				新乡孟营水厂	正常供水	
				新乡凤泉水厂	暂停供水	因管道维修，5月29日20：00暂停供水
	新乡县			七里营水厂	正常供水	
33	新乡市	33	温寺门	卫辉规划水厂	正常供水	
34	鹤壁市	34	袁庄	淇县铁西区水厂	正常供水	
				赵家渠	暂停供水	赵家渠改造，暂停供水
				淇县城北水厂	正常供水	
35	濮阳市	35	三里屯	引黄调节池（濮阳一水厂）	暂停供水	
				濮阳二水厂	正常供水	
				濮阳三水厂	正常供水	
				清丰县固城水厂	正常供水	
	濮阳县			濮阳县水厂	正常供水	与濮阳二水厂共用西水坡支线来水
	南乐县			南乐县水厂	正常供水	
				浚县水厂	正常供水	
	鹤壁市			鹤壁四水厂	正常供水	
				滑县三水厂	正常供水	
	滑县			滑县四水厂（安阳中盈化肥有限公司、河南易凯针织有限责任公司）	正常供水	滑县四水厂未建，目前向企业供水
36	鹤壁市	36	刘庄	鹤壁三水厂	正常供水	
37	安阳市	37	董庄	汤阴一水厂	正常供水	
				汤阴二水厂	正常供水	
				内黄县四水厂	正常供水	
38	安阳市	38	小营	安阳六水厂	正常供水	
				安阳八水厂	正常供水	
39	安阳市	39	南流寺	安阳四水厂	正常供水	
40	邓州市		刁河退水闸	刁河	生态补水	生态补水708.76万 m³
41	邓州市		湍河退水闸	湍河	生态补水	生态补水730.26万 m³
42	邓州市		严陵河退水闸	严陵河	生态补水	生态补水5.88万 m³
43	南阳市		白河退水闸	白河	生态补水	生态补水1153.98万 m³
44	南阳市		清河退水闸	清河	生态补水	生态补水599.76万 m³
45	南阳市		贾河退水闸	贾河	生态补水	生态补水381.40万 m³
46	南阳市		潦河退水闸	潦河	生态补水	生态补水482.04万 m³

续表

序号	市、县	口门编号	分水口门	供水目标	运行情况	备注
47	平顶山市		澧河退水闸	澧河	生态补水 518.4万m³	生态补水 947.16万m³
48	平顶山市		澎河退水闸	澎河	生态补水 518.4万m³	生态补水 220.96万m³
49	平顶山市		沙河退水闸	沙河、白龟山水库	已关闸	
50	平顶山市		北汝河退水闸	北汝河	生态补水 518.4万m³	生态补水 44.43万m³
51	漯河市		贾河退水闸	燕山水库	已关闸	
52	禹州市		颖河退水闸	颖河	生态补水 518.4万m³	生态补水 1350.92万m³
53	新郑市		双洎河退水闸	双洎河	生态补水 427.78万m³	生态补水 706.50万m³
54	新郑市		沂水河退水闸	唐寨水库	生态补水 427.78万m³	生态补水 527.95万m³
55	郑州市		十八里河退水闸	十八里河	生态补水 427.78万m³	生态补水 527.34万m³
56	郑州市		贾峪河退水闸	贾峪河、西流湖	生态补水 427.78万m³	生态补水 2143.82万m³
57	郑州市		索河退水闸	索河	生态补水 427.78万m³	生态补水 527.42万m³
58	焦作市		闫河退水闸	闫河、龙源湖	生态补水 427.78万m³	生态补水 97.23万m³
59	新乡市		香泉河退水闸	香泉河	生态补水 427.78万m³	生态补水 675.90万m³
60	辉县市		峪河退水闸	峪河南支	生态补水 427.78万m³	生态补水 546.84万m³
61	辉县市		黄水河支退水闸	黄水河、大沙河、共产主义渠	生态补水	生态补水 546.84万m³
62	鹤壁市		淇河退水闸	淇河	生态补水 776.78万m³	生态补水 1179.35万m³
63	汤阴县		汤河退水闸	汤河	生态补水 776.78万m³	生态补水 432万m³
64	安阳市		安阳河退水闸	安阳河	生态补水 776.78万m³	生态补水 458万m³

【水量调度计划执行】

区分	序号	市、县名称	年度用水计划（万m³）	月用水计划（万m³）	月实际供水量（万m³）	年度累计供水量（万m³）	年度计划执行情况（%）	累计供水量（万m³）
农业用水	1	引丹灌区	60000	4800	5040.48	31704.16	52.84	285929.83
城市用水	1	邓州	4080	280	252.0165	1545.18	37.87	14934.32
	2	南阳	19501	1007	840.7835	7580.81	38.87	78060.65

续表

区分	序号	市、县名称	年度用水计划（万m³）	月用水计划（万m³）	月实际供水量（万m³）	年度累计供水量（万m³）	年度计划执行情况（%）	累计供水量（万m³）
城市用水	3	漯河	9003	717.2	789.9927	4829.85	53.65	32911.25
	4	周口	5563	452.6	476.802	3022.49	54.33	13135.18
	5	平顶山	28852	585	516.1	20442.37	70.85	76306.72
	6	许昌	20440	873.3	1325.553	9528.84	46.62	85889.34
	7	郑州	71911	5057	5484.472	32645.17	45.40	265282.22
	8	焦作	11544	945	696.79	3975.68	34.44	21193.13
	9	新乡	13268	1057.8	1177.79	7008.25	52.82	62854.19
	10	鹤壁	6079	372	358.8332	2244.44	36.92	30430.49
	11	濮阳	8363	744	748.555	4599.03	54.99	33864.98
	12	安阳	9162	675.8	788.63	5036.80	54.97	32267.54
	13	滑县	2657	176.7	177.7818	1119.35	42.13	5883.68
	小计		210423	12943.4	13634.10	103578.26	49.22	753013.69
合计			270423	17743.4	18674.58	135282.42	50.03	1038943.52

【水质信息】

序号	断面名称	断面位置（省、市）	采样时间	水温（℃）	pH值（无量纲）	溶解氧	高锰酸盐指数	化学需氧量（COD）	五日生化需氧量（BOD₅）	氨氮（NH₃−N）	总磷（以P计）
								mg/L			
1	沙河南	河南鲁山县	5月7日	19.5	7.7	9.4	2.1	<15	0.8	0.026	<0.01
2	郑湾	河南郑州市	5月7日	19	8.4	9.6	2	<15		0.026	<0.01

序号	断面名称	总氮（以N计）	铜	锌	氟化物（以F计）	硒	砷	汞	镉	铬（六价）	铅
						mg/L					
1	沙河南	1.1	<0.01	<0.05	0.188	<0.0003	0.0005	<0.00001	<0.0005	<0.004	<0.0025
2	郑湾	1.11	<0.01	<0.05	0.196	<0.0003	0.0004	<0.00001	<0.0005	<0.004	<0.0025

序号	断面名称	氰化物	挥发酚	石油类	阴离子表面活性剂	硫化物	粪大肠菌群	水质类别	超标项目及超标倍数
		mg/L					个/L		
1	沙河南	<0.002	<0.002	<0.01	<0.05	<0.01	<10	Ⅱ类	
2	郑湾	<0.002	<0.002	<0.01	<0.05	<0.01	20	Ⅰ类	

说明：根据南水北调中线水质保护中心6月8日提供数据。

运行管理月报2020年第7期总第59期

【工程运行调度】

2020年7月1日8时，我省陶岔渠首引水闸入总干渠流量360.06m³/s；穿黄隧洞节制闸

过闸流量262.77m³/s；漳河倒虹吸节制闸过闸流量217.80m³/s。截至2020年6月30日，全省累计有39个口门及24个退水闸（刁河、湍河、严陵河、白河、清河、贾河、潦河、澧河、澎河、沙河、北汝河、颍河、双泊河、

沂水河、十八里河、贾峪河、索河、闫河、香泉河、峪河、黄水河支线、淇河、汤河、安阳河）开闸分水，其中，37个口门正常供水，1个口门线路因受水水厂暂不具备接水条件而未供水（11-1），1个口门线路因地方不用水暂停供水（11）。

【各市县配套工程线路供水】

序号	市、县	口门编号	分水口门	供水目标	运行情况	备注
1	邓州市	1	肖楼	引丹灌区	正常供水	生态补水5714.81万m³
2	邓州市	2	望城岗	邓州一水厂	正常供水	
				邓州二水厂	正常供水	
				邓州三水厂	正常供水	
	南阳市			新野二水厂	正常供水	
				新野三水厂	未供水	水厂已调试，管网未建好
3	赵集镇	3	彭家	赵集镇水厂	未供水	泵站机组调试
4	南阳市	3-1	谭寨	镇平县五里岗水厂	正常供水	
				镇平县规划水厂	正常供水	
5	南阳市	5	田洼	傅岗（麒麟）水厂	正常供水	
				兰营水库	未供水	泵站机组调试
				龙升水厂	正常供水	
6	南阳市	6	大寨	南阳四水厂	正常供水	
7	南阳市	7	半坡店	唐河县水厂	正常供水	
				社旗水厂	正常供水	
8	方城县	9	十里庙	新裕水厂	正常供水	
				1#泵站和2#泵站	未供水	泵站机组调试
9	漯河市	10	辛庄	舞阳水厂	正常供水	
				漯河二水厂	正常供水	
				漯河三水厂	正常供水	
				漯河四水厂	正常供水	
				漯河五水厂	正常供水	
				漯河八水厂	正常供水	
	周口市			商水水厂	正常供水	
				周口东区水厂	正常供水	
				周口二水厂	正常供水	
10	平顶山市	11	澎河	平顶山白龟山水厂	暂停供水	
				平顶山九里山水厂	暂停供水	
				平顶山平煤集团水厂	暂停供水	
				叶县水厂	正常供水	
11	平顶山市	11-1	张庄	鲁山水厂	未供水	泵站已调试
12	平顶山市	12	马庄	平顶山焦庄水厂	正常供水	
13	平顶山市	13	高庄	平顶山王铁庄水厂	正常供水	
				平顶山石龙区水厂	正常供水	
14	平顶山市	14	赵庄	郏县规划水厂	正常供水	
15	许昌市	15	宴窑	襄城县三水厂	正常供水	
16	许昌市	16	任坡	禹州市二水厂	正常供水	
				神垕镇二水厂	正常供水	
	登封市			卢店水厂	正常供水	

续表

序号	市、县	口门编号	分水口门	供水目标	运行情况	备注
17	许昌市	17	孟坡	许昌市周庄水厂	正常供水	
				曹寨水厂	正常供水	
				北海、石梁河、霸陵河	正常供水	
	鄢陵县			许昌市二水厂	正常供水	
				鄢陵中心水厂	正常供水	
	临颍县			临颍县一水厂	正常供水	
				临颍县二水厂（千亩湖）	正常供水	水厂未建，利用临颍二水厂支线向千亩湖供水
18	许昌市	18	洼李	长葛市规划三水厂	正常供水	
				清河	正常供水	
				增福湖	正常供水	
19	郑州市	19	李垌	新郑一水厂	暂停供水	备用
				新郑二水厂	正常供水	
				望京楼水库	暂停供水	
				老观寨水库	暂停供水	
20	郑州市	20	小河刘	郑州航空城一水厂	正常供水	
				郑州航空城二水厂	正常供水	
				中牟县三水厂	正常供水	
21	郑州市	21	刘湾	郑州市刘湾水厂	正常供水	
22	郑州市	22	密垌	尖岗水库	暂停供水	
				新密水厂	正常供水	
23	郑州市	23	中原西路	郑州柿园水厂	正常供水	
				郑州白庙水厂	正常供水	
				郑州常庄水库	暂停供水	
24	郑州市	24	前蒋寨	荥阳市四水厂	正常供水	
25	郑州市	24-1	蒋头	上街区规划水厂	正常供水	
26	温县	25	北冷	温县三水厂	正常供水	
27	焦作市	26	北石涧	武陟县城三水厂	正常供水	
				博爱县水厂	正常供水	
28	焦作市	27	府城	府城水厂	正常供水	
29	焦作市	28	苏蔺	焦作市修武水厂	正常供水	
				焦作市苏蔺水厂	正常供水	
30	新乡市	30	郭屯	获嘉县水厂	正常供水	
31	辉县市	31	路固	辉县三水厂	正常供水	
				百泉湖	正常供水	
32	新乡市	32	老道井	新乡高村水厂	正常供水	
				新乡新区水厂	正常供水	
				新乡孟营水厂	正常供水	
				新乡凤泉水厂	正常供水	
	新乡县			七里营水厂	正常供水	
33	新乡市	33	温寺门	卫辉规划水厂	正常供水	
34	鹤壁市	34	袁庄	淇县铁西区水厂	暂停供水	
				赵家渠	暂停供水	赵家渠改造，暂停供水
				淇县城北水厂	暂停供水	

续表

序号	市、县	口门编号	分水口门	供水目标	运行情况	备注
35	濮阳市	35	三里屯	引黄调节池（濮阳一水厂）	暂停供水	
				濮阳二水厂	正常供水	
				濮阳三水厂	正常供水	
				清丰县固城水厂	正常供水	
	濮阳县			濮阳县水厂	正常供水	与濮阳二水厂共用西水坡支线来水
	南乐县			南乐县水厂	正常供水	
	鹤壁市			浚县水厂	正常供水	
				鹤壁四水厂	正常供水	
	滑县			滑县三水厂	正常供水	
				滑县四水厂（安阳中盈化肥有限公司、河南易凯针织有限责任公司）	正常供水	滑县四水厂未建，目前向企业供水
36	鹤壁市	36	刘庄	鹤壁三水厂	正常供水	
37	安阳市	37	董庄	汤阴一水厂	正常供水	
				汤阴二水厂	正常供水	
				内黄县四水厂	正常供水	
38	安阳市	38	小营	安阳六水厂	正常供水	
				安阳八水厂	正常供水	
39	安阳市	39	南流寺	安阳四水厂	正常供水	
40	邓州市		刁河退水闸	刁河	已关闸	生态补水804.6万 m^3，已于6月24日关闸
41	邓州市		湍河退水闸	湍河	已关闸	生态补水892.44万 m^3，已于6月24日关闸
42	邓州市		严陵河退水闸	严陵河	已关闸	生态补水389.16万 m^3，已于6月20日关闸
43	南阳市		白河退水闸	白河	已关闸	生态补水738.18万 m^3，已于6月24日关闸
44	南阳市		清河退水闸	清河	生态补水	生态补水414.72万 m^3
45	南阳市		贾河退水闸	贾河	已关闸	生态补水163.98万 m^3，已于6月11日关闸
46	南阳市		潦河退水闸	潦河	已关闸	生态补水1140.12万 m^3，已于6月21日关闸
47	平顶山市		澧河退水闸	澧河	已关闸	生态补水1591.2万 m^3，已于6月24日关闸
48	平顶山市		澎河退水闸	澎河	已关闸	生态补水95.36万 m^3，已于6月11日关闸
49	平顶山市		沙河退水闸	沙河、白龟山水库	已关闸	
50	平顶山市		北汝河退水闸	北汝河	已关闸	生态补水556.28万 m^3，已于6月12日关闸
51	漯河市		贾河退水闸	燕山水库	已关闸	

续表

序号	市、县	口门编号	分水口门	供水目标	运行情况	备注
52	禹州市		颍河退水闸	颍河	已关闸	生态补水 1237.01 万 m³，已于 6 月 25 日关闸
53	新郑市		双洎河退水闸	双洎河	已关闸	生态补水 356.75 万 m³，已于 6 月 25 日关闸
54	新郑市		沂水河退水闸	唐寨水库	已关闸	生态补水 203.05 万 m³，已于 6 月 25 日关闸
55	郑州市		十八里河退水闸	十八里河	已关闸	生态补水 336.96 万 m³，已于 6 月 25 日关闸
56	郑州市		贾峪河退水闸	贾峪河、西流湖	已关闸	生态补水 902.57 万 m³，已于 6 月 25 日关闸
57	郑州市		索河退水闸	索河	已关闸	生态补水 333.91 万 m³，已于 6 月 25 日关闸
58	焦作市		闫河退水闸	闫河、龙源湖	已关闸	生态补水 494.3 万 m³，已于 6 月 13 日关闸
59	新乡市		香泉河退水闸	香泉河	已关闸	生态补水 857.5 万 m³，已于 6 月 22 日关闸
60	辉县市		峪河退水闸	峪河南支	已关闸	生态补水 28.55 万 m³，已于 6 月 8 日关闸
61	辉县市		黄水河支退水闸	黄水河、大沙河、共产主义渠	已关闸	生态补水 21.47 万 m³，已于 6 月 8 日关闸
62	鹤壁市		淇河退水闸	淇河	已关闸	生态补水 636.37 万 m³，已于 6 月 24 日关闸
63	汤阴县		汤河退水闸	汤河	已关闸	生态补水 317.85 万 m³，已于 6 月 24 日关闸
64	安阳市		安阳河退水闸	安阳河	已关闸	生态补水 233.36 万 m³，已于 6 月 24 日关闸

【水量调度计划执行】

区分	序号	市、县名称	年度用水计划（万 m³）	月用水计划（万 m³）	月实际供水量（万 m³）	年度累计供水量（万 m³）	年度计划执行情况（%）	累计供水量（万 m³）
农业用水	1	引丹灌区	60000	6500	6498.94	38203.10	63.67	298143.58
城市用水	1	邓州	4080	280	256.0471	1801.23	44.15	17276.57
	2	南阳	19501	1004	902.7229	8483.53	43.50	81420.37
	3	漯河	9003	786.02	800.6697	5630.52	62.54	33711.92
	4	周口	5563	471	495.1213	3517.61	63.23	13630.30
	5	平顶山	28852	595	499.89	20942.26	72.59	79049.45
	6	许昌	20440	1368	1289.635	10818.47	52.93	88415.98
	7	郑州	71911	5422	4877.475	37522.65	52.18	272292.93
	8	焦作	11544	925	672.78	4648.46	40.27	22360.21
	9	新乡	13268	1097	1089.42	8097.67	61.03	64851.13
	10	鹤壁	6079	427	337.904	2582.34	42.48	31404.76
	11	濮阳	8363	755	657.1759	5256.21	62.85	34522.15

续表

区分	序号	市、县名称	年度用水计划（万m³）	月用水计划（万m³）	月实际供水量（万m³）	年度累计供水量（万m³）	年度计划执行情况（%）	累计供水量（万m³）
	12	安阳	9162	687	773.15	5809.95	63.41	33591.90
	13	滑县	2657	173.19	150.7501	1270.10	47.80	6034.43
		小计	210423	13990.21	12802.74	116381.00	55.31	778562.10
	合计		270423	20490.21	19301.68	154584.10	57.16	1076705.68

【水质信息】

序号	断面名称	断面位置（省、市）	采样时间	水温（℃）	pH值（无量纲）	溶解氧	高锰酸盐指数	化学需氧量（COD）	五日生化需氧量（BOD₅）	氨氮（NH₃-N）	总磷（以P计）
								mg/L			
1	沙河南	河南鲁山县	6月7日	22.2	8.4	9	2.1	<15	1.2	0.056	0.01
2	郑湾	河南郑州市	6月7日	24.9	8.4	8.6	2.1	<15	<0.5	0.048	<0.01

序号	断面名称	总氮（以N计）	铜	锌	氟化物（以F计）	硒	砷	汞	镉	铬（六价）	铅
						mg/L					
1	沙河南	0.99	<0.01	<0.05	0.198	<0.0003	0.0006	<0.00001	<0.0005	<0.004	<0.0025
2	郑湾	1.02	<0.01	<0.05	0.181	<0.0003	0.0006	<0.00001	<0.0005	<0.004	<0.0025

序号	断面名称	氰化物	挥发酚	石油类	阴离子表面活性剂	硫化物	粪大肠菌群	水质类别	超标项目及超标倍数
				mg/L			个/L		
1	沙河南	<0.002	<0.002	<0.01	<0.05	<0.01	60	Ⅱ类	
2	郑湾	<0.002	<0.002	<0.01	<0.05	<0.01	<10	Ⅱ类	

说明：根据南水北调中线水质保护中心7月3日提供数据。

运行管理月报2020年第8期总第60期

【工程运行调度】

2020年8月1日8时，河南省陶岔渠首引水闸入干渠流量300.81m³/s；穿黄隧洞节制闸过闸流量240.74m³/s；漳河倒虹吸节制闸过闸流量221.57m³/s。截至2020年7月31日，全省累计有39个口门及24个退水闸（刁河、湍河、严陵河、白河、清河、贾河、潦河、澧河、澎河、沙河、北汝河、颍河、双洎河、沂水河、十八里河、贾峪河、索河、闫河、香泉河、峪河、黄水河支线、淇河、汤河、安阳河）开闸分水，其中，37个口门正常供水，1个口门线路因受水水厂暂不具备接水条件而未供水（11-1），1个口门线路因地方不用水暂停供水（11）。

【各市县配套工程线路供水】

序号	市、县	口门编号	分水口门	供水目标	运行情况	备注
1	邓州市	1	肖楼	引丹灌区	正常供水	
2	邓州市	2	望城岗	邓州一水厂	正常供水	
				邓州二水厂	正常供水	
				邓州三水厂	正常供水	
	南阳市			新野二水厂	正常供水	
				新野三水厂	未供水	水厂已调试，管网未建好

续表

序号	市、县	口门编号	分水口门	供水目标	运行情况	备注
3	赵集镇	3	彭家	赵集镇水厂	未供水	泵站机组调试
4	南阳市	3-1	谭寨	镇平县五里岗水厂	正常供水	
				镇平县规划水厂	正常供水	
5	南阳市	5	田洼	傅岗（麒麟）水厂	正常供水	
				兰营水库	未供水	泵站机组调试
				龙升水厂	正常供水	
6	南阳市	6	大寨	南阳四水厂	正常供水	
7	南阳市	7	半坡店	唐河县水厂	正常供水	
				社旗水厂	正常供水	
8	方城县	9	十里庙	新裕水厂	正常供水	
				1#泵站和2#泵站	未供水	泵站机组调试
9	漯河市	10	辛庄	舞阳水厂	正常供水	
				漯河二水厂	正常供水	
				漯河三水厂	正常供水	
				漯河四水厂	正常供水	
				漯河五水厂	正常供水	
				漯河八水厂	正常供水	
	周口市			商水水厂	正常供水	
				周口东区水厂	正常供水	
				周口二水厂	正常供水	
10	平顶山市	11	澎河	平顶山白龟山水厂	暂停供水	
				平顶山九里山水厂	暂停供水	
				平顶山平煤集团水厂	暂停供水	
				叶县水厂	正常供水	
11	平顶山市	11-1	张庄	鲁山水厂	未供水	泵站已调试
12	平顶山市	12	马庄	平顶山焦庄水厂	正常供水	
13	平顶山市	13	高庄	平顶山王铁庄水厂	正常供水	
				平顶山石龙区水厂	正常供水	
14	平顶山市	14	赵庄	郏县规划水厂	正常供水	
15	许昌市	15	宴窑	襄城县三水厂	正常供水	
16	许昌市	16	任坡	禹州市二水厂	正常供水	
				神垕镇二水厂	正常供水	
	登封市			卢店水厂	正常供水	
17	许昌市	17	孟坡	许昌市周庄水厂	正常供水	
				曹寨水厂	正常供水	
				北海、石梁河、霸陵河	正常供水	
				许昌市二水厂	正常供水	7月27日10:30至15:30暂停供水
	鄢陵县			鄢陵中心水厂	正常供水	水厂设备维修，7月31日8:30至17:30暂停供水
	临颍县			临颍县一水厂	正常供水	
				临颍县二水厂（千亩湖）	正常供水	水厂未建，利用临颍二水厂支线向千亩湖供水

续表

序号	市、县	口门编号	分水口门	供水目标	运行情况	备注
18	许昌市	18	洼李	长葛市规划三水厂	正常供水	
				清潩河	正常供水	
				增福湖	正常供水	
19	郑州市	19	李垌	新郑一水厂	暂停供水	备用
				新郑二水厂	正常供水	
				望京楼水库	暂停供水	
				老观寨水库	暂停供水	
20	郑州市	20	小河刘	郑州航空城一水厂	正常供水	
				郑州航空城二水厂	正常供水	
				中牟县三水厂	正常供水	
21	郑州市	21	刘湾	郑州市刘湾水厂	正常供水	
22	郑州市	22	密垌	尖岗水库	暂停供水	7月10日9：00起充库150万m^3
				新密水厂	正常供水	
23	郑州市	23	中原西路	郑州柿园水厂	正常供水	
				郑州白庙水厂	正常供水	
				郑州常庄水库	暂停供水	7月10日9：00起充库50万m^3
24	郑州市	24	前蒋寨	荥阳市四水厂	正常供水	
25	郑州市	24-1	蒋头	上街区规划水厂	正常供水	
26	温县	25	北冷	温县三水厂	正常供水	因水厂设备检修，7月2日13：30至16：30暂停供水
27	焦作市	26	北石涧	武陟县城三水厂	正常供水	
				博爱县水厂	正常供水	
28	焦作市	27	府城	府城水厂	正常供水	
29	焦作市	28	苏蔺	焦作市修武水厂	正常供水	
				焦作市苏蔺水厂	正常供水	
30	新乡市	30	郭屯	获嘉县水厂	正常供水	
31	辉县市	31	路固	辉县三水厂	正常供水	
				百泉湖	正常供水	
32	新乡市	32	老道井	新乡高村水厂	正常供水	
				新乡新区水厂	正常供水	
				新乡孟营水厂	正常供水	
				新乡凤泉水厂	正常供水	
	新乡县			七里营水厂	正常供水	
33	新乡市	33	温寺门	卫辉规划水厂	正常供水	
34	鹤壁市	34	袁庄	淇县铁西区水厂	正常供水	
				赵家渠	暂停供水	赵家渠改造，暂停供水
				淇县城北水厂	暂停供水	
35	濮阳市	35	三里屯	引黄调节池（濮阳一水厂）	暂停供水	
				濮阳二水厂	正常供水	
				濮阳三水厂	正常供水	
				清丰县固城水厂	正常供水	
	濮阳县			濮阳县水厂	正常供水	与濮阳二水厂共用西水坡支线来水

续表

序号	市、县	口门编号	分水口门	供水目标	运行情况	备注
	南乐县			南乐县水厂	正常供水	
	鹤壁市			浚县水厂	正常供水	
				鹤壁四水厂	正常供水	
	滑县			滑县三水厂	正常供水	
				滑县四水厂（安阳中盈化肥有限公司、河南易凯针织有限责任公司）	正常供水	滑县四水厂未建，目前向企业供水
36	鹤壁市	36	刘庄	鹤壁三水厂	正常供水	
37	安阳市	37	董庄	汤阴一水厂	正常供水	
				汤阴二水厂	正常供水	
				内黄县四水厂	正常供水	
38	安阳市	38	小营	安阳六水厂	正常供水	
				安阳八水厂	正常供水	
39	安阳市	39	南流寺	安阳四水厂	正常供水	
40	邓州市		刁河退水闸	刁河	已关闸	
41	邓州市		湍河退水闸	湍河	已关闸	
42	邓州市		严陵河退水闸	严陵河	已关闸	
43	南阳市		白河退水闸	白河	已关闸	
44	南阳市		清河退水闸	清河	已关闸	
45	南阳市		贾河退水闸	贾河	已关闸	
46	南阳市		潦河退水闸	潦河	已关闸	
47	平顶山市		澧河退水闸	澧河	已关闸	
48	平顶山市		澎河退水闸	澎河	已关闸	
49	平顶山市		沙河退水闸	沙河、白龟山水库	已关闸	
50	平顶山市		北汝河退水闸	北汝河	已关闸	
51	漯河市		贾河退水闸	燕山水库	已关闸	
52	禹州市		颍河退水闸	颍河	已关闸	
53	新郑市		双洎河退水闸	双洎河	已关闸	
54	新郑市		沂水河退水闸	唐寨水库	已关闸	
55	郑州市		十八里河退水闸	十八里河	已关闸	
56	郑州市		贾峪河退水闸	贾峪河、西流湖	已关闸	
57	郑州市		索河退水闸	索河	已关闸	
58	焦作市		闫河退水闸	闫河、龙源湖	已关闸	
59	新乡市		香泉河退水闸	香泉河	已关闸	
60	辉县市		峪河退水闸	峪河南支	已关闸	
61	辉县市		黄水河支退水闸	黄水河、大沙河、共产主义渠	已关闸	
62	鹤壁市		淇河退水闸	淇河	已关闸	
63	汤阴县		汤河退水闸	汤河	已关闸	
64	安阳市		安阳河退水闸	安阳河	已关闸	

【水量调度计划执行】

区分	序号	市、县名称	年度用水计划（万 m³）	月用水计划（万 m³）	月实际供水量（万 m³）	年度累计供水量（万 m³）	年度计划执行情况（%）	累计供水量（万 m³）
农业用水	1	引丹灌区	60000	6700.00	8768.53	46971.63	78.29	306912.11
城市用水	1	邓州	2995.18	280.00	247.34	2048.57	68.40	17523.91
	2	南阳	14388.31	1479.50	1359.80	9843.33	68.41	82780.17
	3	漯河	8773.71	857.84	820.99	6439.41	73.39	34520.81
	4	周口	5522.09	483.60	483.23	3978.94	72.06	14091.64
	5	平顶山	23326.37	530.00	521.16	21463.42	92.01	79570.61
	6	许昌	16809.34	1897.50	1914.83	12777.70	76.02	90375.21
	7	郑州	61634.00	5876.50	5375.14	42887.39	69.58	277657.67
	8	焦作	8685.68	973.00	700.39	5348.55	61.58	23060.30
	9	新乡	12821.35	1199.10	1119.43	9217.10	71.89	65970.56
	10	鹤壁	4264.94	423.50	316.57	2891.59	67.80	31714.01
	11	濮阳	7976.11	788.80	789.27	6047.09	75.82	35313.03
	12	安阳	9228.93	1048.63	1087.47	6897.42	74.74	34679.37
	13	滑县	2181.69	197.15	197.27	1473.07	67.50	6237.41
		小计	178607.40	16035.12	14932.58	131313.58	73.52	793494.70
合计			238607.40	22735.12	23701.11	178285.21	74.72	1100406.81

【水质信息】

序号	断面名称	断面位置（省、市）	采样时间	水温（℃）	pH值（无量纲）	溶解氧	高锰酸盐指数	化学需氧量（COD）	五日生化需氧量（BOD₅）	氨氮（NH₃-N）	总磷（以P计）
								mg/L			
1	沙河南	河南鲁山县	7月14日	23.8	7.9	8.3	2.1	<15	0.6	0.036	<0.01
2	郑湾	河南郑州市	7月14日	24.5	7.7	8.4	2.2	<15	0.9	0.041	0.01

序号	断面名称	总氮（以N计）	铜	锌	氟化物（以F计）	硒	砷	汞	镉	铬（六价）	铅
							mg/L				
1	沙河南	1.14	<0.01	<0.05	0.157	<0.0003	0.0004	<0.00001	<0.0005	<0.004	<0.0025
2	郑湾	1.13	<0.01	<0.05	0.176	<0.0003	0.0005	<0.00001	<0.0005	<0.004	<0.0025

序号	断面名称	氰化物	挥发酚	石油类	阴离子表面活性剂	硫化物	粪大肠菌群	水质类别	超标项目及超标倍数
		mg/L					个/L		
1	沙河南	<0.002	<0.002	<0.01	<0.05	<0.01	20	Ⅱ类	
2	郑湾	<0.002	<0.002	<0.01	<0.05	<0.01	40	Ⅱ类	

说明：根据南水北调中线水质保护中心8月3日提供数据。

运行管理月报2020年第9期总第61期

【工程运行调度】

2020年9月1日8时，河南省陶岔渠首引水闸入干渠流量305.35m³/s；穿黄隧洞节制闸过闸流量251.16m³/s；漳河倒虹吸节制闸过闸流量229.93m³/s。截至2020年8月31日，全省累计有39个口门及24个退水闸（刁河、湍河、严陵河、白河、清河、贾河、潦河、澧河、澎河、沙河、北汝河、颍河、双洎河、沂水河、十八里河、贾峪河、索河、闫河、香泉河、峪河、黄水河支线、淇河、汤河、安阳河）开闸分水，其中，37 个口门正常供水，1 个口门线路因受水水厂暂不具备接水条件而未供水（11-1），1 个口门线路因地方不用水暂停供水（11）。

【各市县配套工程线路供水】

序号	市、县	口门编号	分水口门	供水目标	运行情况	备注
1	邓州市	1	肖楼	引丹灌区	正常供水	
2	邓州市	2	望城岗	邓州一水厂	正常供水	
				邓州二水厂	正常供水	
				邓州三水厂	正常供水	
	南阳市			新野二水厂	正常供水	
				新野三水厂	未供水	水厂已调试，管网未建好
3	赵集镇	3	彭家	赵集镇水厂	未供水	泵站机组调试
4	南阳市	3-1	谭寨	镇平县五里岗水厂	正常供水	
				镇平县规划水厂	正常供水	
5	南阳市	5	田洼	傅岗（麒麟）水厂	正常供水	
				兰营水库	未供水	泵站机组调试
				龙升水厂	正常供水	
6	南阳市	6	大寨	南阳四水厂	正常供水	
7	南阳市	7	半坡店	唐河县水厂	正常供水	
				社旗水厂	正常供水	
8	方城县	9	十里庙	新裕水厂	正常供水	
				1#泵站和2#泵站	未供水	泵站机组调试
9	漯河市	10	辛庄	舞阳水厂	正常供水	
				漯河二水厂	正常供水	
				漯河三水厂	正常供水	
				漯河四水厂	正常供水	
				漯河五水厂	正常供水	
				漯河八水厂	正常供水	
	周口市			商水水厂	正常供水	
				周口东区水厂	正常供水	
				周口二水厂	正常供水	
10	平顶山市	11	澎河	平顶山白龟山水厂	暂停供水	
				平顶山九里山水厂	暂停供水	
				平顶山平煤集团水厂	暂停供水	
				叶县水厂	正常供水	
11	平顶山市	11-1	张庄	鲁山水厂	未供水	泵站已调试
12	平顶山市	12	马庄	平顶山焦庄水厂	正常供水	
13	平顶山市	13	高庄	平顶山王铁庄水厂	正常供水	
				平顶山石龙区水厂	正常供水	
14	平顶山市	14	赵庄	郏县规划水厂	正常供水	
15	许昌市	15	宴窑	襄城县三水厂	正常供水	
16	许昌市	16	任坡	禹州市二水厂	正常供水	8月4日22:00至8月5日2:00暂停供水
				神垕镇二水厂	正常供水	
	登封市			卢店水厂	正常供水	

续表

序号	市、县	口门编号	分水口门	供水目标	运行情况	备注
17	许昌市	17	孟坡	许昌市周庄水厂	正常供水	
				曹寨水厂	正常供水	
				北海、石梁河、霸陵河	正常供水	
	鄢陵县			许昌市二水厂	正常供水	
				鄢陵中心水厂	正常供水	
	临颍县			临颍县一水厂	正常供水	
				临颍县二水厂（千亩湖）	正常供水	水厂未建，利用临颍二水厂支线向千亩湖供水
18	许昌市	18	洼李	长葛市规划三水厂	正常供水	
				清潩河	正常供水	
				增福湖	正常供水	
19	郑州市	19	李垌	新郑一水厂	暂停供水	备用
				新郑二水厂	正常供水	
				望京楼水库	暂停供水	
				老观寨水库	暂停供水	
20	郑州市	20	小河刘	郑州航空城一水厂	正常供水	
				郑州航空城二水厂	正常供水	
				中牟县三水厂	正常供水	
21	郑州市	21	刘湾	郑州市刘湾水厂	正常供水	
22	郑州市	22	密垌	尖岗水库	暂停供水	
				新密水厂	暂停供水	
23	郑州市	23	中原西路	郑州柿园水厂	正常供水	
				郑州白庙水厂	正常供水	
				郑州常庄水库	暂停供水	本月充库398.96万 m³
24	郑州市	24	前蒋寨	荥阳市四水厂	正常供水	
25	郑州市	24-1	蒋头	上街区规划水厂	正常供水	
26	温县	25	北冷	温县三水厂	正常供水	
27	焦作市	26	北石涧	武陟县城三水厂	正常供水	
				博爱县水厂	正常供水	
28	焦作市	27	府城	府城水厂	正常供水	
29	焦作市	28	苏蔺	焦作市修武水厂	正常供水	
				焦作市苏蔺水厂	正常供水	
30	新乡市	30	郭屯	获嘉县水厂	正常供水	
31	辉县市	31	路固	辉县三水厂	正常供水	
				百泉湖	正常供水	
32	新乡市	32	老道井	新乡高村水厂	正常供水	
				新乡新区水厂	正常供水	
				新乡孟营水厂	正常供水	
				新乡凤泉水厂	正常供水	
	新乡县			七里营水厂	正常供水	
33	新乡市	33	温寺门	卫辉规划水厂	正常供水	

续表

序号	市、县	口门编号	分水口门	供水目标	运行情况	备注
34	鹤壁市	34	袁庄	淇县铁西区水厂	正常供水	
				赵家渠	暂停供水	赵家渠改造，暂停供水
				淇县城北水厂	暂停供水	
35	濮阳市	35	三里屯	引黄调节池（濮阳一水厂）	暂停供水	
				濮阳二水厂	正常供水	
				濮阳三水厂	正常供水	
				清丰县固城水厂	正常供水	
	濮阳县			濮阳县水厂	正常供水	与濮阳二水厂共用西水坡支线来水
	南乐县			南乐县水厂	正常供水	
	鹤壁市			浚县水厂	正常供水	
				鹤壁四水厂	正常供水	
	滑县			滑县三水厂	正常供水	
				滑县四水厂（安阳中盈化肥有限公司、河南易凯针织有限责任公司）	正常供水	滑县四水厂未建，目前向企业供水。8月13日8：00至15日8：00暂停供水
36	鹤壁市	36	刘庄	鹤壁三水厂	正常供水	
37	安阳市	37	董庄	汤阴一水厂	正常供水	8月26日13：00～18：00暂停供水
				汤阴二水厂	正常供水	
				内黄县四水厂	正常供水	
38	安阳市	38	小营	安阳六水厂	正常供水	
				安阳八水厂	正常供水	
39	安阳市	39	南流寺	安阳四水厂	正常供水	
40	邓州市		刁河退水闸	刁河	已关闸	
41	邓州市		湍河退水闸	湍河	已关闸	
42	邓州市		严陵河退水闸	严陵河	已关闸	
43	南阳市		白河退水闸	白河	已关闸	
44	南阳市		清河退水闸	清河	正常供水	本月退水535.68万 m³
45	南阳市		贾河退水闸	贾河	已关闸	
46	南阳市		潦河退水闸	潦河	已关闸	
47	平顶山市		澧河退水闸	澧河	已关闸	
48	平顶山市		澎河退水闸	澎河	已关闸	
49	平顶山市		沙河退水闸	沙河、白龟山水库	已关闸	
50	平顶山市		北汝河退水闸	北汝河	已关闸	
51	漯河市		贾河退水闸	燕山水库	已关闸	
52	禹州市		颍河退水闸	颍河	已关闸	本月退水400.36万 m³
53	新郑市		双洎河退水闸	双洎河	正常供水	本月退水398.97万 m³
54	新郑市		沂水河退水闸	唐寨水库	已关闸	
55	郑州市		十八里河退水闸	十八里河	已关闸	
56	郑州市		贾峪河退水闸	贾峪河、西流湖	已关闸	
57	郑州市		索河退水闸	索河	已关闸	

续表

序号	市、县	口门编号	分水口门	供水目标	运行情况	备注
58	焦作市		闫河退水闸	闫河、龙源湖	已关闸	本月退水70.04万m³
59	新乡市		香泉河退水闸	香泉河	已关闸	
60	辉县市		峪河退水闸	峪河南支	已关闸	
61	辉县市		黄水河支退水闸	黄水河、大沙河、共产主义渠	已关闸	
62	鹤壁市		淇河退水闸	淇河	已关闸	
63	汤阴县		汤河退水闸	汤河	正常供水	本月退水267.84万m³
64	安阳市		安阳河退水闸	安阳河	已关闸	

【水量调度计划执行】

区分	序号	市、县名称	年度用水计划（万m³）	月用水计划（万m³）	月实际供水量（万m³）	年度累计供水量（万m³）	年度计划执行情况（%）	累计供水量（万m³）
农业用水	1	引丹灌区	60000	6400	4689.38	51661.01	86.10	311601.49
城市用水	1	邓州	2995.18	290	254.76	2303.32	76.90	17778.67
	2	南阳	14388.31	1443	1392.53	11235.87	78.09	84172.70
	3	漯河	8773.71	793	814.91	7254.32	82.68	35335.73
	4	周口	5522.09	459	492.29	4471.23	80.97	14583.93
	5	平顶山	23326.37	586	518.28	21981.70	94.24	80088.89
	6	许昌	16809.34	1337	1643.65	14421.35	85.79	92018.85
	7	郑州	61634.00	5989	5439.27	48326.66	78.41	283096.94
	8	焦作	8685.68	944	783.02	6131.57	70.59	23843.32
	9	新乡	12821.35	1191	1134.44	10351.54	80.74	67105.00
	10	鹤壁	4264.94	390	349.33	3240.92	75.99	32063.34
	11	濮阳	7976.11	627	769.90	6816.98	85.47	36082.92
	12	安阳	9228.93	863	1078.46	7975.88	86.42	35757.83
	13	滑县	2181.69	233	214.87	1687.94	77.37	6452.27
		小计	178607.40	15145	14885.70	146199.28	81.85	808380.39
		合计	238607.40	21545	19575.08	197860.29	82.92	1119981.88

【水质信息】

序号	断面名称	断面位置（省、市）	采样时间	水温（℃）	pH值（无量纲）	溶解氧	高锰酸盐指数	化学需氧量（COD）	五日生化需氧量（BOD5）	氨氮（NH₃-N）	总磷（以P计）
								mg/L			
1	沙河南	河南鲁山县	8月8日	25.1	8.2	7.9	1.9	<15	1	<0.025	0.01
2	郑湾	河南郑州市	8月8日	25.1	8.1	7.7	1.9	<15	<0.5	<0.025	0.01

序号	断面名称	总氮（以N计）	铜	锌	氟化物（以F计）	硒	砷	汞	镉	铬（六价）	铅
							mg/L				
1	沙河南	1.04	<0.01	<0.05	0.159	<0.0003	0.0002	<0.00001	<0.0005	<0.004	<0.0025
2	郑湾	1.17	<0.01	<0.05	0.143	<0.0003	0.0003	<0.00001	<0.0005	<0.004	<0.0025

续表

序号	断面名称	氰化物	挥发酚	石油类	阴离子表面活性剂	硫化物	粪大肠菌群	水质类别	超标项目及超标倍数	
		mg/L					个/L			
1	沙河南	<0.002	<0.002	<0.01	<0.05	<0.01	20	Ⅰ类		
2	郑湾	<0.002	<0.002	<0.01	<0.05	<0.01	40	Ⅰ类		

说明：根据南水北调中线水质保护中心9月2日提供数据。

运行管理月报2020年第10期总第62期

【工程运行调度】

2020年10月1日8时，河南省陶岔渠首引水闸入干渠流量264.43m³/s；穿黄隧洞节制闸过闸流量214.33m³/s；漳河倒虹吸节制闸过闸流量190.85m³/s。截至2020年9月30日，全省累计有39个口门及25个退水闸（刁河、湍河、严陵河、白河、清河、贾河、潦河、澧河、澎河、沙河、北汝河、颍河、双泊河、沂水河、十八里河、贾峪河、索河、闫河、香泉河、峪河、黄水河支线、淇河、汤河、安阳河、兰河）开闸分水，其中，37个口门正常供水，1个口门线路因受水水厂暂不具备接水条件而未供水（11-1），1个口门线路因地方不用水暂停供水（11）。

【各市县配套工程线路供水】

序号	市、县	口门编号	分水口门	供水目标	运行情况	备注
1	邓州市	1	肖楼	引丹灌区	正常供水	
2	邓州市	2	望城岗	邓州一水厂	正常供水	
				邓州二水厂	正常供水	
				邓州三水厂	正常供水	
	南阳市			新野二水厂	正常供水	
				新野三水厂	未供水	水厂已调试，管网未建好
3	赵集镇	3	彭家	赵集镇水厂	未供水	泵站机组已调试
4	南阳市	3-1	谭寨	镇平县五里岗水厂	正常供水	
				镇平县规划水厂	正常供水	
5	南阳市	5	田洼	傅岗（麒麟）水厂	正常供水	
				兰营水库	未供水	泵站机组已调试
				龙升水厂	正常供水	
6	南阳市	6	大寨	南阳四水厂	正常供水	
7	南阳市	7	半坡店	唐河县水厂	正常供水	
				社旗水厂	正常供水	
8	方城县	9	十里庙	新裕水厂	正常供水	
				1#泵站和2#泵站	未供水	泵站机组已调试
9	漯河市	10	辛庄	舞阳水厂	正常供水	
				漯河二水厂	正常供水	
				漯河三水厂	正常供水	
				漯河四水厂	正常供水	
				漯河五水厂	正常供水	
				漯河八水厂	正常供水	
	周口市			商水水厂	正常供水	
				周口东区水厂	正常供水	
				周口二水厂	正常供水	

续表

序号	市、县	口门编号	分水口门	供水目标	运行情况	备注
10	平顶山市	11	澎河	平顶山白龟山水厂	暂停供水	
				平顶山九里山水厂	暂停供水	
				平顶山平煤集团水厂	暂停供水	
				叶县水厂	正常供水	
11	平顶山市	11-1	张庄	鲁山水厂	未供水	泵站已调试
12	平顶山市	12	马庄	平顶山焦庄水厂	正常供水	
13	平顶山市	13	高庄	平顶山王铁庄水厂	正常供水	
				平顶山石龙区水厂	正常供水	
14	平顶山市	14	赵庄	郏县规划水厂	正常供水	
15	许昌市	15	宴窑	襄城县三水厂	正常供水	
16	许昌市	16	任坡	禹州市二水厂	正常供水	
				神垕镇二水厂	正常供水	
	登封市			卢店水厂	正常供水	
17	许昌市	17	孟坡	许昌市周庄水厂	正常供水	
				曹寨水厂	正常供水	
				北海、石梁河、霸陵河	正常供水	
				许昌市二水厂	正常供水	
	鄢陵县			鄢陵中心水厂	正常供水	
	临颍县			临颍县一水厂	正常供水	
				临颍县二水厂（千亩湖）	正常供水	水厂未建，利用临颍二水厂支线向千亩湖供水
18	许昌市	18	洼李	长葛市规划三水厂	正常供水	
				清潩河	正常供水	
				增福湖	正常供水	
19	郑州市	19	李垌	新郑一水厂	暂停供水	备用
				新郑二水厂	正常供水	
				望京楼水库	暂停供水	
				老观寨水库	暂停供水	
20	郑州市	20	小河刘	郑州航空城一水厂	正常供水	
				郑州航空城二水厂	正常供水	
				中牟县三水厂	正常供水	
21	郑州市	21	刘湾	郑州市刘湾水厂	正常供水	
22	郑州市	22	密垌	尖岗水库	暂停供水	本月充库300万m³
				新密水厂	暂停供水	
23	郑州市	23	中原西路	郑州柿园水厂	正常供水	
				郑州白庙水厂	正常供水	
				郑州常庄水库	暂停供水	本月充库600万m³
24	郑州市	24	前蒋寨	荥阳市四水厂	正常供水	
25	郑州市	24-1	蒋头	上街区规划水厂	正常供水	
26	温县	25	北冷	温县三水厂	正常供水	
27	焦作市	26	北石涧	武陟县城三水厂	正常供水	
				博爱县水厂	正常供水	

续表

序号	市、县	口门编号	分水口门	供水目标	运行情况	备注
28	焦作市	27	府城	府城水厂	正常供水	
29	焦作市	28	苏蔺	焦作市修武水厂	正常供水	
				焦作市苏蔺水厂	正常供水	
30	新乡市	30	郭屯	获嘉县水厂	正常供水	
31	辉县市	31	路固	辉县三水厂	正常供水	
				百泉湖	正常供水	
32	新乡市	32	老道井	新乡高村水厂	正常供水	
				新乡新区水厂	正常供水	
				新乡孟营水厂	正常供水	
				新乡凤泉水厂	正常供水	
	新乡县			七里营水厂	正常供水	
33	新乡市	33	温寺门	卫辉规划水厂	正常供水	
34	鹤壁市	34	袁庄	淇县铁西区水厂	正常供水	
				赵家渠	暂停供水	赵家渠改造，暂停供水
				淇县城北水厂	暂停供水	
35	濮阳市	35	三里屯	引黄调节池（濮阳一水厂）	暂停供水	
				濮阳二水厂	正常供水	
				濮阳三水厂	正常供水	
				清丰县固城水厂	正常供水	
	濮阳县			濮阳县水厂	正常供水	与濮阳二水厂共用西水坡支线来水
	南乐县			南乐县水厂	正常供水	
	鹤壁市			浚县水厂	正常供水	
				鹤壁四水厂	正常供水	
	滑县			滑县三水厂	正常供水	
				滑县四水厂（安阳中盈化肥有限公司、河南易凯针织有限责任公司）	正常供水	滑县四水厂未建
36	鹤壁市	36	刘庄	鹤壁三水厂	正常供水	
37	安阳市	37	董庄	汤阴一水厂	正常供水	
				汤阴二水厂	正常供水	
				内黄县四水厂	正常供水	
38	安阳市	38	小营	安阳六水厂	正常供水	
				安阳八水厂	正常供水	
				安钢冷轧水厂	未供水	设备已调试
39	安阳市	39	南流寺	安阳四水厂	正常供水	
40	邓州市		刁河退水闸	刁河	已关闸	
41	邓州市		湍河退水闸	湍河	已关闸	
42	邓州市		严陵河退水闸	严陵河	已关闸	
43	南阳市		白河退水闸	白河	已关闸	
44	南阳市		清河退水闸	清河	正常供水	本月退水 518.4 万 m^3
45	南阳市		贾河退水闸	贾河	已关闸	

续表

序号	市、县	口门编号	分水口门	供水目标	运行情况	备注
46	南阳市		潦河退水闸	潦河	已关闸	
47	平顶山市		澧河退水闸	澧河	已关闸	
48	平顶山市		澎河退水闸	澎河	已关闸	
49	平顶山市		沙河退水闸	沙河、白龟山水库	已关闸	
50	平顶山市		北汝河退水闸	北汝河	已关闸	
51	郏县		兰河退水闸	兰河	已关闸	本月退水130万m³
52	漯河市		贾河退水闸	燕山水库	已关闸	
53	禹州市		颍河退水闸	颍河	已关闸	本月退水2100.21万m³
54	新郑市		双洎河退水闸	双洎河	正常供水	本月退水399.28万m³
55	新郑市		沂水河退水闸	唐寨水库	已关闸	
56	郑州市		十八里河退水闸	十八里河	已关闸	
57	郑州市		贾峪河退水闸	贾峪河、西流湖	已关闸	
58	郑州市		索河退水闸	索河	已关闸	
59	焦作市		闫河退水闸	闫河、龙源湖	已关闸	本月退水35万m³
60	新乡市		香泉河退水闸	香泉河	已关闸	
61	辉县市		峪河退水闸	峪河南支	已关闸	
62	辉县市		黄水河支退水闸	黄水河、大沙河、共产主义渠	已关闸	
63	鹤壁市		淇河退水闸	淇河	已关闸	
64	汤阴县		汤河退水闸	汤河	正常供水	本月退水259.2万m³
65	安阳市		安阳河退水闸	安阳河	已关闸	

【水量调度计划执行】

区分	序号	市、县名称	年度用水计划（万m³）	月用水计划（万m³）	月实际供水量（万m³）	年度累计供水量（万m³）	年度计划执行情况（%）	累计供水量（万m³）
农业用水	1	引丹灌区	60000	4350	5131.09	56792.10	94.65	316732.58
城市用水	1	邓州	2995.18	300	247.28	2550.61	85.16	18025.95
	2	南阳	14388.31	1438	1341.64	12577.50	87.41	85514.34
	3	漯河	8773.71	755	828.02	8082.34	92.12	36163.74
	4	周口	5522.09	534	474.44	4945.68	89.56	15058.37
	5	平顶山	23326.37	575	631.96	22613.66	96.94	80720.85
	6	许昌	16809.34	1322	3434.90	17856.25	106.23	95453.76
	7	郑州	61634.00	5910	6372.54	54699.19	88.75	290069.48
	8	焦作	8685.68	945	857.65	6989.22	80.47	24700.97
	9	新乡	12821.35	1161	1167.70	11519.24	89.84	68272.70
	10	鹤壁	4264.94	390	385.13	3626.05	85.02	32448.46
	11	濮阳	7976.11	614	754.24	7571.23	94.92	36837.17
	12	安阳	9228.93	794	1079.74	9055.62	98.12	36837.57
	13	滑县	2181.69	226	198.58	1886.52	86.47	6650.85
		小计	178607.40	14964	17773.82	163973.11	91.81	826754.21
	合计		238607.40	19314.00	22904.91	220765.21	92.52	1143486.79

【水质信息】

序号	断面名称	断面位置（省、市）	采样时间	水温（℃）	pH值（无量纲）	溶解氧	高锰酸盐指数	化学需氧量（COD）	五日生化需氧量（BOD₅）	氨氮（NH₃–N）	总磷（以P计）
								mg/L			
1	沙河南	河南鲁山县	9月7日	29.7	7.6	8	2.2	<15	<0.5	0.036	0.01
2	郑湾	河南郑州市	9月7日	27.1	8.1	8	2.2	<15	0.8	0.033	<0.01

序号	断面名称	总氮（以N计）	铜	锌	氟化物（以F⁻计）	硒	砷	汞	镉	铬（六价）	铅
						mg/L					
1	沙河南	0.87	<0.01	<0.05	0.163	<0.0003	0.0005	<0.00001	<0.0005	<0.004	<0.0025
2	郑湾	1.01	<0.01	<0.05	0.169	<0.0003	0.0007	<0.00001	<0.0005	<0.004	<0.0025

序号	断面名称	氰化物	挥发酚	石油类	阴离子表面活性剂	硫化物	粪大肠菌群	水质类别	超标项目及超标倍数
				mg/L			个/L		
1	沙河南	<0.002	<0.002	<0.01	<0.05	<0.01	110	Ⅱ类	
2	郑湾	<0.002	<0.002	<0.01	<0.05	<0.01	70	Ⅱ类	

说明： 根据南水北调中线水质保护中心10月10日提供数据。

运行管理月报2020年第11期总第63期

【工程运行调度】

2020年11月1日8时，河南省陶岔渠首引水闸入干渠流量265.86m³/s；穿黄隧洞节制闸过闸流量219.72m³/s；漳河倒虹吸节制闸过闸流量186.72m³/s。截至2020年10月31日，全省累计有39个口门及25个退水闸（刁河、湍河、严陵河、白河、清河、贾河、潦河、澧河、澎河、沙河、北汝河、颍河、双洎河、沂水河、十八里河、贾峪河、索河、闫河、香泉河、峪河、黄水河支线、淇河、汤河、安阳河、兰河）开闸分水，其中，37个口门正常供水，1个口门线路因受水水厂暂不具备接水条件而未供水（11-1），1个口门线路因地方不用水暂停供水（11）。

【各市县配套工程线路供水】

序号	市、县	口门编号	分水口门	供水目标	运行情况	备注
1	邓州市	1	肖楼	引丹灌区	正常供水	
2	邓州市	2	望城岗	邓州一水厂	正常供水	
				邓州二水厂	正常供水	
				邓州三水厂	正常供水	
	南阳市			新野二水厂	正常供水	
				新野三水厂	未供水	水厂已调试，管网未建好
3	赵集镇	3	彭家	赵集镇水厂	未供水	泵站机组已调试
4	南阳市	3-1	谭寨	镇平县五里岗水厂	正常供水	
				镇平县规划水厂	正常供水	
5	南阳市	5	田洼	傅岗（麒麟）水厂	正常供水	
				兰营水库	未供水	泵站机组已调试
				龙升水厂	正常供水	
6	南阳市	6	大寨	南阳四水厂	正常供水	

续表

序号	市、县	口门编号	分水口门	供水目标	运行情况	备注
7	南阳市	7	半坡店	唐河县水厂	正常供水	
				社旗水厂	正常供水	
8	方城县	9	十里庙	新裕水厂	正常供水	
				1"泵站和2"泵站	未供水	泵站机组已调试
9	漯河市	10	辛庄	舞阳水厂	正常供水	
				漯河二水厂	正常供水	
				漯河三水厂	正常供水	
				漯河四水厂	正常供水	
				漯河五水厂	正常供水	
				漯河八水厂	正常供水	
	周口市			商水水厂	正常供水	
				周口东区水厂	正常供水	
				周口二水厂	正常供水	
10	平顶山市	11	澎河	平顶山白龟山水厂	暂停供水	
				平顶山九里山水厂	暂停供水	
				平顶山平煤集团水厂	暂停供水	
				叶县水厂	正常供水	
11	平顶山市	11-1	张庄	鲁山水厂	未供水	泵站已调试
12	平顶山市	12	马庄	平顶山焦庄水厂	正常供水	
13	平顶山市	13	高庄	平顶山王铁庄水厂	正常供水	
				平顶山石龙区水厂	正常供水	
14	平顶山市	14	赵庄	郏县规划水厂	正常供水	
15	许昌市	15	宴窑	襄城县三水厂	正常供水	
16	许昌市	16	任坡	禹州市二水厂	正常供水	
				神垕镇二水厂	正常供水	
	登封市			卢店水厂	正常供水	
17	许昌市	17	孟坡	许昌市周庄水厂	正常供水	
				曹寨水厂	正常供水	
				北海、石梁河、霸陵河	正常供水	
				许昌市二水厂	正常供水	
	鄢陵县			鄢陵中心水厂	暂停供水	
	临颍县			临颍县一水厂	正常供水	
				临颍县二水厂（千亩湖）	正常供水	水厂未建
18	许昌市	18	洼李	长葛市规划三水厂	正常供水	
				清潩河	正常供水	
				增福湖	正常供水	
19	郑州市	19	李垌	新郑一水厂	暂停供水	备用
				新郑二水厂	正常供水	
				望京楼水库	暂停供水	
				老观寨水库	暂停供水	
20	郑州市	20	小河刘	郑州航空城一水厂	正常供水	
				郑州航空城二水厂	正常供水	
				中牟县三水厂	正常供水	

续表

序号	市、县	口门编号	分水口门	供水目标	运行情况	备注
21	郑州市	21	刘湾	郑州市刘湾水厂	正常供水	
22	郑州市	22	密垌	尖岗水库	正常供水	本月充库340万m³
				新密水厂	暂停供水	
23	郑州市	23	中原西路	郑州柿园水厂	正常供水	
				郑州白庙水厂	正常供水	
				郑州常庄水库	正常供水	
24	郑州市	24	前蒋寨	荥阳市四水厂	正常供水	
25	郑州市	24-1	蒋头	上街区规划水厂	正常供水	
26	温县	25	北冷	温县三水厂	正常供水	
27	焦作市	26	北石涧	武陟县城三水厂	正常供水	
				博爱县水厂	正常供水	
28	焦作市	27	府城	府城水厂	正常供水	
29	焦作市	28	苏蔺	焦作市修武水厂	正常供水	
				焦作市苏蔺水厂	正常供水	
30	新乡市	30	郭屯	获嘉县水厂	正常供水	
31	辉县市	31	路固	辉县三水厂	正常供水	
				百泉湖	正常供水	
32	新乡市	32	老道井	新乡高村水厂	正常供水	
				新乡新区水厂	正常供水	
				新乡孟营水厂	正常供水	
				新乡凤泉水厂	正常供水	
	新乡县			七里营水厂	正常供水	
33	新乡市	33	温寺门	卫辉规划水厂	正常供水	
34	鹤壁市	34	袁庄	淇县铁西区水厂	正常供水	
				赵家渠	暂停供水	赵家渠改造，暂停供水
				淇县城北水厂	暂停供水	
35	濮阳市	35	三里屯	引黄调节池（濮阳一水厂）	暂停供水	
				濮阳二水厂	正常供水	
				濮阳三水厂	正常供水	
				清丰县固城水厂	正常供水	
	濮阳县			濮阳县水厂	正常供水	
	南乐县			南乐县水厂	正常供水	
	鹤壁市			浚县水厂	正常供水	
				鹤壁四水厂	正常供水	
				淇县三水厂	正常供水	
	滑县			滑县四水厂（安阳中盈化肥有限公司、河南易凯针织有限责任公司）	正常供水	滑县四水厂未建。10月14日8：00暂停向安阳中盈化肥有限公司供水
36	鹤壁市	36	刘庄	鹤壁三水厂	正常供水	
37	安阳市	37	董庄	汤阴一水厂	正常供水	
				汤阴二水厂	正常供水	
				内黄县四水厂	正常供水	

续表

序号	市、县	口门编号	分水口门	供水目标	运行情况	备注
38	安阳市	38	小营	安阳六水厂	正常供水	
				安阳八水厂	正常供水	
				安钢冷轧水厂	正常供水	
39	安阳市	39	南流寺	安阳四水厂	正常供水	
40	邓州市		刁河退水闸	刁河	已关闸	
41	邓州市		湍河退水闸	湍河	已关闸	本月供水 431.1 万 m³
42	邓州市		严陵河退水闸	严陵河	已关闸	
43	南阳市		白河退水闸	白河	已关闸	
44	南阳市		清河退水闸	清河	已关闸	本月供水 502.2 万 m³
45	南阳市		贾河退水闸	贾河	已关闸	
46	南阳市		潦河退水闸	潦河	已关闸	
47	平顶山市		澧河退水闸	澧河	已关闸	
48	平顶山市		澎河退水闸	澎河	已关闸	
49	平顶山市		沙河退水闸	沙河、白龟山水库	已关闸	
50	平顶山市		北汝河退水闸	北汝河	已关闸	
51	郏县		兰河退水闸	兰河	已关闸	
52	漯河市		贾河退水闸	燕山水库	已关闸	
53	禹州市		颖河退水闸	颖河	正常供水	本月供水 374.34 万 m³
54	新郑市		双洎河退水闸	双洎河	正常供水	本月供水 409.83 万 m³
55	新郑市		沂水河退水闸	唐寨水库	已关闸	
56	郑州市		十八里河退水闸	十八里河	已关闸	
57	郑州市		贾峪河退水闸	贾峪河、西流湖	已关闸	
58	郑州市		索河退水闸	索河	已关闸	
59	焦作市		闫河退水闸	闫河、龙源湖	已关闸	本月供水 15 万 m³
60	新乡市		香泉河退水闸	香泉河	已关闸	
61	辉县市		峪河退水闸	峪河南支	已关闸	
62	辉县市		黄水河支退水闸	黄水河、大沙河、共产主义渠	已关闸	
63	鹤壁市		淇河退水闸	淇河	已关闸	
64	汤阴县		汤河退水闸	汤河	已关闸	本月供水 259.74 万 m³
65	安阳市		安阳河退水闸	安阳河	已关闸	

【水量调度计划执行】

区分	序号	市、县名称	年度用水计划（万 m³）	月用水计划（万 m³）	月实际供水量（万 m³）	年度累计供水量（万 m³）	年度计划执行情况（%）	累计供水量（万 m³）
农业用水	1	引丹灌区	60000	3400	3166.59	59958.69	99.93	319899.17
城市用水	1	邓州	2995.18	280	678.4635	3229.07	107.81	18704.41
	2	南阳	14388.31	1536.5	1308.476	13885.98	96.51	86822.82
	3	漯河	8773.71	834.7	828.759	8911.10	101.57	36992.50
	4	周口	5522.09	484	471.5634	5417.24	98.10	15529.93
	5	平顶山	23326.37	518	502.09	23115.75	99.10	81222.94
	6	许昌	16809.34	1281.032	1705.937	19562.19	116.38	97159.69

续表

区分	序号	市、县名称	年度用水计划（万m³）	月用水计划（万m³）	月实际供水量（万m³）	年度累计供水量（万m³）	年度计划执行情况（%）	累计供水量（万m³）
城市用水	7	郑州	61634.00	6563	5947.23	60646.42	98.40	295416.71
	8	焦作	8685.68	991	870.6	7859.82	90.49	25571.57
	9	新乡	12821.35	1202.9	1155.72	12674.96	98.86	69428.42
	10	鹤壁	4264.94	401.4	344.5451	3970.59	93.10	32793.01
	11	濮阳	7976.11	744.3	750.0907	8321.32	104.33	37587.26
	12	安阳	9228.93	1065.34	1036.34	10091.96	109.35	37873.91
	13	滑县	2181.69	192.38	193.8742	2080.39	95.36	6844.72
		小计	178607.40	16094.55	15793.69	179766.79	100.65	841947.89
合计			238607.40	19494.55	18960.28	239725.48	100.47	1161847.06

【水质信息】

序号	断面名称	断面位置（省、市）	采样时间	水温（℃）	pH值（无量纲）	溶解氧	高锰酸盐指数	化学需氧量（COD）	五日生化需氧量（BOD₅）	氨氮（NH₃-N）	总磷（以P计）
								mg/L			
1	沙河南	河南鲁山县	10月15日	22.4	8.1	8.6	2.1	<15	<0.5	<0.025	<0.01
2	郑湾	河南郑州市	10月15日	20.1	8	9.2	2.1	<15	0.7	<0.025	<0.01

序号	断面名称	总氮（以N计）	铜	锌	氟化物（以F⁻计）	硒	砷	汞	镉	铬（六价）	铅
								mg/L			
1	沙河南	1.02	<0.01	<0.05	0.165	<0.0003	0.0004	<0.00001	<0.0005	<0.004	<0.0025
2	郑湾	1.07	<0.01	<0.05	0.188	<0.0003	0.0004	<0.00001	<0.0005	<0.004	<0.0025

序号	断面名称	氰化物	挥发酚	石油类	阴离子表面活性剂	硫化物	粪大肠菌群	水质类别	超标项目及超标倍数		
		mg/L					个/L				
1	沙河南	<0.002	<0.002	<0.01	<0.05	<0.01	80	Ⅱ类			
2	郑湾	<0.002	<0.002	<0.01	<0.05	<0.01	50	Ⅱ类			

说明：根据南水北调中线水质保护中心11月12日提供数据。

运行管理月报2020年第12期总第64期

【工程运行调度】

2020年12月1日8时，河南省陶岔渠首引水闸入干渠流量190.14m³/s；穿黄隧洞节制闸过闸流量143.65m³/s；漳河倒虹吸节制闸过闸流量131.03m³/s。截至2020年11月30日，全省累计有39个口门及25个退水闸（刁河、湍河、严陵河、白河、清河、贾河、潦河、澧河、澎河、沙河、北汝河、颍河、双洎河、沂水河、十八里河、贾峪河、索河、闫河、香泉河、峪河、黄水河支线、淇河、汤河、安阳河、兰河）开闸分水，其中，37个口门正常供水，1个口门线路因受水水厂暂不具备接水条件而未供水（11-1），1个口门线路因地方不用水暂停供水（11）。

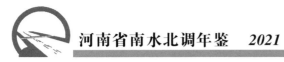

【各市县配套工程线路供水】

序号	市、县	口门编号	分水口门	供水目标	运行情况	备注
1	邓州市	1	肖楼	引丹灌区	正常供水	
2	邓州市	2	望城岗	邓州一水厂	正常供水	
				邓州二水厂	正常供水	
				邓州三水厂	正常供水	
	南阳市			新野二水厂	正常供水	
				新野三水厂	未供水	水厂已调试，管网未建好
3	赵集镇	3	彭家	赵集镇水厂	正常供水	
4	南阳市	3-1	谭寨	镇平县五里岗水厂	正常供水	
				镇平县规划水厂	正常供水	
5	南阳市	5	田洼	傅岗（麒麟）水厂	正常供水	
				兰营水库	未供水	泵站机组已调试
				龙升水厂	正常供水	
6	南阳市	6	大寨	南阳四水厂	正常供水	
7	南阳市	7	半坡店	唐河县水厂	正常供水	
				社旗水厂	正常供水	
8	方城县	9	十里庙	新裕水厂	正常供水	
				1#泵站和2#泵站	未供水	泵站机组已调试
9	漯河市	10	辛庄	舞阳水厂	正常供水	
				漯河二水厂	正常供水	
				漯河三水厂	正常供水	
				漯河四水厂	正常供水	
				漯河五水厂	正常供水	
				漯河八水厂	正常供水	
	周口市			商水水厂	正常供水	
				周口东区水厂	正常供水	
				周口二水厂	正常供水	
10	平顶山市	11	澎河	平顶山白龟山水厂	暂停供水	
				平顶山九里山水厂	暂停供水	
				平顶山平煤集团水厂	暂停供水	
				叶县水厂	正常供水	
11	平顶山市	11-1	张庄	鲁山水厂	未供水	泵站已调试
12	平顶山市	12	马庄	平顶山焦庄水厂	正常供水	
13	平顶山市	13	高庄	平顶山王铁庄水厂	正常供水	
				平顶山石龙区水厂	正常供水	
14	平顶山市	14	赵庄	郏县规划水厂	正常供水	
15	许昌市	15	宴窑	襄城县三水厂	正常供水	
16	许昌市	16	任坡	禹州市二水厂	正常供水	
				神垕镇二水厂	正常供水	
	登封市			卢店水厂	正常供水	
17	许昌市	17	孟坡	许昌市周庄水厂	正常供水	
				曹寨水厂	正常供水	
				北海、石梁河、霸陵河	正常供水	
				许昌市二水厂	正常供水	

续表

序号	市、县	口门编号	分水口门	供水目标	运行情况	备注
17	鄢陵县	17	孟坡	鄢陵中心水厂	正常供水	
	临颍县			临颍县一水厂	正常供水	
				临颍县二水厂（千亩湖）	正常供水	水厂未建
18	许昌市	18	洼李	长葛市规划三水厂	正常供水	
				清潩河	正常供水	
				增福湖	正常供水	
19	郑州市	19	李垌	新郑一水厂	暂停供水	备用
				新郑二水厂	正常供水	
				望京楼水库	暂停供水	
				老观寨水库	暂停供水	
20	郑州市	20	小河刘	郑州航空城一水厂	正常供水	
				郑州航空城二水厂	正常供水	
				中牟县三水厂	正常供水	
21	郑州市	21	刘湾	郑州市刘湾水厂	正常供水	
22	郑州市	22	密垌	尖岗水库	正常供水	本月充库391.73万 m^3
				新密水厂	暂停供水	
23	郑州市	23	中原西路	郑州柿园水厂	正常供水	
				郑州白庙水厂	正常供水	
				郑州常庄水库	正常供水	本月充库166.49万 m^3
24	郑州市	24	前蒋寨	荥阳市四水厂	正常供水	
25	郑州市	24-1	蒋头	上街区规划水厂	正常供水	
26	温县	25	北冷	温县三水厂	正常供水	
27	焦作市	26	北石涧	武陟县城三水厂	正常供水	
				博爱县水厂	正常供水	
28	焦作市	27	府城	府城水厂	正常供水	
29	焦作市	28	苏蔺	焦作市修武水厂	正常供水	
				焦作市苏蔺水厂	正常供水	
30	新乡市	30	郭屯	获嘉县水厂	正常供水	
31	辉县市	31	路固	辉县三水厂	正常供水	
				百泉湖	正常供水	
32	新乡市	32	老道井	新乡高村水厂	正常供水	
				新乡新区水厂	正常供水	
				新乡孟营水厂	正常供水	
				新乡凤泉水厂	正常供水	
	新乡县			七里营水厂	正常供水	
33	新乡市	33	温寺门	卫辉规划水厂	正常供水	
34	鹤壁市	34	袁庄	淇县铁西区水厂	正常供水	
				赵家渠	暂停供水	
				淇县城北水厂	暂停供水	
35	濮阳市	35	三里屯	引黄调节池（濮阳一水厂）	暂停供水	
				濮阳二水厂	正常供水	
				濮阳三水厂	正常供水	
				清丰县固城水厂	正常供水	

续表

序号	市、县	口门编号	分水口门	供水目标	运行情况	备注
35	濮阳县	35	三里屯	濮阳县水厂	正常供水	
	南乐县			南乐县水厂	正常供水	
	鹤壁市			浚县水厂	正常供水	
				鹤壁四水厂	正常供水	
	滑县			滑县三水厂	正常供水	
				滑县四水厂（安阳中盈化肥有限公司、河南易凯针织有限责任公司）	正常供水	滑县四水厂未建
36	鹤壁市	36	刘庄	鹤壁三水厂	正常供水	
37	安阳市	37	董庄	汤阴一水厂	正常供水	
				汤阴二水厂	正常供水	
				内黄县四水厂	正常供水	
38	安阳市	38	小营	安阳六水厂	正常供水	
				安阳八水厂	正常供水	
				安钢冷轧水厂	正常供水	
39	安阳市	39	南流寺	安阳四水厂	正常供水	
40	邓州市		刁河退水闸	刁河	已关闸	
41	邓州市		湍河退水闸	湍河	已关闸	
42	邓州市		严陵河退水闸	严陵河	已关闸	
43	南阳市		白河退水闸	白河	已关闸	
44	南阳市		清河退水闸	清河	正常供水	本月供水 500 万 m³
45	南阳市		贾河退水闸	贾河	已关闸	
46	南阳市		潦河退水闸	潦河	已关闸	
47	平顶山市		澧河退水闸	澧河	已关闸	
48	平顶山市		澎河退水闸	澎河	已关闸	
49	平顶山市		沙河退水闸	沙河、白龟山水库	已关闸	
50	平顶山市		北汝河退水闸	北汝河	已关闸	
51	郏县		兰河退水闸	兰河	已关闸	
52	漯河市		贾河退水闸	燕山水库	已关闸	
53	禹州市		颍河退水闸	颍河	正常供水	
54	新郑市		双洎河退水闸	双洎河	正常供水	本月供水 450 万 m³
55	新郑市		沂水河退水闸	唐寨水库	已关闸	
56	郑州市		十八里河退水闸	十八里河	已关闸	
57	郑州市		贾峪河退水闸	贾峪河、西流湖	已关闸	
58	郑州市		索河退水闸	索河	已关闸	
59	焦作市		闫河退水闸	闫河、龙源湖	已关闸	本月供水 10 万 m³
60	新乡市		香泉河退水闸	香泉河	已关闸	
61	辉县市		峪河退水闸	峪河南支	已关闸	
62	辉县市		黄水河支退水闸	黄水河、大沙河、共产主义渠	已关闸	
63	鹤壁市		淇河退水闸	淇河	已关闸	
64	汤阴县		汤河退水闸	汤河	已关闸	
65	安阳市		安阳河退水闸	安阳河	已关闸	

【水量调度计划执行】

区分	序号	市、县名称	年度用水计划（万 m³）	月用水计划（万 m³）	月实际供水量（万 m³）	年度累计供水量（万 m³）	年度计划执行情况（%）	累计供水量（万 m³）
农业用水	1	引丹灌区	60000	2590	3180.25	3180.25	5.30	323079.42
城市用水	1	邓州	3575	320	502.28	502.28	14.05	19206.69
	2	南阳	10688	1541	1300.16	1300.16	12.16	88122.98
	3	漯河	9774	797	779.14	779.14	7.97	37771.64
	4	周口	5796	468	450.02	450.02	7.76	15979.96
	5	平顶山	6682	510	478.53	478.53	7.16	81701.47
	6	许昌	14563	1334	1470.71	1470.71	10.10	98630.41
	7	郑州	65788	6384	5728.08	5728.08	8.71	301144.79
	8	焦作	8816	919.52	843.39	843.39	9.57	26414.96
	9	新乡	14485	1155	1179.59	1179.59	8.14	70608.01
	10	鹤壁	4354	421	303.24	303.24	6.96	33096.24
	11	濮阳	8784	720	726.09	726.09	8.27	38313.35
	12	安阳	9796	747	762.96	762.96	7.79	38636.87
	13	滑县	2413	178	179.81	179.81	7.45	7024.53
		小计	165516	15495	14704.00	14704.00	8.88	856651.90
合计			225516	18085	17884.25	17884.25	7.93	1179731.32

【水质信息】

序号	断面名称	断面位置（省、市）	采样时间	水温（℃）	pH值（无量纲）	溶解氧	高锰酸盐指数	化学需氧量（COD）	五日生化需氧量（BOD₅）	氨氮（NH₃-N）	总磷（以P计）
								mg/L			
1	沙河南	河南鲁山县	11月8日	18.8	8.1	8.7	2	<15	0.7	0.026	0.01
2	郑湾	河南郑州市	11月8日	19.2	8.2	9.1	2	<15	<0.5	0.026	0.01

序号	断面名称	总氮（以N计）	铜	锌	氟化物（以F计）	硒	砷	汞	镉	铬（六价）	铅
							mg/L				
1	沙河南	1.02	<0.01	<0.05	0.19	<0.0003	0.0005	<0.00001	<0.0005	<0.004	<0.0025
2	郑湾	1.11	<0.01	<0.05	0.204	<0.0003	0.0006	<0.00001	<0.0005	<0.004	<0.0025

序号	断面名称	氰化物	挥发酚	石油类	阴离子表面活性剂	硫化物	粪大肠菌群	水质类别	超标项目及超标倍数	
				mg/L			个/L			
1	沙河南	<0.002	<0.002	<0.01	<0.05	<0.01	10	I 类		
2	郑湾	<0.002	<0.002	<0.01	<0.05	<0.01	<10	I 类		

说明：根据南水北调中线水质保护中心12月8日提供数据。

（李光阳）

河南省2020年用水计划表

【1月用水计划】

口门编号	口门名称	所在市县	分水流量（m³/s）	分水量（万m³）	计划开始时间	备注
1	肖楼	淅川县	13.07	3500	正常	引丹灌区
2	望城岗	邓州市	1.38	370	正常	2号望城岗口门—邓州市一水厂（110万m³）、邓州市二水厂（120万m³）、邓州市三水厂（50万m³）、新野县二水厂（60万m³）和新野县三水厂（30万m³）
4	谭寨	南阳市镇平县	0.44	118	正常	3-1号谭寨口门—镇平县五里岗水厂（32万m³）和镇平县规划水厂（86万m³）
6	田洼	南阳市	1.28	341.5	正常	5号田洼口门—南阳市傅岗水厂（325.5万m³）和南阳市龙升水厂（16万m³）
7	大寨	南阳市	0.56	150	正常	6号大寨口门—南阳市四水厂
8	半坡店	南阳市方城县	0.87	232.5	正常	7号半坡店口门—唐河县水厂（170.5万m³）和社旗县水厂（62万m³）
10	十里庙	南阳市方城县	0.50	90	正常	9号十里庙口门—方城县新裕水厂
	清河退水闸	南阳市方城县	2.00	600	正常	清河退水闸—南阳市方城县
11	辛庄	平顶山市叶县	4.05	1085.8	正常	10号辛庄口门—舞阳县水厂（63万m³）、漯河市二水厂（186万m³）、漯河市三水厂（135万m³）、漯河市四水厂（185万m³）、漯河市五水厂（37.2万m³）、漯河市八水厂（27万m³）和周口市东区水厂（155万m³）、周口市西区水厂线路（二水厂217万m³）、商水县水厂（80.6万m³）
12	澎河	平顶山市鲁山县	0.21	55	正常	11号澎河口门线路白龟山水库—叶县水厂
14	马庄	平顶山市新城区	0.11	30	正常	12号马庄口门—新城区焦庄水厂
15	高庄	平顶山市宝丰县	0.43	115	正常	13号高庄口门—宝丰县王铁庄水厂（90万m³）和石龙区水厂（25万m³）
16	赵庄	平顶山市郏县	0.34	90	正常	14号赵庄口门—郏县三水厂
	沙河退水闸	平顶山市鲁山县	28.00	3000	正常	沙河退水闸—平顶山市白龟山水库
17	宴窑	许昌市禹州市	0.26	70	正常	15号宴窑口门—襄城县三水厂
18	任坡	许昌市禹州市	1.09	293	正常	16号任坡口门—禹州市二水厂（165万m³）、神垕镇水厂（28万m³）和白沙水库（登封市卢店水厂）（100万m³）
19	孟坡	许昌市禹州市	3.66	979.6	正常	17号孟坡口门—许昌市周庄水厂（232.5万m³）、许昌市二水厂（93万m³）、北海（134万m³）、石梁河及霸陵河（240万m³）、鄢陵县中心水厂（60万m³）、许昌市曹寨水厂（111.6万m³）和临颍县一水厂（102.3万m³）、临颍县二水厂线路（千亩湖6.2万m³）

续表

口门编号	口门名称	所在市县	分水流量 (m³/s)	分水量 (万 m³)	计划开始时间	备注
20	洼李	许昌市长葛市	1.30	348.9	正常	18号洼李口门—长葛市三水厂（105万m³）、清潩河（110万m³）和增福湖（133.9万m³）
21	李垌	郑州市新郑市	1.22	325.5	正常	19号李垌口门—新郑市二水厂
	双洎河退水闸	郑州市新郑市	1.49	400	正常	双洎河退水闸—郑州市新郑市
22	小河刘	郑州市航空港区	3.76	1009.5	正常	20号小河刘口门—航空港区一水厂（700万m³）、航空港区二水厂（139.5万m³）和中牟县新城水厂（170万m³）
23	刘湾	郑州市	4.05	1085	正常	21号刘湾口门—郑州市刘湾水厂
24	密垌	郑州市	1.80	300	正常	22号密垌口门—郑州市尖岗水库（186万m³）和新密市东区水厂（114万m³）
25	中原西路	郑州市	6.85	1834	正常	23号中原西路口门—郑州市柿园水厂（1054万m³）和白庙水厂（780万m³）
26	前蒋寨	郑州市荥阳市	1.46	390.6	正常	24号前蒋寨口门—荥阳市四水厂
27	上街	郑州市上街区	0.32	85	正常	24-1号蒋头口门—上街区水厂
28	北冷	焦作市温县	0.22	60	正常	25号马庄口门—温县三水厂
29	北石涧	焦作市博爱县	0.70	186	正常	26号北石涧口门—武陟县水厂（93万m³）和博爱县水厂（93万m³）
30	府城	焦作市	0.58	155	正常	27号府城口门—焦作市府城水厂
31	苏蔺	焦作市	1.65	442	正常	28号苏蔺口门—焦作市苏蔺水厂（372万m³）和修武县水厂（70万m³）
	闫河退水闸	焦作市	1.20	4	2020/1/10 9:00:00	闫河退水闸—焦作市
	闫河退水闸	焦作市	1.20	4	2020/1/25 9:00:00	闫河退水闸—焦作市
33	郭屯	新乡市获嘉县	0.17	46.5	正常	30号郭屯口门—获嘉县水厂
34	路固	新乡市辉县市	0.46	124	正常	31号路固口门—辉县市三水厂
35	老道井	新乡市	2.65	713	正常	32号老道井口门—新乡市高村水厂（170万m³）、孟营水厂（190万m³）、新区水厂（260万m³）、凤泉水厂（68.2万m³）和新乡县七里营水厂线路（调蓄工程24.8万m³）
36	温寺门	新乡市卫辉市	0.69	186	正常	33号温寺门口门—卫辉市水厂
37	袁庄	鹤壁市淇县	0.48	128	正常	34号袁庄口门—淇县铁西水厂（78万m³）和淇县城北水厂线路（赵家渠50万m³）

续表

口门编号	口门名称	所在市县	分水流量（m³/s）	分水量（万m³）	计划开始时间	备注
38	三里屯	鹤壁市淇县	3.63	973.1	正常	35号三里屯口门—鹤壁市四水厂（25万m³）、浚县水厂（62万m³）、濮阳市二水厂（300万m³）、濮阳市三水厂（186万m³）、清丰县水厂（118万m³）、南乐县水厂（108.5万m³）、滑县三水厂（124万m³）和滑县四水厂线路（安阳中盈化肥有限公司44.64万m³、河南易凯针织有限责任公司4.96万m³）
39	刘庄	鹤壁市	0.68	182.9	正常	36号刘庄口门—鹤壁市三水厂
40	董庄	安阳市汤阴县	0.67	179.8	正常	37号董庄口门—汤阴县一水厂（62万m³）、汤阴二水厂（31万m³）和内黄县四水厂（86.8万m³）
41	小营	安阳市	1.05	279	正常	38号小营口门—安阳市六水厂（31万m³）和安阳市八水厂（248万m³）
42	南流寺	安阳市	0.75	201.5	正常	39号南流寺口门—安阳市四水厂（二期）
合计			97.28	20763.7		

说明：口门编号和口门名称按中线局纪要〔2015〕11号文要求填写。

【2月用水计划】

口门编号	口门名称	所在市县	分水流量（m³/s）	分水量（万m³）	计划开始时间	备注
1	肖楼	淅川县	14.17	3550	正常	引丹灌区
2	望城岗	邓州市	1.48	370	正常	2号望城岗口门—邓州市一水厂（110万m³）、邓州市二水厂（120万m³）、邓州市三水厂（50万m³）、新野县二水厂（60万m³）和新野县三水厂（30万m³）
4	谭寨	南阳市镇平县	0.47	118	正常	3-1号谭寨口门—镇平县五里岗水厂（33万m³）和镇平县规划水厂（85万m³）
6	田洼	南阳市	1.27	316.5	正常	5号田洼口门—南阳市傅岗水厂（304.5万m³）和南阳市龙升水厂（12万m³）
7	大寨	南阳市	0.48	120	正常	6号大寨口门—南阳市四水厂
8	半坡店	南阳市方城县	0.89	223	正常	7号半坡店口门—唐河县水厂（165万m³）和社旗县水厂（58万m³）
10	十里庙	南阳市方城县	0.50	80	正常	9号十里庙口门—方城县新裕水厂
清河退水闸		南阳市方城县	2.00	500	正常	清河退水闸—南阳市方城县
11	辛庄	平顶山市叶县	4.05	1014.7	正常	10号辛庄口门—舞阳县水厂（63万m³）、漯河市二水厂（175万m³）、漯河市三水厂（130.5万m³）、漯河市四水厂（164万m³）、漯河市五水厂（34.8万m³）、漯河市八水厂（24万m³）和周口市东区水厂（145万m³）、周口市西区水厂线路（二水厂203万m³）、商水县水厂（75.4万m³）
12	澎河	平顶山市鲁山县	0.26	65	正常	11号澎河口门线路白龟山水库—叶县水厂

续表

口门编号	口门名称	所在市县	分水流量 （m³/s）	分水量 （万 m³）	计划开始 时间	备注
14	马庄	平顶山市 新城区	1.12	280	正常	12号马庄口门—新城区焦庄水厂
15	高庄	平顶山市 宝丰县	0.56	140	正常	13号高庄口门—宝丰县王铁庄水厂（115万 m³）和 石龙区水厂（25万 m³）
16	赵庄	平顶山市 郏县	0.36	90	正常	14号赵庄口门—郏县三水厂
17	宴窑	许昌市 禹州市	0.27	68	正常	15号宴窑口门—襄城县三水厂
18	任坡	许昌市 禹州市	1.17	292	正常	16号任坡口门—禹州市二水厂（165万 m³）、神垕 镇水厂（27万 m³）和白沙水库（登封市卢店水厂） （100万 m³）
19	孟坡	许昌市 禹州市	3.59	898.6	正常	17号孟坡口门—许昌市周庄水厂（217.5万 m³）、许 昌市二水厂（87万 m³）、北海（113万 m³）、石梁河 及霸陵河（226万 m³）、鄢陵县中心水厂（55万 m³）、许昌市曹寨水厂（104.4万 m³）和临颍县一水 厂（72.5万 m³）、临颍县二水厂线路（千亩湖23.2 万 m³）
20	洼李	许昌市 长葛市	1.33	333	正常	18号洼李口门—长葛市三水厂（108万 m³）、清潩 河（100万 m³）和增福湖（125万 m³）
21	李垌	郑州市 新郑市	1.16	290	正常	19号李垌口门—新郑市二水厂
	双泊河退水闸	郑州市 新郑市	1.80	450	正常	双泊河退水闸—郑州市新郑市
22	小河刘	郑州市 航空港区	3.96	994	正常	20号小河刘口门—航空港区一水厂（700万 m³）、 航空港区二水厂（124万 m³）和中牟县新城水厂 （170万 m³）
23	刘湾	郑州市	4.33	1085	正常	21号刘湾口门—郑州市刘湾水厂
24	密垌	郑州市	1.80	400	正常	22号密垌口门—郑州市尖岗水库（226万 m³）和新 密市东区水厂（174万 m³）
25	中原西路	郑州市	6.80	1705	正常	23号中原西路口门—郑州市柿园水厂（1023万 m³） 和白庙水厂（682万 m³）
26	前蒋寨	郑州市 荥阳市	1.55	387.5	正常	24号前蒋寨口门—荥阳市四水厂
27	上街	郑州市 上街区	0.32	80	正常	24-1号蒋头口门—上街区水厂
28	北冷	焦作市 温县	0.23	58	正常	25号马庄口门—温县三水厂
29	北石涧	焦作市 博爱县	0.71	177	正常	26号北石涧口门—武陟县水厂（90万 m³）和博爱 县水厂（87万 m³）
30	府城	焦作市	0.58	145	正常	27号府城口门—焦作市府城水厂
31	苏蔺	焦作市	1.65	413	正常	28号苏蔺口门—焦作市苏蔺水厂（348万 m³）和修 武县水厂（65万 m³）

续表

口门编号	口门名称	所在市县	分水流量（m³/s）	分水量（万 m³）	计划开始时间	备注
	闫河退水闸	焦作市	1.50	4	2020/2/5 9:00:00	闫河退水闸—焦作市
	闫河退水闸	焦作市	1.50	4	2020/2/20 9:00:00	闫河退水闸—焦作市
33	郭屯	新乡市获嘉县	0.17	43.5	正常	30号郭屯口门—获嘉县水厂
34	路固	新乡市辉县市	0.46	116	正常	31号路固口门—辉县市三水厂
35	老道井	新乡市	2.42	604.6	正常	32号老道井口门—新乡市高村水厂（150万m³）、孟营水厂（170万m³）、新区水厂（210万m³）、凤泉水厂（52.2万m³）和新乡县七里营水厂线路（调蓄工程22.4万m³）
36	温寺门	新乡市卫辉市	0.65	162.4	正常	33号温寺门口门—卫辉市水厂
37	袁庄	鹤壁市淇县	0.53	132	正常	34号袁庄口门—淇县铁西水厂（82万m³）和淇县城北水厂线路（赵家渠50万m³）
38	三里屯	鹤壁市淇县	3.68	923.76	正常	35号三里屯口门—鹤壁市四水厂（20万m³）、浚县水厂（58万m³）、濮阳市二水厂（300万m³）、濮阳市三水厂（150万m³）、清丰县水厂（116万m³）、南乐县水厂（116万m³）、滑县三水厂（116万m³）和滑县四水厂线路（安阳中盈化肥有限公司41.76万m³、河南易凯针织有限责任公司6万m³）
39	刘庄	鹤壁市	0.66	165.3	正常	36号刘庄口门—鹤壁市三水厂
40	董庄	安阳市汤阴县	0.63	159.5	正常	37号董庄口门—汤阴县一水厂（58万m³）、汤阴二水厂（20.3万m³）和内黄县四水厂（81.2万m³）
41	小营	安阳市	1.08	269.7	正常	38号小营口门—安阳市六水厂（52.2万m³）和安阳市八水厂（217.5万m³）
42	南流寺	安阳市	0.75	188.5	正常	39号南流寺口门—安阳市四水厂（二期）
	合计		72.89	17416.56		

说明：口门编号和口门名称按中线局纪要〔2015〕11号文要求填写。

【3月用水计划】

口门编号	口门名称	所在市县	分水流量（m³/s）	分水量（万 m³）	计划开始时间	备注
1	肖楼	淅川县	19.79	5300	正常	引丹灌区
2	望城岗	邓州市	1.38	370	正常	2号望城岗口门—邓州市一水厂（110万m³）、邓州市二水厂（120万m³）、邓州市三水厂（50万m³）、新野县二水厂（60万m³）和新野县三水厂（30万m³）
4	谭寨	南阳市镇平县	0.44	118	正常	3-1号谭寨口门—镇平县五里岗水厂（34万m³）和镇平县规划水厂（84万m³）

续表

口门编号	口门名称	所在市县	分水流量（m³/s）	分水量（万m³）	计划开始时间	备注
6	田洼	南阳市	1.27	339.5	正常	5号田洼口门—南阳市傅岗水厂（325.5万m³）和南阳市龙升水厂（14万m³）
7	大寨	南阳市	0.45	120	正常	6号大寨口门—南阳市四水厂
8	半坡店	南阳市方城县	0.87	232.5	正常	7号半坡店口门—唐河县水厂（170.5万m³）和社旗县水厂（62万m³）
10	十里庙	南阳市方城县	0.43	70	正常	9号十里庙口门—方城县新裕水厂
清河退水闸		南阳市方城县	2.00	500	正常	清河退水闸—南阳市方城县
11	辛庄	平顶山市叶县	3.95	1059.3	正常	10号辛庄口门—舞阳县水厂（65万m³）、漯河市二水厂（175万m³）、漯河市三水厂（130.5万m³）、漯河市四水厂（172万m³）、漯河市五水厂（37.2万m³）、漯河市八水厂（27万m³）和周口市东区水厂（155万m³）、周口市西区水厂线路（二水厂217万m³）、商水县水厂（80.6万m³）
12	澎河	平顶山市鲁山县	0.26	70	正常	11号澎河口门线路白龟山水库—叶县水厂
14	马庄	平顶山市新城区	1.05	280	正常	12号马庄口门—新城区焦庄水厂
15	高庄	平顶山市宝丰县	0.48	130	正常	13号高庄口门—宝丰县王铁庄水厂（100万m³）和石龙区水厂（30万m³）
16	赵庄	平顶山市郏县	0.32	85	正常	14号赵庄口门—郏县三水厂
17	宴窑	许昌市禹州市	0.26	70	正常	15号宴窑口门—襄城县三水厂
18	任坡	许昌市禹州市	1.13	301	正常	16号任坡口门—禹州市二水厂（165万m³）、神垕镇水厂（26万m³）和白沙水库（登封市卢店水厂）（110万m³）
19	孟坡	许昌市禹州市	3.69	987.3	正常	17号孟坡口门—许昌市周庄水厂（232.5万m³）、许昌市二水厂（93万m³）、北海（120万m³）、石梁河及霸陵河（240万m³）、鄢陵县中心水厂（60万m³）、许昌市曹寨水厂（124万m³）和临颍县一水厂（93万m³）、临颍县二水厂线路（千亩湖24.8万m³）
20	洼李	许昌市长葛市	1.32	353.9	正常	18号洼李口门—长葛市三水厂（110万m³）、清潩河（110万m³）和增福湖（133.9万m³）
21	李垌	郑州市新郑市	1.53	410	正常	19号李垌口门—新郑市二水厂（310万m³）和望京楼水库（100万m³）
双洎河退水闸		郑州市新郑市	1.68	450	正常	双洎河退水闸—郑州市新郑市
22	小河刘	郑州市航空港区	3.34	893.7	正常	20号小河刘口门—航空港区一水厂（580万m³）、航空港区二水厂（140万m³）和中牟县新城水厂（173.7万m³）

293

续表

口门编号	口门名称	所在市县	分水流量 (m³/s)	分水量 (万 m³)	计划开始时间	备注
23	刘湾	郑州市	3.79	1015	正常	21号刘湾口门—郑州市刘湾水厂
24	密垌	郑州市	1.80	400	正常	22号密垌口门—郑州市尖岗水库（214万 m³）和新密市东区水厂（186万 m³）
25	中原西路	郑州市	6.26	1677	正常	23号中原西路口门—郑州市柿园水厂（957万 m³）和白庙水厂（720万 m³）
26	前蒋寨	郑州市荥阳市	1.73	464	正常	24号前蒋寨口门—荥阳市四水厂
27	上街	郑州市上街区	0.30	80	正常	24-1号蒋头口门—上街区水厂
28	北冷	焦作市温县	0.23	62	正常	25号马庄口门—温县三水厂
29	北石涧	焦作市博爱县	0.72	193	正常	26号北石涧口门—武陟县水厂（100万 m³）和博爱县水厂（93万 m³）
30	府城	焦作市	0.58	155	正常	27号府城口门—焦作市府城水厂
31	苏蔺	焦作市	1.65	442	正常	28号苏蔺口门—焦作市苏蔺水厂（372万 m³）和修武县水厂（70万 m³）
	闫河退水闸	焦作市	1.50	4	2020/3/5 9:00:00	闫河退水闸—焦作市
	闫河退水闸	焦作市	1.50	4	2020/3/20 9:00:00	闫河退水闸—焦作市
33	郭屯	新乡市获嘉县	0.17	46.5	正常	30号郭屯口门—获嘉县水厂
34	路固	新乡市辉县市	0.46	124	正常	31号路固口门—辉县市三水厂
35	老道井	新乡市	2.21	592.6	正常	32号老道井口门—新乡市高村水厂（150万 m³）、孟营水厂（180万 m³）、新区水厂（190万 m³）、凤泉水厂（55.8万 m³）和新乡县七里营水厂线路（调蓄工程16.8万 m³）
36	温寺门	新乡市卫辉市	0.69	186	正常	33号温寺门口门—卫辉市水厂
37	袁庄	鹤壁市淇县	0.50	132	正常	34号袁庄口门—淇县铁西水厂（82万 m³）和淇县城北水厂线路（赵家渠50万 m³）
38	三里屯	鹤壁市淇县	3.79	1013	正常	35号三里屯口门—鹤壁市四水厂（27万 m³）、浚县水厂（56万 m³）、濮阳市二水厂（310万 m³）、濮阳市三水厂（155万 m³）、清丰县水厂（151.9万 m³）、南乐县水厂（139.5万 m³）、滑县三水厂（124万 m³）和滑县四水厂线路（安阳中盈化肥有限公司44.64万 m³、河南易凯针织有限责任公司4.96万 m³）
39	刘庄	鹤壁市	0.69	185	正常	36号刘庄口门—鹤壁市三水厂
40	董庄	安阳市汤阴县	0.63	170.5	正常	37号董庄口门—汤阴县一水厂（62万 m³）、汤阴二水厂（21.7万 m³）和内黄县四水厂（86.8万 m³）

续表

口门编号	口门名称	所在市县	分水流量 （m³/s）	分水量 （万m³）	计划开始 时间	备注
41	小营	安阳市	1.08	288.3	正常	38号小营口门—安阳市六水厂（55.8万m³）和安阳市八水厂（232.5万m³）
42	南流寺	安阳市	0.75	201.5	正常	39号南流寺口门—安阳市四水厂（二期）
合计			76.67	19575.6		

说明：口门编号和口门名称按中线局纪要〔2015〕11号文要求填写。

【4月用水计划】

口门编号	口门名称	所在市县	分水流量 （m³/s）	分水量 （万m³）	计划开始 时间	备注
1	肖楼	淅川县	17.75	4600	正常	引丹灌区
2	望城岗	邓州市	1.42	370	正常	2号望城岗口门—邓州市一水厂（110万m³）、邓州市二水厂（120万m³）、邓州市三水厂（50万m³）、新野县二水厂（60万m³）和新野县三水厂（30万m³）
4	谭寨	南阳市镇平县	0.46	119	正常	3-1号谭寨口门—镇平县五里岗水厂（35万m³）和镇平县规划水厂（84万m³）
6	田洼	南阳市	1.28	331	正常	5号田洼口门—南阳市傅岗水厂（315万m³）和南阳市龙升水厂（16万m³）
7	大寨	南阳市	0.50	130	正常	6号大寨口门—南阳市四水厂
8	半坡店	南阳市方城县	0.87	225	正常	7号半坡店口门—唐河县水厂（165万m³）和社旗县水厂（60万m³）
10	十里庙	南阳市方城县	0.43	70	正常	9号十里庙口门—方城县新裕水厂
11	辛庄	平顶山市叶县	3.98	1027	正常	10号辛庄口门—舞阳县水厂（65万m³）、漯河市二水厂（170万m³）、漯河市三水厂（135万m³）、漯河市四水厂（162万m³）、漯河市五水厂（36万m³）、漯河市八水厂（30万m³）和周口市东区水厂（150万m³）、周口市西区水厂线路（二水厂210万m³）、商水县水厂（69万m³）
12	澎河	平顶山市鲁山县	0.25	65	正常	11号澎河口门线路白龟山水库—叶县水厂
14	马庄	平顶山市新城区	1.08	280	正常	12号马庄口门—新城区焦庄水厂
15	高庄	平顶山市宝丰县	0.56	145	正常	13号高庄口门—宝丰县王铁庄水厂（120万m³）和石龙区水厂（25万m³）
16	赵庄	平顶山市郏县	0.35	90	正常	14号赵庄口门—郏县三水厂
17	宴窑	许昌市禹州市	0.27	70	正常	15号宴窑口门—襄城县三水厂
18	任坡	许昌市禹州市	1.20	311	正常	16号任坡口门—禹州市二水厂（166万m³）、神垕镇水厂（25万m³）和白沙水库（登封市卢店水厂）（120万m³）

续表

口门编号	口门名称	所在市县	分水流量（m³/s）	分水量（万m³）	计划开始时间	备注
19	孟坡	许昌市禹州市	3.67	948	正常	17号孟坡口门—许昌市周庄水厂（225万m³）、许昌市二水厂（90万m³）、北海（116万m³）、石梁河及霸陵河（232万m³）、鄢陵县中心水厂（60万m³）、许昌市曹寨水厂（114万m³）和临颍县一水厂（90万m³）、临颍县二水厂线路（千亩湖21万m³）
20	洼李	许昌市长葛市	1.31	339	正常	18号洼李口门—长葛市三水厂（110万m³）、清潩河（100万m³）和增福湖（129万m³）
21	李垌	郑州市新郑市	1.16	300	正常	19号李垌口门—新郑市二水厂
22	小河刘	郑州市航空港区	3.53	914.5	正常	20号小河刘口门—航空港区一水厂（620万m³）、航空港区二水厂（139.5万m³）和中牟县新城水厂（155万m³）
23	刘湾	郑州市	4.54	1178	正常	21号刘湾口门—郑州市刘湾水厂
24	密垌	郑州市	1.80	400	正常	22号密垌口门—郑州市尖岗水库（220万m³）和新密市东区水厂（180万m³）
25	中原西路	郑州市	7.04	1823	正常	23号中原西路口门—郑州市柿园水厂（1023万m³）和白庙水厂（800万m³）
26	前蒋寨	郑州市荥阳市	1.79	465	正常	24号前蒋寨口门—荥阳市四水厂
27	上街	郑州市上街区	0.31	80	正常	24-1号蒋头口门—上街区水厂
28	北冷	焦作市温县	0.23	60	正常	25号马庄口门—温县三水厂
29	北石涧	焦作市博爱县	0.70	180	正常	26号北石涧口门—武陟县水厂（90万m³）和博爱县水厂（90万m³）
30	府城	焦作市	0.58	150	正常	27号府城口门—焦作市府城水厂
31	苏蔺	焦作市	1.66	430	正常	28号苏蔺口门—焦作市苏蔺水厂（360万m³）和修武县水厂（70万m³）
33	郭屯	新乡市获嘉县	0.17	45	正常	30号郭屯口门—获嘉县水厂
34	路固	新乡市辉县市	0.46	120	正常	31号路固口门—辉县市三水厂
35	老道井	新乡市	2.44	632	正常	32号老道井口门—新乡市高村水厂（130万m³）、孟营水厂（170万m³）、新区水厂（260万m³）、凤泉水厂（54万m³）和新乡县七里营水厂线路（调蓄工程18万m³）
36	温寺门	新乡市卫辉市	0.69	180	正常	33号温寺门口门—卫辉市水厂
37	袁庄	鹤壁市淇县	0.34	88	正常	34号袁庄口门—淇县铁西水厂（78万m³）和淇县城北水厂线路（赵家渠10万m³）

续表

口门编号	口门名称	所在市县	分水流量（m³/s）	分水量（万 m³）	计划开始时间	备注
38	三里屯	鹤壁市淇县	3.88	1003.21	正常	35号三里屯口门—鹤壁市四水厂（30万 m³）、浚县水厂（57万 m³）、濮阳市二水厂（310万 m³）、濮阳市三水厂（150万 m³）、清丰县水厂（150万 m³）、南乐县水厂（135万 m³）、滑县三水厂（120万 m³）和滑县四水厂线路（安阳中盈化肥有限公司43.2万 m³、河南易凯针织有限责任公司8.01万 m³）
39	刘庄	鹤壁市	0.77	200	正常	36号刘庄口门—鹤壁市三水厂
40	董庄	安阳市汤阴县	0.67	174	正常	37号董庄口门—汤阴县一水厂（60万 m³）、汤阴二水厂（30万 m³）和内黄县四水厂（84万 m³）
41	小营	安阳市	1.27	330	正常	38号小营口门—安阳市六水厂（75万 m³）和安阳市八水厂（255万 m³）
42	南流寺	安阳市	0.81	210	正常	39号南流寺口门—安阳市四水厂（二期）
合计			70.22	18082.71		

说明：口门编号和口门名称按中线局纪要〔2015〕11号文要求填写。

【4月生态补水计划】

退水闸名称	所在市县	退水流量（m³/s）	补水量（万 m³）	计划开始时间	备注
湍河退水闸	邓州市	5.00	1296	已开始	
白河退水闸	南阳市	15.00	648	2020/4/1 9:00:00	
白河退水闸	南阳市	3.00	648	2020/4/6 9:00:00	
清河退水闸	南阳市方城县	2.00	518	已开始	
沙河退水闸	平顶山市鲁山县	10.00	456	已开始	
颍河退水闸	许昌市禹州市	4.00	1000	已开始	
沂水河退水闸	郑州市新郑市	2.00	518.4	已开始	
双洎河退水闸	郑州市新郑市	4.00	1036.8	已开始	
贾峪河退水闸	郑州市	5.00	1296	已开始	退水流量可视总干渠工情、水情予以安排和调度。我省各有关市、县已做好生态补水期间本计划中退水闸下游河道社会治安和环境治理等有关安全管理工作
十八里河退水闸	郑州市	2.00	518.4	已开始	
闫河退水闸	焦作市	1.00	30	2020/4/5 9:00:00	
闫河退水闸	焦作市	2.00	18	2020/4/10 9:00:00	
峪河退水闸	新乡市辉县市	3.00	777.6	已开始	
黄水河支退水闸	新乡市辉县市	3.00	777.6	已开始	
香泉河退水闸	新乡市	2.00	311	已开始	
淇河退水闸	鹤壁市	5.00	1296	已开始	
汤河退水闸	安阳市汤阴县	1.00	256.56	2020/4/1 9:00:00	
安阳河退水闸	安阳市	2.00	513.12	已开始	
合计		54.00	11267.48		

【5月用水计划】

口门编号	口门名称	所在市县	分水流量（m³/s）	分水量（万m³）	计划开始时间	备注
1	肖楼	淅川县	17.92	4800	正常	引丹灌区
2	望城岗	邓州市	1.38	370	正常	2号望城岗口门—邓州市一水厂（110万m³）、邓州市二水厂（120万m³）、邓州市三水厂（50万m³）、新野县二水厂（60万m³）和新野县三水厂（30万m³）
4	谭寨	南阳市镇平县	0.46	123	正常	3-1号谭寨口门—镇平县五里岗水厂（37万m³）和镇平县规划水厂（86万m³）
6	田洼	南阳市	1.29	343.5	正常	5号田洼口门—南阳市傅岗水厂（325.5万m³）和南阳市龙升水厂（18万m³）
7	大寨	南阳市	0.56	150	正常	6号大寨口门—南阳市四水厂
8	半坡店	南阳市方城县	0.86	230.5	正常	7号半坡店口门—唐河县水厂（170.5万m³）和社旗县水厂（60万m³）
10	十里庙	南阳市方城县	0.43	70	正常	9号十里庙口门—方城县新裕水厂
11	辛庄	平顶山市叶县	4.01	1076.8	正常	10号辛庄口门—舞阳县水厂（67万m³）、漯河市二水厂（170万m³）、漯河市三水厂（140万m³）、漯河市四水厂（175万m³）、漯河市五水厂（37.2万m³）、漯河市八水厂（35万m³）和周口市东区水厂（155万m³）、周口市西区水厂线路（二水厂217万m³）、商水县水厂（80.6万m³）
12	澎河	平顶山市鲁山县	0.26	70	正常	11号澎河口门线路白龟山水库～叶县水厂
14	马庄	平顶山市新城区	1.05	280	正常	12号马庄口门—新城区焦庄水厂
15	高庄	平顶山市宝丰县	0.54	145	正常	13号高庄口门—宝丰县王铁庄水厂（120万m³）和石龙区水厂（25万m³）
16	赵庄	平顶山市郏县	0.34	90	正常	14号赵庄口门—郏县三水厂
17	宴窑	许昌市禹州市	0.28	74	正常	15号宴窑口门—襄城县三水厂
18	任坡	许昌市禹州市	1.21	321	正常	16号任坡口门—禹州市二水厂（165万m³）、神垕镇水厂（26万m³）和白沙水库（登封市卢店水厂）（130万m³）
19	孟坡	许昌市禹州市	2.23	596.3	正常	17号孟坡口门—许昌市周庄水厂（232.5万m³）、许昌市二水厂（93万m³）、鄢陵县中心水厂（60万m³）、许昌市曹寨水厂（117.8万m³）和临颍县一水厂（93万m³）
20	洼李	许昌市长葛市	0.39	105	正常	18号洼李口门—长葛市三水厂
21	李垌	郑州市新郑市	1.16	310	正常	19号李垌口门—新郑市二水厂
22	小河刘	郑州市航空港区	3.49	935	正常	20号小河刘口门—航空港区一水厂（620万m³）、航空港区二水厂（150万m³）和中牟县新城水厂（165万m³）

续表

口门编号	口门名称	所在市县	分水流量 (m³/s)	分水量 (万 m³)	计划开始时间	备注
23	刘湾	郑州市	4.26	1140	正常	21号刘湾口门—郑州市刘湾水厂
24	密垌	郑州市	0.69	186	正常	22号密垌口门—新密市东区水厂
25	中原西路	郑州市	6.80	1821	正常	23号中原西路口门—郑州市柿园水厂（1021万 m³）和白庙水厂（800万 m³）
26	前蒋寨	郑州市荥阳市	1.68	450	正常	24号前蒋寨口门—荥阳市四水厂
27	上街	郑州市上街区	0.32	85	正常	24-1号蒋头口门—上街区水厂
28	北冷	焦作市温县	0.23	62	正常	25号马庄口门—温县三水厂
29	北石涧	焦作市博爱县	0.72	193	正常	26号北石涧口门—武陟县水厂（100万 m³）和博爱县水厂（93万 m³）
30	府城	焦作市	0.93	248	正常	27号府城口门—焦作市府城水厂
31	苏蔺	焦作市	1.65	442	正常	28号苏蔺口门—焦作市苏蔺水厂（372万 m³）和修武县水厂（70万 m³）
33	郭屯	新乡市获嘉县	0.17	46.5	正常	30号郭屯口门—获嘉县水厂
34	路固	新乡市辉县市	0.46	124	正常	31号路固口门—辉县市三水厂
35	老道井	新乡市	2.56	685.8	正常	32号老道井口门—新乡市高村水厂（180万 m³）、孟营水厂（190万 m³）、新区水厂（260万 m³）、凤泉水厂（55.8万 m³）
36	温寺门	新乡市卫辉市	0.75	201.5	正常	33号温寺门口门—卫辉市水厂
37	袁庄	鹤壁市淇县	0.30	80	正常	34号袁庄口门—淇县铁西水厂
38	三里屯	鹤壁市淇县	3.78	1012.7	正常	35号三里屯口门—鹤壁市四水厂（30万 m³）、浚县水厂（62万 m³）、濮阳市二水厂（310万 m³）、濮阳市三水厂（139.5万 m³）、清丰县水厂（155万 m³）、南乐县水厂（139.5万 m³）、滑县三水厂（124万 m³）和滑县四水厂线路（安阳中盈化肥有限公司44.64万 m³、河南易凯针织有限责任公司8.06万 m³）
39	刘庄	鹤壁市	0.75	200	正常	36号刘庄口门—鹤壁市三水厂
40	董庄	安阳市汤阴县	0.67	179.8	正常	37号董庄口门—汤阴县一水厂（62万 m³）、汤阴二水厂（31万 m³）和内黄县四水厂（86.8万 m³）
41	小营	安阳市	1.04	279	正常	38号小营口门—安阳市八水厂
42	南流寺	安阳市	0.81	217	正常	39号南流寺口门—安阳市四水厂（二期）
	合计		66.43	17743.4		

说明：口门编号和口门名称按中线局纪要〔2015〕11号文要求填写。

【5月生态补水计划】

序号	退水闸/口门名称	所在市县	补水流量（m³/s）	补水量（万 m³）	计划开始时间	备注
T5	白河退水闸	南阳市	3.00	804	正常	白河
T6	清河退水闸	南阳市方城县	2.00	536	正常	清河
T13	颍河退水闸	许昌市禹州市	15.00	2000	正常	颍河橡胶一坝、二坝、三坝、禹王湖；补水总量控制
T14	沂水河退水闸	郑州市新郑市	2.00	536	正常	沂水河
T15	双洎河退水闸	郑州市新郑市	4.00	1071	正常	双洎河
T16	十八里河退水闸	郑州市	2.00	536	正常	十八里河
T17	贾峪河退水闸	郑州市	17.00	4579	正常	贾峪河、贾鲁河、西流湖；补水流量5月10日9：00起由10m³/s调增至30m³/s，5月21日9：00起由30m³/s调减至10m³/s
T18	索河退水闸	郑州市荥阳市	2.00	536	正常	索河
T20	闫河退水闸	焦作市	1.00	20	2020/5/5 9：00：00	闫河、群英河
T23	峪河退水闸	新乡市辉县市	3.00	804	正常	峪河
T24	黄水河支退水闸	新乡市辉县市	3.00	804	正常	黄水河
T27	淇河退水闸	鹤壁市	5.00	1339	正常	淇河
T29	安阳河退水闸	安阳市	2.00	536	正常	安阳河
19	孟坡	许昌市禹州市	1.34	358.8	2020/5/1 8：00：00	17号孟坡口门—许昌市北海、石梁河、霸陵河和临颍县千亩湖
20	洼李	许昌市长葛市	0.80	214.2	2020/5/1 8：00：00	18号洼李口门—长葛市增福湖、清潩河（饮马河）
24	密垌	郑州市	0.80	214	2020/5/1 8：00：00	22号密垌口门—郑州市尖岗水库
34	路固	新乡市辉县市	0.30	80	2020/5/1 8：00：00	31号路固口门—辉县市百泉湖
35	老道井	新乡市新乡县	1.00	120	2020/5/1 8：00：00	32号老道井口门—新乡市配套调蓄工程七里营蓄水池
37	袁庄	鹤壁市淇县	0.19	50	2020/5/1 8：00：00	34号袁庄口门—淇县赵家渠
合计			65.43	15138		

说明：退水流量可视总干渠工情、水情予以安排和调度，在需要时可通过1号肖楼分水口门退水，最大分水流量可至60m³。我省各有关市、县已做好生态补水期间本计划中退水闸下游河道社会治安和环境治理等有关安全管理工作。

【6月用水计划】

口门编号	口门名称	所在市县	分水流量（m³/s）	分水量（万m³）	计划开始时间	备注
1	肖楼	淅川县	25.08	6500	正常	引丹灌区
2	望城岗	邓州市	1.42	370	正常	2号望城岗口门—邓州市一水厂（110万m³）、邓州市二水厂（120万m³）、邓州市三水厂（50万m³）、新野县二水厂（60万m³）和新野县三水厂（30万m³）
4	谭寨	南阳市镇平县	0.49	127	正常	3-1号谭寨口门—镇平县五里岗水厂（38万m³）和镇平县规划水厂（89万m³）
6	田洼	南阳市	1.30	337	正常	5号田洼口门—南阳市傅岗水厂（315万m³）和南阳市龙升水厂（22万m³）
7	大寨	南阳市	0.58	150	正常	6号大寨口门—南阳市四水厂
8	半坡店	南阳市方城县	0.87	225	正常	7号半坡店口门—唐河县水厂（165万m³）和社旗县水厂（60万m³）
10	十里庙	南阳市方城县	0.43	75	正常	9号十里庙口门—方城县新裕水厂
11	辛庄	平顶山市叶县	4.12	1071.02	正常	10号辛庄口门—舞阳县水厂（67万m³）、漯河市二水厂（170万m³）、漯河市三水厂（120万m³）、漯河市四水厂（167.02万m³）、漯河市五水厂（36万m³）、漯河市八水厂（40万m³）和周口市东区水厂（180万m³）、周口市西区水厂线路（二水厂210万m³）、商水县水厂（81万m³）
12	澎河	平顶山市鲁山县	0.31	80	正常	11号澎河口门线路白龟山水库—叶县水厂
14	马庄	平顶山市新城区	1.08	280	正常	12号马庄口门—新城区焦庄水厂
15	高庄	平顶山市宝丰县	0.58	150	正常	13号高庄口门—宝丰县王铁庄水厂（125万m³）和石龙区水厂（25万m³）
16	赵庄	平顶山市郏县	0.33	85	正常	14号赵庄口门—郏县三水厂
17	宴窑	许昌市禹州市	0.28	73	正常	15号宴窑口门—襄城县三水厂
18	任坡	许昌市禹州市	1.33	343	正常	16号任坡口门—禹州市二水厂（165万m³）、神垕镇水厂（28万m³）和登封市卢店水厂（150万m³）
19	孟坡	许昌市禹州市	3.68	954	正常	17号孟坡口门—许昌市周庄水厂（225万m³）、许昌市二水厂（90万m³）、北海（120万m³）、石梁河及霸陵河（156万m³）、鄢陵县中心水厂（60万m³）、许昌市曹寨水厂（117万m³）和临颍县一水厂（105万m³）、临颍县二水厂线路（千亩湖81万m³）
20	洼李	许昌市长葛市	1.29	334	正常	18号洼李口门—长葛市三水厂（110万m³）、清潩河（95万m³）和增福湖（129万m³）
21	李垌	郑州市新郑市	1.27	330	正常	19号李垌口门—新郑市二水厂
22	小河刘	郑州市航空港区	3.98	1032	正常	20号小河刘口门—航空港区一水厂（700万m³）、航空港区二水厂（160万m³）和中牟县新城水厂（172万m³）

续表

口门编号	口门名称	所在市县	分水流量 (m³/s)	分水量 (万 m³)	计划开始时间	备注
23	刘湾	郑州市	4.78	1240	正常	21号刘湾口门—郑州市刘湾水厂
24	密垌	郑州市	1.80	150	正常	22号密垌口门—尖岗水库
25	中原西路	郑州市	7.48	1939	正常	23号中原西路口门—郑州市柿园水厂（1109万 m³）和白庙水厂（830万 m³）
26	前蒋寨	郑州市荥阳市	1.91	496	正常	24号前蒋寨口门—荥阳市四水厂
27	上街	郑州市上街区	0.33	85	正常	24-1号蒋头口门—上街区水厂
28	北冷	焦作市温县	0.23	60	正常	25号马庄口门—温县三水厂
29	北石涧	焦作市博爱县	0.74	190	正常	26号北石涧口门—武陟县水厂（100万 m³）和博爱县水厂（90万 m³）
30	府城	焦作市	0.93	240	正常	27号府城口门—焦作市府城水厂
31	苏蔺	焦作市	1.68	435	正常	28号苏蔺口门—焦作市苏蔺水厂（360万 m³）和修武县水厂（75万 m³）
33	郭屯	新乡市获嘉县	0.17	45	正常	30号郭屯口门—获嘉县水厂
34	路固	新乡市辉县市	0.58	150	正常	31号路固口门—辉县市三水厂
35	老道井	新乡市	2.67	692	正常	32号老道井口门—新乡市高村水厂（170万 m³）、孟营水厂（190万 m³）、新区水厂（260万 m³）、凤泉水厂（54万 m³）和新乡县七里营水厂线路（调蓄工程18万 m³）
36	温寺门	新乡市卫辉市	0.81	210	正常	33号温寺门口门—卫辉市水厂
37	袁庄	鹤壁市淇县	0.48	125	正常	34号袁庄口门—淇县铁西水厂（75万 m³）和淇县城北水厂线路（赵家渠50万 m³）
38	三里屯	鹤壁市淇县	3.97	1030.19	正常	35号三里屯口门—鹤壁市四水厂（27万 m³）、浚县水厂（75万 m³）、濮阳市二水厂（330万 m³）、濮阳市三水厂（120万 m³）、清丰县水厂（155万 m³）、南乐县水厂（150万 m³）、滑县三水厂（120万 m³）和滑县四水厂线路（安阳中盈化肥有限公司43.2万 m³、河南易凯针织有限责任公司9.99万 m³）
39	刘庄	鹤壁市	0.77	200	正常	36号刘庄口门—鹤壁市三水厂
40	董庄	安阳市汤阴县	0.74	192	正常	37号董庄口门—汤阴县一水厂（60万 m³）、汤阴二水厂（39万 m³）和内黄县四水厂（93万 m³）
41	小营	安阳市	1.04	270	正常	38号小营口门—安阳市八水厂
42	南流寺	安阳市	0.87	225	正常	39号南流寺口门—安阳市四水厂（二期）
合计			80.40	20490.21		

说明：口门编号和口门名称按中线局纪要〔2015〕11号文要求填写。

【6月生态补水计划】

序号	退水闸/口门名称	所在市县	补水流量（m³/s）	补水量（万m³）	计划开始时间	备注
T6	清河退水闸	南阳市方城县	2.00	518	正常	清河
T13	颍河退水闸	许昌市禹州市	15.00	1500	正常	颍河橡胶一坝、二坝、三坝、禹王湖；补水总量控制
T14	沂水河退水闸	郑州市新郑市	2.00	518	正常	沂水河
T15	双洎河退水闸	郑州市新郑市	4.00	1037	正常	双洎河
T16	十八里河退水闸	郑州市	2.00	518	正常	十八里河
T17	贾峪河退水闸	郑州市	5.00	1296	正常	贾峪河、贾鲁河、西流湖
T18	索河退水闸	郑州市荥阳市	2.00	518	正常	索河
T20	闫河退水闸	焦作市	1.00	10	2020/6/5 9:00:00	闫河、群英河；补水总量控制
T20	闫河退水闸	焦作市	1.00	10	2020/6/20 9:00:00	闫河、群英河；补水总量控制
T26	香泉河退水闸	新乡市辉县市	5.00	864	2020/6/10 9:00:00	香泉河；补水总量控制
T27	淇河退水闸	鹤壁市	5.00	864	正常	淇河；补水总量控制
T29	安阳河退水闸	安阳市	2.00	518	正常	安阳河
合计			46.00	8171		

说明：退水流量可视总干渠工情、水情予以安排和调度，在需要时可通过1号肖楼分水口门退水，最大分水流量可至65m³/s。
我省各有关市、县已做好生态补水期间本计划中退水闸下游河道社会治安和环境治理等有关安全管理工作。

【7月用水计划】

口门编号	口门名称	所在市县	分水流量（m³/s）	分水量（万m³）	计划开始时间	备注
1	肖楼	淅川县	25.01	6700	正常	引丹灌区
2	望城岗	邓州市	1.27	340	正常	2号望城岗口门—邓州市一水厂（110万m³）、邓州市二水厂（120万m³）、邓州市三水厂（50万m³）和新野县二水厂（60万m³）
4	谭寨	南阳市镇平县	0.49	130	正常	3-1号谭寨口门—镇平县五里岗水厂（40万m³）和镇平县规划水厂（90万m³）
6	田洼	南阳市	1.25	334	正常	5号田洼口门—南阳市傅岗水厂（310万m³）和南阳市龙升水厂（24万m³）
7	大寨	南阳市	0.56	150	正常	6号大寨口门—南阳市四水厂
8	半坡店	南阳市方城县	0.86	230.5	正常	7号半坡店口门—唐河县水厂（170.5万m³）和社旗县水厂（60万m³）
10	十里庙	南阳市方城县	0.43	75	正常	9号十里庙口门—方城县新裕水厂
T6	清河退水闸	南阳市方城县	2.00	500	正常	清河

续表

口门编号	口门名称	所在市县	分水流量 (m³/s)	分水量 (万 m³)	计划开始时间	备注
11	辛庄	平顶山市叶县	4.29	1149.24	正常	10号辛庄口门—舞阳县水厂（70万 m³）、漯河市二水厂（190万 m³）、漯河市三水厂（155万 m³）、漯河市四水厂（175.44万 m³）、漯河市五水厂（37.2万 m³）、漯河市八水厂（38万 m³）和周口市东区水厂（186万 m³）、周口市西区水厂线路（二水厂217万 m³）、商水县水厂（80.6万 m³）
14	马庄	平顶山市新城区	1.08	290	正常	12号马庄口门—新城区焦庄水厂
15	高庄	平顶山市宝丰县	0.56	150	正常	13号高庄口门—宝丰县王铁庄水厂（110万 m³）和石龙区水厂（40万 m³）
16	赵庄	平顶山市郏县	0.34	90	正常	14号赵庄口门—郏县三水厂
17	宴窑	许昌市禹州市	0.27	73	正常	15号宴窑口门—襄城县三水厂
18	任坡	许昌市禹州市	1.34	360	正常	16号任坡口门—禹州市二水厂（175万 m³）、神垕镇水厂（35万 m³）和登封市卢店水厂（150万 m³）
19	孟坡	许昌市禹州市	3.58	958.7	正常	17号孟坡口门—许昌市周庄水厂（232.5万 m³）、许昌市二水厂（90万 m³）、北海（120万 m³）、石梁河及霸陵河（134万 m³）、鄢陵县中心水厂（60万 m³）、许昌市曹寨水厂（127万 m³）和临颍县一水厂（108.5万 m³）、临颍县二水厂线路（千亩湖83.7万 m³）
T13	颍河退水闸	许昌市禹州市	15.00	500	2020/7/1 9：00：00	颍河
20	洼李	许昌市长葛市	1.30	348	正常	18号洼李口门—长葛市三水厂（115万 m³）、清潩河（100万 m³）和增福湖（133万 m³）
21	李垌	郑州市新郑市	1.33	356.5	正常	19号李垌口门—新郑市二水厂
T15	双洎河退水闸	郑州市新郑市	1.49	400	正常	双洎河
22	小河刘	郑州市航空港区	3.96	1060	正常	20号小河刘口门—航空港区一水厂（690万 m³）、航空港区二水厂（180万 m³）和中牟县新城水厂（190万 m³）
23	刘湾	郑州市	4.48	1200	正常	21号刘湾口门—郑州市刘湾水厂
24	密垌	郑州市	1.80	150	正常	22号密垌口门—尖岗水库
25	中原西路	郑州市	7.33	1965	正常	23号中原西路口门—郑州市柿园水厂（1110万 m³）和白庙水厂（855万 m³）
26	前蒋寨	郑州市荥阳市	1.87	500	正常	24号前蒋寨口门—荥阳市四水厂
27	上街	郑州市上街区	0.35	95	正常	24-1号蒋头口门—上街区水厂

续表

口门编号	口门名称	所在市县	分水流量（m³/s）	分水量（万 m³）	计划开始时间	备注
28	北冷	焦作市温县	0.23	62	正常	25号马庄口门—温县三水厂
29	北石涧	焦作市博爱县	0.72	193	正常	26号北石涧口门—武陟县水厂（100万 m³）和博爱县水厂（93万 m³）
30	府城	焦作市	1.39	372	正常	27号府城口门—焦作市府城水厂
31	苏蔺	焦作市	1.22	326	正常	28号苏蔺口门—焦作市苏蔺水厂（248万 m³）和修武县水厂（78万 m³）
T20	闫河退水闸	焦作市	1.00	10	2020/7/5 9：00：00	闫河
T20	闫河退水闸	焦作市	1.00	10	2020/7/20 9：00：00	闫河
33	郭屯	新乡市获嘉县	0.17	46.5	正常	30号郭屯口门—获嘉县水厂
34	路固	新乡市辉县市	0.58	155	正常	31号路固口门—辉县市三水厂
35	老道井	新乡市	2.92	780.6	正常	32号老道井口门—新乡市高村水厂（190万 m³）、孟营水厂（200万 m³）、新区水厂（310万 m³）、凤泉水厂（55.8万 m³）和新乡县七里营水厂线路（调蓄工程24.8万 m³）
36	温寺门	新乡市卫辉市	0.81	217	正常	33号温寺门口门—卫辉市水厂
37	袁庄	鹤壁市淇县	0.47	126	正常	34号袁庄口门—淇县铁西水厂（76万 m³）和淇县城北水厂线路（赵家渠50万 m³）
38	三里屯	鹤壁市淇县	4.04	1083.45	正常	35号三里屯口门—鹤壁市四水厂（20万 m³）、浚县水厂（77.5万 m³）、濮阳市二水厂（274.2万 m³）、濮阳市三水厂（124万 m³）、清丰县水厂（179.8万 m³）、南乐县水厂（155万 m³）、濮阳县水厂（55.8万 m³）、滑县三水厂（142.6万 m³）和滑县四水厂线路（安阳中盈化肥有限公司44.64万 m³、河南易凯针织有限责任公司9.91万 m³）
39	刘庄	鹤壁市	0.75	200	正常	36号刘庄口门—鹤壁市三水厂
40	董庄	安阳市汤阴县	0.75	202.43	正常	37号董庄口门—汤阴县一水厂（62万 m³）、汤阴二水厂（40.3万 m³）和内黄县四水厂（100.13万 m³）
T28	汤河退水闸	安阳市汤阴县	1.00	259.2	2020/7/1 9：00：00	汤河
41	小营	安阳市	1.20	323.5	正常	38号小营口门—安阳市六水厂（60万 m³）和安阳市八水厂（263.5万 m³）
42	南流寺	安阳市	0.98	263.5	正常	39号南流寺口门—安阳市四水厂（二期）
合计			101.47	22735.12		

说明：口门编号和口门名称按中线局纪要〔2015〕11号文要求填写。

【8月用水计划】

口门编号	口门名称	所在市县	分水流量（m³/s）	分水量（万m³）	计划开始时间	备注
1	肖楼	淅川县	25.01	6400	正常	引丹灌区
2	望城岗	邓州市	1.27	340	正常	2号望城岗口门—邓州市一水厂（110万m³）、邓州市二水厂（120万m³）、邓州市三水厂（50万m³）和新野县二水厂（60万m³）
4	谭寨	南阳市镇平县	0.41	110	正常	3-1号谭寨口门—镇平县五里岗水厂（15万m³）和镇平县规划水厂（95万m³）
6	田洼	南阳市	1.47	393	正常	5号田洼口门—南阳市傅岗水厂（375万m³）和南阳市龙升水厂（18万m³）
7	大寨	南阳市	0.56	150	正常	6号大寨口门—南阳市四水厂
8	半坡店	南阳市方城县	0.86	230.5	正常	7号半坡店口门—唐河县水厂（170.5万m³）和社旗县水厂（60万m³）
10	十里庙	南阳市方城县	0.28	75	正常	9号十里庙口门—方城县新裕水厂
清河退水闸		南阳市方城县	1.87	500	正常	清河
11	辛庄	平顶山市叶县	4.33	1161.8	正常	10号辛庄口门—舞阳县水厂（70万m³）、漯河市二水厂（190万m³）、漯河市三水厂（155万m³）、漯河市四水厂（186万m³）、漯河市五水厂（37.2万m³）、漯河市八水厂（40万m³）和周口市东区水厂（186万m³）、周口市西区水厂线路（二水厂217万m³）、商水县水厂（80.6万m³）
14	马庄	平顶山市新城区	1.06	285	正常	12号马庄口门—新城区焦庄水厂
15	高庄	平顶山市宝丰县	0.58	155	正常	13号高庄口门—宝丰县王铁庄水厂（115万m³）和石龙区水厂（40万m³）
16	赵庄	平顶山市郏县	0.32	85	正常	14号赵庄口门—郏县三水厂
17	宴窑	许昌市禹州市	0.26	70	正常	15号宴窑口门—襄城县三水厂
18	任坡	许昌市禹州市	1.32	353	正常	16号任坡口门—禹州市二水厂（170万m³）、神垕镇水厂（33万m³）和登封市卢店水厂（150万m³）
19	孟坡	许昌市禹州市	2.67	854.3	正常	17号孟坡口门—许昌市周庄水厂（210.8万m³）、许昌市二水厂（93万m³）、北海（120万m³）、石梁河及霸陵河（107万m³）、鄢陵县中心水厂（63万m³）、许昌市曹寨水厂（121万m³）和临颍县一水厂（108.5万m³）、临颍县二水厂线路（千亩湖31万m³）
20	洼李	许昌市长葛市	1.30	348	正常	18号洼李口门—长葛市三水厂（118万m³）、清潩河（100万m³）和增福湖（130万m³）
21	李垌	郑州市新郑市	1.39	372	正常	19号李垌口门—新郑市二水厂
双泊河退水闸		郑州市新郑市	1.49	400	正常	双泊河

续表

口门编号	口门名称	所在市县	分水流量（m³/s）	分水量（万m³）	计划开始时间	备注
22	小河刘	郑州市航空港区	4.10	1099	正常	20号小河刘口门—航空港区一水厂（713万m³）、航空港区二水厂（200万m³）和中牟县新城水厂（186万m³）
23	刘湾	郑州市	4.70	1260	正常	21号刘湾口门—郑州市刘湾水厂
24	密垌	郑州市	1.80	150	正常	22号密垌口门—尖岗水库
25	中原西路	郑州市	7.58	2030	正常	23号中原西路口门—郑州市柿园水厂（1147万m³）和白庙水厂（883万m³）
26	前蒋寨	郑州市荥阳市	1.85	496	正常	24号前蒋寨口门—荥阳市四水厂
27	上街	郑州市上街区	0.35	95	正常	24-1号蒋头口门—上街区水厂
28	北冷	焦作市温县	0.23	62	正常	25号马庄口门—温县三水厂
29	北石涧	焦作市博爱县	0.76	203	正常	26号北石涧口门—武陟县水厂（110万m³）和博爱县水厂（93万m³）
30	府城	焦作市	0.98	263	正常	27号府城口门—焦作市府城水厂
31	苏蔺	焦作市	1.21	323	正常	28号苏蔺口门—焦作市苏蔺水厂（263万m³）和修武县水厂（60万m³）
	闫河退水闸	焦作市	1.00	10	2020/8/5 9:00:00	闫河
	闫河退水闸	焦作市	1.00	10	2020/8/20 9:00:00	闫河
33	郭屯	新乡市获嘉县	0.20	52.7	正常	30号郭屯口门—获嘉县水厂
34	路固	新乡市辉县市	0.58	155	正常	31号路固口门—辉县市三水厂
35	老道井	新乡市	2.80	750.6	正常	32号老道井口门—新乡市高村水厂（120万m³）、孟营水厂（220万m³）、新区水厂（330万m³）、凤泉水厂（55.8万m³）和新乡县七里营水厂线路（调蓄工程24.8万m³）
36	温寺门	新乡市卫辉市	0.79	210.8	正常	33号温寺门口门—卫辉市水厂
37	袁庄	鹤壁市淇县	0.51	136	正常	34号袁庄口门—淇县铁西水厂（86万m³）和淇县城北水厂线路（赵家渠50万m³）
38	三里屯	鹤壁市淇县	4.06	1087.65	正常	35号三里屯口门—鹤壁市四水厂（25万m³）、浚县水厂（77.5万m³）、濮阳市二水厂（273万m³）、濮阳市三水厂（124万m³）、清丰县水厂（161.2万m³）、南乐县水厂（155万m³）、濮阳县水厂（57万m³）、滑县三水厂（161.2万m³）和滑县四水厂线路（安阳中盈化肥有限公司44.64万m³、河南易凯针织有限责任公司9.11万m³）
39	刘庄	鹤壁市	0.75	200	正常	36号刘庄口门—鹤壁市三水厂

续表

口门编号	口门名称	所在市县	分水流量 （m³/s）	分水量 （万 m³）	计划开始 时间	备注
40	董庄	安阳市 汤阴县	0.75	199.95	正常	37号董庄口门—汤阴县一水厂（62万 m³）、汤阴二水厂（40.3万 m³）和内黄县四水厂（97.65万 m³）
	汤河退水闸	安阳市 汤阴县	1.00	267.84	正常	汤河
41	小营	安阳市	1.33	356.5	正常	38号小营口门—安阳市六水厂（93万 m³）和安阳市八水厂（263.5万 m³）
42	南流寺	安阳市	0.98	263.5	正常	39号南流寺口门—安阳市四水厂（二期）
合计			85.76	21964.14		

说明：口门编号和口门名称按中线局纪要〔2015〕11号文要求填写。

【9月用水计划】

口门编号	口门名称	所在市县	分水流量 （m³/s）	分水量 （万 m³）	计划开始 时间	备注
1	肖楼	淅川县	16.98	4400	正常	引丹灌区
2	望城岗	邓州市	1.31	340	正常	2号望城岗口门—邓州市一水厂（110万 m³）、邓州市二水厂（120万 m³）、邓州市三水厂（50万 m³）和新野县二水厂（60万 m³）
4	谭寨	南阳市 镇平县	0.42	110	正常	3-1号谭寨口门—镇平县五里岗水厂（15万 m³）和镇平县规划水厂（95万 m³）
6	田洼	南阳市	1.50	388	正常	5号田洼口门—南阳市傅岗水厂（360万 m³）和南阳市龙升水厂（28万 m³）
7	大寨	南阳市	0.66	170	正常	6号大寨口门—南阳市四水厂
8	半坡店	南阳市 方城县	0.87	225	正常	7号半坡店口门—唐河县水厂（165万 m³）和社旗县水厂（60万 m³）
10	十里庙	南阳市 方城县	0.31	80	正常	9号十里庙口门—方城县新裕水厂
	清河退水闸	南阳市 方城县	1.93	500	正常	清河
11	辛庄	平顶山市 叶县	4.45	1153	正常	10号辛庄口门—舞阳县水厂（70万 m³）、漯河市二水厂（190万 m³）、漯河市三水厂（150万 m³）、漯河市四水厂（188万 m³）、漯河市五水厂（36万 m³）、漯河市八水厂（48万 m³）和周口市东区水厂（180万 m³）、周口市西区水厂线路（二水厂210万 m³）、商水县水厂（81万 m³）
14	马庄	平顶山市 新城区	1.04	270	正常	12号马庄口门—新城区焦庄水厂
15	高庄	平顶山市 宝丰县	0.62	160	正常	13号高庄口门—宝丰县王铁庄水厂（125万 m³）和石龙区水厂（35万 m³）
16	赵庄	平顶山市 郏县	0.31	80	正常	14号赵庄口门—郏县三水厂

续表

口门编号	口门名称	所在市县	分水流量 （m³/s）	分水量 （万m³）	计划开始 时间	备注
17	宴窑	许昌市 禹州市	0.27	70	正常	15号宴窑口门—襄城县三水厂
18	任坡	许昌市 禹州市	1.30	338	正常	16号任坡口门—禹州市二水厂（165万m³）、神垕镇水厂（33万m³）和登封市卢店水厂（140万m³）
19	孟坡	许昌市 禹州市	3.24	841	正常	17号孟坡口门—许昌市周庄水厂（204万m³）、许昌市二水厂（90万m³）、北海（117万m³）、石梁河及霸陵河（104万m³）、鄢陵县中心水厂（63万m³）、许昌市曹寨水厂（128万m³）和临颍县一水厂（105万m³）、临颍县二水厂线路（千亩湖30万m³）
20	洼李	许昌市 长葛市	1.30	338	正常	18号洼李口门—长葛市三水厂（117万m³）、清潩河（95万m³）和增福湖（126万m³）
	颍河退水闸	许昌市 禹州市	0.38	100	正常	颍河
21	李垌	郑州市 新郑市	1.83	475	正常	19号李垌口门—新郑市二水厂
	双洎河退水闸	郑州市 新郑市	1.54	400	正常	双洎河
22	小河刘	郑州市 航空港区	4.19	1087	正常	20号小河刘口门—航空港区一水厂（713万m³）、航空港区二水厂（200万m³）和中牟县新城水厂（174万m³）
23	刘湾	郑州市	4.78	1240	正常	21号刘湾口门—郑州市刘湾水厂
24	密垌	郑州市	1.16	300	正常	22号密垌口门—尖岗水库
25	中原西路	郑州市	7.82	2027	正常	23号中原西路口门—郑州市柿园水厂（1147万m³）和白庙水厂（880万m³）
26	前蒋寨	郑州市 荥阳市	1.89	490	正常	24号前蒋寨口门—荥阳市四水厂
27	上街	郑州市 上街区	0.35	90	正常	24-1号蒋头口门—上街区水厂
28	北冷	焦作市 温县	0.23	110	正常	25号马庄口门—温县三水厂和温县环城水系
29	北石涧	焦作市 博爱县	0.77	200	正常	26号北石涧口门—武陟县水厂（110万m³）和博爱县水厂（90万m³）
30	府城	焦作市	1.04	270	正常	27号府城口门—焦作市府城水厂
31	苏蔺	焦作市	1.23	320	正常	28号苏蔺口门—焦作市苏蔺水厂（240万m³）和修武县水厂（80万m³）
	闫河退水闸	焦作市	1.00	30	正常	闫河
33	郭屯	新乡市 获嘉县	0.20	51	正常	30号郭屯口门—获嘉县水厂
34	路固	新乡市 辉县市	0.58	150	正常	31号路固口门—辉县市三水厂

续表

口门编号	口门名称	所在市县	分水流量 （m³/s）	分水量 （万 m³）	计划开始 时间	备注
35	老道井	新乡市	3.00	778	正常	32 号老道井口门—新乡市高村水厂（148 万 m³）、孟营水厂（230 万 m³）、新区水厂（322 万 m³）、凤泉水厂（54 万 m³）和新乡县七里营水厂线路（调蓄工程 24 万 m³）
36	温寺门	新乡市 卫辉市	0.74	192	正常	33 号温寺门口门—卫辉市水厂
37	袁庄	鹤壁市 淇县	0.44	114	正常	34 号袁庄口门—淇县铁西水厂（78 万 m³）和淇县城北水厂线路（赵家渠 36 万 m³）
38	三里屯	鹤壁市 淇县	4.13	1069.2	正常	35 号三里屯口门—鹤壁市四水厂（24 万 m³）、浚县水厂（75 万 m³）、濮阳市二水厂（280 万 m³）、濮阳市三水厂（120 万 m³）、清丰县水厂（159 万 m³）、南乐县水厂（155 万 m³）、濮阳县水厂（54 万 m³）、滑县三水厂（150 万 m³）和滑县四水厂线路（安阳中盈化肥有限公司 43 万 m³、河南易凯针织有限责任公司 9 万 m³）
39	刘庄	鹤壁市	0.73	190	正常	36 号刘庄口门—鹤壁市三水厂
40	董庄	安阳市 汤阴县	0.75	193.5	正常	37 号董庄口门—汤阴县一水厂（60 万 m³）、汤阴二水厂（39 万 m³）和内黄县四水厂（95 万 m³）
	汤河退水闸	安阳市 汤阴县	1.00	259.2	正常	汤河
41	小营	安阳市	1.27	330	正常	38 号小营口门—安阳市六水厂（90 万 m³）和安阳市八水厂（240 万 m³）

说明：口门编号和口门名称按中线局纪要〔2015〕11 号文要求填写。

【10 月用水计划】

口门编号	口门名称	所在市县	分水流量 （m³/s）	分水量 （万 m³）	计划开始 时间	备注
1	肖楼	淅川县	12.69	3400	正常	引丹灌区
2	望城岗	邓州市	1.27	340	正常	2 号望城岗口门—邓州市一水厂（110 万 m³）、邓州市二水厂（120 万 m³）、邓州市三水厂（50 万 m³）和新野县二水厂（60 万 m³）
4	谭寨	南阳市 镇平县	0.41	110	正常	3-1 号谭寨口门—镇平县五里岗水厂（15 万 m³）和镇平县规划水厂（95 万 m³）
6	田洼	南阳市	1.44	386	正常	5 号田洼口门—南阳市傅岗水厂（360 万 m³）和南阳市龙升水厂（26 万 m³）
7	大寨	南阳市	0.63	170	正常	6 号大寨口门—南阳市四水厂
8	半坡店	南阳市 方城县	0.86	230.5	正常	7 号半坡店口门—唐河县水厂（170.5 万 m³）和社旗县水厂（60 万 m³）
10	十里庙	南阳市 方城县	0.30	80	正常	9 号十里庙口门—方城县新裕水厂

续表

口门编号	口门名称	所在市县	分水流量（m³/s）	分水量（万 m³）	计划开始时间	备注
清河退水闸		南阳市方城县	1.87	500	正常	清河
11	辛庄	平顶山市叶县	4.40	1178.8	正常	10号辛庄口门—舞阳县水厂（73万 m³）、漯河市二水厂（190万 m³）、漯河市三水厂（155万 m³）、漯河市四水厂（192万 m³）、漯河市五水厂（37.2万 m³）、漯河市八水厂（48万 m³）和周口市东区水厂（186万 m³）、周口市西区水厂线路（二水厂217万 m³）、商水县水厂（81万 m³）
14	马庄	平顶山市新城区	1.01	270	正常	12号马庄口门—新城区焦庄水厂
15	高庄	平顶山市宝丰县	0.62	165	正常	13号高庄口门—宝丰县王铁庄水厂（135万 m³）和石龙区水厂（30万 m³）
16	赵庄	平顶山市郏县	0.31	83	正常	14号赵庄口门—郏县三水厂
17	宴窑	许昌市禹州市	0.30	80	正常	15号宴窑口门—襄城县三水厂
18	任坡	许昌市禹州市	1.24	333	正常	16号任坡口门—禹州市二水厂（170万 m³）、神垕镇水厂（33万 m³）和登封市卢店水厂（130万 m³）
19	孟坡	许昌市禹州市	3.15	843.3	正常	17号孟坡口门—许昌市周庄水厂（210.8万 m³）、许昌市二水厂（93万 m³）、北海（121万 m³）、石梁河及霸陵河（80万 m³）、鄢陵县中心水厂（63万 m³）、许昌市曹寨水厂（136万 m³）和临颍县一水厂（108.5万 m³）、临颍县二水厂线路（千亩湖31万 m³）
20	洼李	许昌市长葛市	1.28	344	正常	18号洼李口门—长葛市三水厂（116万 m³）、清潩河（95万 m³）和增福湖（126万 m³）
21	李垌	郑州市新郑市	1.27	341	正常	19号李垌口门—新郑市二水厂（341万 m³）
双泊河退水闸		郑州市新郑市	1.68	450	正常	双泊河
22	小河刘	郑州市航空港区	4.02	1077	正常	20号小河刘口门—航空港区一水厂（690万 m³）、航空港区二水厂（200万 m³）和中牟县新城水厂（187万 m³）
23	刘湾	郑州市	4.48	1200	正常	21号刘湾口门—郑州市刘湾水厂
24	密垌	郑州市	1.87	500	正常	22号密垌口门—尖岗水库
25	中原西路	郑州市	8.62	2310	正常	23号中原西路口门—郑州市柿园水厂（1110万 m³）和白庙水厂（900万 m³）
26	前蒋寨	郑州市荥阳市	1.74	465	正常	24号前蒋寨口门—荥阳市四水厂
27	上街	郑州市上街区	0.34	90	正常	24-1号蒋头口门—上街区水厂
28	北冷	焦作市温县	0.40	108	正常	25号马庄口门—温县三水厂（58万 m³）和温县环城水系（50万 m³）

续表

口门编号	口门名称	所在市县	分水流量（m³/s）	分水量（万 m³）	计划开始时间	备注
29	北石涧	焦作市博爱县	0.72	193	正常	26号北石涧口门—武陟县水厂（100万 m³）和博爱县水厂（93万 m³）
30	府城	焦作市	1.31	352	正常	27号府城口门—焦作市府城水厂
31	苏蔺	焦作市	1.21	323	正常	28号苏蔺口门—焦作市苏蔺水厂（248万 m³）和修武县水厂（75万 m³）
	闫河退水闸	焦作市	1.00	5	10月8日9：00：00	闫河
	闫河退水闸	焦作市	1.00	5	10月18日9：00：00	闫河
	闫河退水闸	焦作市	1.00	5	10月28日9：00：00	闫河
33	郭屯	新乡市获嘉县	0.20	52.7	正常	30号郭屯口门—获嘉县水厂
34	路固	新乡市辉县市	0.52	140	正常	31号路固口门—辉县市三水厂
35	老道井	新乡市	3.05	818	正常	32号老道井口门—新乡市高村水厂（140万 m³）、孟营水厂（230万 m³）、新区水厂（330万 m³）、凤泉水厂（68.2万 m³）和新乡县七里营水厂线路（调蓄工程49.8万 m³）
36	温寺门	新乡市卫辉市	0.72	192.2	正常	33号温寺门口门—卫辉市水厂
37	袁庄	鹤壁市淇县	0.45	119.2	正常	34号袁庄口门—淇县铁西水厂（82万 m³）和淇县城北水厂线路（赵家渠37.2万 m³）
38	三里屯	鹤壁市淇县	3.94	1054.14	正常	35号三里屯口门—鹤壁市四水厂（34万 m³）、浚县水厂（68.2万 m³）、濮阳市二水厂（270万 m³）、濮阳市三水厂（124万 m³）、清丰县水厂（155万 m³）、南乐县水厂（139.5万 m³）、濮阳县水厂（55.8万 m³）、滑县三水厂（155万 m³）和滑县四水厂线路（安阳中盈化肥有限公司44.64万 m³、河南易凯针织有限责任公司8万 m³）
39	刘庄	鹤壁市	0.67	180	正常	36号刘庄口门—鹤壁市三水厂
40	董庄	安阳市汤阴县	0.73	195.3	正常	37号董庄口门—汤阴县一水厂（60万 m³）、汤阴二水厂（39万 m³）和内黄县四水厂（95万 m³）
	汤河退水闸	安阳市汤阴县	1.00	267.84	正常	汤河
41	小营	安阳市	1.22	325.5	正常	38号小营口门—安阳市六水厂（90万 m³）和安阳市八水厂（240万 m³）
42	南流寺	安阳市	0.98	263.5	正常	39号南流寺口门—安阳市四水厂（二期）
	合计		75.92	19545.98		

说明：口门编号和口门名称按中线局纪要〔2015〕11号文要求填写。

【11月用水计划】

口门编号	口门名称	所在市县	分水流量（m³/s）	分水量（万m³）	计划开始时间	备注
1	肖楼	淅川县	9.99	2590.00	正常	引丹灌区
2	望城岗	邓州市	1.31	340.00	正常	2号望城岗口门—邓州市一水厂（100万m³）、邓州市二水厂（110万m³）、邓州市三水厂（70万m³）和新野县二水厂（60万m³）
3	彭家	邓州市	0.15	40.00	正常	
4	谭寨	南阳市镇平县	0.48	125.00	正常	3-1号谭寨口门—镇平县五里岗水厂（25万m³）和镇平县规划水厂（100万m³）
6	田洼	南阳市	1.49	385.00	正常	5号田洼口门—南阳市傅岗水厂（360万m³）和南阳市龙升水厂（25万m³）
7	大寨	南阳市	0.58	150.00	正常	6号大寨口门—南阳市四水厂
8	半坡店	南阳市方城县	0.93	241.00	正常	7号半坡店口门—唐河县水厂（165万m³）和社旗县水厂（76万m³）
10	十里庙	南阳市方城县	0.31	80.00	正常	9号十里庙口门—方城县新裕水厂
	清河退水闸	南阳市方城县	1.93	500.00	正常	清河
11	辛庄	平顶山市叶县	4.39	1139.00	正常	10号辛庄口门—舞阳县水厂（72万m³）、漯河市二水厂（180万m³）、漯河市三水厂（150万m³）、漯河市四水厂（185万m³）、漯河市五水厂（39万m³）、漯河市八水厂（45万m³）和周口市东区水厂（180万m³）、周口市西区水厂线路（二水厂210万m³）、商水县水厂（78万m³）
14	马庄	平顶山市新城区	1.02	265.00	正常	12号马庄口门—新城区焦庄水厂
15	高庄	平顶山市宝丰县	0.64	165.00	正常	13号高庄口门—宝丰县王铁庄水厂（135万m³）和石龙区水厂（30万m³）
16	赵庄	平顶山市郏县	0.31	80.00	正常	14号赵庄口门—郏县三水厂
17	宴窑	许昌市禹州市	0.30	78.00	正常	15号宴窑口门—襄城县三水厂
18	任坡	许昌市禹州市	1.29	338.00	正常	16号任坡口门—禹州二水厂（175万m³）、神垕镇水厂（33万m³）和登封卢店水厂（130万m³）
19	孟坡	许昌市禹州市	3.22	835.00	正常	17号孟坡口门—许昌市周庄水厂（204万m³）、许昌市二水厂（90万m³）、北海（117万m³）、石梁河及霸陵河（104万m³）、鄢陵县中心水厂（63万m³）、许昌市曹寨水厂（131万m³）和临颍县一水厂（114万m³）、临颍县二水厂线路（千亩湖12万m³）
20	洼李	许昌市长葛市	1.31	339.00	正常	18号洼李口门—长葛市三水厂（113万m³）、清潩河（100万m³）和增福湖（126万m³）
21	李垌	郑州市新郑市	1.16	300.00	正常	19号李垌口门—新郑市二水厂（300万m³）

续表

口门编号	口门名称	所在市县	分水流量（m³/s）	分水量（万 m³）	计划开始时间	备注
双洎河退水闸		郑州市新郑市	1.74	450.00	正常	双洎河
22	小河刘	郑州市航空港区	3.94	1022.00	正常	20号小河刘口门—航空港区一水厂（651万m³）、航空港区二水厂（180万m³）和中牟县新城水厂（191万m³）
23	刘湾	郑州市	4.66	1209.00	正常	21号刘湾口门—郑州市刘湾水厂
24	密垌	郑州市	1.54	400.00	正常	22号密垌口门—尖岗水库
25	中原西路	郑州市	8.67	2246.00	正常	23号中原西路口门—郑州市柿园水厂（1147万m³）和白庙水厂（899万m³）
26	前蒋寨	郑州市荥阳市	2.03	527.00	正常	24号前蒋寨口门—荥阳市四水厂
27	上街	郑州市上街区	0.39	100.00	正常	24-1号蒋头口门—上街区水厂
28	北冷	焦作市温县	0.52	134.52	正常	25号马庄口门—温县三水厂（84万m³）和温县环城水系（50万m³）
29	北石涧	焦作市博爱县	0.73	190.00	正常	26号北石涧口门—武陟县水厂（100万m³）和博爱县水厂（90万m³）
30	府城	焦作市	1.16	300.00	正常	27号府城口门—焦作市府城水厂
31	苏蔺	焦作市	1.10	285.00	正常	28号苏蔺口门—焦作市苏蔺水厂（240万m³）和修武县水厂（45万m³）
闫河退水闸		焦作市	1.00	5.00	10月10日 9:00:00	闫河
闫河退水闸		焦作市	1.00	5.00	10月20日 9:00:00	闫河
33	郭屯	新乡市获嘉县	0.20	51.00	正常	30号郭屯口门—获嘉县水厂
34	路固	新乡市辉县市	0.60	154.44	正常	31号路固口门—辉县市三水厂（135万m³）、百泉湖引水工程（19.44万m³）
35	老道井	新乡市	2.97	770.00	正常	32号老道井口门—新乡市高村水厂（140万m³）、孟营水厂（220万m³）、新区水厂（320万m³）、凤泉水厂（66万m³）和新乡县七里营水厂线路（调蓄工程24万m³）
36	温寺门	新乡市卫辉市	0.69	180.00	正常	33号温寺门口门—卫辉市水厂
37	袁庄	鹤壁市淇县	0.50	130.00	正常	34号袁庄口门—淇县铁西水厂（80万m³）和淇县城北水厂线路（赵家渠50万m³）
38	三里屯	鹤壁市淇县	3.87	1004.30	正常	35号三里屯口门—鹤壁市四水厂（31万m³）、浚县水厂（75万m³）、濮阳市二水厂（285万m³）、濮阳市三水厂（120万m³）、清丰县水厂（150万m³）、南乐县水厂（111万m³）、濮阳县水厂（54万m³）、滑县三水厂（126万m³）和滑县四水厂线路（安阳中盈化肥有限公司43.2万m³、河南易凯针织有限责任公司9.1万m³）

续表

口门编号	口门名称	所在市县	分水流量 (m³/s)	分水量 (万 m³)	计划开始时间	备注
39	刘庄	鹤壁市	0.71	185.00	正常	36号刘庄口门—鹤壁市三水厂
40	董庄	安阳市汤阴县	0.73	189.00	正常	37号董庄口门—汤阴县一水厂（60万 m³）、汤阴二水厂（39万 m³）和内黄县四水厂（90万 m³）
41	小营	安阳市	1.23	318.00	正常	38号小营口门—安阳市六水厂（75万 m³）、安阳市八水厂（225万 m³）和安钢集团冷轧有限责任公司（18万 m³）
42	南流寺	安阳市	0.93	240.00	正常	39号南流寺口门—安阳市四水厂（二期）
	合计		71.72	18085.26		

说明：口门编号和口门名称按中线局纪要〔2015〕11号文要求填写。

【12月用水计划】

口门编号	口门名称	所在市县	分水流量 (m³/s)	分水量 (万 m³)	计划开始时间	备注
1	肖楼	淅川县	10.34	2680.00	正常	引丹灌区
2	望城岗	邓州市	1.60	370.00	正常/新野三水厂12月20日9:00	2号望城岗口门—邓州市一水厂（100万 m³）、邓州市二水厂（110万 m³）、邓州市三水厂（70万 m³）、新野县二水厂（60万 m³）和新野县三水厂（30万 m³）
3	彭家	邓州市	0.19	50.00	正常	3号彭家口门—邓州市赵集水厂（50万 m³）
4	谭寨	南阳市镇平县	0.46	120.00	正常	3-1号谭寨口门—镇平县五里岗水厂（20万 m³）和镇平县规划水厂（100万 m³）
6	田洼	南阳市	1.37	356.00	正常	5号田洼口门—南阳市傅岗水厂（330万 m³）和南阳市龙升水厂（26万 m³）
7	大寨	南阳市	0.52	135.00	正常	6号大寨口门—南阳市四水厂
8	半坡店	南阳市方城县	0.95	246.50	正常	7号半坡店口门—唐河县水厂（170.5万 m³）和社旗县水厂（76万 m³）
10	十里庙	南阳市方城县	0.31	80.00	正常	9号十里庙口门—方城县新裕水厂
	清河退水闸	南阳市方城县	1.93	500.00	正常	清河
11	辛庄	平顶山市叶县	4.50	1166.00	正常	10号辛庄口门—舞阳县水厂（75万 m³）、漯河市二水厂（180万 m³）、漯河市三水厂（155万 m³）、漯河市四水厂（193万 m³）、漯河市五水厂（43.4万 m³）、漯河市八水厂（36万 m³）和周口市东区水厂（186万 m³）、周口市西区水厂线路（二水厂217万 m³）、商水县水厂（80.6万 m³）
14	马庄	平顶山市新城区	1.00	260.00	正常	12号马庄口门—新城区焦庄水厂
15	高庄	平顶山市宝丰县	0.62	160.00	正常	13号高庄口门—宝丰县王铁庄水厂（135万 m³）和石龙区水厂（25万 m³）
16	赵庄	平顶山市郏县	0.31	80.00	正常	14号赵庄口门—郏县三水厂

续表

口门编号	口门名称	所在市县	分水流量（m³/s）	分水量（万m³）	计划开始时间	备注
17	宴窑	许昌市禹州市	0.31	80.00	正常	15号宴窑口门—襄城县三水厂
18	任坡	许昌市禹州市	1.30	338.00	正常	16号任坡口门—禹州市二水厂（175万m³）、神垕镇水厂（33万m³）和登封市卢店水厂（130万m³）
19	孟坡	许昌市禹州市	3.38	877.00	正常	17号孟坡口门—许昌市周庄水厂（210.8万m³）、许昌市二水厂（93万m³）、北海（121万m³）、石梁河及霸陵河（121万m³）、鄢陵县中心水厂（65万m³）、许昌市曹寨水厂（136万m³）和临颍县一水厂（120.9万m³）、临颍县二水厂线路（千亩湖9.3万m³）
20	洼李	许昌市长葛市	1.35	351.00	正常	18号洼李口门—长葛市三水厂（113万m³）、清潩河（105万m³）和增福湖（133万m³）
21	李垌	郑州市新郑市	1.08	279.00	正常	19号李垌口门—新郑市二水厂（279万m³）
双泊河退水闸		郑州市新郑市	1.74	450.00	正常	双泊河
22	小河刘	郑州市航空港区	3.75	972.00	正常	20号小河刘口门—航空港区一水厂（630万m³）、航空港区二水厂（150万m³）和中牟县新城水厂（192万m³）
23	刘湾	郑州市	4.40	1140.00	正常	21号刘湾口门—郑州市刘湾水厂
24	密垌	郑州市	1.54	400.00	正常	22号密垌口门—尖岗水库、新密市水厂
25	中原西路	郑州市	8.53	2210.00	正常	23号中原西路口门—郑州市柿园水厂（1110万m³）和白庙水厂（900万m³）
26	前蒋寨	郑州市荥阳市	2.08	540.00	正常	24号前蒋寨口门—荥阳市四水厂
27	上街	郑州市上街区	0.39	100.00	正常	24-1号蒋头口门—上街区水厂
28	北冷	焦作市温县	0.39	100.80	正常	25号马庄口门—温县三水厂（55.8万m³）和温县荣蚰河（45万m³）
29	北石涧	焦作市博爱县	0.71	183.00	正常	26号北石涧口门—武陟县水厂（90万m³）和博爱县水厂（93万m³）
30	府城	焦作市	1.16	300.00	正常	27号府城口门—焦作市府城水厂
31	苏蔺	焦作市	1.10	285.00	正常	28号苏蔺口门—焦作市苏蔺水厂（240万m³）和修武县水厂（45万m³）
闫河退水闸		焦作市	1.00	5.00	12月10日9:00	闫河
闫河退水闸		焦作市	1.00	5.00	12月25日9:00	闫河
33	郭屯	新乡市获嘉县	0.20	52.70	正常	30号郭屯口门—获嘉县水厂
34	路固	新乡市辉县市	0.84	158.94	正常	31号路固口门—辉县市三水厂（139.5万m³）、百泉湖引水工程（19.44万m³）

续表

口门编号	口门名称	所在市县	分水流量（m³/s）	分水量（万m³）	计划开始时间	备注
35	老道井	新乡市	3.06	793.00	正常	32号老道井口门—新乡市高村水厂（150万m³）、孟营水厂（220万m³）、新区水厂（330万m³）、凤泉水厂（68.2万m³）和新乡县七里营水厂线路（调蓄工程24.8万m³）
36	温寺门	新乡市卫辉市	0.72	186.00	正常	33号温寺门口门—卫辉市水厂
37	袁庄	鹤壁市淇县	0.52	135.00	正常	34号袁庄口门—淇县铁西水厂（85万m³）和淇县城北水厂线路（赵家渠50万m³）
38	三里屯	鹤壁市淇县	3.89	1007.70	正常	35号三里屯口门—鹤壁市四水厂（30万m³）、浚县水厂（68.2万m³）、濮阳市二水厂（270万m³）、濮阳市三水厂（115万m³）、清丰县水厂（155万m³）、南乐县水厂（114万m³）、濮阳县水厂（55.8万m³）、滑县三水厂（145.7万m³）和滑县四水厂线路（安阳中盈化肥有限公司44.64万m³、河南易凯针织有限责任公司9.36万m³）
39	刘庄	鹤壁市	0.68	175.00	正常	36号刘庄口门—鹤壁市三水厂
40	董庄	安阳市汤阴县	0.75	195.30	正常	37号董庄口门—汤阴县一水厂（62万m³）、汤阴二水厂（40.3万m³）和内黄县四水厂（93万m³）
41	小营	安阳市	1.06	274.30	正常	38号小营口门—安阳市六水厂（55.8万m³）、安阳市八水厂（201.5万m³）和安钢集团冷轧有限责任公司（17万m³）
42	南流寺	安阳市	0.90	232.50	正常	39号南流寺口门—安阳市四水厂（二期）
合计			71.92	18029.74		

说明：口门编号和口门名称按中线局纪要〔2015〕11号文要求填写。

拾 传媒信息

传 媒 信 息 选 录

河南日报：

河南首个南水北调调蓄水库
观音寺调蓄工程开工建设

2020-12-30

□河南日报客户端记者　高长岭

"这是我们的试验场，将来建设黏土大坝，需要碾压多少遍才能达标，各种参数都需要通过试验来确定。"12月29日，在新郑市观音寺镇南水北调中线观音寺调蓄工程工地上，我省水利专家朱太山说。

南水北调中线观音寺调蓄工程局部场地平整及大坝试验工程已于12月21日开工建设。观音寺调蓄工程位于新郑市南部约9公里处，处于沂水河上游，距南水北调中线工程总干渠左岸2.5公里。工程主要包括上、下水库和抽水蓄能电站，规划工程总库容3.28亿立方米，其中下库1.02亿立方米、上库2.26亿立方米，规划抽水蓄能电站装机规模800兆瓦，工程静态总投资约为175亿元。

"建设调蓄工程主要是防范丹江口水库来水不足和总干渠维修造成的断水风险，调蓄工程建成后，可以提高供水保障率，充分发挥南水北调工程效益。"省水利厅南水北调工程管理处处长雷淮平介绍，观音寺调蓄工程可作为郑州市及总干渠下游城市的战略水源，为经济社会高质量发展提供强有力的水资源支撑。观音寺调蓄工程，是我省第一个南水北调调蓄工程，将为郑州及下游安全稳定供应"南水"增加一个"安全阀"和"稳定器"。

"观音寺调蓄工程包括抽水蓄能电站，在电力充沛时把水抽到上面的水库，在电力供应不足时，再利用水能发电。"雷淮平介绍，工程除了调蓄南水北调中线来水，提供应急备用水源外，还可以抽水蓄能发电调节峰谷，维护电网安全稳定运行。因此，观音寺调蓄工程对于保障南水北调中线工程供水安全、支撑郑州国家中心城市建设、改善当地生态环境、优化河南能源结构、稳投资拉内需等方面具有十分重要的意义。

河北广播电视台：

千年大计筑伟梦，南水北调润雄安

2020-12-18

许萌 2020-12-18　09:51
南水北调——滹沱河倒虹吸。

记者　颜力鸥 2020-12-18　09:50

这就是南水北调水了！激动！

许萌 2020-12-18　09:50

南水北调——陶岔渠首。

记者　颜力鸥 2020-12-18　09:50

现在我们抵达了四号保水堰，终于可以看到南水北调的水流了！

许萌 2020-12-18　09:49

南水北调——卫辉绿化带。

许萌 2020-12-18　09:48

南水北调——密云水库。

许萌 2020-12-18　09:47

南水北调——丹江口水库。

许萌 2020-12-18　09:46
南水北调——穿黄工程。

许萌 2020-12-18　09:45
南水北调——雄安调蓄库。

许萌 2020-12-18　09:44
南水北调——白河生态美景。

封面新闻：

南水北调通水六周年
1.2亿人直接受益

2020-12-15

□记者　滕　晗

12月13日，封面新闻记者从水利部获悉，南水北调东、中线一期工程全面通水六年来，工程累计调水超394亿立方米，1.2亿人直接受益，其中，中线工程调水348亿立方米，约6900万人受益；东线工程向山东调水46亿立方米，惠及人口约5800万。

目前，按照国务院南水北调后续工程会议要求，南水北调后续工程前期工作正稳步推进。东线二期工程可研和穿黄工程初步设计编制上报完成，中线引江补汉工程可研报告编制完成并上报水利部，中线调蓄库工程雄安调蓄库灌浆试验开工，西线工程规划方案比选论证通过水利部水利水电规划设计总院复审。东线北延应急供水工程建设进度加快，计划年底水下主体工程完工。

中线一期工程运行六年实现达效

水利部相关负责人介绍，东、中线一期工程全面通水六年来，年供水量逐年递增，中线一期工程运行六年实现达效。

今年，为应对新冠肺炎疫情影响，水利部创新"视频飞检+现场飞检"监管模式，加强

南水北调中线工程渠首陶岔渠首

图片来源：水利部

工程运行和疫情监管，确保供水防疫两不误；中线通过自动化调度系统、巡查维护实时监管系统、疫情上报及监控系统等远程调度管理，确保输水安全；东线工程数字化管理系统为安全调水提供了有力支撑。

今年5月9日至6月21日，通过优化调度，中线一期工程首次以420立方米每秒设计最大流量输水，并借机向沿线39条河流生态补水9.5亿立方米，提升了华北地下水超采综合治理成效，验证了工程大流量输水能力，集中检验了工程质量和运行管理水平。

截至今年11月1日，中线一期工程超额完成2019—2020供水年度水量调度计划，向京津冀豫四省市供水86.22亿立方米，超过《南水北调工程总体规划》中提出的中线一期工程口门多年平均规划供水量85.4亿立方米，标志着工程运行六年即达效。

南水北调沙河渡槽　　图片来源：水利部

累计实施生态补水超52亿立方米

据了解，东、中线一期工程全面通水以来，持续开展水源区生态保护，累计实施生态补水超52亿立方米，推动沿线生态文明建设和绿色发展。

其中，中线一期工程有效助力沿线生态文明建设和华北地区地下水超采综合治理，自2018年实施生态补水以来，华北地区地下水水位下降趋势得到有效遏制，部分地区止跌回升；沿线河湖生态得到有效恢复，实现了河清岸绿水畅景美。

截至今年9月末，北京市平原区地下水埋深平均为22.49米，与2015年同期相比回升了3.68米，昌平、延庆、怀柔、门头沟等区的村庄都出现了泉眼复涌。

东线工程则增加了沿线河湖水网的水体流动。比如，脏乱差的"煤都"徐州如今成为绿色之城。江苏段工程结合河道疏浚扩挖，提高了部分航道通航等级。山东段工程延伸了通航里程，使东平湖与南四湖连为一体，通过补水改善了小清河水质和生态，保证了泉城济南泉水持续喷涌。

白洋淀　　　　　　　图片来源：水利部

调水、节水两手都要硬

水利部表示，从现实和长远考量，南水弥足珍贵，只有深入贯彻"节水优先"的治水思路，坚持调水、节水两手都要硬，才能更好地发挥南水北调工程的战略性基础性作用。

据了解，沿线各地深入贯彻落实水利改革发展总基调，严格按照"把水资源作为最大刚

性约束"要求，先后建立了水资源刚性约束制度，以制度建设和执行拧紧节水"龙头"。

比如，北京市在全国率先启动节水型区创建工作，全市16个市辖区全部建成节水型区，北京市万元地区生产总值用水量由2015年的15.4立方米下降到2019年的11.8立方米，万元工业增加值用水量由11立方米下降到7.8立方米，农田灌溉水有效利用系数由0.710提高到0.747。天津市坚持"多渠道开源节流，节水为先"，出台全国第一部地方节水条例。

助推经济社会发展

据统计，南水的到来，加快了沿线城乡供水一体化，中线工程沿线数千个村镇数千万群众受益。河北邱县26万人全部用上了南水，邱县西常屯村70岁的姜书河说，过去一年难得洗一次澡，现在村里家家户户用上了太阳能热水器，"洗澡不再是难题。"

近几年胶东地区降水持续偏少，山东段工程4次应急调水抗旱解困。今年4月，苏北地区用水形势严峻，东线9级泵站投入省内抗旱运行，保证了苏北1600万亩水稻丰收。今年9月，引江济汉工程为长湖、庙湖生态补水，缓解沿线群众用水困难。

此外，南水北调移民搬迁完成后，各级政府在移民"能发展、快致富"上下功夫，出台多项帮扶优惠政策，制定安稳致富规划，把移民后扶与乡村振兴、美丽乡村建设结合起来，移民群众迅速融入新环境，实现灵活就业，人均可支配收入增长2倍左右。

新华网：

南水北调："数"说6年调水之变

2020-12-15

这是11月10日拍摄的淮安水上立交枢纽工程（无人机照片）。

新华社发（南水北调东线总公司供图）

新华社北京12月12日电

□新华社记者 刘诗平

12月12日，南水北调东中线一期工程迎来全面通水6周年。6年来，工程调了多少水？水质怎样？多少人受益？生态和经济效益如何？对此，记者走访工程沿线多地现场，同时向水利部南水北调司等单位进行了了解。

6年累计调水394亿立方米

东线工程从扬州市江都水利枢纽出发，用世界最大规模的泵站群，一级一级"托举"长江水北上，东流胶东，北上天津，造福万千人家；中线工程从丹江口水库陶岔渠首闸引水入渠，"上天"过渡槽、"入地"穿黄河，长江水千里奔流，润泽豫冀津京。

6年来，东中线一期工程累计调水394亿立方米。其中，东线工程向山东等地调水46亿立方米，中线工程向豫冀津京调水348亿立方米。

值得提及的是，中线一期工程今年五六月份首次以420立方米每秒设计最大流量输水，验证了工程大流量输水能力；2019-2020供水年度向豫冀津京供水86.2亿立方米，超过总体规划中提出的多年平均规划供水85.4亿立方米，标志着中线一期工程运行6年即达效。

11月12日，工作人员在南水北调中线陶岔渠首监测水质。 新华社记者 刘诗平 摄

中线水质优于Ⅱ类，东线全部达到Ⅲ类

东线工程主要利用京杭大运河及其沿线湖泊调蓄和河道输水，当初这些湖泊和河道水污染一度格外严重，有人担心"污水北调"。经过全力治污，东线水质全部达到Ⅲ类，其中有"酱油湖"之称的南四湖，也由劣Ⅴ类水跃升为Ⅲ类水。

中线工程更是实现了"一渠清水向北流"。中线源头丹江口水库水质95%达到Ⅰ类水，干线水质连续多年优于Ⅱ类标准。

超过1.2亿人直接受益

东中线一期工程安全运行6年来，已经与沿线群众的生产生活发生了紧密联系。"南水"成为沿线多个城市的主力水源，受水区超过1.2亿人直接受益。

其中，东线工程惠及人口约5800万，中线工程约6900万人受益。譬如，"南水"进京，在北京中心城区，一杯自来水中有七成来自"南水"。同时，"南水"输入北京的"大水缸"——密云水库，使其蓄水量大增。

生态补水超过52亿立方米

东中线一期工程全面通水以来，累计实施生态补水超过52亿立方米，使沿线河湖生态得到有效恢复，社会经济获得良性发展。

东线工程生态补水2.8亿立方米，南四

湖、东平湖、微山湖等众多河湖自然生态明显修复，泉城济南泉水得以持续喷涌。

中线工程向受水区47条河流生态补水49.6亿立方米。滹沱河、滏阳河、南拒马河等"饮"上"南水"，重现生机；华北地下水位下降趋势得到有效遏制，部分地区止跌回升。

"南水"来之不易，"南水"弥足珍贵。南水北调的同时，首先需要拧紧节水"龙头"，节水、调水双管齐下，更好地发挥南水北调工程的战略性基础性作用。

光明日报：

南水北调，不只调来好水

2020-12-15

12月12日，南水北调东、中线一期工程全面通水6周年，累计调水超394亿立方米，1.2亿人直接受益——

南水北调，不只调来好水

□光明日报记者 陈 晨

一路北上，南水情长

6年前，2014年12月12日14时32分，河南南阳陶岔渠首大闸缓缓开启，蓄势已久的南水奔涌而出。这一刻，南水北调中线一期工程正式通水，也意味着南水北调东、中线一期工程全面通水。

6年来，南水一刻不停、奔流北上。东线，自江苏扬州江都水利枢纽提水，沿京杭大运河及平行河道逐级翻水北送，以世界最大规模泵站群实现"水往高处流"，累计向山东调水46亿立方米，惠及人口约5800万；中线，南水出陶岔、过哑口、飞渡槽、钻暗涵，跋涉1432公里润泽京津冀豫，累计调水348亿立方米，约6900万人受益。

394亿立方米，记录着南水北调东中线全面通水6年来的点滴。回望这6年，数字背后，南水为北方带来的，远不只水。

调来好水：用水有保障，水质更好了

"原来我一般不敢穿白衬衣，因为我们这儿煤尘大，白衬衣容易脏，可供水难，衣服不能洗那么勤，水质也不好，白衬衣洗完容易发黄。这几年用上南水后就不一样了，不仅用水有保障了，水质也更好了。"说起南水，河南省平顶山市石龙区的高广伟脸上挂满了笑容。

南水北调，成败在水质。通水以来，南水北调中线工程输水水质一直保持在Ⅱ类或优于Ⅱ类，东线工程输水水质一直保持在Ⅲ类。优质的南水改善了沿线群众的饮水质量，让很多人告别高氟水、苦咸水。

然而，甘甜的南水来的并不容易。为了这一渠清水，东线水源地江都把202平方公里划为禁止开发的"红线区"，100多家水泥厂、化工厂、化肥厂因靠近送水通道关闭，涉及投资额60多亿元；东线沿岸仅化工企业累计关停800多家。中线丹江口库区34.5万移民和中线干线9万征迁群众搬迁，沿线上千家化工企业关停，污水处理能力全面升级。东中线沿线巡线工作人员一年四季不间断行走在渠道旁，时刻把握监测点的水质状况；上万名河长湖长参与水质保护。

今年，突如其来的新冠肺炎疫情也给调水带来了不小的挑战。对此，水利部创新"视频飞检+现场飞检"监管模式，确保供水防疫两不误；中线通过自动化调度系统、巡查维护实时监管系统、疫情上报及监控系统等远程调度管理，确保输水安全；东线工程数字化管理系统为安全调水提供了有力支撑。

在安全优质的前提下，南水改变了北方多地的供水格局——在北京，南水替代密云水库向自来水厂供水，并反向输送至密云水库，北京人均水资源量由100立方米提高到150立方米；天津形成引滦、引江"双水源"供水格局，15个行政区喝上汉江水，近千万市民受益；河南受水区城市的59个县区全部受益；河北90多个县区受益；江苏形成双线输水格局，受水区供水保证率提高20%~30%；山东实现长江水、黄河水和当地水的联合调度，每年增加净供水量13.53亿立方米，供水范围覆盖61县（市、区）。

调来好生态：部分地区地下水位回升，河湖更美了

"别看这瀑河水库顶着个水库的名头，实际枯了好多年了。没想到，这两年开始又有了水，看着这哗啦啦淌的水，心里真敞亮。现在的水库、河道都和我小时候那会儿一样。"河北保定市徐水区瀑河沿线德山村村民代克山说。

代克山感受到的变化，离不开南水北调的贡献。除了让北方居民喝上好水，越来越多"干渴"的河流也"喝"上了南水。南水北调东中线全面通水6年来，有效增加了华北地区可利用的水资源，通过置换超采地下水、实施生态补水、限采地下水等措施，河湖、湿地面积显著扩大，有效遏制了地下水水位下降和水生态环境恶化的趋势。

在中线，自2016年开始，南水向受水区47条河流生态补水49.64亿立方米，提升了河湖水体的自净能力，增加了水环境容量，改善了河湖水质，实现了河清岸绿水畅景美。华北部分地区地下水水位止跌回升，北京地下水位自2016年以来累计回升3.04米，增加地下水储量15亿多立方米，昌平、延庆、怀柔、门头沟等区的村庄出现泉眼复涌；河北省深层地下水位由每年下降0.45米转为上升0.52米；河南省受水区地下水位平均回升0.95米。

在东线，沿线河湖水网的水体流动增加，生态补水2.81亿立方米让南四湖、东平湖、微山湖等数十个河湖自然生态明显修复。

调来节水理念：南水来之不易，用水不能任性

"南水这么宝贵，可不能浪费。我这水管都埋在地下，水肥通过滴管渗到作物根部，就像是输液，浇地变成了浇作物。根据土壤墒情，能随时开启阀门，小水勤灌，节水节肥，还能降低蒸发量。"在农业用水占全部用水量

七成左右的河北邯郸，广府镇史堤村种粮大户刘军感慨道，"从前缺水我们吃过苦，现在有了水，更得珍惜。"

汩汩南水虽然一定程度上缓解了北方地区的用水难题，但沿线省市水资源紧张的状况仍然存在，用水不能"任性"。而且，滴滴南水来之不易，为了它，40多万人告别故土，水源地许多人另谋生计，数十万建设者接续奋战，"不能一边加大调水、一边随意浪费水"。

饮水思源，受水区沿线各地先后建立水资源刚性约束制度，拧紧节水"龙头"——北京在全国率先启动节水型区创建工作，全市16个市辖区全部建成节水型区，北京市万元地区生产总值用水量由2015年的15.4立方米下降到2019年的11.8立方米，万元工业增加值用水量由11立方米下降到7.8立方米，农田灌溉水有效利用系数由0.710提高到0.747；天津坚持"多渠道开源节流，节水为先"，出台全国第一部地方节水条例；山东严格实行用水总量和强度双控制度，将"单位GDP水资源消耗降低"节水指标纳入对各市经济社会发展综合考核指标体系；河南郑州实行区域总量控制、微观定额管理的用水管理模式，统一调度地表水、地下水，统一取水许可管理，统一下达计划用水指标，统一征收超计划超定额加价水费。

只有精打细算用好每一滴南水，才能让这渠清水永续北方。

《光明日报》（2020年12月13日　01版）

人民网官方账号：
**　　南水北调东中线调水六年**
**　　带来哪些大变化？**

2020-12-14

人民网北京12月14日电（记者　余　璐）
2020年12月12日，南水北调东、中线一期工程迎来全面通水六周年。六年来，工程累

计调水多少？使多少人受益？综合效益如何？记者带您一探究竟。

南水北调东、中线六年累计调水394亿立方米 1.2亿人受益

据水利部相关负责人介绍，我国南水北调东中线一期工程全面通水六年来，工程累计调水超394亿立方米，1.2亿人直接受益，其中，中线工程调水348亿立方米，约6900万人受益；东线工程向山东调水46亿立方米，惠及人口约5800万。工程运行安全高效，综合效益显著，沿线群众普遍认可，已经与沿线群众生产生活紧密联系在一起，与推动生态文明建设促进经济社会绿色发展紧密联系在一起，与推进国家重大战略实施、保障国家水安全紧密联系在一起。

"东、中线一期工程全面通水六年来，年供水量逐年递增，中线一期工程运行六年实现达效。"水利部相关负责人表示，2020年，为应对新冠肺炎疫情影响，南水北调各单位建立健全安全保障机制和应急工作机制，水利部创新"视频飞检+现场飞检"监管模式，加强工程运行和疫情监管，确保供水防疫两不误；中线通过自动化调度系统、巡查维护实时监管系统、疫情上报及监控系统等远程调度管理，确保输水安全；东线工程数字化管理系统为安全调水提供了有力支撑。

南水北调工程　　　　　　　　水利部供图

2020年5月9日至6月21日，通过优化调度，中线一期工程首次以420立方米每秒设计最大流量输水，并借机向沿线39条河流生态补水9.5亿立方米，提升了华北地下水超采综

合治理成效，验证了工程大流量输水能力，集中检验了工程质量和运行管理水平。截至2020年11月1日，中线一期工程超额完成2019—2020供水年度水量调度计划，向京津冀豫四省市供水86.22亿立方米，超过《南水北调工程总体规划》中提出的中线一期工程口门多年平均规划供水量85.4亿立方米，标志着工程运行六年即达效。

累计实施生态补水超52亿立方米 助力绿色发展

问渠哪得清如许，为有源头碧水来。

南水北调工程充分体现了人与自然和谐共生的理念。东、中线一期工程全面通水以来，在党的坚强领导下，持之以恒开展水源区生态保护，累计实施生态补水超52亿立方米，推动了沿线生态文明建设和绿色发展。

中线一期工程有效助力沿线生态文明建设和华北地区地下水超采综合治理，自2018年实施生态补水以来，华北地区地下水水位下降趋势得到有效遏制，部分地区止跌回升；沿线河湖生态得到有效恢复，实现了河清岸绿水畅景美。截至2020年9月末，北京市平原区地下水埋深平均为22.49米，与2015年同期相比回升了3.68米，昌平、延庆、怀柔、门头沟等区的村庄都出现了泉眼复涌。焦作市南水北调征迁户张小平说，"煤城焦作现在转型成了旅游城市，总干渠两岸的天河公园既保护水质，又美丽了城市，居民爱水、节水成为自觉行动。"

南水北调工程　　　　　　水利部供图

东线工程增加了沿线河湖水网的水体流动。脏乱差的"煤都"徐州如今成为绿色之

城。江苏段工程结合河道疏浚扩挖，提高了部分航道通航等级。山东段工程延伸了通航里程，使东平湖与南四湖连为一体，通过补水改善了小清河水质和生态，保证了泉城济南泉水持续喷涌。

加快构建国家水网　调水节水双抓双促

党的十九届五中全会提出，要"加强水利基础设施建设，提升水资源优化配置和水旱灾害防御能力""实施国家水网"。再次为南水北调工作提供了根本遵循。

2020年10月23日，中国南水北调集团有限公司挂牌成立，南水北调管理机制体制取得深刻变革和重大突破，为加强南水北调工程运行管理、完善工程体系、优化我国水资源配置格局打下了坚实基础。

水利部相关负责人介绍道，目前，按照国务院南水北调后续工程会议要求，南水北调后续工程前期工作正稳步推进。东线二期工程可研和穿黄工程初步设计编制上报完成，中线引江补汉工程可研报告编制完成并上报水利部，中线调蓄库工程雄安调蓄库灌浆试验开工，西线工程规划方案比选论证通过水利部水利水电规划设计总院复审。东线北延应急供水工程建设进度加快，计划年底水下主体工程完工。

南水北调工程　　　　　　水利部供图

节水优先，这是针对我国国情水情着眼中华民族永续发展作出的关键选择，是新时期治水工作必须始终遵循的根本方针。

"南水北调工作是调水、节水工作双抓双

促双硬的工作。"水利部相关负责人表示，从现实和长远考量，南水弥足珍贵，只有深入贯彻"节水优先"的治水思路，坚持调水、节水两手都要硬，才能更好地发挥南水北调工程的战略性基础性作用。近年来，南水北调工程管理单位依托南水北调建筑群，开展了丰富多彩的节水护水宣传活动，增强了全民节水护水意识。

据了解，沿线各地深入贯彻落实水利改革发展总基调，严格按照"把水资源作为最大刚性约束"要求，先后建立了水资源刚性约束制度，以制度建设和执行拧紧节水"龙头"。北京市在全国率先启动节水型区创建工作，全市16个市辖区全部建成节水型区，北京市万元地区生产总值用水量由2015年的15.4立方米下降到2019年的11.8立方米，万元工业增加值用水量由11立方米下降到7.8立方米，农田灌溉水有效利用系数由0.710提高到0.747。天津市坚持"多渠道开源节流，节水为先"，出台全国第一部地方节水条例。山东省严格实行用水总量和强度双控制度，大力推进各行业各领域节水，将"单位GDP水资源消耗降低"节水指标纳入对各市经济社会发展综合考核指标体系。郑州市实行区域总量控制、微观定额管理的用水管理模式，统一调度地表水、地下水，统一取水许可管理，统一下达计划用水指标，统一征收超计划超定额加价水费。一系列有效实践夯实了建设节水型社会的基础。

加快了沿线城乡供水一体化 助推经济社会发展

沿线各级政府积极统筹、合理安排、科学调度，在用足用好南水上下功夫。河北邱县26万人全部用上了南水，邱县西常屯村70岁的姜书河说："过去一年难得洗一次澡，现在村里家家户户用上了太阳能热水器，洗澡不再是难题。"

记者了解到，河南安阳市西部调水工程今年3月开工，工程完工后，每年可为50公里外的林州调引南水7000万立方米。南水的到来，加快了沿线城乡供水一体化，中线工程沿线数千个村镇数千万群众受益。

南水北调工程　　　　　　　　　水利部供图

近几年胶东地区降水持续偏少，山东段工程4次应急调水抗旱解困。今年4月，苏北地区用水形势严峻，东线9级泵站投入省内抗旱运行，保证了苏北1600万亩水稻丰收。今年9月，引江济汉工程为长湖、庙湖生态补水，缓解沿线群众用水困难，助推鱼米之乡经济发展。

南水北调移民搬迁完成后，各级政府在移民"能发展、快致富"上下功夫，出台多项帮扶优惠政策，制定安稳致富规划，把移民后扶与乡村振兴、美丽乡村建设结合起来，移民群众迅速融入新环境，实现了灵活就业，人均可支配收入增长2倍左右。

按照国务院批准的方案，2014年以来北京市与河南、湖北两省相关市县，天津市与陕西相关市县深入开展了多方位的对口协作，累计投入协作资金55亿元，实施对口协作项目1300多个、投资总额超400亿元；互派挂职干部400多人次，培训专业人才上万人次，有力促进了水源区的生态保护和高质量发展。特别是在受水区的对口协作和有关中央单位的定点扶贫下，有力地帮助水源区十堰郧阳等贫困县如期打赢了脱贫攻坚战，实现了脱贫摘帽目标和现行标准下贫困人口全部脱贫。

光明日报：渠首上的思政课

2020-12-14

12月12日，是南水北调中线工程全面通水六周年的好日子。

当天下午2点30分，明媚的阳光洒在河南淅川县陶岔渠首，清澈的丹江水自渠首闸奔涌而出，一泻千里。

"6年来，已累计向北方调水348.88亿立方米，惠及沿线24座大中城市，6900万人受益。"随着南水北调中线干线工程建设管理局渠首分局负责人的正式发布，现场一片欢呼声。

其中，就有南阳师范学院的20多名师生志愿者，他们身穿红马甲，头戴小红帽，成为渠首大地上一道亮丽的风景线，他们也是丹江水的"守护天使"。

冬日里的丹江水库千里碧波，游人如织。志愿者们一路认真地捡拾垃圾，一边沿途进行环保理念、环保知识宣传教育，游人驻足倾听。

志愿者中间还有特殊的一员，那就是南阳师范学院党委书记卢志文，一身黑衣服的他在阳光下格外精神焕发。

"同学们，咱们中间谁是第一年来渠首的?"几个同学"唰"地举起了手，该校大三学生王彤彤鼓足勇气，先开了腔："我是第一年来渠首参加志愿服务的，心里特别激动，我希望通过环保宣传，让更多的人增强环保意识，自觉保护水质。"

还有几位同学跃跃欲试，该校地理科学与旅游学院聂铄骅眼疾手快，抢了先："今年我已经是第4年来参加志愿服务，亲眼见证了渠首变化，如今的渠首更净更美了，人们环保意识大大增强，让我更加坚定了开展志愿服务的信念。"

同学们你一言我一语，谈得热烈而又激情满怀，让卢志文有些"意外"。他若有所思地

点着头，动情地说："向南水北调中线工程的决策者和功臣，表示崇高的敬意。作为水源地高校，我们南阳师范学院要把南水北调精神发扬光大，讲好南水北调故事，同时围绕南水北调战略需求，发挥高校科技优势，开展水安全水生态科学研究，为南水北调工程培养优秀人才。"

现场响起了雷鸣般的掌声。卢志文满意地伸出大拇指，提高音调："同学们要更加努力学习，用过硬的专业知识，为一渠清水北送建功立业。"

"好! 好……"同学们手握拳头，似乎全身有使不完的劲儿。

就在不远处，该校卧龙学者李玉英教授和她的团队正在干渠沿线采集数据，她向记者透露："南阳师范学院生态环保志愿服务团队自2004年成立至今，16年如一日，坚持不懈开展南水北调中线工程生态保护工作。"该校南水北调中线水源区生态环保志愿服务项目被评为"全国学雷锋志愿服务最佳项目"。

（本报记者 王胜昔 本报通讯员 习良梓）

学习强国扬州学习平台：

江苏扬州："北调"水质稳定达标东线"源头" II 类水逾九成

2020-12-14

作者：周 晗 郭瑞娟 王 洁播报

12月12日，南水北调东中线一期工程迎来全面通水6周年。南水北调东线工程取水"源头"水质情况如何?江苏省水文水资源勘测局扬州分局12月12日发布的扬州市南水北调主干线水功能区水质监测报告显示，目前，"源头"取水口水质全面转好，其中 II 类水占比已达90%以上。

孟德龙 摄

孟德龙 摄

扬州水文分局在调水主干线（南起江都、北至宝应）设置了8个监测站点。"我们按照国家《水环境监测规范》，对水温、pH值、溶解氧、高锰酸盐指数、化学需氧量等22项水质指标以及输水量进行实时监测，确保往北输送的每一滴水都是清的。"扬州水文分局局长王永东说，扬州调水主干线全年监测到的水质均优于Ⅲ类，符合北送标准；长江扬州三江营调水水源保护区全年12个月水质均达Ⅱ类，已经达到饮用水标准。

2002年底，南水北调东线工程正式开工建设。2013年，由13个梯级泵站构成的世界最大网络化泵站集群建成投运。这个总长达1156公里的输水廊道，取水"源头"在扬州。调水之初，Ⅱ类水占比只有20%。

为确保"一江清水向北送"，扬州坚决贯彻落实"先节水后调水、先治污后通水、先环保后用水"原则。2015年以来，扬州推进"江淮生态大走廊"建设，在南水北调工程东线输水廊道沿线1公里范围内，规划建设1800平方公里的生态大走廊；2016年以来，扬州深入学习贯彻习近平总书记关于推动长江经济带发展的系列重要讲话精神，全力推动长江扬州段生态优先、绿色发展，从根本上解决源头活水问题。近年来，扬州先后投入200多亿元用于水源地保护区的治理，有力保障了水体水质全面提升。

据了解，南水北调东线一期工程通水以来，已累计向山东调水超47亿立方米；同时，还为洪泽湖周边受水区提供稳定水源，为工程向河北、天津延伸应急供水提供支持，为缓解北方地区水资源短缺危机做出了重要贡献。

习近平总书记在江都水利枢纽考察调研时指出，"北缺南丰"是我国水资源分布的显著特点。党和国家实施南水北调工程建设，就是要对水资源进行科学调剂，促进南北方均衡发展、可持续发展。"作为东线源头城市，我们将牢记总书记嘱托，管理好、运行好一期工程，规划好、建设好二期工程，为国家战略目标的实现积极作出贡献。"扬州市水利局局长康盛君表示，将把调水水质摆在首要位置，以河湖长制为依托，加强水资源监管，强化水环境治理，推进水生态修复，切实保障一江清水向北送。

潇湘晨报官方百家号：

南水北调中线工程通水六年
精细服务涵养一渠清水

2020-12-14

南水北调工程是实现我国水资源优化配置、促进经济社会可持续发展、保障和改善民生的重大战略性基础设施。六年间，气象部门一路同行，用精细化保障服务，护航一渠清水润泽北方大地。

渠首——

河南南阳：精准调控保障供水安全

河南省南阳市是南水北调中线工程的"水龙头"和"大水缸"。南水北调中线工程起源于丹江口水库，调往北方的丹江水，95%以上取自南阳。

11月18日，南阳市南水北调工程运行保障中心副调研员李家峰带队到市气象局调研气象服务工作，肯定气象部门为南水北调中线工程科学调水、就地节水与治理提供科学决策依据和保障工作。

南阳段工程长度最长、工程地质条件最为复杂，气象灾害极易引发供水安全风险。六年来，南阳市气象局组建科技专家团队，加强协同联动，多次主动到市南水北调办公室、南水北调中线工程建设管理局渠首分局、市防汛防旱指挥部办公室等单位调研需求，完善防灾减灾联防联动机制。

精准对接防灾减灾需求，南阳市气象局在今年启动南水北调中线工程气象保障服务系统建设，建成南阳段干渠和导洪渠左岸面雨量预报和干渠预警服务平台，实现实况降水、气温、大风等气象要素的5公里网格监测和降水网格面雨量预报，为丹江口水库防洪蓄水和干渠安全送水提供更加精细化的气象服务。

为助力生态文明建设，南阳市气象局开展丹江流域气候特征综合分析和灾害风险区划等工作，参与丹江流域生态保护修复工程建设；基于风云四号等多元卫星遥感数据，开展监测评估库区水体面积、湿地面积、植被覆盖度等工作；针对性增加水位、水质等观测类别，搭建数据库和服务平台，逐步形成对汇水区气象要素的立体监测网。

截至目前，已建成多要素气象站26个，可提供分钟级数据的国家级生态气候观测站正在建设中。

围绕节水优先和服务水库精准调控、科学供水，南阳市气象局以气象监测站点数据为基础，结合遥感卫星监测资料、调水用水情况、受水城市降水情况，协助建立健全水资源规划协调机制，对丹江口水源区云水资源分布状况、变化特征等加强分析评估。

"十四五"期间，南阳市气象局还将着力谋划建设南水北调中线气象服务中心，重点实施南水北调中线水源地生态保护及干渠沿线防灾减灾气象保障工程，开展水源地汇水区生态保护、云水资源开发和干渠防灾减灾等气象精细化服务保障工作。

（谷玲果　王　珏　徐贵勤）

水源地——

陕西汉中：全方位建设水源涵养功能区

汉中市位于长江第一大支流汉江和嘉陵江上游，是南水北调中线工程的重要水源地。工程运行六年来，汉中气象部门主动融入水源涵养功能区生态建设，全方位做好防灾减灾、人工影响天气等保障服务工作，为涵养水源、治理污染、保持水土等方面做出了重要贡献。

今年8月，汉中出现持续强降水天气，汉江和嘉陵江流域水位暴涨，其中略阳县出现了1980年以来最大洪水量，对人民群众生命安全、中线调水工程运行造成威胁。汉中气象部门第一时间开展防汛救灾应急气象服务，制作精细化预报，助力当地政府科学精准开展防汛泄洪调度工作，及时组织人员转移避险，筑牢防灾减灾第一道防线，有效减少灾害损失。

"十三五"期间，围绕水源地涵养区生态系统保护和修复需求，汉中市政府加强投资，实施人工影响天气作业能力建设工程。截至目前，汉中市建成46个地面作业点，配备碘化银烟炉7个、移动作业火箭11套，实现作业全覆盖。

针对重点区域、重点时段，全市气象部门抢抓有利天气时机，每年开展人工增雨作业60余次，年均增加降水超过50毫米，充分发挥人工影响天气作业在水源涵养、植被恢复、水库增蓄水等方面的重要作用。

从2017年开始，汉中市气象局作为市划定生态保护红线领导小组成员，连续4年开展了气候服务量化指标、气象灾害普查、大气污染、热岛效应等研究，全面掌握气候资源分布与气候变化规律。

同时，汉中市气象局加强与科研单位合作，依托卫星和地面气象监测数据集，建立水源涵养、水土保持功能评估模型，为科学划定全市生态保护红线提供数据和技术支持，推动水源涵养功能区发展。

（孟 茹 马 艳）
（来源：中国气象局）

河南分局：
中青旅董事长康国明 到河南分局进行调研

2020-12-14

12月10日，为进一步落实中青旅与南水北调合作设想，中青旅董事长康国明一行再次到河南分局进行调研。河南分局相关负责同志陪同调研。

康国明一行到河南分局境内调研焦作高填方区段、城区绿化带项目以及穿黄工程，听取工程设计意图、功能和研学开展情况及文化建设情况。重点参观了焦作标准化渠段及穿黄隧洞进口，详细了解工程特点、通水运行等情况。

康国明指出，中线工程的建设和管理技术复杂、工程壮观让人叹为观止，且发挥效益显著，具有很强的文化旅游价值。希望双方相互学习，进一步加强相关领域合作，发挥各自专业及行业优势，实现共赢发展。

河南分局相关负责人表示，南水北调自通水以来，效益显著，事业处于高速发展的状态，希望通过本次交流继续加深合作。

作者：卞红鹏 钞向伟 陈玲瑶
编辑：张小俊

河南分局荥阳管理处：
优化水质：南水北调中线总干渠 迎来万尾水体"清道夫"

2020-12-14

12月4日，南水北调中线工程总干渠河南荥阳索河渡槽入口，约2.3万尾鲢鱼、青鱼及黄尾鲴从岸边游进渠道。此次，南水北调中线建管局河南分局在荥阳索河渡槽入口投放鲢鱼、青鱼及黄尾鲴鱼苗共计1682.6斤，这些优选的鱼类将作为水体"清道夫"，担负起保护南水北调总干渠水体生态、优化水质的重任。

荥阳种鱼孵化基地是南水北调中线建管局在中线总干渠河南段设立的水生态调控试验项目重要部分，担负着培育适应总干渠水质、有助于改善总干渠生态构建鱼种的任务。此次投放的鱼苗全部由荥阳种鱼孵化基地自主繁育，通过分级培育的方法开展试验工作，先期通过购买鱼受精卵进行水花（0.5~1厘米）培育、逐步培育成夏花（3~5厘米）、冬片（10~15厘米），以及大规格鱼种（大于20厘米），逐步掌握了放流鱼种多级培育技术，种苗年培育总量达到了不低于800公斤、规格不小于15克/尾的试验目标。

"此次增殖放流，吸取了先前投放的经验和教训，优化提高了鱼类在渠道中的成活率。"中线建管局总调度师尚宇鸣说，增殖放流的成功，标志着中线建管局自主掌握了繁育适应于中线水体的鱼苗技术。

浮游藻类及着生藻类周期性异常增殖和淡水壳菜的异常增长是南水北调总干渠水质保护亟待解决的问题。此次繁育及培养鱼种选择的鲢鱼素有"藻类克星"之称，放养后不需要人工喂养，食水中的浮游生物就能生长；青鱼通常栖息在水的中下层，食物以螺蛳、蚌、蚬、蛤等为主，亦捕食虾和昆虫幼虫，有助于控制解决总干渠内的淡水壳菜问题；黄尾鲴生活在水体的中下层，以下颌角质边缘刮食底层着生藻类和高等植物碎屑。整个生态调控从控制浮游藻类、淡水壳菜、着生藻类三方面构建，不仅可以净化水质，而且成本低、效果明显。这些鱼苗投放总干渠后，可以消灭水体中的藻类和浮游生物，清除渠道底部和边坡中的腐质物，通过滤食的作用平衡生态，使总干渠水质更加稳定、清洁。

中线建管局河南分局副局长石惠民说："根据水生态调控实验的效果，我们将随时调整更适合于总干渠内的鱼种繁育工作，通过亲本繁殖培育优质鱼苗，达到构建鱼类繁殖的环境，让亲本在水中自然增殖，助力水生态建设，打造南水北调中线精品工程。"

作者：肖新宗　郭金萃　编辑：张小俊

新华每日电讯：

加快构建"四横三纵"骨干水网
水利部相关部门负责人谈
南水北调后续工程建设

2020-12-13

新华社北京12月12日电（记者　刘诗平）

12月12日，南水北调东中线一期工程迎来全面通水六周年。规划中的我国南水北调工程，分东线、中线、西线向北方调水，连接起长江、淮河、黄河、海河，形成"四横三纵"骨干水网，科学调剂水资源，促进南北方均衡发展、可持续发展。

南水北调后续工程建设会如何推进？骨干水网将怎样加快构建？水利部相关部门负责人12日就以上问题接受了新华社记者专访。

东线：

一期北延应急供水工程预计明年3月底建成

二期工程前期工作正在尽快推进

问：南水北调东线一期北延应急供水工程建设何时完成？东线二期工程前期工作进展怎样？

答：东线一期北延应急供水工程是充分利用东线一期工程潜力，向河北省、天津市地下水压采地区供水，置换农业用地下水，缓解华北地下水超采状况；相机向衡水湖等河湖湿地补水，改善生态环境；为向天津市、沧州市城市生活应急供水创造条件。

2019年11月28日，北延应急供水工程正式开工建设。目前，油坊节制闸及箱涵工程已完成，渠道衬砌完成工程总量的94.7%，计划年内完成水下主体工程，2021年3月底前全部完成建设任务。

东线二期工程前期工作正在尽快推进，二期工程可行性研究和穿黄工程初步设计编制上报完成。

中线：

后续工程中的引江补汉工程可研报告编制完成　雄安调蓄库灌浆试验开工

问：中线一期工程调水6年来产生了积极效果，后续工程进展如何？

答：中线后续工程主要是进一步提高中线一期工程95亿立方米调水的保证率，并利用中线工程现有能力，增加北调水量，规划建设中线引江补汉工程和干线调蓄工程。

目前，引江补汉工程可行性研究报告已经完成技术审查，干线调蓄工程中的雄安调蓄库等正在加快开工准备。

西线：

前期论证工作正在加快进行

问：东中线一期工程全面调水已经六年，西线情况目前进展怎样？

答：西线工程是从长江上游调水到黄河上中游的青海、甘肃、宁夏、内蒙古、陕西、山西等6省（区）及西北内陆河部分地区。

西线工程是国务院批复的南水北调工程规划方案的一部分，对完善我国水资源配置总体格局，解决黄河流域及西北地区水资源短缺问题，确保国家粮食安全、能源安全、生态安全和社会稳定具有重要作用。

目前，西线工程有关前期论证工作正在加快进行，规划方案比选论证已经通过水利部水利水电规划设计总院复审。

新华日报：

南水北调东中线一期工程
迎来全面通水6周年
1.2亿人用上了一渠"南水"

2020年12月13日

12月12日，南水北调东中线一期工程迎来全面通水6周年。6年来，工程调了多少水？水质怎样？多少人受益？生态和经济效益如何？对此，记者走访工程沿线多地现场，同时向水利部南水北调司等单位进行了了解。

6年累计调水394亿立方米

东线工程从扬州市江都水利枢纽出发，用世界最大规模的泵站群，一级一级"托举"长江水北上，东流胶东，北上天津，造福万千人家；中线工程从丹江口水库陶岔渠首闸引水入渠，"上天"过渡槽、"入地"穿黄河，长江水千里奔流，润泽豫冀津京。

6年来，东中线一期工程累计调水394亿立方米。其中，东线工程向山东等地调水46亿立方米，中线工程向豫冀津京调水348亿立方米。

值得提及的是，中线一期工程今年五六月份首次以420立方米每秒设计最大流量输水，验证了工程大流量输水能力；2019—2020供水年度向豫冀津京供水86.2亿立方米，超过总体规划中提出的多年平均规划供水85.4亿立方米，标志着中线一期工程运行6年即达效。

中线水质优于Ⅱ类，东线全部达到Ⅲ类

东线工程主要利用京杭大运河及其沿线湖泊调蓄和河道输水，当初这些湖泊和河道水污染一度格外严重，有人担心"污水北调"。经过全力治污，东线水质全部达到Ⅲ类，其中有"酱油湖"之称的南四湖，也由劣Ⅴ类水跃升为Ⅲ类水。

中线工程更是实现了"一渠清水向北流"。中线源头丹江口水库水质95%达到Ⅰ类水，干线水质连续多年优于Ⅱ类标准。

超过1.2亿人直接受益

东中线一期工程安全运行6年来，已经与沿线群众的生产生活发生了紧密联系。"南水"成为沿线多个城市的主力水源，受水区超过1.2亿人直接受益。

其中，东线工程惠及人口约5800万，中线工程约6900万人受益。譬如，"南水"进京，在北京中心城区，一杯自来水中有七成来自"南水"。同时，"南水"输入北京的"大水缸"——密云水库，使其蓄水量大增。

生态补水超过52亿立方米

东中线一期工程全面通水以来，累计实施生态补水超过52亿立方米，使沿线河湖生态得到有效恢复，社会经济获得良性发展。

东线工程生态补水2.8亿立方米，南四湖、东平湖、微山湖等众多河湖自然生态明显修复，泉城济南泉水得以持续喷涌。

中线工程向受水区47条河流生态补水49.6亿立方米。滹沱河、滏阳河、南拒马河等"饮"上"南水"，重现生机；华北地下水位下降趋势得到有效遏制，部分地区止跌回升。

"南水"来之不易，"南水"弥足珍贵。南水北调的同时，首先需要拧紧节水"龙头"，节水、调水双管齐下，更好地发挥南水北调工程的战略性基础性作用。

（新华社电）

南水北调东线中线一期工程
通水六周年累计调水超394亿立方米
1.2亿人直接受益

2020-12-11

来源：中国网科学管理　作者：黄建高

2020年12月12日，南水北调东、中线一期工程迎来全面通水六周年。六年来，工程累计调水超394亿立方米，1.2亿人直接受益，其中，中线工程调水348亿立方米，约6700万人受益；东线工程向山东调水46亿立方米，惠及人口约6500万。工程运行安全高效，综合效益显著，沿线群众普遍认可，已经与沿线群众生产生活紧密联系在一起，与推动生态文明建设促进经济社会绿色发展紧密联系在一起，与推进国家重大战略实施、保障国家水安全紧密联系在一起。

创新管理中线运行六年达效

东、中线一期工程全面通水六年来，南水北调各单位建立健全安全保障机制和应急工作机制，水利部创新"视频飞检+现场飞检"监管模式，加强工程运行和疫情监管，确保供水防疫两不误；中线通过自动化调度系统、巡查维护实时监管系统、疫情上报及监控系统等远程调度管理，确保输水安全；东线工程数字化管理系统为安全调水提供了有力支撑。

2020年5月9日至6月21日，通过优化调度，中线一期工程首次以420立方米每秒设计最大流量输水，并借机向沿线39条河流生态补水9.5亿立方米，提升了华北地下水超采综合治理成效，验证了工程大流量输水能力，集中检验了工程质量和运行管理水平。截至2020年11月1日，中线一期工程超额完成2019—2020供水年度水量调度计划，向京津冀豫四省市供水86.22亿立方米，超过《南水北调工程总体规划》中提出的中线一期工程口门多年平均规划供水量85.4亿立方米，标志着工程运行六年即达效。

绿色发展助力美丽中国建设

问渠哪得清如许，为有源头碧水来。东、中线一期工程全面通水以来，在党的坚强领导下，持之以恒开展水源区生态保护，累计实施生态补水超52亿立方米，推动了沿线生态文明建设和绿色发展。

中线一期工程有效助力沿线生态文明建设和华北地区地下水超采综合治理，自2018年实施生态补水以来，华北地区地下水水位下降趋势得到有效遏制，部分地区止跌回升；沿线河湖生态得到有效恢复，实现了河清岸绿水畅景美。截至2020年9月末，北京市平原区地下水埋深平均为22.49米，与2015年同期相比回升了3.68米，昌平、延庆、怀柔、门头沟等区的村庄都出现了泉眼复涌。焦作市南水北调征迁户张小平说，"煤城焦作现在转型成了旅游城市，总干渠两岸的天河公园既保护水质，又美丽了城市，居民爱水、节水成为自觉行动。"

东线工程增加了沿线河湖水网的水体流动。脏乱差的"煤都"徐州如今成为绿色之城。江苏段工程结合河道疏浚扩挖，提高了部分航道通航等级。山东段工程延伸了通航里程，使东平湖与南四湖连为一体，通过补水改善了小清河水质和生态，保证了泉城济南泉水持续喷涌。

节水优先调水节水双抓双促

南水北调工作是调水、节水工作双抓双促双硬的工作。从现实和长远考量，南水弥足珍贵，只有深入贯彻"节水优先"的治水思路，坚持调水、节水两手都要硬，才能更好地发挥南水北调工程的战略性基础性作用。近年来，南水北调工程管理单位依托南水北调建筑群，开展了丰富多彩的节水护水宣传活动，增强了全民节水护水意识。

沿线各地深入贯彻落实水利改革发展总基调，严格按照"把水资源作为最大刚性约束"要求，先后建立了水资源刚性约束制度，以制度建设和执行拧紧节水"龙头"。北京市在全国率先启动节水型区创建工作，全市16个市辖区全部建成节水型区，北京市万元地区生产总值用水量由 2015 年的 15.4 立方米下降到 2019 年的 11.8 立方米，万元工业增加值用水量由 11 立方米下降到 7.8 立方米，农田灌溉水有效利用系数由 0.710 提高到 0.747。天津市坚持"多渠道开源节流，节水为先"，出台全国第一部地方节水条例。山东省严格实行用水总量和强度双控制度，大力推进各行业各领域节水，

将"单位 GDP 水资源消耗降低"节水指标纳入对各市经济社会发展综合考核指标体系。郑州市实行区域总量控制、微观定额管理的用水管理模式，统一调度地表水、地下水，统一取水许可管理，统一下达计划用水指标，统一征收超计划超定额加价水费。一系列有效实践夯实了建设节水型社会的基础。

增进福祉助推经济社会发展

沿线各级政府积极统筹、合理安排、科学调度，在用足用好南水上下功夫。河北邱县 26 万人全部用上了南水，邱县西常屯村 70 岁的姜书河说，过去一年难得洗一次澡，现在村里家家户户用上了太阳能热水器，洗澡不再是难题。河南安阳市西部调水工程今年 3 月开工，工程完工后，每年可为 50 公里外的林州调引南水 7000 万立方米。据统计，南水的到来，加快了沿线城乡供水一体化，中线工程沿线数千个村镇数千万群众受益。

近几年胶东地区降水持续偏少，山东段工程 4 次应急调水抗旱解困。今年 4 月，苏北地区用水形势严峻，东线 9 级泵站投入省内抗旱运行，保证了苏北 1600 万亩水稻丰收。今年 9 月，引江济汉工程为长湖、庙湖生态补水，缓解沿线群众用水困难，助推鱼米之乡经济发展。

南水北调移民搬迁完成后，各级政府在移民"能发展、快致富"上下功夫，出台多项帮扶优惠政策，制定安稳致富规划，把移民后扶与乡村振兴、美丽乡村建设结合起来，移民群

众迅速融入新环境，实现了灵活就业，人均可支配收入增长 2 倍左右。

按照国务院批准的方案，2014 年以来北京市与河南、湖北两省相关市县，天津市与陕西相关市县深入开展了多方位的对口协作，累计投入协作资金 55 亿元，实施对口协作项目 1300 多个、投资总额超 400 亿元；互派挂职干部 400 多人次，培训专业人才上万人次，有力促进了水源区的生态保护和高质量发展。特别是在受水区的对口协作和有关中央单位的定点扶贫下，有力地帮助水源区十堰郧阳等贫困县如期打赢了脱贫攻坚战，实现了脱贫摘帽目标和现行标准下贫困人口全部脱贫。

赓续伟业加快构建国家水网

2020 年 10 月 23 日，中国南水北调集团有限公司挂牌成立，南水北调管理机制体制取得深刻变革和重大突破，为加强南水北调工程运行管理、完善工程体系、优化我国水资源配置格局打下了坚实基础。

目前，按照国务院南水北调后续工程会议要求，南水北调后续工程前期工作正稳步推进。东线二期工程可研和穿黄工程初步设计编制上报完成，中线引江补汉工程可研报告编制完成并上报水利部，中线调蓄库工程雄安调蓄库灌浆试验开工，西线工程规划方案比选论证通过水利部水利水电规划设计总院复审。东线北延应急供水工程建设进度加快，计划年底水下主体工程完工。

（责任编辑：卓　然）

十堰文明网：

同饮一江水共话南北情
3 万名京堰师生网上连线环保课

2020-12-11

昨日下午，"同饮一江水，共话南北情"京堰课堂连线活动在北京市东四九条小学和张湾区阳光小学举行，湖北省十堰市茅箭区、张湾区 58 所学校累计 3 万余名师生分别在各自教室同步收看网络直播环保课。

据悉，这是北京市与十堰市首次通过网上连线互动与网络直播的方式，在广大学校组织开展生态环保教育课。京堰两地在南水北调中线工程通水 6 周年纪念日到来之际，组织广大师生同上一堂生态环保课，旨在动员社会公众特别是青少年学生参与生态环境保护，为守护"一江净水永续北送"作出应有贡献。

此次京堰连线环保课时长 40 分钟，其中，十堰市环境科学研究所所长畅军庆授课 20 分钟，北京市水科院技术研究院李晓琳博士授课 20 分钟，授课内容主要为南水北调中线工程介绍、水环境保护科普知识、南水北调中线水源区生态环境保护工作，以及争当小小"守井人"等。

作为南水北调中线工程核心水源地，我市近年来牢固树立"绿水青山就是金山银山"的理念，把确保"一江净水永续北送"作为最大的政治任务，多措并举保护中国好水，水污染防治工作成效明显。全市累计建成污水处理厂113座，其中大型厂4座，中型厂13座，总处理能力达到70万吨；新增污水收集管网1140公里，管网总里程达到2000多公里；治理涌沟69条，治理内源河流总长度60多公里，全部消除黑臭水体；五河治理实现全部达标目标；新建垃圾填埋场37座，日处理能力达到3000吨，全市城乡垃圾实现全收集全处理；约1700个村庄完成农村环境综合整治等。

通过努力，丹江口水库水质常年保持国家地表水Ⅱ类及以上标准，109项水质监测指标中，已有106项达到了国家Ⅰ类水质标准，并入选首批"中国好水"水源地。全市37个地表水断面中，Ⅰ至Ⅲ类断面达35个，其余两个为Ⅳ类，地表水断面达标率由2013年的82.4%上升为100%。十堰过去五条不达标河流已全部消劣，其中有3条已达到Ⅱ至Ⅲ类，2条保持在Ⅳ类。

"一库净水来之不易，作为受水区，我们一定要从我做起，养成良好的节水用水习惯。"在听了两位专家的授课后，北京市东四九条小学学生代表深为感慨，并宣读了节约用水倡议书。随后，张湾区阳光小学学生代表也现场宣读了保水护水倡议书。

十堰晚报记者　徐正国　特约记者　叶相成
通讯员　吴昊

（责任编辑：宋　梦）

中线建管局网：
南水北调水质微观检测实验室暨实业发展公司水环境科创中心成立揭牌仪式在京举行

2020-12-10

2020年12月9日，南水北调水质微观检测实验室暨南水北调中线实业发展有限公司水环

揭牌仪式现场

境科创中心成立揭牌仪式在京举行。中国南水北调集团公司副总经理、中线建管局局长于合群，局党组书记李开杰，局党组成员、副局长刘宪亮、孙卫军出席仪式并揭牌。

科研人员讲解演示

于合群认真听取了汇报并对实验室筹建工作给予了充分肯定，详细询问了设备的运行原理和应用场景，并对后续科研攻关方向进行了指导。

李开杰代表局党组向南水北调水质微观检测实验室（水环境科创中心）的成立表示祝贺，并对后续工作提出四点要求：一是不忘初心，切实做好中线水质保护工作，要不断加强对中线水质的检测和研究，探索水质演变规律，研究提出改善水质的措施与方法；二是在做好中线水质检测与科研工作的基础上，适时开展对外科研合作，将国内外相关领域的最新研究成果与中线水质保护工作相结合，将实验室打造成国内高水平的科研创新平台；三是加强人才交流与培养，提高自有人员的科研能

力，将实验室建成南水北调科研人才培养平台；四是积极尝试以企业化、市场化方式开展实验室运作，增强自身造血能力，逐步形成独立运行的良好局面。

成立南水北调水质微观检测实验室（水环境科创中心）是中线建管局和实业发展公司落实"水利工程补短板、水利行业强监管"水利改革发展总基调的重要举措，也是加强中线水质检测和科研能力的切实行动和重要抓手，对于保障南水北调水质安全和实现实业发展公司创新式发展具有重要意义。

局总调度师、综合部、水质与环境保护中心相关负责人参加活动。

作者：刘　羽　李　敏/文　赵柱军/图

编辑：张小俊

央视：

　　"远水解近渴"
　　南水北调让华北不再缺水！
CCTV-1今晚十点半档，钮新强开讲→

2020-11-30

水是地球上非常宝贵的资源
　由于气候和环境因素
我国水资源一直处于南多北少的局面
　按照人均水资源量来比较
我国最为"干渴"的不是沙漠广布的

西北
　而是华北
　一代代人努力建设的南水北调工程
正在用长江水缓解北方水资源之困
这也颠覆了以往"远水解不了近渴"的观念
南水北调分为东、中、西三条线路
全部建成后
相当于为我国北方引入了一条黄河的水量

在中线一期工程建设的十多年当中，钮新强院士带领团队克服了一项项世界难题，中线一期工程开通近六年，已为北方地区供水340亿立方米，相当于2000多个西湖。

本期《开讲啦》邀请到南水北调中线工程的主要负责人——中国工程院院士、长江勘测规划设计研究院院长钮新强。

一渠清水送北方

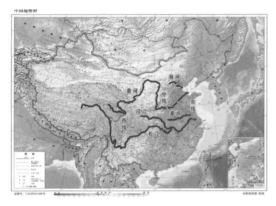

南水北调中线

中线"上天入地"横跨1000多公里

从长江支流汉江的丹江口水库引水

跨越1276公里到达北京团城湖

途中分流至天津段156公里

全长1432公里

虽然中线可以实现全程自流

但因为没有现成的河道可以借助

所有输水干渠都需要新建

同时为了保证输水途中南水水质不受影响

中线需要全程与沿途河流、道路立体交叉

互不干涉

如此复杂的水路该如何建造呢?

钮院士用"上天入地"一词做了解答:

"南水"从陶岔渠首出发后,先是用渡槽,通过一槽飞架南北的方式跨越了湍河、沙

河等河流。"南水"与黄河相遇后,水利人又通过倒虹吸的方式从黄河底下实现了穿越。这些让人瞠目的操作,用"上天入地"形容名副其实。南水北调中线从规划到完成历经了大半个世纪,这当中蕴含了几代人的智慧和付出。中线工程通水近六年来,覆盖了沿线6700万居民,让北方地区的人都喝上了长江水,曾遭破坏的生态也逐年好转。这项调水工程,也是切切实实的惠民、生态工程。

南水北调不能忽视的一群人

"舍小为大"感人至深

南水北调中线的成功

是几代人共同努力的成果

除了各学科专家的技术攻关

以及数万计建筑工人夜以继日

还有一个群体不能被忽略

那就是丹江口水库周围的库区移民

丹江口大坝加高后,库容增大

周边地区极有可能被淹没

为了保证生命财产安全

库区百姓不得不离开故土

向远方迁居

丹江口共计移民34.5万人
节目中，钮院士提起库区移民
感慨万千
他们舍小家为大家的奉献精神令人难忘

而节目网络连线中
一位网友的出现让大家知晓了钮院士鲜为人知的一件事
原来，钮院士为了帮助库区百姓
曾将自己的一笔奖金用作助学金
资助40位库区移民大学生
完成学业
这位网友正是其中的一位
如今她即将成为一名医生
也希望通过医生这个职业帮助到更多的人
库区移民的奉献精神不但要铭记
更需要传递和发扬

"南水"甘甜深受喜爱
沿线居民幸福指数提高
丹江水水质优良
沿线均是一类水、二类水
饮用口感甘甜

水碱大幅度降低
深受沿线居民喜爱

钮院士现场揭秘：
沿线将近200个县区市都爱上了喝"南水"
"南水"也因此由辅助水源
成为沿线地区的主要水源
沿线居民生活幸福指数因中线工程大幅度提高
至于"南水"有多好喝
节目现场一位来自郭公庄水厂的水质检测员
通过他的经历
分享了"南水"给北京地区居民用水带来的改善

这位水质检测员还给钮院士和主持人出了一个考题
看看对"南水"如此熟悉的两位

能不能通过味觉

从他带来的三杯水里找出哪一个是"南水"

咱俩要不干一杯吧

一饮而尽的撒老师答对了吗？
今晚十点半档《开讲啦》揭晓！

千龙网：

南水北调不忘节水
来之不易的"水家底"得人人珍惜

2020-11-18

【地评线】南水北调不忘节水，来之不易的"水家底"得人人珍惜

"要把实施南水北调工程同北方地区节水紧密结合起来""不能一边加大调水、一边随意浪费水。"13日下午，习近平总书记来到扬州江都水利枢纽考察，了解南水北调东线工程和江都水利枢纽建设运行情况后，再次关切节水话题，殷切提醒发人深省。

南水北调工程，是为缓解我国北方地区水资源短缺和生态环境恶化状况、实现水资源优化配置的重大战略性基础工程，对京津冀百姓来说是一大喜讯、一大福音。以北京为例，数据显示，南水进京前，北京人均水资源占有量仅为100立方米，远低于人均水资源500立方米的极度缺水线。南水进京后，全市人均水资

源量提高到150立方米左右，近三年平原区地下水埋深回升2.72米，日渐干涸的湿地湖泊水量肉眼可见地丰盈起来。不夸张地说，一泓清水进京数年，不仅改变了首都水源保障格局和供水格局，也为北京市赢得了宝贵的水资源涵养恢复，对于提高首都水资源的承载力、提升居民生活品质，意义非凡。

千里调水，来之不易。南水丰盈北京"水家底"令人欣喜，但爱水、护水、惜水、节水依然是我们这座城市发展的长期主题。一方面，即便南水持续回补，北京水资源短缺并未从根本上缓解，尤其随着城市发展升级、功能空间更新，水资源紧平衡状态依然是经济社会发展的长期软肋。另一方面，南水北调千辛万苦，为了这一重大战略工程，水源地及沿线人民作出了巨大奉献与牺牲，对其深情厚谊的最好回馈，莫过于珍惜每一滴水，将节约与调水紧密结合起来。

"喝着南来的水，怀着感恩的心"，正是出于对"饮水思源"的普遍认识，对"节约用水是保障首都水安全根本之策"的清醒自觉，这些年来，北京深入开展节水型城市建设，多措并举"拧紧水龙头"。顶层设计上，坚持"以水定城、以水定地、以水定人、以水定产"，建立健全区域生态保护补偿机制，出台最严格的水资源管理制度；产业规划上，关停退出一般性制造业，不断淘汰工业耗能大户，将"减量发展"理念落到实处。可不用的水坚决不用，可少用的水决不多用，可重复用的水竭尽所用……一系列扎实措施，一个个节水"良方"，引领开启北京节水新篇章，不断丰厚城市发展的"生命之源"。

一滴水，微不足道，滴滴水，碧波荡漾。节水，是关乎城市发展的大事，也是人人可为的小事。洗完手及时关上水龙头，洗菜水留着冲马桶，洗澡时间别太长……种种举措看着不起眼，但长年累月积攒起来，节水规模也是相当惊人。而当节水、惜水在全社会蔚然成风，

"生命之源"才能永葆生机。

人民日报：
1.2亿多人用上"南水"
——南水北调东中线全面通水近6年
综合效益充分发挥

江苏扬州，江都水利枢纽水天一色。泵房里，抽水机轰鸣，叶片飞转。南水北调东线以此为起点，13级泵站让长江水攀越十几层楼的高度，送达山东半岛。

河南淅川，丹江口水库云涌千山。南水北调中线出陶岔、穿黄河、过渡槽，跋涉1200多公里，一渠清水润泽京津冀豫。

11月13日，习近平总书记在扬州考察时指出："一定要确保一江清水向北流。""要把实施南水北调工程同北方地区节约用水紧密结合起来，以水定城、以水定业，调水和节水这两手要同时抓。"

390亿立方米！从11月1日开始，南水北调东中线工程又开启新的输水年度。南水北调东中线全面通水近6年，累计调水390亿立方米，让1.2亿多群众直接受益。

南水北调水质如何？水量够不够用？如何用好来之不易的"南水"？带着这些问题，记者采访了南水北调工程的管理者、权威专家、受益群众等，带您走进这条优化水资源配置、保障群众饮水安全、复苏河湖生态环境、畅通南北经济循环的调水线。

"南水"水质如何？

先治污后通水。调水全线铁腕治污，决不让污水进干渠，中线水质优于Ⅱ类，东线水质全部达到Ⅲ类

调水水质好不好，源头是关键。

河南淅川县九重镇张河村，就坐落在南水北调中线源头丹江口水库岸畔。

"辣椒村"要拔掉辣椒苗！回忆起那段日子，村支书张家祥依然感慨。过去，村民靠"捕鱼换口粮"。1996年，27岁的张家祥当选村支书，发誓"要让村民摆脱穷日子"，几番考察，选中了辣椒产业。学技术、跑市场，张家祥和村民们闯出了名堂。每逢辣椒上市时节，上百家客商涌入小村子，一天能卖上千吨。

就在辣椒产业最红火的时候，张家河村面临转型。2010年，南水北调中线通水进入倒计时，村庄地处水源地核心区，守护一库清水的责任重大。"辣椒对化肥和农药需求量大，会让水中的磷氮含量超标。"张家祥说，"'国字号'工程不是小事，咱说啥也要支持。"

不种辣椒种什么？软籽石榴闯进了张家祥的视野。"石榴不贪肥，能'锁'水土，市场行情还好。"在政策支持下，村里和企业合作，发展了5000多亩的软籽石榴。

如今，"辣椒村"变成了"石榴村"。"同样一块地，收入翻番。我在石榴地里套种南瓜，亩均收入8000多元。"村民王洪财说。目前全村集体经济年收入20多万元。在张家河村的带领下，周边16个村发展起2万多亩软籽石榴。

从石榴园望出去，千峰涌翠间，丹江口水库揽山抱水。为了守好这盆水，淅川县坚持"有树不伐、有鱼不捕、有矿不开"，该关的关、该退的退、该转的转，关停608家养殖场，拆解5万多个网箱，取缔350多家污染企业。

同时，软籽石榴、杏李、大樱桃等特色产

业蓬勃兴起，林果面积达到30多万亩。700多家农家乐和民宿点缀在绿色山川间，3万多农民吃上了"生态饭"。

坚持先治污后通水，南水北调东中线工程沿线各地协同发力，决不让污水进入干渠。

治污靠决心。南四湖是南水北调东线的"蓄水池"，承接苏鲁豫皖4省32个县的来水，入湖河流53条，一度污染严重，被称为"流域治理第一难"。

"过去湖面是黑褐色的，一到夏天就散发出刺鼻的味道。"在山东济宁市微山县环境保护局工作了30多年的王云说。决战南四湖，全面封堵城区河流沿岸17个污水直排口，累计清理湖区网箱网围22.85万亩。治污久久为功，换来南四湖清水荡漾，水质实现了由劣Ⅴ类向Ⅲ类水的跃升。

不仅仅在南四湖，江苏和山东省将水质达标纳入县区考核，成了一项硬指标。污染源是什么？如何治理？"河长制"瞄准一个个治理难题，实施一河一策。

湖北十堰市位于丹江口水库上游。南水北调中线通水之前，5条入库河流水质不达标。治污工作队穿着胶鞋、手持铁钩，哪臭往哪钻，倒红墨水，撒泡沫屑，只为查清污水来源。污染"病根"找到，对症下药。铺设污水管网、建设污水处理厂、实现截污、清污、控污。目前5条河流中，犟河、剑河、官山河水质稳定保持在Ⅰ到Ⅲ类，泗河、神定河消除劣Ⅴ类。

一系列治污新技术、新机制在沿线落地。污水处理、截污导流、生态修复等治污项目成为各地"标配"。在中线干线13个水质自动监测站，每天对"南水"体检4次，全天候守护水质安全。

治污成效怎么样，一渠清水是最好的见证：全面通水以来，南水北调东线干线水质全部达到Ⅲ类，中线源头丹江口水库水质95%达到Ⅰ类水，干线水质连续多年优于Ⅱ类标准。

南水北调东线、中线示意图

会不会无水可调？

优化水资源配置。即便遇最枯水年份，长江下游和丹江口水库来水量也能满足调水需求

在南水北调工程设计之初就有人提出，长江水量年际变化大，遇上枯水年份，会不会无水可调？

河南平顶山市是最早受益南水北调中线工程的城市之一。2014年7月，平顶山遭遇严重旱情，白龟山水库3次动用"死库容"，水还是不够用。关键时刻，南水北调中线启动应急调水，46天里5011万立方米丹江水驰援，解了百万群众之"渴"。从2015年至2020年9月，南水北调为白龟山水库累计调水18.07亿立方米，水库管理局局长袁自立说："如果没有南水北调，平顶山的供水压力不可想象。"

不仅仅是平顶山，越来越多的城市受益南水北调。

看用水需求。南水北调工程持续运行2100多天，成为沿线不少城市的主力水源。北京已3个年度、天津已连续5个年度加大分配水量，河南、河北两省年度正常用水量已分别达到规划分配水量的68%和74%，且年度用水量呈逐年增加趋势。

看水量供给。"从平均年份数据上看，源头的水是足够的。"水利部南水北调规划设计管理局副总工程师李志竑算起大账：在东线工程的长江大通水文站，多年平均水量8841亿立方米，东线年调水量占比仅为0.99%；中线工程水源地丹江口水库平均年入库水量为388亿立方米，中线一期调水量占比为24%。

如果遇到极端干旱天气，水源地水量会不会影响调水？

"从数据上看，即便遇最枯年份，长江下游来水足够保证东线工程调出量，丹江口水库来水量也能满足中线工程平均调出量。"李志绒表示，长江大通站最枯年份是2011年，水量为6686亿立方米，东线调水量占比为1.31%。丹江口水库最枯年份平均年入库水量为171亿立方米，中线一期工程多年平均年调水量占比为56%。

专家表示，南水北调工程配套工程陆续上马，将进一步提高水资源配置能力。南水北调中线建管局副局长刘宪亮介绍，水利部大力推进引江补汉工程，工程建成后，陶岔入渠水量可新增22.2亿立方米，年度北调水量可达到117.2亿立方米，可进一步增强水源保障能力。

南水北调河南南阳段的白河倒虹吸工程

多少人用上"南水"？

"南水"成为沿线多个城市的主力水源，受水区1.2亿多群众直接受惠

丹江口水库700多公里外，一座小村子因"南水"而变。

回忆起吃水难的日子，河北邯郸曲周县小河道村村民石运章说，"天蒙蒙亮，就得出门挑水，一口气挑满5担，才够一天用。"

一口井，承载着村民们的吃水记忆。石运章回忆，最初，村里有一口二十来米深的砖井。慢慢地，浅井出不来水，村民又集资打了一口300多米的深井，这样的深井村里共有6口。"浅层水苦咸，深层水高氟。"曲周县水利局副局长王洪国介绍，深井越打越多，地下水越来越少，有的地面都开始下陷。

"春天白花花，夏天水汪汪，春播一袋种，秋收一碗粮"。小河道村所在的黑龙港流域，是华北盐碱化严重的地区之一，确保群众饮水安全，是一个关系民生的大问题。

"南水"送来了"放心水"。2017年4月，丹江口水跋涉700多公里，来到邯郸。"当地加快推进'南水'置换本地水源，甘甜的自来水流入每家每户。"王洪国介绍。

"南水"甜到群众心窝窝。石运章说，"做饭洗衣，只要一拧水龙头，清水就哗啦啦流。用'南水'熬的小米稠稠的、黄黄的，还能'开花'。"

如今，"南水"让500多万黑龙港流域的群众告别了苦咸水、高氟水，流域内的邯郸、邢台、石家庄、保定等地主城区南水供水量占75%以上。

1200多公里外，"南水"进京，让1200多万群众受益。

在北京中心城区，一杯自来水中有七成来自"南水"。"水绵了，水垢少了！"北京市丰台区星河苑小区居民刘梅惊喜地发现。

一度，北京以年均21亿立方米的水资源量支撑了年均36亿立方米的用水需求，地下水位年均下降1米。近6年来，南水北调中线累计向北京调水超59亿立方米，自来水硬度由每升380毫克降至每升120~130毫克，供水范围基本覆盖中心城区以及大兴、门头沟、昌平、通州等部分区域。

如今，北京构建了"地表水、地下水、外调水"联合调动格局。"南水"替代密云水库向自来水厂供水，并反向输送至密云水库，密云水库蓄水量从2004年的6.5亿立方米"长"到目前超过23亿立方米。北京人均水资源量由100立方米提高到150立方米，中心城区供水安全系数由1提升至1.2。

沿着一渠清水北上，“南水”成为沿线多个城市的主力水源，受水区1.2亿多群众直接受惠。

在天津，南水北调通水以来，全市形成引滦、引江“双水源”保障的供水格局。中线向天津累计供水57亿立方米，覆盖15个行政区，近千万市民受益。

在河南，郑州中心城区自来水八成以上为“南水”，鹤壁、许昌、漯河、平顶山主城区用水全部为“南水”。

在山东，南水北调东线工程实现了长江水、黄河水和当地水的联合调度，每年增加净供水量13.53亿立方米，供水范围覆盖61县（市、区）。

生态效益有多大？

复苏河湖生态环境。40多条北方河流“饮”上“南水”，华北地下水位回升

冬日暖阳下，滹沱河波光粼粼，鸟儿掠过激起阵阵涟漪，三三两两的居民在河边休闲散步。

在河边长大的杜晓娜感慨颇深：“打记事起，这条河就是干的，一到大风天，灰尘飞扬，住在附近的村民都不敢开窗户。”

“南水”让滹沱河重生。南水北调中线建管局河北分局石家庄管理处负责人郭贵有介绍，2018年9月开始，南水北调中线工程向河北滹沱河、滏阳河、南拒马河3条试点河段进行生态补水，累计补水逾15.7亿立方米。

“河里有了水，水鸟多了，还能看到鱼儿，大家都爱来。”杜晓娜说，沿河的花海、林荫道、湿地公园等一个个网红打卡地涌现出来。

缺水，是造成北方地区诸多生态问题的原因之一。华北地区上规模的21条河流，不少渐渐干涸；地下水超采累计亏空1800亿立方米左右，超采面积达到了18万平方公里。

南水北调让长江流域与海河、黄河流域一次次“握手”，为北方带来了生态水，让河湖面貌焕然一新。

一条条河流复流了。在河南省鹤壁市，广袤田野上“缠”着两条“玉带”，交叉处是淇河渠道倒虹吸工程。南水北调中线建管局河南分局鹤壁管理处负责人翟会朝介绍，“南水北调累计7次向淇河生态补水4984万立方米，让断流的淇河重现生机。”

水利部南水北调司副司长袁其田介绍，跨流域的生态补水，有效缓解了北方河流水资源短缺的问题。自2016年开始，中线工程向受水区47条河流生态补水49.64亿立方米。东线工程生态补水2.81亿立方米，南四湖、东平湖、微山湖等数十个河湖自然生态明显修复。

水更清了，水质向好。连接9条河、环抱146个湖泊，位于河北雄安新区的白洋淀被称为“华北明珠”。南水北调中线工程累计向白洋淀生态补水超3亿立方米，淀子里水动起来、清起来了，目前白洋淀入淀水质由劣Ⅴ类提升至Ⅱ类。

“生态补水为华北地区河湖增加了大量清洁的环境用水，提高了水体的自净能力，增加了水环境容量，一定程度上改善了河湖水质。”刘宪亮介绍。

地下水位回升了。北京地下水位2016年以来累计回升3.04米，增加地下水储量15亿多立方米；河北省深层地下水位由每年下降0.45米转为上升0.52米；河南省受水区地下水位平均回升0.95米。

“沿线受水区通过水资源置换、压采地下水、向中线工程沿线河流生态补水等方式，有效遏制了地下水位下降的趋势，地下水位逐步回升。”李志竑介绍。

如何用好每滴水？

“南水”来之不易。先节水再用水，调水、节水两手都要硬，受水区拧紧“水龙头”

浇过一场越冬水，小麦地冒出一片青茬。在河北邯郸永年区广府镇史堤村，种粮大户刘军的感慨：“没有水，可不敢种3000多亩地。”

"过去两人守着一口井，漫灌一天，才能浇6亩地。小麦喝不饱，产量也受到影响。"刘军的回忆。

缺水逼出来一场节水革命。创办家庭农场之初，刘军的就采用小麦无畦全密节水种植模式，搭配移动式喷灌机，相比大水漫灌，每亩地用水量减少20立方米。

"南水"来了，也不能浪费，浇水节水技术不断更新换代。"水管都埋在地下，水肥通过滴管渗到作物根部，就像是'输液'，浇地变成了浇作物。"刘军的说，"根据土壤墒情，可随时开启阀门，小水勤灌，节水节肥，还能降低蒸发量。"

在邯郸，农业用水占全部用水量的七成左右。当地大力推广节水技术，鼓励种植耐旱品种，采取轮作休耕等措施，实施地下水超采综合治理农业项目96.74万亩，预计年节水8700万立方米。

受水区各地提高节水技术、改进用水方式，提升水资源利用水平。

精打细算，科学用水。在河北德龙钢铁有限公司，水从池子里出发，经设备冷却，进入污水厂处理，再回到水池……经过一整趟"旅途"，一滴水可变成循环水、中水等。通过水资源循环利用，公司每吨钢材耗水量从3.5立方米降到3立方米，每年可节水3000万立方米。

在天津，水可以细分为地表水、地下水、外调水、再生水和淡化海水，差别定价，全市万元工业增加值取水量降到了7.57立方米。在北京，全市再生水使用量突破8.6亿立方米，占到地表水的20.5%。

以水定产，以水定城。"南水"让煤城河南焦作破解城市发展之困。南水北调累计向焦作供水7060.81万立方米，水扮靓了城市，生态游、山水游热了。江苏徐州摒弃高耗能高污染产业，拥抱更多高精尖产业，"一城煤灰半城土"变成"一城青山半城湖"。

袁其田说，"'南水'弥足珍贵，一方面，继续推动工程建设，不断提升调水能力；另一方面通过节水用水，逐步减少地下水超采，将城市长期挤占的农业和生态用水退还，精打细算用好每一滴'南水'。"

近期，中国南水北调集团正式成立，意味着南水北调工程管理运营水平将进一步提高，为完善工程体系、优化我国水资源配置格局提供有力支撑。

记者手记
科学调水科学节水

行走在南水北调工程沿线，让人感触最深的，是广大群众对水的期盼、对水的珍惜。清水入户、河湖复苏，南水北调东中线工程滋润着缺水的北方，深刻地改变着南北水资源配置格局。

借南方之水，解北方之渴，为了实现这一宏伟蓝图，40万移民告别故土，数十万建设者接续奋战。滴滴"南水"来之不易，不能一边加大调水、一边随意浪费水，如果大手大脚，那么调再多的水都无济于事。

用好"南水"，要坚持调水、节水两手都要硬。工程通水以来，北方受水区坚持以水定产，量水而行，大力推广节水产品和技术，划定用水红线、实施最严格水资源管理，推广节水教育宣传，节水能力不断提高，水资源管理更加科学有效。

节水更要久久为功。节约用水是一项系统工程，涉及技术推广、体制机制和思想观念等。与高标准的节水要求相比，当前节水工作还面临着一些挑战。比如，节水技术供给能力不足，节水定额、标准等方面的制度还需要继续完善，产业结构调整还需继续优化。相关地区要瞄准薄弱环节，补齐短板，把"水龙头"拧得更紧一些，让节水成为更有约束力的"指挥棒"。

精打细算用好每一滴"南水"，坚持科学

调水、科学节水，只有这样，才能让南水北调工程效益更加突出，让一渠清水绵绵润泽北方大地。

作者：王浩/文　赵柱军　秦颢洋/图

人民日报：

问渠哪得清如许　为有源头碧水来

2020-11-18

2020年6月3日，丹江口水库大坝。

陈华平摄（影像中国）

2018年11月1日，河南南阳淅川县，游客在采摘蜜橘。作为南水北调中线工程水源地之一，南阳立足生态优势，发展有机农业。

新华社发

打开中国地图，俯瞰万里平畴，一条蜿蜒北上的人工明渠，从秦巴山间出发，跨江淮、穿黄河、依太行，纵贯南北，一路穿行1432公里，将一渠清水送往河南、河北、天津、北京。这就是南水北调中线工程。

该工程自2014年12月通水，已平稳运行2100多天，调水量突破300亿立方米，水质稳

2019年1月9日，陕钢集团工作人员查看中央水处理系统生产废水澄清池。近年来，陕西汉中、安康持续推进南水北调中线工程水源区生态保护。　新华社记者　邵　瑞摄

定保持在Ⅱ类及以上，直接受益人口6700多万，其中河南13个城市、河北9个城市、天津14个行政区居民以南水为主要饮用水源，北京城市用水约73%为南水。与此同时，北京自来水硬度由过去的380毫克/升降至130毫克/升，河北500多万人告别了长期饮用高氟水、苦咸水的历史。

饮水当思源。一渠清水北送，最值得点赞的是，在党的坚强领导下，持之以恒开展水源区生态保护。

（一）

河南南阳和湖北十堰交界处，丹江口水库将汉江和丹江揽蓄入怀，汇成晶莹剔透的一库碧水，宛如镶嵌在崇山峻岭间熠熠生辉的宝石。这是亚洲最大的人工淡水湖，也是南水北调中线工程源头所在。浩荡南水正是自此北上。

南水北调中线工程水源区，包括丹江口库区及上游地区，涉及河南、湖北、陕西、四川、重庆、甘肃6省市49个县（市、区），幅员9.5万平方公里。从2005年库区工程启动时起，经过15年努力，如今水源区青山如黛、

绿树成荫、水流清澈、鸟鸣悠悠，一幅秀美画卷展现眼前。

水更清了。工程启动之初，丹江口库区及上游42个评价河段水质仅20个达标，个别河段甚至为Ⅴ类、劣Ⅴ类。通水以来，库区及上游水质持续向好，各评价河段均已达标。最新一期水质全因子检测结果显示，全部109项指标均符合地表水质量Ⅱ类标准，其中常规项目95%以上符合Ⅰ类标准，特定项目100%符合水源区水质标准。在库区水深15米处用取水器打上清水，纯净绵甜，可以酣饮而尽。

山更绿了。以前，库区周边多石漠化地貌，"山山和尚头，处处鸡爪沟；有地尽石漠，下雨泥横流"，雨水裹挟泥沙入库，把清水变成了"浊汤"。现在，库区所在地南阳、十堰森林覆盖率分别达到40.5%、66.7%，可谓百里苍山葱郁、漫山遍野披绿，那些"和尚头""鸡爪沟"失了影踪。

生物更多样了。环境的改善，使生物多样性得到保护和恢复。如今，库区具有经济、科研价值的陆生脊椎动物达到800多种，其中国家重点保护陆生野生动物53种，每年到此栖息的鸟类170多种，还有一批珍稀植物资源。世界濒危物种中华秋沙鸭，已连续6年在十堰黄龙滩国家湿地公园越冬。号称"水中大熊猫"的桃花水母，频频现身水库。淅川县马蹬镇的白渡滩，因吸引来上万只白鹭，变成了远近闻名的"白鹭滩"。

产业更环保了。曾几何时，水源区产业结构简单粗放，一产靠大肥大药，二产靠开矿挖沙，三产靠吃山吃水。现在，农业种植结构调整了，农作物用的多是有机肥、绿色农药。"傻大黑粗"的高污染高耗能产业该退的退、该搬的搬、该转的转，环境友好型产业体系逐步形成。山美水净让生态旅游红红火火，游客络绎不绝，服务业链条不断延伸。大家说，正是好生态"长"出了好作物，好风景"养"出了好产业。

日子更美了。随着生态保护持续加强，水源区群众不仅生计没有受到影响，而且收入稳步增加，生活不断改善。在城镇，绿树碧水与鳞次栉比的现代建筑相辉映；在乡村，青山溪流同宽敞整洁的道路街巷相依偎。农民住上结实美观的房子，用上冰箱、彩电等家用电器，有了净水净厨净厕，幸福和喜悦写在脸上。好日子让大家更加爱山爱水爱家乡，也更加充满创造美好未来的激情和动力。干部群众纷纷感慨："没有南水北调，就没有水源区人民生活翻天覆地的变化！"

（二）

水源区生态保护，坚持以习近平生态文明思想为指导，立足于守住山头、管好斧头、护好源头，把建生态与抓发展、保水质和奔小康紧密结合起来，走出了一条具有水源区特色的生态优先、绿色发展之路。

一是全面提升理念。水源区抓生态保护，首先把鼓点敲在提升理念、转变观念上。一方面，自上而下反复强调确保一渠清水永续北送是一项重大政治任务，必须以强烈的责任感和使命感来抓，引导党员、干部树立"把丰碑刻在青山上、把政绩融入碧水中"的政绩观，增强大保护的思想自觉、政治自觉、行动自觉。另一方面，围绕践行"绿水青山就是金山银山"的理念，组织参观生态建设典型，宣讲生态经济原理，引导党员、干部算综合账、长远账，不断营造"共建生态文明、共享绿色家园"的浓厚氛围。对于《环境保护法》《水污染防治法》《南水北调工程供用水管理条例》等法律法规，很多地方纳入国民教育体系，利用广播、电视、网络、报刊等多形式多角度深入宣传。持续的思想引导和政策激励，使干部群众逐步加深了对南水北调意义的认识，逐步树立了绿色发展的理念。一些基层干部说，过去认为生态保护是发展的"紧箍咒"，保水质与保民生像是解不开的"死疙瘩"，现在观念一转变，感觉就像打开了一片新天地。在汉江边"解放军青年林"的人行道上，连荫的树木每隔几棵就挂有环保科普指示牌，图文并茂、通俗易懂，不时吸引着年轻父母给孩子讲解环保知识。

二是全域统筹规划。水源区生态保护自始至终在国家层面组织指导下进行。国家发展改革委牵头、11个有关部门和豫鄂陕3省组成联席会议，围绕上下游、左右岸、干支流整体统筹，从全局高度进行顶层设计和系统谋划。《南水北调工程总体规划》对水源区生态保护作出战略部署，之后连续制定《丹江口库区及上游水污染防治和水土保持规划》《丹江口库区及上游地区经济社会发展规划》《汉江生态经济带发展规划》等，既明确水源区生态保护的目标、任务和重大项目，又将水源区生态保护融入区域经济社会发展大盘子统筹考虑、一体实施。3省分别出台相关法规，有关市县配套制定实施方案，提出针对性强的举措要求。全流域、全区域、全链条的规划，为水源区生态保护绘就了实施蓝图，提供了科学依据。

三是稳妥安置移民。水源区生态保护，移民安置是关键一环。早在1958年，为建设丹江口水利枢纽一期工程，河南、湖北就有近50万群众扶老携幼、告别故土。半个多世纪后，为了中线工程调水，河南、湖北又分别有16.6万人、18.2万人移民。这次移民，两省坚持以人为本，既在搬得出、稳得住上动脑筋，又在能发展、可致富上下功夫。先是在摸清底数、反复动员的基础上，建立"省级政府负责、县为基础、项目法人参与"的管理体制，实行"内安原地后靠""外迁不出省"，尽可能拿出好地方、好土地、好政策，确保移民搬迁不伤、不亡、不漏、不掉一人。移民搬迁后，当地党委和政府出台多项帮扶优惠政策，制定安稳致富规划，把移民后续帮扶与乡村振兴、美丽乡村建设等结合起来。上万名基层干部在移民安置中操心操劳，有的累倒在工作岗位上。由于工作方案做得细，搬迁安置和致富发展衔接得好，移民工程成为实实在在的惠民工程，实现"四年任务、两年基本完成、三年彻底扫尾"。移民群众迅速融入新环境、开启新生活，人均居住面积翻了近一番，人均可支配收入增长2倍左右，大家由衷感谢党的移民政策，迸发出保护库区生态的强大正能量。

四是铁腕治理污染。水质保护很大程度上系于污染防治。这些年来，为了不让污水入库，国家有关部门和水源区各地通力合作，以铁的措施、铁的担当持续开展污染防治攻坚战。生态环境部与3省分别签订水污染防治目标责任书，明确执法和监管要求；科学技术部组织力量攻克黄姜皂素清洁生产工艺与废水处理技术，彻底解决了这一困扰水源区多年的污染问题；农业农村部在丹江口库区15个县（市）实施重点流域农业面源污染综合治理，打造了示范样板。中央生态环境保护督察聚焦中线工程水源区，坚持跟踪问效。总的看，水源区污染治理体现了坚决关、坚决禁、坚决治、坚决建的"4个坚决"。在"坚决关"上，大力淘汰落后产能，全面开展点源污染治理，共关闭污染比较严重的企业2551家，叫停和否决项目524个。河南仅淅川一个县就关停企业386家，依法取缔"小散乱污"企业216家。湖北关闭或转产规模以上企业561家，关改搬转沿江化工企业10家，取缔非法码头40个。十堰将原郧阳造纸厂所在地污染河泥"掘地30余尺"，全部转运专业填埋。陕南汉中、安康、商洛3市集中淘汰一批黄姜皂素小产能。在"坚决禁"上，依法实施禁采、禁捕、禁养，大力清理网箱养殖，严格落实长江流域十年"禁渔令"。全域开展化肥、农药使用零增长行动，河南年化学需氧量、总氮排放量分别减少40%以上、30%以上，湖北建成绿色防控示范区117个、面积18.2万亩。严格项目审批管理，实现水源区涉水污染企业零落地。在"坚决治"上，积极争取国家项目支持，增加各方面资金投入，深入开展水土流失综合治理和堤防护岸加固、清淤疏浚、排涝等工程建设，大力推进城乡污水和垃圾处理、畜禽养殖污染处理。陕西规模化养殖场粪污治理设施配备率达97.7%，粪污综合利用率达89.1%。十堰对区域内河流实施截污、控污、清污、减污、治污五大工程，共治理小流域385条，建设生态河道130多公里，建成清污分流管网2500多公里，将劣V类的城市黑臭水体变成了水清、河畅、岸绿、景美的生态廊道。在"坚决建"上，大力加强生态环境基础设施建设，水源区各县及库周重点乡镇垃圾和污水处理设施实现全覆盖，污水日处理能力增长6倍多，垃圾日处理能力增长近19倍，县级以上污水处理厂全部达到一级A排放标准，库区及主要入库河流监测断面达标率常年为100%。

五是筑牢生态屏障。水质如何，表现在水里，根子在岸上。水源区生态保护坚持系统思维，以植树造绿、水土保持为重点，多层次筑牢生态屏障，通水以来累计治理水土流失面积1981平方公里，建设公益林250万亩、重点防护林74.3万亩。国家层面，大力实施丹江口库区及上游水土保持、坡耕地水土流失综合治理、退耕还林还草、天然林保护等重点工程。比如在国家林草局支持下，2016~2019年3省共实施退耕还林还草361万亩，大大增强了水源涵养能力。又如在财政部和自然资源部支持下，向河南、湖北投入专项资金159.5亿元，完成土地整治923.5万亩，新增耕地35.1万亩。地方层面，严格生态红线、绿线、底线管控，实施一批重大生态修复保护工程，持续进行植树造绿，系统开展生态修复。河南着力打造"生态渠首、文明渠首"，高标准推进环库区生态隔离带建设，完成人工造林5.2万亩、封山育林4.8万亩、森林抚育7.5万亩，构筑起库周生态"保护带"。特别是淅川县以愚公移山精神凿石为窝、背土上山，硬是在石头缝中植树造绿，成功治理石漠化面积5万余亩，使曾经荒漠化严重的淅川变成"春有花、夏有荫、秋有果、冬有景"的美丽山城。湖北在库区沿汉江两岸建立湿地自然保护区和湿地公园，持续开展退耕还林、裸露山体生态修复治理，基本实现全域"灭荒"。十堰设立省级以上自然保护区、森林公园和湿地公园34个，

受保护面积150.8万公顷，占全市国土面积67%，成功创建全国"两山"实践创新基地、国家生态文明建设示范市。陕西制定《秦岭地区水土保持行动方案（2018—2020年）》，实施汉江丹江综合整治、生态清洁型小流域试点、秦岭主要江河源头预防保护等工程。陕南3市建成6个国家级水土保持科技示范园、14个省级水土保持示范园。一系列生态屏障的构筑，为一库清水提供了持续有力的生态支撑。

六是优化升级产业。水源区实施生态保护以来，各地摒弃过去粗放式靠山吃山、靠水吃水的做法，自觉以新理念念好山水经，努力蹚出一条产业发展与生态保护深度融合、生态效益与经济效益同步提升的新路子。农业上，以高效生态、绿色有机为标准，除粮食作物外，重点发展软籽石榴、薄壳核桃、大樱桃、杏李、柑橘、黄金梨、金银花等，打造出一批具有地方特色的有机农产品名优品牌。河南西峡、淅川、邓州，湖北十堰、神农架，陕西安康、商洛、汉中等地，因地制宜建设特色中药材种植基地，逐步形成中药材产业带，"秦巴药乡""丹江药谷"等品牌越叫越响。工业上，坚持以供给侧结构性改革为主线，把生态保护作为招商引资、企业发展的"铁门槛"，秉持"天上不冒烟、地上不流污、最好零排放"，改造提升传统产业，培育壮大新型产业，向绿色发展迈出坚实步伐。湖北十堰、陕西汉中等地积极推动汽车及零部件企业转型升级，不断提高综合竞争力，今年在疫情冲击下依然市场火爆，实现逆势上扬。2019年，十堰新材料、清洁能源产业产值分别增长11%、32%，高新技术产业实现增加值395亿元、占GDP的19.7%。服务业上，重点利用秦巴自然风光、汉江丹江风情和特色历史文化，发展全域旅游，开发系列旅游产品，推动农旅、林旅、水旅融合发展，实现村庄变景区、田园变花园、民房变民宿、农副产品变旅游产品，使绿色红利持续释放，群众收入不断增加。淅川县培育精品旅游村36个、农家乐和民宿500多

家，3万多群众端上旅游"金饭碗"。神农架林区2019年接待游客1828.5万人次，旅游经济收入达到67.8亿元。许多基层干部谈到，生态保护不仅没有制约水源区经济发展，反而成为产业转型、提质增效的强力助推器。

七是开展对口协作。中线工程是惠及沿途的供水线、生命线，也是沟通南北的亲情线、友谊线。受水区与水源区以水为媒、因水结缘，按照国务院批准的方案，由北京对口协作河南、湖北两省相关市县，天津对口协作陕西相关市县。双方签订战略合作协议，建立地方领导互访、部门间协商推进、"各区包县"等工作机制，通过项目投资、产业对接、设立基金、引进技术、互派干部、专业培训等多种举措，为水源区相关市县提供多方面协作支持，推动落实一批特色农业种植、扶贫车间、农村电商等项目，建设一批生态旅游、生态农业等特色小镇，建成一批特色农产品研发等基地。2013年以来，累计投入协作资金55亿元，实施对口协作项目1300多个、投资总额超400亿元；互派挂职干部400多人次，培训专业人才上万人次。通过对口协作，水源区相关市县开阔了眼界、引进了项目、培训了人才，有力促进了水源区生态保护和高质量发展。

八是构建长效机制。生态保护不是一蹴而就的事，需要持续努力、久久为功。水源区着眼于构建长效机制，重点抓了压实护水责任、强化整体联动、完善监测机制、加强风险防控等工作。3省分别成立由省委书记、省长任组长的水源区生态保护领导机构，严格党政同责、一岗双责，层层传导压力，形成明责、考责、问责、追责的制度闭环。将水污染防治纳入领导干部绩效考评，切实增强生态保护刚性。完善省市县乡村5级河长制，编制"一河一策"方案，探索设立民间河长、民间巡河员等，把管理延伸到支次沟渠，将责任传导到"毛细血管"。中央和地方都实施跨部门跨区域联席会议或联合执法监管机制，相关市县法院、检察院也建立司法联动机制，推动各项生态保护措施落实落地。对水源区主要河流水质进行实时监测、自动监控，一旦发现异常就及时处置。编制突发环境事件应急处置预案，定期开展应急演练。2018年1月，河南西峡县河道发生不明化学物质污染险情后，当地第一时间反应，国家环保部门立即部署应对，保证了快速有效地防控风险。

（三）

水源区生态保护的成功探索，是习近平生态文明思想的生动实践，是美丽中国建设的精彩篇章，可以从中得到深刻启示。

第一，"绿水青山就是金山银山"，是闪耀着真理光芒、具有强大指导力的科学论断，只要深入贯彻落实，就能够以生态保护促进高质量发展。水源区生态保护，不仅着眼于改善生态环境、确保一渠清水北送，还希望通过提高生态质量，探索如何充分利用环境资源推动转型发展、绿色发展。为此，国家有关部门和水源区各地做了大量艰苦扎实的工作。贯穿一切工作的主线，就是认真践行习近平生态文明思想。从开始把重点放在壮士断腕治污染、咬紧牙关保生态上，到逐步发掘绿水青山蕴含的经济价值、社会价值，再到实现生态保护与经济社会发展的统一和平衡，工作是艰辛的，过程是渐进的，成效是可喜的。正是经历了从"宁要绿水青山，不要金山银山"，到"既要绿水青山，也要金山银山"，再到"绿水青山就是金山银山"的认识与实践的不断提升，水源区生态保护才打通了"绿水青山"向"金山银山"转化的"路"和"桥"。实践证明，只要牢牢坚持"两山"理论，将之内化于心、外化于行，持之以恒贯彻落实，就能形成生态保护与经济社会发展互促共进的生动局面。

第二，生态系统构成因子复杂、关联要素多，抓生态保护需要统筹谋划、综合施策。生态是山水林田湖草等有机统一的生命共同体，生态文明程度与经济社会发展和历史文化等密切关联，认识生态、保护生态都不是简单容易的事。水源区生态保护在大范围长线作战，之所以成效显著，一个重要原因就是坚持大局观念和系统思维，既注重从生态系统各构成因子出发展开单项治理和综合治理，又注重从生态系统与其他系统的相互作用和影响出发采取配套成龙的政策措施，在上下左右各层级各方面协作联动中，在经济手段、行政手段、法治手段的综合运用中，形成了合力攻坚的氛围，释放了政策和改革的红利，产生了下活一盘棋的效应。实践证明，生态保护不能只是就生态抓生态，采取"头疼医头、脚疼医脚"的办法，而应当正确认识生态系统的内外关联，既突出重点又兼顾全面，既考虑当前又谋划长远，把扬优势与补短板、增内功与添外力结合起来，防止因简单化、片面化而影响生态治理成效。

第三，生态保护有统一规范，更有个性差异，只有结合实际创造性贯彻党中央决策部署，才能取得良好成效、形成有益经验。生态文明建设是"五位一体"总体布局的重要方面，生态保护是全国需要加紧补齐的突出短板。生态保护各项工作，都要以习近平生态文明思想为指导，全面贯彻党中央关于生态保护的各项决策部署。同时，各地自然禀赋、发展阶段、生态基础等各有不同，生态保护的具体政策措施不能千篇一律、墨守成规。水源区水网交错、支沟纵横、污染源复杂多样，其生态保护不断面对大量新情况、新问题，要顺利推进并取得实效，就不能搞经验主义、本本主义。很多地方正是在吃透中央精神的基础上，善于因地制宜想实招、出实策，不照本宣科，不搞"一刀切"，才较好处理了工作矛盾和利益关系，形成了群众高度认可、上级充分肯定、做法和成效都很有说服力的工作局面。实践证明，生态保护是典型的创造性工作，只有坚持实事求是，把问题导向、目标导向、结果导向统一起来，创造性落实党中央决策部署，才能以科学的认识推动正确的实践，进而以正确的实践创造有益的经验。

（2020年11月17日　第02版）

新华网：

南水北调：科技保驾"南水"安全北流

2020-10-19

这是10月16日在郑州拍摄的南水北调中线穿黄工程（无人机照片）。

新华社记者　刘诗平　摄

10月16日至20日，南水北调中线干线工程建设管理局下属的5个分局分别举行2020年度开放日活动，主题为"智慧中线，安全调水"，展示南水北调中线工程如何依靠科技手段，实现安全调水。

水利部发布的最新数据显示，南水北调中线2020年度向北方供水及生态补水均创历史新高，向河南、河北、天津、北京供水83亿立方米，其中生态补水23.6亿立方米，工程运行正常，科技在南水北调中发挥着重要作用。

科技助力长江水穿越黄河北上

站在南水北调中线穿黄工程的黄河南岸明渠前，记者通过正在拍摄中的无人机遥控器显示屏，看到了长江与黄河"相会"的震撼画面：从丹江口水库沿着南水北调中线干渠奔流而来的长江水，从这里穿越黄河河床，出黄河北岸，继续北流。

位于郑州市西约30公里处的穿黄工程，是南水北调中线的咽喉工程，总长19.3公里，其中两个平行的穿黄隧洞各长4.25公里，深埋河床下23米至35米处。当初穿黄工程的建

这是10月15日拍摄的南水北调中线郑州段干渠（无人机照片）。

新华社记者 刘诗平 摄

成，是中国科技实力的展现，如今调水北上，确保工程安全、调水安全，同样是科技在唱主角。

10月16日，在郑州举行的南水北调中线工程2020年度开放日活动现场，工作人员演示无人机采集水样（右）和边坡除藻多功能车进行边坡除藻（左）（无人机照片）。

新华社记者 刘诗平 摄

"我们采用穿黄数字管理系统，实现穿黄隧洞工程全景数据三维建模，直观准确地了解建筑物结构、设备布置等情况，同时融合安全监测、水质信息、水情数据等实时信息，实时体现穿黄工程的运行状态，做到科学管理和精细维护。"南水北调中线干线穿黄管理处工程师李国勇说。

在穿黄工程维护和确保调水安全方面，工作人员还应用机器人对水下工程实体进行检查；通过无人机巡查监测黄河水位、流态及外部安全隐患；采用声学标记系统对渠内鱼类繁殖、洄游状态进行研究监测，提升渠道生态保护能力；采用远程物联网技术，设置温湿度远程监控系统对运行设备及材料进行科学管理。

南水北调中线自2014年12月通水以来，供水量持续增长，水质稳定达标，已成为众多沿线城市供水的生命线。南水北调中线建管局通过现代化的科学运行管理，确保了一江清水安全北流。

10月16日，在郑州举行的南水北调中线工程2020年度开放日活动现场，工作人员演示无人机采集水样（手机拍摄）。

新华社记者 刘诗平 摄

科技"海陆空"保驾安全调水

"当发生突发性水污染事件时，我们用无人机代替人工采集水样，确保工程供水安全、水质稳定达标。"

在南水北调中线建管局河南分局举办的开放日活动现场，工作人员正在向人们演示水样采集，一架从干渠里采了水样的无人机在水质应急监测车前降落，工作人员迅速对水样进行检测。

在水质监测方面，南水北调中线干线上设有13个水质自动监测点。与此同时，水质监测人员开展人工水质监测，与自动监测配合，确保水质安全。目前，中线干线供水水质稳定在Ⅱ类标准及以上。

10月16日，在郑州举行的南水北调中线工程2020年度开放日活动现场，工作人员演示水下机器人作业（手机拍摄）。

新华社记者 刘诗平 摄

在水质应急监测车附近，两名工作人员正在操控着干渠里的水下机器人。工作人员告诉参观者：水下机器人在南水北调中线工程应用广泛，像闸门检测、砌板检测、修复效果检查、水生生物检查等。它能较好地解决低能见度、沉积物环境下的缺陷识别，长时间、大范围内的精确定位和导航，以及蛙人潜水风险等问题。

"我们天上有无人机用于应急取样，水下有机器人用于工程维护，我身旁是一台新研制的边坡除藻多功能车，用于边坡除藻。像这样的科技手段还有很多，确保南水北调一江清水安全北送。"河南分局水质监测中心工程师张铁财说。

10月16日，在郑州举行的南水北调中线工程2020年度开放日活动现场，工作人员在检测水样（手机拍摄）。

新华社记者 刘诗平 摄

打造智慧化调度工程管理样板

记者了解到，南水北调中线建管局已建成以控制专网为核心的基础保障体系、以输水调度为核心的自动化调度体系和以办公信息化为核心的运行管理体系，持续提升工程管理现代化水平。

"中线工程全长1432公里，交叉建筑物2385座，全线节制闸、退水闸、分水口门众多，闸站监控系统、日常调度系统、水量调度系统是中线工程自动化调度的核心生产系统。三者相辅相成，实现远程自动化调度无人值班和少人值守目标。"南水北调中线信息科技有限公司副总经理孙维亚说。

这是10月16日在郑州拍摄的南水北调穿黄隧洞进口南岸明渠（无人机照片）。

新华社记者 刘诗平 摄

在以办公信息化为核心的运行管理体系方面，工程巡查维护系统采用一系列科技手段，做到"巡检有计划、过程有监督、事后有分析、处理可追踪"；安全监测系统通过全线布设的8万多个安全监测点，实时监测干渠安全；物联网应用系统实时监测全线设备运行环境，实时监控渠道人员进出安全；"中线天气"应用系统分析汛期降雨和影响范围，提前判断，发出预警。

这是10月16日在郑州拍摄的南水北调穿黄隧洞进口南岸明渠（无人机照片）。

新华社记者 刘诗平 摄

南水北调中线建管局还开发了"中线一张图"时空信息服务平台，将工程信息、实时运行信息、基础空间信息、遥感及无人机实景信息等浓缩进"一张图"，为业务和决策提供全面数据支撑。

据介绍，南水北调中线建管局未来将全面推进"智慧中线"总体发展战略，打造智慧化调度工程的管理样板。

（责任编辑：钱中兵）

中国青年网：

2020年南水北调中线河南 开放日活动举行

2020-10-17

中国青年网郑州10月17日电 "北斗系统""卫星遥感探测技术""大数据管理""机器人及无人机探测技术"……你以为这是科技展？NO！这是南水北调中线工程开放日上的特别展示。

"智慧中线 安全调水"开放日活动现场。

张香丽 摄

10月16日，"2020年南水北调中线工程'智慧中线 安全调水'开放日"活动在河南分局郑州管理处进行。河南省政府相关单位代表、郑州市政府相关单位代表、抗疫英雄代表、医护人员代表、师生代表及社会各界群众代表等60余人参加活动。

讲解员介绍水下机器人入渠模拟作业场景。

张香丽 摄

活动伊始，南水北调中线建管局党组副书记刘杰、河南省水利厅副厅长王国栋致开幕辞。随后，在工程现场，受邀嘉宾及参展代表共同观看了宣传片《智慧运行 安全调水》，听取了南水北调中线建管局在信息化建设方面取得的成果，一睹"智慧中线"科技"盛宴"：物联网智慧门禁系统展示、"中线天气"、防洪系统、卫星遥感探测技术、北斗自动化变形监测系统展示、水下机器人入渠模拟作业、水质监测实验、多功能除藻车演练及中控室智慧调水过程。

世界领先的二代水下机器人。

张香丽 摄

"每次从南水北调中线渠经过，常常感叹这条人工天河来之伟大，但没想到她背后还有这么多的科技含量，真是科技强国，科技中线啊！""智慧中线"视觉盛宴后，市民郭先生感叹说。

参观结束后，受邀嘉宾在签名墙处留言，谈感受，念党恩，及对大国重器的情怀和感念。

无人机取水展示。　　　　张香丽　摄

"我是华北水利水电大学学生，看了南水北调科技成果后，感觉水利行业的科技力量棒棒哒，希望将来有机会加入南水北调，为大国重器贡献自己的力量。"华北水利水电大学一位同学说。

"南来之水，从根本上改变了受水区供水格局，提高了受水区20多座大中城市的供水保证率，且从原来的补充水源逐步成为沿线城市不可或缺的重要水源。通水以来，沿线城市大量使用南水北调的水，减少或停止了受水区城区地下水开采，地下水得以置换，总体上优化了水资源配置格局。"河南省水利厅副厅长王国栋对南水北调工程通水以来取得的社会效益和生态效益充满了肯定。

水质监测实验互动。　　　　张香丽　摄

科学技术是第一生产力，创新是引领发展第一动力！此次开放日活动，为社会公众提供

了一个近距离了解南水北调中线工程运行管理的窗口，代表们不仅现场直观了解工程运行管理自动化调度和办公信息化水平等技术保障手段，还积极建言献策，为促进智慧中线总体发展贡献社会力量。

智慧中线调水中控室。　　　　张香丽　摄

南水北调中线建管局河南分局郑州管理处相关负责人表示，通过此次开放日活动，参展人员在南水北调总干渠亲历了中线工程的大气磅礴，也感受到了智慧中线的科技魅力。随着智慧中线的不断完善发展，南水北调中线人将再接再厉，继续为沿线人民的安全用水提供有力保障，为河南生态保护和高质量发展贡献力量。

（张香丽）

人民网：

南水北调中线一期工程
年度供水及生态补水均创历史新高

2020-10-12

丹江口水利枢纽工程

人民网北京10月12日电（记者　余　璐）记

者从水利部获悉，日前，南水北调中线一期工程陶岔渠首年度累计供水量78.2亿立方米，相机实施受水区生态补水22.93亿立方米，同比均创历史新高。

据了解，今年3月，针对前期丹江口水库实际入库水量较多年平均偏多的情况，长江水利委员会在确保疫情防控的前提下，组织委属相关技术单位通过远程办公、视频会商、电话沟通等方式，编制完成丹江口水库2020年3月至6月中旬消落计划，明确了丹江口水库汛前逐月消落水位目标，合理安排了丹江口水库各口门供水流量，并适时增加生态补水水量。

4月，长江水利委员会结合汉江及丹江口水库水雨情实况和来水预测分析，组织制订了南水北调中线一期工程加大流量输水工作方案，提出丹江口水库具备加大供水条件。根据水利部的工作安排，4月29日至6月20日陶岔渠首实施了加大流量输水，5月9日8时30分陶岔渠首供水流量首次实现420立方米每秒供水，整个过程历时53天，不仅提前完成了年度生态补水任务，还对南水北调中线输水能力及加大流量的运行状况进行了全面检验，并为缓解北方受水区用水紧张局面、改善生态环境提供了水源条件。

水利部长江水利委员会总工程师仲志余对人民网记者表示，汛期，按照水利部批复的2020年度丹江口水库优化调度方案，根据丹江口水库实际来水蓄水情况和水文滚动预测预报，在保障防洪安全的前提下，长江水利委员会实施了丹江口水库优化调度，及时增加汉江中下游下泄流量，有效控制了水库水位，减少水库弃水。同时，利用充足的洪水资源，继续实施南水北调中线一期工程加大流量输水，相机增加向北方各省市的供水量。

据相关数据显示，2019年11月至2020年9月20日期间，南水北调中线一期工程累计通过陶岔渠首供水量达到78.2亿立方米，相机实施受水区生态补水22.93亿立方米，达到2014年通水以来的最大值，工程运行正常，充分发挥南水北调中线一期工程的供水功能，丹江口水库的防洪、供水、生态、发电等综合效益，取得了显著的成效。

（责任编辑：余　璐　李　昉）

中国水利网：

南水北调通水以来生态效益显著

2020-09-24

中国水利网站9月24日讯（通讯员　黄亚男）　南水北调工程作为缓解北方地区水资源严重短缺局面的重大战略性基础设施，改变了广大北方地区尤其是黄淮海平原的供水格局，使水资源配置得到优化，为解决华北地下水超采问题提供了重要水源，对修复生态环境、促进沿线生态文明建设起到了积极作用。

工程全面通水以来，中线工程输送的南水已占北京城区日供水量的75%，有效缓解了北京水资源紧张局面，也使密云水库得以休养生息，水库蓄水量持续攀升。数据显示，截至今年8月底，进入密云水库的南水北调水累计超过5亿立方米。目前，密云水库蓄水量达到23亿立方米，水库水位超过147米。

中线工程自2017年9月起，连续4年通过沿线退水闸先后向北方47条河道开展了生态补水。截至今年8月28日，生态补水量累计已超47亿立方米，其中华北地区回补27亿立方米。东线一期工程通过干线工程引南水向南四湖、东平湖补水超3.74亿立方米。

南水北调工程在推动整个受水区生态文明建设方面发挥了重要作用，促使沿线水生态环境逐步改善。工程沿线城市的河湖湿地以及白洋淀水面明显扩大，水生态环境的改善提升非常明显。北京密云水库蓄水量自2000年以来首次突破26亿立方米。向白洋淀补水约2.5亿立方米，河北省12条天然河道得以阶段性恢复，工程沿线的河湖重现生机。河北石家庄的滹沱河曾一度断流，南水北调工程让它再一次恢复了生机。"以前河里全是垃圾。近两年有了水，现在能看见小鱼小虾了，野鸭子也来了，老人和小孩都喜欢到这里玩。"滹沱河周边的群众高兴地说。

南水北调工程使水生态环境得到修复改善。南水北调东、中线一期工程通水以来，受水区域河湖水量明显增加，生物种群数量和多样性恢复明显，极大地改善了沿线部分河流、湖泊的生态环境。据相关数据显示，南水北调东、中线一期工程全面通水以来，在南四湖栖息的鸟类达到200种，数量约有15万余只，绝迹多年的小银鱼、毛刀鱼等再次出现。还在南四湖白马河发现了素有"水中熊猫"之称的桃花水母。中华秋沙鸭、黑鹳等珍稀鸟类也相继出现在河北省兴隆县水域。

南水北调使河湖水量明显增加，使地下水水位明显回升。南水北调工程通水以来，通过水资源置换、压采地下水等措施，沿线受水区地下水水位明显回升。深层地下水水位由降转升，极大地促进了地下水水源的休养生息。北京、天津、江苏、河北等区域地下水水位均显著回升。在密云水库工作了20年的王荣臣对南水北调水进京后水库的新变化表示道："2014年以前，密云水库处于低水位运行，水面可以看到十几个岛屿。而现在，水库只能看到两三个岛屿，其余都淹没在水面以下了。"

随着后续工程的不断推进，南水北调工程的生态效益将进一步扩大与显现。

（责任编辑：李　旸）

大河报网：

央媒看河南|南水北调穿黄工程：黄河长江在这里"相遇"

2020-09-18

这是9月15日在河南郑州荥阳市境内拍摄的南水北调穿黄隧洞进口南岸明渠（无人机照片）。

新华社记者　郝　源　摄

9月15日，在南水北调穿黄隧洞进口南岸明渠水质监测点，工作人员取水样后准备离开（无人机照片）。

新华社记者　郝　源　摄

这是9月13日在河南焦作温县境内拍摄的南水北调穿黄隧洞出口北岸明渠（无人机照片）。　　　　　新华社记者　郝　源　摄

这是9月13日在河南焦作温县境内拍摄的南水北调穿黄隧洞出口北岸明渠（无人机照片）。　　　　　新华社记者　郝　源　摄

这是9月15日在河南郑州荥阳市境内拍摄的南水北调穿黄隧洞进口南岸明渠（无人机照片）。　　　　　新华社记者　郝　源　摄

这是9月13日在河南焦作温县境内拍摄的南水北调穿黄隧洞出口北岸明渠（无人机照片）。　　　　　新华社记者　郝　源　摄

来源：新华社　编辑：杜思龙

9月15日，在南水北调穿黄隧洞进口南岸明渠水质监测点，工作人员在进行取水样前的准备工作。　　　　　新华社记者　郝　源　摄

澎湃新闻·澎湃号·政务：

南水北调的科技秘密，这下曝光了！

2020-09-14

原创　朱子曰　信语南水北调

南水北调是一个民生工程
同时也是一个科技创新工程
自工程建设以来
已开发无数个科技创新成果
并广泛应用
最近，这些科技秘密曝光啦！
如何实现"水往高处流"？
黄河是如何被穿越的？
什么是卡门涡街现象？
倒虹吸原理是如何服务水利事业的？
如何实现以鱼净水？
……
"南水北调　创新强国"
绝不是说说而已！
8月23—29日
南水北调科技活动周

硬核技术
低调是最流弊的华丽
我们平时很低调
今天我们展示一下看家本事
邯郸管理处组织科普小分队
到沿线大隐豹村
为大家现场演示
大型建筑物渡槽建设原理
倒虹吸建设原理
……

天津分局机关联合天津管理处
走进西青区假日风景社区
为居民们生动演绎了
南水北调中线工程全线100米高程全线自
流至北京、天津原理
还展示了南水北调水质监测全过程

沙河管理处走进了公园
展示技术模拟实验
更吸引了一大票"老朋友"们的驻足

宝丰管理处南水北调硬核讲解
还走进了科技馆

天津分局也走进社区
让孩子们当上了小小水利工程师

我工程的宝藏技术真的要藏不住了！
想感受现场氛围的朋友
现在补上也来得及
（你只是落后了几千人看而已）
孩子们的乐园
在"神兽"归笼前
畅玩一把南水北调工程模型玩具
既有趣又科普
高邑元氏管理处组织科普小分队
来到了殷村镇
展示出科技感、趣味性十足的
南水北调工程模型
孩子们个个爱不释手

鹤壁管理处以"南水北调　创新强国"为
主题
　带领孩子们进行动手实验
　培养孩子们的创新精神

保定管理处组织科普小分队
　走进沿线神星小学
　为孩子们进行科普讲解

石家庄管理处组织了
"智慧中线，开启科技水密码"开放日
邀请本单位职工家属及子女40余人
进行亲子互动
体验扎不破的水袋、水的魔法
了解反重力水等知识
小编严重怀疑这些孩子都是资深玩家
并且我有证据

➡

一个社会大课堂
为期一周的"南水北调科技活动周"
介绍了南水北调的硬核科技成果
这是南水北调面向社会的大课堂
也让孩子们过了一个有意义的暑假

▲林州一中学生到安阳管理处（穿漳管理处）研学

当然啦，开心之余
水利接班人的培养
还要从娃娃抓起
了解南水北调工程概况
参观闸室、水质监测实验

走进工程现场
感受南水北调的工程效益
增加节水、防溺水安全知识
我们在线手把手教学

▲禹州管理处研学学生参观中控室

▲卫辉管理处工作人员宣传防溺水知识

▲厚坡镇第一初级中学到陶岔渠首枢纽开展研学活动

大朋友们也别酸
怎么能少得了你们
渠首分局的工作人员们也来到街头巷尾
传播南水北调的创新科技

以及节水、防溺水安全知识

磁县管理处组织过往群众
排队领取宣传彩页
群众积极参加有奖问答

沙河管理处工作人员
为大家生动讲解
"长江和黄河的首次相遇"
"水上高速公路"等故事

辉县管理处工作人员
介绍南水北调科学知识、节约用水常识
和预防溺水知识

北京分局组织
惠南庄管理处、涞涿管理处、易县管理处
开展了"南水北调科普进社区"活动
是是是
是我们

就是那个
不间断安全运行2000+天
累计调水量突破300亿立方米
让沿线省份6000多万人受益的
南水北调中线工程！
什么？再换一个打开方式？
好吧，我们本想低调
奈何活动的吸引力和精彩程度不允许！

临城管理处组织科普小分队
在泜河公园开展科普活动
一不小心
被临城电视台、临城县委宣传部公众号
进行了报道

▲临城电视新闻台报道视频截图
本次的科技活动周活动
让南水北调硬核技术走向社会、走向大众
让科学、创新、节约精神深入人心
形成了广泛的南水北调大课堂
连接了科技与生活
也连接了所有关心南水北调的人

河南广播电视台民生频道
《大参考》官方账号：

河南再获南水北调生态补水
5.43亿立方米！

2020-06-23

大象新闻记者　朱圣宇

6月21日，南水北调中线一期工程420立方米每秒加大流量输水工作圆满结束，工程运行良好，调度平稳有序，期间输水19亿立方米，其中生态补水9.5亿立方米，助力华北地区地下水超采综合治理成效显著。其间，河南段运行良好，调度平稳有序，通过了加大流量输水的考验。

据悉，2019年1月，水利部、财政部、发展改革委和农业农村部共同印发《华北地区地

下水超采综合治理行动方案》，这是我国首次提出的大区域地下水超采综合治理方案，南水北调中线工程承担着地下水超采回补的重任。充分利用丹江口水库汛前富余水量，自2020年4月29日正式启动此次加大流量输水，陶岔入渠流量按计划逐步从350立方米每秒设计流量提升至420立方米每秒加大设计流量，5月9日到达峰值。目前，陶岔入渠流量由420立方米每秒逐步调减，历时50余天，输水19亿立方米，向沿线35条河流生态补水9.5亿立方米，有效缓解了华北地区"有河皆干、有水皆污"的困局，恢复了河道基流，河道水质明显改善，沿线地下水位逐步抬升。

河南省水利厅南水北调工程管理处处长雷淮平介绍，加大流量输水为河南送来大量生态用水。"今年以来，南水北调中线工程已累计向河南省生态补水5.43亿立方米，其中通过退水闸向24条河流生态补水4亿立方米，受水地区和河流水生态得以逐渐修复，水环境得到明显改善，南水北调生态补水效益显著。"

据了解，生态补水为受水区地下水源涵养和压采创造了条件，河南沿线14座城市地下水位不同程度回升。

从1999年起，华北地区连续干旱21年，超采地下水严重。中线一期工程通水以来，沿线受水区水资源得到有效补充，同时通过相机实施生态补水，受水区地下水超采局面得到遏制，部分地区地下水位回升明显。

截至6月21日，南水北调中线一期工程累计调水306亿立方米，相当于黄河年径流量的一半还多。其中，向河南省供水107亿立方米、向河北省供水80亿立方米、向天津市供水52亿立方米、向北京市供水53亿立方米，惠及四省市6700万人，成为沿线城市供水新的生命线，有效保障受水区复工复产用水需求，为实施京津冀协同发展、雄安新区、北京城市副中心、中原崛起战略提供了水资源支撑。通水以来，丹江口水库和中线干线供水水质稳定在Ⅱ类标准及以上。

来源：大象新闻

央视网：

南水北调西线工程
启动新一轮综合查勘

2020-04-20

水利部近日启动新一轮南水北调西线工程综合查勘。此次查勘的主要任务是对西线工程规划方案涉及的隧洞进出口、主要建筑物、重要地质构造等影响工程论证的主要节点进行调研查勘，为年内完成方案比选提供科学依据。

南水北调工程是我国水资源配置的重大战略性工程，工程设计为东线、中线、西线三条线路。目前东线、中线一期工程已实现通水。西线工程计划将从长江上游调水进入黄河上游，解决黄河资源性缺水难题。

编辑：杨书杰　责任编辑：刘　亮

南水北调中线建管局：

在这个特殊的节日里
致敬南水北调女孩

2020-03-06

她们
是女儿、妻子、母亲
是亲友、同事、师长

她们
是那无处不在的芬芳
疫情袭来
她们放弃团圆
告别家乡
逆流而上
抗疫一线
"她"不是柔弱的代名词
冲锋陷阵时
"她"也是中坚力量
哪有从天而降的感动
不过是为了那渠清水
为了心中的爱
一起扛
总有一个"她"的故事
让你动容
总有一个"她"的身影
令人难忘
……
争分夺秒
她把实验室当成"战场"

1月23日，武汉封城了。作为河南省与湖北省接壤的南阳市，防疫形势严峻复杂，渠首分局水质监测中心水质监测主管李楠所住的小区也采取了封闭管理。作为水质监测主管，她知道确保水质安全是工程运行管理的头等大事，特别是中线工程水龙头——渠首分局水质监测中心的主管，重任在肩。

为了尽快上岗，她在单位开了工作证明，冲破各种封锁，顺利回到监测中心。2月份，她一人完成了水样的分装、试剂添加等工作，还挑起了中心每天通风、设备消毒等任务，为其他同事开展水质监测提供了安全的监测环境、安全的监测设备，保证了2月份水质监测任务顺利完成。

李楠的爱人负责河南段工程的安保工作，同样坚守在疫情防控的最前线。李楠在工作的同时还要照顾4岁的儿子。特殊时期，她没有选择退缩，而是一如既往地站在了第一线，为中线的优质水源保驾护航。

街道社区
她们一同筑起"防火墙"

李楠在监测水质

李楠和儿子合影

武媛媛担任小区志愿者

武媛媛是汤阴管理处综合管理员，也是一名共产党员。疫情暴发后，她在接到汤阴管理处通知后，与爱人匆匆商量，就把孩子送回乡下老家，第一时间返回管理处现场办公，为管理处分担人员紧张而带来的工作压力。

日常工作中，她除了组织做好职工体温测量登记和车辆消毒工作，还组织物业人员不留死角地做好办公楼内的消毒和通风工作。此外，她还肩负起工程运行管理中重要的输水调度和安防监控巡视工作。"关键时期工作量增加了，在岗人员却少了，每个在岗人员肩上的担子更重了，这个时候我更应该打起十分精神。"武媛媛的话令人肃然起敬。

让人动容的还有她的倾情付出。疫情期间，社区工作任务倍增，她看在眼里记在心里，利用歇班时间，主动加入到自己所在小区的临时党支部，参与小区疫情期间的义务值班，为居民测体温、登记信息，对小区楼梯、电梯、安全通道等进行消毒，开展疫情防控知识宣传……她经历了大雪中社区门口站岗，冻得像筛糠；经历了起早摸黑，顾不上吃晚饭，顶风穿梭在社区的每一栋楼，也免不了遭受白眼。她已成为一名兼职社区"网格员"一个多月，以自己微弱的光亮，照亮社区昏暗迷蒙的夜晚。

这样的辛劳，也免不了不被人理解。但是她知道，这份工作是真苦，是真累，但是再苦再难，既然选了，就要千方百计把它做好。"我是党员，大疫面前，正是考验我的时候，我愿意用行动为小区居民们带来一份安心。"

工作生活两不误

她希望做孩子的榜样

董笑为项目编制采购限价单

董笑是天津分局计划合同处科员，是一个温婉、爱笑的女子。2019年的9月，她有了一

个新的身份，那就是光荣地成为了一名妈妈。然而，疫情的突然爆发，打乱了安静的生活节奏，她不顾家人劝阻，带着仅仅4个月大的宝宝返回了工作岗位。

居家办公的每天，她的耳边除了"哇哇"的哭声，还有电话铃声。"叮铃铃铃……"一阵铃声响起，她快速地关掉声音，起身查看同事发来的健康情况统计表，检查汇总后及时上报；新出的防疫知识，及时传达；拿着资料，对着电脑，仔细审核每一个项目的预算，认真地写着每一条审核说明，详细列出每一个细项的价格……

老公有时也劝她，"你也歇歇啊，再这样该生病了。""没事儿，我不累，这些项目的预算得赶紧审出来，这些比较急，不能耽误项目的采购。"说着话，手里的工作依然忙碌着……

孩子的哭闹声、温柔的摇篮曲、清洗的水声、键盘的敲击声……这些声音组成了忙碌的乐章、热闹的曲调，也让董笑的春节过得这么不一样。

"作为一名新手妈妈，希望能给孩子树立榜样，对待工作要负责担当。"在这个特殊的春天，她的话春风化雨暖透我们的心。

日夜守护心中所爱

郭春赟正专注于设备巡视

郭春赟是一位参加工作仅一年的95后女孩。对于她来说，连续十六个日日夜夜的闸站值守，注定让人难忘。

她所在的闸站是方城管理处三座节制闸之一的黄金河闸站。疫情发生之初，为了减少人员流动，防范交叉感染风险，方城县实施了严格的交通管控措施。受此影响，她和同事从1月28日至2月12日担负起了特殊时期的闸站值守工作。

值守期间，按照管理处疫情防控要求，她和同事及时采取有针对性的防护措施，做好自身防护和值班场所消毒工作。在此基础上，她发扬特别能战斗的精神，与同事一如既往地紧抓闸站值守各项工作，用心守护着闸站这方家园，保障输水安全运行。

为了保持工作的专注度，消除连续值守带来的枯燥感，她除了定时上报水情信息外，把大部分时间放在了设备巡视和闸站周边环境监控上面。俗话说，细节决定成败，规范保证安全。她凭借女孩特有的细致和较为熟练的业务，扎实开展了高频次的设备巡视工作，同时认真做好远程指令的数据复核工作，现场累计处理了8次调度指令，确保了数据准确无误。

如今，按照管理处近期工作要求，她和同事从3月1日起又开启了为期一周的闸站值守模式……

守护工程的日日夜夜是枯燥的，在这个特殊的春天，我想把这世界上最温柔的话说给守护南水北调大国工程的女孩们听：

你们忙碌的身影我们看在眼中，

内心充满了敬佩，

也满是心疼，

谢谢你们，保护好自己！

你们是我们眼中最可爱的女孩！

如果以四季寓意着不同女孩的不同状态，我想说，无论哪一季，你们都是最美丽的。

祝所有的女孩节日快乐！

作者：杨 孩 翟文解 王昱恒 段 义
李强胜 张小俊

南水北调中线建管局：

Home News Video Photo Opinion
Water diversion project reinforced during outbreak

China.org.cn|Published:2020-02-11

During the outbreak of the novel coronavirus, the leadership of the Construction and Administration Bureau of the Central Route of the South-to-North Water Diversion Project visited the on-site management units of five sub-bureaus and three subsidiary companies to ensure the smooth operation of the project during the fight against the epidemic.

Water diversion project reinforced during outbreak

Patrol workers inspect facilities along the Central Route of the South-to-North Water Diversion Project.

After the outbreak began, the bureau took quick action, strengthening guidance and putting forward clear requirements. The bureau has reduced the concentration of personnel to avoid the risk of cross-infection. It has also worked out measures to ensure uninterrupted water diversion operations, such as strengthening patrol, inspection, and security check along the diversion route, and implementing temperature monitoring in the office area and operating facilities.

Water diversion project reinforced during

outbreak

A guard checks the body temperature of a staff member entering his office.

To guard the Yellow River crossing project — a key controlling project along the central route — many workers have skipped the chance to reunite with their families during the Spring Festival this year. They stayed alert day and night, closely monitoring and checking the operation of project facilities. At the Taocha headwork pivotal project, engineering personnel have been working 24/7 to ensure the continued running of the power plant. A member of the team, Sun Xiaohui, has stayed in his post during the Spring Festival holidays for five consecutive years.

During the epidemic period, the project had transferred 225 million cubic meters of water as of Feb. 6, providing water supply to more than 60 million people along the route.

南水北调中线建管局:
　　愿此刻南水北调人的坚守
　　　奔向的都是团圆!

2020-02-08

今年的元宵,不闹,但注定不凡。

抗疫的日历,没有节日。抗疫的前线,只有战斗。如诗人约翰·多恩所说,潮水汹涌的时候,没一个人是孤岛。抗击疫情,人人有责,南水北调人责无旁贷,守护如初。

正月飞雪,铺天盖地。杨朝元和同事一大早就背起了工具包,沿着中线工程新郑管理处的渠道,开始了一天的日常巡查。只是,他们最近多了一样装备——防护口罩。风雪漫天,他们走在最前方。

中午天气放晴,巡查无人机追踪到的只有两串延伸的脚印,却没记录下他俩满是勒痕的脸颊。

在100多公里外的宝丰管理处,值守人员"老宋"正动作熟练地给自己做着面条,这是他在现场值守30来天吃的第N顿面条。"只要有口吃的,我就能坚持!"年近六十岁的他,像一个哨兵守护着哨位一样,每天用他的电动拦鱼网,守护着宝丰管理处的水质安全。

老宋的宝贝疙瘩面条机,为他解除了吃饭的后顾之忧

"有我在,请你们放心。我在南水北调六七年了,对这条河充满了感情。现在大家都在

抗击疫情，我也帮不上啥忙，坚守岗位，干好自己的本职工作，就是对抗击疫情最大的支持！"厚厚的口罩遮挡不住老宋朴实的笑容。"老宋"的为人跟他的名字一样朴实，工作像名字一样坚定，他的名字叫宋长久。

老宋熟练地对拦鱼网上的漂浮物进行打捞

朴实的人，总有着最真挚朴素的情感，有着坚强的力量。

在南水北调中线工程有这样一个朴实的家庭，用小家守护着大家。她叫周芳，是安阳管理处的"食堂大管家"。他叫李重阳，是安阳市人民医院的后勤保障者。她每天为管理处的吃喝奔波在菜场、摊位之间，他每天为设备的维修穿梭在医院的各大病区之间。

他们是疫情之下千千万万家庭的缩影，他们用自己的行动给武汉加油！

对，用自己的行动给武汉加油！除夕之前，段旭东像千千万万的游子，踏上返乡的路途，坐在郑州开往山西老家的列车上，畅想回家后做几个拿手菜，让父母也尝尝自己

的手艺。然而，突如其来的疫情打破了他的计划。

我必须要回去，这是他听到疫情后的第一个念头。"我是一名安全员，抓安全就是保生命，这个时候我怎么能蹲在家里呢，唯一能做的就是保护好自己的同时，多为安全做一份贡献。"

如今，每天都能看见段旭东在航空港区管理处的警务室里招呼大家测量体温，少言少语的他变身话痨，说得最多就是身为安全员就要护安全，只要我在岗，我就有责任。

为警务室人员测量体温

坚守岗位就是抗击疫情。正式复工的第一天，新乐管理处办公楼却传来一阵"争吵"，在保证现场运行管理工作有序开展的前提下，管理处允许分流部分职工居家远程办公。通知一下，整个办公楼都沸腾了，不是争着回家，而是争着留下来坚守。

而远在天津的陈震也没闲着，作为保安服务公司安保四处的管理人员，他春节放弃回家的机会，在西黑山、容雄几地来回奔波，只为把防疫物品第一时间送到一线职工手中。"这是一份责任，南水北调现场更需要我！"

陈震（右）给安保人员发口罩

在网络上有这样一段话广为流传，"哪有什么白衣天使，不过是一群孩子换了一身衣服，学着前辈的样子，治病救人罢了"。

是的，对于刚刚入职方城管理处和辉县管理处的员工李佳良、魏世祎来说，他们追寻着南水北调前辈的步伐，学着前辈的模样，在工作的第一个年头，放弃了和家人的团聚，义不容辞地承担起责任，坚守在自己的岗位上。

魏世祎春节在岗

他们，只是南水北调工程众多普通一线工作者中的一员。疫情阴霾之下，还有许多坚守在一线的南水北调人。安全监测人员、闸站值守人员、工程巡查人员、水质检测人员、中控室值班人员……

他们在平凡的岗位上，做好本职工作，用自己的坚守与付出，保障南水北调的安全运行，这便是南水北调人抗击疫情最大的支持！

山河应无恙，团圆必有时。

来源：新郑管理处、宝丰管理处、安阳管理处（穿漳管理处）、航空港区管理处、新乐管理处、方城管理处、辉县管理处、保安服务公司

李佳良和同事留守值班

媒 体 报 道 篇 目 摘 要

河南首个南水北调调蓄水库观音寺调蓄工程开工建设 2020-12-30 河南日报

千年大计筑伟梦，南水北调润雄安 2020-12-18 河北广播电视台

南水北调冰期抢险哪家强？记者带你看比武现场 2020-12-16 新京报

天寒地冻 千里水脉无阻畅行——南水北调中线建管局首次开展冰期应急抢险设备技能比武 2020-12-16 中国财经报

南水北调冰期应急抢险设备技能比武活动在河北易县举行 2020-12-16 中国环境报

南水北调通水六周年 1.2亿人直接受益 2020-12-15 封面新闻

南水北调："数"说6年调水之变 2020-12-15 新华网

南水北调，不只调来好水 2020-12-15 光明日报

京津冀19支队伍，参加冰期应急抢险技能大比武 2020-12-15 北京日报客户端

南水北调中线建管局提前完成2020年设计单元工程完工验收任务 2020-12-15 南水北调中线建管局网

南水北调中线建管局召开调度值班模式优化试点工作部署会 2020-12-15 南水北调中线建管局网

信息科技公司南阳事业部不平凡的2020年 2020-12-15 南水北调中线建管局网

江苏扬州："北调"水质稳定达标 东线"源头"Ⅱ类水逾九成 2020-12-14 学习强国扬州学习平台

南水北调东、中线调水六年，带来哪些大变化？ 2020-12-14 人民网官方账号

渠首上的思政课 2020-12-14 光明日报

累计调水超394亿立方米 1.2亿多群众直接受益一江碧水润北国 2020-12-14 中央纪委国家监委网站

非凡的工程 不平凡的人 2020-12-14 中国纪检监察报

写在南水北调中线一期工程通水六周年之际：千里水脉润北国 2020-12-14 南阳文明网

南水北调中线工程通水六年精细服务涵养一渠清水 20-12-14 潇湘晨报官方百家号

中青旅董事长康国明到河南分局进行调研 2020-12-14 南水北调中线建管局网

河南水质监测中心开展2020年度管理评审工作 2020-12-14 南水北调中线建管局网

引江补汉工程干线出口段及汉江影响河段建设征地实物调查摸底登记工作顺利结束 2020-12-14 南水北调中线建管局网

优化水质：南水北调中线总干渠迎来万尾水体"清道夫" 2020-12-14 南水北调中线建管局网

加快构建"四横三纵"骨干水网水利部相关部门负责人谈南水北调后续工程建设 2020-12-13 新华每日电讯

1.2亿人用上了一渠"南水" 2020-12-13 新华日报

南水北调西线工程正在论证后续规划将形成"四横三纵"骨干水网 2020-12-13 新华社

南水北调："数"说6年调水之变 2020-12-13 中国军网 国防部网

南水北调6年调水394亿方超过1.2亿人受益 2020-12-13 工人日报

南水北调6年 超过1.2亿人直接受益 2020-12-13 北京日报

累计调水394亿立方米 生态补水超过52亿立方米南水北调6年 超1.2亿人受益 2020-12-13 北京晚报

南水北调工程通水六年惠及超1.2亿人六年来累计调水394亿立方米后续工程前期工作正稳步推进 2020-12-13 北京青年报

南水北调西线工程正在论证后续规划将形成"四横三纵"骨干水网 2020-12-13 新华社

南水北调东线中线一期工程通水六周年，累计调水超394亿立方米，1.2亿人直接受益 2020-12-11 中国网科学管理

同饮一江水 共话南北情 3万名京堰师生同上连线环保课 2020-12-11 十堰文明网

南水北调东、中线一期工程全面通水六周年，1.2亿居民受益！ 2020-12-11 搜狐城市-天津

南水北调水质微观检测实验室暨实业发展公司水环境科创中心成立揭牌仪式在京举行 2020-12-10 南水北调中线建管局网

调水源头的"守井人"可歌可泣 2020-12-09 堰文明网

天津水质监测中心顺利通过2020年度水利系统水质监测能力验证 2020-12-07 南水北调中线建管局网

河南省南水北调中线工程建设管理局观摩团参观调研河南分局标准化管理工作 2020-12-07 南水北调中线建管局网

禹州管理处开展采空区地震灾害应急事件桌面推演 2020-12-07 南水北调中线建管局网

1.2亿多人用上"南水" 2020-12-04 中国民航报

郑州段十八里河倒虹吸进口后续三孔全断面智能拦藻装置项目顺利通过验收 2020-12-02 南水北调中线建管局网

河南分局第一届"工匠杯"——混凝土浇筑比武大赛在鹤壁举办 2020-12-02 南水北调中线建管局网

河南分局与河南省生态环境厅联合开展督导检查及"回头看"工作 2020-11-30 南水北调中线建管局网

渠首分局开展三维激光扫描仪培训 2020-11-30 南水北调中线建管局网

"远水解近渴"，南水北调让华北不再缺水！CCTV-1今晚十点半档，钮新强开讲 2020-11-30 央视一套

1.2亿多人用上"南水"——南水北调东中线全面通水近6年，综合效益充分发挥 2020-11-27 人民日报

河南分局举办第一届"工匠杯"技术工人岗位能手大赛 2020-11-27 中线建管局网

南水北调不忘节水 来之不易的"水家底"得人人珍惜 2020-11-18 千龙网

问渠哪得清如许 为有源头碧水来 2020-11-18 人民日报

李克强对中国南水北调集团有限公司成立作出重要批示强调 着力提升管理运营水平 科学扎实有序推进南水北调后续工程建设 2020-10-23 央视网

高科技上线！看"超级工程"南水北调如何保证水安全？ 2020-10-21 南阳新闻广播

科技创新引领智慧中线健康成长 南水北调中线工程2020年度开放日活动在郑举行 2020-10-20 映象网

南水北调科技创新引领智慧中线健康成长 2020-10-20 河南新闻广播

通水六周年！南水北调中线工程举办开放日活动 2020-10-20 搜狐城市

南水北调：科技保驾"南水"安全北流 2020-10-19 新华网

2020年南水北调中线河南开放日活动举行 2020-10-17 中国青年网

南水北调开放日 看科技创新如何保障千里调水 2020-10-16 澎湃新闻

南水北调通水以来生态效益显著 2020-09-24 中国水利网

南水北调穿黄工程：黄河长江在这里"相遇" 2020-09-18 大河报网

南水北调的科技秘密，这下曝光了！ 2020-09-14 澎湃新闻·澎湃号·政务

焦作市中心城区实现南水北调水全面通水　2020-09-11　凤凰网河南综合

中线工程防汛：科技利器显身手 2020-08-15　科技日报

河南再获南水北调生态补水5.43亿立方米！　2020-06-23　河南广播电视台民生频道《大参考》官方账号

南水北调中线一期运行2000天，调水300亿立方米　2020-06-05　京报网

南水北调300亿立方米中线工程泽被6000万人　2020-06-05　南水北调中线建管局网

南水北调中线工程首次以设计最大流量输水　2020-05-10　央视网

南水北调中线累计向天津供水50亿立方米，相当350个西湖　2020-05-08　澎湃新闻

南水北调中线工程向天津供水50亿立方米成为天津主力水源　2020-05-06　光明日报客户端

南水北调中线工程向河南省供水100亿立方米　2020-05-05　中国青年网官方账号

5万个足球场！南水北调中线建管局治理水土流失超3万公顷　2020-04-26　光明网

南水北调西线工程启动新一轮综合查勘 2020-04-20　央视网

南水北调中线工程向我省生态补水 2020-03-29　河南日报

南水北调中线一期工程向冀豫25条河流生态补水　2020-03-26　工人日报

在这个特殊的节日里　致敬南水北调女孩　2020-03-06　南水北调中线建管局网

信息化为南水北调中线安全供水保驾护航　2020-02-22　人民政协网

Home News Video Photo Opinion Water diversion project reinforced during outbreak 2020-02-11　南水北调中线建管局网

愿此刻南水北调人的坚守，奔向的都是团圆！　2020-02-08　南水北调中线建管局网

学 术 研 究 篇 目 摘 要

PCCP外防腐自动涂装工艺开发及应用张官浩　涂层与防护　2020-12-31　期刊

南水北调输水土渠常见病害及修复方案孙元文；王榕　山东水利　2020-12-30　期刊

南水北调中线禹州段工程安全保卫工作实践与思考　刘帅鹏　黑龙江水利科技 2020-12-30　期刊

贯彻落实总基调　建设"高标准样板"工程——访水利部南水北调工程管理司司长李鹏程　王慧；袁凯凯　中国水利　2020-12-30 期刊

基于动量守恒的桥墩壅水预测及数值模拟　闫杰超；徐华；焦增祥　人民长江 2020-12-28　期刊

基于单荷载因素的涵洞式渡槽数值仿真分析　原瑞；钮立功；马文亮　河南城建学院学报　2020-12-28　期刊

河南淅川姚河遗址宋代大型建筑基址发掘简报　柴中庆；袁广阔；苏帅；王怀满；韩化蕊　黄河·黄土·黄种人　2020-12-25　期刊

生活水源的稳定氢氧同位素和水化学特征——以天津市为例　张兵；李军；曹佳蕊；韩静艳；赵勇　南水北调与水利科技（中英文）　2020-12-24　期刊

Variable precondition S-type cloud algorithm: Theory and application on water resources carrying capacity assessment Li Ye; Chen Yiyan Ecological Indicators 2020-12-24 外文期刊

南水北调中线干渠生态系统结构与功能分析　唐剑锋；肖新宗；王英才；胡圣；王源

中国环境科学 2020-12-20 期刊

跨界流域民族地区文化遗产利益补偿的法治保障 邵莉莉 广西民族研究 2020-12-20 期刊

手持式测缝计预拉器的设计与应用 易广军；李永民；赵刚毅；崔冲 大众科技 2020-12-20 期刊

人工湿地群在北方河道治理中的设计与应用 付震；韩丹；侯梦琪 海河水利 2020-12-20 期刊

北京市南水北调水资源价值评价研究 邵青；冷艳杰；彭卓越；张丽丽；殷峻暹 水利水电技术 2020-12-20 期刊

基于南水北调中线华柴暗渠管身段土建工程的施工工艺研究 黄生木 资源信息与工程 2020-12-15 期刊

南水北调中线工程液压启闭机系统设计研究 朱志伟 液压气动与密封 2020-12-15 期刊

商洛水源区尾矿库安全管理研究 王聪；王静 中国管理信息化 2020-12-15 期刊

均衡管理在南水北调中线水源工程档案管理中的应用 吴继红；付正刚；陈正韩 水利水电快报 2020-12-15 期刊

大宁调蓄水库运行管理标准化建设思考 刘天祎；汪元元；刘凤杰；韩中华；廖启扬 北京水务 2020-12-15 期刊

跨南水北调干渠连续梁拱桥环保施工探讨 傅玮琛 广东水利电力职业技术学院学报 2020-12-15 期刊

新水情下利用 InSAR-GRACE 卫星的新兴风险预警与城市地下空间安全展望 于海若；宫辉力；陈蓓蓓；周超凡 国土资源遥感 2020-12-15 期刊

河长制背景下丹江口水库库区管理协同策略分析 陈泽涛；许斌；付昕 水利水电快报 2020-12-15 期刊

郑万铁路膨胀土明洞设计 戴林发宝；龚彦峰；邓朝辉 中国铁路 2020-12-15 期刊

水利工程渠道维护与管理措施研究 陈晓庆 珠江水运 2020-12-15 期刊

弱膨胀性土质高边坡路基施工技术 胡金欣；陈家湘；余灿 云南水力发电 2020-12-15 期刊

濮阳市饮用水水源地水质状况与安全评价 霍瑞娜；郭锐利；马红磊 河南科技 2020-12-15 期刊

南水北调精神的内涵 朱金瑞；乔靖文 中国社会科学报 2020-12-15 报纸

丹江口水库秋季底栖动物群落状态和空间分布及其与环境因子的关系 池仕运；赵先富；高少波；张爱静；胡俊 生态学报 2020-12-14 期刊

南水北调工程宣传与主流网络媒体合作的探索与实践 孙永平；张存有；秦颢洋 中国水利 2020-12-12 期刊

农村生活垃圾收运物流系统分析及策略研究 孙宇博 农村实用技术 2020-12-11 期刊

京鄂两地深化南水北调对口协作的对策研究 陈昌根 中国工程咨询 2020-12-10 期刊

水利水电工程库区乡村振兴战略规划路径探讨 陆非 水利发展研究 2020-12-10 期刊

南水北调中线干线工程智能安防系统研究与设计 诸葛梅君；陶付领 人民黄河 2020-12-10 期刊

重大线型水利工程征迁安置风险评价 葛巍；焦余铁；李宗坤；李娟娟；郑艳 人民黄河 2020-12-10 期刊

南水北调中线向永定河生态补水条件分析 康姁；袁敏洁 水利发展研究 2020-12-10 期刊

南水北调中线穿黄工程高精度孔道预埋施工技术 王勇；江道远 施工技术 2020-12-10 期刊

南水北调中线绿色发展的难点及对策　苗洁　开放导报　2020-12-08　期刊

发展生态产业　培育"浙有山川"——河南省淅川县生态产品价值实现机制的探索和启示　刘明洁；熊广成　资源导刊　2020-12-08　期刊

Broad Diet Composition and Seasonal Feeding Variation Facilitate Successful Invasion of the Shimofuri Goby (Tridentiger bifasciatus) in a Water Transfer System Qin Jiao；Xie Songguang；Cheng Fei Water 2020-12-04　外文期刊

试论西峡县特色产业转型升级的困境与出路　申保童　现代农业　2020-12-01　期刊

Does water diversion project deteriorate the water quality of reservoir and downstream? A case-study in Danjiangkou reservoir Zhao Pei；Li Zhiguo；Zhang Runqing；Pan Junfeng；Liu Yi Global Ecology and Conservation 2020-12-01　外文期刊

Frazil ice jam risk assessment method for water transfer projects based on design scheme Liu Mengkai；Fan Qiuyi；Guo Hui Water Supply 2020-12-01　外文期刊

Comparisons and improvements of eco-compensation standards for water resource protection in the Middle Route of the South-to-North Water Diversion Project Liu Mengkai；Guo Jing Water Supply 2020-12-01　外文期刊

西溪湿地中四环素类和磺胺类抗性基因的污染现状　付瑾瑾；白昱慧；朱晓玲；沈洋洋；范念斯　杭州师范大学学报（自然科学版）　2020-11-30　期刊

Observed precipitation pattern changes and potential runoff generation capacity from 1961-2016 in the upper reaches of the Hanjiang River Basin, China Qi Bingyu；Liu Honghu；Zhao Shifa；Liu Baoyuan Atmospheric

Research 2020-11-30　外文期刊

课程思政与在线教学的隐性融合——以"水工程施工"课程为例　邱微；南军；刘冰峰　高等工程教育研究　2020-11-28　期刊

农户可持续生计资本研究进展　阙晓冬；李兰英　福建农业科技　2020-11-28　期刊

Experimental Study on the Creep Characteristics of Cemented Backfill in a Goaf under Water Pressure Zhang JingYu；Deng Huafeng；Duan GuoYong；Wan LiangPeng；Luo Zuosen Advances in Materials Science and Engineering 2020-11-27　外文期刊

南阳市水生态文明城市试点建设经验探讨　李金红　水资源开发与管理　2020-11-25　期刊

"智慧中线"保障一渠清水持续安全北送　陈婉　环境经济　2020-11-23　期刊

膨胀土地层渠道基底改良施工技术研究　张刚武　云南水力发电　2020-11-15　期刊

对如何提升南水北调中线工程综合效益的思考　侯红昌　吉林水利　2020-11-15　期刊

这是一个江河立交的传奇——南水北调中线穿黄工程建设回眸　许安强　环境经济　2020-11-08　期刊

南水北调中线干线工程运行管理研究　王金辉；林虎；魏东晓；周喜光　大众标准化　2020-11-08　期刊

南水北调中线工程电动葫芦检修平台设计研究　朱志伟　水利建设与管理　2020-10-23　期刊

南水北调中线工程陶岔渠首供水计量与校核　黄朝君；徐新喜　水利水电快报　2020-10-15　期刊

南水北调中线东干渠输水隧洞工程伸缩缝处理新材料应用研究　张秀微；王新春；赵卫全；李建利；杨金凤　北京水务　2020-10-15　期刊

南水北调中线供水信息共享初步研究 牛建森；黄悦 供水技术 2020-10-10 期刊

南水北调大移民精神的历史创举与时代价值 刘胜 决策与信息 2020-09-28 期刊

南水北调中线配套工程水质保护情况的调研和思考 罗琳；刘定湘 2020中国环境科学学会科学技术年会论文集（第二卷）2020-09-21 中国会议

南水北调中线工程封冻期闸门群开度控制器改进设计 刘孟凯；关惠；郭辉；毕胜 农业工程学报 2020-09-08 期刊

南水北调工程：治理优势转化为治理效能的生动实践 李庚香 河南日报 2020-09-02 报纸

南水北调中线工程安全运行风险防范 郭凤杰；刘杰 中国水利 2020-08-30 期刊

南水北调中线工程对鹤壁段地下水的补给 张少伟 河南水利与南水北调 2020-08-30 期刊

地下水处理技术在渠道工程中的应用 郭英武；高建新；董少渠 河南水利与南水北调 2020-08-30 期刊

以创新发展理念引领提升南水北调中线工程综合效益的思考 侯红昌 河北水利 2020-08-28 期刊

南水北调中线工程沉降监测与数据处理 张伟；王瀚斌；顾春丰；刘东庆 北京测绘 2020-08-25 期刊

利用信息化手段开展南水北调工程运行监管工作 高峰 2020年（第八届）中国水利信息化技术论坛论文集 2020-08-20 中国会议

西峡县发展猕猴桃产业集群的优势探析 张永刚 现代农业科技 2020-08-12 期刊

南水北调中线京石段冬季调度策略 网络首发 金思凡；初京刚；李昱；王国利；杨甜甜 南水北调与水利科技（中英文）2020-08-11 期刊

南水北调中线工程运行期的合同管理分析 郭海亮；朱亚飞 工程技术研究 2020-08-10 期刊

中线工程以420立方米每秒设计最大流量输水 南水北调扮靓美丽中国 许安强 环境经济 2020-08-08 期刊

南水北调中线总干渠沿线地区冬季气温特征分析 刘孟凯；杨佳；黄明海 人民长江 2020-07-28 期刊

丹江口水库水体氨氮浓度时空变化特征 朱艳容；甄航勇；赵旭；徐祥 人民长江 2020-07-28 期刊

输水状态下渠道衬砌修复专用围堰总体方案设计 谢向荣；周嵩；胡剑杰；李蘅；杨旭辉 人民长江 2020-07-28 期刊

Environmental Research；Report Summarizes Environmental Research Study Findings from Hanjiang Normal University (Investigation On Present Situation of Rural Non-point Source Pollution In Danjiangkou In the Middle Route of South-to-north Water Transfer Project) Energy & Ecology 2020-07-24 外文期刊

Environmental Research；Report Summarizes Environmental Research Study Findings from Hanjiang Normal University (Investigation On Present Situation of Rural Non-point Source Pollution In Danjiangkou In the Middle Route of South-to-north Water Transfer Project) Energy & Ecology 2020-07-24 外文期刊

南水北调中线工程在华北地下水超采综合治理中的作用及建议 刘宪亮 中国水利 2020-07-12 期刊

藻类残体颗粒的沉降特性与模型材料选择 吴夺；林俊强；彭期冬；徐昊；权锦 水利水电技术 2020-07-10 期刊

南水北调中线工程藻水分离技术研究 王文；苗淳洋；李昊；吴林峰 人民黄河 2020-07-10 期刊

南水北调中线工程河南段大气 PM2.5 和 PM10 质量浓度特征研究 韩品磊；李楠；王小军；吴冬雨；龚子乐 南阳师范学院学报 2020-07-10 期刊

时序 InSAR 技术在南水北调中线形变监测中的应用研究 田凡 西安科技大学 2020-07-01 硕士

基于改进稳定映射法的土地利用/覆被变化轨迹分析 王世东；冯正英；余洋；张合兵 农业机械学报 2020-06-29 期刊

南水北调中线湿陷性黄土区 InSAR 时序分析 刘朋俊；张璐；陈元申；刘豪杰 人民长江 2020-06-28 期刊

大宁调蓄水库安全监测成果分析 孙昊苏；鲍维猛 水利建设与管理 2020-06-23 期刊

基于耗水视角的水资源承载能力及其支撑流域调水规模研究 常文娟；董鑫；马海波；房昊天 长江科学院院报 2020-06-19 期刊

南水北调中线渠道工程如何提升防渗质量管理 张鲁峰 2020万知科学发展论坛论文集（智慧工程一） 2020-06-18 中国会议

基于改进三维生态足迹的自然资本动态评估——以南水北调中线工程核心水源地为例 郭永奇 石河子大学学报（自然科学版） 2020-06-16 期刊

基于不确定性双层规划的水资源配置及和谐评价 李东林；左其亭；马军霞 北京师范大学学报（自然科学版） 2020-06-15 期刊

南水北调中线工程调水前后汉江下游水生态环境特征与响应规律识别 曹圣洁；夏瑞；张远；李正炎；任逸轩 环境科学研究 2020-06-15 期刊

汉江流域及南水北调中线工程水量调度保障技术 唐湘茜；雷静；吴泽宇；李书飞；马立亚 水利水电快报 2020-06-15 期刊

南水北调中线工程宽级配砂砾石料碾压试

验 朱太山；张文峰；马慧敏；李庆亮 人民黄河 2020-06-10 期刊

调水工程设计方案冰塞风险评估研究 范秋怡 武汉科技大学 2020-06-01 硕士

南水北调深挖方典型渠段长期性能演变规律研究 谢晨龙 华北水利水电大学 2020-06-01 硕士

南水北调中线干渠藻类拦除设备设计及应用 李昊 华北水利水电大学 2020-06-01 硕士

基于改进FMEA方法的南水北调中线工程运行安全关键风险源诊断 张颜 华北水利水电大学 2020-06-01 硕士

南水北调中线工程河南段社会经济效益分析 葛爽 河南水利与南水北调 2020-05-30 期刊

南水北调中线工程（河北段）干渠水质评价及藻类变化研究 司鹏媛 河北农业大学 2020-05-29 硕士

南水北调中线工程水价的思考与探讨 都瑞丰；李凡凡 水利水电快报 2020-05-26 期刊

南水北调工程对长江口盐水入侵和淡水资源的影响 苏爱平；吕行行；吴宇帆 华东师范大学学报（自然科学版） 2020-05-25 期刊

南水北调中线总干渠水质管理问题与思考 尹炜；王超；辛小康 人民长江 2020-05-25 期刊

南水北调中线工程水源地移民安置工作探析 王玄 中小企业管理与科技（上旬刊） 2020-05-05 期刊

南水北调中线工程总干渠冰塞风险评估研究 杨佳 武汉科技大学 2020-05-01 硕士

南水北调中线焦作段高填方渠道边坡稳定性分析 王文丰 华北水利水电大学 2020-05-01 硕士

南水北调中线应急调度策略模糊优选研究 徐嘉豪 华北水利水电大学

2020-05-01 硕士

南水北调渠道检修闸自行折叠式防鸟系统研究 李悟早 华北水利水电大学 2020-05-01 硕士

南水北调中线丹江口段水质预警体系建设研究 李莉；孙勇；郭英；潘坤 科技创新与应用 2020-04-28 期刊

水泥改性土削坡弃料利用问题研究 网络首发 张恒晟；龚壁卫；文松霖；胡波；刘军 长江科学院院报 2020-04-27 09:04 期刊

南水北调中线工程水源区抗生素抗性基因多样性研究 潘瑞；刘树枫；王佳文；倪晋仁 北京大学学报（自然科学版） 2020-04-22 期刊

南水北调中线渠道工程关键技术研究 谢向荣；郑光俊 水利水电快报 2020-04-20 期刊

南水北调中线区域生态补偿机制的优化路径——以湖北省十堰市为例 肖祥鋆；郭静蕊 学习月刊 2020-04-20 期刊

南水北调中线丹江口段水质安全评价模型研究 李莉；孙勇；曹俊；潘坤 科技创新与应用 2020-04-18 期刊

丹江口水库营养程度分析评价及富营养化防治研究 万育生；张乐群；付昕；金海洋 北京师范大学学报（自然科学版） 2020-04-15 期刊

南水北调中线河南受水区调水指标优化配置 冯平；丁素媛；王树荣 山东水利 2020-04-15 期刊

Rapid prediction of pollutants behaviours under complicated gate control for the middle route of South-to-North water transfer project. Long Yan；Yang Yilin；Li Youming；Zhang Yunxin Environmental technology 2020-04-14 外文期刊

南水北调中线工程水源区农旅产业耦合发展机制与路径分析 张敏 中原工学院

2020-04-01 硕士

南水北调中线干线磁县段膨胀土施工及滑坡技术处理 邵玉恩 河北水利 2020-03-28 期刊

平移搜索最大相关系数法在渠道水流滞时分析中的运用 李景刚；黄诗峰；任亚鹏；朱鹤 水电能源科学 2020-03-25 期刊

深刻理解南水北调工程建设中的精神意蕴 谷建全；万银锋；李中阳；刘旭阳 河南日报 2020-03-20 报纸

南水北调中线干渠2017—2018年水质变化特点及其原因分析 网络首发 撤回 张洪维；郑鑫；欧阳特；杜树林；王瑞璞 南水北调与水利科技 2020-03-13 期刊

大型输水渠道膨胀土（岩）渠段边坡稳定分析 马慧敏；何向东；张帅；刘吉永 人民黄河 2020-03-10 期刊

南水北调中线膨胀土（岩）渠段问题及成因分析 马慧敏；何向东；张帅；刘吉永 人民黄河 2020-03-02 期刊

基于PSR模型的产业结构与生态环境关系评价——以南水北调中线工程水源区十堰市为例 余淑秀；陈婷；李懿程；黄垒；刘安宁 科技风 2020-02-29 期刊

南水北调中线漕河段及隧洞塌方原因分析 吴竞 水科学与工程技术 2020-02-25 期刊

生态清洁型小流域农业依存状况分析研究——以南水北调中线河南水源区贾营小流域为例 赵喜鹏；郝仕龙；杨柳；党磊；马志林 中国农业资源与区划 2020-02-25 期刊

基于因子分析法的水源区制造业经济发展评价及对策研究——南水北调中线工程水源区调查 宋芊慧；余淑秀；李懿程；邹玲丽 科技风 2020-02-20 期刊

PLC控制技术在液压启闭机中的应用 管世珍；段开创 珠江现代建设 2020-02-18 期刊

生态优先绿色发展的丹江口实践 李翔

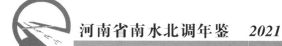
中国生态文明　2020-02-15　期刊

南水北调中线工程建设资金安全监管实践分析　陈章理　财会学习　2020-02-05　期刊

南水北调中线水源区生态补偿测算与分配研究　张国兴；徐龙；千鹏霄　生态经济　2020-02-01　期刊

丹江口水库湿地近20年景观格局时空变化研究　李想；刘睿；甘露　中国资源综合利用　2020-01-25　期刊

南水北调中线工程生态补偿计算研究　寇青青；运剑苇；刘淑婧；张卫华；靳军英　西南大学学报（自然科学版）　2020-01-20

期刊

对南水北调工程前期工作的回顾和初步认识　王先达；王峻峰　治淮　2020-01-15　期刊

大型预应力梁式渡槽应力变形监测与仿真分析　刘帅；翟聚云　人民黄河　2020-01-10　期刊

南水北调东中线工程：超级工程背后的创新密码　姜永斌　人生与伴侣（下半月版）2020-01-08　期刊

南水北调　生态建设的鲜活实践　张永军　西部大开发　2020-01-05　期刊

拾壹 大事记

1 月

1月2日，许昌运行中心指导南水北调配套工程运行管理处组织开展中层正职竞聘上岗面试，运行中心和管理处全体干部职工参加，管理处11人报名。面试形式为竞聘演说，评委根据工作经历和业绩、思路与措施、语言表达、仪表仪态四个方面对选手现场评分。

1月3日，大河网记者从省政府新闻办新闻发布会上获悉，"十大水利工程"已有7项相继开工，2019年度完成投资37.75亿元，西霞院水利枢纽输水及灌区工程、洪汝河治理工程计划3月开工建设。

1月6～7日，漯河维护中心对工程建设及运行管理进行节前安全大检查，发现安全隐患7类10处，卫生不达标2处，安全检查记录不全6处。检查结果当场告知相关人员并要求限期改正。

1月7日，水利部南水北调司副司长谢民英带队到郑州市荥阳督察丹江口库区财务完工决算审计整改工作。

1月8～9日，省南水北调建管局巡查组到平顶山市检查配套工程"双节"期间运行管理工作。

1月13日，水利厅召开2020年党的建设工作会议，厅党组书记刘正才出席会议并讲话，党组副书记、副厅长（正厅级）王国栋主持会议，厅党组成员、副厅长、机关党委书记武建新作工作报告。水保处、水电中心、南水北调郑州建管处、陆浑水库、出山店水库等五家单位的负责同志作交流发言。

1月13日，水利厅党组召开2019年度厅属党组织书记述职评议会，厅党组书记刘正才主持会议并讲话。水资源处党支部等13位党组织书记现场述职，其他党组织书记书面述职。刘正才进行综合点评并作总结讲话。

1月15日，《河南河湖大典》编纂动员培训会与试写稿审稿会在郑州召开，水利厅副巡视员郭伟出席会议并讲话。

1月15日，水利部办公厅、财政部办公厅印发《关于2018年度中央财政水利发展资金绩效评价结果的通报》，河南省2018年度水利发展资金绩效评价结果再度被评为优秀，受到通报表扬。

1月15日，渠首分局召开内乡县南水北调供水工程邻接穿越南水北调干线淅川段工程施工图及施工方案审查会。

1月15日，濮阳市南水北调办组织全体职工进行消防灭火演练。

1月16日，漯河维护中心组织全体干部职工学习保密法律知识，加强对机要文件的管理和各类文件的印制、保管、清理、归档、销毁工作的保密安全措施。

1月18日，全省水利工作会议在郑州召开。会议贯彻习近平总书记视察河南重要讲话精神，全面落实党的十九大、十九届四中全会、省委十届十次全会、省委经济工作会议、全省"两会"、全国水利工作会议精神，总结2019年水利工作，部署2020年和今后一个时期水利重点任务。会议传达李克强总理对水利工作的重要批示。厅党组书记刘正才、厅长孙运锋出席会议并讲话，厅党组副书记、副厅长（正厅级）王国栋主持。

1月19～20日，安阳运行中心对运管处安全生产进行专项检查；20日召开2020年度南水北调系统工作会和"不忘初心、牢记使命"主题教育总结会。

1月21日，鹤壁市南水北调办主任杜长明带队慰问配套工程各现地管理站和泵站职工，送去新春祝福和节日生活慰问品。

1月21日，濮阳市南水北调办主任韩秀成带领科室负责人到绿城、王助、西水坡3个现地管理站开展春节送温暖慰问活动。

1月27日，鹤壁市南水北调办对配套工程现地管理站、泵站从湖北返乡来鹤人员情况排查统计，签订承诺书。为各配套工程现地管理站、泵站职工开具出入居住小区证明，严格落实疫情防控工作"日报告""零报告"和重要情况及时报告制度。管理站、泵站建立防疫工作台账、购置防护口罩、洗手液、消毒液，对办公场所消毒，落实值班值守制度。

2 月

2月1日，鹤壁市水利局党组书记、局长徐伟，市南水北调办主任杜长明一行到配套工程34号、36号分水口泵站督导疫情防控工作。

2月4日，按照鹤壁市委直属机关工委《关于动员机关党组织和广大党员投身疫情防控一线的通知》要求，在职党员到社区、市区防控点、市重点防疫区参加志愿服务活动。

2月5日，2020年中央一号文件《中共中央国务院关于抓好"三农"领域重点工作确保如期实现全面小康的意见》要求，"抓紧启动和开工一批重大水利工程和配套设施建设，加快开展南水北调后续工程前期工作，适时推进工程建设"。

2月10日，漯河维护中心党支部在学习强国视频平台开展2月"主题党日"活动，党支部书记雷卫华主持。

2月17日，干渠禹州管理处首次通过"蓝信"视频会议平台召开周办公例会，管理处15名干部职工通过手机端收听收看，效果良好。

2月25日，漯河维护中心主任雷卫华与建管科人员到市区管理处所看望慰问施工人员，指导施工单位复工复产。

2月，平顶山运行中心开展疫情防控工作，投入6000余元疫情防控专项经费购买消毒器具和防控物资；党员干部到所在社区报到，参加疫情防控志愿者服务；27名党员4名非党员捐款5900元。

2月，新乡运行中心按照市委组织部统一安排由党组成员副调研员司大勇带领4名党员干部到社区协助疫情防控。在无主社区门口疫情防控点值守80余天，每天消毒，为社区居民测量体温、出入人员登记、排查武汉返新人员。

3 月

3月2日，许昌运行中心主任张建民到南水北调配套工程管理处检查指导工作，与竞争上岗新聘任各部负责人进行集体谈话。

3月2日，许昌长葛市南水北调移民安置办召开工作会议，提出美好移民村建设五个重点，推进移民后扶产业发展。

3月3日，许昌运行中心召开南水北调系统2019年工作提出水费收缴、配套工程验收、移民生产发展三年规划落实方案。

3月5日，安阳运行中心在雷锋志愿者活动日组织4名志愿者到万科社区所属的县电厂家属院、二师家属院开展"志愿服务暖人心"服务活动。

3月6日，周口市南水北调办主任何东华带队到东区管理站、商水管理站、西区二水厂管理站看望慰问工作人员，为他们送去医用口罩、消毒液、喷壶等防疫物资。

3月8日，干渠南阳管理处开始对白河闸站出口裹头前1.33hm²闲置土地进行新增绿化，完成新增果树400余株，月季、樱花300余株。白河倒虹吸是多所水利高校教学实习基地。

3月10日，水利厅总工程师李斌成、省水投集团董事长王森带领厅规划处、建设处、省南水北调中线防洪影响处理工程建管局负责人现场督导，实地察看新乡市南水北调中线防洪影响处理工程潞王坟沟道、辉县五里屯沟道建设情况，并在辉县市召开会议。

3月13日，郑州运行中心召开南水北调泵站双电源工程项目启动座谈会。

3月16日，南水北调安阳市西部调水工程征迁安置监督评估项目开标，成为安阳市首个完成不见面开标的水利项目。项目估算总投资15.95亿元，年输水量7000万m³，可满足林州市、殷都区、龙安区生活用水需求。

3月19日11时，南水北调工程峪河退水闸、黄水河支退水闸及香泉河退水闸，同时以2m³/s流量开闸向新乡市生态补水。峪河、黄水河是首次补水。

3月19日～4月11日，南水北调中线工程沙河渡槽退水闸向白龟山水库生态补水1500万m³。

3月19日～6月21日，新乡市南水北调中线工程峪河、黄水河支及香泉河3个退水闸向下游河流生态补水，31号输水管线向辉县市百泉湖生态补水。新乡市南水北调工程生态补水累计5511.29万m³。

3月20日11时，白河退水闸开闸向南阳市白河第4次生态补水。2018年以来累计补水0.88亿m³。

3月20日11:30，南水北调工程从淇河退水闸向鹤壁市淇河和主城区水系生态补水，这是第8次通过淇河退水闸进行生态补水。4月1日下午，流量由1m³/s调至5m³/s。

3月20日，南水北调中线信息科技有限公司郑州监控中心正式复工，继续开展疫情防控，加强业务"传帮带"，为实现自主运行维护加快准备。

3月20日9时，南水北调中线工程湍河渡槽退水闸向湍河生态补水，流量5m³/s，截至4月28日补水1445万m³。

3月22日，平顶山运行中心在鹰城广场开展"世界水日，中国水周"宣传活动。

3月22～25日，滑县南水北调办开展南水北调宣传活动，制作2块宣传展板6个条幅，印制《南水北调工程供用水管理条例》《河南省南水北调配套工程供用水和设施保护管理办法》各300本。

3月23日，安阳市副市长刘建发一行调研指导南水北调安阳市西部调水工程。刘建发一行到龙安区1号泵站、殷都区水冶镇天池水厂及林州市3号泵站和隧洞TBM机始发站场了解征地拆迁、施工进度情况，协调解决困难和问题。南水北调安阳市西部调水工程是省重点建设项目，也是市重大民生工程。

3月24，滑县南水北调办主任张鹏带领有关人员到安阳中盈化肥有限公司、河南易凯针织有限公司实地调研用水情况。

3月27日，渠首分局组织大流量输水运行调度培训会，分调度中心及各管理处调度值班人员70余人参加。按照新冠肺炎疫情防控要求以视频会议进行培训。

3月31日，许昌运行中心主任张建民一行到襄城县调研"美好移民村"创建、移民村生产发展、审计问题整改工作，副主任李国林、襄城县副县长乔晓光、县移民办主任黄晓兵及相关科室负责人参加调研。

3月31日，焦作市委书记王小平带领相关部门负责人，对南水北调绿化带项目建设进行专题调研并召开座谈会，市领导王建修、闫小杏一同调研。

3月31日，鹤壁市南水北调办主任杜长明一行到南水北调干渠淇县段、配套工程铁西泵站、35-1现地管理站、黄河北维护中心合建项目工地，检查防汛、配套工程运行管理及安全生产工作。

4 月

4月2日，水利部副部长、南水北调验收工作领导小组组长蒋旭光主持召开水利部南水北调东、中线一期工程验收工作领导小组2020年第一次全体视频会议。

4月3日，动力环境监控系统扩容升级项目施工小组进入干渠长葛管理处辖区施工。"升级项目"解决通信电源集中监控系统在运行维护过程中动力和环境监测采集数据不全，现地站闸控UPS柜、低压室充电馈电柜和部分单体蓄电池没有纳入监控范围。

4月3日，许昌运行中心主任张建民一行先后到南水北调移民村和干渠防汛风险点调研美好移民村建设和干渠服务保障工作。长葛市南水北调办主任张洪文参加调研。

4月7日，焦作市市长徐衣显带领相关部门负责人到马村区调研南水北调中线冯营调蓄工程建设，副市长牛炎平、武磊随同调研。徐衣显一行到冯营调蓄工程、聩城寨调蓄池项目现场，对照工程总体布置示意图，了解工程规划进展，询问存在困难问题，要求与"十四五"规划、国土空间规划、专项规划相衔接，与景观打造、产业发展、交通网络相协调，发挥水利工程综合效益。

4月7日，南水北调中线天津干线陡坡段西黑山光伏发电试点项目累计发电量超20万kWh。项目装机总容量56kW，2017年12月建成并网发电，平稳运行853天。累计降低工程运行维护用电成本25万元，其中节约用电开支17万元，国家补贴8万元，累计减少二氧化碳排放量200t，减少二氧化硫排放量6t，相当于植树造林1.09万棵，节能减排效果明显。

4月8~11日，水利厅南水北调工程管理处专题调研焦作、济源农村饮水安全情况，按照脱贫攻坚"回头看"排查问题整改的清单、舆情监督和信访反映问题整改情况的台账、农村饮水安全水价水费工作台账进行督导。

4月9日，水利部党组成员、副部长蒋旭光出席中线建管局干部大会，宣布水利部党组决定，李开杰同志任中线建管局党组书记，刘春生同志不再担任中线建管局党组书记职务。

4月9日，新乡市市长王登喜一行到信息科技公司新乡事业部检查调研。新乡事业部有关负责人介绍近期开展的两项科研工作。对现场35kV杆塔鸟窝较多，停电处理不易，开展激光清障器在南水北调供配电线路使用

研究；成立自动化控制系统、液压系统一体化模拟实验室，开展软件开发、流程优化和员工培训。

4月10日，中共许昌运行中心总支部委员会召开换届选举大会，24名党员干部参加。

4月15日，新乡市人大常委会副主任路文中专题调研新乡市南水北调水资源利用情况，市人大农业与农村委员会主任委员邵长征、市南水北调运行中心主任孙传勇参加。

4月15日，许昌长葛市政协视察团一行9人到南水北调干渠长葛段调研工程运行和水质保护工作，干线长葛管理处处长南国喜、长葛市南水北调办主任张洪文陪同。视察团实地查看干线长葛管理处、小洪河倒虹吸工程，配套工程进水口、管理站。

4月15日，周口市南水北调办召开配套工程运行管理费内部审计工作进点会，副主任张丽娜主持，主任何东华讲话。省南水北调建管局经济与财务处处长胡国领出席会议。

4月15~16日，淮河和黄河流域管理机构联合河南省水利厅到河南分局辖区检查南水北调中线工程防汛专项工作。

4月16~18日，《河南河湖大典》编纂工作推进会在郑州召开，水利厅副巡视员、编纂办公室主任郭伟出席会议并讲话。编纂办公室聘请8位专家组成审稿组。

4月16日，黄河水利委员会新闻宣传出版中心主任张松一行调研南水北调中线穿黄工程，查看穿黄工程进口、设备展示区、南岸竖井滨河区域及科技教育试验项目现场，调研穿黄工程与黄河生态保护融合、科技教育试验项目与国家水情教育结合愿景情况。

4月17日，鹤壁市南水北调办成立《河南河湖大典》南水北调篇编纂工作领导小组。

4月20日，干渠镇平管理处工程巡查人员发现围网被破坏及时向管理处报告，4月25日中控室值班人员发现又有人破坏围网，警务室立即出警抓获1人，5月12日彭营镇派出所结案。

4月22日，新乡建管处党支部组织党员到定点扶贫村确山县竹沟镇肖庄村开展扶贫慰问主题党日活动。

4月22~24日，水利厅南水北调处专题调研安阳市河长制湖长制工作开展情况和防汛检查，并编写提交《安阳市河长制湖长制和防汛专题调研报告》。

4月25~27日，河南精诚联合会计师事务所审计漯河维护中心2016年1月1日~2019年12月31日期间的运行管理费财务收支情况。

4月27日，省南水北调建管局批复同意安阳市光明路下沉工程施工，关闭38号供水管线安阳市第六水厂末端调流调压阀，暂停向市区第六水厂供水，8月23日恢复供水。

4月29日，邓州市上半年完成生态补水4600万 m³，湍河城区橡胶坝景观蓄水全部置换成丹江水。

4月29日，漯河维护中心举办以"疫情呼唤责任 榜样引领担当"为主题的道德讲堂，40余人参加活动。

4月29日~6月20日，南水北调中线工程首次大流量输水，从350m³/s设计流量提升至420m³/s加大设计流量，历时53天，向河南供水7.41亿 m³，其中生态补水4.11亿 m³。

4月30日，省南水北调建管局郑州建管处党支部召开党建暨党风廉政建设工作会议，全体党员集体学习2020年度郑州建管处党支部《党建工作要点》《学习计划》《纪检工作要点》《党风廉政建设工作计划》，党支部书记余洋主持会议。

4月，省南水北调建管局委托河南精诚会计师事务所对安阳运行中心、汤阴县和内黄县2016年建账以来财务支出情况进行审计。

5 月

2020年5月4日上午11时，南水北调中线工程安全平稳运行1970天，向河南省累计供水100亿 m³。

5月7~9日，水利部副部长蒋旭光带队检查南水北调中线工程河南段加大流量输水和防汛工作。检查组实地查看鲁山沙河渡槽、禹州采空区段、颍河节制闸、新郑双洎河渡槽、郑州贾峪河退水闸、穿黄工程和部分重点渠段，并在河南备调中心对加大流量输水期间调度运行情况进行检查。

5月8~9日，水利部南水北调司司长李鹏程一行督导南水北调中线工程河南段加大流量输水工作。省水利厅党组副书记、副厅长（正厅级）王国栋，厅南水北调处，新乡、南阳市政府及水利局、南水北调运行中心负责人一同督导。

5月9日8:30，南水北调干渠陶岔渠首入渠流量首次达到420m³/s加大流量。

5月13~20日，鹤壁市南水北调办以"提升基层应急能力，筑牢防灾减灾救灾的人民防线"为主题，组织开展配套工程防灾减灾及火灾警示宣传教育活动。

5月14日，省南水北调建管局《河南河湖大典》·南水北调篇鹤壁段编纂工作推进会在鹤壁市召开。

5月17日，渠首分局在大流量输水期间风险排查工作中发现较多飞蛾出现在渠道水面及左右岸，刁河渡槽进口尤为密集。飞蛾停留于两岸绿化带，其脱壳会在下游水面聚集。渠首分局紧急采购5台太阳能杀虫灯，安装在肖楼分水口和刁河渡槽进口，取得明显杀虫功效。

5月18日，省南水北调建管局在14楼会议室召开配套工程水保和环保专项验收推进会。验收报告编制单位、监测总结报告编制单位和监理总结报告编制单位，南水北调沿线各市县建管局参会。

5月18日，南水北调中线郑州段王庄生产桥通过干线航空港区管理处组织的竣工验收。

5月19日，水利厅南水北调处组织召开郑汴一体化郑州东部区域供水工程专题会议，听取设计单位、郑州市开封市水利局汇报，副厅长（正厅级）王国栋出席会议并提出下步工作意见。

5月19～20日，新乡运行中心举办南水北调配套工程南线项目征迁安置培训会。参加培训的有新乡县水利局、原阳县住建局、平原示范区社会事务局、河南省水利勘测设计研究有限公司、新乡中州水务有限公司南线项目负责人、沿线相关乡（镇、办事处）负责人、征迁及财务人员。培训会由运行中心副调研员司大勇主持。南线项目建成后每年向原阳县和平原示范区供水3285万 m^3。

5月20日，水利厅南水北调处组织召开新郑观音寺调蓄工程推进会，听取设计单位汇报，郑州市水利局、新郑市政府相关负责人参会并发言，副厅长（正厅级）王国栋出席会议并提出下步工作意见。

5月20日，漯河维护中心举行消防安全知识培训和"预防为主、消防结合"为主题的消防应急演练，防火中心教官为全体职工讲解消防安全知识。

5月20～29日，平顶山运行中心组织阀件厂家上海欧特莱、电气设备厂家大盛微电及流量计厂家对配套工程设备设施进行联合调试、排查故障。

5月22日，省南水北调建管局在省调度中心组织全体干部职工进行以"消除火灾隐患，防范重大风险"为主题的消防培训。

5月24日，省安全委驻焦指导组组长姚景州一行调研穿黄工程。查看穿黄工程出口汇流区、出口平台园区、工程现场和防汛物资备料点，了解管理处两案编制、应急准备及应急联络机制建立情况。

5月26日，河南省2020年南水北调工作会议在郑州召开。水利厅党组副书记、副厅长（正厅级）王国栋出席会议并讲话。中线建管局河南分局、渠首分局、有关省辖市、直管县市水利局、南水北调部门、省南水北调建管局各项目建管处负责人参加会议。

5月27日，省人大常委会副主任马懿带队调研焦作市南水北调绿化带建设，市委书记王小平、市人大常委会主任王建修、副市长李民生、牛炎平、闫小杏陪同调研。

5月28日9:33，刁河节制闸过闸流量达到加大流量420 m^3/s。刁河渡槽是干渠第一座输水渡槽，双线双槽布置，单跨长40m，共8跨。

5月28日，安阳市市长袁家健一行到干渠安阳管理处（穿漳管理处）检查指导防汛工作，现场查看安阳河河道、安阳河倒虹吸裹头及闸站，了解2016年"7·19"安阳河过流情况及闸站运行调度情况。

5月29日15时，渠首分局严陵河退水闸上调220mm流量8 m^3/s开启生态补水。

5月29日，省南水北调建管局召开2020年度精神文明建设工作会议。对获2019年度文明处室、文明职工和文明家庭的集体和个人进行表彰。

6 月

6月1日，焦作市政府第46次常务会议正式发布《焦作市南水北调水资源综合利用专项规划》，对2.69亿 m^3 用水指标利用进行规划。

6月1～11日，南水北调中线工程北汝河倒虹吸退水闸向北汝河生态补水600万 m^3。

6月2日，省南水北调建管局在郑州市主持并通过河南省南水北调受水区供水配套工程基础信息管理系统及巡检智能管理系统建设项目5个子系统的验收。

6月2日零点，南水北调工程累计向漯河市供水超3亿 m^3，累计生态补水4920万 m^3。漯河市2015年2月3日通水，供水范围覆盖临颍县、舞阳县、源汇区、召陵区、郾城区及经济技术开发区，日供水量25万 m^3，受益人口超过97万人。

6月2日，南水北调中线建管局引江补汉工程建设领导小组办公室进驻武汉，开展引江补汉工程前期工作。

6月2日，南阳运行中心召开全市南水北调和移民系统党风廉政建设会议。党委书记、主任靳铁拴，市纪委派驻市水利局纪检组组长杨青松出席会议，各县市区（管委会）南水北调和移民机构主要负责人，运行中心副科级以上人员参加，会议由党委委员、副主任齐声波主持。

6月3日，南水北调中线干渠陶岔渠首入渠水量累计达到300亿㎥，工程不间断安全运行2000天。

6月4日，省南水北调建管局在郑州组织召开节水机关建设项目实施方案评审会。参加会议的有三门峡市水利勘测设计有限责任公司、河南河川工程监理有限公司和各项目建管处代表及特邀专家。

6月4日，省南水北调建管局检查组对鹤壁市南水北调配套工程2019-2020年度水量调度计划执行情况进行检查。

6月4日，干渠汤阴管理处联合信息科技公司新乡事业部完成环监控系统扩容升级项目，基本实现所有信息机电设备UPS蓄电池的全面监控及管理。

6月5日，平顶山运行中心与干线鲁山管理处联合开展南水北调工程防汛应急演练。

6月7日，国家发展改革委、水利部、中国国际工程咨询有限公司及部分专家组成调研组调研南水北调焦作城区段绿化带建设。国务院原南水北调办副主任宁远、国家发展改革委农经司原司长高俊才、水利部调水局总工程师孙庆国、省水利厅副厅长（正厅级）王国栋参加调研，市长徐衣显，副市长武磊、闫小杏随同调研。

6月7日8:50，南水北调中线工程穿黄隧洞过闸流量达到320m³/s，这是通水6年以来首次以设计最大流量输水。穿黄段工程全长19km，其中明渠段长14km，隧洞段长4.7km。

6月9~11日，南水北调中线建管局局长于合群、局党组书记李开杰到武汉与长江委、长江勘测规划设计研究院座谈交流，商讨加快推进引江补汉前期工作，看望慰问中线建管局引江补汉办公室派驻武汉的工作人员。

6月10日10:38，南水北调中线工程沙河渡槽过闸流量达到380m³/s。沙河渡槽工程是南水北调中线规模最大、技术难度最复杂的控制性工程之一，也是世界上综合规模最大的渡槽工程，全长11.94km，其中明渠长2.89km，建筑物全长9.05km。

6月10日，省南水北调建管局在配套工程调度中心举办主题为"消除事故隐患，筑牢安全防线"安全生产月动员大会。

6月10~12日，鹤壁市南水北调办组织开展安全生产专项检查，检查现地管理站、泵站及维护养护单位安全生产周例会召开及安全生产资料整理情况，并对各站电气设备、灭火器材、安全标识、安全操作流程逐一查看。

6月11日，副省长刘玉江到南水北调焦作城区段绿化带调研，市委书记王小平，副市长闫小杏随同调研。

6月11~12日，水利厅南水北调处到焦作市修武县对农村饮水安全进行专题调研督导，实地查看供水站，走访农户，召开座谈会。

6月12日，水利厅党组副书记、副厅长（正厅级）王国栋主持召开河南省南水北调配套工程维修养护项目招标工作专题会。水利厅南水北调处、省南水北调建管局郑州、南阳、安阳、新乡、平顶山段建管处、河南省水利科学研究院、河南科光工程建设监理有限公司负责人参加会议。

6月15~16日，省交通厅公路管理局主持举行南水北调中线工程新乡段6座省道跨渠桥梁竣工验收会议，通过新乡段全部6座桥梁竣工验收，其中2座评定为优良。

6月17日，中线建管局"长距离水下机器人"操作培训完成，稽察大队10名员工参加培训。

6月17日，安阳运行中心举办市直水利系统第二季度道德讲堂活动。

6月18日，南阳市南水北调配套工程4处5座泵站机组验收完成。

6月21日，南水北调中线一期工程420m³/s加大流量输水结束，工程运行良好，膨胀土段和采空区段经受住加大流量输水检验。

6月23日，渠首分局联合南阳市水利局、应急管理局举办白河倒虹吸大型防汛应急演练。

6月23日，漯河维护中心走进居民社区开展"安全生产月"宣传活动。

6月24日，邓州市南水北调征迁安置验收委员会召开会议审议并通过邓州市南水北调配套工程征迁安置县级自验。会议由邓州市运行中心主任陈志超主持。邓州市南水北调配套工程输水线路全长60.02km，涉及9个乡镇（办）、47个行政村。移交和使用建设用地287.91hm²，其中永久用地3.54hm²，临时用地284.37hm²，拆除各类房屋面积645.04m²。迁建处理6家企事业单位。专项迁建涉及输变电、广电、管道92条（处）。完成资金支付13415.48万元。

6月27日，渠首分局与河南分局联合开展河南省区域内移动监测车功能测试及水质自动监测站联合比对工作。

6月29日，安阳市南水北调工程2020年防汛工作会议在干线安阳管理处召开。市委副书记、市南水北调工程防汛分指挥部政委李亦博出席会议。

6月29日，邓州市政府召开南水北调遗留问题巡察专项建议整治工作会。副市长刘新明、市运行中心主任陈志超出席会议，九龙镇、张村镇、赵集镇主要领导及分管副职、市纪委监察委派驻农业农村局纪检监察组组长及运行中心、财政局、审计局分管副职参加会议。

7 月

7月1日，省委书记王国生到南水北调焦作城区段绿化带调研，市委书记王小平、市长徐衣显陪同调研。

7月1日，邓州市南水北调配套工程设施完善提升项目通过竣工验收。项目投资2168055.80元，涉及现地管理站6处、泵站1处、管理所1处。共新增建筑面积474.31m²，增设生活房15间、发电机房6间；改造3座水厂调流阀室地坪；增设附属生活设施；提升绿化面积6559m²。

7月1日，许昌运行中心党总支部委员会召开七一表彰大会和"书记讲党课"活动。运行中心下属机关党支部、市配套工程管理处党支部全体党员参加会议。会议由中心主任张建民主持。

7月2日，省南水北调建管局郑州建管处党支部召开"坚守初心使命，勇于担当作为"主题党日活动。党员面对党旗宣誓重温入党誓词；学习左权将军写给妻子的"红色"家书；学习《党章》总纲及第一章原文；党支部书记余洋以"增强党员意识发挥党员作用"为题讲党课。

7月3日，省南水北调建管局新乡建管处党支部开展"坚守初心使命，勇于担当作为"主题党日活动。党员面对党旗宣誓，重温入党誓词，观看微视频《初心之问》，传达学习厅党组书记刘正才七一主题党日的讲话精神。党支部书记邹根中以"从抗疫斗争看中国优势"为题讲党课。

7月7~9日，周口市全部通过征迁安置县区级自验。周口市南水北调配套工程从干渠10号口门经平顶山、漯河进入周口市境，境内输水线路长51.85km，征地拆迁安置涉及商水县、川汇区、市经济开发区、市城乡一体化示范区的12个乡镇（办事处）、53个行政村（社区）。

7月8日，水利厅副厅长（正厅级）王国栋主持召开南水北调中线新郑观音寺调蓄工程前期工作推进会。

7月13日，南水北调中线渠首陶岔电厂完成110千伏送出工程线路检修工作。

7月13日，新乡运行中心主任孙传勇带领副主任杨晓飞、建管科科长孟凡勇到新乡市新华液压机械有限公司和中国铁塔股份有限公司新乡市分公司实地考察自动化液压控制装置和铅酸蓄电池生产工艺及流程，为部分自动化液压控制装置和EPS电源升级改造做准备。

7月14~15日，南阳运行中心副调研员赵杰三一行督导检查方城县7口门管理站、唐河县滨河管理站、社旗县王坊管理站防汛工作。

7月14日~8月6日，郑州供水配套工程通过泵站机组启动验收和供水工程通水验收。郑州市供水配套工程共7座分水口门、8座泵站、18条输水线路，线路总长97.68km。

7月15日，安阳市委书记李公乐到干渠安阳管理处（穿漳管理处）检查指导防汛工作，市长袁家健，常务副市长陈志伟、副市长刘建发参加检查。李公乐一行现场查看安阳河河道及安阳河倒虹吸工程。

7月15日，滑县南水北调办与住建局及有关设计人员现场查看文明路北延伸设计路线及南水北调管线布置情况，召开协调会与有关方进行协商。

7月16日，水利厅厅长孙运锋主持召开南水北调中线新郑观音寺调蓄工程前期工作协调会。中线建管局局长于合群，郑州市副市长李喜安及相关单位负责人参加。

7月16日，受水利厅副厅长（正厅级）王国栋委托，省南水北调建管局处长余洋带队到郑州运行中心督查水利厅厅长专题办公会议纪要〔2020〕17号文件落实情况。

7月17日，许昌禹州市政府组织召开禹州市南水北调配套工程征迁安置县级自验会议。

7月20日，省南水北调建管局召开座谈会，推进郑州配套工程21号线工程建设。21号线是从郑州市尖岗水库至刘湾水厂的备用输水线路，设计能力年输水9470万 m³。

7月20~22日，水利厅南水北调处组织完成郑州1段、宝丰郏县段设计单元工程完工验收技术性初验。

7月21日15时~22日15时，南水北调中线工程方城段遭遇暴雨侵袭，方城段全段降雨量均逼近200mm。22日凌晨南阳市气象部门继续发布暴雨橙色预警。7月23日9时汛期预警解除。

7月21~24日，水利厅南水北调处分别组织完成郑州1段、宝丰郏县段设计单元工程完工验收。

7月23日，省人大常委会副主任赵素萍一行到南水北调焦作城区段绿化带调研，市领导王小平、王建修、葛探宇陪同调研。

7月24日，省文化和旅游厅、省教育厅和开封市政府共同主办黄河文化研学旅行会议，河南分局参加会议。

7月24日，南水北调中线信息科技有限公司组织北明软件有限公司、河南省水利勘测设计研究有限公司共同进行南水北调中线工程巡查维护实时监管系统异地应用级灾备预演练，完成工程巡查系统从北京生产中心切换到郑州灾备中心及回切至北京生产中心的工作。

7月27日，省南水北调建管局开展"学习强国"挑战答题比赛。10名参赛选手通过20分钟角逐，安阳建管处党支部王冲以411题的成绩夺得第一名。

7月27~30日，周口市南水北调办分两期举办培训班。培训主要内容是供水配套工程巡检智能管理系统、供水配套工程基础信息管理系统、配套工程病害防治管理系统和巡检仪功能及使用。

7月28日，许昌运行中心主任张建民随同水利厅厅长孙运锋，水利厅党组副书记、副厅长（正厅级）王国栋作为访谈嘉宾共同做客河南新闻广播《对话民生》栏目，就《渠通南北　水润万家》话题，谈南水北调工程通水 5 年对全省经济、社会、生态产生的显著效益。许昌市作为全省唯一省辖市南水北调部门代表参加。

7 月，平顶山市南水北调配套工程管理处所视频会议设备安装调试全部完成。

8 月

8 月 3 日，清华大学水利系师生在国际著名期刊《自然-通讯》发文证实，南水北调中线输水置换地下水开采对地下水恢复的贡献为 40%。

8 月 3 日，中线建管局稽察大队采用国内领先的 1m/s、400m 有缆水下机器人设备（ROV）对渠首分局辖区渠道水下工程开展为期一个月的全面体检。

8 月 4 日，水利部南水北调司副司长袁其田带领调研组到焦作市调研南水北调城区段绿化带建设和国家方志馆南水北调分馆建设情况，副市长王付举随同调研。

8 月 5 日，水利厅南水北调处组织南水北调水费收支 2019 年度预算执行及 2020 年度预算编制专题会。

8 月 6 日，平顶山市南水北调配套工程 11-1 号输水线路张村泵站启动验收试运行完成。

8 月 6~7 日，省南水北调建管局组织部分党员组成志愿服务队，到定点帮扶村肖庄村开展"山洪无情、防范先行、珍爱生命、预防溺水"山洪灾害防御和防溺水知识宣传志愿服务活动。

8 月 10 日，副省长武国定主持召开南水北调中线工程新郑观音寺调蓄水库协调推进会。

8 月 10 日，干渠航空港区管理处设置由浮球和绳索组成的新型救生索 40 条，其中 2 条救生索和浮球具有夜光功能。

8 月 11~12 日，中国地方志指导小组办公室党组书记高京斋一行调研焦作市南水北调绿化带和国家方志馆南水北调分馆建设情

况，省史志办主任管仁富，市领导王小平、郭鹏、牛炎平、闫小杏、王付举分别随同调研。

8 月 12 日，中线建管局在天津分局举办南水北调科普讲解大赛，45 名"科学达人"同台竞技。河南分局周晓霖、河北分局杨永国、天津分局王怡婷、信息科技公司王伟获大赛一等奖，河南分局刘洪超等 5 人获大赛二等奖，天津分局李成等 11 人获三等奖，河北分局徐宝丰等 25 人获优秀奖，天津分局、河南分局、河北分局获优秀组织奖。

8 月 14 日，平顶山运行中心对省道 S232 云叶线跨越 11 号分水口输水管道（ZH20+540）桥梁工程组织验收。

8 月 14~15 日，中线建管局局长于合群到河南分局检查指导工作。14 日到新郑段导流罩安装现场慰问和查看，15 日到穿黄工程进口和荥阳段工程现场，查看穿黄工程退水闸运行状况、穿黄进口明渠拦漂索安装、枯河渠道倒虹吸出口流态、孙寨桥右岸下游太阳能滴灌绿化试验现场以及索河渡槽进口园区以鱼净水生态试验基地等项目。

8 月 15 日，河海大学调水工程研究团队一行 6 人对穿黄工程开展现场调研，对工程安全监测仪器布置、监测仪器类型及项目、仪器运行、数据采集分析成果等情况进行了解。调研团队同穿黄管理处就调水工程研究和工程运行管理进行探讨和沟通，双方希望能够加强科研合作。

8 月 17 日，中线建管局信息科技公司邀请华为公司水利系统部及智慧水利解决方案专家就 5G 通信、人工智能、微波通信、视频智能分析、光谱法水质在线监测等技术进行探讨与交流。信息科技公司总经理主持会议。

8 月 18 日，省南水北调建管局对平顶山市自动化调度与运行管理决策支持系统建设进行抽验验收。

8 月 24 日，省南水北调建管局在鹤壁组织召开鹤壁市供水配套工程档案预验收会议。

8 月 24~26 日，南水北调宝丰至郏县段设

计单元工程通过完工验收技术性初验。

8月26日，河南分局组织开展3D建模技能竞赛。采用机考形式，试题选取渠道典型水工建筑物，参赛人员在2小时内利用提供的二维图纸，建立相应的3D模型。

8月26～28日，许昌市水利局主持召开南水北调配套工程通水验收会议，通过许昌供水配套工程15～18号分水口供水工程和鄢陵县供水工程通水验收。

8月27日，中线建管局局长于合群以"新时代如何发挥党员先锋模范作用"为题在综合部党支部讲党课。

8月31日，中线建管局党组书记李开杰在警示教育月以"知敬畏、存戒惧、守底线，筑牢拒腐防变思想道德防线"主题和《习近平治国理政》第三卷的学习情况，为计划发展部、人力资源部和党群工作部党支部讲党风廉政建设专题党课。

8月31日，郑州南水北调受水区供水配套工程21号线郑州市尖岗水库至刘湾水厂输水线路穿越西四环工程隧洞衬砌完成。

9 月

9月2日，省南水北调建管局平顶山建管处党支部召开《民法典》专题学习会。学习习近平总书记《充分认识颁布实施民法典重大意义 依法更好保障人民合法权益》，学习《民法典》部分章节并进行交流。

9月3日，长江委副主任杨谦一行8人到南阳调研汉江流域白河生态流量管理工作。省水利厅副厅长（正厅级）王国栋，南阳市副市长李鹏一同调研。

9月8日，南阳运行中心组织召开全市移民后期扶持工作推进会议。

9月8～11日，平顶山运行中心举办全市南水北调配套工程2020年度运行管理培训班。

9月8～11日，周口市完成供水配套工程档案预验收。周口市南水北调设计单元共形成工程档案2303卷，其中建管（G类）303卷、4个监理标（J类）265卷、10个施工标（S类）1269卷、10个采购标（D类）454卷、试运行（Y1类）12卷，竣工图12卷，照片5册298张。

9月9日，省人大常委会副主任徐济超带领部分驻豫全国人大代表专题调研组到焦作南水北调绿化带调研，副市长王付举陪同调研。

9月9日，水利厅厅长孙运锋主持召开南水北调中线新郑观音寺调蓄工程前期工作推进会。

9月9日，水利厅总工程师李斌成、二级巡视员梁再培带队到省南水北调建管局参观"5G在水利行业的支撑应用"主题科普展。科普展由水利厅主办、中国联通河南分公司和省南水北调建管局联合承办，展现5G技术深度融合水利业务的场景。

9月9～14日，长江委河湖保护与建安中心检查组对渠首分局所辖5个现地管理处进行工程运行安全监督检查。查看现场机电金结设备设施软硬件系统、供电系统、运行管理与调度、安全监测和安全管理专业，组织渠首分局5个现地管理处召开座谈会。

9月10日，省南水北调建管局召开丹水—淅川、丹水—西峡、丹水—内乡—镇平—茶庵门站天然气输气管道工程穿越南水北调受水区南阳市供水工程专题设计报告及安全影响评价报告审查会。

9月10日，焦作市在修武县举行城乡供水一体化项目集中开工动员会，正式启动南水北调新增供水目标工程建设，总投资13.96亿元。新建扩建水厂5座：修武县七贤镇中心水厂项目、周庄镇中心水厂项目、博爱县城乡供水一体化项目、温县城乡供水一体化项目、孟州市南水北调水厂项目。铺设供水管网2826km，设计日供水规模31.5万 m³。

9月14日，中线建管局与华为技术有限公司在华为北京研究所签署战略合作协议。加快智慧中线建设，推进水行业信息创新和新型数据中心建设，全面提升南水北调中线工程管理数字化智能化水平。中线建管局局长于合群、华为技术有限公司副总裁杨瑞凯见证战略合作协议签署，中线建管局副局长刘宪亮、华为技术有限公司数字副总裁兼水利水务业务部部长刘胜军代表双方签署协议。

9月15日，安钢集团冷轧有限责任公司接通南水北调水源，10月13日正式通水运行，安阳市所有规划用水目标实现全部通水。

9月16日，许昌运行中心主任张建民一行到配套工程禹州任坡泵站，调研设备设施故障问题。

9月16~18日，濮阳供水配套工程和清丰支线供水工程征迁安置档案市级预验收会议在清丰南水北调管理所召开。

9月17日，水利厅修订后的《农业与农村用水定额》和《工业与城镇生活用水定额》报省政府同意，河南省市场监督管理局以2020年第54号公告批准发布实施。

9月18日，省南水北调建管局平顶山建管处以"普及网络安全知识、营造文明上网环境"为主题开展国家网络安全宣传周活动，学习习近平总书记对国家网络安全宣传周作出的"四个坚持"重要指示，学习微课程《网络是把"双刃剑"》《物联网设备使用安全》《Wi-Fi安全》，观看"学习强国"线上课堂《信息隐藏技术及应用》。

9月18日，武汉大学智慧水业研究所科研团队到陶岔管理处调研，团队负责人向陶岔管理处介绍最新图像识别测流设备。

9月18~25日，南水北调干渠兰河渡槽退水闸向兰河分水130万 m³。

9月20日，河南省成立南水北调中线观音寺调蓄工程建设领导小组，副省长武国定任组长。

9月20日~10月31日，安阳运行中心组织市区、汤阴、内黄运管处开展"互学互督"活动。

9月21日，南水北调政策法律研究会在郑州组织召开课题研究成果评审会，会长李颖主持，省政府发展研究中心、南阳师范学院、省环境保护科学研究院的专家，生态环境厅、水利厅相关处室负责人，省南水北调建管局各处室和课题组相关人员参加评审。会议认为《南水北调中线工程生态补水研究》和《南水北调中线工程沿线生态补偿制度研究》两个课题成果达到项目委托合同预期要求。

9月21~22日，南水北调中线郑州1段设计单元工程通过水利厅组织的完工验收。

9月22日，全国水库移民工作会议在信阳市召开。水利部副部长魏山忠出席会议并讲话，副省长刘玉江到会致辞，水利部移民司司长卢胜芳做工作报告，省水利厅党组书记刘正才、信阳市市长尚朝阳和全国31个省（自治区、直辖市）、新疆生产建设兵团及6个流域机构水库移民机构负责人参加会议。

9月24日，省南水北调建管局召开镇平综合体子项目客运汽车站进场主干道跨越南阳供水配套工程3-1号口门线路（8+468）专题设计报告及安全影响评价报告审查会。

9月24日，省南水北调建管局召开南阳市污水处理厂三期、中水回用工程穿越南阳供水配套工程5号分水口龙升水厂线路、兰营水库线路专题设计报告及安全影响评价报告审查会。

9月24日，新乡市政府组织召开新乡市"四县一区"南水北调配套工程南线项目建设推进会，副市长武胜军出席会议并讲话，市政府办公室四级调研员曹东风主持。市运行中心主任孙传勇，市直有关单位分管领导，新乡县政府、原阳县政府、平原示范区管委会分管领导及各参建单位负责人参加会议。

9月27日，华北水利水电大学水利学院师生一行188人到穿黄工程开展专业综合实习，实地查看穿黄工程进口、设备展示区和观测平台以及南岸竖井区域。

9月27日上午10时，由中央广播电视总

台联合黄河流域九省区各地市推出大型特别节目《直播黄河》聚焦焦作温县穿黄工程进行河南的第一场直播，这是通水以来央视在穿黄工程的第一场直播。

9月27日，省南水北调建管局在职工餐厅举办"我们的节日·中秋"主题活动。

9月29日，濮阳市南水北调办召开中秋国庆"双节"廉政恳谈会，全体干部职工参加会议。

9月29日，鹤壁市水利局、市南水北调办联合开展国庆中秋双节经典诗文朗诵会，40余名干部职工参加。

9月30日，省水利厅副厅长（正厅级）王国栋暗访省南水北调配套工程运行管理情况。水利厅南水北调处和省南水北调建管局平顶山建管处负责人一同暗访检查。王国栋一行到小河刘泵站、港区管理所、李垌泵站和新郑管理所检查泵站厂房、备用发电机房、阀井、物资仓库、自动化调度室、办公用房、职工食堂，查阅泵站值班日志、运行日志、交接班记录、运行调度记录、水泵机组运行值班记录，询问节假日安排、泵站运管及受水水厂情况，逐一指出现场存在的问题，提出持续改进的指导意见。

9月，水利部审计组进点对安阳运行中心干渠征迁完工财务决算报告进行审计。

10 月

10月7日，文旅厅厅长姜继鼎调研南水北调焦作城区段绿化带建设。

10月7～8日，中国社会科学院副院长高翔一行到南水北调焦作城区段绿化带考察，市领导王小平、宫松奇、牛炎平、闫小杏陪同考察。

10月9日，焦作市建设国家方志馆南水北调分馆正式获批。截至2020年底，项目主体和外装工程基本完工；南水北调史料、实物征集工作全面启动；馆外展陈的穿黄工程盾构机组装完毕；1亿元专项债申报成功。

10月9日，新乡市副市长武胜军现场督导"四县一区"南水北调配套工程南线项目建设情况。武胜军一行到新乡县七里营调蓄池段和穿越东孟姜女河倒虹吸段施工现场、平原示范区穿越文岩渠倒虹吸段和永定河南段施工现场、原阳县新一干渠段施工现场，实地察看项目建设进展情况。

10月11日，接渠首分局分调度中心通知，干渠邓州管理处开启湍河退水闸以5m³/s向湍河退水，10月21日退水结束。

10月12日，安阳南水北调工程运行保障中心揭牌仪式在安阳市水利局举行。

10月12日，南水北调陶岔渠首年度累计供水78.2亿m³，生态补水22.93亿m³，同比均创历史新高。

10月12日，信息科技公司南阳事业部联合渠首分局方城管理处电力维护人员在贾河退水闸开展电源电缆故障应急演练。

10月12日，滑县第四水厂支线末端供水工程连接安阳35号分水口专题设计及安全影响评价报告审查会在郑州召开。

10月12～16日，水利厅南水北调处组织全省南水北调工程运行管理培训班。

10月13日，国土部济南局局长田文彪、省自然资源厅厅长张兴辽一行到南水北调焦作城区段绿化带考察，市长徐衣显、副市长闫小杏随同考察。

10月14～15日，渠首分局组织绿化维护管理人员开展绿化养护培训，特邀南阳市园林局和南阳市农业职业学院两位专家授课。

10月15日，水利厅厅长孙运锋主持召开郑汴同城东部供水工程前期工作推进会。

10月15日，省水利厅组织召开《河南河湖大典》视频推进会，副厅长刘玉柏出席会议并讲话，二级巡视员郭伟主持会议。

10月15日，鹤壁市南水北调办举行河南省南水北调配套工程黄河北维护中心、鹤壁市南水北调配套工程管理处及市区管理所合建办公楼落成暨乔迁仪式。办公楼工程于2018年6月开工，2020年9月完工，建筑面积7766m^2。

10月16日，渠首分局承办中线建管局"深研总基调、建功新时代"知识竞赛及成果展示活动，并获一等奖。

10月16日，干渠镇平管理处会同信息科技公司南阳事业部在辖区渠道安装物联网智能锁152把开始使用。打开物联网智能锁App，点开进渠开锁，连上锁的蓝牙，添加进渠人员信息锁就打开。物联网智能锁项目是中线建管局重点督办项目，首先在渠首分局试点。

10月19～23日，中线建管局"长距离水下机器人"渠首坝前首航成功。水下机器人配备6000m光纤脐带缆、无影泛光灯、2D/3D扫描声呐、高清可变焦摄像头、定焦摄像头及机械手臂等先进设备，可对4500m长度范围内的隧洞、倒虹吸、暗渠、箱涵进行复杂的检测。

10月20日，省南水北调建管局举行以"倡导节水新风尚"为主题的节水机关建设行动倡议大会。

10月20日，渠首分局举办2020年度"智慧中线、安全调水"工程开放日活动。

10月20日，许昌市示范区忠武路（尚集镇罗门村段）穿越南水北调配套工程鄢陵输水管线阀井及管线改建工程获省南水北调建管局批复后开始施工。

10月21日，总干渠容雄管理处到社区和人流密集的高铁站开展水质宣传活动。容雄管理处为雄安新区供水超过3600万m^3，综合效益显著。

10月21日，渠首分局组织开展为期两周的藻类采样监测集中培训，内容包括显微镜操作、淡水藻类分类学、淡水藻类采样与调查方法、干渠藻类分类特征及常见属种鉴定。

10月21～22日，省南水北调工程第二巡查大队对平顶山市13号输水线路高庄泵站和10号、11号输水线路巡查发现运行管理问题进行复核检查。

10月22日，南水北调中线信息科技有限公司郑州网安部在河南分局举办网络安全及5G网络基本知识培训，河南片区各事业部职工代表参加培训。

10月22日，渠首分局水质中心联合稽查一队完成水下机器人首次对坝前淤泥开展全面摸底勘测。

10月23日，中国南水北调集团有限公司正式揭牌，国有独资，注册资本1500亿元。2022年以前由水利部代表国务院管理，2022年以后转归国务院国资委管理。

10月23日，国务院总理李克强对中国南水北调集团有限公司成立作出重要批示，强调提升管理运营水平，推进南水北调后续工程建设。

10月23日，南阳市副市长刘建华一行调研指导南水北调和移民工作。刘建华一行到南阳中心城区田洼泵站和市运行中心二楼自动化管理室，现场查看配套工程运行管理情况并召开座谈会。

10月23日，平顶山市新华区实验小学、宝丰县第四初级中学共100名学生分两批到沙河渡槽进行为期一天的公益研学教育活动。

10月23～24日，中线建管局在郑州召开资产全面清查动员暨业务培训会，总会计师陈新忠出席会议并讲话。按照《南水北调中线建管局资产全面清查实施方案》，部署资产全面清查第一阶段清查任务，总结试点温博管理处经验，对《南水北调中线建管局资产全面清查业务指导手册》和资产分类与代码标准、资产管理数据平台操作进行培训。

10月26日，共青团南水北调中线建管局第三次代表大会在京召开。南水北调中线建管局党组成员、副局长、直属机关党委书记刘宪亮、水利部直属机关团委负责人出席大会并讲话。大会选举产生共青团南水北调中线建管局第三届委员会委员。全局50名青年代表参加会议。

10月27日，省委常委、省纪委书记、省监察委员会主任任正晓到南水北调焦作城区段绿化带调研，市委书记王小平，市委常委、市纪委书记、市监察委员会主任牛书军陪同调研。

10月27日，干渠温博管理处组织全体职工集中学习民法典网络公开课。民法典公开课共三门课程：《关于民法典的几个主要问题》《民法典的中国特色、实践特色和时代特色》《民法典与社会生活密切相关的几个问题》。

10月27日，干渠南阳管理处在田洼分水口上游设置一座拦油设施安装调试完成并投入使用。拦油设施为钢架结构长60m，由浮桥、油污拦截收集设施、污物清理吊臂、控制设备组成。当水体表面存在油污时，浮桥上游端导油槽自动拦截油污并收集至右侧集油斗，再由人工操作吊臂吊运出水面后进行无害化处理。

10月27日，河南分局穿黄管理处相关人员参加黄河委运行管理局组织的南水北调黄河流域运行监管工作培训交流活动。

10月28日，省南水北调建管局召开省南水北调系统宣传工作会议暨网络管理员培训会，省辖市运行中心（市南水北调办）、省南水北调建管局项目建管处宣传工作人员参加会议。

10月29日，安阳市直水利系统党务干部培训班80余人到干渠汤阴管理处现场观摩汤河渡槽。

10月30日，省人大常委会副主任王保存带领省人大常委会调研组到南水北调焦作城区段绿化带调研，市领导王小平、王建修、牛炎平、许竹英陪同调研。

10月30日，渠首分局配合水利部完成淅川县段、镇平县段设计单元工程完工验收。

10月30日，南水北调东线江苏水源公司宿迁分公司一行10人到南水北调中线穿黄工程调研。

10月31日，副省长武国定到许昌市调研南水北调中线观音寺调蓄工程。

10月31日，南水北调工程累计向平顶山市供水8.031亿 m³，其中生活用水2.043亿 m³，生态补水2.903亿 m³，充库补水3.085亿 m³。通水6年供水范围不断扩大，宝丰县水厂、郏县水厂、叶县水厂、白龟山水厂、九里山水厂、平煤神马集团水厂、石龙区水厂、新城区焦庄水厂先后并网供水，受益人口150万。

10月31日，安阳运行中心与干渠汤阴管理处联合开展"不忘初心、牢记使命"主题教育学习，主任马荣洲，副主任牛保明、马明福，汤阴管理处处长张晓伟以及运行中心和汤阴管理处50余人参加。

10月，安阳运行中心组织开展"安全生产大检查大排查"活动。

11 月

11月1日8时，河南省南水北调配套工程2019—2020年度供水23.97亿 m³，是年度水量调度计划23.86亿 m³的100.5%，完成水利部下达的年度水量调度计划。3月18日～6月25日，干渠24个退水闸和1号肖楼分水口向沿线河湖生态补水5.99亿 m³。

11月3日，省南水北调建管局举办节水知识讲座，邀请水利厅节水办副主任耿万东为全体干部职工讲课。

11月3～4日，南水北调宣传通联业务第九期培训班在江苏省宿迁市举办。水利部南水北调司副司长袁其田出席开班仪式并讲话，江苏水源公司党委书记、董事长荣迎春致辞并宣读2019年度宣传工作先进单位和个人表彰决定，中线建管局党组副书记刘杰出席会议并讲话。来自南水北调各单位通讯员50余人参加培训。

11月3～6日，河南省南水北调工程第一

巡查大队主任杨秋贵一行5人对周口市南水北调办运行管理工作进行巡视检查。

11月4日，截至2020年11月1日，南水北调中线工程超额完成水利部下达的2019—2020供水年度水量调度计划，向工程沿线河南、河北、北京、天津四省市供水86.22亿 m³，是年度水量调度计划的117%。

11月4日，中线建管局信息科技公司郑州网安部主办的以"工业以太网在中线闸站现场的使用初探"为主题的技术交流会在河南分局举行。

11月4～20日，安阳运行中心在全市开展配套工程站区环境卫生专项整治活动。

11月5日，干渠焦作管理处安全监测专业在李河倒虹吸进口处，对增设安全监测设施标实时监测预警微芯传感器进行现场培训。微芯传感器是实现传感、采集、传输、分析、推送一体化1秒响应工作系统。

11月5～8日，平顶山运行中心在信阳市新县组织开展全市南水北调（移民）系统干部素能提升培训班。

11月6日，海南省水务厅一行20人调研穿黄工程，河南省水利厅移民安置处和河南分局相关领导陪同。

11月6～11日，鹤壁市南水北调办组织配套工程维修养护单位对南水北调配套工程36号分水口刘庄泵站进行停水检修。检修期间启用淇河备用水源向城区供水。

11月10日，中线建管局在西黑山管理处召开冰期输水优化调度研讨会，副局长刘宪亮出席会议并讲话。长江委长江科学院汇报关于中线工程冰期输水优化调度研究情况，研讨冰期优化调度和工程措施布设方案。

11月10日，黄河委河南黄河河务局督查组到穿黄管理处督查安全监测工作。督查组一行查看穿黄工程南岸深挖方渠段、穿黄隧洞进口建筑物、观测平台、孤柏嘴控导工程、北岸高填方渠段、北岸竖井检修大厅、穿黄隧洞出口节制闸现场。

11月12日，省委常委宣传部部长江凌到南水北调焦作城区段绿化带调研，市领导王小平、宫松奇陪同调研。

11月12～13日，新乡市南水北调配套工程红旗区和获嘉县征迁安置县级验收完成。

11月16～20日，水利厅南水北调处分别组织完成南水北调中线潮河段、辉县段设计单元工程完工验收技术性初验。

11月17日，武汉大学智慧水业研究所科研团队与长江委汉江水文局到南水北调中线陶岔管理处开展测流设备技术交流。

11月18～20日，全国水利工程建设工作座谈会在郑州召开。水利部副部长叶建春出席会议并讲话，河南省水利厅党组书记刘正才出席相关活动，厅长孙运锋出席会议并致辞。

11月19日，漯河维护中心主任雷卫华、副主任于晓东带领志愿者到舞阳县辛安镇刘庄村开展扶贫"暖冬行动"，向对接帮扶困户送棉被，打扫卫生，收拾房屋。面对面沟通，点对点解读扶贫政策，鼓励增强脱贫攻坚必胜的信心。

11月19日，许昌市建安区南水北调办党支部主题党日活动组织全体党员到许昌市党史党建馆参观学习。

11月20日，水利厅召开一体推进不敢腐不能腐不想腐深化以案促改警示教育大会。厅党组书记刘正才主持会议并讲话。厅党组副书记、副厅长（正厅级）王国栋传达全省一体推进不敢腐不能腐不想腐深化以案促改会议精神，厅党组成员、副厅长、机关党委书记、一级巡视员武建新通报厅党组巡察发现的共性问题。厅党组成员、省纪委监委驻水利厅纪检监察组组长刘东霞讲话，对全厅以案促改工作提出要求。

11月21日，平顶山运行中心召开配套工程工程量核查座谈会，四级调研员刘嘉淳主持，河南科光工程建设监理有限公司、监理单位和施工单位负责人参加会议。

11月23日，省南水北调建管局平顶山建管处召开推进不敢腐不能腐不想腐深化以案促改工作会议，全体干部职工参加，党支部书记、处长徐庆河主持会议。

11月23日，中线建管局召开干部大会宣布水利部党组任免决定。党组书记李开杰宣读水利部党组的决定，任命孙卫军、田勇同志为中线建管局党组成员、副局长，免去鞠连义同志中线建管局党组成员、副局长职务。

11月23~27日、11月30日~12月4日，省南水北调建管局分两期在郑州市举办2020年度南水北调配套工程运行管理培训班，对全省110余名配套工程运行管理人员进行培训。

11月24日，省南水北调建管局郑州建管处召开全体职工大会，党支部书记余洋主持，传达学习水利厅一体推进不敢腐不能腐不想腐深化以案促改警示教育大会会议精神，学习厅党组书记刘正才、纪检组长刘东霞的讲话精神，通报"湖南2名厅官因形式主义、官僚主义被问责"典型案例，开展以案促改工作。

11月24日，省南水北调建管局新乡建管处召开学习党的十九届五中全会精神会议，党支部书记邹根中主持，要求把思想和行动统一到"十三五"时期实现的历史性跨越和取得的决定性成就上来，统一到习近平总书记和党中央对国内国际形势的科学分析判断上来，统一到"十四五"规划和2035年远景目标上来。传达水利厅一体推进不敢腐不能腐不想腐深化以案促改警示教育大会精神。

11月24日，许昌长葛市南水北调办党支部书记一行到后河镇赵西村看望驻村攻坚组组长，走访慰问3户困难群众，清理打扫庭院环境，了解家庭生活状况、各类帮扶政策落实情况、需要解决的困难。叮嘱他们要养成文明健康的生活习惯，鼓励他们坚定信心，勇于克服困难，有困难和问题随时与驻村攻坚组组长联系。

11月24~26日，省南水北调建管局在安阳市召开《河南河湖大典》·南水北调篇安阳段初稿评审会。

11月24~26日，平顶山运行中心检查管理所、管理站安全生产活动开展情况及站区环境卫生专项整治情况。

11月25日，干渠禹州管理处开展地震灾害应急事件桌面推演。

11月25~27日，渠首分局为安全监测专业人员开展三维激光扫描仪操作培训。

11月25~28日，平顶山运行中心举办2020年度南水北调工程及移民后扶项目管理培训。邀请河南城建学院、平顶山学院、明审会计师事务所、市水利质量监测站专家对南水北调工程及水库移民后期扶持项目质量管理控制、合同管理、公文处理、财务管理进行系统培训。

11月26日，省南水北调建管局组织全省13个市（省直管县）南水北调配套工程运行管理岗位80余人分两批到安阳市观摩指导工作。

11月26日，总干渠西黑山管理处联合信息科技公司天津事业部开展应急抢险车车载设备设施、工业级热水融冰车使用技能提升训练。

11月27日，省南水北调建管局召开配套工程管理处所电气设备及避雷设施接地、泵站消防水泵电缆安全隐患专题会议。

11月27日，河南分局在郑州召开郑州段十八里河倒虹吸进口后续三孔全断面智能拦藻装置项目验收会并通过验收。十八里河倒虹吸进口四孔联合组网全部完成并投用，实现渠道全断面藻类自动拦捞的研制技术目标。

11月27日，渠首分局举办2020年度输水调度优秀论文评选活动。特邀水利和机电专家对参评的10余篇论文现场评选，评选出3篇优秀论文。

11月30日~12月4日，省南水北调建管局在安阳市组织进行安阳市供水配套工程档案预验收。2020年安阳市南水北调配套工程档案全部整理完毕，配套工程档案共计5596卷，其中建管G类967卷，监理J类档案485卷，施工S类3234卷，设备D类695卷，财务C类200卷，试运行Y类15卷。监理审核报告已编制完成。

11月30日～12月4日，周口市南水北调办财务人员到南阳南水北调干部学院参加南水北调系统配套工程运行管理财务干部培训班。学习《南水北调运行管理审计通报》《南水北调水费支出预算编报》《南水北调水费收缴运行管理会计核算实务》《南水北调运行维护定额标准解读》，以及《南水北调精神及时代价值》。

11月30日～12月19日，省南水北调建管局新乡建管处在黄河档案馆组织完成新乡卫辉段设计单元工程的档案移交。新乡建管处5个设计单元工程档案全部完成移交。

11月，许昌运行中心组织对全市南水北调配套工程运行管理情况暨卫生专项整治活动开展专项督查。检查组按照部门业务分工实地查看15～18号供水线路和鄢陵供水线路管理所、管理站（任坡泵站）及沿线部分阀井。

11月，河南分局对汤河以北段融扰冰及排冰设备设施进行全面检查。检查扰冰泵运行情况、喷射嘴射流能力、导热液升温速率、设备的自动及手动投切转换等，并对辖区内所有排冰闸、扰冰泵进行动态巡视和试运行。河南段融扰冰设备如期投入使用。

12 月

12月1日，水利部南水北调司司长李鹏程带领调研组到南水北调焦作城区段绿化带调研，市领导王小平、牛炎平、武磊、闫小杏随同调研。

12月1日，漯河市水利局举办"许慎文化进机关——说文解字"活动。市南水北调维护中心李坤林详细讲述汉字"福"和"秋"的运用。

12月2日，水利厅召开《河南河湖大典》编纂工作推进会，二级巡视员郭伟主持会议并讲话。

12月2日，水利厅南水北调处会同巩义市相关部门商讨南水北调新增巩义供水工程有关事宜。

12月4日，在南水北调中线工程干渠荥阳索河渡槽入口，投放2.3万尾鲢鱼、青鱼及黄尾鲴鱼苗共841.3kg。

12月7日，中线建管局观摩团分两批到安阳管理处（穿漳管理处）参观调研河南分局标准化管理，学习安阳管理处（穿漳管理处）自主研发的闸控操作实践一体化系统、消防操作实践一体化系统、多媒体培训系统创新成果，体验实操培训课。

12月9日，南水北调水质微观检测实验室暨南水北调中线实业发展有限公司水环境科创中心成立揭牌仪式在京举行。中国南水北调集团公司副总经理、中线建管局局长于合群，局党组书记李开杰，局党组成员、副局长刘宪亮、孙卫军出席仪式并揭牌。

12月9日，配套工程鹤壁管理处建筑物防雷装置完善项目通过现场联合验收。项目包括安全监测房12座，降压站4座，分水口3座及管理处办公楼字牌、水箱接地连接。

12月10日，河南水质监测中心组织召开2020年度水质实验室管理评审会，从质量体系运行、政策和程序的适应性等15个方面进行评价，总体认为质量方针和质量目标准确，质量管理体系保持有效运行。

12月10日，中线建管局在郑州召开调度值班模式优化试点工作部署会，副局长刘宪亮、田勇出席会议并讲话。

12月11日，省南水北调建管局南阳建管处组织完成省调度中心对南阳市镇平县3-1输水线路远程控制的联调联试。

12月11日，中线建管局全年授予淇河节

制闸等21座闸（泵）站"标准化规范化"建设"四星级闸（泵）站"称号。

12月11日，省南水北调建管局召开南阳市污水处理厂三期及中水回用工程穿越配套工程专题设计报告及安全影响评价报告审查会。

12月12日，南水北调中线一期工程通水六周年，许昌配套工程平稳运行2200天，受水9.3亿m³，其中生活供水4.44亿m³，生态供水4.86亿m³。受水面积335km²，受益人口227万。2019-2020供水年度受水2.29亿m³，其中生活用水0.99亿m³，生态用水1.3亿m³。

12月12日，安阳运行中心与安阳广播电视台联合举办"我家门前有条河"大型系列广播。

12月12日，江苏省水文水资源勘测局扬州分局发布扬州市南水北调主干线水功能区水质监测报告，"源头"取水口水质全面转好，其中Ⅱ类水占比达90%以上。

12月14日，陶岔电厂2020年度上网发电超2亿千瓦时，超额完成年度发电计划。

12月14～17日，水利厅南水北调处分别组织完成南水北调中线潮河段、辉县段设计单元工程完工验收。

12月15～17日，省南水北调建管局在焦作市组织召开专题会议对《河南河湖大典》南水北调篇焦作段初稿进行评审。

12月16日，鹤壁市南水北调向老城区引水工程项目（二级加压泵站）在鹤壁经济技术开发区集中开工。市人大常委会副主任朱东培、副市长孙栋、市政协副主席董撑群参加开工仪式。

12月16～17日，漯河市水利局组成验收委员会，验收并通过漯河供水配套工程10号分水口和17号分水口供水工程。

12月18日，水利厅厅长孙运锋主持召开南水北调中线观音寺调蓄工程现场座谈会。

12月22日，河南分局开展公文写作培训班，机关及18个管理处90余人参加。

12月23日，省南水北调建管局召开河南省南水北调受水区南阳供水配套工程兰营水库输水线路运行方式调整方案研讨会。

12月23～25日，中线建管局水质与环境保护中心在南阳举办2020年度水质业务技能培训。

12月23～29日，省南水北调建管局南阳建管处组织召开河南省南水北调配套工程自动化系统鹤壁、焦作子系统验收会，特邀水利厅质监站及相关处室参与验收。河南省南水北调配套工程自动化2～11标子系统验收工作全部按计划完成。

12月25日，滑县南水北调办与滑县自来水公司联合举行水源转换应急演练。

12月26日，副省长武国定主持召开南水北调中线观音寺调蓄工程现场办公会。

12月26日，渠首分局辖区11座国省干线公路跨渠桥梁通过竣工验收。

12月28日，焦作市南水北调天河公园正式获批为国家AAAA级旅游景区。

12月28日，滑县第三水厂举行南水北调停水应急演练。

12月28～30日，濮阳市水利局组织召开濮阳市南水北调配套工程建设档案专项验收会议并通过验收。

12月29日，中线建管局举办2020年输水调度技术交流与创新微论坛，总调度中心主办，天津分局承办。

12月30日，河北省发展改革委正式批复南水北调中线雄安调蓄库工程的项目核准。雄安调蓄库工程位于保定市徐水区境内、距雄安新区50km，距北京120km。雄安调蓄库总库容2.56亿m³，其中上库库容1.76亿m³，下库库容0.8亿m³，调蓄上库和下库之间建设抽水蓄能电站联通，装机规模600MW。

12月31日，南水北调郑州开封同城东部供水工程开工建设。

12月，渠首分局获评水利部新冠肺炎疫情防控工作先进集体。

简称全称原称对照表

简　称	全　称	原　称
水利部南水北调司	水利部南水北调工程管理司	
水利部调水局	水利部南水北调规划设计管理局	
水利厅南水北调处	河南省水利厅南水北调工程管理处	
省南水北调建管局	河南省南水北调中线工程建设管理局	
省南水北调调度中心	河南省南水北调配套工程调度中心	
河南分局	南水北调中线建管局河南分局	
渠首分局	南水北调中线建管局渠首分局	
南阳运行中心	南阳市南水北调工程运行保障中心（南阳市移民服务中心）	南阳市南水北调办
平顶山运行中心	平顶山市南水北调工程运行保障中心	平顶山市南水北调办
漯河维护中心	漯河市南水北调中线工程维护中心	漯河市南水北调办（漯河市南水北调配套工程建设管理局）
周口市南水北调办	周口市南水北调中线工程建设领导小组办公室（周口市南水北调配套工程建设管理局）	
许昌运行中心	许昌市南水北调工程运行保障中心	许昌市南水北调办
郑州运行中心	郑州市南水北调工程运行保障中心(郑州市水利工程移民服务中心)	郑州市南水北调办
焦作运行中心	焦作市南水北调工程运行保障中心（焦作市南水北调工程建设中心）	焦作市南水北调办
焦作市南水北调城区办	南水北调中线工程焦作城区段建设领导小组办公室（南水北调中线工程焦作城区段建设指挥部办公室）	
新乡运行中心	新乡市南水北调工程运行保障中心	新乡市南水北调办

简　称	全　称	原　称
濮阳市南水北调办	濮阳市南水北调中线工程建设领导小组办公室（濮阳市南水北调配套工程建设管理局）	
鹤壁市南水北调办	鹤壁市南水北调中线工程建设领导小组办公室（鹤壁市南水北调建设管理局）	
安阳运行中心	安阳市南水北调工程运行保障中心	安阳市南水北调办
邓州服务中心	邓州市南水北调和移民服务中心	邓州市南水北调办
滑县南水北调办		
栾川县南水北调办		
卢氏县南水北调办		
黄河委	黄河水利委员会	
长江委	长江水利委员会	
淮河委	淮河水利委员会	
海河委	海河水利委员会